UG NX5 中文版从入门到精通

奖杯零件，外形采用旋转命令和扫掠创建

电器零件，中间的凸起部分使用拉伸命令创建

此零件采用拉伸命令创建外形，边缘部分采用边倒圆角进行细化设计

为防止零件边缘锋利部分刮手，边缘部分全部使用边倒圆角

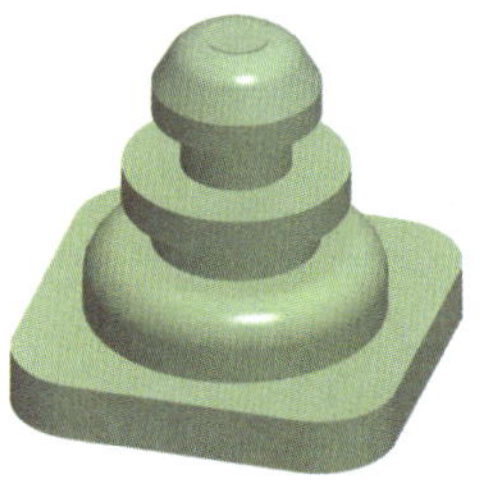

零件采用旋转命令创建上圆形部分外形，底座采用拉伸创建

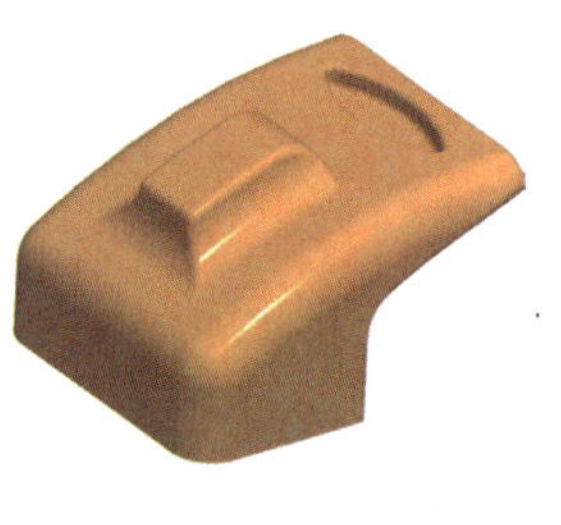

此零件外形通过拉伸命令来完成，零件边缘通过倒圆角命令创建

机械设计院

选择边界创建回转实体

零件中间圆形部分形状通过凸台命令创建

零件中间沉孔部分通过凸起命令创建

此零件为一茶杯外形，茶杯把手形状通过管道命令创建

用旋转特征制作外形，做一个孔后，用阵列生成完成其他孔的创建

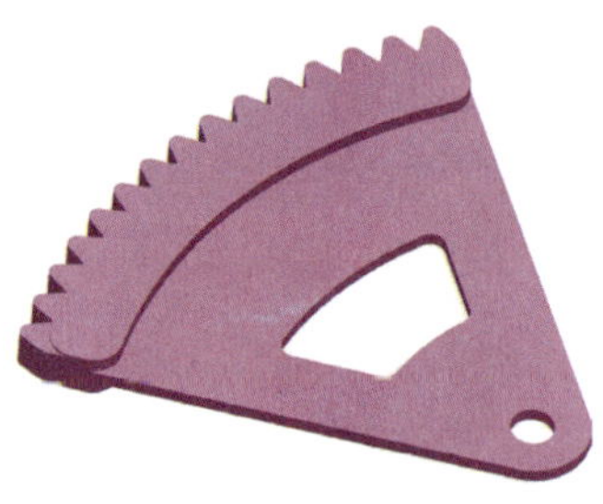

零件外形采用拉伸命令创建，锯齿形状特征采用阵列命令创建

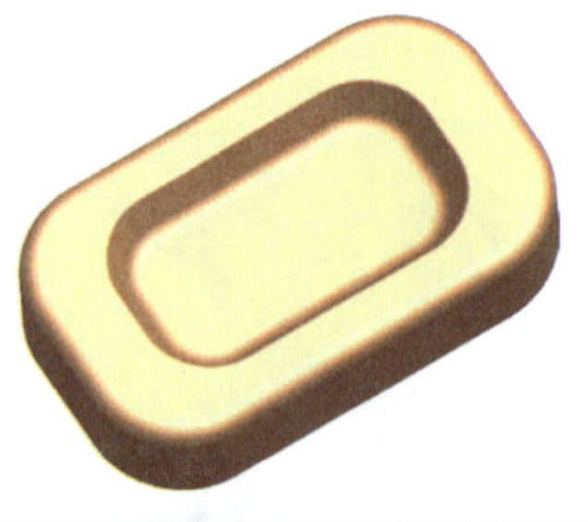

通过求差命令创建零件中间孔特征

此零件中间部分为两个支撑结构，在零件尾部有两处开口槽，开口槽通过求差创建

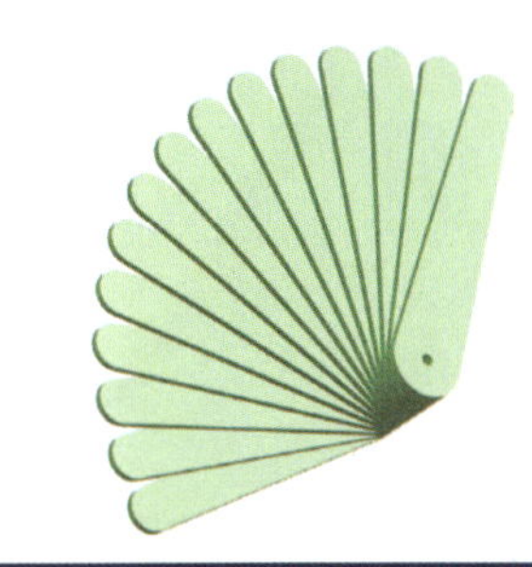

通过阵列命令将零件逐个创建

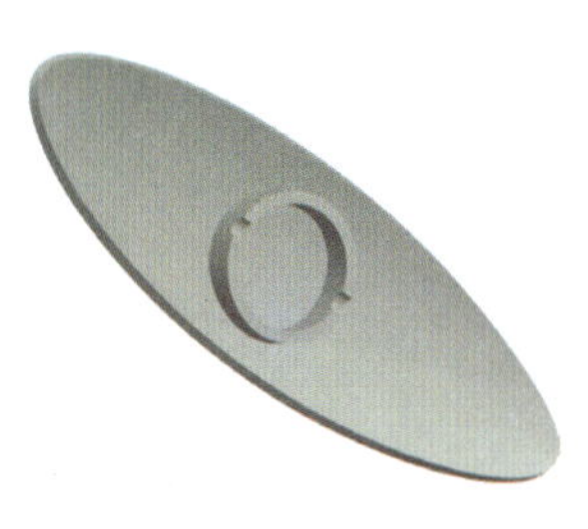

此零件为一椭圆形状，顶部曲面采用扫掠曲面创建

此电器零件，在中间部分有一散热孔，零件外形通过旋转命令创建

此零件为一书架，零件外形采用拉伸命令创建，通孔部分采用求差命令创建

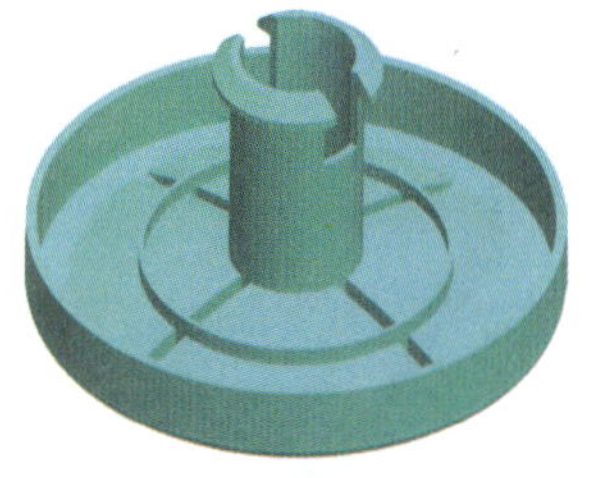

零件外形采用旋转命令创建，中间柱位特征中的开口槽采用求差命令创建

通过多截面扫掠创建的把手

通过“片体到实体助理”方式创建实体特征

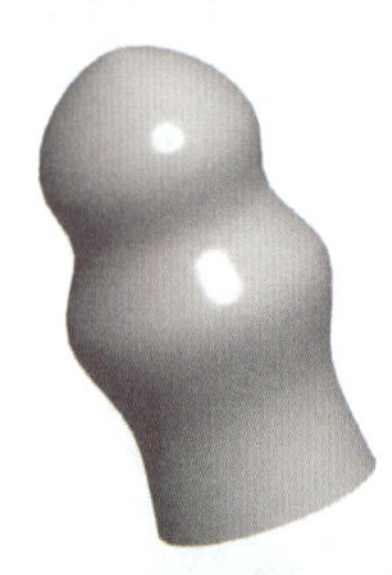

通过此实例说明如何使用“修剪体”方式将对象进行切除

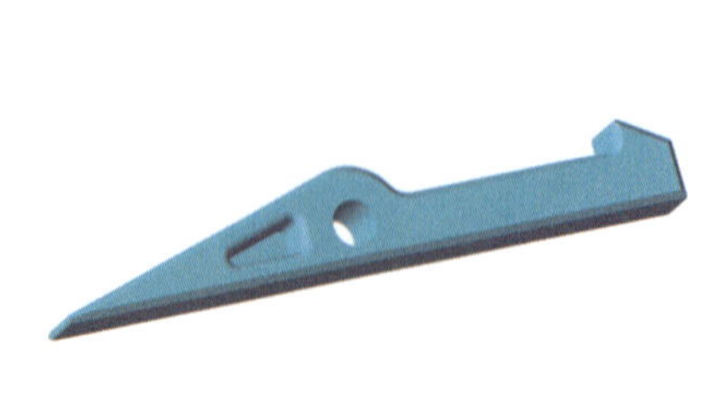

零件中间部分通孔采用求差命令创建，外形采用拉伸方式创建

此实例说明如何将零件实现抽壳操作

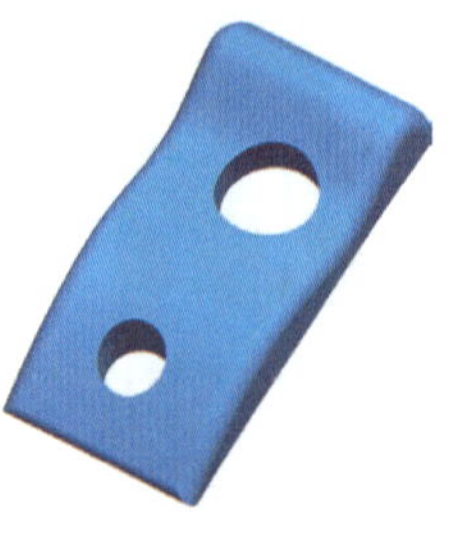

零件外形采用拉伸方式创建，中间两处通孔采用求差命令创建

参照零件创建凸起材料特征

以参照零件创建边拉伸特征

以参照零件创建刀槽特征

以参照零件创建键槽特征

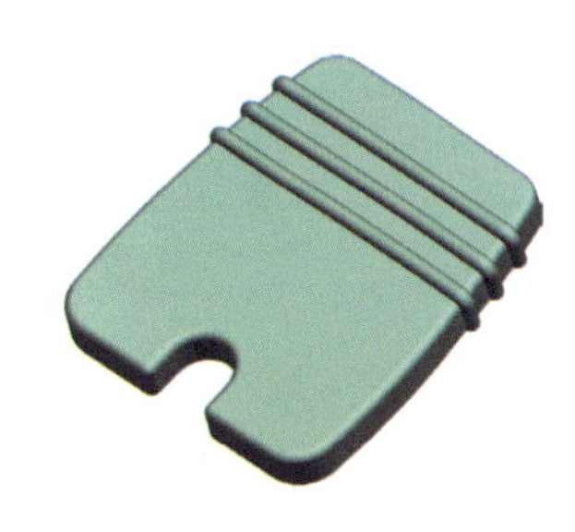
以参照零件创建凸起特征

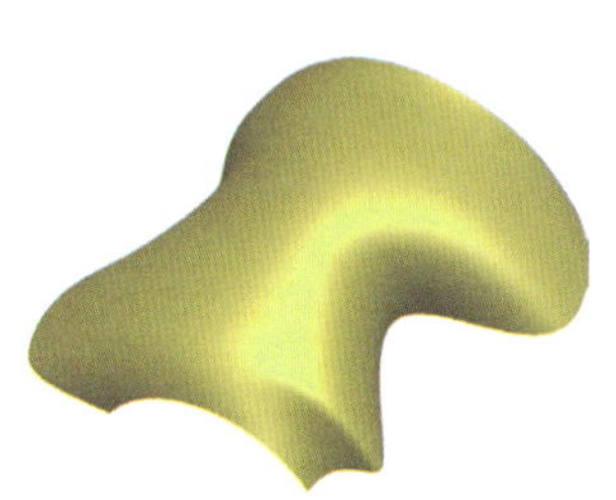
通过一个方向的截面网络和另一个方向的引导线方式创建曲面

使用“多个三角补片”类型创建N边曲面

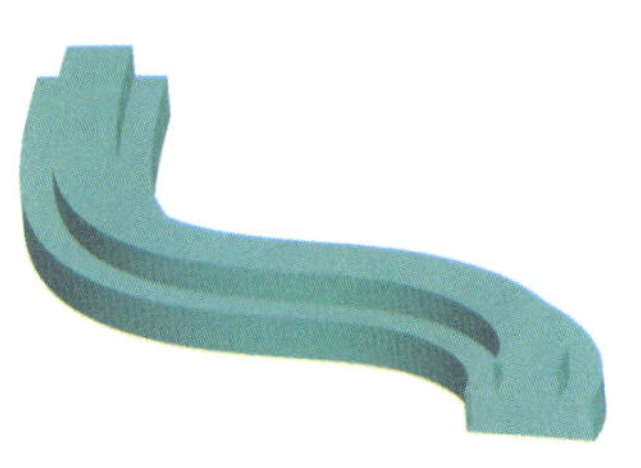
此实例说明如何通过沿一个或多个引导线扫掠截面来创建曲面

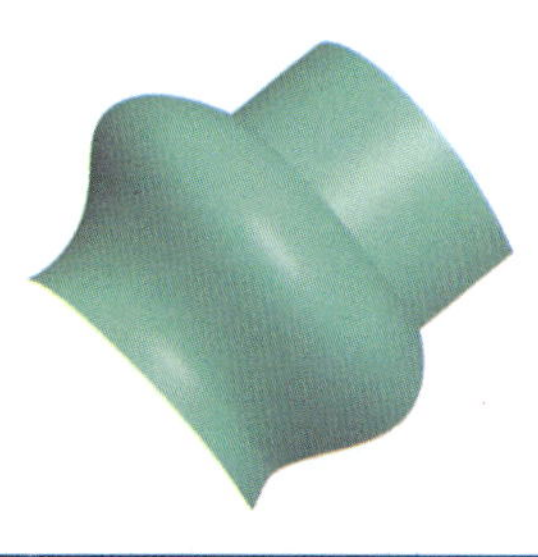
通过“匹配边”命令对曲面进行编辑

通过“X成形”命令对曲面进行编辑

通过实例特征圆形阵列命令创建齿轮特征

沿零件边界进行倒斜角

通过求差命令创建零件中间孔特征

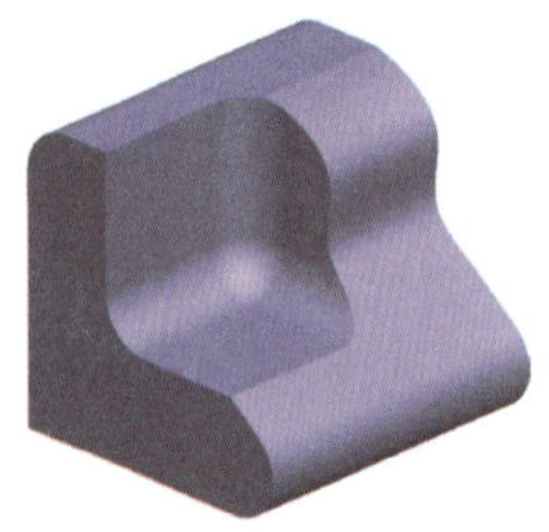

通过倒圆角命令创建圆角特征

通过加厚曲面创建零件中间沉孔特征

通过定义点与比例因子对目标对象进行放大或缩小操作

将零件中间柱位上的开口槽进行参数编辑

将孔特征位置通过“移动”命令进行移动

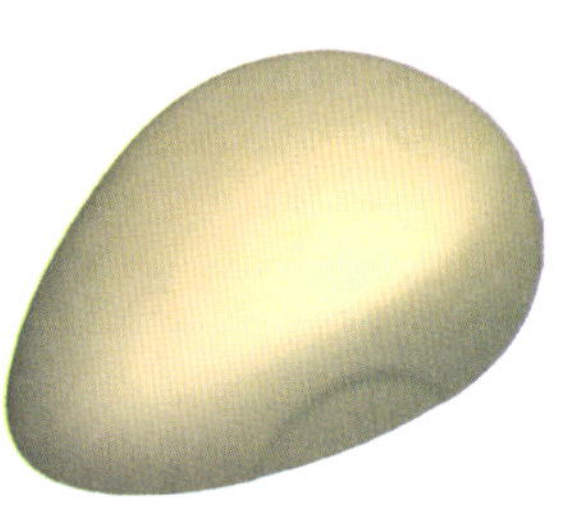

此零件为一鼠标外形，将零件通过矩形阵列进行转换

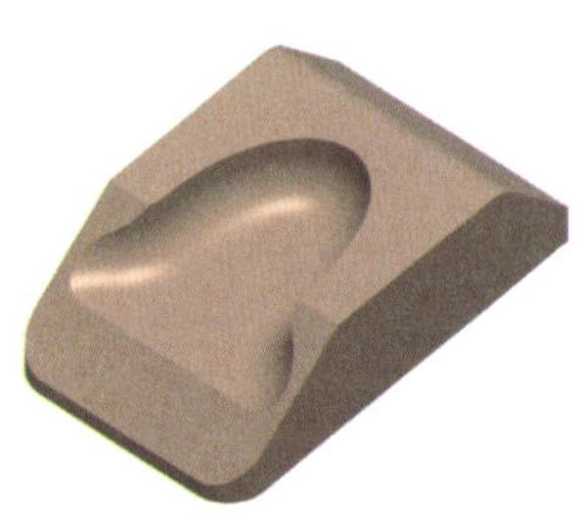

零件中间为一凹槽，以此实例说明零件如何绕着轴旋转操作

此图为打火机模型固定滚轮部件

此图为打火机上盖

此图为打火机按键

此图为打火机上盖部分装配图

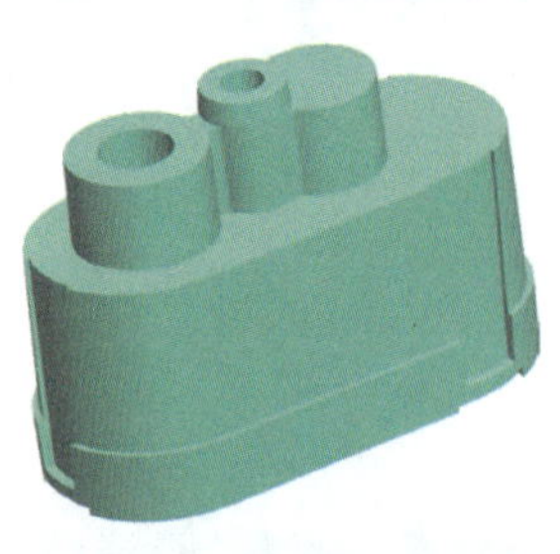

此图为打火机固定芯轴部件

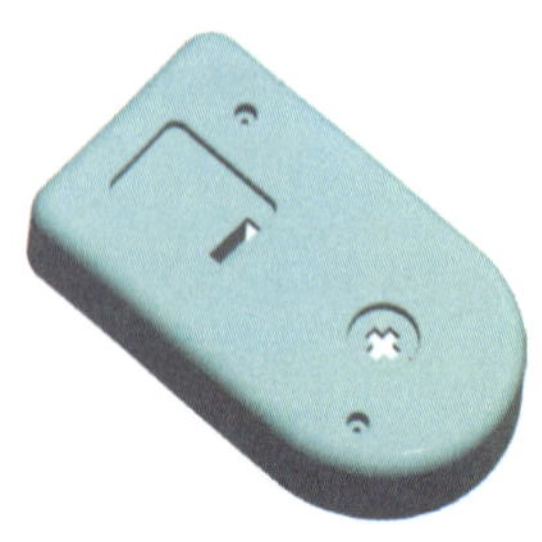

此充电器外形简单，在零件上表面有一处矩形沉孔特征

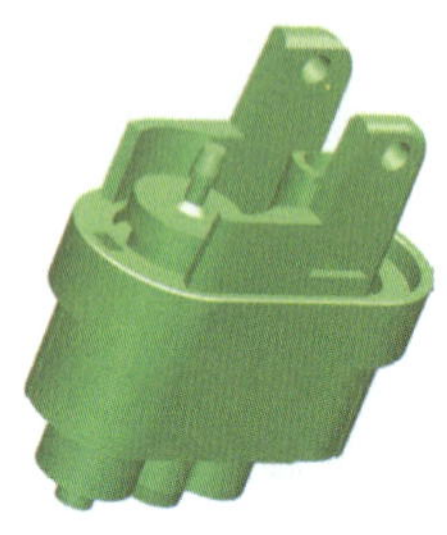

此图为打火机上盖与芯轴装配图

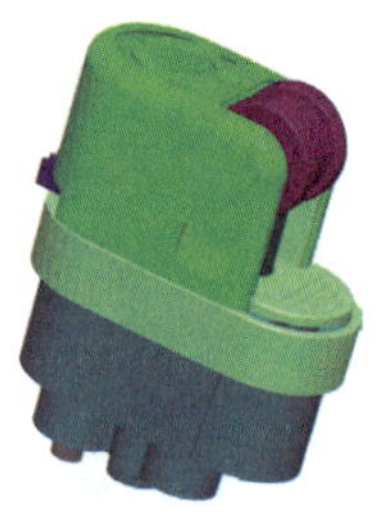

此图为打火机上盖部分整体装配图

文字曲线可以通过“文本”命令创建，通过拉伸创建文字实体

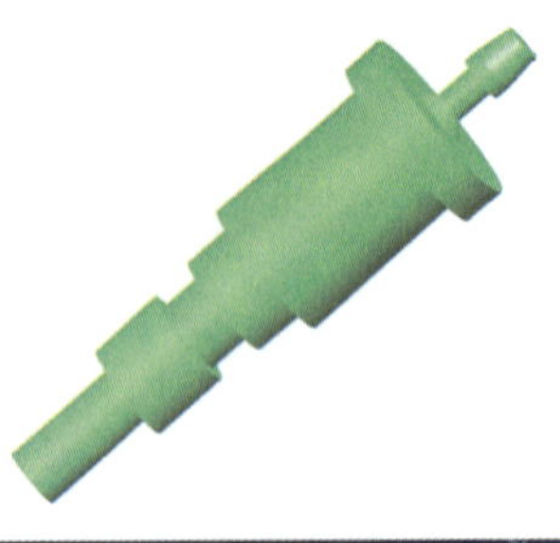

此图为打火机芯轴部件

暴风创新科技 编著

人民邮电出版社
北京

图书在版编目（CIP）数据

UG NX5 中文版从入门到精通 / 暴风创新科技编著．
—北京：人民邮电出版社，2008.4
（机械设计院．从入门到精通）
ISBN 978-7-115-17300-3

Ⅰ．U… Ⅱ．暴… Ⅲ．计算机辅助设计—应用软件，UG
NX 5 Ⅳ．TP391.72

中国版本图书馆 CIP 数据核字（2007）第 189141 号

内 容 提 要

本书详细介绍了工业领域的三维设计软件 UG 的最新版本——NX5 的各种常用模块，内容包括：认识 UG NX5、UG NX5 基础操作、创建基准、创建草图截面、创建曲线、创建实体、创建曲面、实体与曲面特征操作、编辑特征、零件装配、绘制工程图等 UG NX5 最为常用的模块。

全书始终以实例贯穿其中，实例都是由一线级专业工程师运用多年的经验精心组织与策划的，深入简出地介绍了 UG NX5 的细节操作，让初学者及具有一定 UG 基础的中级读者可以在迅速掌握 UG NX5 的操作方法与技巧的同时，还可以积累一定的实际操作经验。本书在内容安排上由浅入深，从对软件的认识→基础操作→创建基准……使读者在学习的过程中不会感到吃力，并且不断地深入掌握各种新的知识点。

随书附带的光盘包括书中的所有实例图形源文件、最终效果文件，以及实战演练和综合实例的教学演示录像。暴风创新科技（http://www.bf58.com）为读者提供全方位的技术支持。

机械设计院・从入门到精通

UG NX5 中文版从入门到精通

◆ 编　　著　暴风创新科技
　责任编辑　俞　彬

◆ 人民邮电出版社出版发行　　北京市崇文区夕照寺街 14 号
　邮编　100061　　电子函件　315@ptpress.com.cn
　网址　http://www.ptpress.com.cn
　三河市海波印务有限公司印刷
　新华书店总店北京发行所经销

◆ 开本：787×1092　1/16
　印张：29　　彩插：4
　字数：770 千字　　2008 年 4 月第 1 版
　印数：1– 6 000 册　　2008 年 4 月河北第 1 次印刷

ISBN 978-7-115-17300-3/TP

定价：52.00 元（附光盘）

读者服务热线：(010)67132687　印装质量热线：(010)67129223

反盗版热线：(010)67171154

前　言

UG 是 CAD/CAD/CAE 领域最具代表性的软件之一，UG 以丰富的模块、强大的功能，广泛应用于航空航天、军工、船舶、汽车、家电、电子、机械、玩具等行业。它可以用于产品造型设计、结构设计、零件装配设计、钣金设计、模具设计、数控编程、设计分析等产品研发领域。

UGS 公司于 2007 年 4 月在亚太地区发布了下一代数字产品开发软件 UG NX5。在生产力改进方面，UG NX5 的提高幅度超过了以前任何一个版本，给 UG 的用户带来了新的喜悦。UG NX5 提供了一个新的用户界面以及 NX“由你做主（Your Wary）”自定义功能，从而提高了工作流程效率。UG NX5 把 CAD、CAM 和 CAE 无缝集成到一个统一、开放的环境中，提高了产品和流程信息的效率。UG NX5 为企业提供了“无约束的设计（Design Freedom）”，帮助企业有效处理所有历史数据，并使历史数据的重复使用率最大化，从而避免不必要的重新设计。比较结果显示，与竞争系统相比，UG NX5 的效率提高了 50%。另外，UG NX5 还突破了参数化模型的各种约束，从而缩短了设计时间，减少了可引起巨大损失的错误。由客户提供的比较结果表明，生产力提高了 20%。另外，一份第三方的基准报告显示，在工作流程效率测试中，UG NX5 的性能超过了所有主要竞争者。

本书特点

- 完善的知识体系。从基础入门到进阶提高再到综合实战，以分模块类型的方式编排，采用阶梯式教学方法，对软件架构、应用方向和命令应用，都作了详尽的解析，逐步提高读者的使用能力，方便查找具体功能的实现方向，巩固学习技能。
- 入门到精通进阶。功能介绍循序渐进、通俗易懂、易于入手，“入门”体现于零起点起步的第一步台阶；“实战演练”的实用案例或典型实例串起多个功能点，是提高应用水平的第二步，也是连接入门与精通的阶梯；最后一章的复杂案例，对产品设计流程进行全面讲解，是迈向专家行列的一步台阶。
- 强大的视频引导。附赠光盘包含实例的多媒体教学演示，其简便的控制按钮、详实的步骤提示和操作总结，使读者在不经意间迅速掌握软件的应用要领。
- 注重实践、强调实用。共 88 个不同复杂程度、由浅入深的实例，展示了 UG 的具体应用。众多的提示信息，是作者利用 UG 进行产品设计开发的经验总结，有助于读者提高使用 UG 的工作效率。

本书主要内容

- 第 1 章（认识 UG NX5）：介绍了 UG 的发展简史、应用模块、运行环境要求、软件安装。
- 第 2 章（UG NX5 基础操作）：讲述了 NX5 的操作环境、参数设置、文件操作、显示方式、选择模式、文件转换等操作。
- 第 3 章（创建基准）：讲解基准平面、基准轴、基准坐标、基准点等基准特征在 NX5 中的具体应用。

- 第 4 章（草图截面）：详细介绍了零件设计中最为重要的草绘截面模块。
- 第 5 章（创建曲线）：主要介绍了 UG NX5 中各种空间曲线的创建方法，如直线、圆弧、文本、样条曲线、矩形等，以及各种曲线的编辑操作。
- 第 6 章（创建实体）：详细介绍了创建实体特征最为常用的拉伸、回转体、孔、刀槽、凸台、凸垫、凸起、键槽、三角肋、管道等特征的创建方法。
- 第 7 章（创建曲面）：详细介绍了创建曲面特征最为常用的直纹面、通过曲线组、通过曲线网格、艺术曲面、截面曲面等创建方法。
- 第 8 章（实体与曲面特征操作）：本章讲解了求和、求差、求交运算、缝合操作、偏置、缩放、修剪、抽取、实例特征、镜像特征、镜像体、引用几何体等特征常用的操作。
- 第 9 章（编辑特征）：讲述了如何对已创建的特征进行修改及重定义，如移动、比例、旋转、镜像、阵列等变换对象的编辑操作。
- 第 10 章（装配设计）：介绍了装配的基本操作与方法，了解并掌握常用的装配关系类型、装配步骤及参数设置，对装配后的组件进行编辑，以及装配爆炸图的创建及编辑。
- 第 11 章（工程图设计）：讲解了如何在 UG NX5 中创建完整的工程图，包括各种视图的创建、视图的编辑、尺寸标注等工程图细节操作。

本书配套光盘

本书配套光盘提供了所有实例配套的模型文件以及全程实例操作的高清视频教学文件。结合书中的内容，通过实际操作与视频教学辅助，读者可以轻松地掌握 UG NX5。

与我们联系

本书由暴风创新科技编写，参加编写工作的人员还有周中华、刘江洪、张洁、徐琨、陈永辉、莫冬梅、李儒汉、钟华新、黄廖槐、吴丰珍、李兴发、杨艺、向开华、付小天、陈智勇、钟建国等，在此一并表示衷心的感谢！尽管我们倾力相注，精心而为，但由于时间仓促，加之水平有限，书中难免存在疏漏之处，恳请读者批评指正，我们定会全力改进。服务网站 http:// www.bf58.com 为读者提供全方位的技术支持。

E-mail：bao.fon@gmail.com，支持 MSN：bao.fon@gmail.com

2007 年 10 月

目　录

第1章 认识UG NX5

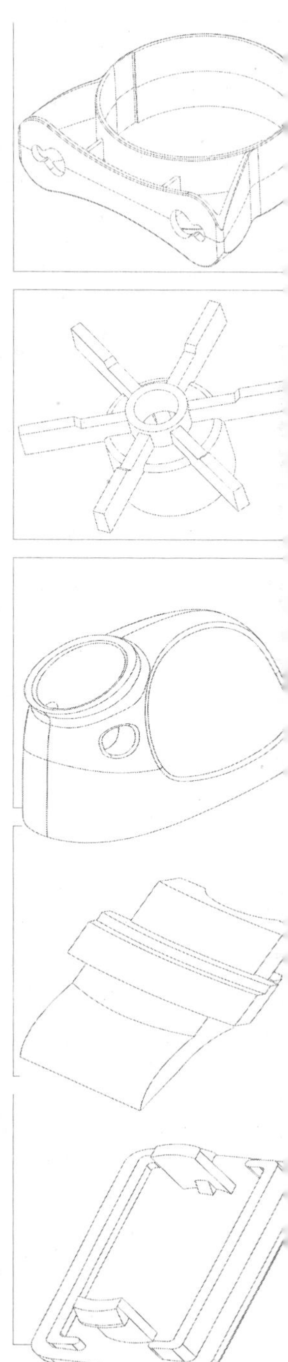

本章导读

了解 UG 的发展史及软件的概况，这些对学习软件是大有裨益的。对于读者来说，了解 UG 的发展史、软件的概况、软件的运行环境、软件的安装方法等，可以使读者从更多的角度去认识 UG，从而增加读者学习 UG 的自信心，开扩了知识面。

要点提示

- UG 的发展史
- UG 的应用模块
- UG 的运行环境要求
- 软件的安装

1.1 UG NX5 介绍

- UG 是 Unigraphics Solutions 公司（简称 UGS）提供的集 CAD/CAE/CAM 于一体的三维参数化软件。提供从概念设计、产品造型、结构设计、分析及加工制造的全部解决方案。拥有强大的曲面造型能力，主要用于设计生产汽车、医疗仪器、机械设备等复杂产品。其基于产品和过程的知识工程与设计优化技术的组合，显著地提高了相关工业的生产率。UG 凭借其强大的功能获得了世界上最优秀公司的青睐，其主要客户有：通用汽车、波音飞机、通用电气、惠普发动机、爱立信、飞利浦、松下、精工、柯达等。
- UGS 公司倡导软件的开放性与标准化，并与客户密切协作，提供企业解决方案，帮助客户进行管理流程的不断创新，以真正实现 PLM 所带来的价值。UGS 拥有 46 000 家客户，遍布全球 62 个国家，全球装机量近 400 万台套。
- UG 采用复合建模技术，摒弃了传统建模设计意图传递和参数化建模严重依赖草图，以及构造和编辑方法不丰富的缺陷。融合了实体建模、曲面建模、线框建模、显示几何建模与参数化建模，可自由地选择最适合设计者需要的设计方法。
- 以 Parasolid 为核心的实体建模，使其实体造型处于领先地位。Parasolid 是目前著名的 CAD/CAM/CAE 软件广泛采用的内核。世界上有 25%的三维产品数据是使用 UGS 的 Parasolid 建模核心生成的。
- 从 1983 年 UGII 进入市场至今 20 多年的时间，UG 得到了迅速的发展。

  1986 年：UG 开始引进实体建模核心 Parasolid 部分功能。

  1989 年：UG 宣布支持 UNIX 平台及开放系统结构。

  1990 年：UG 成为 McDonnell Douglas（现在的波音公司）的机械 CAD/CAM/CAE 的标准。

  1993 年：引入复合建模技术。

  1995 年：首次发布 Windows NT 版本，从而使 UG 真正走向普及。

  1996 年：发布可以自动进行干涉检查的高级装配模块，最先进的 CAM 模块，以及具有 A 类曲面造型能力的工业造型模块。

  1997 年：新增了 WAVE 等多项领先的新功能。

  1999 年：发布了 UG16 版本，并在我国内的 CAD 行业中迅速普及起来。

  2001 年：先后发布了 UG17 和 UG18 版。

  2002 年：发布了 UG 的新版本 UG NX1。

  2003 年：发布了可支持 PLM 的 UG NX2。

  2004 年：发布了 UG NX3。

  2005 年：发布了 UG NX4。

  2007 年：发布了 UG NX5。
- UG 在 1990 年进入中国市场后，发展迅速，特别是随着 UG 微机版本的发布和计算机的更新换代，为 UG 的推广创造了良好的环境。近几年来，UG 以其迅猛的速度发展，用户遍布各行各业，已成为中国航天航空、汽车、机械、家用电器等部门的首选软件。

UG 拥有丰富的应用模块，主要包括如下多种。

（1）基本环境：提供了所有应用模块所共有的常规工具。

（2）建模：用于设计产品的几何结构。将基于约束的特征建模和显式几何建模方法无缝地结合起来。提供了强劲的“复合建模”工具，将实体建模、曲面建模、线框建模、显示几何建模与参数化建模融合于一体。

（3）装配：包含构建部件装配的工具。基于 WAVE 技术，能够建立局部的部间件关系。提供了并行、自上而下和自下而上的产品开发方法。

（4）外观造型：提供了针对“行业设计”应用模块而特别创建的设计工具，用于建立复杂的曲面形状。

（5）制图：用于创建和维护模型图纸。快速获得与三维实体模型完全相关的二维工程图。

（6）加工：用于铣、钻、车床和线切割等交互式编程和后处理。

（7）机床构建器：创建和用于集成的仿真和验证机床。

（8）高级仿真：提供有限元建模和结果可视化的综合性工具，专门用来满足专业分析的需求。

（9）设计仿真：提供了有限元建模和结果可视化的工具，专门用来执行初始设计的验证研究。

（10）运动仿真：用于运动仿真，是一种提供了仿真和评估机械系统位移复杂运动的工具。

（11）NX 钣金：提供了设计直形制动器钣金部件的工具。

（12）航空钣金：提供了机身中最常见的钣金部件类型的设计工具。

（13）成形/平整：用于更改钣金特征的成形/未成形状态。

（14）柔性印刷电路设计：提供了设计柔性印刷电路的工具。

（15）电气管线布置：用于电气管线布置，提供了定义电力、信号、设置等的布线装配和线束等。

（16）机械管线布置：用于定义 3D 机械系统（如管线布置、管道和连接件）。

（17）逻辑管线布置：用 2D 图表（PID-工艺和仪器绘制图表）定义逻辑系统。

（18）船舶设计：提供了包括从概念设计，结构钢规划、详细装配和组件建模一直到每个图纸生产的信息等。

（19）注塑模向导：提供设计塑料注射模具和其他类型模具的工具，包括工程图的自动制作和管理。

（20）级进模向导：提供了设计级进模的一系列工具。可将扁平条料变换成 3D 部件。

（21）电极设计：用于需要将电子放电加工（EDM）的项目进行电极设计。

（22）PMI：应用注释工具在 3D 环境中记录产品文档。

（23）知识融合：将工程知识驱动的规则和设计意图应用于几何模型和装配的第一个零部件。

1.2 系统对硬件、软件的要求

了解 UG 软件对计算机硬件及软件的要求。

1．硬件要求

- CPU：建议使用频率在 2.0GHz 以上的 CPU。
- 硬盘：硬盘可以使用的空间最小为 3GB。
- 内存：建议内存具有 512MB，如果需要运行大容量的部件文件，建议内存具有 1G 及更高。
- 显卡：显卡显存最低为 64MB，建议使用 128MB 或 256MB。
- 光驱：CD-ROM 或 DVD-ROM。
- 鼠标：强烈建议使用三键式鼠标（中键为滚轮式）。

2．软件要求

运行于 Windows 2000 / NT，Windows XP 或更高版本的操作系统中。

1.3 安装 UG NX5

安装前请确认拥有管理员权限，否则将导致安装失败。最好关闭杀毒软件及其他程序，以免因意外导致安装失败。

操作步骤

1. 将安装光盘放入光驱内，光驱在读取盘中的数据后，弹出 NX5 Product Installation 对话框，如图 1-1 所示。

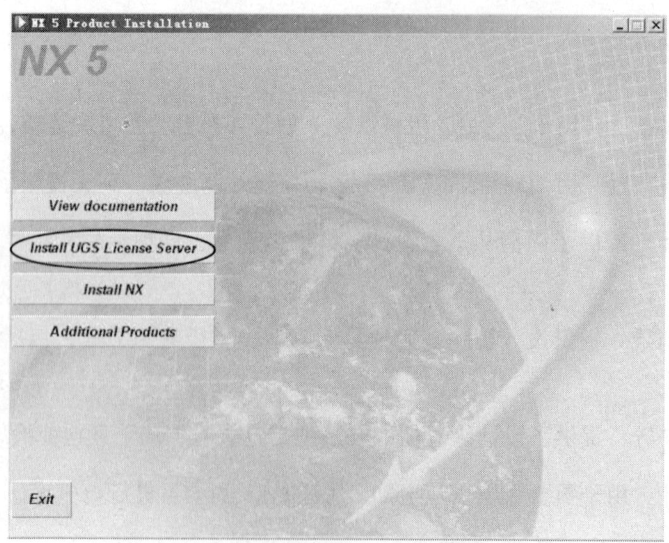

图 1-1 NX5 Product Installation 对话框

2. 将软件服务商提供的许可证文件（ugs.lic）复制到电脑硬盘中（如：d:\ ugs.lic）。

3. 打开 ugs.lic 文件，并按相关的安装说明修改 ugs.ilc 文件，保存 ugs.ilc 文件后退出。

4. 单击 NX5 Product Installation 对话框中的 Install UGS License Server 按钮，弹出"选择安装程序的语言"对话框，在对话框中选择"中文（中国）"选项，如图 1-2 所示。然后单击 确定 按钮。

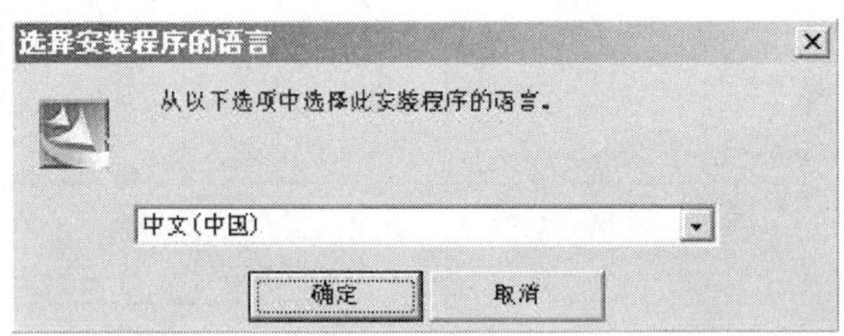

图 1-2 "选择安装程序的语言"对话框

5. 在弹出的 UGSLicensing InstallShield Wizard 对话框中单击 下一步(N) > 按钮，如图 1-3 所示。

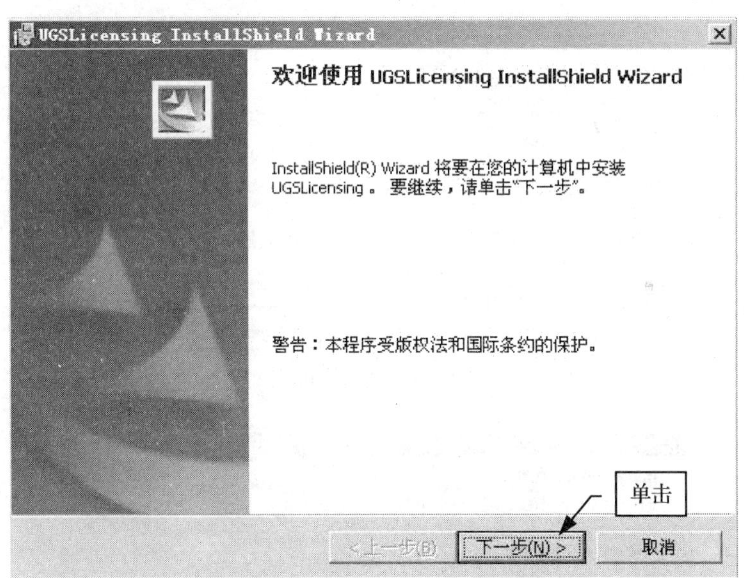

图 1-3 UGSLicensing InstallShiele Wizard 对话框

6. 程序提示更改当前目录的目的地文件夹。此时可以参照程序默认的许可证安装目录，也可以根据需要选择许可证的安装目录。确认文件夹后单击对话框中的 确定 按钮，如图 1-4 所示。

7. 在对话框中的"使用许可证文件"选项下方单击 浏览... 按钮，并将弹出的"浏览至 UGS 公共许可证文件"对话框定位至"使用许可证文件"所在的位置，再单击对话框中的 下一步(N) > 按钮，如图 1-5 所示。

8. 在对话中单击 安装(I) 按钮，如图 1-6 所示。系统开始安装许可证。

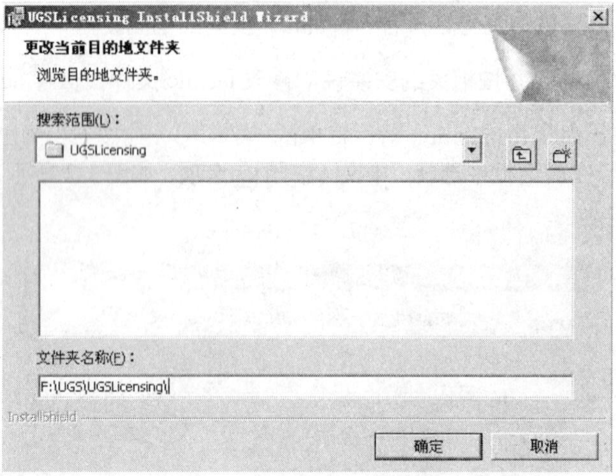

图 1-4　选择许可证安装目录

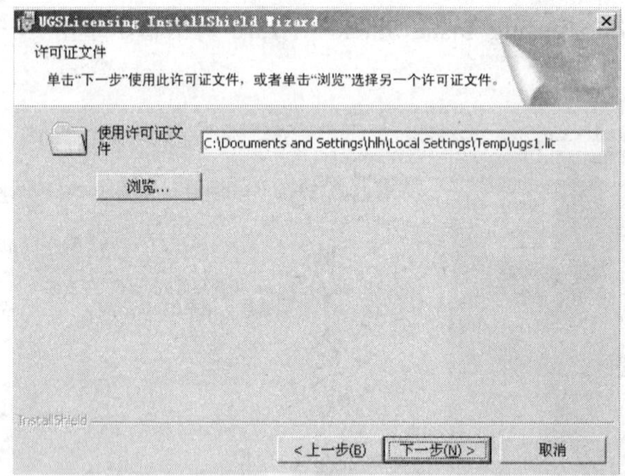

图 1-5　确认许可证

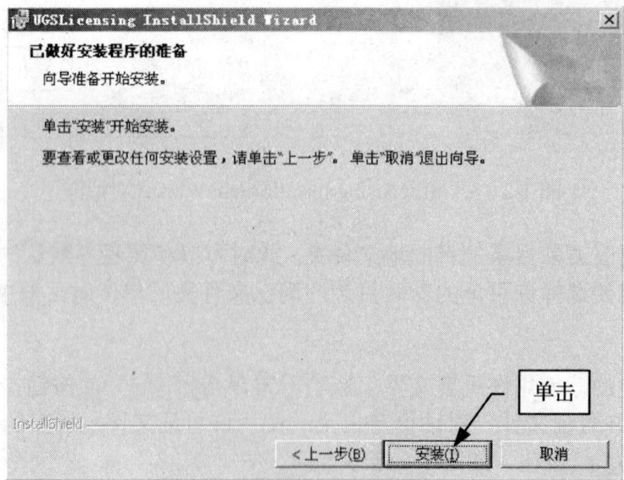

图 1-6　确认开始安装许可证

9. 当安装完成后，单击对话框中的 完成(F) 按钮，如图 1-7 所示。

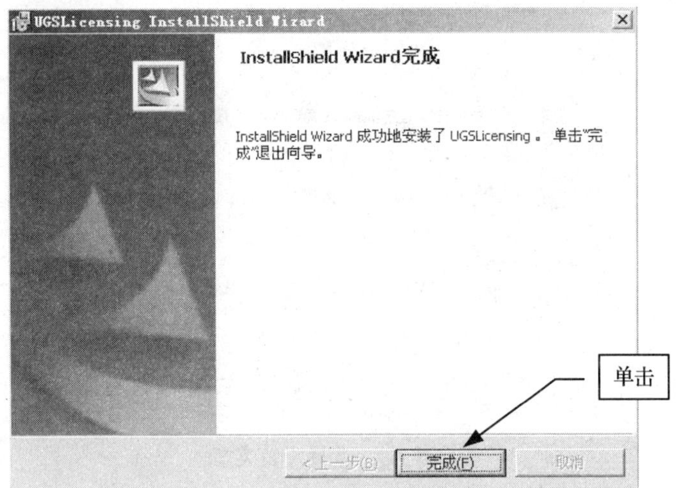

图 1-7 完成许可证安装

10. 接下来安装 UG NX5，单击 NX5 Product Installation 对话框中的 Install NX 按钮。弹出 InstallShield Wizard 对话框，如图 1-8 所示。系统自动进行程序配置。

图 1-8 InstallShield Wizard 对话框

11. 系统提示选择对话框中的安装类型，参照系统默认的设置不变，再单击 下一步(N) > 按钮，如图 1-9 所示。

12. 确定 UG NX5 的安装目录。如果沿用默认的目录，直接单击 下一步(N) > 按钮，继续下一步安装。

提示：如果需要更改安装目录，可单击 更改(C)... 按钮，在“更改当前目的地文件夹”对话框中进行目录更改，再单击对话框中的 下一步(N) > 按钮，如图 1-10 所示。

13. 系统提示输入许可证服务器，参照系统自动输入的“许可证服务器”名称不变，再单击对话框中的 下一步(N) > 按钮，如图 1-11 所示。

14. 在弹出的 UGS NX5.0 InstallShield Wizard 对话框中单击选择“中文（简体）”单选按钮，再单击 下一步(N) > 按钮，如图 1-12 所示。

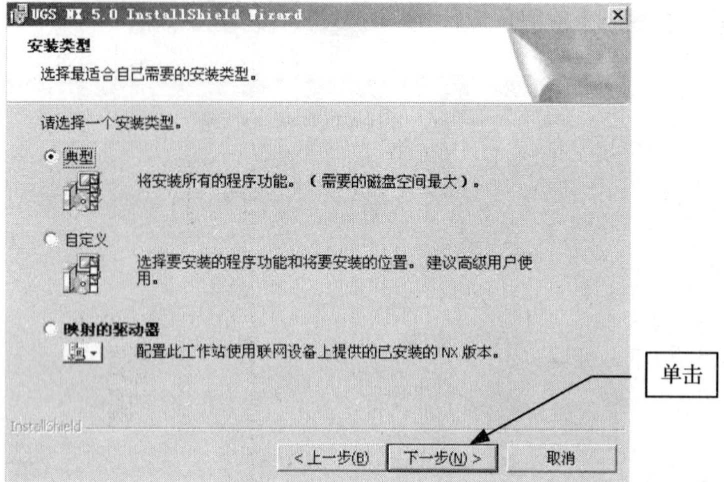

图 1-9　选择安装类型

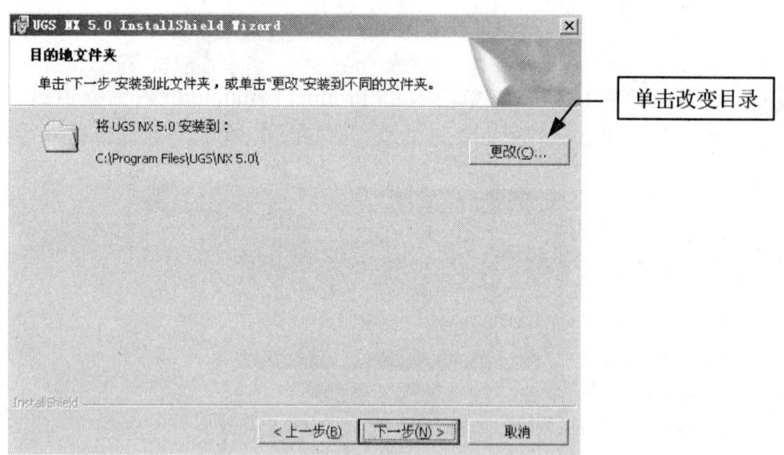

图 1-10　确定 UG NX5 的安装目录

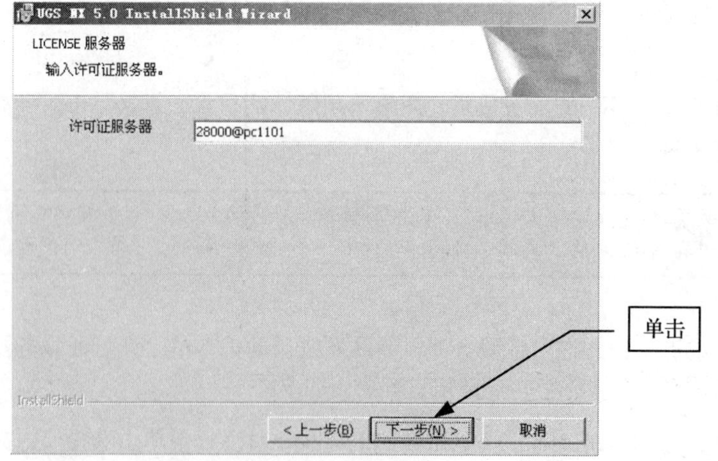

图 1-11　许可证服务器

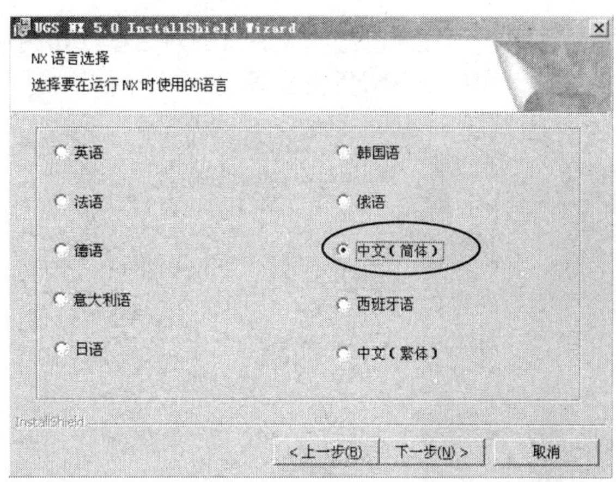

图 1-12 选择安装语言

15. 单击对话框中的 安装(I) 按钮，如图 1-13 所示。

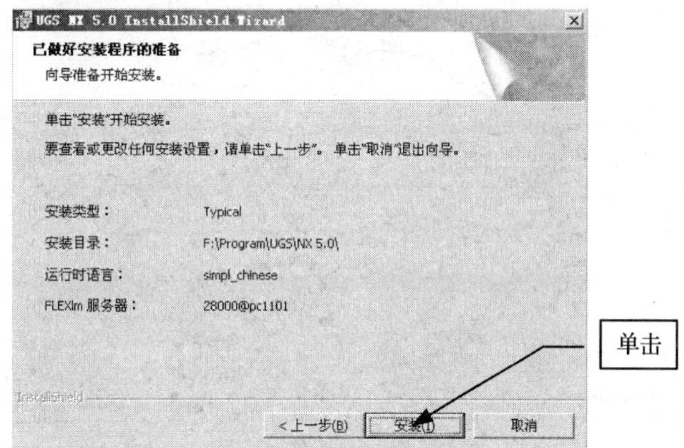

图 1-13 提示已做好安装程序的准备

16. 系统自动进行安装，这个过程大概需要几分钟时间（时间的长短主要根据计算机配置的高低而定），其对话框如图 1-14 所示。

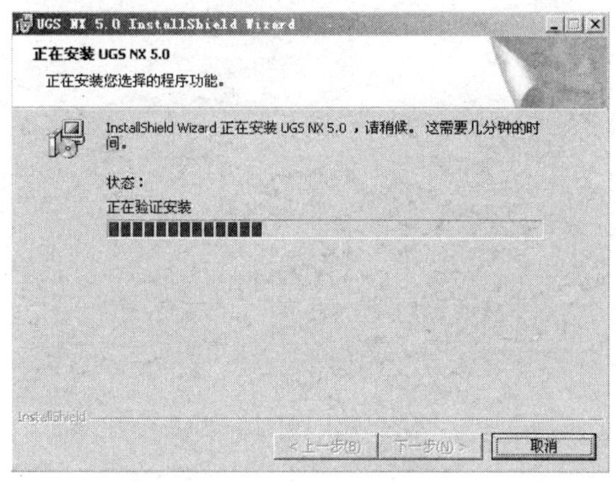

图 1-14 提示正在安装

17. 程序安装完成后会弹出提示程序已经安装完成的对话框，如图 1-15 所示。单击对话框中的 完成(F) 按钮，完成 UG NX5 的安装。

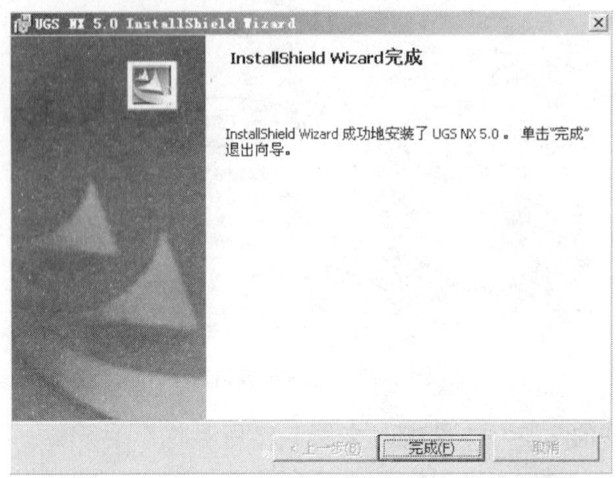

图 1-15　完成安装

18. 返回 NX5 Product Installation 对话框后，单击 Exit 按钮，退出程序安装。

19. 选择“开始”→“程序”→UGS NX5→NX5 命令启动 NX5，启动 NX5 后的界面如图 1-16 所示。

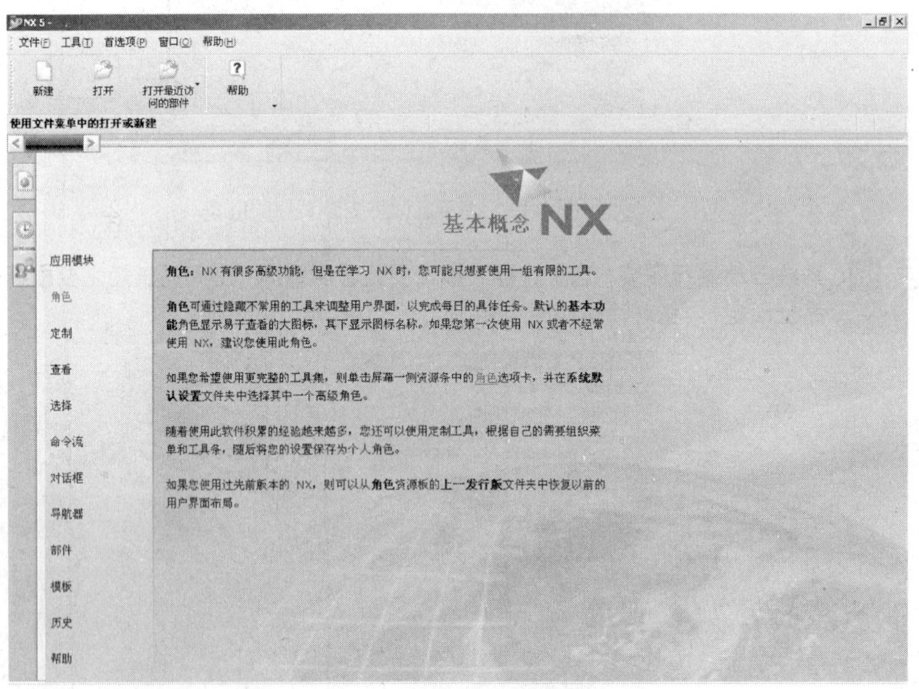

图 1-16　UG NX5 界面

第2章 UG NX5 基础操作

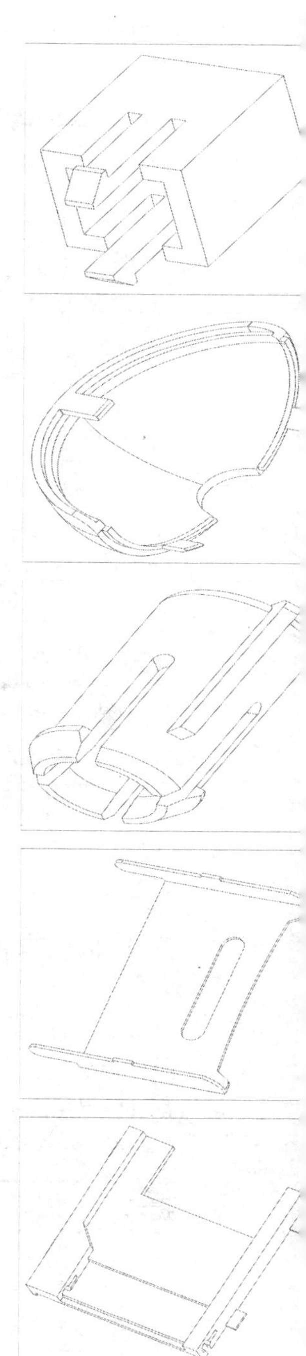

本章导读

本章介绍 UG NX5 的基本操作方法，主要包括工作界面、菜单、工具栏的认识和使用，如何进入和退出 UG NX5。文件的各种操作方法，如文件的创建、打开、保存等，以及 UG 与其他 CAD 软件的数据交换参数设置及转换方法。

要点提示

- UG 工作界面、菜单和工具栏的认识
- 用户设置与首选项设置等参数的设置方法
- 文件的基本操作
- 零件的选择方式、显示模式以及数据转换等

2.1 界面认识

开启 UGS NX5 后打开零件，并展开部件导航器的程序工作界面，如图 2-1 所示。整个程序的工作界面包括：标题栏、菜单栏、工具栏、导航器、工作窗口、对话框移动夹、选择杆、专家提示栏、状态栏。

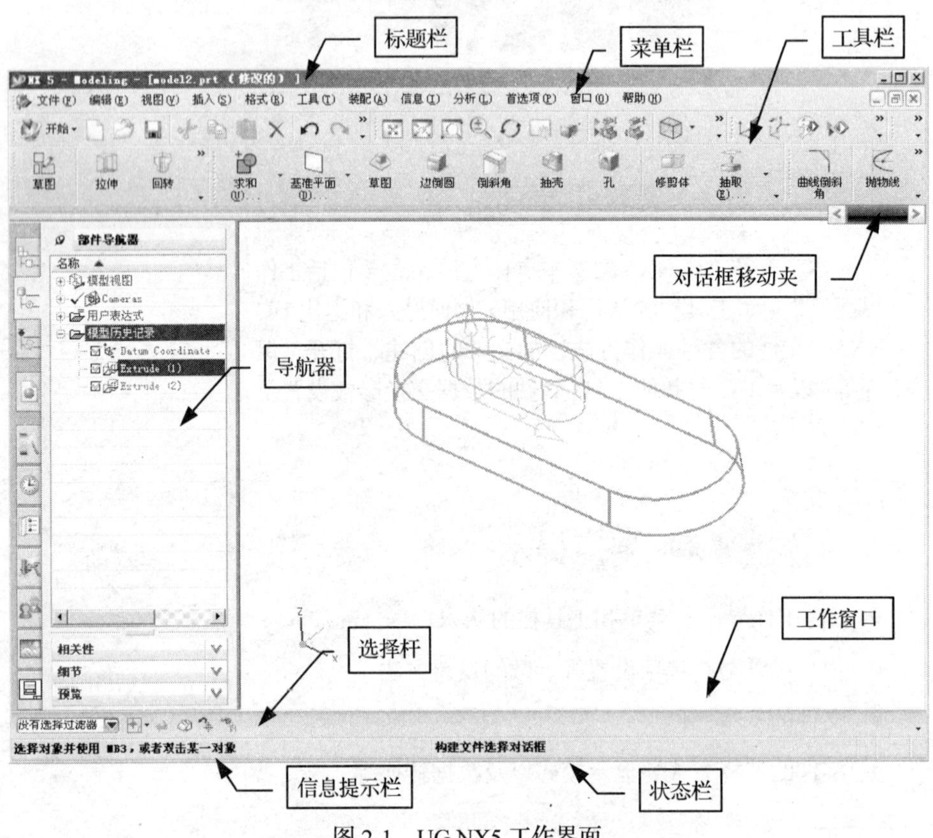

图 2-1 UG NX5 工作界面

2.1.1 界面菜单栏

以 UG“建模”模式下的菜单栏为例，UG 的下拉菜单由文件、编辑、视图、插入、格式、工具、装配、信息、分析、首选项、窗口、帮助共 12 个菜单项组成。单击菜单栏上的任一菜单项，都会弹出相应的下拉菜单。在不同的应用模块下，部分菜单项的命令将发生相应的变化。图 2-2 为“建模”模块下的“编辑”菜单命令，图 2-3 为“外观造型设计”模块下的“编辑”菜单命令。

提示： 下拉菜单中的相关符号解释如下。

- ...符号：表示该选项有下一级对话框。
- ▶符号：表示该选项有级联菜单。
- 菜单命令后的如 Ctrl+X、Ctrl+C 为快捷键。

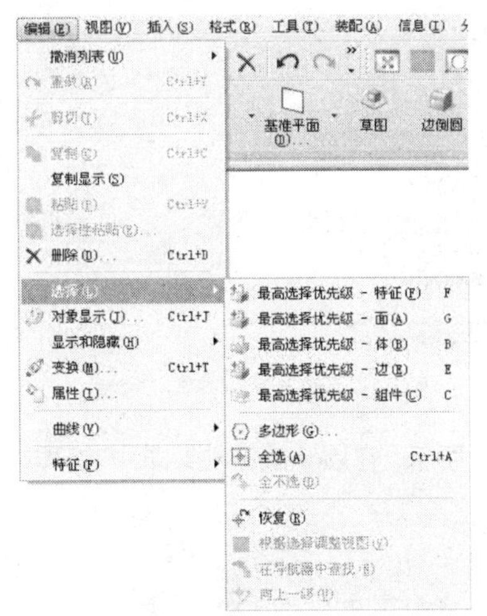

图 2-2 “建模”模块“编辑”菜单命令

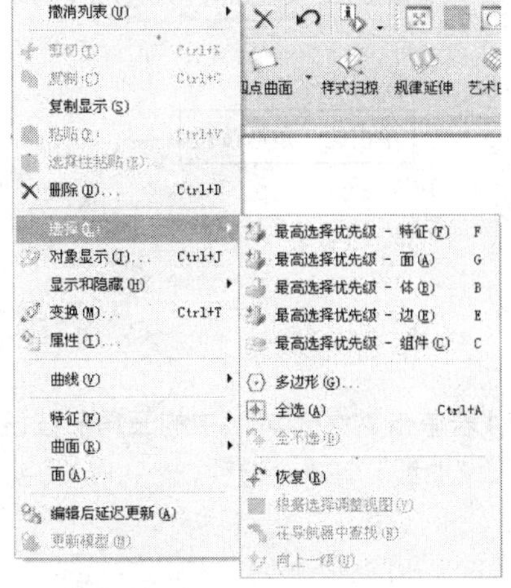

图 2-3 “外观造型设计”模块“编辑”菜单命令

2.1.2 工具栏

工具栏是选择菜单栏中相关命令的快捷图标的集合，如在菜单栏中选择“插入”→“拉伸”命令或在“特征”工具栏中单击“拉伸”图标，都会弹出“拉伸”对话框。快捷图标只是将一些常用的命令制作成快捷方式，便于常用命令的选择。

1．工具栏的不同形式

当工具栏以浮动的方式显示时将显示标题栏。标题栏上有该工具栏的相应名称，以及定制工具栏和关闭工具栏的按钮。在图 2-4 中列出了部分的浮动工具栏，第一排为无文字提示的浮动工具栏。

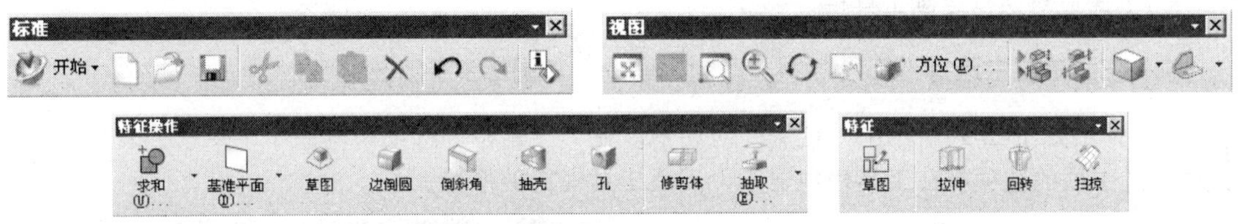

图 2-4 浮动工具栏

2．工具组

当工具图标右侧有“▼”符号时，表示这是一个工具组，其中包含数量不等功能相近的命令图标，单击“▼”符号便会展开相应的列表框，如图 2-5 所示。

3．图标的隐藏与显示

（1）当工具栏不以浮动的方式显示时，标题栏将不显示，且每个工具栏的左边有一条分离条。因工具栏空间的限制，部分工具栏将不能完全展开，在工具栏的右侧有部分工具图标将自动隐藏，此时在该工具栏的右边会出现一个双箭头，单击该双箭头，会展开一个列表框，其中列出了该工具栏中所有隐藏的工具图标，如图 2-6 所示。

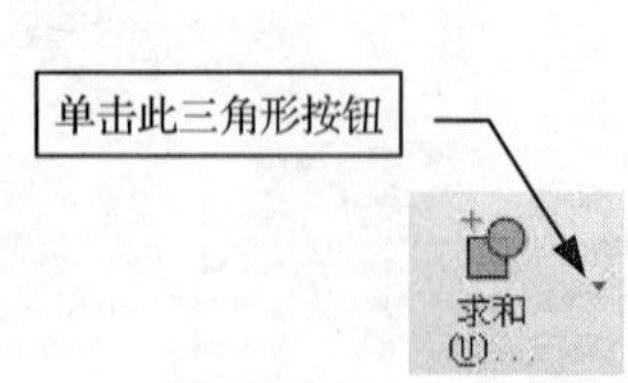

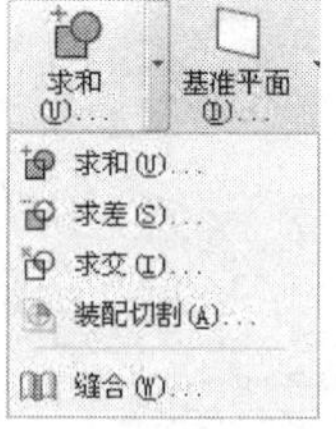

图 2-5　工具组

（2）若单击 添加或移除按钮▾ 中的三角形按钮命令，如图 2-7 所示，在展开的下拉菜单中有“特征”、“特征操作”、“曲线”等 3 个选项。

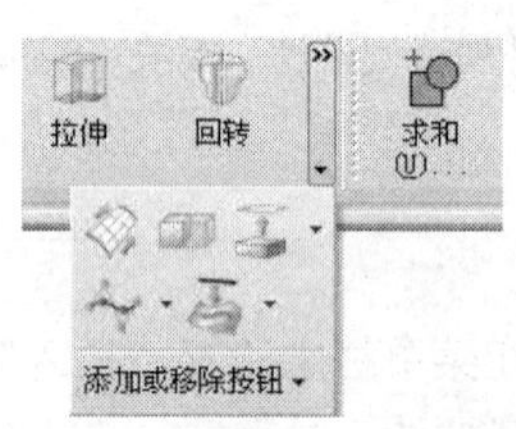

图 2-6　显示隐藏的工具图标

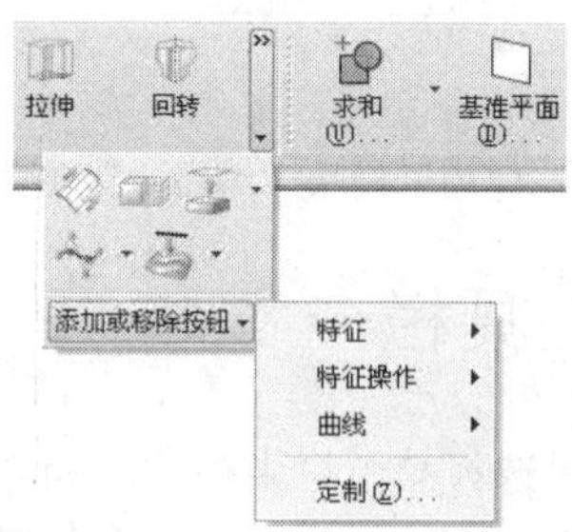

图 2-7　查看工具栏

4．工具栏的定制

用户可以根据工作的需要对工具栏进行定制：消隐和显示工具条、消隐和显示工具图标、移除和显示工具图标提示文字。定制工具栏共有两种方式：通过对话框定制工具栏和以快捷方式定制工具栏。

（1）通过对话框定制工具栏

① 在菜单栏中选择“工具”→“定制”命令，如图 2-8 所示。

② 弹出如图 2-9 所示的“定制”对话框。在“工具栏”选项卡界面中，单击列表中的任一选项，选中后的选项将在工具栏中显示，反之工具栏将被移除。

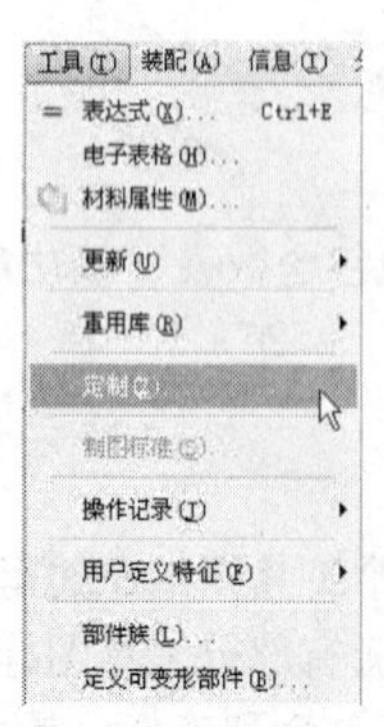

图 2-8　选择“定制”命令

图 2-9　“定制”对话框

> 提示：工具栏第一次显示时将以浮动的方式显示出来，若工具栏是被移除后再次显示的，则该工具栏将显示在被移除时的位置上。

③ 移除工具栏中的图标：在“定制”对话框中的任一选项卡中，将要移除的命令图标拖离工具栏即可。

④ 添加命令到工具栏：切换至“命令”选项卡，选择类别后将该命令从对话框拖放到工具栏中。

⑤ 移除和显示工具图标提示文字：在“工具栏”选项卡中选择任一选项，再选择对话框右边的“文本在图标下面”复选框，则所选择的工具栏将出现文字提示。若取消勾选，则显示文字提示。

（2）以快捷方式定制工具栏

① 显示和隐藏整个工具栏：在工具栏中右击，并在弹出的菜单中选择相应的工具栏名称，当选中某工具栏选项前的复选框✔时，该工具栏显示。再次选择该复选框，将取消前面的✔的勾选，工具被移除。

② 更改工具栏上的图标：在工具栏中单击工具栏右下角的箭头符号“▼”（若工具栏不以浮动的方式显示，则单击工具栏上标题栏右边的“▽”按钮），从添加或移除按钮▾菜单中选择相应的类别，并在展开的列表中选择相应的命令，当选中某一命令前的复选框✔时，该命令即被添加到工具栏上，再次选择该命令，将取消复选框的勾选，该命令从工具栏中移除。

③ 从添加或移除按钮▾菜单中选择相应的类别后，在展开的列表中选择“文本在图标下面”选项，则相应的工具栏选项将出现提示文字，再次选择该项，将取消选中的复选框，工具栏上的提示文字也将隐藏。

> 提示：工具图标下的文字用于提示该图标的功能，使初学者能够很方便地了解各个工具图标的功能。对于熟练的操作者则可以取消该项功能，以获得更大的工作空间，用户可以根据自己的需要进行设置。

2.2 用户设置

- 在 UG 中，提供了两处用于定义环境控制参数的命令，其设置内容基本一致，但不同的命令具有不同的优先权及控制范围。
- 用户默认设置的设定对设定后的各部件文件均有效，但偏重于一些基本环境的设置。有几各参数的默认设定，其设置需重启 NX 才能生效。
- 在“首选项”菜单中所做的设定，绝大多数只对当前进程有效，当退出后重新进入 NX 后将恢复到默认设置中所做的设定。有些只对当前部件有效，比如背景颜色。只有很少一部分参数在再次进入 NX 时仍然有效。
- 选择“文件”→“实用工具”→“用户默认设置”命令，弹出“用户默认设置”对话框，如图 2-10 所示。在该对话框中对基本环境和各应用模块的参数都有详细的设置。对于一般用户来说，直接使用其默认设置就可以了。

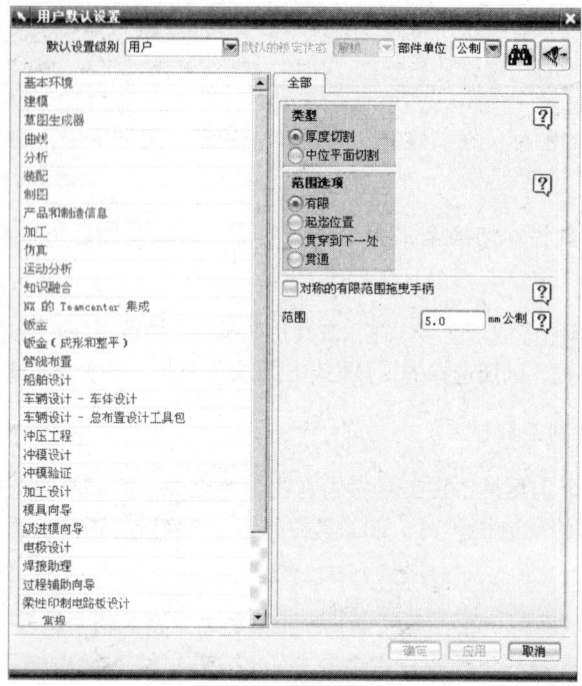

图 2-10 “用户默认设置”对话框

2.2.1 基本环境参数设置

本节主要介绍在基本环境中对 NX 的常规选项、用户界面、对象、对象显示、工作平面、导航器、基本光等的设定。

1．“常规”参数设置

“常规”参数主要包括部件、选择、属性、目录等项目的设置，在这里主要介绍一些常用的参数设置。

（1）部件

“部件”选项卡主要用于对部件相关参数进行预设置，例如打开部件时是否进入上次保存的应用模块、新建部件的默认单位等，如图 2-11 所示。

提示： 对话框中各选项参数简介如下。

- 默认单位：设定新建部件文件或加载已有部件之前使用单位。
- 部件预览：确定是否保存预览图像及何时保存。
- 保存预览：勾选此选项将保存部件（和图纸页）的预览图像。
- 创建时间：指定何时创建部件（和图纸页）的预览图像。仅在勾选“保存预览”选项时可用。

① 进入文件上次保存的应用模块：勾选此选项，在无部件状态下打开已存部件文件时，将进入上次保存时的应用模块。如果由于某种原因不能进入应用模块，则进入“基本环境”应用模块。

② 压缩保存部件：决定部件文件的 Parasolid 部分是否压缩保存。当勾选“始终压缩保存部

件”选项时，此选项被忽略。

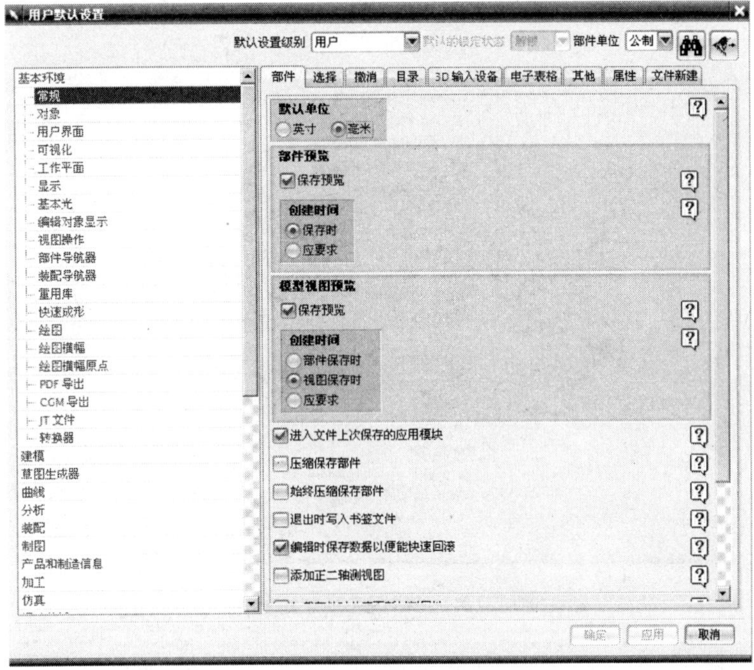

图 2-11 “部件”选项卡

③ 始终压缩保存部件：勾选此选项，则无论是新创建的还是已有的部件文件，在保存时都被强行压缩。它将替代“压缩保存部件”选项的设置。

④ 退出时写入书签文件：决定退出 NX 时是否需写入书签文件。

⑤ 编辑时保存数据以便能快速回滚：将附加的数据和部件文件一起保存，以提高在以后进行编辑特征时的性能。

⑥ 添加正二轴测视图：勾选此项将正二轴测视图在打开时添加到新的部件文件和已有的部件文件中。

⑦ 加载部件时从库更新材料属性：勾选此项，部件的材料库在加载部件文件时从外部库中自动更新。

⑧ 提醒保存更改的时间间隔：NX 在一定时间间隔后显示提示信息请用户保存更改。此时间间隔是指从上次保存到显示提示信息之间的时间。或相邻两次提示之间的时间间隔。当时间间隔设为 0 时，此功能被禁用。

⑨ 关闭时更换显示部件：勾选此项，当关闭当前显示部件文件时，将显示上一个部件，否则显示 NX 欢迎画面。

（2）文件新建

“文件新建“选项卡主要用于对新建部件文件的模板使用、默认命名方式进行设定，如图 2-12 所示。

图 2-12 “新建文件”选项卡

① 显示空白模板：设置是否在“新建文件”对话框中显示空白模板。

② 主模型支持：设置“文件新建”对话框在创建新部件时是否用主模型。

③ 用自动指定的名称来命名部件：设置自动指定名称的新部件文件保存时的处理方式。

- 始终需要新名称：在部件文件保存时，始终出现“命名部件”对话框，并且只有提供了新名称后才能保存文件。
- 接受或提供新名称：始终出现“命名部件”对话框，可接受自动命名的名称，也可指定新的名称。
- 始终接受指定的名称：不出现“命名部件”对话框，直接以自动指定的名称保存部件文件。

④ 自动分配的名称位置：指定新文件名称的自动指派部分是显示在主文件名前还是在主文件名后。

⑤ 文件名分隔符：指定新文件名称中主文件名称与自动指定名称之间的分隔符号。有下划线、虚线、点 3 种。

2. “对象”参数设置

在“对象”参数设置中可以对几何对象的属性进行编辑，如颜色、线型、线宽等。

3. “用户界面”参数设置

（1）常规

此选项卡中主要是设定界面显示的小数位，及一些有关对话框的设置，其对话框界面如图

2-13 所示。

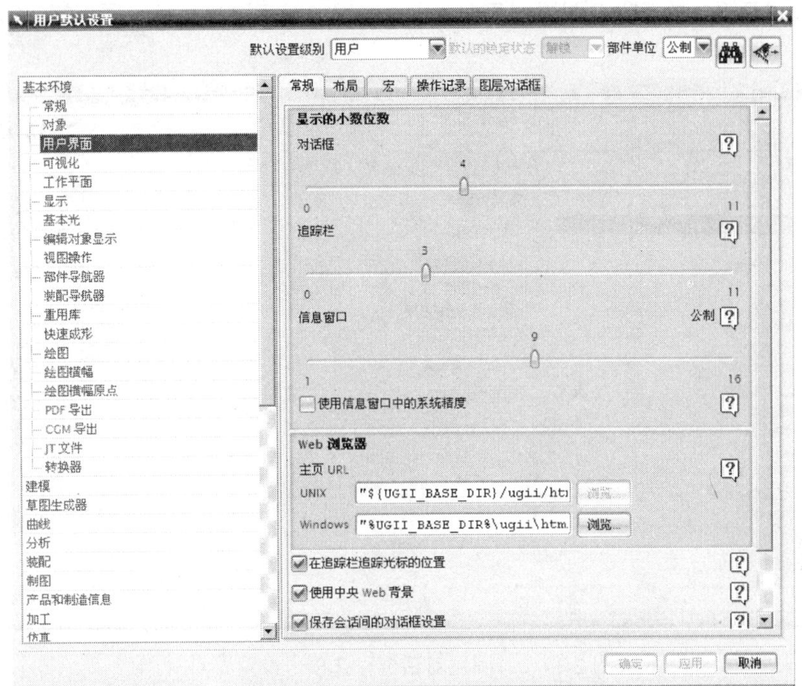

图 2-13 “用户界面”参数设置

① 对话框：设定输入文本框中实数的小数位数。

② 追踪栏：指定追踪栏输入文本框中实数的小数位数。

③ 信息窗口：指定格式化到信息窗口的实数的小数位数。

④ 使用信息窗口中的系统精度：设置格式化到信息窗口的实数是否使用系统精度，此选项将替代“信息窗口小数位数”选项的设置。

⑤ Web 浏览器：指定资源条中用于 Internet Explorer 选项卡的主页。

⑥ 在追踪栏追踪光标的位置：设置是否在图形窗口追踪光标的位置并在追踪样的文本框中显示。

⑦ 使用中央 Web 背景：在 Windows 系统中决定中央 Web 页面是否作为背景图像显示。

⑧ 保存会话间的对话框设置：设置是否在会话间保持 NX5 风格。

⑨ 允许定制菜单栏：设置是否允许对菜单栏进行定制。

⑩ 对话框宽度：指定与默认对话框宽度（100%）相比的宽度（25%～1000%）。

（2）布局

用于设置资源条的显示位置，对话框的放置及 Windows 样式。

（3）图层对话框

设定图层对话框中的类别、图层列表框大小，图层的显示过滤及显示项目等，如图 2-14 所示。

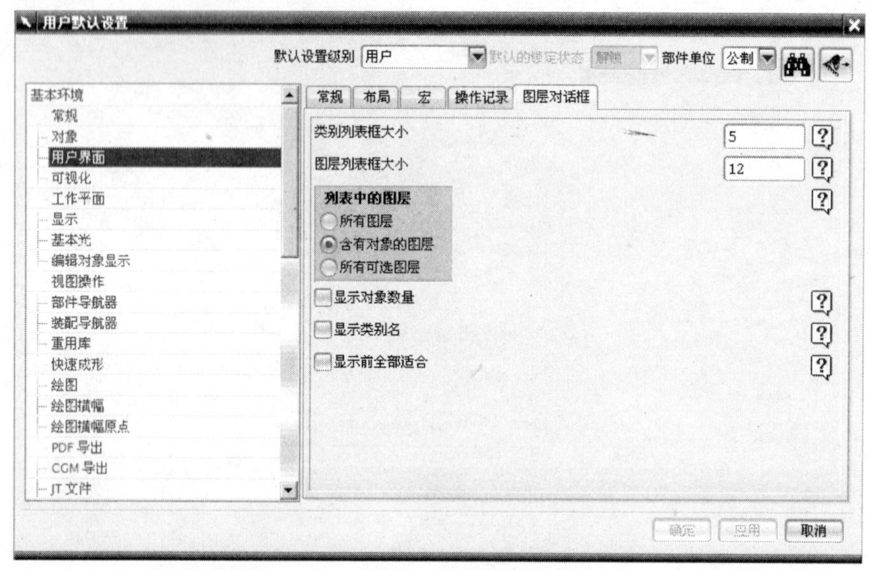

图 2-14 “图层对话框”选项卡设置界面

① 类别列表框大小：指定“层设置”对话框中类别列表框的高度，其数值对应于列表框中可见的项（或类别）的数目。

② 图层列表框大小：指定“层设置”对话框中图层列表框的高度。其数值对应于列表框中可见图层的数目。

③ 列表中的图层：设置图层列表框中应该列出的图层。

- 所有图层：所有图层都显示在图层列表框中。
- 含有对象的图层：在图层列表框中只显示含有对象的图层。
- 所有可选图层：在图层列表框中显示所有可选的图层。

④ 显示对象数量：用于决定是否给列表框中的每一图层显示其对象数量。

⑤ 显示类别名：决定是否显示列表框中图层的类别名称。

⑥ 显示前全部适合：决定更新视图之前是否应该重新计算视图的比例。

4．“可视化”参数预设置

该选项提供了调色板、背景色、名称/边界、直线、视图/屏幕、性能、视觉、边显示、小平面化、颜色设置共 10 个选项卡。选择不同的选项卡，其下面列表将显示出与所选择选项卡对应的设置参数集。在对各参数进行设置后，单击“确定”或“应用”按钮即可。

（1）视觉

该选项用于对视图的显示设置，如边的显示、背景色设置、颜色设置等其设置界面如图 2-15

所示。

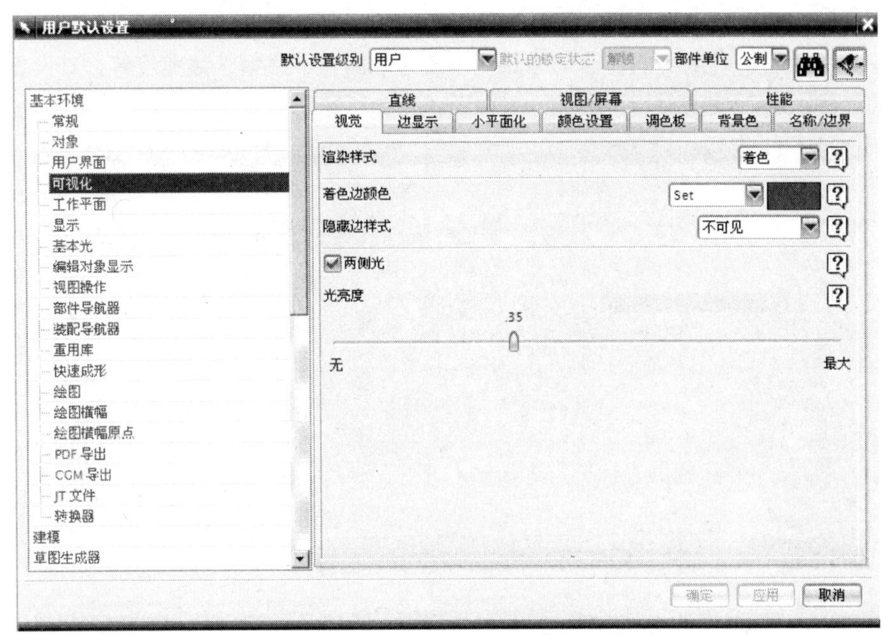

图 2-15 “视觉”选项卡设置界面

① 渲染样式：用于设置视图的渲染样式，单击该下拉列表框右侧的箭头，将弹出视图渲染样式下拉列表。根据需要选择渲染样式，一共有 6 种渲染样式。

- 着色：着色显示当前视图。
- 线框：以线框显示当前视图。
- 静态线框：用边缘几何体渲染工作视图中的面。
- 工作室：根据指定的材料，纹理和光源实际渲染工作视图中的面。
- 面分析：用曲面分析数据渲染工作视图中的面分析面。
- 局部着色：着色显示所选视图中的所选对象。

② 着色边颜色：控制视图中阴影面的边缘显示。

- 无：不显示阴影面的边缘，其右侧的颜色设置框将禁用。
- 几何体颜色：显示阴影面的边缘，颜色同几何体颜色。其右侧的颜色设置框禁用。
- Set：显示阴影面的边缘，并由用户指定边缘的显示颜色。单击右侧的颜色框对其显示颜色进行设置。

③ 隐藏边样式：设置“着色边颜色”为无时，隐藏的着色面边的显示。

- 不可见：隐藏的着色面的边不显示。
- 隐藏几何体颜色：显示隐藏着色面的边，并且颜色与隐藏几何体颜色一致。
- 虚线：以虚线显示隐藏的着色面的边。

④ 两侧光：决定光线是否要射到各个面的正反两面。如果没有这个特征，对于片体会生成无效显示。

⑤ 光亮度：指定曲面高亮显示的亮度，拖动滑块可改变其亮度。

（2）边显示

用于设置隐藏边、轮廓线的显示与隐藏，以及边的颜色、线型、线宽度等，其设置界面如图 2-16 所示。

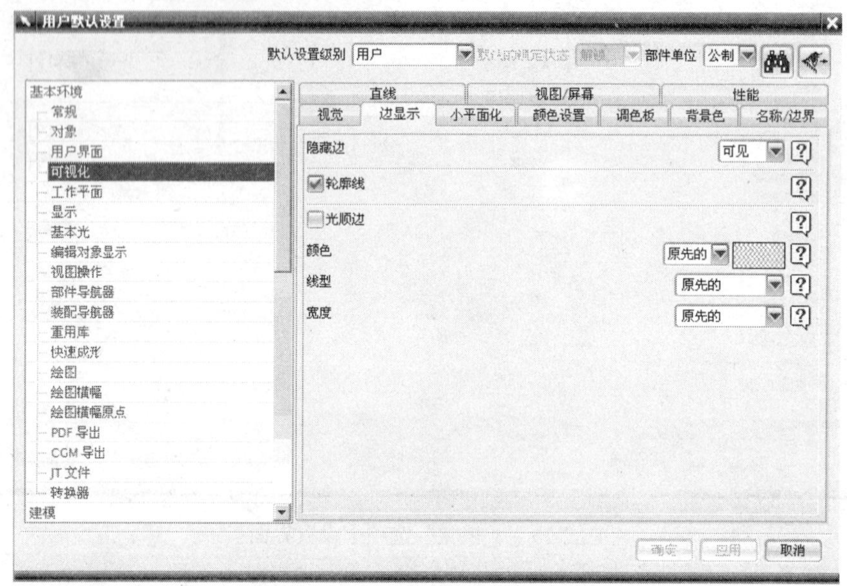

图 2-16 “边显示”选项卡设置界面

① 隐藏边：设定隐藏边的显示。

- 可见：显示隐藏实体面的边。
- 不可见：不显示隐藏实体面的边。
- 细灰线：以细灰线显示隐藏边。
- 虚线：以虚线显示隐藏边。

② 轮廓线：勾选此选项则显示轮廓线。

③ 光顺边：决定是否显示相切面的交线，勾选“光顺边”与不勾选“光顺边”选项时，对象显示的差别如图 2-17 所示。

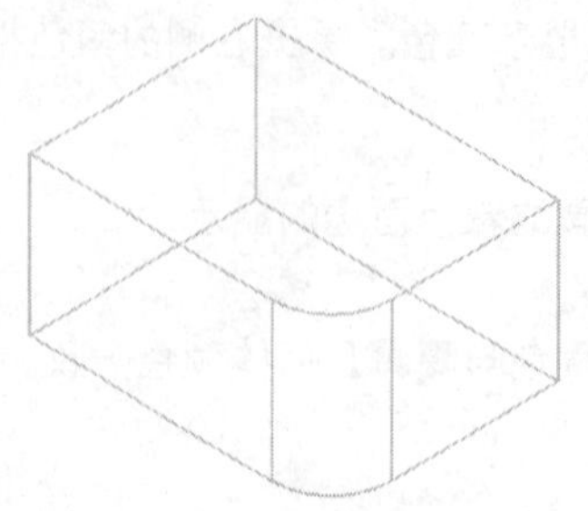

（a）勾选“光顺边”选项

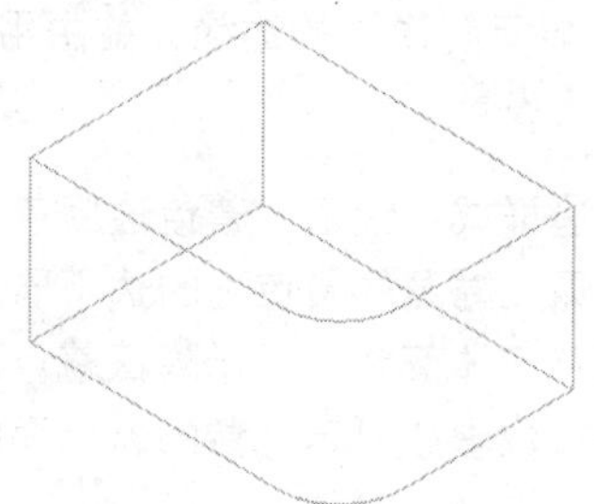

（b）不勾选“光顺边”选项

图 2-17 “光顺边”对于对象显示的影响

④ 颜色：指定光顺边的颜色。

⑤ 线型：指定光顺边的边型。

⑥ 宽度：指定光顺边的线宽度。

（3）小平面化

用于设置视图着色的相关参数，其设置界面如图 2-18 所示。

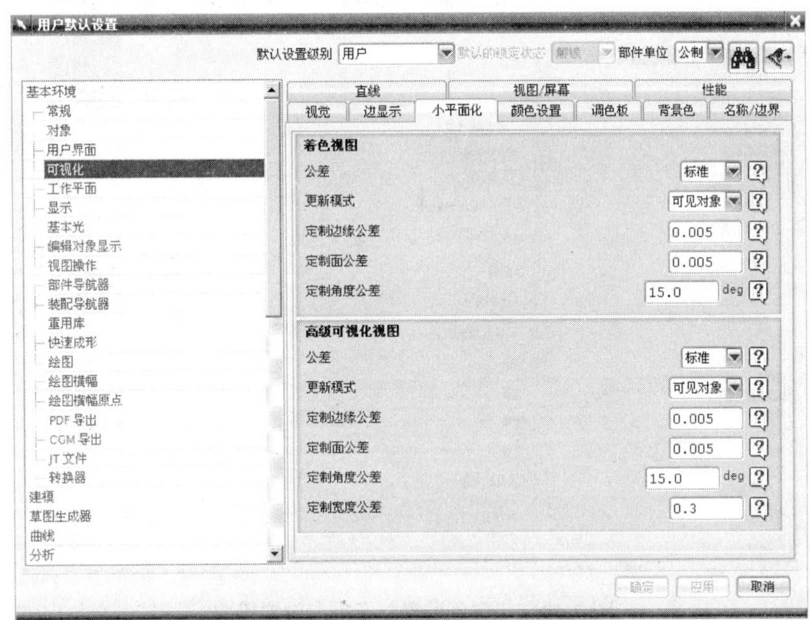

图 2-18 “小平面化”选项卡设置界面

① 公差：用于设定对象着色显示的公差，单击其右侧的箭头，在弹出的下拉列表中，包含 6 个等级：粗糙、标准、精细、特精细，极精细、定制。各选项与定制面边缘公差、定制面公差、定制面角度公差值相关。公差越小，着色质量越高，显示速度也越慢。

当设置为定制时，用户可通过设定“定制面边缘公差”、“定制面公差”、“定制面角度公差”来控制面的着色质量。

② 更新模式：指定重新更新时，要重新小平面化的对象，在“更新模式”下拉列表中包括以下模式。

- 可见对象：只对可见对象更新显示。
- 所有对象：对所有对象都更新显示。
- 无：不对任何对象进行更新。

③ 高级可视化视图：该选用于设置“面分析”模式和“艺术外观显示”模式时的着色质量。

- 定制边缘公差：指定每根弦到它正在估计的曲线的最大距离。
- 定制面公差：指定小平面上任一位置到该曲面的最大距离。

■ 定制角度公差：指定小平面任何两个位置上曲面法线之间的最大角偏差。

（4）颜色设置

用于设置预选对象、选择对象、备选对象、手柄等的颜色，对话框如图 2-19 所示。

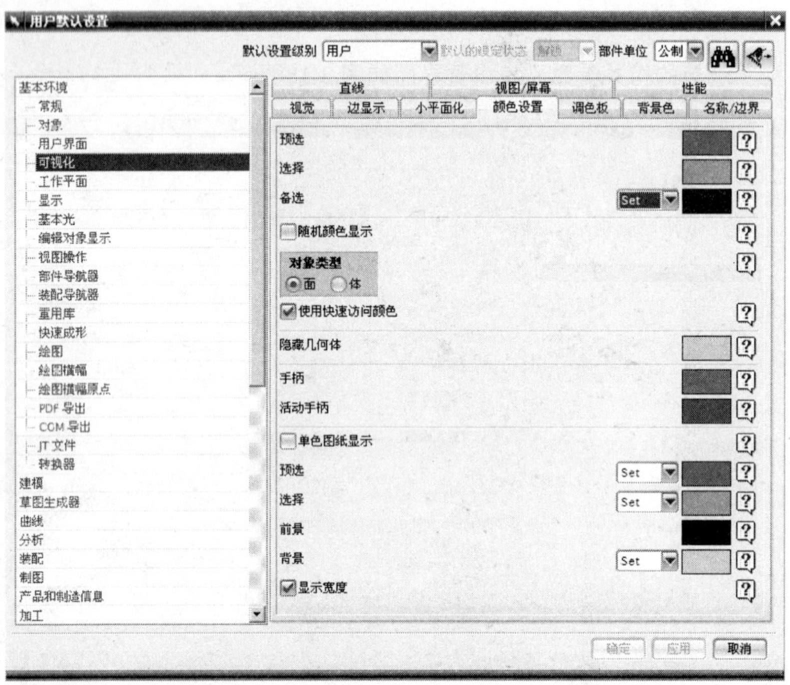

图 2-19 “颜色设置”选项卡设置界面

① 预选：指定用于高亮显示预选对象的颜色。

② 选择：指定于高亮显示选择对象的颜色。

③ 备选：指定用于高亮显示之前步骤所选择对象的颜色。单击其右侧的下拉箭头按钮，在弹出的下拉列表框中有两个选项。

■ 原先的：用对象原来的颜色显示，即不改变其颜色。
■ Set：由用户指定其显示颜色。

此时其右侧的颜色设置按钮处于激活状态。单击该按钮，可根据用户的需要设置其显示的颜色。

④ 随机颜色显示：勾选此复选框，随机颜色对象类型所指定的对象将以唯一的颜色临时显示。否则，这些对象以常规的颜色显示。

⑤ 使用快速访问颜色：此选项决定是否在随机颜色显示中使用快速访问颜色集。

⑥ 隐藏几何体：指定保留为可见的几何体的颜色，即使由着色几何体所隐藏也适用此选项。

⑦ 手柄：指定手柄的颜色。

⑧ 活动手柄：用于指定一个不可选但已成为活动的手柄的临时颜色。

⑨ 单色图纸显示：选中此选项将以单色显示图纸，否则将以全色模式显示。

⑩ 预选：指定在单色图纸显示模式下用于高亮显示预选对象的颜色。

⑪ 选择：在单色图纸显示模式下，用于高亮显示选择对象的颜色。其选项的含义与“预选”相同。

⑫ 前景：指定所有可显示的对象、视图边框，以及视图名称所使用的背景颜色。

⑬ 背景：指定单色图纸显示时使用的背景颜色。

⑭ 显示宽度：决定以单色图纸显示时对象宽度属性是否确定直线和曲线的显示宽度。

（5）调色板

设定被用作调色板颜色定义的文件（*.cdf）。

（6）背景色

以 RGB 模式定义着色视图和线框视图顶部和底部的颜色，其设置界面如图 2-20 所示。

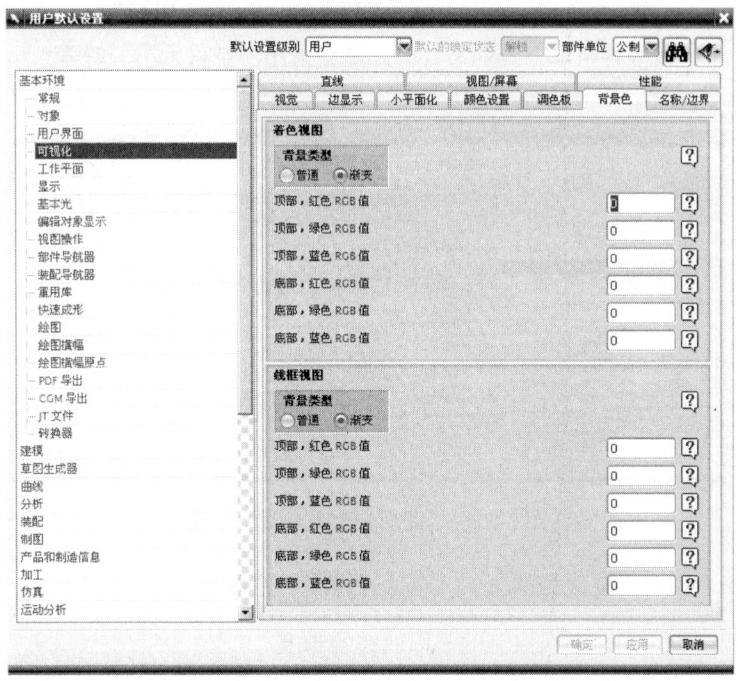

图 2-20 “背景色”选项卡设置界面

（7）名称/边界

该选项用于设置是否显示对象名、视图名、视图边界。其设置界面如图 2-21 所示。

① 对象名显示：设置是否显示对象名以及在何处显示对象名。

- 关：不显示对象名。
- 视图定义：选择此选项，则在当时定义对象、属性的视图中显示对象的名字。

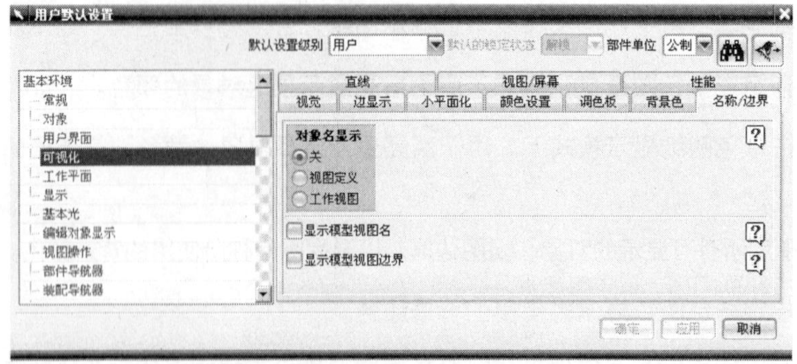

图 2-21 “名称/边界”选项卡设置界面

■ 工作视图：在当前视图中显示对象、属性的名字。

② 显示模型视图名：勾选此选项，将显示视图名。

③ 显示模型视图边界：勾选此选项，将显示模型视图的边界。

（8）直线

此选项用于设定线型各组成部分的尺寸，如虚线大小、空格大小、符号大小等，其设置界面如图 2-22 所示。

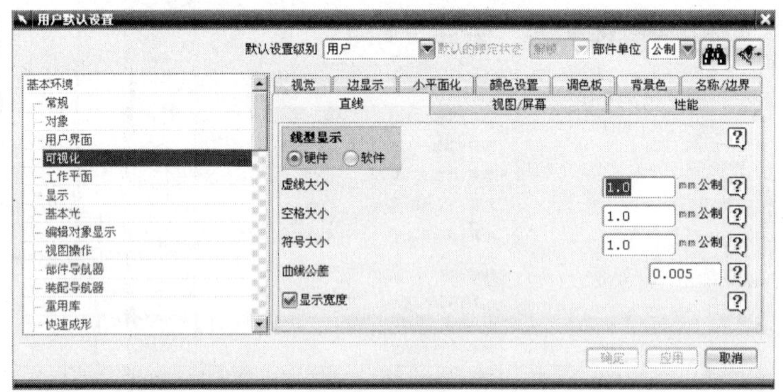

图 2-22 “直线”选项卡设置界面

① 线型显示：指定生成线型的方式，分为硬件和软件两种。

② 虚线大小：指定用短划线绘制的一段曲线的长度。

③ 空格大小：指定相邻两段短划线之间的距离。

④ 符号大小：指定符号显示的大小。

⑤ 曲线公差：当前选中的线型显示的详细程度。

⑥ 显示宽度：调整对象显示属性可以修改直线和曲线的显示宽度。

（9）视图/屏幕

此选项用于设定视图如何在屏幕中显示，其设置界面如图 2-23 所示。

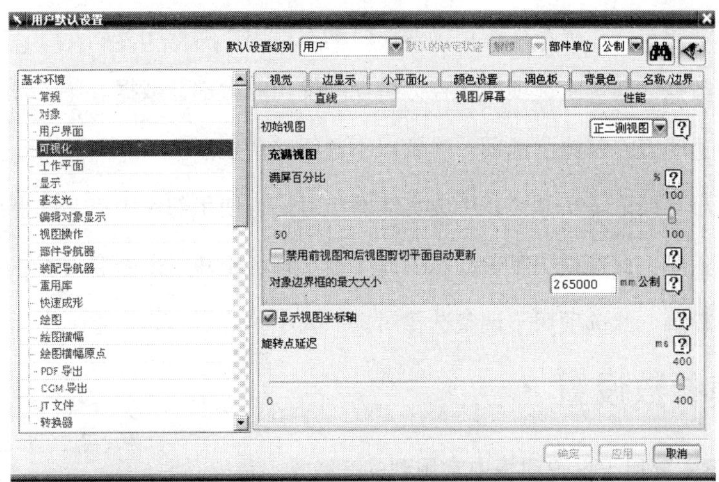

图 2-23 “视图/屏幕”选项卡设置界面

① 初始视图：指定创建新部件文件时，系统初始的定向视图，单击其右侧的箭头，在弹出的下拉列表中，包含 8 种方位视图：正二测视图、正等测视图、俯视图、前视图、右视图、后视图、仰视图、左视图。

② 满屏百分比：选择了满屏操作后模型占用的图形区域与整个图形区域的百分比。拉动滑块可调整其数值。

③ 禁用前视图和后视图剪切平面自动更新：指定前后剪切板在拟合操作时是否修改。

④ 对象边界框的最大大小：指定被包括在“拟合”框中的对象的边界框的最大值。

⑤ 显示视图坐标轴：设置是否显示视图的旋转坐标轴。

⑥ 旋转点延迟：指定以鼠标中键创建旋转点时的延迟时间。

（10）性能

用于图形性能设置，其设置界面如图 2-24 所示。

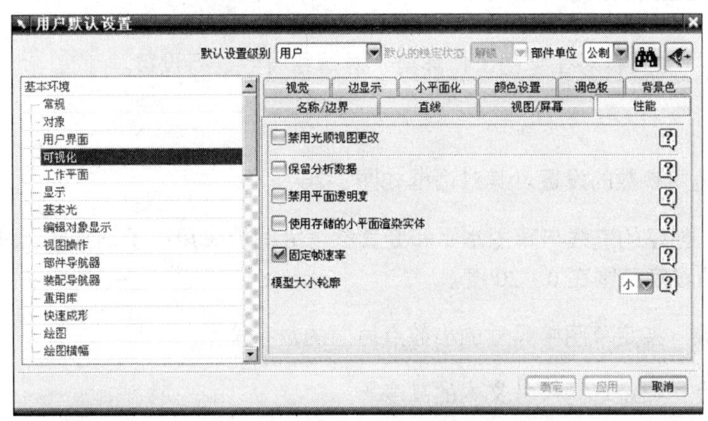

图 2-24 “性能”选项卡设置界面

① 禁用光顺视图更改：决定视图定位操作时是否禁用光顺视图更改。

② 保留分析数据：勾选此选项将保存分析期间使用的大部分数据。

③ 禁用平面透明度：勾选此选项，对象以不透明着色显示。

④ 和存储的小平面渲染实体：在生成实体着色时是否使用部件中存储的小平面。

⑤ 固定的帧速率：此选项决定在动态操作（如平移、旋转）是否启用固定帧速率。

⑥ 模型大小轮廓：此选项用于调整选择对象的大小轮廓。有大、中、小 3 个选项。

2.2.2 建模参数设置

建模参数设置主要用于设置建模中常用到的参数预设置。

其中“特征参数”对各种特征的参数进行了默认值的设定，不同的特征，其参数将相应地发生改变，图 2-25 是长方体的参数预定义，它包含长度、宽度、高度 3 个参数。

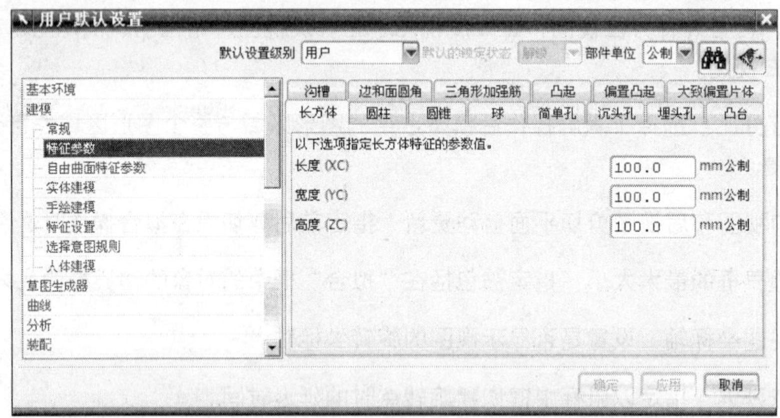

图 2-25　“特征参数”选项卡设置界面

2.2.3 草图生成器参数设置

“草图生成器”主要针对在草图工作环境下对草绘参数进行设置。

1．常规

对草绘中的通用参数的设置，其对话框如图 2-26 所示。

（1）捕捉角：创建的直线与草图水平和竖直参考之间的夹角小于捕捉角，系统将其视为水平和竖直。捕捉角的设定范围在 0～20 度。

（2）小数位数：指定草图中尺寸的小数点后面的数字位数。

（3）文本高度：指定草图尺寸文本的高度。

（4）尺寸标记：指定草图尺寸的显示模式。

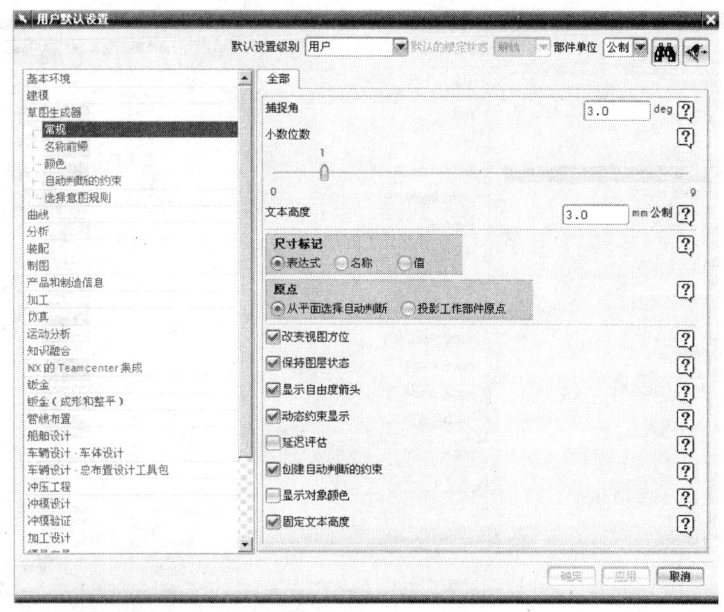

图 2-26　草图常规参数设置

- 表达式：以表达式的形式显示尺寸。
- 名称：只显示尺寸的名称。
- 值：显示尺寸的数值。

（5）原点：指定草图原点是从平面选择中自动推断还是从工作部件原点中投影。

（6）改变视图方位：设置当退出草图时，视图方位是否更改。

（7）保持图层状态：设置当退出草图时，工作图层是维持不变还是返回其前一设置。

（8）显示自由度箭头：设置是否显示草图的自由度箭头。

（9）动态约束显示：设置是否动态显示草图约束。

（10）延迟评估：勾选此选项将延迟草图评估，使用延迟评估时草图将不更新所做的尺寸变更和约束，直至使用评估草图选项，或者退出草图才进行更新。

（11）创建自动判断的约束：确定在曲线创建或编辑过程中是否生成自动判断的约束。

（12）显示对象颜色：设置是否以其真实颜色显示草图对象。

（13）固定文本高度：设置进行缩放时，文本是否保持高度不变。

2．名称前缀

指定自动命名草图、顶点、直线、圆弧等时的固定字符串。

3．颜色

用于指定各种草图对象的颜色，包括曲线、尺寸、参考尺寸等颜色设置，如图 2-27 所示。

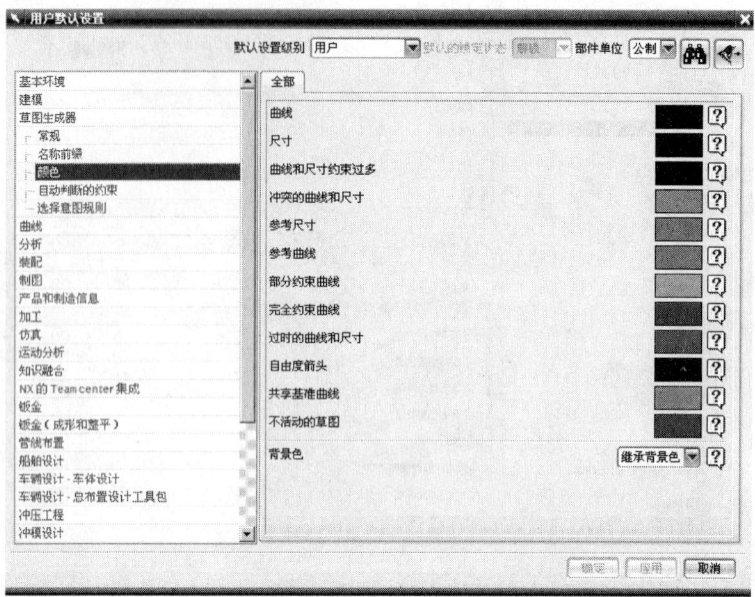

图 2-27　草图对象颜色设置

4．自动判断的约束

在“自动判断的约束”设置界面中可以对约束选项进行勾选设置，勾选后的约束选项将会在草绘过程中自动判断两个对象之间的约束关系，如图 2-28 所示。

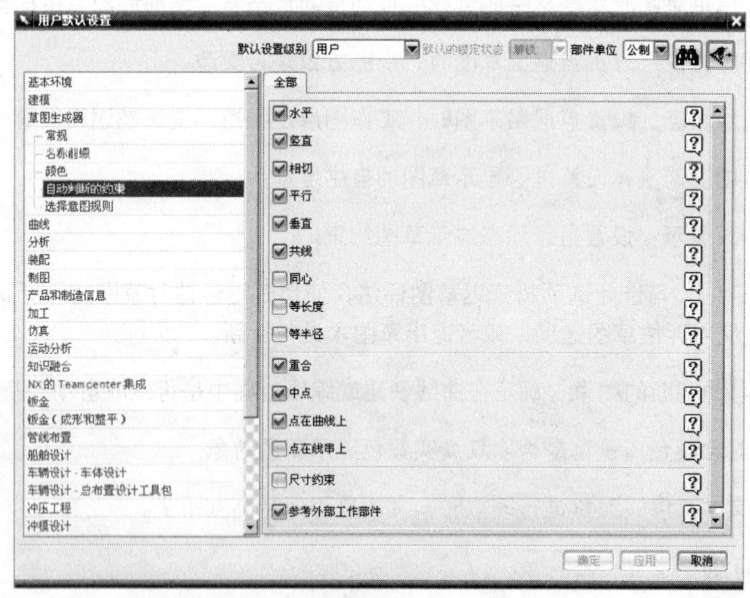

图 2-28　草图自动判断的约束设置

5．选择意图规则

用于设置选择意图的规则，其设置界面如图 2-29 所示。

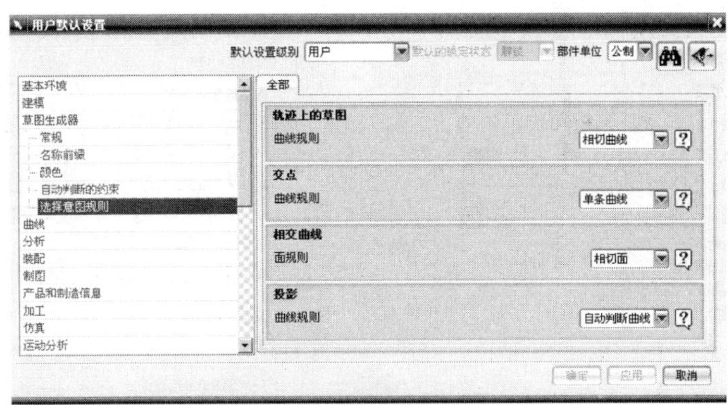

图 2-29 草图选择意图规则设置

（1）轨迹上的草图：指定如何选择要在其上创建草图的曲线。单击其右侧的箭头，在弹出的下拉列表中有 7 个选项：单条曲线、相连曲线、相切曲线、特征曲线、面的边、片体边、自动判断曲线。

（2）交点：用于指定如何选择与草图平面相交的曲线。

（3）相交曲线：指定如何选择与草图平面相交的面。单击其右侧的箭头，在弹出的下拉列表中有 7 个选项：单个面、相邻面、相切面、特征面、体的面、区域面、相切的区域面。

（4）投影：指定如何选择投影到草图平面的曲线。

2.3 首选项设置

首选项设置用来对一些模块的缺省控制参数进行设置，如定义新对象、用户界面、资源板、选择、可视化、可视化性能等。在不同的应用模块下，首选项菜单会相应地发生改变。建模模块下的首选项菜单如图 2-30 所示。

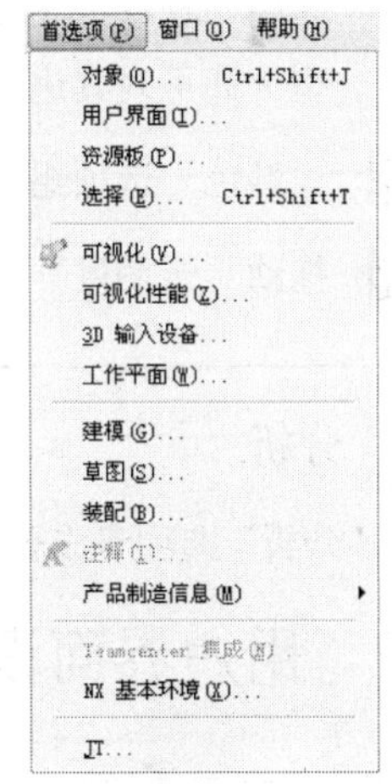

图 2-30 建模模块下的首选项菜单

“首选项”菜单中的大部分选项参数与“用户默认设置”相同，但在首选项下所做的设置在退出 NX 后再次进入时，将恢复到系统或用户默认设置的状态，并且只能对设置以后的对象产生作用。简单地说在“首选项”中设置的参数是临时性的，而在“用户默认设置”中设置的参数是永久性的。

2.3.1 对象参数设置

选择“首选项”→“对象”菜单命令（或者用快捷键 Ctrl+Shift+J），弹出“对象首选项”对话框，该对话框包含常规和分析两个选项卡，用于预设置对象的属性及分析的显示颜色等相关参数，如图 2-31 所示。

1. 常规

在“常规”选项卡设置界面中可以对工作图层、类型、颜色、线型、线宽等进行设定。

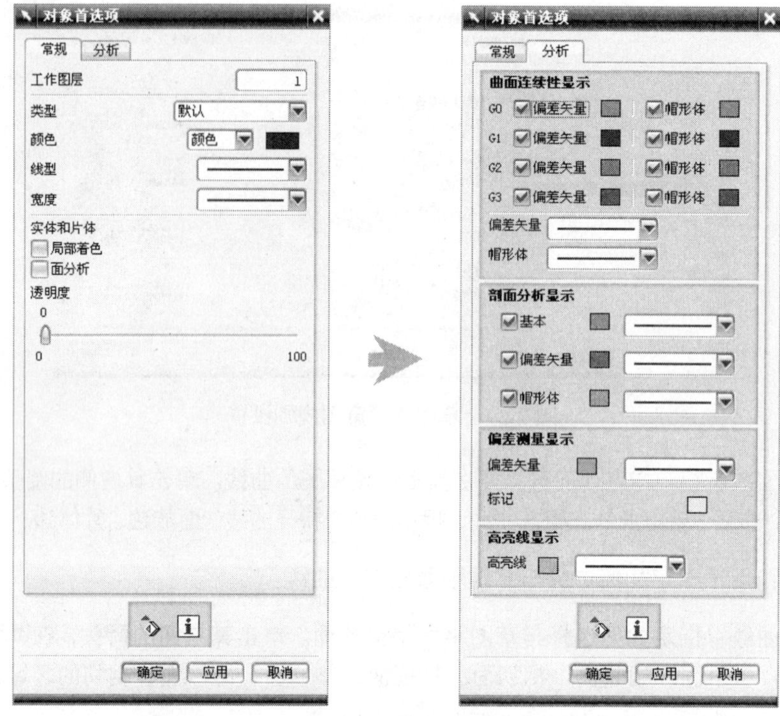

图 2-31　“对象首选项”对话框

操作步骤

1. 单击“类型”文本框右侧的下拉箭头，在弹出的下拉列表中有直线、圆弧、样条、二次曲线、实体、片体、基准/平面、点、坐标系、默认等对象类型。选择要设置的对象类型，即可对其进行相应（颜色、线型和线宽）的设置。
2. “颜色”选项组中可以设置编辑对象的颜色和局部进行着色，或面分析着色。
3. 拖动“透明度”选项下的滑块可以设置实体或片体对象的透明度。

2．分析

在“分析”选项卡设置界面中可以设置曲面连续性、剖面分析、偏差测量等参数的显示颜色。

2.3.2　用户界面设置

“用户界面首选项”对话框中共有 5 种选项卡：常规、布局、宏、操作记录、用户工具，如图 2-32 所示。

（1）常规：在“常规”选项卡设置界面中可以对显示小数位数进行设置，包括对话框、跟踪条、信息窗口；确认或取消重置切换开关等。

（2）布局：选择 NX 工作界面的风格，对资源条的显示位置进行调整，对在工作窗口中进行设置后的布局进行保存。

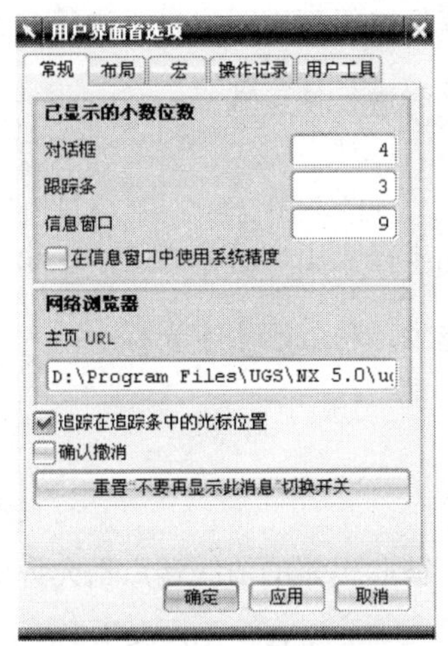

图 2-32 “用户界面首选项”对话框

（3）宏：对录制和回放操作进行设置。

（4）操作记录：对操作记录语言、操作记录文件格式等进行设置。

（5）用户工具：设置加载用户工具的相关参数。

2.3.3 选择设置

选择“首选项”→“选择”命令，弹出“选择首选项”对话框，如图 2-33 所示。

对话框中各选项说明如下。

1. 多重选择

（1）鼠标手势：指定框选时用矩形还是多边形。

（2）选择规则：指定框选时哪部分的对象将被选中。

2. 高亮显示

（1）高亮显示滚动选择：设置是否高亮显示滚动选择。

（2）滚动延迟：当勾选 高亮显示滚动选择 复选框选项时，用于设定延迟的时间。

（3）用粗线条高亮显示：设置是否用粗线条高亮显示对象。

（4）高亮显示隐藏边：设置是否高亮显示隐藏的边。

（5）着色视图：指定着色视图时是高亮显示面还是高亮显示边。

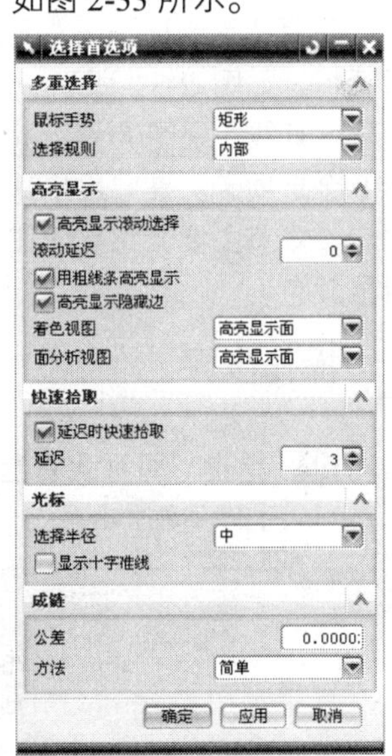

图 2-33 “选择首选项”对话框

（6）面分析视图：指定面分析显示时是高亮显示面还是高亮显示边。

3．快速拾取

（1）延迟时快速拾取：决定鼠标选择延迟时，是否进行快速选择。

（2）延迟：设定延迟多长时间时进行快速选择。

4．光标

（1）选择半径：设定选择球的半径大小，分为大、中、小 3 个等级。

（2）显示十字准线：勾选此选项，将显示十字光标。

5．成链

用于成链选择的设置。

（1）公差：设置链接曲线时，彼此相邻的曲线端点都允许的最大间隙。

（2）方法：设定链的连接方式，共有简单、WCS、WCS 左侧、WCS 右侧 4 种方式。

- 简单：选择彼此首尾相连的曲线串。
- WCS：选择当前工作坐标平面上彼此首尾相连的曲线串。
- WCS 左侧：在当前坐标平面中，从链接开始点到结束点沿左侧选择彼此首尾相连的曲线串。
- WCS 右侧：在当前坐标平面中，从链接开始点到结束点沿右侧选择彼此首尾相连的曲线串。

2.3.4 可视化设置

选择“首选项”→“可视化”命令，弹出“可视化首选项”对话框，如图 2-34 所示。该对话框中共提供了调色板、名称/边界、直线、视图/屏幕、特殊效果、视觉、小平面化、颜色设置 8 个选项卡。在“用户默认设置”一节中已经详细介绍过此内容，本节主要介绍如何在“调色板”选项卡设置界面中编辑背景颜色。

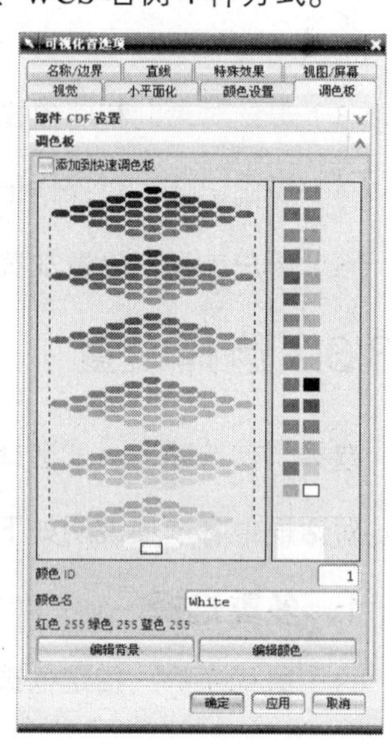

图 2-34 “可视化首选项”对话框

操作步骤

1. 单击“可视化首选项”对话框中的“编辑背景”按钮，弹出“编辑背景”对话框，如图 2-35 所示。

> **提示：** 对话框中各选项的说明如下。
> - 着色视图：设定着色视图的背景颜色
>   普通指引线：使用“普通颜色”中所设定的单一颜色。
>   渐变：分别设定图形窗口顶部和底部的颜色。
> - 线框视图：设定线框视图的背景颜色。
> - 普通颜色：设定普通颜色。

2. 分别单击对话框中右侧的“颜色”按钮[颜色按钮]，弹出“颜色”对话框，如图 2-36 所示。

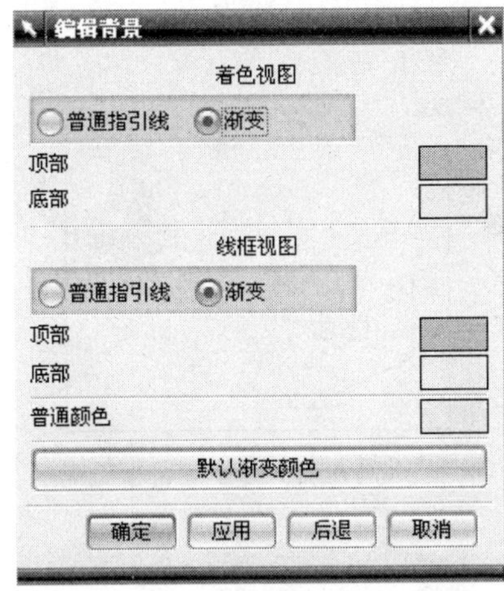

图 2-35 “编辑背景”对话框

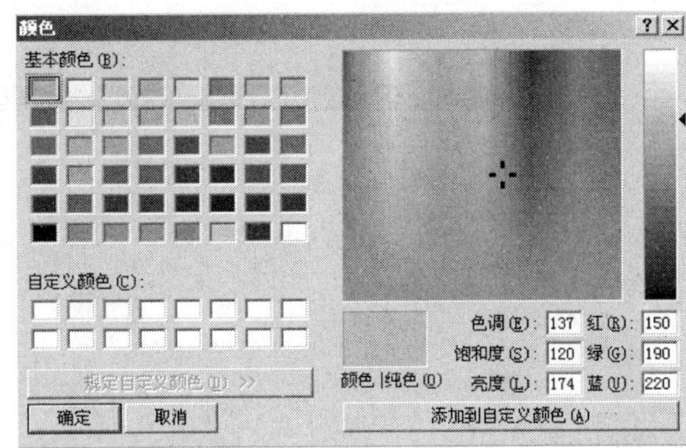

图 2-36 “颜色”对话框

3. 在对话框中的“基本颜色”选项下的颜色框中选择需要的颜色，然后单击对话框中的[确定]按钮。

4. 如果想要恢复系统默认的渐变颜色可以单击对话框中的[默认渐变颜色]按钮。

5. 设置完成后单击“编辑背景”对话框中的[确定]按钮退出。

2.4 文件操作

文件操作是 UG NX5 中最为常用的动作，在开始创建零件特征前，都必须有文件存在，文件是零件特征的载体，本节将介绍文件操作中的相关命令，如新建、保存、关闭、打开等。

2.4.1 新建一个部件文件

操作步骤

1. 选择主菜单“文件”→“新建”命令，弹出如图 2-37 所示的“文件新建”对话框。

2. 系统默认选择“模型”选项卡，在“模板”列表中选择“模型”为模板，选择新建部件的测量单位，模型单位参照系统默认设置为 mm。在“属性”列表中将显示出相关的信息。

3. 在“新文件名”选项组中的“名称”文本框中出现系统默认的文件名 model.prt。若目录中已存在 model.prt，则系统自动命名为 model.prt，依此类推，也可以在“新文件名”栏下的“名称”文本框中输入模型名称，或者单击“名称”文本框右侧的[按钮图标]按钮，在弹出的如图 2-38 所示的“选择新文件名”对话框中“文件名”文本框中输入新部件的名称，最后单击[OK]按钮返回“文件新建”对话框。

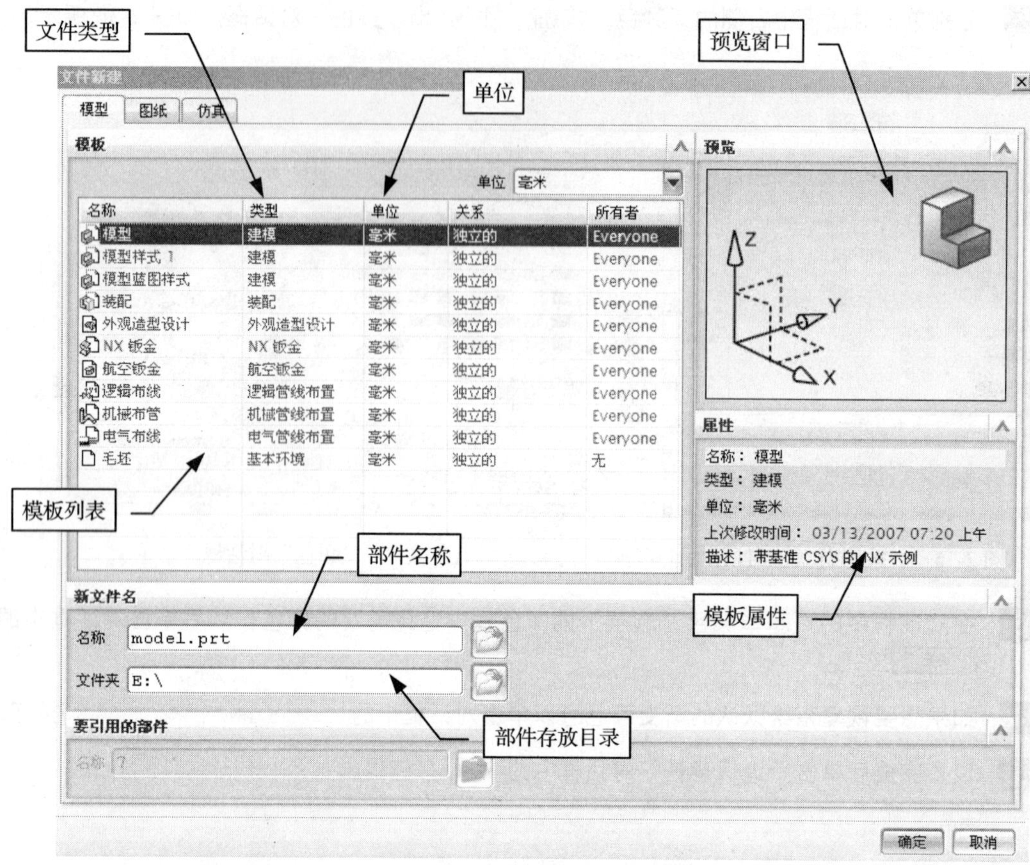

图 2-37 “文件新建”对话框

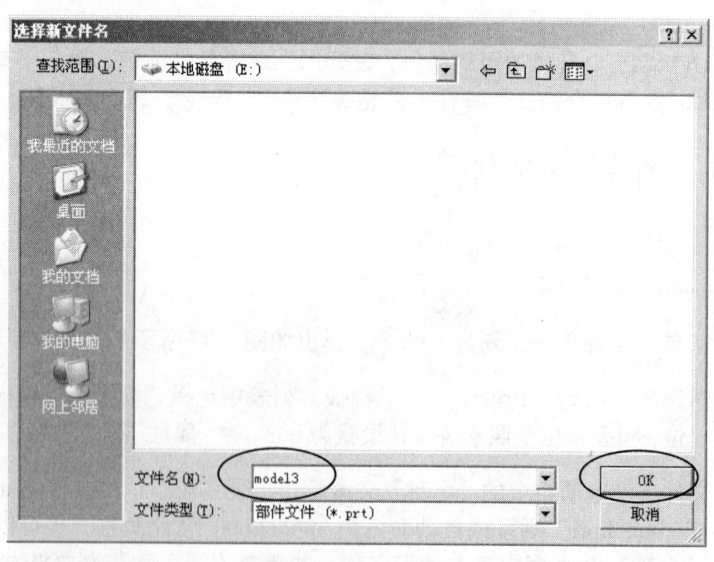

图 2-38 “选择新文件名”对话框

4. 在“新文件名”选项组中的“文件夹”右边的文本框中输入新部件的存放目录，但只能输入已存在的目录。也可单击其右边的图标，打开如图 2-39 所示的“选择目录”对话框，在里面选择或建立新目录来存放新建部件文件。单击 确定 按钮，返回“文件新建”对话框。

图 2-39 “选择目录”对话框

5. 在“文件新建”对话框中单击 确定 按钮，完成文件新建操作。

提示：新建文件的另外两种方法：

- 用快捷方式 Ctrl+N。
- 单击“标准”工具栏中的图标。

2.4.2 打开一个已存在的部件文件

操作步骤

1. 选择“文件”→“打开”命令，弹出“打开部件文件”对话框，如图 2-40 所示。
2. 将查找范围定位到已存部件文件存放的目录。
3. 选择已存部件为需要打开的对象。
4. 单击 OK 按钮打开已选择的已存部件文件（或者双击零部件）。

提示：1. 打开“打开部件文件”对话框的另外两种方法：

- 用快捷键 Ctrl+O。
- 单击“标准”工具栏中的图标。

2. 当系统需要较长的时间来完成某一任务时，将显示如图 2-41 所示的“任务进行中”对话框。如果单击对话框中的 停止(S) 按钮将停止打开文件。

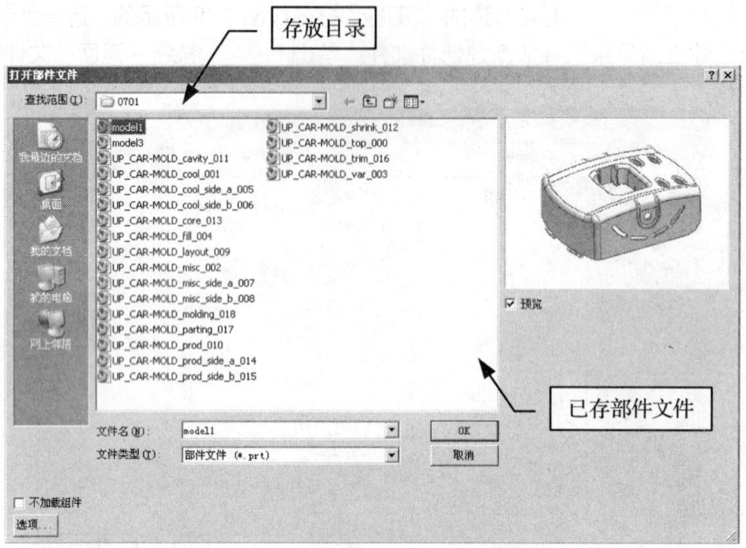

图 2-40　“打开部件文件”对话框

图 2-41　“任务进行中”对话框

2.4.3　保存部件文件

在 UG NX5 中有以下几种保存部件文件的方式。

（1）保存工作部件和任何已修改的组件：执行“文件”→“保存”命令。

（2）仅保存工作部件：执行“文件”→“仅保存工作部件”命令。

（3）保存所有的已修改部件及所有的顶级装配部件：执行“文件”→“全部保存”命令。

提示： ■ 用第（1）、（2）种方式保存部件文件时，如果部件文件从未进行过保存操作，系统将会自动弹出如图 2-42 所示的“命名部件”对话框，在对话框中可以对文件进行重命名，并选择文件保存的目录。

图 2-42　“命名部件”对话框

2.4.4 删除已存部件文件

UG NX5 没有提供直接删除已存部件文件的命令，如果需要删除已存部件文件可以选择“文件”→“打开”命令。在弹出的“打开部件文件”对话框中的文件列表中右击需要删除的部件文件名称，在弹出的快捷菜单中选择“删除”命令，如图 2-43 所示。或者直接在 Windows 中，进入欲删除部件的目录，用 Windows 的操作方式删除部件文件。

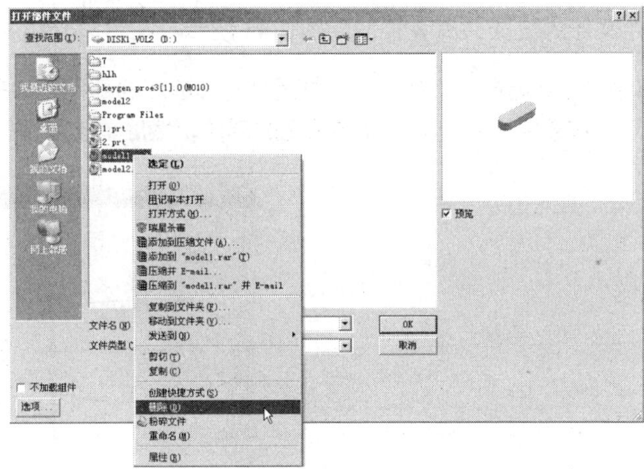

图 2-43 删除部件文件

2.4.5 另存部件文件

以不同的名称复制一个已存部件文件。

操作步骤

1. 打开一个欲备份的部件文件。
2. 选择“文件”→“另存为”命令，弹出“部件文件另存为”对话框，如图 2-44 所示。

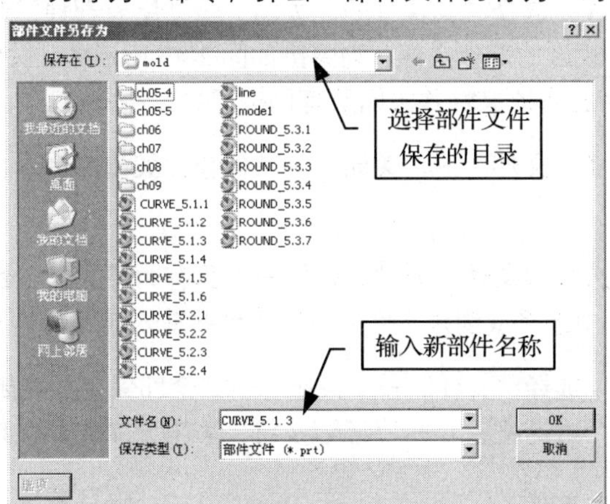

图 2-44 “部件文件另存为”对话框

3. 在“保存在”下拉列表中选择用于保存部件文件的目录，在“文件名”文本框中输入新部件文件的名称。

4. 单击 OK 按钮，完成另存为。

2.4.6 关闭部件文件

UG NX5 关闭部件文件的方式共有 8 种，如图 2-45 所示。在这只介绍 6 种最为常用的方式。

① 关闭选择的部件文件：选择“文件”→“关闭”→“选定的部件”命令，弹出“关闭部件”对话框，如图 2-46 所示。在部件列表中选择需要关闭的部件，然后单击对话框中的 确定 按钮。

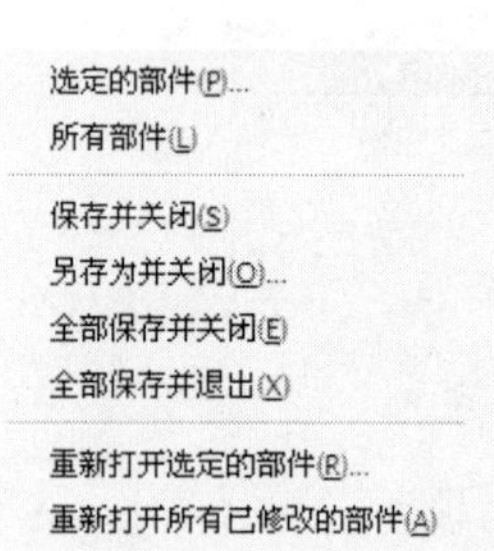

图 2-45 执行关闭“所有部件”命令

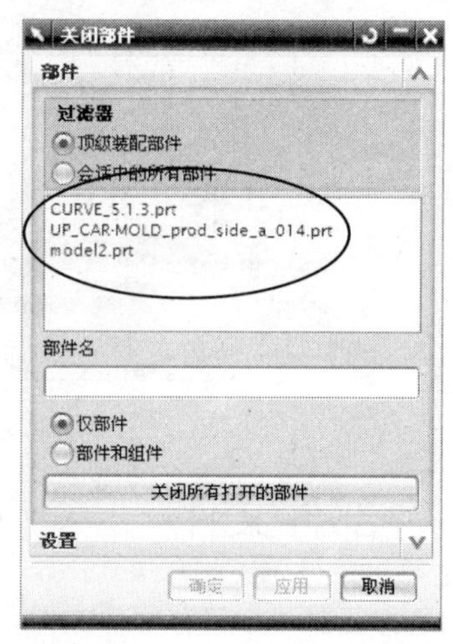

图 2-46 “关闭部件”对话框

提示： 按住 Ctrl 键可同时选择多个部件文件。

② 关闭所有部件文件：选择“文件”→“关闭”→“所有部件”命令，关闭所有已打开部件文件。如果其中有已修改过的部件文件，则弹出如图 2-47 所示的“关闭所有部件”对话框，单击 是(Y) 按钮，则不保存已修改文件并关闭所有已打开的部件文件。

③ 保存并关闭：选择“文件”→“关闭”→“保存并关闭”命令，保存工作窗口中的工作部件并关闭。

④ 另存为并关闭：选择“文件”→“关闭”→“另存为并关闭”命令，弹出“部件文件另存为”对话框。在对话框中选择或创建文件的保存目录并输入新的部件文件名。

⑤ 全部保存并关闭：选择“文件”→“关闭”→“全部保存并关闭”命令，弹出如图 2-48 所示的“全部保存并关闭”对话框，单击 是(Y) 按钮，保存所有修改的工作部件后，再全部关闭。

⑥ 全部保存并退出：选择“文件”→“关闭”→“全部保存并退出”命令，保存全部工作部件并退出 UG NX5。

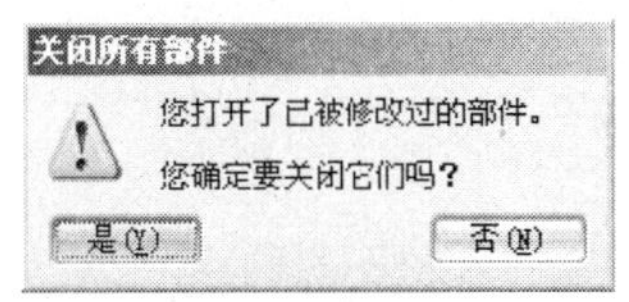

图 2-47 “关闭所有部件”对话框

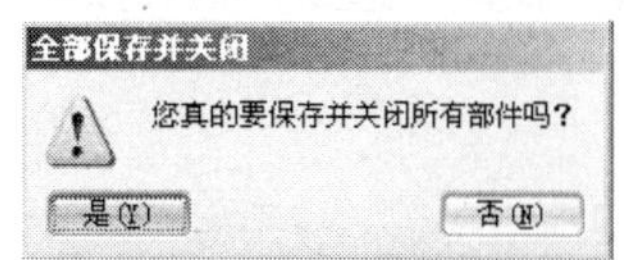

图 2-48 “全部保存并关闭”对话框

2.4.7 退出 UG NX5

退出 UG NX5 的方式有两种。

（1）不保存部件退出 UG NX5：选择“文件”→“退出”命令。若打开的部件文件没有被修改过则直接退出 UG NX5；若有被修改过的部件文件，则弹出如图 2-49 所示的“退出”对话框，单击 是(Y) 按钮不保存并退出；若需要保存则单击 否(N) 按钮，返回工作窗口。

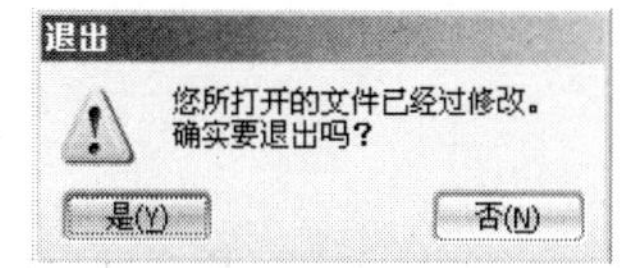

图 2-49 “退出”对话框

（2）保存所有部件文件并退出 UG NX5：选择“文件”→“关闭”→“全部保存并退出”命令，保存所有部件文件后，退出 UG NX5。

2.5 导入导出

UG NX5 具有强大的数据交换能力，支持丰富的交换格式。如 STEP203、STEP214、IGES 等通用格式。还可创建与 Pro/E、CATIA 交换数据的专用格式。

2.5.1 导出

在 UG NX5 中，提供了二十多种导出格式，其菜单如图 2-50 所示。在这里只介绍几种最为常用的导出格式。

1. 导出 STEP

打开需要导出的零部件，选择“文件”→“导出”→STEP203 命令，弹出“导出至 STEP203 选项”对话框，如图 2-51 所示。

（1）“文件”选项卡界面中的相关参数说明如下。

① “导出自”选项组中有“显示部件”与“现有部件”两个单选项。

- 显示部件：导出在工作窗口中显示的零部件。
- 现有部件：将当前零部件以工作目录的形式导出。

② “导出至”设置栏下方显示出当前导出的文件路径，文件路径及导出的名称可自行修改。

（2）“要导出的数据”选项卡设置界面如图 2-52 所示，相关参数说明如下：

“模型数据”选项组中的“导出”列表中可以指定当前导出的形式，一种是整个部件，另一种是选定的对象，主要用于当零部件中有多个特征时，可导出局部的某个特征。在导出的形式中系统默认地选择“实体”选项，这里按系统默认的设置即可。

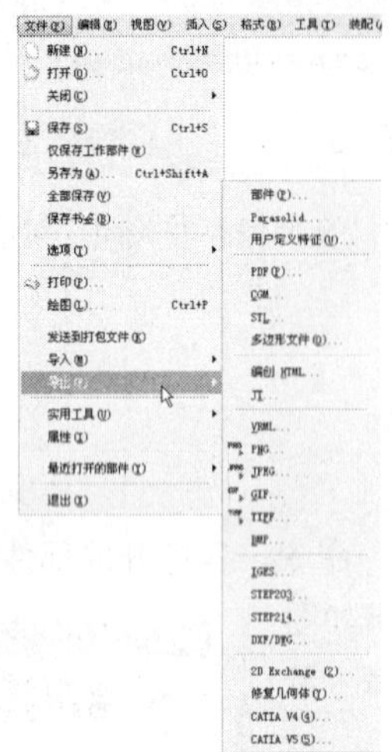

图 2-50 导出菜单

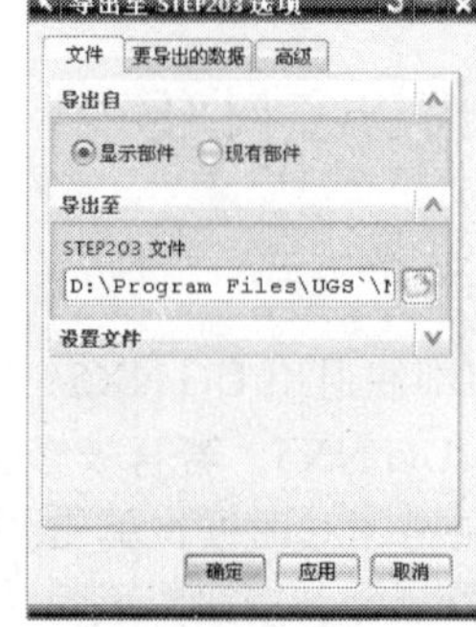

图 2-51 “导出至 STEP203 选项”对话框

（3）“高级”选项卡界面中的各项参数按默认的设置不变即可。

（4）导出 STEP 格式的常见方式有如下几种：

① 在弹出的“导出至 STEP203 选项”对话框中设置要导出的对象与文件路径。

② 设置导出形式。

③ 在“导出至 STEP203 选项”对话框中单击确定按钮。在弹出的“导出转换作业”对话框中单击确定(O)按钮。系统自动进行转换运算，经过一段时间的计算后，完成导出。

2．导出 DXF/DWG

选择“文件”→“导出”→2D Exchange 命令，弹出“2D Exchange 选项”对话框，如图 2-53 所示。

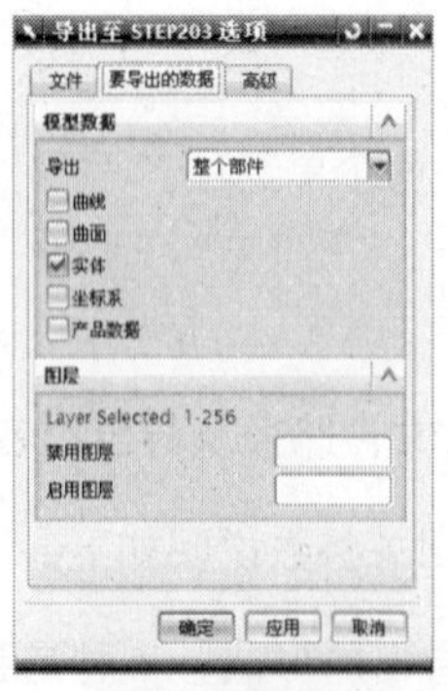

图 2-52 “要导出的数据”选项卡

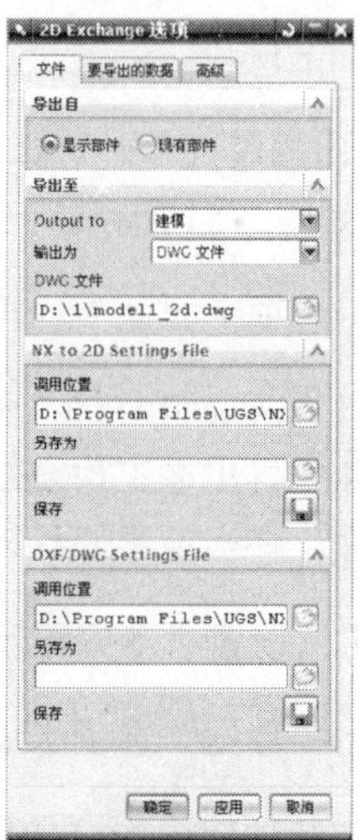

图 2-53 “2D Exchange 选项”对话框

（1）“文件”选项卡界面中的各项说明如下。

① “导出自”选项组中有“显示部件”与“现有部件”两个选项。

- 显示部件：导出在工作窗口中显示的零部件。
- 现有部件：会将当前零部件以工作目录的形式导出。

② “导出至”设置栏用于指定导出的环境、格式、文件名称、保存目录。

- Output to：零件存在零件或图档两种环境下时，可根据需要进行选择，通常选择“制图”选项。
- 输出为：用于指定导出的格式，在这里常用的选项为 DWG、DXF。
- DWG 文件选项组用于定义导出的文件路径及文件名。也可以单击其下方文本框右侧的图标，将弹出用于命名导出文件名和选择保存文件目录的对话框。

③ NX TO 2D Settings File 和 DXF/DWG Settings File 设置栏：用于定义导出文件所设定的文件。

- 调用位置：设置文件所在的目录。单击文件路径文本框右侧的图标可选择设置的文件。
- 另存为：保存设置文件的副本。
- 保存：保存设置文件。

（2）“要导出的数据”选项卡界面如图 2-54 所示。在其中只有“导出”下拉列表，当零件有多张图纸时，就可以在这里选择要导出的图纸，默认的选项为“当前图纸”，还可以设置为“选定的图纸”。

（3）“高级”选项卡界面如图 2-55 所示。其中最为重要的一项是 DXF/DWG Options，在这里可以设置 DWG 的文件版本，可以根据需要选择相关的选项。

图 2-54 “要导出的数据”选项卡

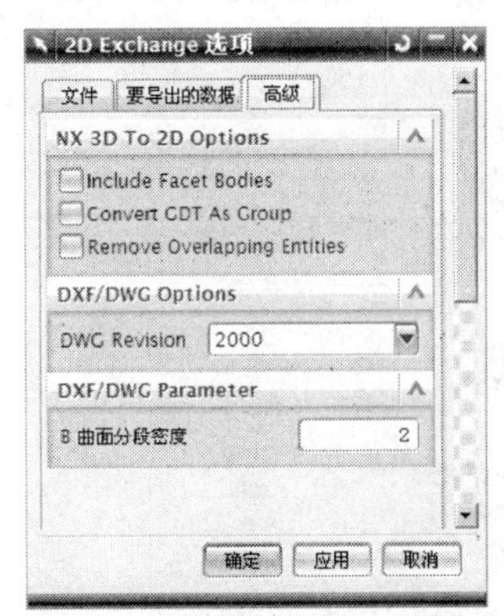

图 2-55 “高级”选项卡

（4）详细导出 DXF/DWG 的步骤如下。

操作步骤

1. 打开要导出的图纸，选择“文件”→“导出”→2D Exchange 命令。

2. 在弹出的“2D Exchange 选项”对话框中设定导出的对象、环境、格式、导出的文件路径及名称。

3. 根据需要还可以设定要导出的图纸，图层，以及 DXF / DWG 文件的版本等。

4. 根据需要还可以设定导出 DXF / DWG 文件的版本。

5. 单击 确定 按钮，在弹出的"导出转换作业"对话框中单击 确定(O) 按钮。系统自动进行导出运算，经过一些时间的计算后，在相应的路径下便产生导出的文件。

2.5.2 导入

UG NX5 提供了多种格式的导入形式，其中包括了 CGM、VRML、IGES、STEP203、STEP214、Imageware、DXF/DWG、Steinbichler、CATIA V4、CATIA V5 等，由于导入的形式众多，在这里仅以 STEP 格式为例，介绍导入的方法。

操作步骤

1. 新建一零部件，选择"文件"→"导入"→STEP203 命令，弹出"导入自 STEP203 选项"对话框，如图 2-56 所示。

2. 单击"导入自"选项下方的"STEP203 文件"文本框右侧的"浏览"图标，弹出"STEP203 文件"对话框，如图 2-57 所示。将"查找范围"定位至 STEP 文件所在的文件夹下，选择需要导入的 SETP 文件后，单击 OK 按钮。

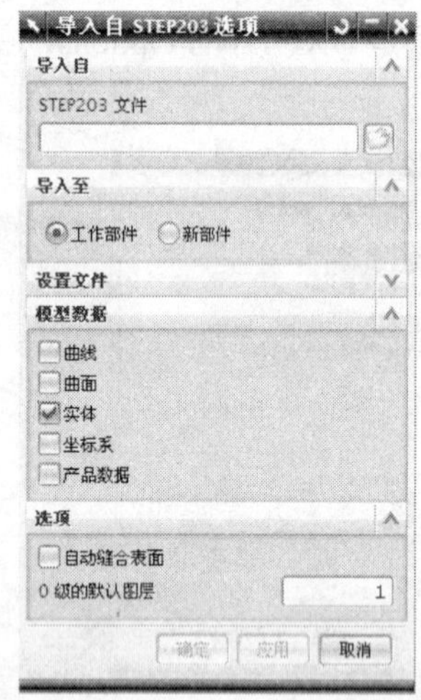

图 2-56 "导入自 STEP203 选项"对话框

图 2-57 "STEP203 文件"对话框

3. 返回"导入自 STEP203 选项"对话框后，单击 确定 按钮，系统自动进行相关导入的计算，完成后导入的零件被加载至零件部文档中。

提示： 当勾选"选项"选项下方的"自动缝合表面"复选框时，表示当零件有破面时，会自动缝合破面。

2.6 零件显示模式

零部件在操作过程中，常需要不同的显示状态，如工作窗口布局显示，可以方便观察操作，零件的不同着色形式可以让特征操作更加方便。在零件设计过程中旋转、平移和缩放等操作都与零件显示有关。

2.6.1 布局

布局是为便于查看模型而定义的一组视图，便于从不同的角度对模型进行观察。

操作步骤

1. 打开光盘中的 SAMPLE \ CH02 \ 2.6.1.PRT，如图 2-58 所示。

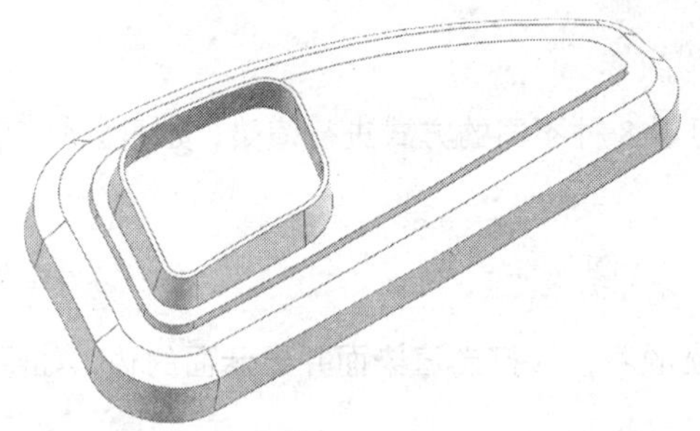

图 2-58 打开的模型

2. 选择“视图”→“布局”→“新建”命令，弹出“新建布局”对话框，单击“布置”栏右侧的“▼”图标，系统预定义的布局有 6 个：L1、L2、L3、L4、L6、L9。在展开的“布置”列表中选择 L4 选项，如图 2-59 所示。

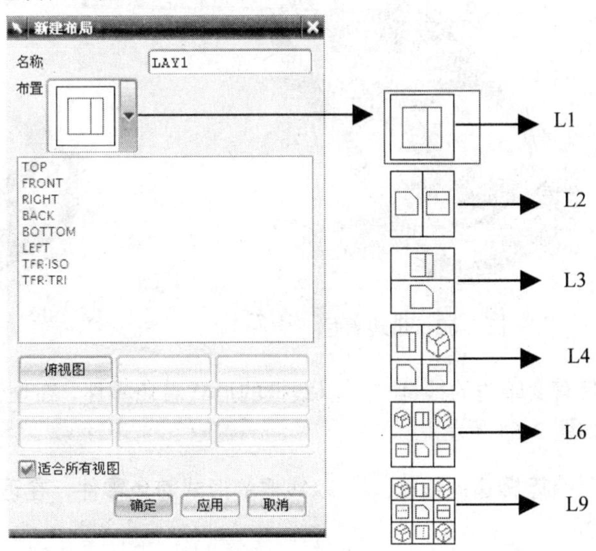

图 2-59 “新建布局”对话框

3. 单击 确定 按钮，模型将以 4 个窗口显示，如图 2-60 所示。

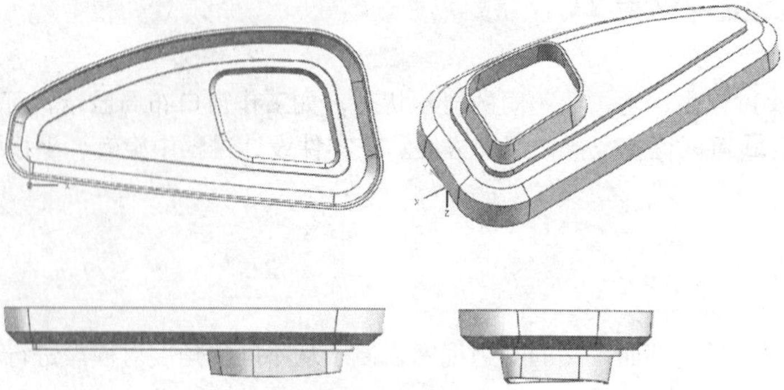

图 2-60　以 4 个窗口布局

2.6.2　渲染方式

在 UG NX5 中，零件可以 8 种不同的方式进行渲染，如图 2-61 所示。

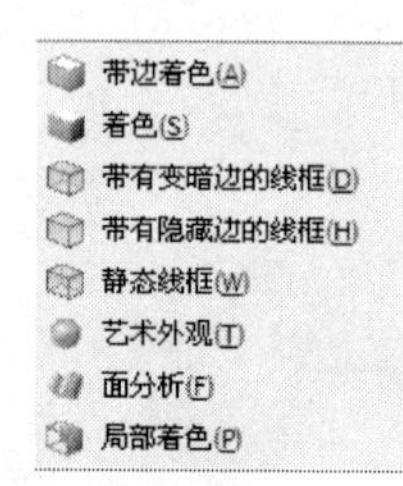

图 2-61　渲染的 8 种方式

1．渲染样式

（1）带边着色：用光顺着色和打光渲染面并显示面的边，如图 2-62 所示。

（2）着色：用光顺着色和打光渲染面，不显示曲面或实体的边界线，如图 2-63 所示。

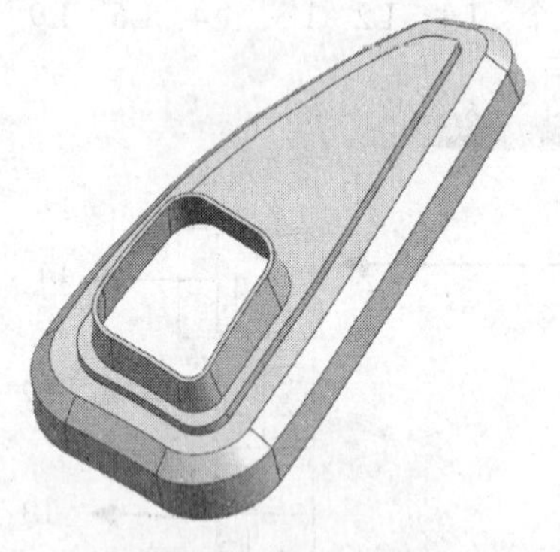
图 2-62　带边着色

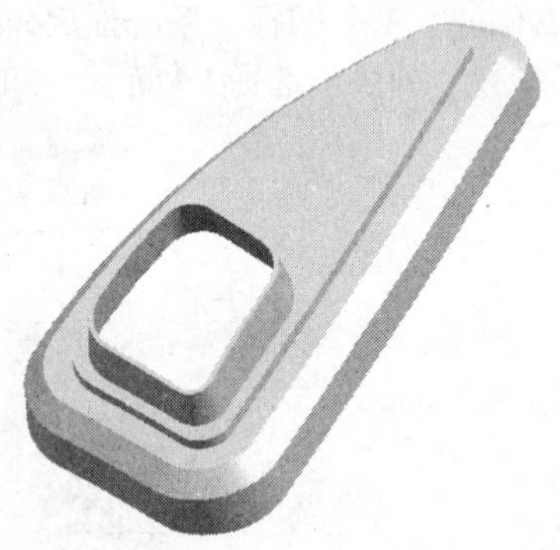
图 2-63　着色

（3）带有变暗边的线框：以线框的形式着色零件，在理论视觉上看不到的线条与特征以变暗处理，如图 2-64 所示。

（4）带有隐藏边的线框：以线框的形式着色零件，在理论视觉上看不到的线条隐藏处理，如图 2-65 所示。

（5）静态线框：以线框的形式着色零件，所有的零件上的线条全部显示出来，如图 2-66

所示。

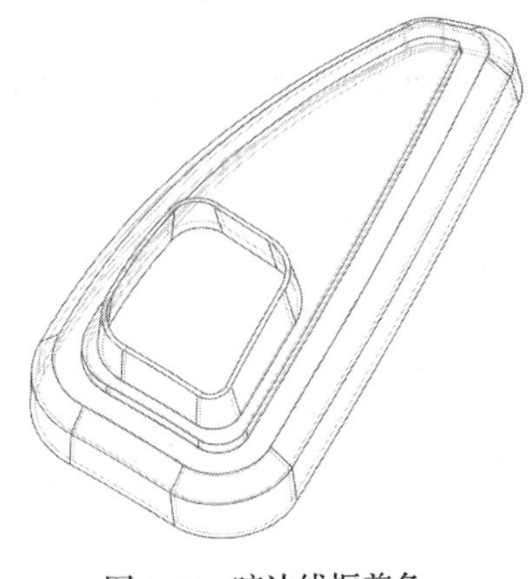

图 2-64 暗边线框着色

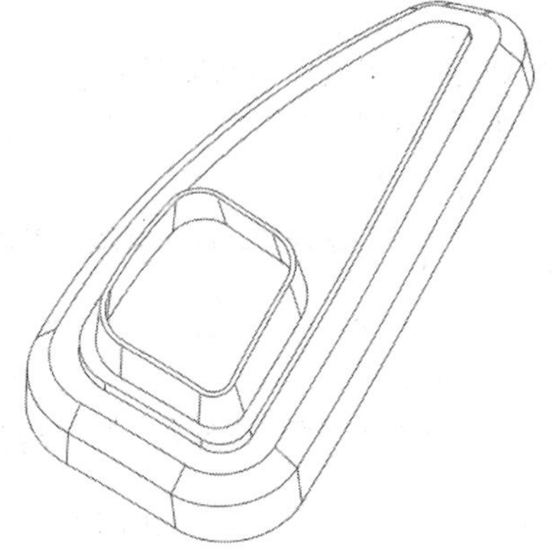

图 2-65 隐藏线框着色

提示：旋转视图后，必须用“更新显示”来校正隐藏边和轮廓线。

（6）艺术外观：根据指定的材料、纹理、光源等参数渲染工作视图。

（7）面分析：用曲面分析数据渲染光标指向视图中的面，用边缘几何体渲染剩余的面。

（8）局部着色：用光顺着色和打光渲染光标指向的视图中的局部着色面，用边缘几何体渲染剩余的面。

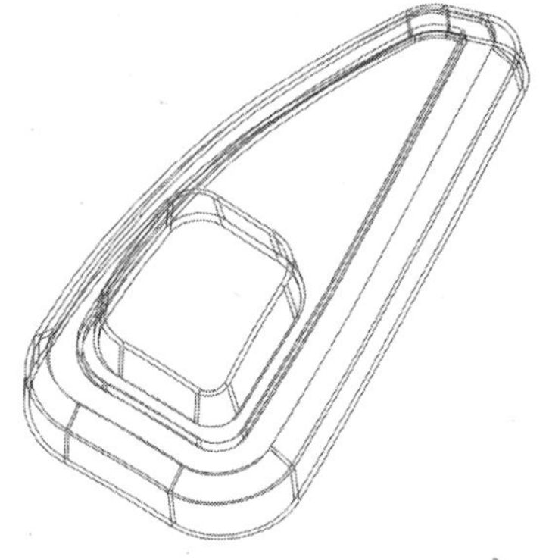

图 2-66 静态线框着色

2．选择渲染样式的方式

（1）工具栏。单击“视图”工具栏上图标右边的“▼”图标，并在展开的“渲染”工具图标列表中单击相应的图标，即可选择相应的渲染命令。如图 2-67 所示。

（2）快捷菜单。在工作窗口中的空白处单击鼠标右键，在弹出的快捷菜单中选择“渲染样式”命令，并在展开的级联菜单中选择相应的渲染命令，如图 2-68 所示。

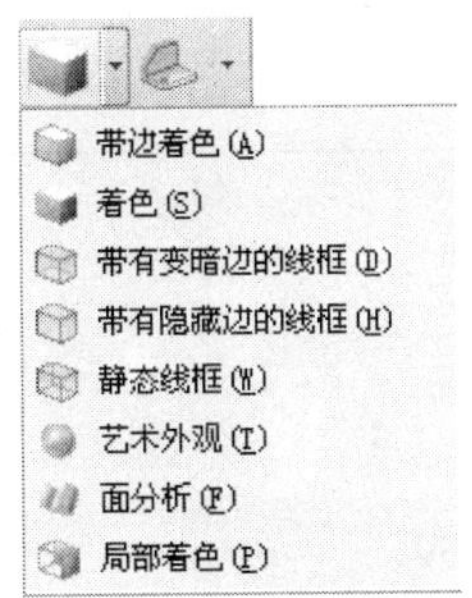

图 2-67 通过工具栏选择渲染样式

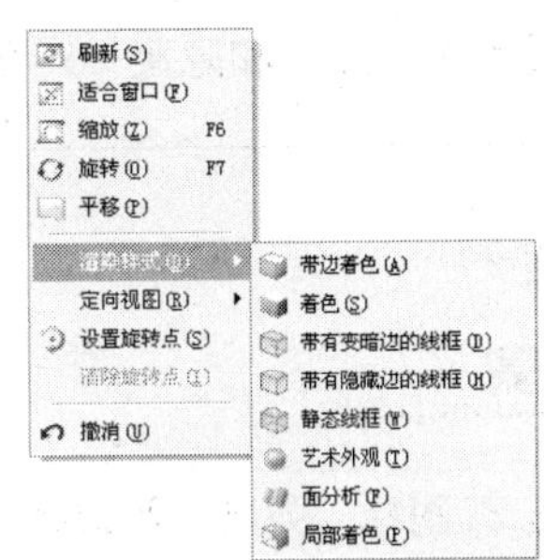

图 2-68 通过快捷菜单选择渲染样式

2.6.3 显示和隐藏

UG NX5 除了用层将对象隐藏外，还可以通过命令将对象进行隐藏，“显示和隐藏”的快捷图标位于“实用工具”工具栏中，如图 2-69 所示。

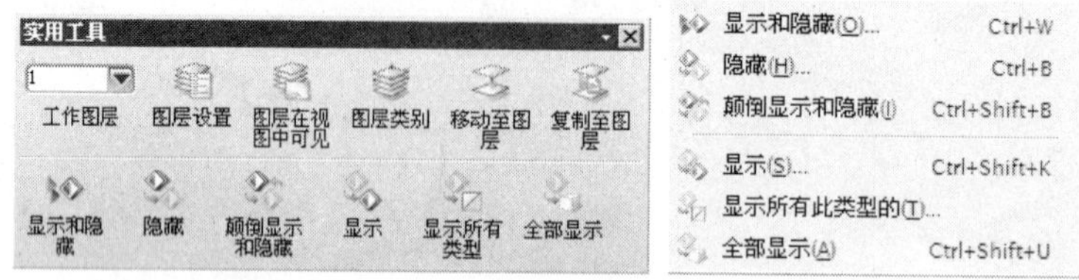

图 2-69 “实用工具”工具栏

1．显示和隐藏

操作步骤

1. 单击图标，弹出如图 2-70 所示的“显示和隐藏”对话框。

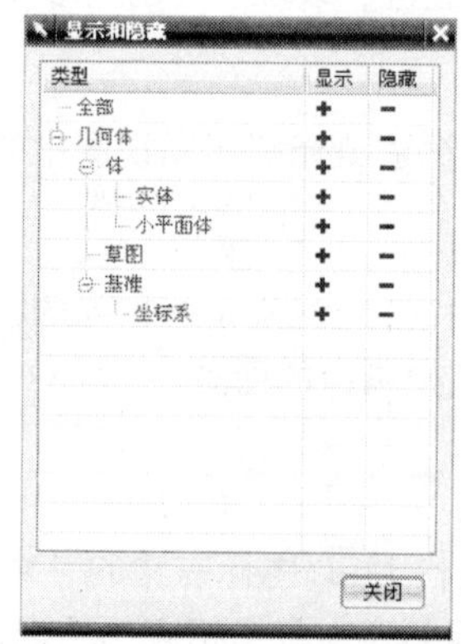

图 2-70 “显示和隐藏”对话框

2. 在对话框中的列表框中，单击“显示”列中的✚按钮将显示全部被隐藏的对象，单击“隐藏”列中的━按钮将隐藏工作窗口中的所有对象。
3. 最后单击“显示和隐藏”对话框中的 关闭 按钮退出。

2．隐藏

操作步骤

1. 单击图标，弹出“类选择”对话框，如图 2-71 所示。
2. 在工作窗口中选择要隐藏的对象，单击 确定 按钮，所选择的对象将隐藏。

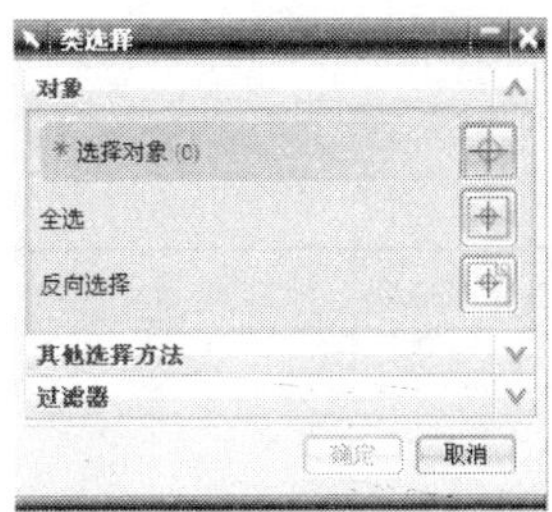

图 2-71 “类选择“对话框

3. 显示

操作步骤

1. 单击图标，弹出“类选择”对话框。
2. 系统自动将隐藏的对象显示在工作窗口中，选择要隐藏的对象，然后单击 确定 按钮所选择的对象将显示在工作窗口中。

4. 显示所有此类型

操作步骤

1. 单击图标，弹出“选择方式”对话框，如图 2-72 所示。
2. 对话框中包括类型、图层、其他、重置 4 种过滤方式，每一种过滤方式中可选择多项。如单击 图层 按钮，将弹出“根据图层选择”对话框，在对话框中可以选择一个图层，也可以选择多个图层进行显示操作。
3. 单击“颜色”按钮，将弹出“颜色”对话框，如图 2-73 所示。在对话框中可以选择一种颜色，也可以选择多种颜色，系统默认为全选。当使用多种过滤方式进行过滤设定后，只有同时满足这些过滤条件的对象才能被选择。

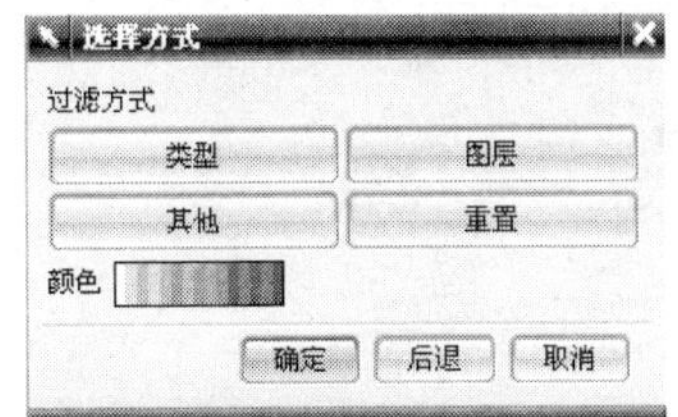

图 2-72 “选择方式”对话框

图 2-73 “选择方式”对话框

5. 颠倒显示和隐藏

改变工作窗口中当前的显示状态，如将当前显示的特征转变至隐藏状态，将隐藏的特征转变为显示。

6．全部显示

显示所有隐藏的特征。

提示：
- 显示和隐藏的快捷键为 Ctrl + W。
- 隐藏的快捷键为 Ctrl + B。
- 显示的快捷键为 Ctrl + Shift + K。
- 全部显示的快捷键为 Ctrl + Shift + U。
- 颠倒显示和隐藏的快捷键为 Ctrl + Shift + B。

2.6.4 旋转、平移和缩放

在 UG NX5 中不需要任何键盘的辅助操作，使用鼠标就可以方便地实现旋转、平移、缩放等操作。

1．目标浏览

（1）旋转：在按住鼠标中键的同时拖动鼠标，模型会相应地旋转。如果想绕模型上某一点旋转，可按住鼠标中键（MB2）停留一会，直到出现 ✚ 图标，再拖动鼠标旋转模型。

（2）平移：按住鼠标中键（MB2）和右键（MB3），同时拖动鼠标。也可按住 Shift 键和鼠标中键（MB2）。

（3）缩放：按住鼠标左键和中键（MB1+MB2）的同时拖动鼠标。也可以按住 Ctrl 键和鼠标中键（MB2），或滚动鼠标滚轮。

提示： 在工作窗口中的空白处右击，在弹出的“视图”快捷菜中选择相应的命令来完成以上各项操作，如图 2-74 所示。

2．全部显示

在“视图”快捷菜单中选择“适合窗口”命令，或在“视图”工具栏上单击图标，也可以在菜单栏中选择“视图”→“操作”→“适合窗口”命令，如图 2-75 所示，系统会把所有的几何体完全显示在工作窗口中。

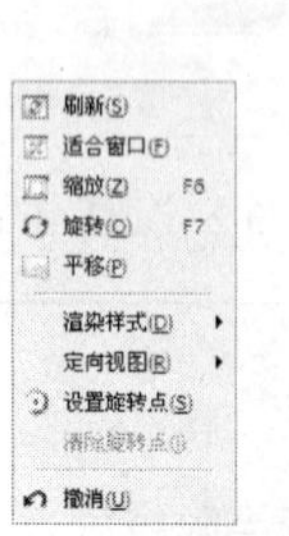

图 2-74 “视图”快捷菜单

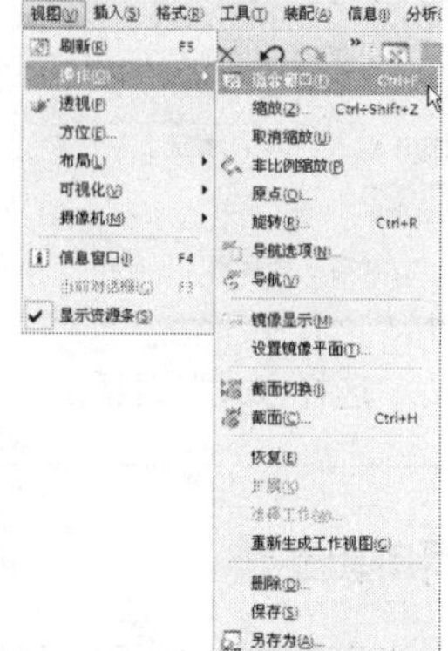

图 2-75 选择“适合窗口”命令

2.6.5 视图的定向

UG NX5 提供了 8 种默认的定向视图方式，便于对模型进行观察。

（1）在工作窗口中的空白处右击，在弹出的快捷菜单中选择“定向视图”命令，在展开的级联菜单中列出了系统默认的定向视图方式，如图 2-76 所示。选择相应的命令，将模型以相应的定向方式显示。

（2）在“视图”工具栏上的图标右边单击“▼”按钮，将展开定向视图图标，如图 2-77 所示。

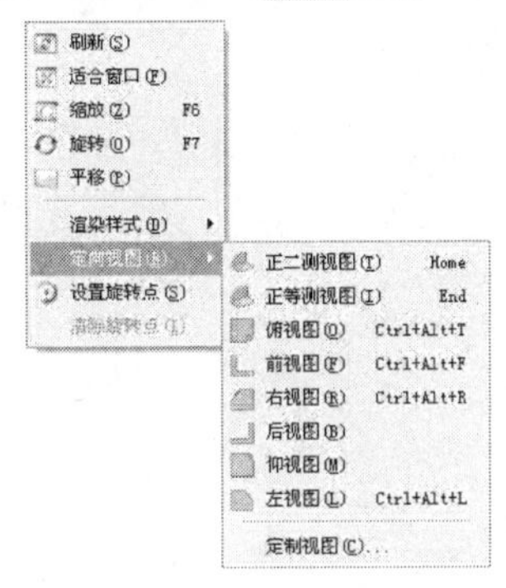

图 2-76　定向视图快捷菜单

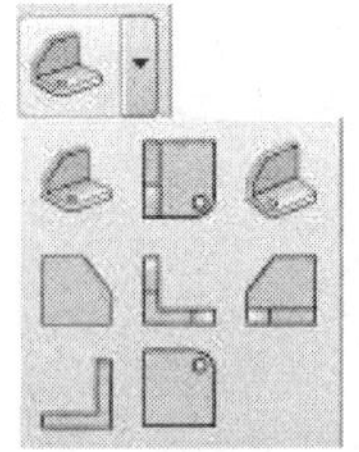

图 2-77　定向视图图标

（3）8 种默认的定向视图方式分别如下。

正二测视图：快捷方式为 Home；

正等测视图：快捷方式为 End；

前视图：快捷方式为 Crtl+Alt+F；

俯视图：快捷方式为 Crtl+Alt+T；

左视图：快捷方式为 Crtl+Alt+L；

右视图：快捷方式为 Crtl+Alt+R；

仰视图；

后视图。

2.7 零件选择模式

要对一个对象元素进行操作，就必须选中该对象。UG NX5 提供了多种选择的方式和工具，如在导航器中选择、使用鼠标选择、使用过滤器选择等，本节将介绍各种选择方法。

2.7.1 鼠标选择

（1）选择优先级。程序默认的情况下，选择的优先级顺序依次是：特征、面、体、边、组件。

也可根据需要设置最高选择优先级。在选择时，优先选择光标位置中优先级最高的目标。如果需要设置选择优先级，可以选择菜单栏中的“编辑→选择”命令，然后在弹出的级联菜单中进行设置，如图 2-78 所示。

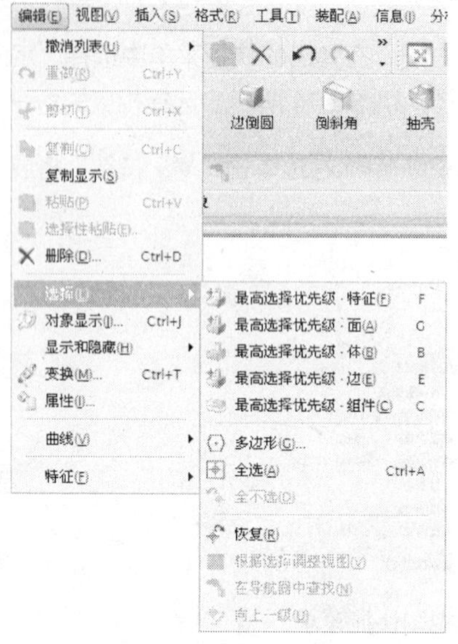

图 2-78 设置选择优先级的菜单

提示：

- 最高选择优先级 - 特征：将特征设置为选择优先级最高，随后依次为面、体、边、组件。
- 最高选择优先级 - 面：将面设置为选择优先级最高，随后依次为特征、体、边、组件。
- 最高选择优先级 - 体：将体设置为选择优先级最高，随后依次为特征、面、边、组件。
- 最高选择优先级 - 边：将边设置为选择优先级最高，随后依次为特征、面、体、组件。
- 最高选择优先级 - 组件：将组件设置为选择优先级最高，随后依次为特征、面、体、边。

（2）用鼠标进行选择是最常用和最方便的选择方法之一，其操作方法如下。

操作步骤

1. 把光标指向所要选择的对象，在移动光标时，光标所在位置的对象依次被预选择，同时它们在导航器中的名称将相应得以高亮显示。
2. 若要选择的对象为被预选择的状态，单击鼠标左键，即可选中对象。在继续选择其他对象时，已选择的对象仍包含在选择集中。
3. 若要取消选择集中的对象，可按住 Shift 键，用鼠标左键选择欲取消的对象即可。
4. 若想一次选择多个或全部对象，在工作窗口中按住鼠标左键不放，并拖动鼠标，产生一个矩形框，在框内的对象都被选择。
5. 若要一次取消选择集中的多个对象或全部对象，则按住 Shift 键，并框选要取消的对象即可。

2.7.2 过滤器

一个部件文件是由若干个的各类元素组成的，在一些复杂的文件中，有着成千上万的元素，这时，要想选择其中的部分元素就显得十分困难。UG NX5 提供了一个方便选择的“过滤器” 工具。通过过滤器选择对象时，只有符合条件的元素才能成为可选元素。

UG NX5 中提供了类型过滤器、图层过滤器、颜色过滤器、属性过滤器。

1. 类型过滤器

单击“选择杆”工具栏上的“类型过滤器”文本框没有选择过滤器右侧的▼按钮，在展开的下拉列表中列出了各种元素，如图 2-79 所示。当选择“没有选择过滤器”选项时所有类型的元素均为可选。当选择“曲线”类型时只有曲线可以选择，其他所有元素都被禁止选择。

2. 图层过滤器

在“选择杆”工具栏上单击“图层过滤器”文本框全部右侧的▼按钮，展开后的列表如图 2-80 所示。

图 2-79 类型过滤器

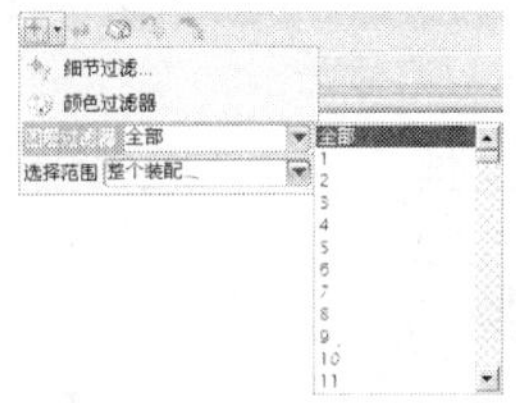

图 2-80 图层过滤器

3. 颜色过滤器

单击“选择杆”工具栏上的图标，弹出如图 2-81 所示的“颜色”对话框。在对话框中选择某一种颜色进行过滤。单击“全选”按钮选择所有的颜色（系统默认为全选）。

4. 细节过滤器

在“选择杆”工具栏中单击图标，弹出“细节过滤”对话框，如图 2-82 所示。可以根据细节的分类选项进行选择。

图 2-81 “颜色”对话框

图 2-82 “细节过滤”对话框

2.7.3 “类选择”对话框

在选择一些编辑命令时，会弹出“类选择”对话框，如图 2-83 所示，该对话框中提供了各种类型的“过滤器”工具，详细的应用方式可以参照前面的介绍。

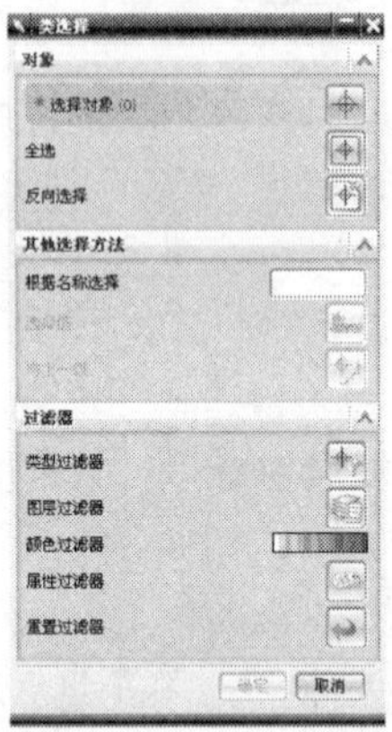

图 2-83 “类选择”对话框

2.7.4 快速选择

在选择区域有多个可选择对象时，将鼠标移动至所选物体旁边，停顿一会后光标变成⊹，如图 2-79 所示。此时单击鼠标左键，弹出“快速选择”对话框，如图 2-85 所示。可以方便地在对话框中选择所需对象，也可以通过过滤器将不需要的对象过滤。

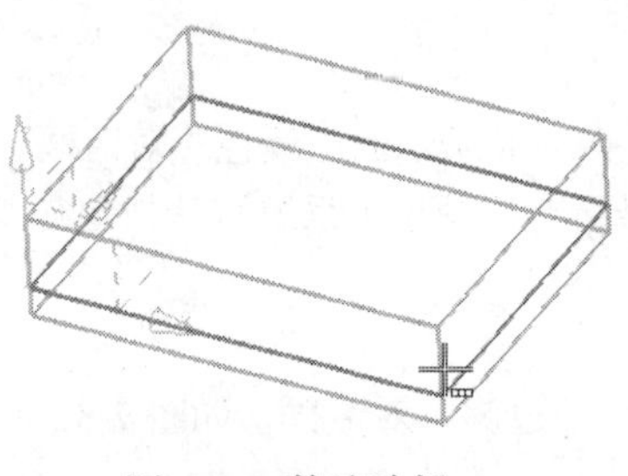

图 2-84 快速选择

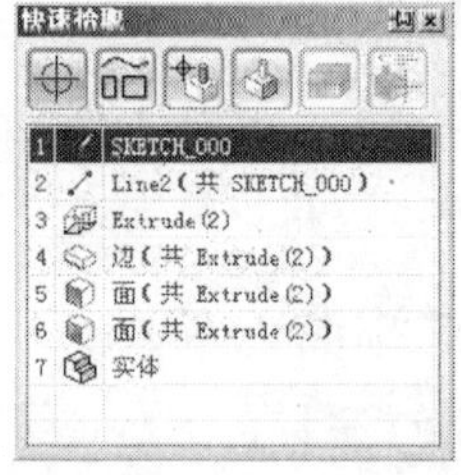

图 2-85 “快速选择”对话框

2.7.5 多边形

（1）用一个任意多边形定义的区域来选择对象。

操作步骤

1. 选择“编辑”→“选择”→“多边形”命令。
2. 在工作窗口中创建任意多边形，在多边形定义区域的对象将被选中。

（2）定义多边形的选择区域有以下几种方式。

① 内部：选择完全在多边形内的对象。

② 外部：选择完全在多边形外的对象。

③ 横跨：选择横跨多边形边界的对象。

④ 内部/交叉：选择在多边形内及与多边形边界交叉的对象。

⑤ 外部/穿越：选择在多边形外及穿越多边形边界的对象。

2.7.6 其他选择方法

① 全选：选择工作窗口中的所有对象，或使用快捷方式 Ctrl+A。

② 全不选：取消当前选定的所有对象。

③ 反选：取消当前选定的对象并选择其他所有可见对象。

④ 链：通过成链选择连接对象（连续的曲线或连续的实体边缘）。

⑤ 恢复：当从 NX 操作返回时，恢复全局选择的对象。

⑥ 向上一级：当选择了一组对象后，可用该命令来选择该组或该组件。

⑦ 在导航器中查找：在部件导航器或装配导航器中选择对象。选择后的对象将在工作窗口中呈高亮显示。

2.8 零件图层操作

层类似于透明的图纸，每个层可放置各种类型的对象，通过层可以将对象隐藏和显示，提高可视化。“格式”菜单栏中包含了所有“图层”命令，如图 2-86 所示。图层操作的工具栏如图 2-87 所示。

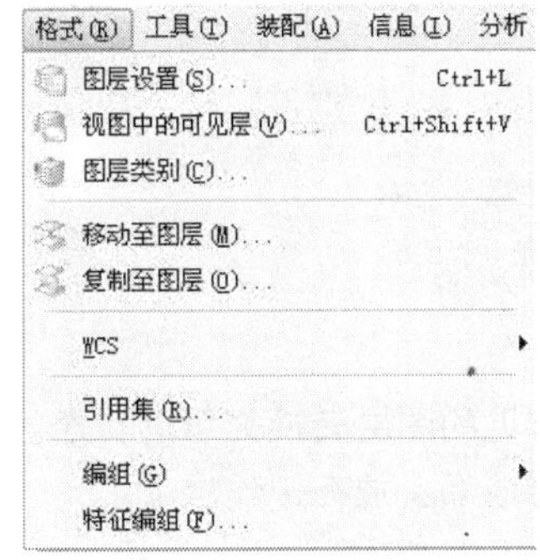

图 2-86 图层操作菜单

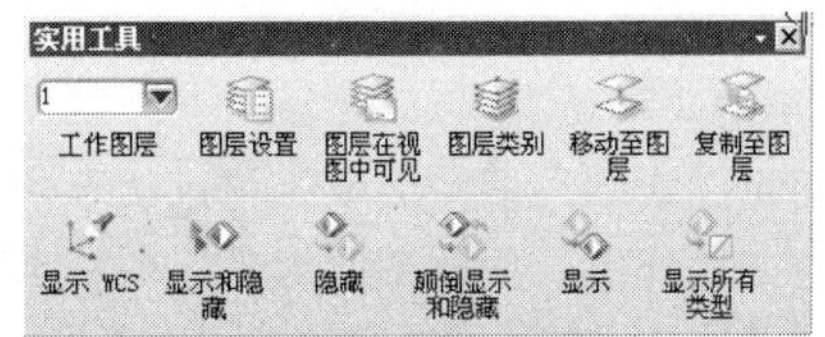

图 2-87 图层操作工具栏

图层设置：设置各图层的状态，并定义图层的类别名称。

图层在视图中可见：针对某一视图控制层的可见或不可见。

图层类别：创建图层组以简化相关层的可见性及选择状态的改变。

移动至图层：将对象从一个图层移动到另一个图层。

复制至图层：将对象从一个图层复制到另一个图层。

2.8.1 图层设置

（1）选择“格式→图层设置”命令，或单击图标，将弹出“图层设置”对话框，如图 2-88 所示。

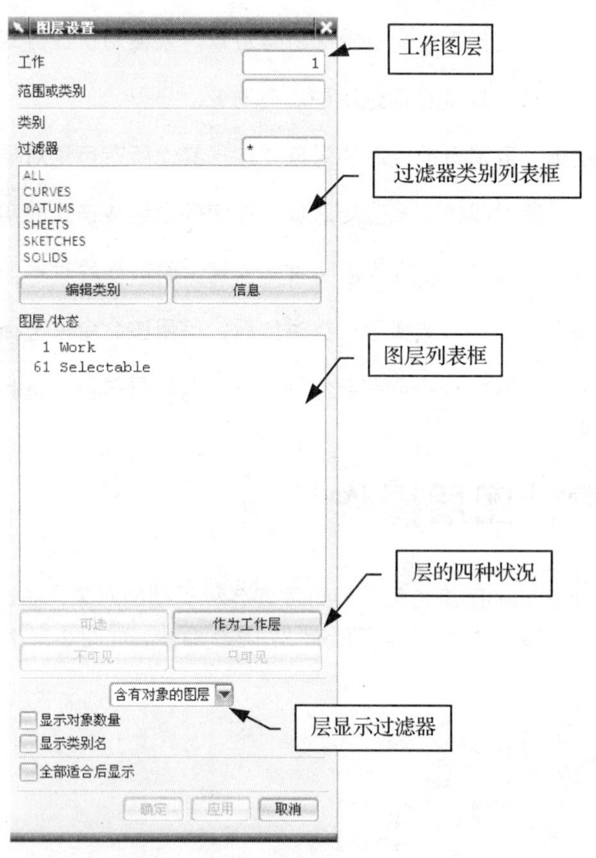

图 2-88 “图层设置”对话框

（2）层的 4 种状态

- 可选：设置后的图层成为可选状态，通常用于将只可见的图层转换为可选状态。
- 作为工作层：使图层成为工作层，当前所有创建的特征都会放在工作层上。
- 不可见：设置后图层中的特征看不见。当前的工作图层不可以设置为不可见状态。
- 只可见：使图层只可见，但不能选择和编辑。

工作图层是可选的，所有新创建的对象都在工作图层上，任何时候都必须有一层为工作层，工作层只能是唯一的一个图层。除了上述设置工作层的方法外，还可以在“图层设置”对话框中的“工作”文本框中直接输入层的编号，也可以在“实用工具”工具栏中的“工作图层”文本框中进行设定。

2.8.2 图层的可见性

用于控制某一视图中图层的可见与不可见，此功能在多视图布局中用来对模型进行观察和分析。

操作步骤

1. 如图 2-89 所示的视图由正等测视图（TFR－ISO）、俯视图（TOP）、前视图（FRONT）、右视图（RIGHT）组成。

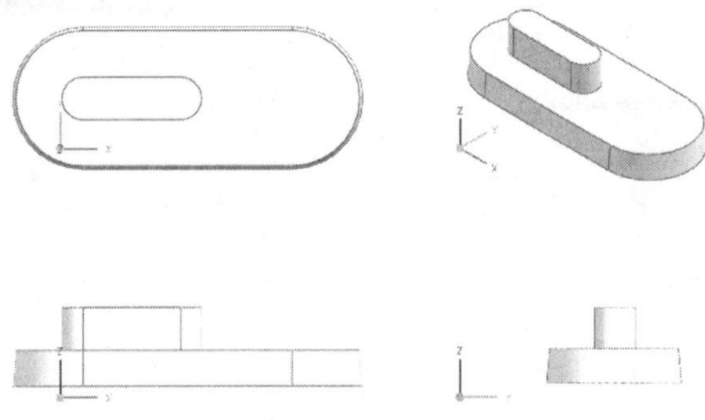

图 2-89 零件布局视图

2. 选择“格式”→“图层在视图中可见”命令后，弹出“视图中的可见图层”对话框，如图 2-90 所示。选择要进行图层可见性控制的视图后，单击确定按钮。

3. 弹出用于图层设置的“视图中的可见图层”对话框，如图 2-91 所示。单击选择需要设置的图层，可以设置为可见与不可见的状态。

图 2-90 “视图中的可见图层”对话框一

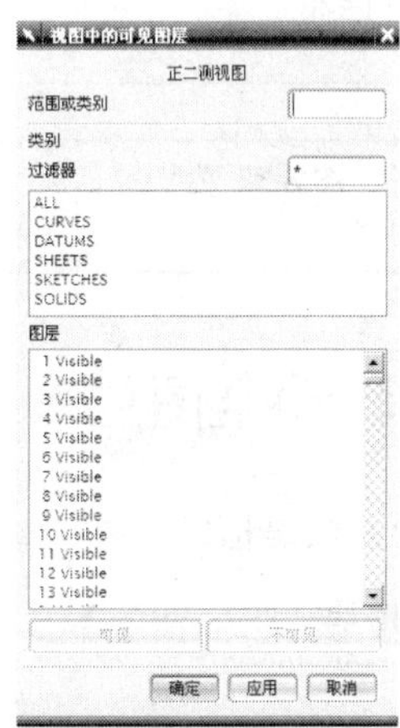

图 2-91 “视图中的可见图层”对话框二

2.8.3 图层类别

图层类别是用来为层过滤器创建新的过滤类别。它可以将相关的图层归为一个大类，更方便管理与控制图层，本节将创建一个新的过滤类别。

操作步骤

1. 在“实用工具”工具栏中单击图标，弹出“图层类别”对话框，如图 2-92 所示。
2. 在“类别”文本框中输入新类别的名称 ger。
3. 单击 创建/编辑 按钮，“图层类别”对话框切换至如图 2-93 所示。然后选择要添加的层，单击 添加 按钮，选择添加的层名称后面出现 Included 字样。

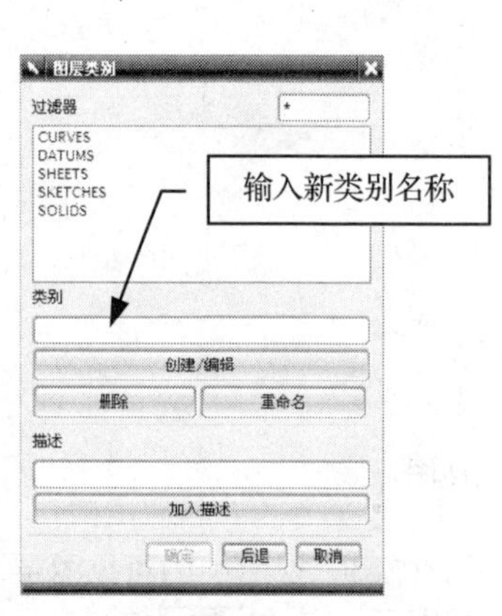

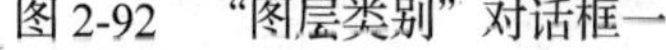
图 2-92 “图层类别”对话框一

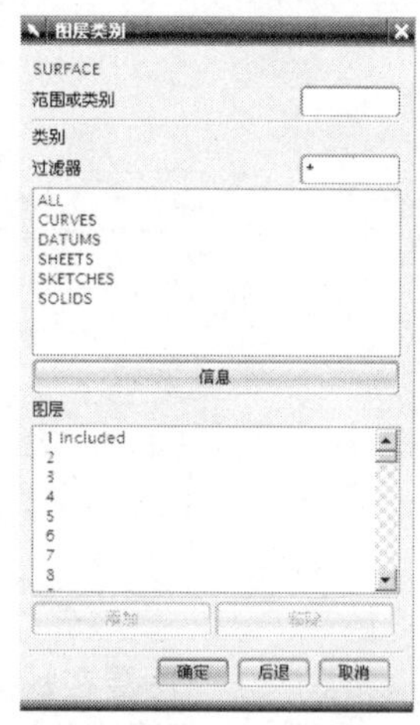

图 2-93 “图层类别”对话框一

4. 单击 确定 按钮，返回“图层类别”对话框。最后单击 确定 按钮退出“图层类别”对话框。

提示： 在“图层设置”对话框中单击“编辑类别”按钮，同样可以对图层类别进行创建和编辑。

2.8.4 移动至图层

移动至图层是指将对象从一个层移动到另一个层。

操作步骤

1. 选择“格式”→“移动至图层”命令，弹出“类选择”对话框。
2. 选择要移动的对象，然后在“类选择”对话框中单击 确定 按钮。

3. 弹出“图层移动”对话框，在对话框中的“目标图层或类别”文本框中输入移动的目标层名称，或者在“图层”列表框中选择一个目标层，如图 2-94 所示，再单击确定按钮完成移动。

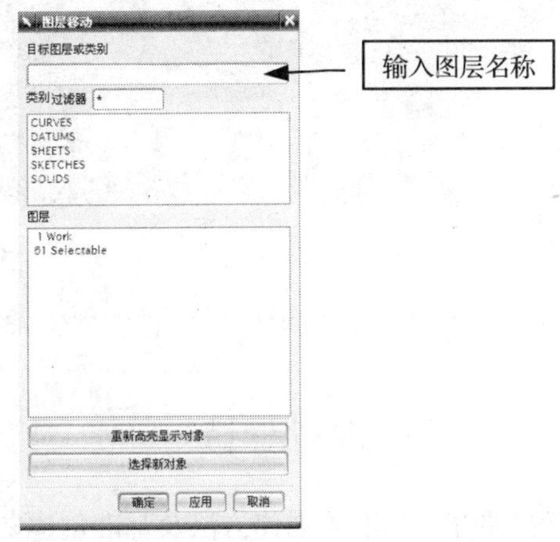

图 2-94 “图层移动”对话框

2.8.5 复制至图层

将对象复制一个副本到另一图层上，其操作步骤与移动至图层相似。

操作步骤

1. 选择“格式”→“复制至图层”命令。
2. 选择要复制的对象。
3. 弹出“图层复制”对话框，如图 2-95 所示，选择目标图层的编号或类别，或者在“目标图层或类别”文本框中直接输入目标图层或类别的名称，单击确定按钮退出“图层复制”对话框。

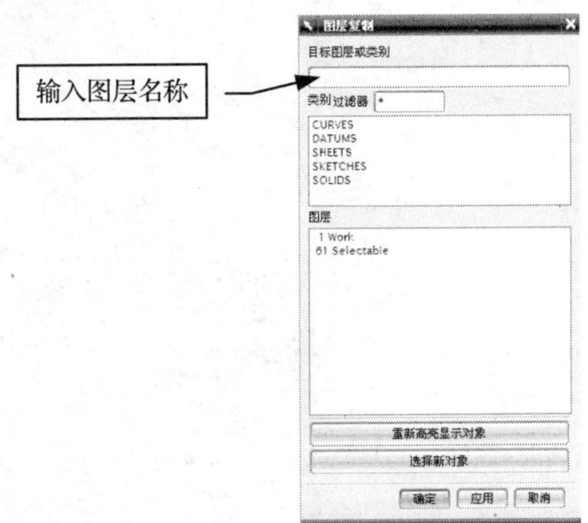

图 2-95 “图层复制”对话框

第3章 创建基准

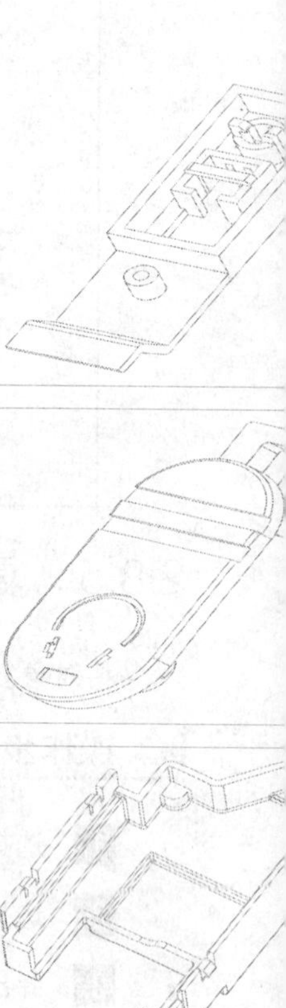

本章导读

本章主要介绍基准的创建方法及基准创建参数设置等。基准是建模的参考，是用途广泛而又基础的参考特征，如草图平面、特征放置面、装配中的定位基准、尺寸的定位基准等。基准主要包括基准平面、基准轴和基准坐标系基准点等。

要点提示

- 基准平面的创建和编辑
- 基准轴的创建
- 基准坐标的创建
- 基准点的创建

3.1 基准平面

（1）基准平面是一个无限大且实际上并不存在的平面，基准面作为一个参考特征常用于以下几个方面：

① 作为草绘平面，当部件文件中没有创建实体或片体特征时，基准平面将用于绘制草图。

② 在装配中作为定位基准。

③ 作为特征的定位参照。

④ 用于非平面实体的特征放置面。

⑤ 用于定义矢量。

⑥ 修剪和分割体特征（如实体或片体）。

⑦ 在工程图中辅助制作截面和辅助视图。

⑧ 作为镜像平面。

⑨ 辅助定义轴基准。

（2）基准平面可分为固定基准平面和相对基准平面。

① 固定基准平面：平行工作坐标系 WCS 或绝对坐标系的 3 个坐标平面的基准面。固定基准平面与坐标系没有相关性。如下面将要介绍的 *XC-YC* plane、*YC-ZC* plane、*XC-ZC* plane、系数都属于固定基准平面。

② 相对基准平面：相对于模型上的几何对象所创建的基准平面。当约束它的几何对象改变时，相关基准平面随之改变。

3.1.1 基准平面的创建

选择“插入”→“基准/点”→“基准平面”命令，弹出“基准平面”对话框，如图 3-1 所示。在对话框中的“类型”下拉列表中共包含 14 种创建基准平面的方式。本节将主要介绍这 14 种创建基准平面的方法。

（1）自动判断：根据所选择的对象，系统自动采用相应的方式创建基准平面。

例如选择一个点，则产生一个经过参照点与工作坐标的 *xc-yc* 平面平行的基准平面，此时可以继续选择一条直线，变成“曲线和点”的创建方式；如果选择点后加选一个参照平面，则产生一个经过该点，且与所选择平面平行的基准平面。

（2）成一角度：首先选择的一平面参考对象（基准平面、平面对象），然后选择一线性对象为旋转基准轴（线性曲线、线性边或基准轴等），并设置旋转角度，从而产生一个新的基准平面，如图 3-2 所示。

图 3-1 “基准平面”对话框

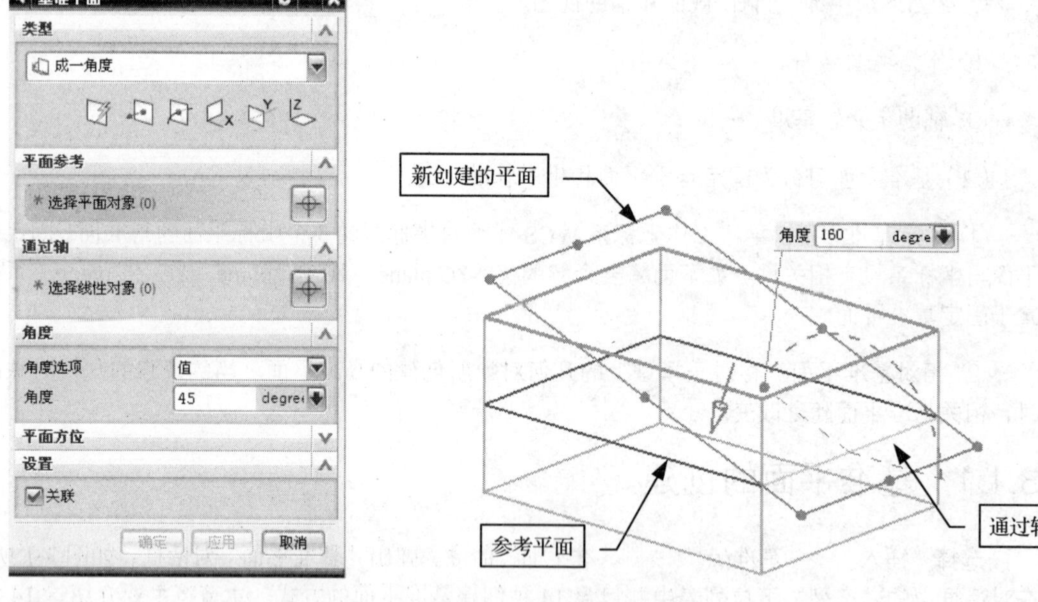

图 3-2 “成一角度”方式创建的基准平面

（3）按某一距离：此方式是将所选的平面在法向上偏移设置的距离值，从而产生新的基准平面，还可以根据需要设置偏置的数量，基准平面间的间距与设置相同，如图 3-3 所示。

提示： 对话框中的“偏置”选项组简介如下。

- 距离：相邻两个基准平面的距离。
- 反向：使基准平面产生参考面的另一侧。
- 平面的数量：通过定义此项可以控制产生新基准平面的数量。

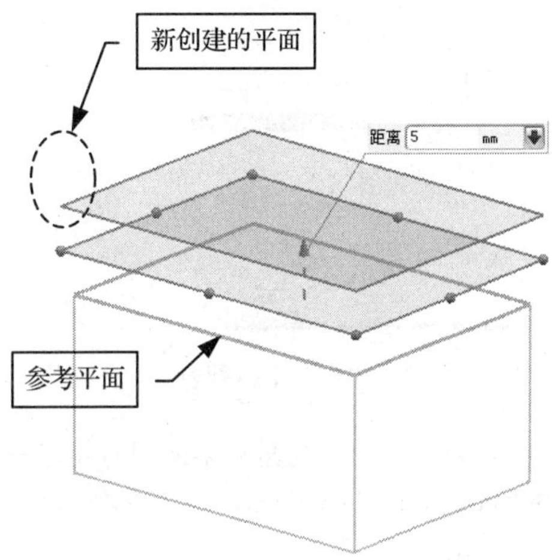

图 3-3 "按某一距离"方式创建的基准平面

（4）Bisector（二等分）：新基准平面产生在所选两个平面的对称平面上，如图 3-4 所示。

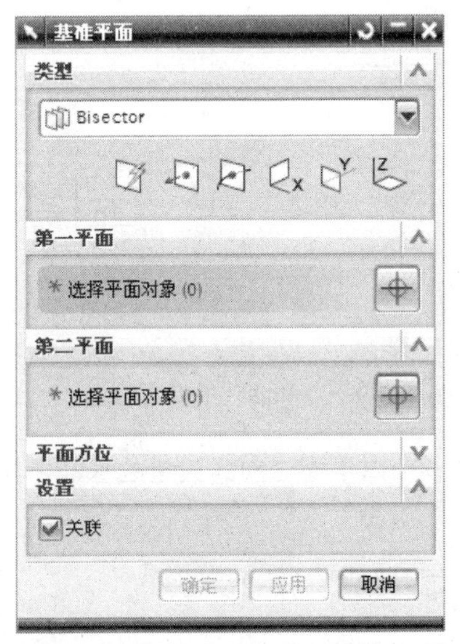

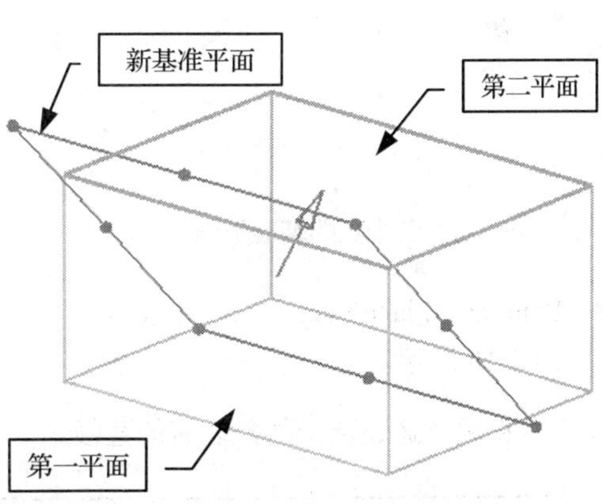

图 3-4 "二等分"方式创建的基准平面

（5）曲线和点：曲线和点的"子类型"下拉列表中包括 6 种创建方式，如图 3-5 所示。

- Curves and Point（sub-infer）曲线和点（自动判断）：根据用户指定直线上的点，基准平面穿过点并垂直于直线。
- One Point（一点）：经过选择的点并垂直于该点所属的对象，从而产生一个新的基准平面，如图 3-6 所示。

- 两点：第一个点产生一个基准平面，第一点到第二点的连线为平面的矢量，如图 3-7 所示。

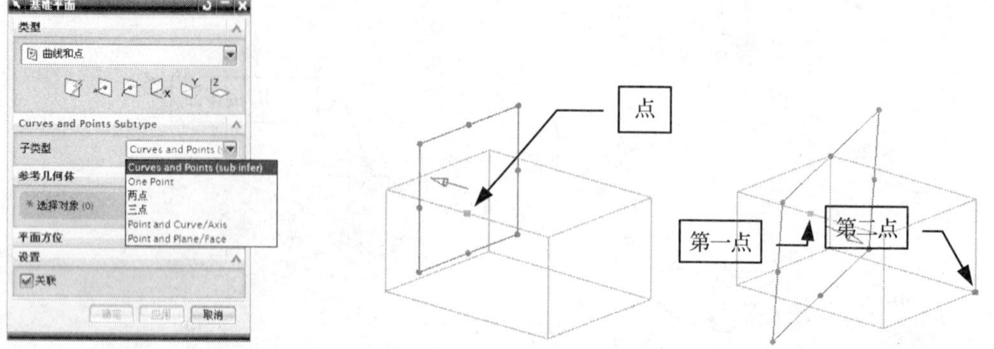

图 3-5　“子类型”下拉列表　　图 3-6　一个点的基准平面　　图 3-7　两个点的基准平面

- 三点：创建后的基准平面同时经过三个点，如图 3-8 所示。
- Point and Curve/Axis（点和曲线/轴）：过点和直线（边、轴）产生新的基准平面，如图 3-9 所示。

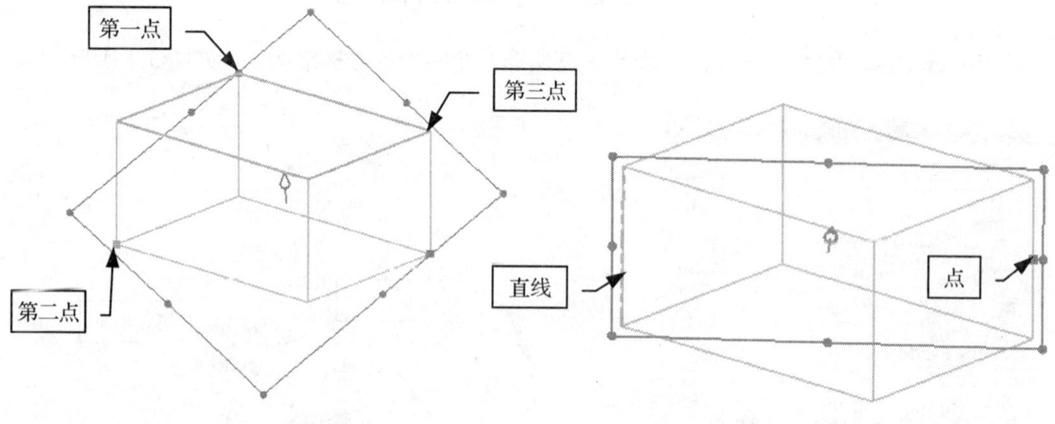

图 3-8　三个点的基准平面　　图 3-9　点和曲线的基准平面

- Point and Plane/Face（点和平面/面）：在该点产生一个以平面法向为矢量的基准平面，如图 3-10 所示。

（6）两直线：通过选择两条现有的直线来创建一个平面，如图 3-11 所示。

提示：当选择的两直线相对位置关系不同时，所产生基准平面的方式也不一样。

- 选择的两直线平行或相交，创建的基准平面通过两条直线，如图 3-12 与图 3-13 所示。
- 当两条直线相互垂直时，则创建一个通过第一条直线且垂直于第二条直线的基准平面，如图 3-14 所示。通过“备选解”按钮来得到通过第二条直线且垂直于第一条直线的基准平面。
- 选择两条任意的直线时，创建的基准平面通过第一条直线且平行第二条直线，可通过“备选解”按钮来获得通过第二条直线且平行第一条直线的基准平面，如图 3-15 所示。

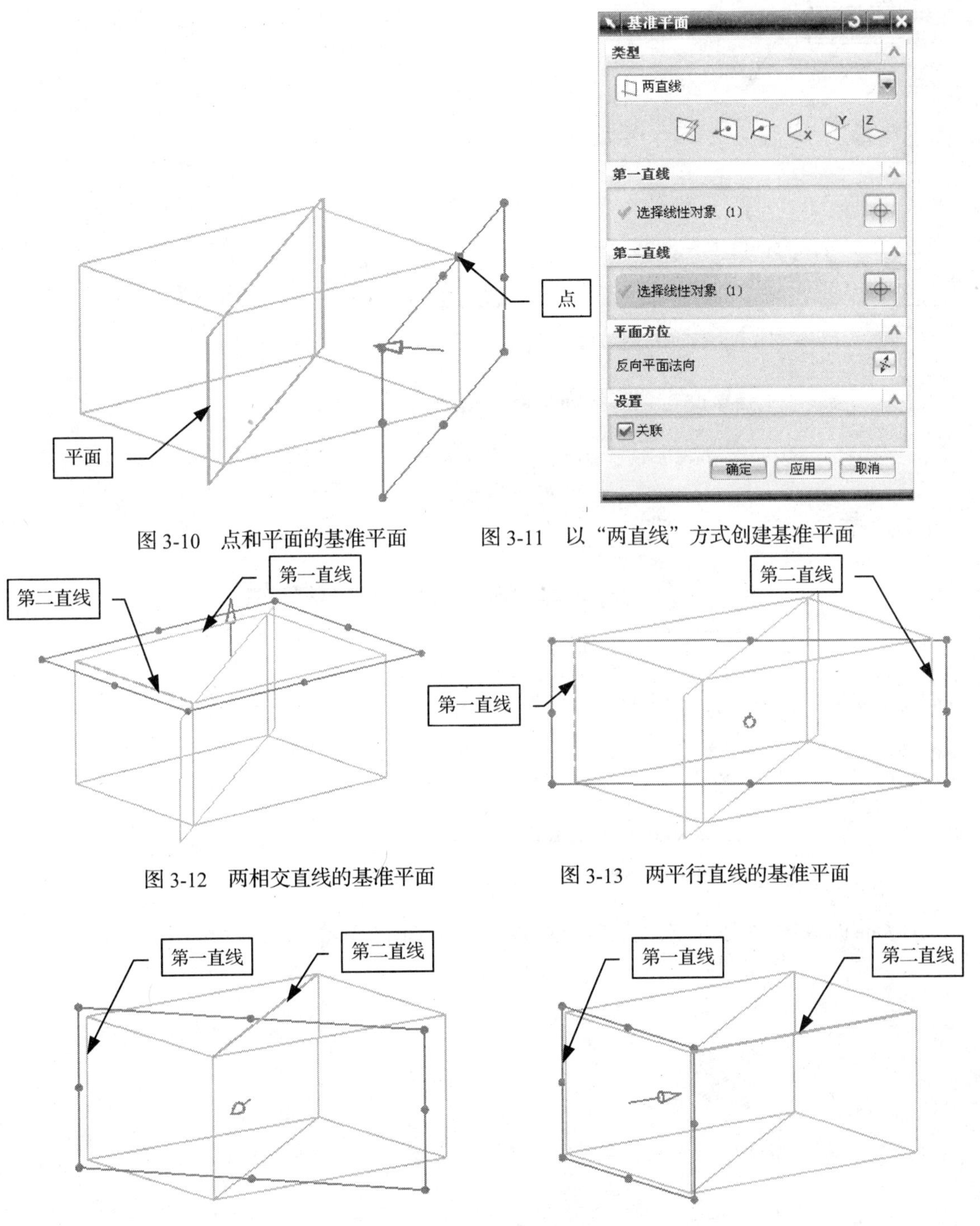

图 3-10 点和平面的基准平面

图 3-11 以“两直线”方式创建基准平面

图 3-12 两相交直线的基准平面

图 3-13 两平行直线的基准平面

图 3-14 直线相互垂直的基准平面

（7）在点、线或面上与面相切：对话框的定义如图 3-16 所示。

在点、线或面上与面相切（自动推断）：包括以下各种方式，根据用户选择的参考不同自动选用（2～6）步骤中的一种方式来产生新的基准平面。

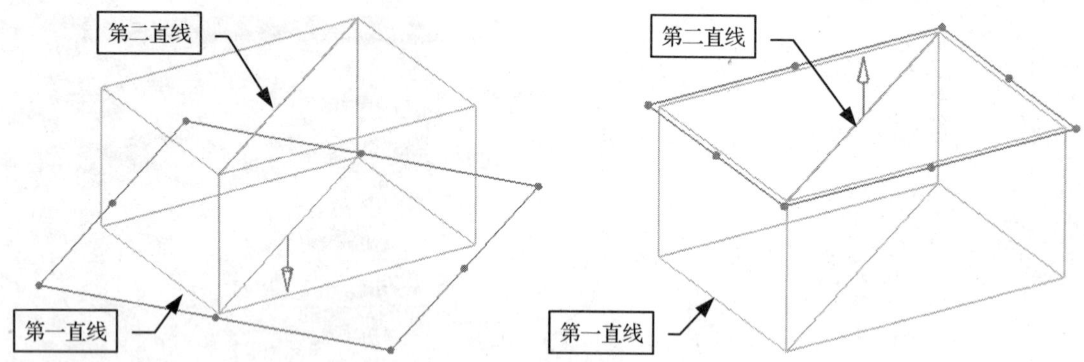

图 3-15　任意两直线的基准平面

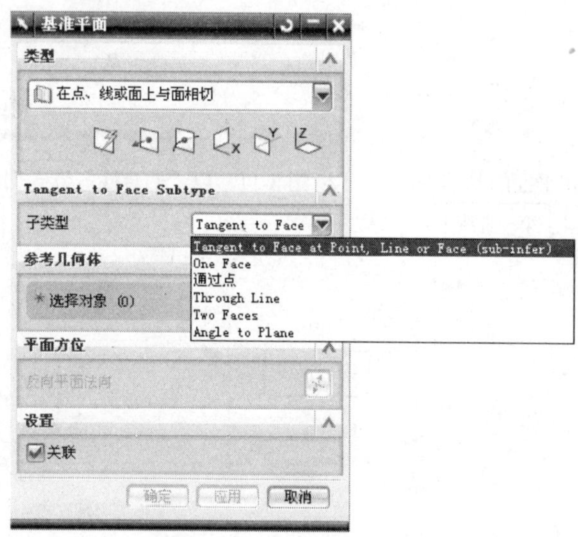

图 3-16　选择"在点、线或面上与面相切"选项

① One Face（一个面）：产生一个与柱面或锥面相切的新基准平面，如图 3-17 所示。

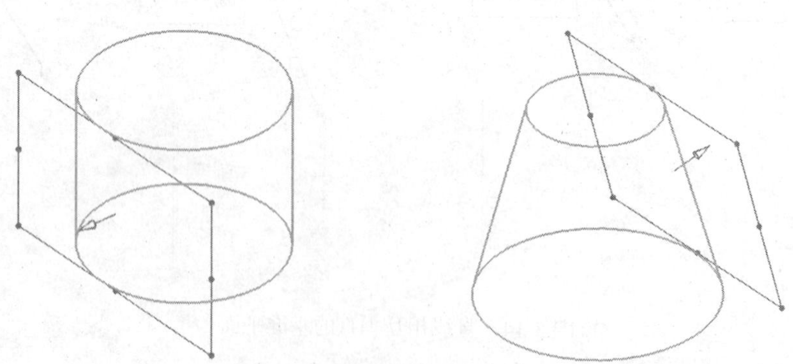
图 3-17　一个面的相切基准面

② 通过点：通过一点和相切参照特征创建基准平面，如图 3-18 所示，可通过"备选解"按

钮得到通过点的另一个方式。

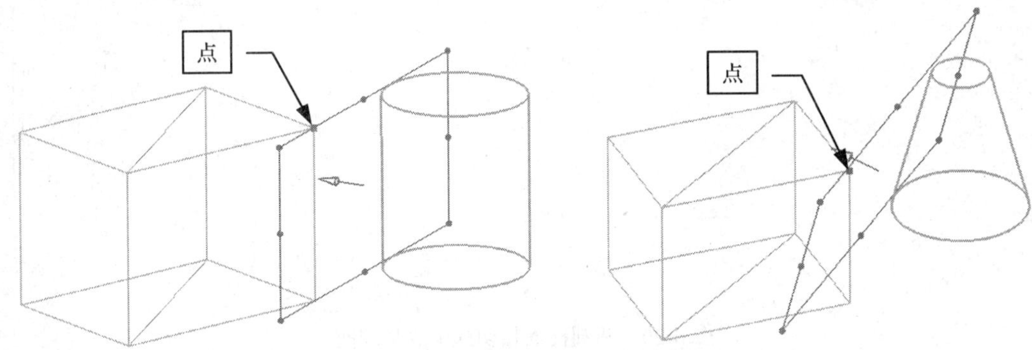

图 3-18 通过点的相切基准面

③ Through Line（通过线）：新产生的基准平面将通过线（边、轴）并与选择的柱面或锥面相切，可通过“备选解”按钮获得通过直线且与柱面相切的另一种基准平面，如图 3-19 所示。

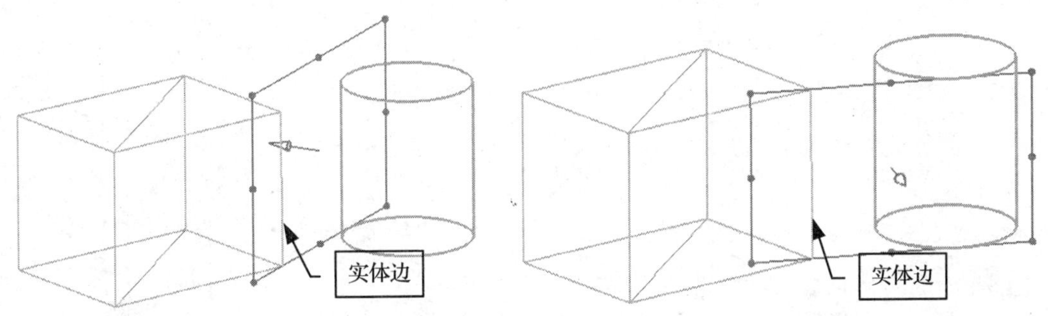

图 3-19 通过直线与面相切的基准平面

提示： 如果所选择的直线与柱面或锥面不平行，将不能产生基准平面。

④ Two Face（二面）：在两个相切的参照特征（非平面：柱面、锥面、球面）间创建基准平面，如图 3-20 所示为两个圆柱面相切产生的基准面。

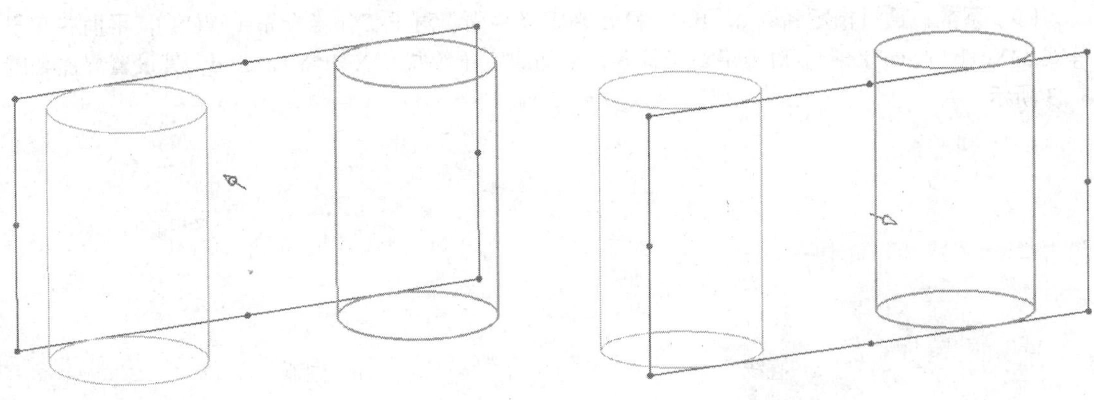

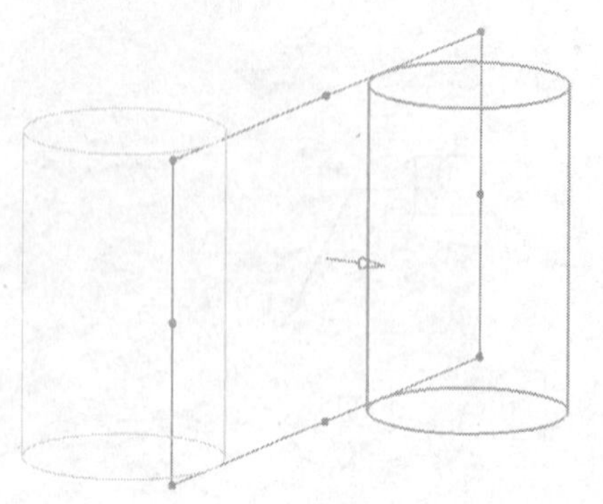

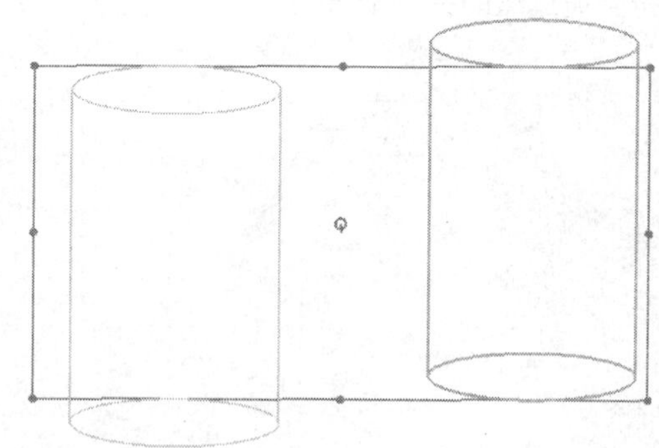

图 3-20 两圆柱面相切产生的基准面

提示： 当两圆柱的轴线不平行时，将无法以相切两个面的方式来产生基准平面。

⑤ Angle to Plane（到平面角度）：产生一个与柱面相切并与所选择平面成一角度的基准平面，如图 3-21 所示。

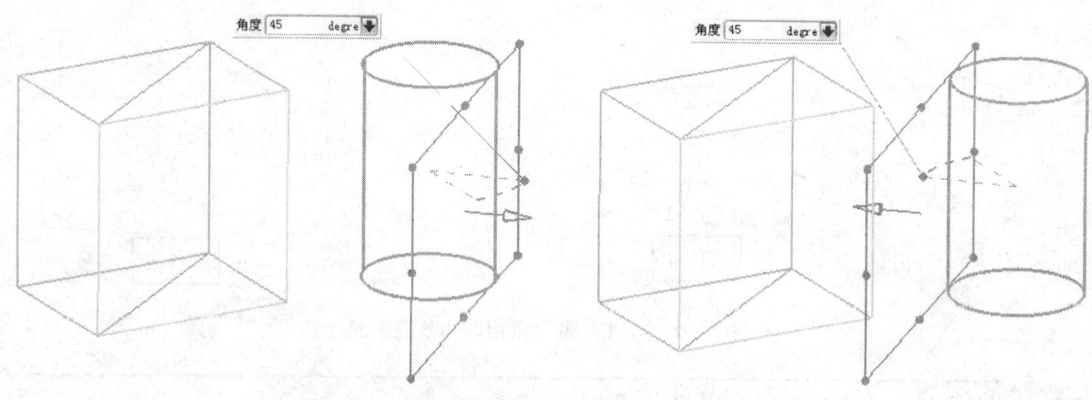

图 3-21 以“到平面角度”方式产生的相切基准平面

（8）通过对象：根据所选的对象来产生新的基准平面。若选择直线则在其端点产生一个与该直线垂直的平面；若选择一段弧或平面上的样条曲线时，产生曲线所在的平面，如图 3-22 所示。

（9）系数：通过指定系数 a、b、c 和 d 来定义平面。对于工作坐标系（WCS），平面决定于等式 a*Xc+b*Yc+c*Zc=d。对于绝对坐标系，平面决定于等式 a*X+b*Y+c*Z=d，其设置界面如图 3-23 所示。

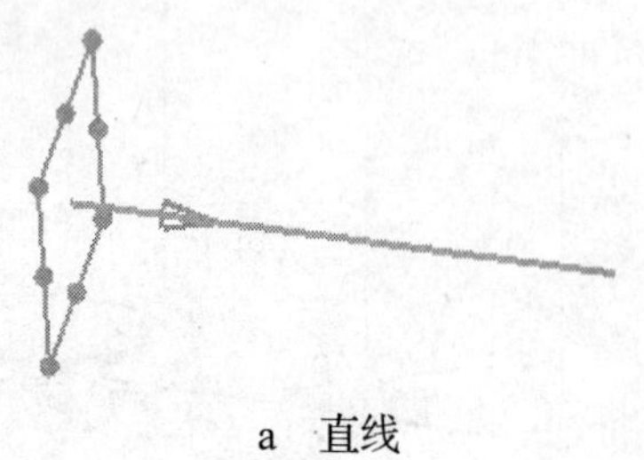

a 直线

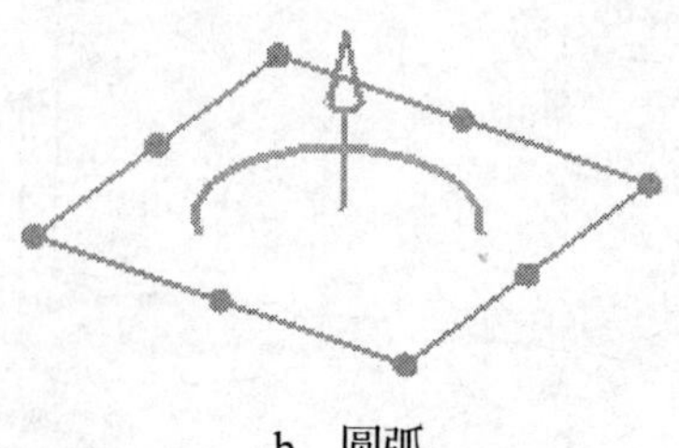

b 圆弧

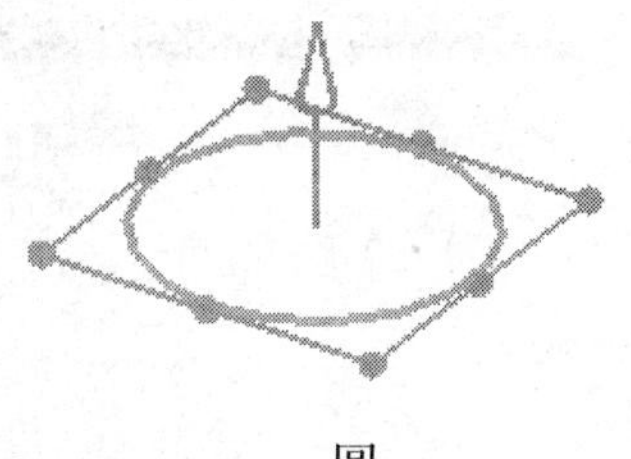

c 圆

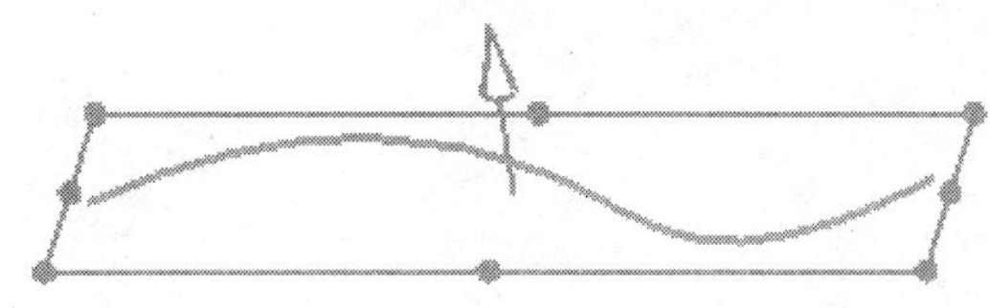

d 样条曲线

图 3-22 以“通过对象”方式产生的基准平面

（10）点和方向：以指定的矢量经过指定点产生基准平面，如图 3-24（a）所示为由平面指定其方向，图 3-24（b）所示为由实体边指定基准平面的方向。

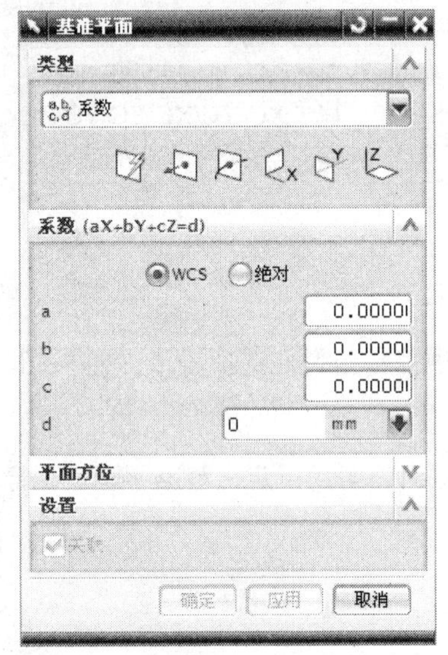

图 3-23 选择“系数”选项

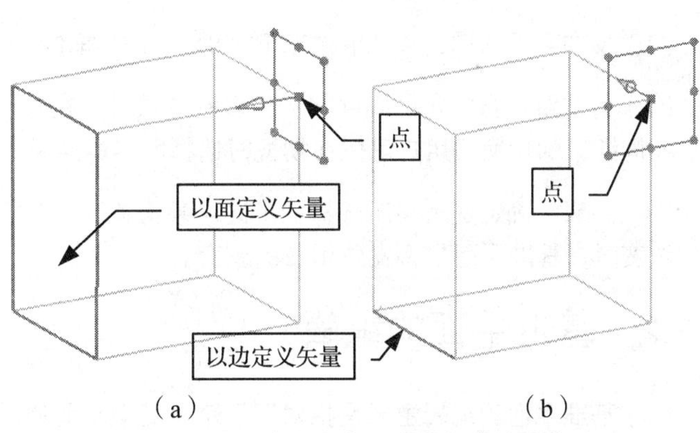

（a） （b）

图 3-24 以“点和方向”方式创建的基准平面

（11）在曲线上：在所选择曲线上的某一点产生一个新的基准平面，其设置界面如图 3-25 所示。

① 平面的矢量方向根据所选择的曲线类型的不同，定义的方式也有所不同。当点在曲线位置时可以用曲线的绝对长度或相对长度来确定。

② 如图 3-26 所示为在同一曲线且同一点上创建基准平面时，以“%圆弧长”和“圆弧长”来确定点在曲线上的位置时的区别。

（12）XC-YC/XC-ZC/YC-ZC plane：将工作坐标或绝对坐标的相应平面偏移一个距离，其设置界面如图 3-27 所示。

图 3-25 “在曲线上”方式的设置界面

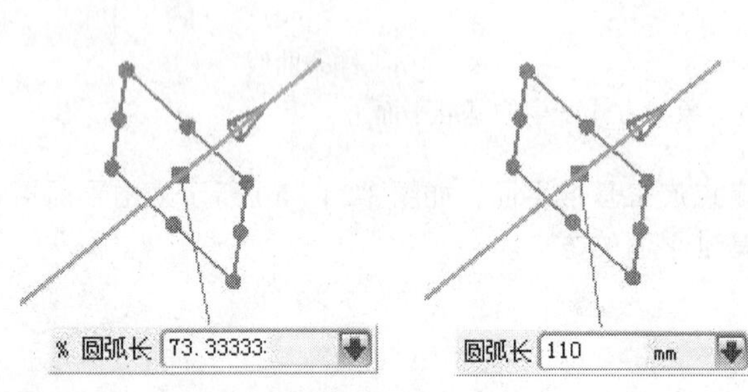

图 3-26　以“%圆弧长”和“圆弧长”定义点的情形

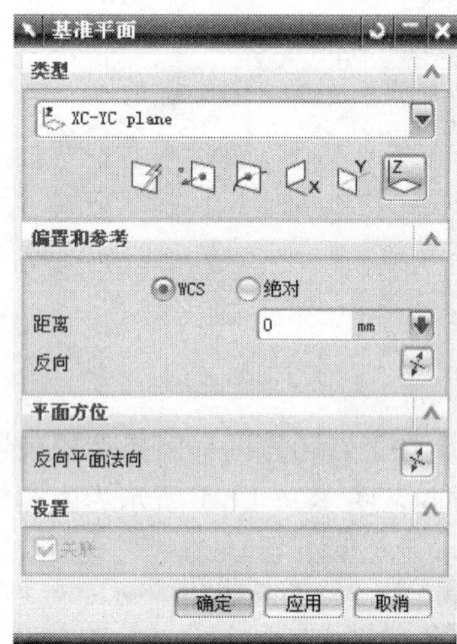

图 3-27　以“XC-YC/XC-ZC/YC-ZC Plane”方式的设置界面

平面方位

（1）反向平面法向：单击按钮改变所产生的基准平面的法向。

（2）备选解：当给定的条件将产生多种结果时，在对话框中便会新增此选项，单击按钮，进行不同结果的切换，用户可以在切换时选择所需的结果。

（3）关联：确定是否与所选择的定义对象相关联，在相关联时，当用于定义基准平面的对象发生改变时，基准平面也将发生相应的改变。

3.1.2　基准平面的编辑

（1）基准平面的编辑主要是指对用于定义基准平面的对象和参数进行编辑。基准平面的编辑可以在创建中编辑，也可以在创建后进行编辑。

（2）在创建基准平面时，只要选择了用于定义基准平面的对象，所选择的对象即对基准平面产生约束。在没有单击 应用 按钮创建基准平面之前，可对定义平面的对象进行编辑。当按住 Shift 键并用鼠标再次选择定义对象时，可将该对象移除，之后根据需要选择新的定义对象。

（3）对于已创建的基准平面，可以用鼠标双击要编辑的基准平面，在弹出的“基准平面”对话框中对下定义的对象和参数进行编辑。

提示： 在部件导航器和工作窗口中选择要编辑的基准平面，在其快捷菜单中选择“编辑参数”命令或“可回滚编辑”命令，打开“基准平面”对话框。

3.2　基准轴

（1）基准轴主要用于以下状态：

① 作为中心线，如圆柱、圆孔及旋转特征的中心线。

② 作为草图的定向参考。

③ 尺寸标注的参考。

④ 旋转特征的参照轴。

⑤ 作为矢量的参考。

（2）基准轴分为固定基准轴和相对基准轴。

① 固定基准轴：固定在工作坐标系 WCS 上的 3 个坐标轴，*xc* 轴、*yc*、*zc* 轴。

② 相对基准轴：用模型上的几何对象定义的基准轴，基准轴与定义它的表面、边、点、曲线等相关联。

3.2.1 创建基准轴

单击“特征”工具栏中的“基准轴”图标，弹出“基准轴”对话框，如图 3-28 所示。在“类型”下拉列表中列出了创建基准轴的各种方式。

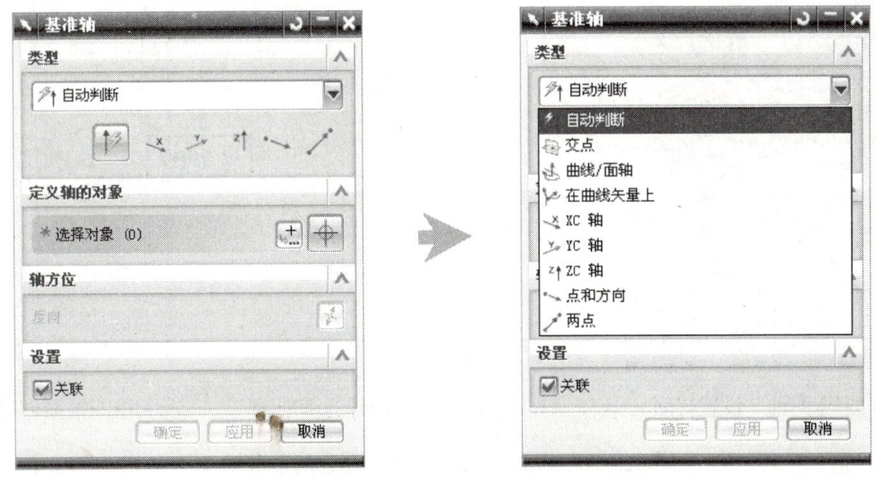

图 3-28 “基准轴”对话框

1. 类型

“类型”下拉列表中包括各种定义基准轴的方式。

（1）自动判断：根据选择的对象系统自动选择相应的创建方式来产生基准轴。

（2）交点：经过两个平面或基准平面的交线产生一条新的基准轴，其设置界面如图 3-29 所示。

（3）曲线/面轴：以线性边、曲线、基准轴或柱面、锥面为定义基准轴的对象。

根据选择的对象，系统在该对象的相应位置产生一条新的基准轴。当选择柱面、锥面时，将在其中心产生一条基准轴，如图 3-30（a）所示的“基准轴”对话框，其中图 3-30（b）是以线性边为定义对象创建的基准轴，图 3-30 中（c）是以圆锥面为定义对象创建的基准轴。

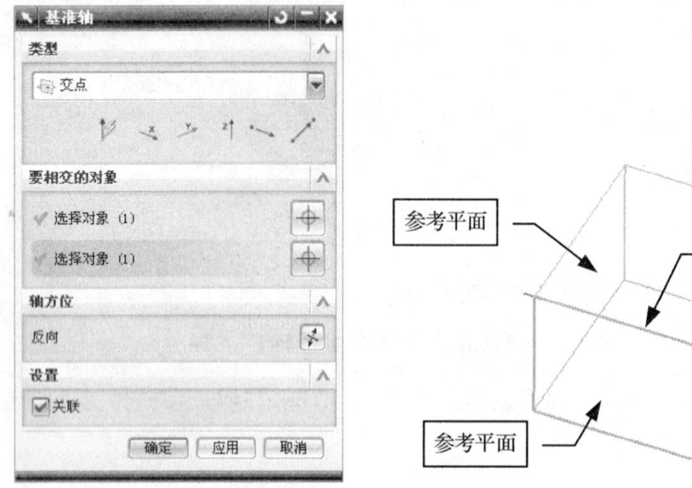

图 3-29　以“交点”方式定义基准轴

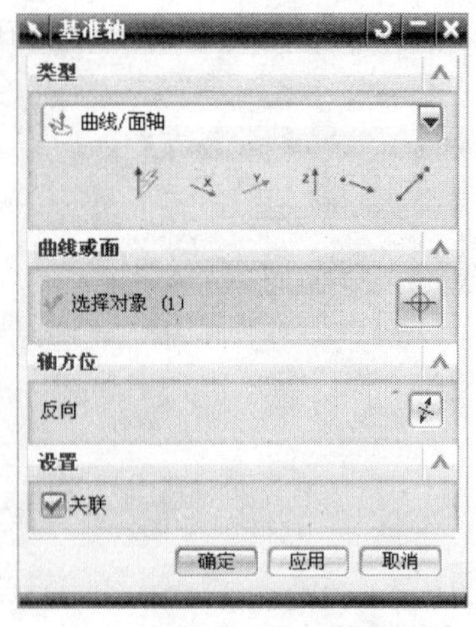

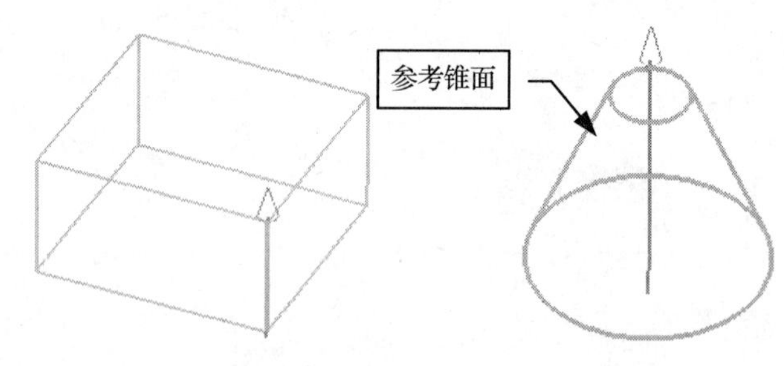

（a）“曲线/面轴”设置界面　（b） 以线性边创建的基准轴　（c）以圆锥面创建的基准轴

图 3-30　以“曲线/面轴”方式创建的基准轴

（4）在曲线矢量上：选择一条曲线，在曲线上的选择点产生一条基准轴，并以相应的方式定义其方位，其设置界面如图 3-31 所示。

① 确定点在曲线上位置的方式有两种。

- 圆弧长：以点与曲线起点之间的曲线长度来确定点在该曲线上的位置。
- %圆弧长：以点与曲线起点之间的曲线长度与曲线总长度百分比来确定点在该曲线上的位置。

图 3-32 是在同一曲线上的同一点用不同的方式测量时的情形。

② 确定基准轴在曲线上的方位的方式有 5 种。

- 相切：在曲线所在平面上，基准轴在确定的某点与曲线相切，如图 3-33（a）所示。

图 3-31 "在曲线矢量上"设置界面

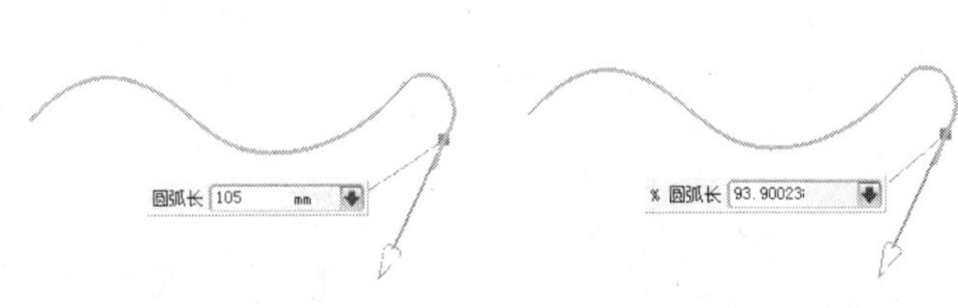

（a）圆弧长 （b）%圆弧长

图 3-32 确定点在曲线上位置的两种方式

- 正常：在曲线所在的平面上，基准轴在确定的某点与曲线垂直，如图 3-33（b）所示。
- 双法向：基准轴在确定的某点与曲线所在的平面垂直，如图 3-33（c）所示。
- 垂直于对象：基准轴的方向与所选择的对象垂直，如图 3-33（d）所示。
- 平行于对象：基准轴的方向与所选择的对象平行，如图 3-33（e）所示。

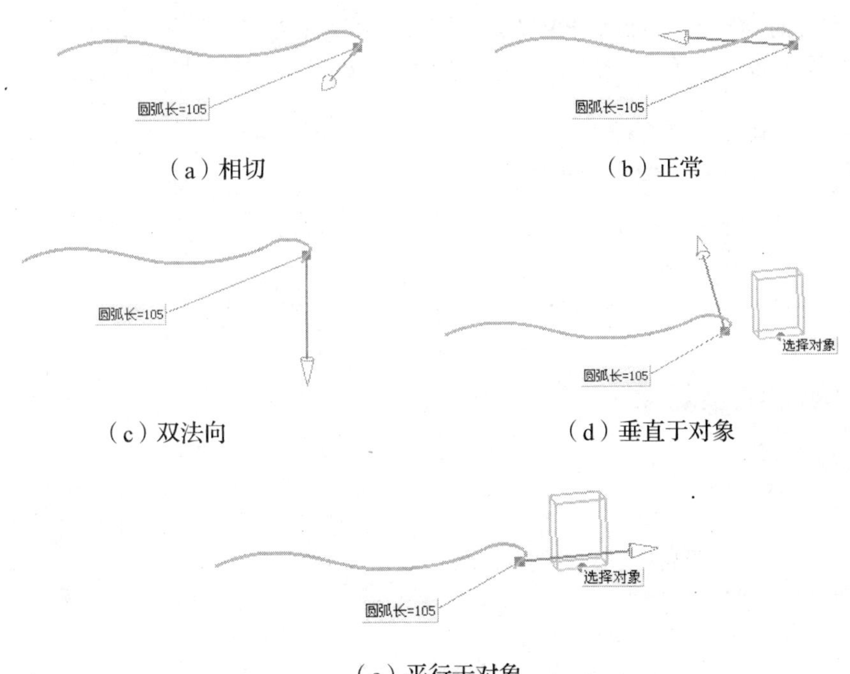

（a）相切 （b）正常

（c）双法向 （d）垂直于对象

（e）平行于对象

图 3-33 确定方位的 5 种方式

（5）XC 轴/YC 轴/ZC 轴：以工作坐标系的 *xc* 轴/*yc* 轴/*zc* 轴来创建新的基准轴，可以定义轴的方向，如图 3-34 所示。

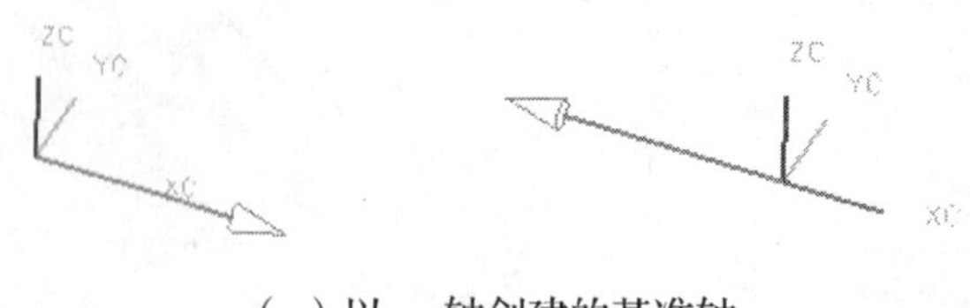

（a）以 *xc* 轴创建的基准轴

（b）以 *yc* 轴创建的基准轴

（c）以 *zc* 轴创建的基准轴

图 3-34　以“*xc*/*yc*/*zc* 轴”创建的基准轴

（6）点和方向：选择一个点和一个矢量，将产生一条经过参考点且平行或垂直矢量的基准轴。其设置界面如图 3-35（a）所示。图 3-35（b）与图 3-35（c）分别为平行和垂直于同一矢量时的情形。

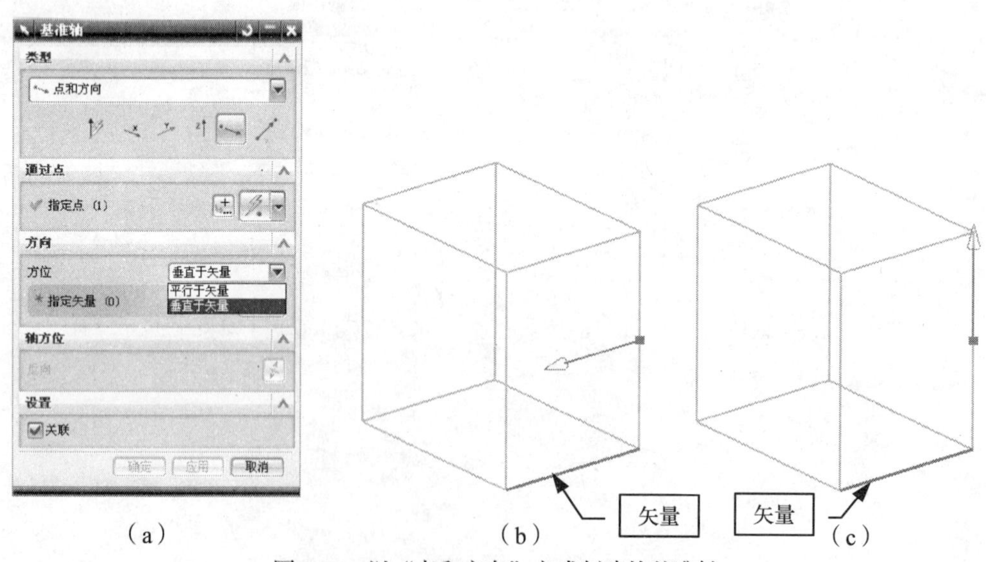

（a）　（b）　（c）

图 3-35　以“点和方向”方式创建的基准轴

（7）两点：选择两个点，以两点的连线为矢量创建基准轴，如图 3-36 所示。

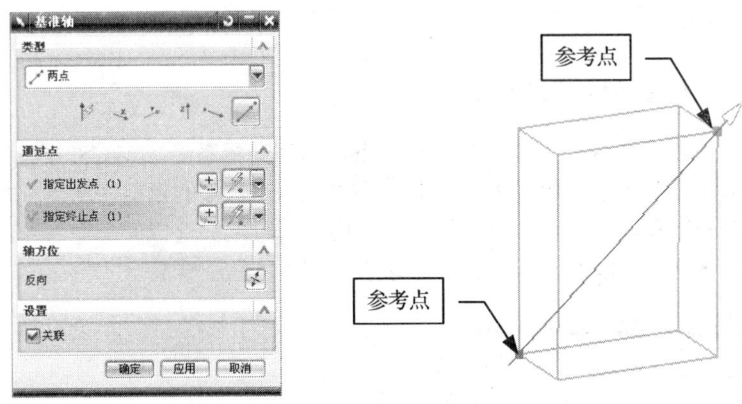

图 3-36 以“两点”方式创建的基准轴

2. 反向

单击按钮改变所产生的基准轴的方向。

3. 关联

当勾选“关联”选项时，所创建的基准轴与定义它的对象将相关联。

3.2.2 编辑基准轴

（1）创建基准轴时，在没有单击 应用 按钮之前，可以对用于定义基准轴的对象进行编辑，按住 Shift 键，同时再次选择对象，可将其移除，然后重新添加对象定义基准轴，或在“基准轴”相应的功能选项中更改其他的选项。

（2）当基准轴创建完成后，可在部件导航器和工作窗口中选择要编辑的基准轴，在快捷菜单中选择“编辑参数”或“可滚回编辑”命令，可打开“基准轴”对话框，在对话框中对基准轴进行相关编辑。

3.3 基准坐标系

选择“插入”→“基准/点”→“基准 CSYS”命令，弹出“基准 CSYS”对话框，如图 3-37 所示。程序提供了 8 种构造基准坐标系的方式。

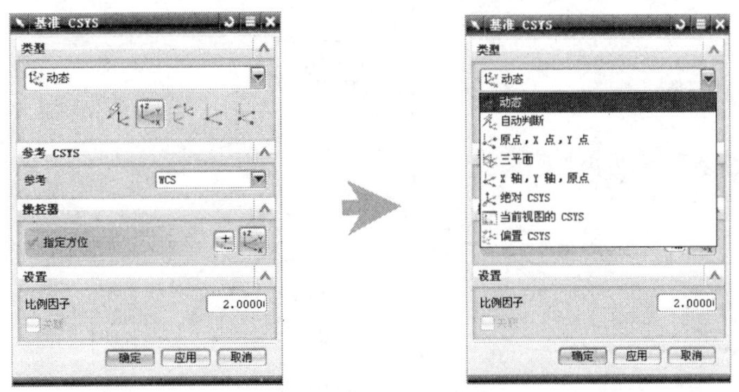

图 3-37 “基准 CSYS”对话框

类型

在“类型”下拉列表中共有 8 种创建坐标系的方式。

（1）动态：系统默认的状态为“动态”坐标系，动态坐标系参考 WCS 为基准，创建的坐标系在工作窗口中出现预览状态，如图 3-38 所示。图中的 x、y、z 的数值为新基准坐标系原点到所选择的参考坐标系的坐标值。可直接编辑此数值，也可以用鼠标选择新坐标系原点的位置。用鼠标选择坐标系中的小球，可以使坐标系绕不在球所在平面的轴旋转。

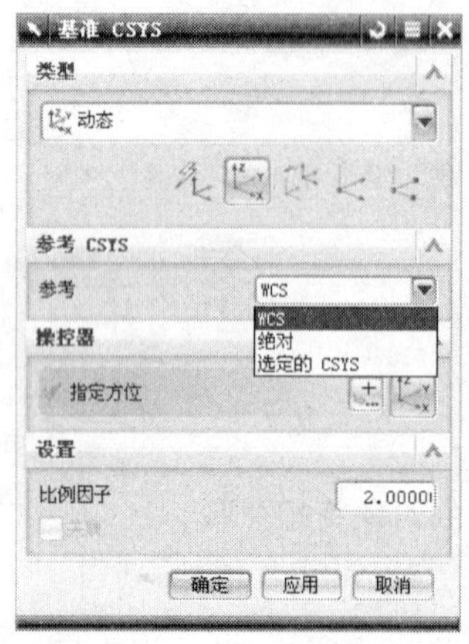

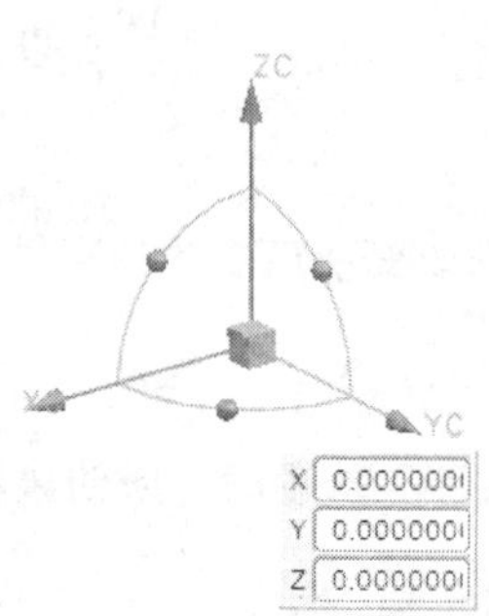

图 3-38　以“动态”方式构建基准坐标系

（2）自动判断：定义一个与所选对象相关的坐标系，选择对象后，系统根据所选择的对象和选项构建坐标系。

（3）原点、x 点、y 点：用 3 个点分别定义原点，x 轴点，y 轴点，如图 3-39 所示。

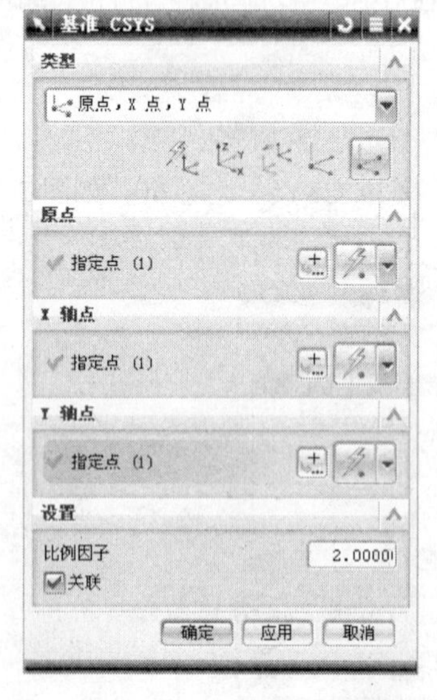

（a）“原点、x 点、y 点”设置界面

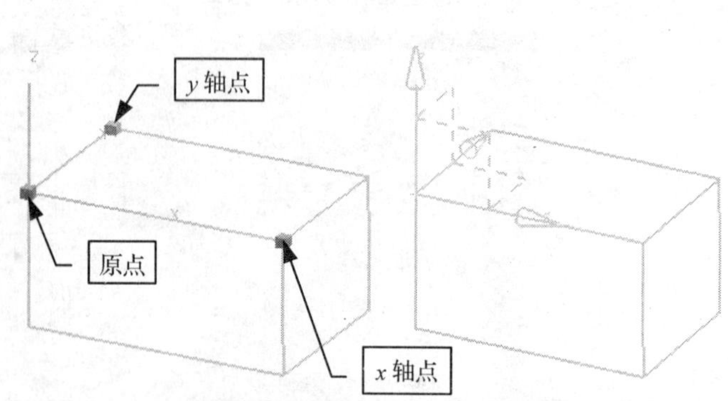

（b）预览状态　　（c）创建的坐标系

图 3-39　以“原点，x 点，y 点”方式创建坐标系

（4）三平面：选择 3 个平面，分别指定 x 向平面、y 向平面、z 向平面，3 个平面的交点为原点，如图 3-40 所示。

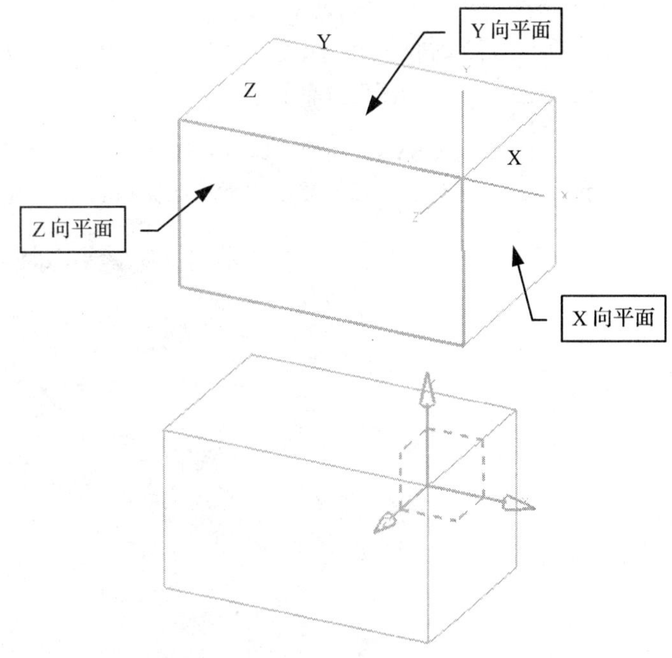

图 3-40　以“三平面”方式创建坐标系

（5）x 轴、y 轴、原点：分别指定坐标系的 x 轴，y 轴和原点构建新的基准坐标系，如图 3-41 所示。新坐标系的 z 轴由 x 轴，y 轴和右手定则决定。

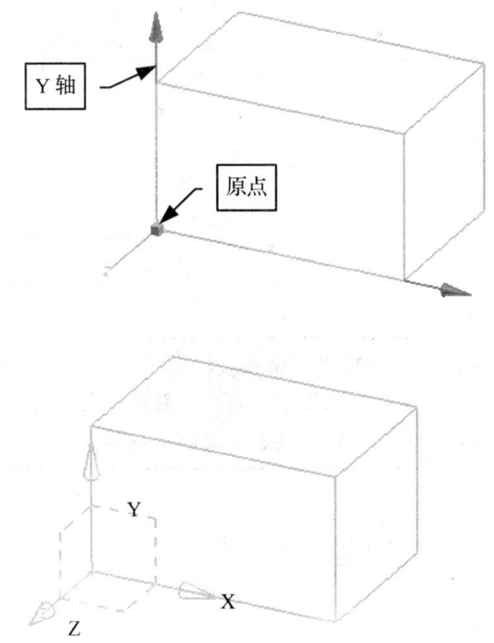

图 3-41　以“x 轴，y 轴，原点”方式创建坐标系

（6）绝对 CSYS：在绝对的（0,0,0）点创建坐标系。x 轴和 y 轴是绝对坐标系的 x 轴和 y 轴，原点是绝对坐标系的原点。

（7）当前视图的 CSYS：以当前视图方位创建坐标系。x 轴平行于视图的底部，y 轴平行于视图的侧边，原点为图形屏幕的中点。

（8）偏置 CSYS：创建“偏置 CSYS”方式坐标系的设置界面如图 3-42 所示。选择其他的坐标系进行平移和旋转来构建新的基准坐标系。

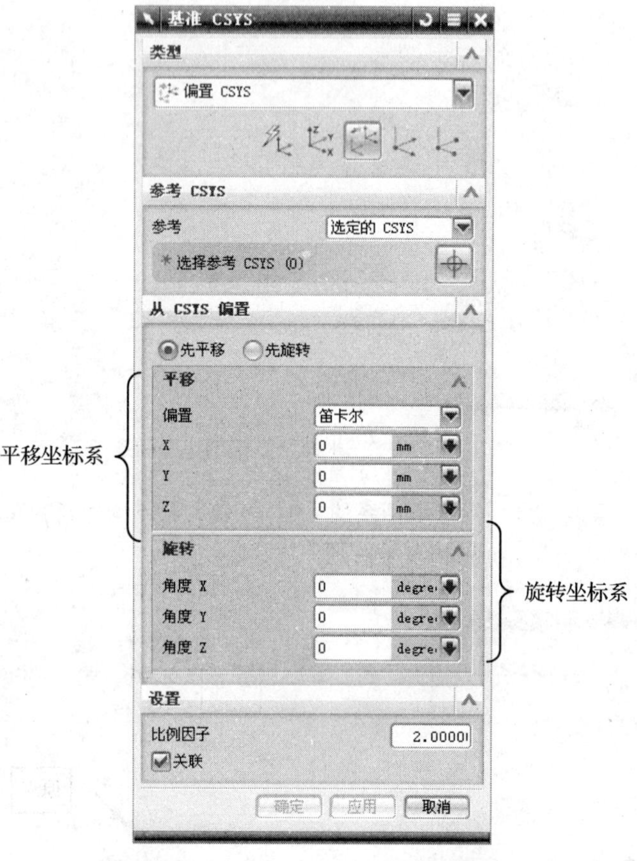

图 3-42　“偏置 CSYS”的设置界面

提示： 对话框中“设置”栏中的参数说明如下。

- 比例因子：新坐标系大小与参考坐标系大小的比值。
- 关联：确定新建的坐标系是否与其参考对象相关联。

3.4 创建点

单击“曲线”工具栏中的“点”图标，弹出“点”对话框，如图 3-43 所示。

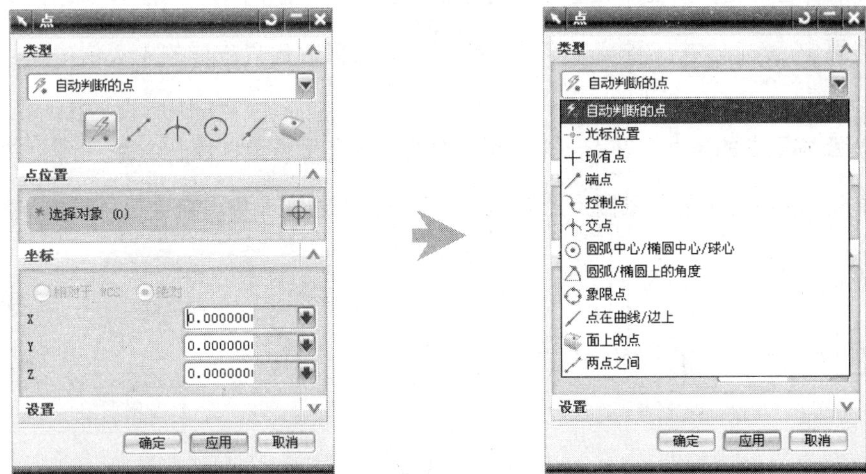

图 3-43 “点”对话框

UG NX5 中提供了 12 种点的构建方式。

（1）自动判断的点：根据用户选择的不同对象，自动判断选择一种适合当前的方式创建点。

（2）光标位置：在光标位置处创建点，该点位于当前工作坐标的 *xc-yc* 平面上。

（3）现有点：通过一个已存在的点来创建点。

（4）端点：在已有的直线、弧、二次曲线以及其他曲线（边）的端点上创建点。且点的位置在所选位置最靠近的端点处，如图 3-44 所示为圆弧的端点。

（5）控制点：在几何特征的控制点上创建点。直线和圆弧的控制点包含了端点、中点，圆、椭圆的控制点是圆心。当可能存在多个控制点时，会创建与单击点最近的控制点，如图 3-45 所示为直线中心控制点。

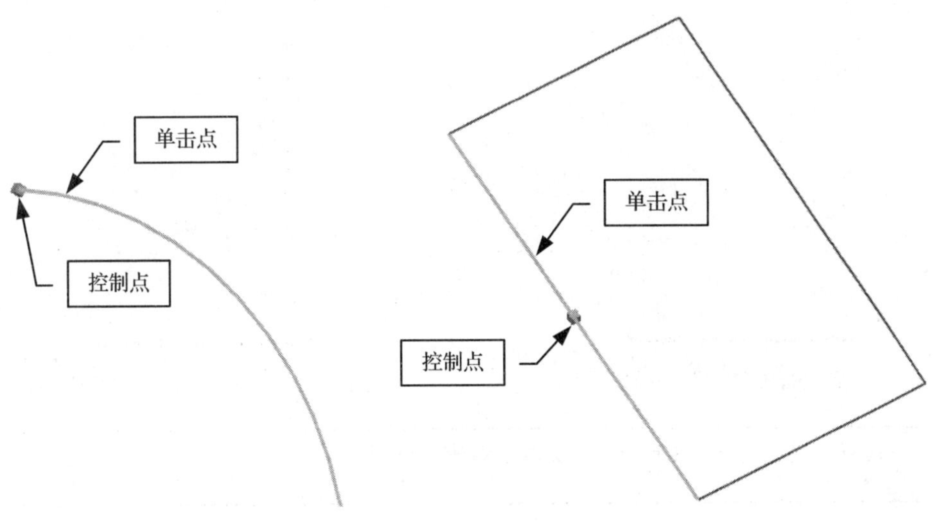

图 3-44 创建圆弧端点

图 3-45 创建直线控制点

（6）交点：在两相交特征（线与线、线与面、线与基准面）间处创建点，如图 3-46 所示。

（7）圆弧中心/椭圆中心/球心：在弧、椭圆、圆或椭圆边界或球的中心创建点，如图 3-47 所示。

（8）圆弧/椭圆上的角度：在沿一个弧或一个椭圆的角度位置创建一个点。

（9）象限点：在弧或圆的象限点上创建点，象限点创建在离单击点最近象限点位置处。如图 3-48 所示。

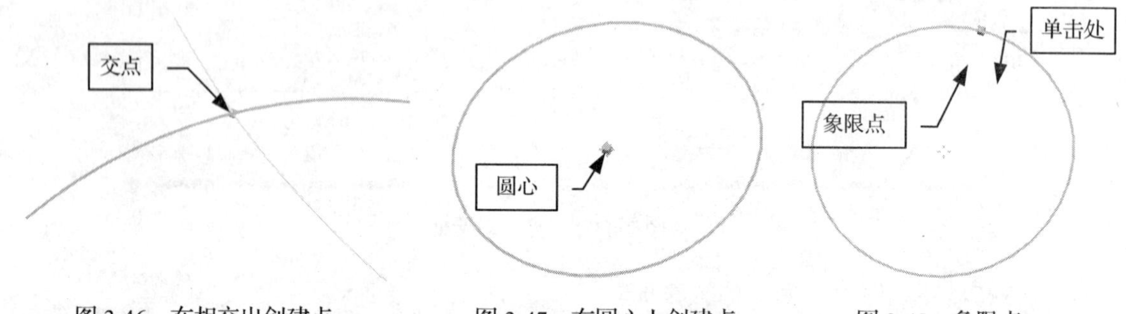

图 3-46　在相交出创建点　　图 3-47　在圆心上创建点　　图 3-48　象限点

（10）点在曲线/边上：在曲线（边）的某一位置创建一个点，其设置界面如图 3-49 所示。点在曲线（边）上的位置由“U 向参数”决定。在“坐标”栏中显示了点的各坐标值。

（11）面上的点：在面上创建点，点在面上的位置由“U 向参数”和“V 向参数”决定，如图 3-50 所示。

（12）两点之间：新创建的点在选择的两点连线上，点在该方向的位置由两点距离的百分比控制。

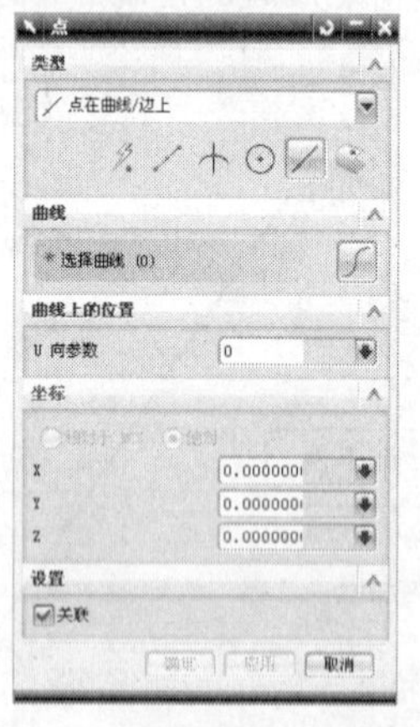

图 3-49　“点在曲线/边上”的设置界面

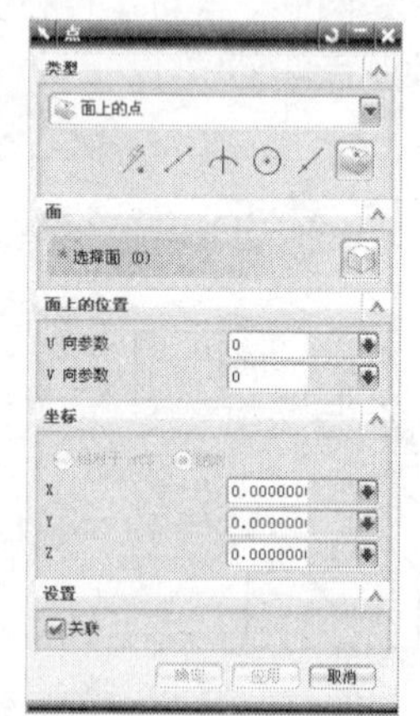

图 3-50　“面上的点”的设置界面

提示： 点还可以通过对话框中的 x、y、z 的坐标值来控制。

第4章 草图截面

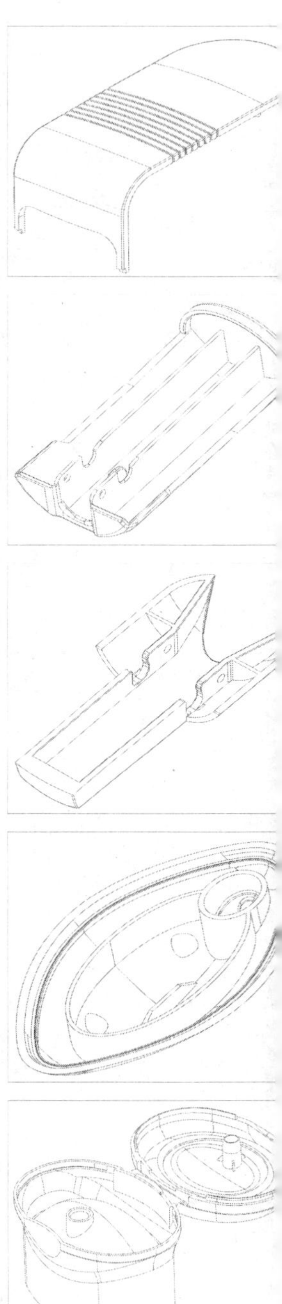

本章导读

草图是一系列点和曲线的集合，在草图工作环境下可以绘制圆、矩形、样条曲线、圆弧、点等二维轮廓。草图通过尺寸约束和几何约束参数化控制着模型中的各个参数及其他相互关系。草图是创建特征的基础。本章主要介绍草图的绘制、约束及常用参数设置等。

要点提示

- 掌握创建草图的一般步骤
- 草图几何的创建
- 几何约束和尺寸约束的运用
- 草图的编辑

4.1　进入与退出草图环境

1. 进入草绘模式

直接进入草绘模式的方式有两种：

（1）选择“插入”→“草绘”命令。

（2）单击“特征”工具栏中的“草绘”图标。

弹出“创建草图”对话框，如图 4-1 与图 4-2 所示。用于确定草图平面及其参考方向，创建草绘环境。平面的构建在 3.1 节中已有表述，在此不再重复叙述。

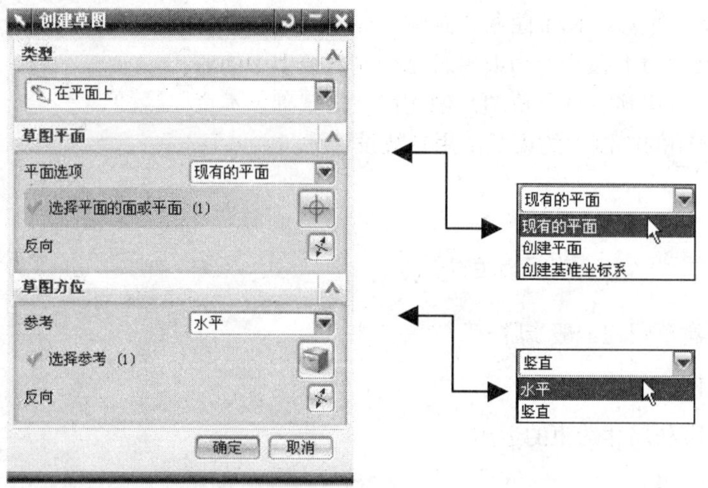

图 4-1　“创建草图”对话框一

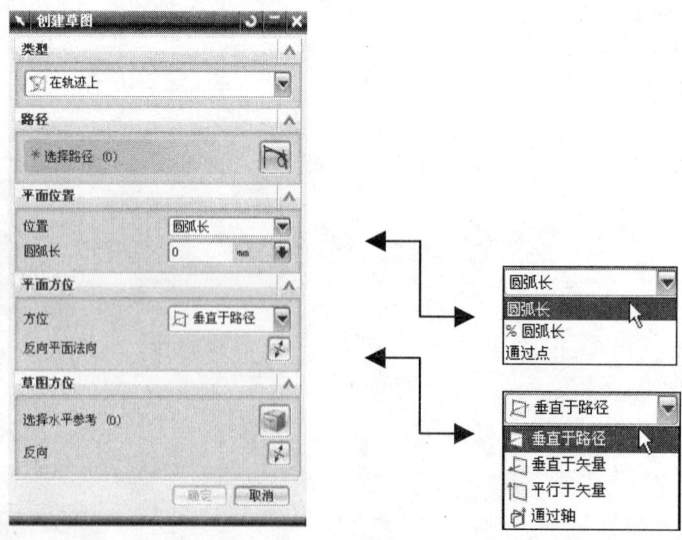

图 4-2　“创建草图”对话框二

在弹出“创建草图”对话框的同时，与草绘相关的 3 个工具栏（草图生成器、草图曲线、草图约束）将显示，如图 4-3 所示。在完成草绘平面定义后，相关的工具图标将被激活。

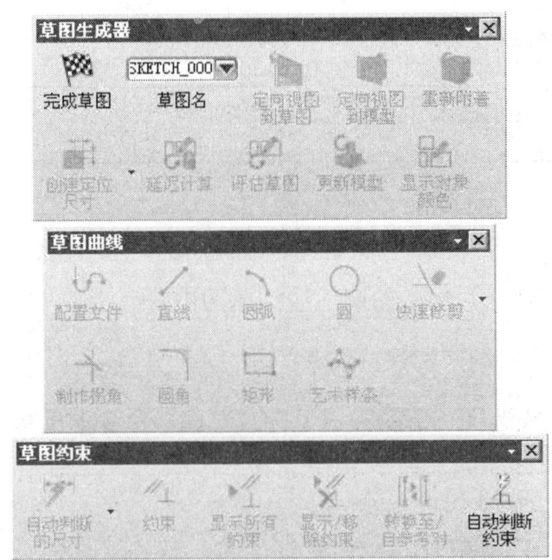

图 4-3 进入草绘时新增显示的工具栏

2. 创建草图的一般步骤

操作步骤

1. 设定工作图层（草图所在的层），一旦进入草图工作界面，将无法进行工作图层的设置，只能在创建草图后，将草图对象移动至指定的图层。

2. 选择“插入”→“草绘”命令（或用快捷图标），在“草图生成器”工具栏中的“草图名”文本框中，系统自动为该草图命名，如 SKETCH_000、SKETCH_001、SKETCH_002 等，另外还可根据需要将其修改为其他名称。草图名称应最大限度地反映草图特征，以便于草图管理。

提示： 在为草图输入新名称后，一定要按 Enter 键确认，否则将无效。“草图名”字母输入时没有大小写之分，系统自动转为大写，也可在草绘过程中修改当前草图的名称。

3. 在“创建草图”对话框中，定义草图附着平面。草绘平面可以是坐标系的平面、实体的外表面、基准平面，也可以创建新的平面作为草绘平面。定义草图附着平面后，绝大多数情况下，系统将自动转正至草图的附着平面，也可以根据工作需要自行定义草图的视图方向。

提示： 在“创建草图”对话框中的“草图方位”栏中，可以定义草图参考方向。系统自动选择 x 轴为水平方向。

- 选择“水平”选项，坐标系的 xc 方向指向水平方向。
- 选择“竖直”选项，坐标系的 xc 方向指向垂直方向。

4. 创建草图。

草图对象包括线、点、文本。创建草图对象的方法有以下 3 种:

① 用"草图曲线"工具栏中的图标绘制草图对象。

提示： 也可以在菜单栏中的"插入"菜单中选择相应的命令。

② 添加模型中已有的线、点、文本到草图中。

③ 参照曲线、实体、片体的轮廓边线到草图中。

5. 添加约束：包括几何约束和尺寸约束。

6. 单击完成草图按钮或选择"草图"→"完成草图"命令退出草图环境。

4.2 绘制常见几何

在进入草绘环境后，"草图曲线"工具栏中的图标变为可用状态，如图 4-4 所示。

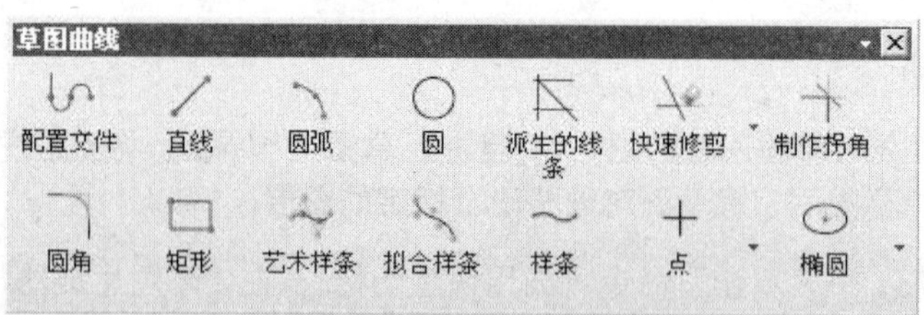

图 4-4 "草绘曲线"工具栏

4.2.1 创建多段几何

在"草图曲线"工具栏中选择"配置文件"图标，将以线串模式创建一系列的直线与圆弧的连接几何。上一曲线的终点变成下一曲线的起点，当绘制一曲线后，默认的下一命令是"直线"，若要绘制圆弧，则每绘制圆弧时都要单击一次"圆弧"图标，否则系统将自动激活绘制直线。单击图标后，弹出"配置文件"对话框，如图 4-5 所示。

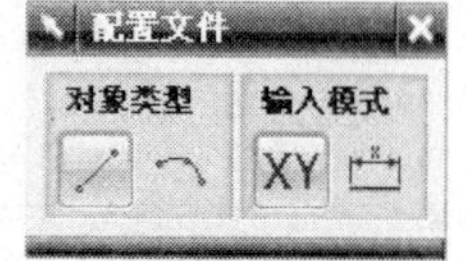

图 4-5 "配置文件"对话框

（1）对象类型：绘制对象的类型。

① 直线：绘制直线。

② 圆弧：绘制圆弧。

（2）输入模式：参数的输入模式。

① XY坐标模式：以 x、y 坐标的方式来确定点的位置，如图 4-6（a）所示。

② 参数模式：此模式在绘直线与圆弧时，其参数随之改变。

- 在绘制直线时，以相对于上一点的实际长度与 $+x$ 轴的夹角来确定点的位置，如图 4-6（b）所示。
- 在绘制圆弧时，以动态显示的弧半径或输入数值来确定弧的半径，如图 4-6（c）所示。

（a）（b）（c）

图 4-6 线串模式的输入模式

提示：

- 如果要中断线串模式，按鼠标中键或再次单击“配置文件”图标。
- 在如图 4-6 所示的文本框中输入数值后请按 Enter 键确认。确认的参数以粗黑体显示，并自动激活下一文本框。另外可以通过按键盘中的 Tab 键在不同文本框中切换编辑。

（3）下面以“配置文件”模式来创建如图 4-7 所示的多段几何图形。

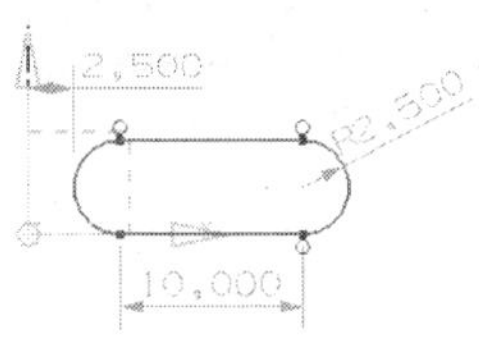

图 4-7 多段几何

操作步骤

1. 选择“文件”→“新建”命令，在弹出的“文件新建”对话框中，选择单位为毫米的模型模板，在“新文件名”的“名称”文本框中输入新文件名 SKETCH-01，其他选项使用系统默认的设置。单击“确定”按钮，完成新部件文件的创建。

2. 单击“特征”工具栏中的“草图”图标，在弹出的“创建草图”对话框中，沿用系统默认的设置不变，单击确定按钮，进入草图环境。

3. 此时，“配置文件”对话框自动显示在工作窗口中，并激活直线命令和坐标模式，在 XC 文本框中输入 5，YC 文本框中输入 0，此时，参数方式被激活，如图 4-8 所示。

4. 在“长度”文本框中输入 10，“角度”文本框输入 0，如图 4-9 所示。

5. 单击“圆弧”图标，在“半径”文本框中输入 2.5，“扫掠角度”文本框中输入 180，如图 4-10 所示。

6. 单击放置圆弧的方位，完成圆弧的绘制，系统自动返回到绘制直线模式，在“长度”文本框中输入 10，单击 Enter 键确认数值，在“角度”文本框输入 180，单击 Enter 键确认数值，如图 4-11 所示。

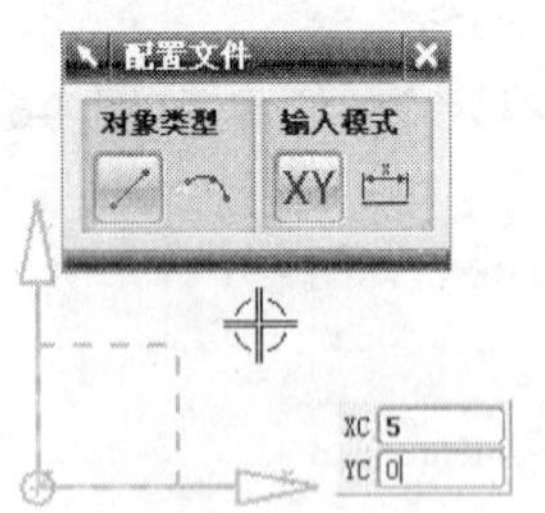

图 4-8　创建多段几何 1

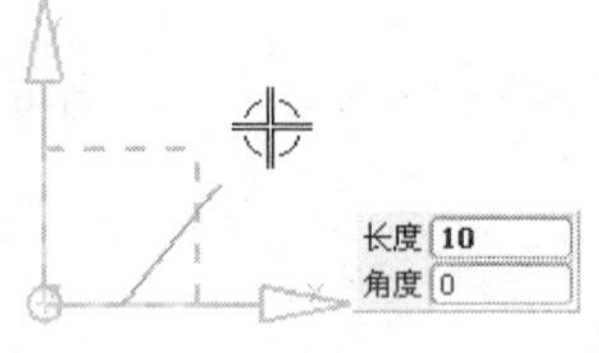

图 4-9　创建多段几何 2

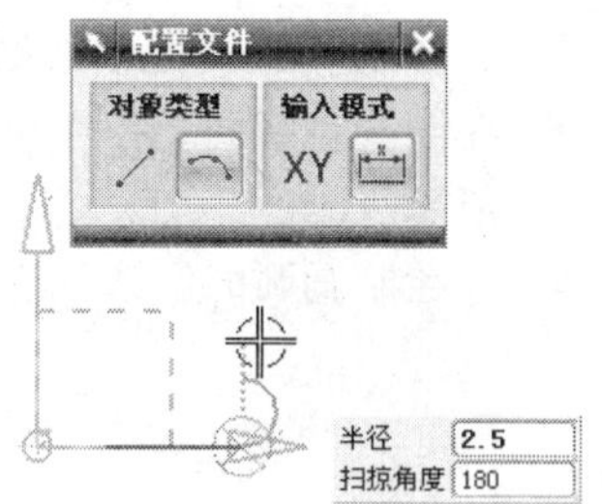

图 4-10　创建多段几何 3

7. 单击“圆弧”图标，在“半径”文本框中输入 2.5，“扫掠角度”文本框中输入 180，如图 4-12 所示。

8. 单击 Esc 键，完成多段几何的创建，结果如图 4-13 所示。

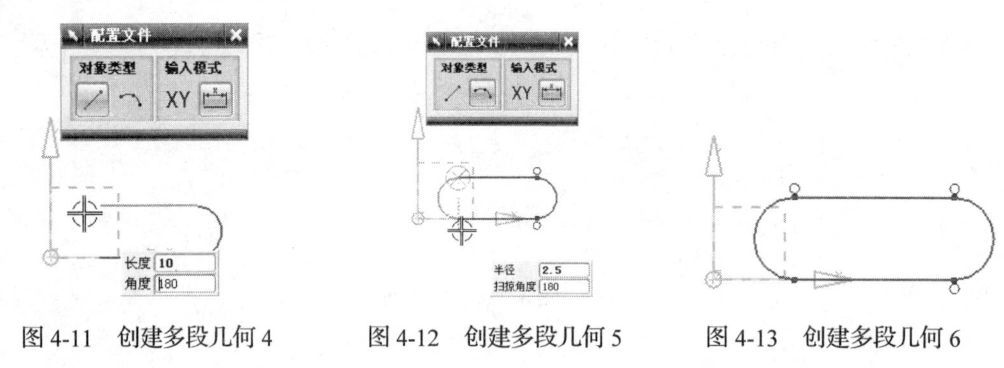

图 4-11　创建多段几何 4　　图 4-12　创建多段几何 5　　图 4-13　创建多段几何 6

4.2.2　创建直线和矩形

（1）直线：以约束推断的方式创建直线，每次都需指定两个点。其对话框如图 4-14 所示，其使用方法与“配置文件”中的输入模式相同。可以在 XC、YC 文本框中输入坐标值或应用自动捕捉来定义起点，确定起点后，将激活直线的参数模式，此时可以通过在“长度”、“角度”文本框中输入值或应用自动捕捉来定义直线的终点。

（2）矩形：创建矩形。

在“草图曲线”工具栏上单击“矩形”图标，弹出“矩形”对话框，如图 4-15 所示。

图 4-14　“直线”对话框

图 4-15　“矩形”对话框

① 矩形方式：创建矩形的方式有 3 种。

- 2 点：指定以矩形的对角线上的两点创建矩形，如图 4-16（a）所示。

- 3 点：用 3 点来定义矩形的形状和大小，第一点为起始点，第二点确定矩形的宽度和角度，第三点确定矩形的高度，如图 4-16（b）所示。
- 从中心：此方式也是用 3 点来创建矩形，第一点为矩形的中心，第二点确定矩形的宽度和角度，它和第一点的距离为所创建的矩形宽度的一半，第三点确定矩形高度，它与第二点的距离等于矩形高度的一半，如图 4-16（c）所示。

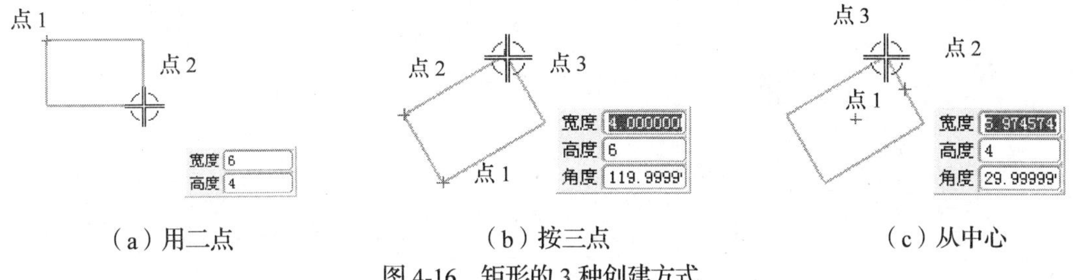

（a）用二点　　（b）按三点　　（c）从中心

图 4-16　矩形的 3 种创建方式

② 输入模式：数据的输入方式。

- XY 坐标模式：用输入 X、Y 坐标值来定义矩形。在默认状态下，创建矩形时第一点将以此模式输入，其形式如图 4-17（a）所示。
- 参数模式：在默认状态下，在指定矩形第二、第三点时，将采用此输入模式。当采用“2 点”方式创建矩形时，只需指定“宽度”和“高度”，如图 4-17（b）所示。当采用“3 点”和“从中心”方式创建矩形时，需要指定“宽度”、“高度”和“角度”，如图 4-17（c）所示

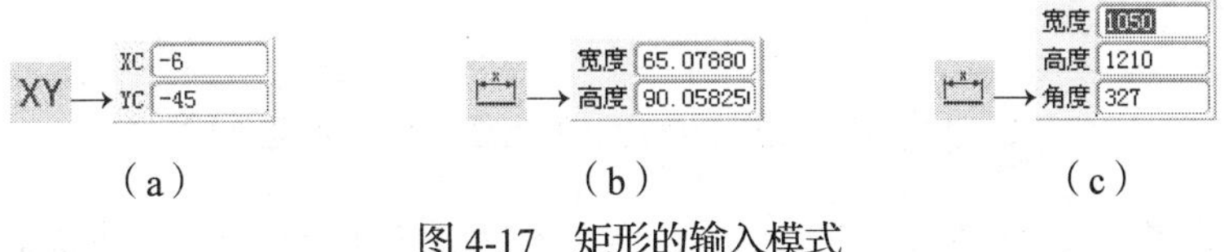

（a）　　（b）　　（c）

图 4-17　矩形的输入模式

4.2.3　创建圆弧、圆

1. 圆弧

通过 3 点或通过指定其中心和端点创建圆弧。

单击“圆弧”图标，弹出“圆弧”对话框，如图 4-18 所示。

图 4-18　“圆弧”对话框

（1）圆弧方法：创建圆弧的方式。

① 通过三点的圆弧：用 3 个点来创建圆弧。

② 通过圆心和半径点创建的圆弧：以圆心和端点的方式创建圆弧。

（2）输入模式：参数的输入模式。

其使用方法同“配置文件”。

（3）三点画弧：有端点、终点、弧上任意一点和以半径方式画弧两种方式。

① 端点、终点、弧上任意一点：以此方式画弧时，指定第三点时鼠标的位置不同，以及鼠标移动的路径不一样，将创建出不同的圆弧。在默认的情况下，第三点在第一、第二点之间。但是将鼠沿着圆弧移动，当鼠标越过端点时，则该点变成弧上的中间一点，第三点成为弧的一个端点。如图 4-19 所示。

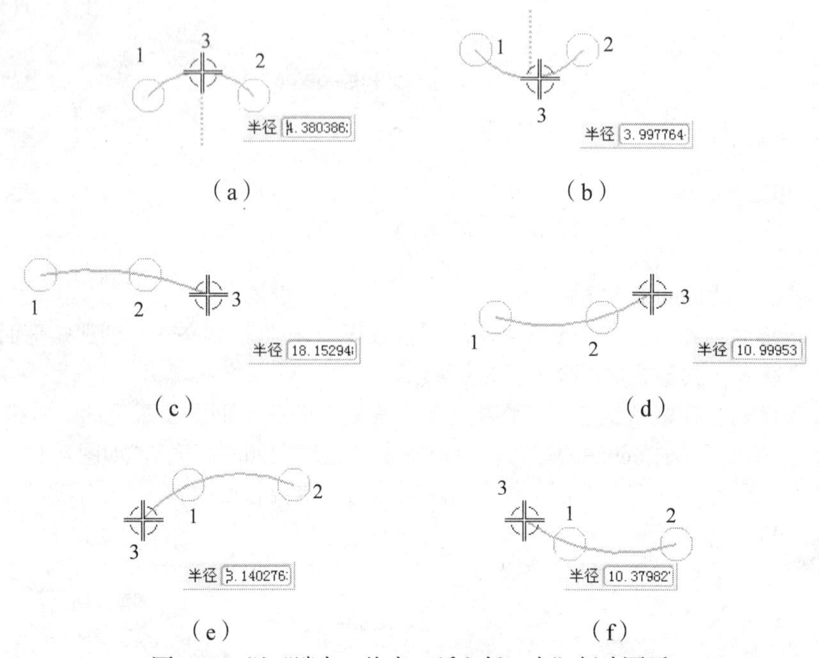

图 4-19 以“端点、终点、弧上任一点”创建圆弧

② 以半径方式画弧：在指定了第一点后，即可在半径文本框中输入半径值。以半径画弧时，除了第一点外，指定了半径以后所指定的点仅仅是确定弧的方位，圆弧不一定经过该点，如图 4-20 所示。

图 4-20 以半径方式创建圆弧

（4）中心和端点：有中心、端点、端点和中心、端点、扫掠角度两种方式。

① 中心、端点、端点：激活图标，在确定中心点后，激活坐标模式，将以中心、端点、端点的方式创建圆弧，第一个端点到中心的距离为圆弧的半径。XC、YC 文本框中的数值为绝对坐标值，如图 4-21（a）所示。

② 中心、端点、扫掠角度：在确定中心点后，系统自动激活参数模式，如图 4-21（b）所示。

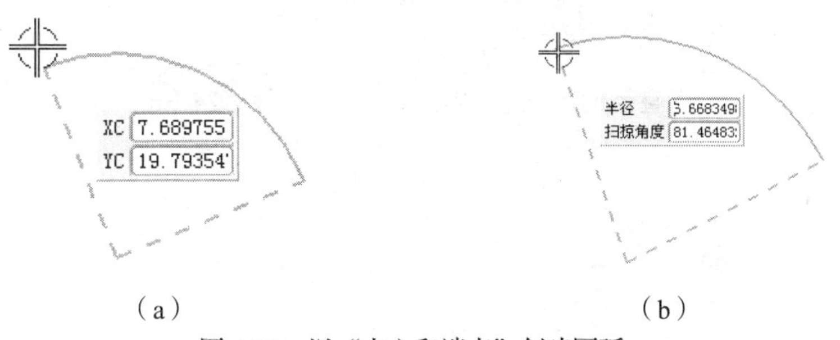

（a）　　　　（b）

图 4-21　以“中心和端点”创建圆弧

2. 圆

通过指定 3 点或指定其圆心和半径来创建圆。单击后，弹出“圆”对话框，如图 4-22 所示。

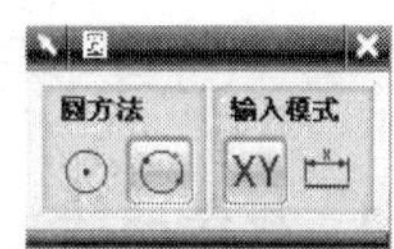

图 4-22　“圆“对话框

（1）圆方法：创建圆的方式。

① （以中心和直径创建圆）：以圆心+直径（或圆上一点）的方式创建圆，如图 4-23（a）所示为以圆心+圆上一点方式创建圆。

提示：以中心+直径方式画圆时，在指定中心点后，在直径文本框中输入圆的直径，并按 Enter 键即可完成第一个圆的创建。并出现一个以光标为中心，与第一个圆等直径的可移动的预览状态的圆，此时，单击鼠标指定一个点，即可创建一个同直径的圆，连续指定多个点，可创建多个相同半径的圆。

② （通过三点创建圆）：以 3 点（或两点和直径）的方式创建圆，如图 4-23（b）所示为三点画圆。

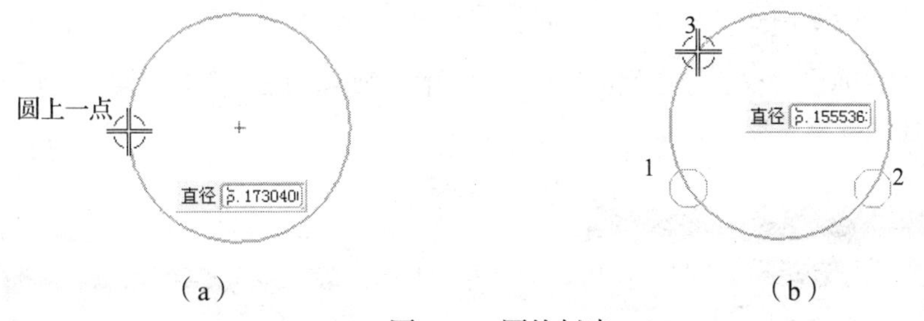

（a）　　　　（b）

图 4-23　圆的创建

提示：使用两点和直径方式画圆时，在输入第一点后，在光标右下角的直径文本框中输入直径值，第二点用于指定圆的位置，并不一定在圆上。如果在指定第二点后再指定圆的直径，一般需要指定第三点才能完成圆的创建，如果输入的直径值太小，将导致创建失败。

（2）输入模式：点坐标的输入模式。

① XY（坐标模式）：以 x、y 坐标的方式来确定点的位置，如图 4-24（a）所示。在默认的情况下用于确定圆心和 3 点绘圆时的第一点。

② （参数模式）：以直径的方式确定圆的大小，如图 4-24（b）所示。可直接输入数值来确定圆的直径。

（a）　　　　（b）

图 4-24　创建圆的点输入模式

4.2.4　创建样条

1．样条曲线

此功能用来创建样条曲线，在 NX 中对样条的定义如下。

（1）曲线类型：包括多段和单段两种。

① 多段：创建的样条曲线由多条曲线构成，曲线的阶次可由用户指定，但不能大于 24。

② 单段：样条由一条曲线构成。曲线的阶次不可自行指定。

（2）曲线阶次：曲线阶次与曲线段数有关，阶次越高，曲线越平滑。3 次样条曲线的极点和节点数量相同，形状易于控制。

（3）封闭曲线：样条曲线封闭时，形成一个曲率连续的闭环。

单击“草图曲线”工具栏中的“样条”图标，弹出“样条”对话框，如图 4-25 所示。对话框中提供了 4 种样条生成方式。

（1）根据极点：样条向各个数据点靠近，但除端点外，并不通过极点。

选择此方式，将弹出“根据极点生成样条”对话框，如图 4-26 所示。用户可以定义曲线类型、阶次和封闭曲线等相关参数。

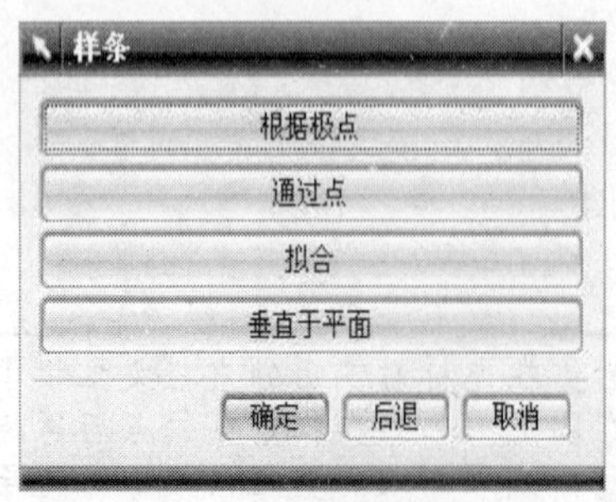

图 4-25　“样条”对话框

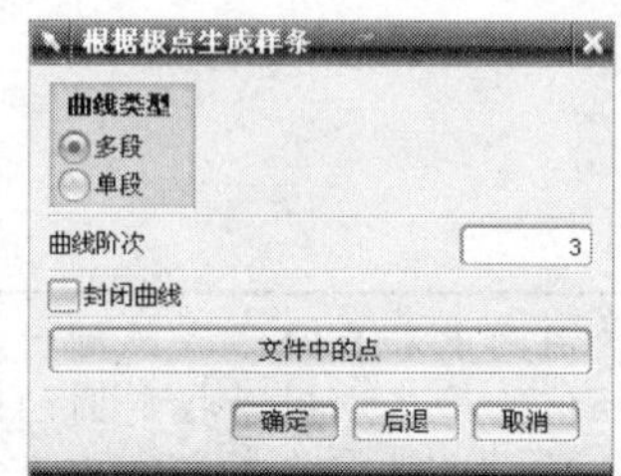

图 4-26　“根据极点生成样条”对话框

- 在对话框中设定相关的参数后，单击 确定 按钮，将弹出“点”对话框，以定义样条的极点。
- 定义完极点后，在“点”对话框中单击 确定 按钮，弹出“指定点”对话框，如图 4-27 所示，以确定是否还需要定义点，在该对话框中单击 确定 按钮，完成样条创建，如图 4-28 所示。

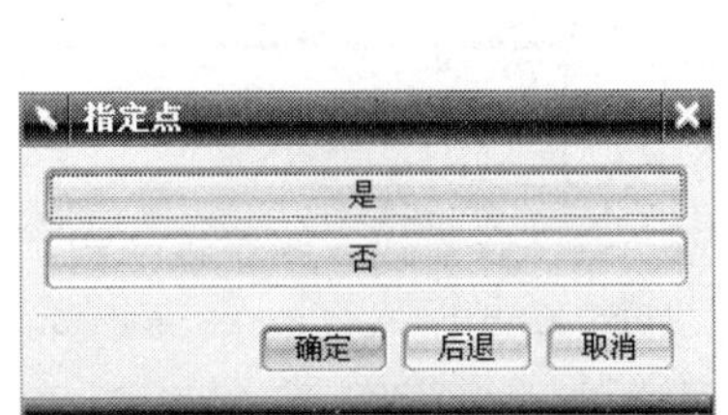

图 4-27 “指定点”对话框

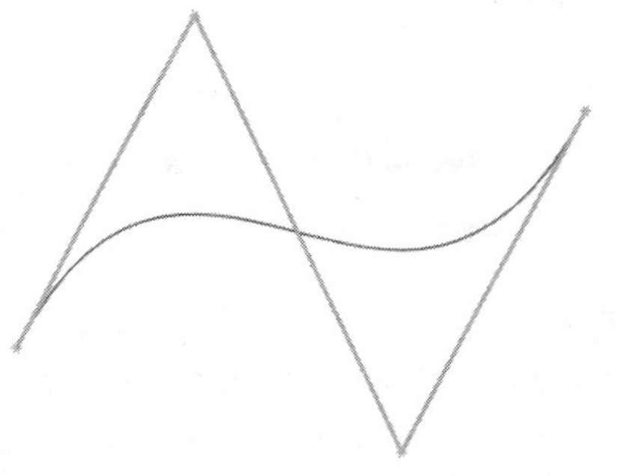

图 4-28 通过极点的样条

提示： 在“根据极点生成样条”对话框中单击“文件中的点”按钮后，将弹出用于选择点文件的对话框，可以用点文件（*.dat）中的点数据来创建样条。

（2）通过点：样条通过定义点。

选择此方式后，弹出“通过点生成样条”对话框，如图 4-29 所示。单击 确定 按钮，弹出如图 4-30 所示的“样条”对话框，其中提供了 4 种选择点的方式。

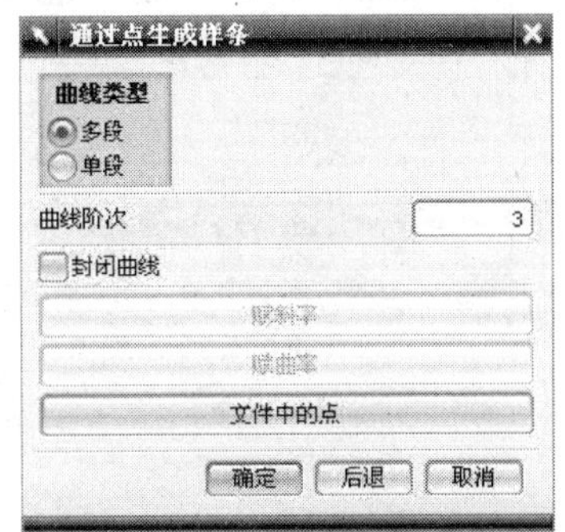

图 4-29 “通过点生成样条”对话框一

图 4-30 “样条”对话框

① 全部成链：在选择起点和终点后，系统自动选择起点与终点之间的点，并通过选择点生成样条。选择此方式后，弹出如图 4-31 所示的“指定点”对话框，系统在提示栏中提示用户选择起点和终点。选择终点后，系统返回到“通过点生成样条”对话框，并激活“赋斜率”和“赋曲率”功能，如图 4-32 所示。单击 确定 按钮完成样条创建。再单击 取消 按钮，退出“通过点生成样条”对话框。

② 在矩形内的对象成链：先用矩形方式框选确定点的范围，然后再选择起点和终点，系统自动选择中间点，生成的样条并不完全通过框选的所有点。选择此方式，将弹出如图 4-33 所示的

“指定点”对话框，提示栏提示用户用指定矩形拐点。

图 4-31 “指定点”对话框

图 4-32 “通过点生成样条”对话框二

用矩形选出点范围后，系统提示用户选择起点和终点。选择终点后，系统返回到“通过点生成样条”对话框，并激活“赋斜率”和“赋曲率”功能，如图 4-32 所示。单击确定按钮完成样条创建。再单击取消按钮，关闭“通过点生成样条”对话框。

③ 在多边形内的对象成链：先用多边形方式框选确定点的范围，然后再选择起点和终点，系统自动选择中间点，生成的样条并不完全通过框选的所有点。

此方式的操作步骤与“在矩形内的对象成链”相似，只是选择点范围的方式不一样。

④ 点构造器：选择此方式将弹出“点”对话框，可以用各种方式创建点或选择已有的点来生成样条。

（3）拟合：使用指定参数将样条与其定义点拟合，但不必通过这些点。

选择此方式，将弹出“样条”对话框，如图 4-34 所示。此方式提供了 5 种选择点的方式，各种选择方式的操作步骤与“通过点”生成样条一样。当完成点的选择后，将弹出如图 4-35 所示的“用拟合的方法创建样条”对话框。

图 4-33 “指定点”对话框

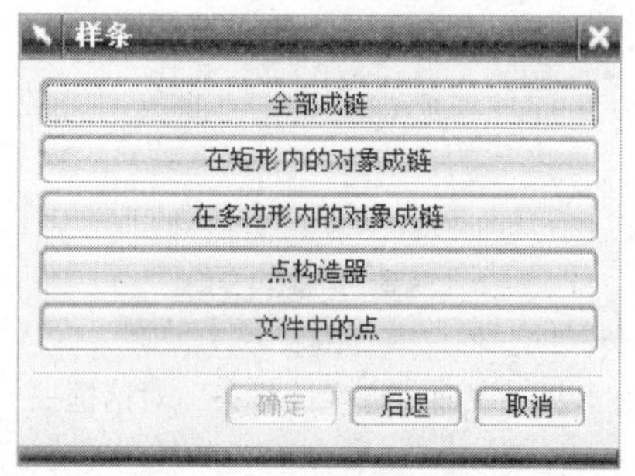

图 4-34 “样条”对话框

有 3 种拟合方法。

① 根据公差：设定样条曲线与定义点之间的最大允许偏差和曲线阶次。

② 根据分段：根据设定的曲线的阶次和段数来生成样条曲线，分段数越多，曲线越逼近定义点。

当定义的曲线阶次与段数之和大于选择的点数量时，会弹出如图 4-36 所示的“由拟合生成样条”对话框，提示创建失败。

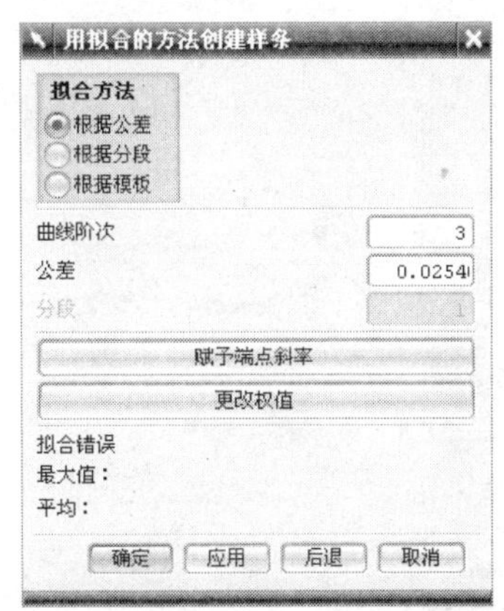

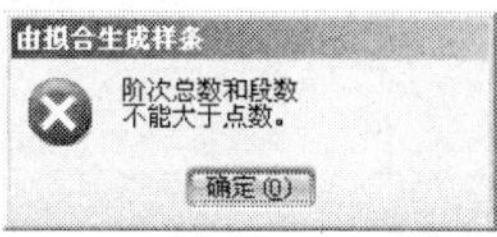

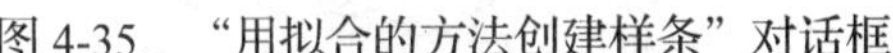
图 4-35 “用拟合的方法创建样条”对话框　　图 4-36 “由拟合生成样条”对话框

③ 根据模板：根据模板曲线的参数（阶次、段数和极点）拟合样条。

（4）垂直于平面：样条通过并垂直用于定义样条的一组平面。在平行面之间创建直线段，在非平行面之间创建圆弧段，平面的数量不得多于 100 个。选择此方式后，弹出如图 4-37 所示的“样条”对话框，系统提示选择起始平面，也可以用平面子的功能来创建平面。在定义第一个平面的起点后，如果选择的第二个平面与第一个平面不平行，将会弹出如图 4-38 所示的“样条”对话框，系统提示指定曲线方向。

图 4-37 “样条”对话框　　图 4-38 “样条”对话框

2. 艺术样条

用于创建关联或者非关联的样条曲线，在创建艺术样条过程中，可以指定样条的定义点的斜率或者曲率，也可以拖动样条的定义点或者极点。

单击“草图曲线”工具栏中的“艺术样条”图标，弹出“艺术样条”对话框，如图 4-39 所示。

创建艺术样条的方式有两种。

① 通过点：创建的样条完全通过点，定义点可以捕捉存在点，也可用鼠标直接定义点，如图 4-40 所示。

② 根据极点：用极点来控制样条的创建，极点数应比设定的阶次至少大于 1，否则将会

创建失败，如图 4-41 所示。阶次的数值关系调整曲线时“影响曲线”的范围。

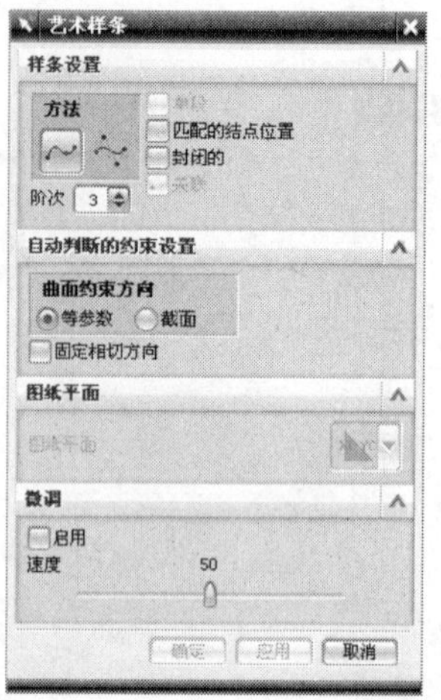

图 4-39 “艺术样条”对话框

图 4-40 通过点的艺术样条

图 4-41 根据极点的艺术样条

4.2.5 创建椭圆

1．创建椭圆的步骤

操作步骤

1. 在“草图曲线”工具栏上单击⊙图标，弹出“点”对话框，指定椭圆中心点位置。
2. 弹出“创建椭圆”对话框，设置椭圆的各参数，如图 4-42 所示。
3. 单击 确定 按钮，创建的椭圆如图 4-43 所示。在返回的“点”对话框中单击 取消 按钮，退出椭圆命令。

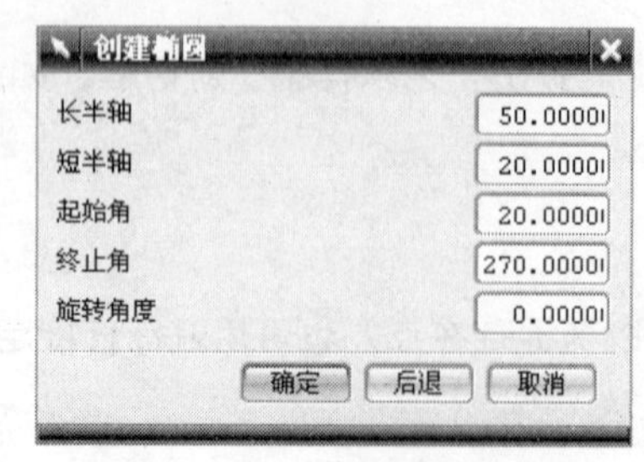

图 4-42 “创建椭圆”对话框

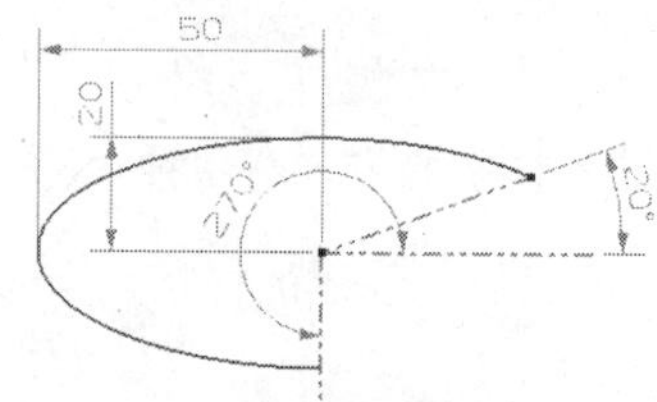

图 4-43 创建的椭圆

2．椭圆对话框中的参数定义

（1）长半轴：椭圆的较长侧方向的半轴长度。

（2）短半轴：椭圆的较短侧方向的半轴长度。

（3）起始角：开放椭圆的起始角度。

（4）终止角：开放椭圆的终止角度。

（5）旋转角度：以长半轴为水平方向定义一个旋转角度。

4.3 通过环境创建几何

在草图绘制过程中，不仅可以用草图曲线命令进行绘制，还可以使用已有的曲线、点等来绘制草图。完成这些任务的功能命令位于草图模式下的“插入”菜单中，如图 4-44 所示。快捷工具图标在“草图操作”工具栏上，如图 4-45 所示。

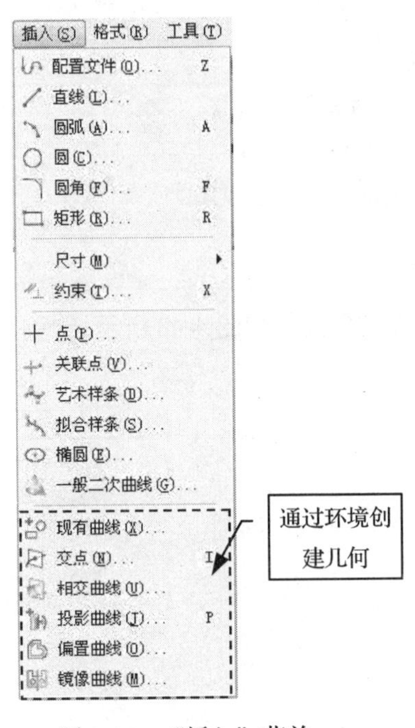

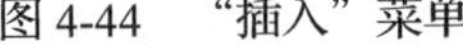
图 4-44 “插入”菜单

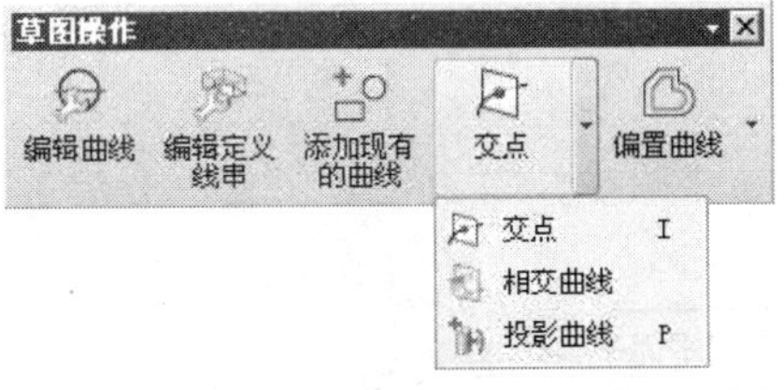

图 4-45 “草图操作”工具栏

4.3.1 添加现有的曲线

将工作窗口中已有的曲线和点添加到草图中，添加的曲线是完全自由的。

下列曲线不能添加到草图中。

（1）抛物线和双曲线。

（2）已经用于拉伸、扫掠、旋转的曲线。

（3）参数化曲线（如直线、圆、圆弧）。

（4）按输入曲线规律所建立的曲线。

4.3.2 交点

创建曲线与草图平面的交点。

操作步骤

1. 单击“草图操作”工具栏中的“交点”图标，弹出“交点”对话框，如图 4-46 所示。

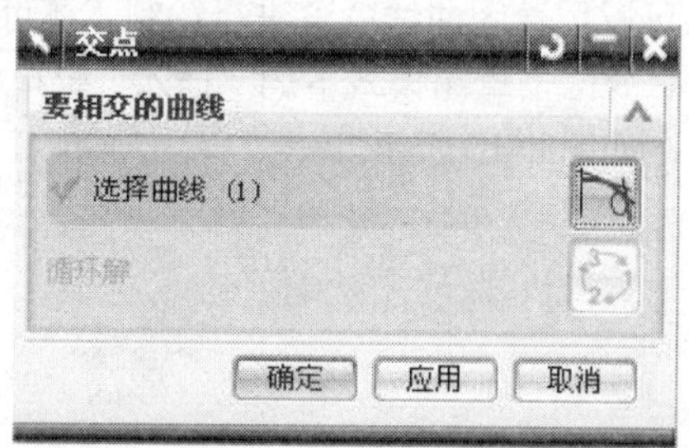

图 4-46 “交点”对话框

2. 选择一条与草图平面相交的曲线或棱边，如图 4-47 所示。

3. 在“交点”对话框中单击确定按钮，完成交点的创建，如图 4-48 所示。

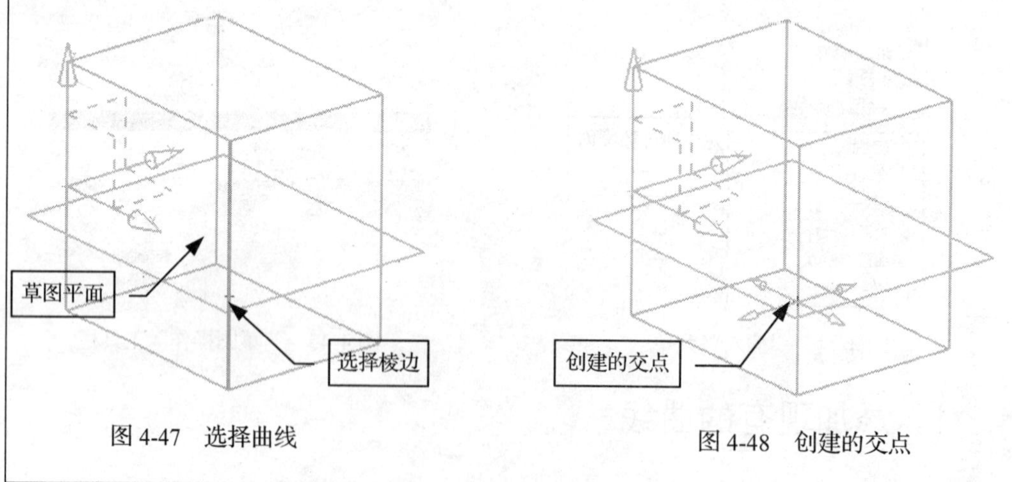

图 4-47 选择曲线

图 4-48 创建的交点

4.3.3 相交曲线

创建曲面与草图平面相交的曲线。

操作步骤

1. 单击“草图操作”工具栏中的“相交曲线”图标，弹出“相交曲线”对话框，如图 4-49 所示。

图 4-49 “相交曲线”对话框

2. 选择与草图平面相交的面，它与草图平面的交线以蓝色预览显示在屏幕上，如图 4-50 所示。

3. 单击“相交曲线”对话框的确定按钮，完成相交曲线的创建，如图 4-51 所示。

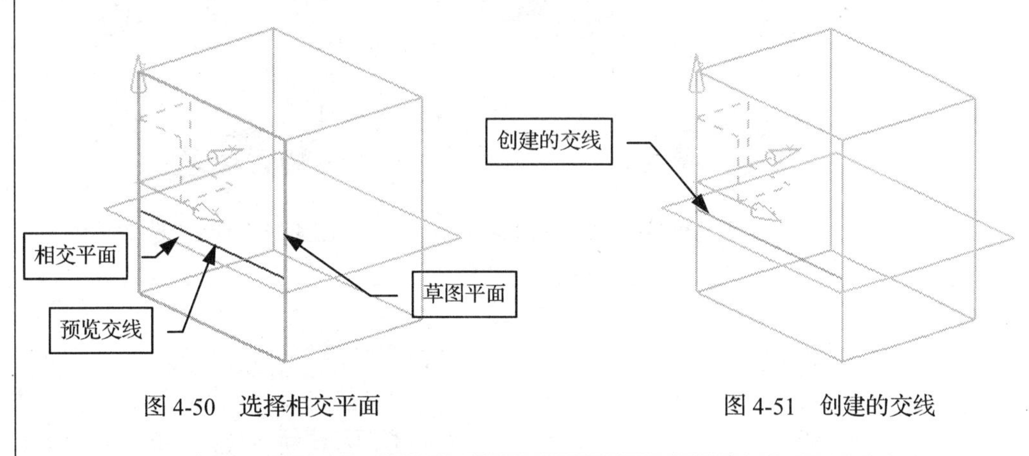

图 4-50 选择相交平面　　图 4-51 创建的交线

4.3.4 投影曲线

投影曲线是将草图外部的曲线、边、点沿草图平面的法向投影到草图上。可投影所有的二维曲线、实体、片体的边缘。

操作步骤

1. 单击“草图操作”工具栏中的“投影曲线”图标，弹出“投影曲线”对话框，如图 4-52 所示。

提示： 勾选“关联”选项，则投影曲线与原始曲线相关联，当原始曲线改变时，投影曲线也会跟着发生相应的改变。还可根据需要设定“输出曲线类型”和“公差”值。

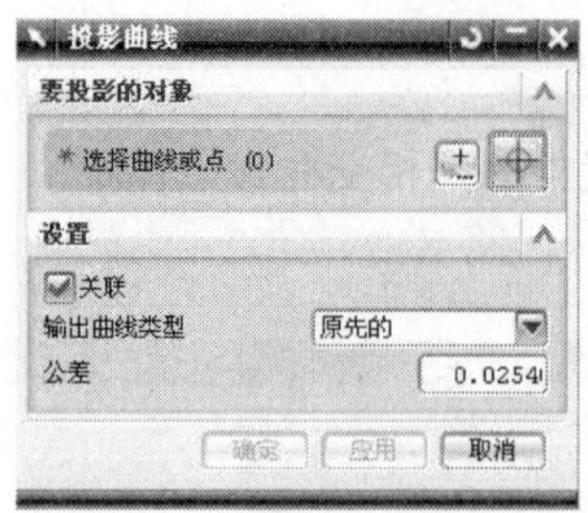

图 4-52 “投影曲线”对话框

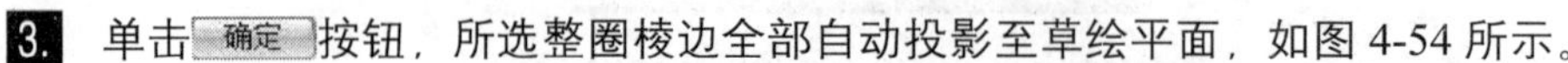

2. 单击顶部平面，选择如图 4-53 所示的顶部整圈 12 处棱边。

3. 单击 确定 按钮，所选整圈棱边全部自动投影至草绘平面，如图 4-54 所示。

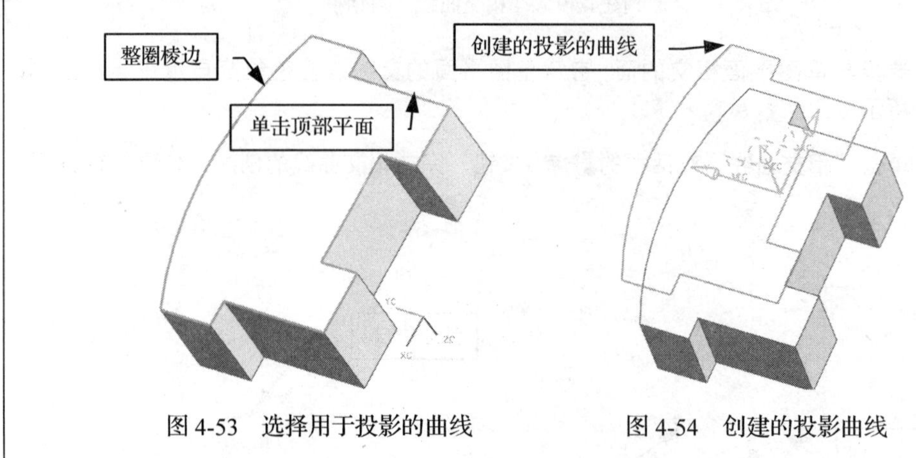

图 4-53 选择用于投影的曲线

图 4-54 创建的投影曲线

4.3.5 偏置曲线

将草图平面上的曲线、边链沿指定方向偏置一定距离而产生新曲线。单击“偏置曲线”图标，弹出“偏置曲线”对话框，如图 4-55 所示，然后将如图 4-56 所示的曲线作偏置处理。

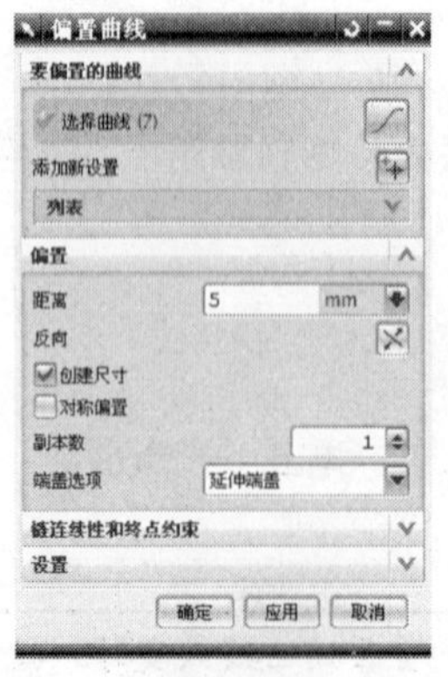

图 4-55 “偏置曲线”对话框

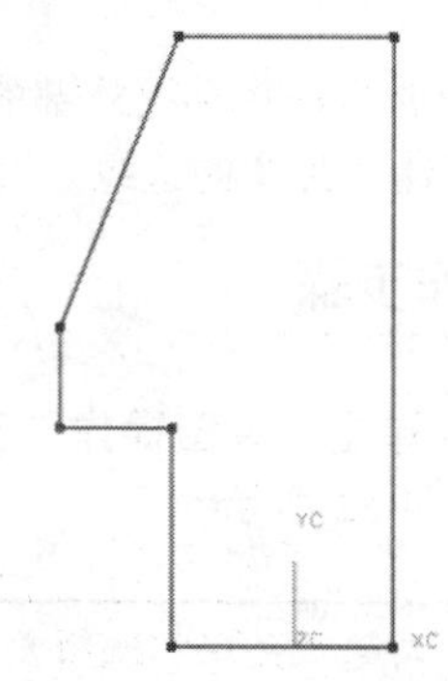

图 4-56 进行偏置处理的曲线

操作步骤

1. 根据需要在已弹出的“偏置曲线”对话框中做相应的设定。此处按默认的设置不变。
2. 选择任意一特征线进行偏置，整个草图都被选择后，即根据设定预览出偏置的结果，如图 4-57 所示。
3. 单击 确定 按钮完成偏置，结果如图 4-58 所示。

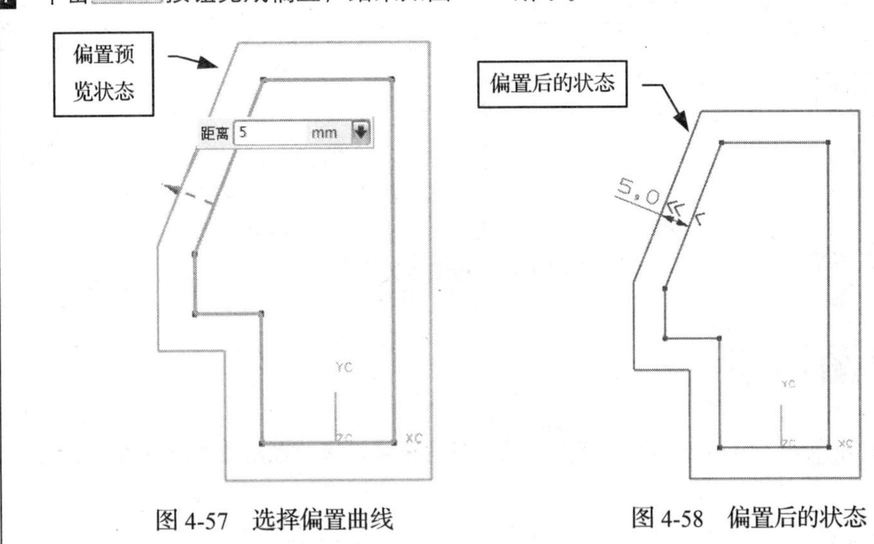

图 4-57 选择偏置曲线　　图 4-58 偏置后的状态

提示：对话框中各选项的说明如下。

- 距离：偏置的距离。
- 反向：使用相反的偏置方向。
- 创建尺寸：勾选此项将创建一个偏置距离的标注尺寸。
- 对称偏置：在曲线的两侧都等距离偏置。
- 副本数：设定等距离偏置的数量。
- 端盖选项：设定如何处理曲线的拐角。

4.3.6 镜像曲线

通过一直线建立草图几何图形的镜像副本，并将该直线转化为参考直线。单击“镜像曲线”快捷图标，弹出如图 4-59 所示的“镜像曲线”对话框。

图 4-59 “镜像曲线”对话框

对话框中的各项参数说明如下。

（1）镜像中心线：可以是当前草图的直线，也可以是已有草图的直线，或已有实体的边。

（2）要镜像的曲线：曲线必须是当前草图中绘制的曲线。

（3）转换要引用的中心线：勾先此项，则作为镜像中心线的直线将转换为中心线，此项只在使用当前草图直线作为中心线时才有效。

依次单击选择中心线和要镜像的曲线后，单击“镜像曲线”对话框中的 确定 按钮，即可完成曲线的镜像，如图 4-60 所示。

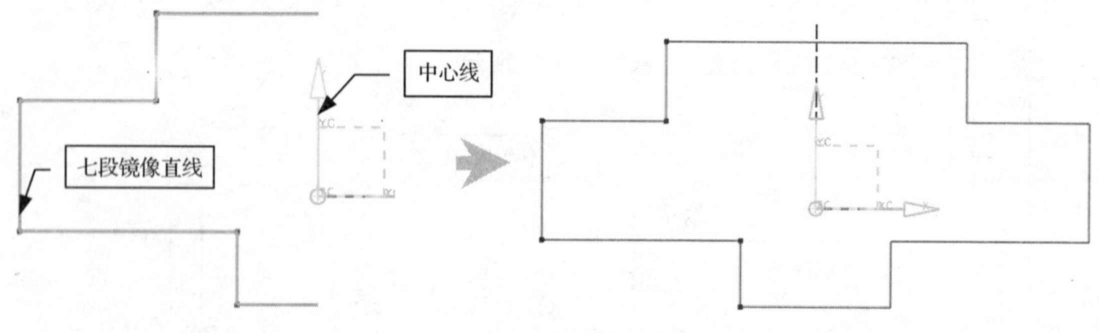

图 4-60 镜像曲线

4.4 草图约束

草图约束常分尺寸约束与几何约束，通过这些约束可以将草图准确地定义至设计意图。相关的介绍如下。

4.4.1 综述

1. 约束与自由度

没有约束的草绘对象会出现一些橙色的箭头，表示对象可以沿该箭头自由地移动。每一个箭头代表一个自由度，该箭头即称为自由度箭头。要消除草绘对象的自由度，使其位置固定，需为其加上相应的约束。

2. 草图的 3 种约束状态

（1）欠约束草图：还存在自由度的草图，即草图上还有橙色箭头的草图。在状态栏提示草图还需要多少个约束时，才能正确了解草图的约束状态。在约束功能打开时，状态栏会显示约束的状态。

（2）充分约束：草图上没有自由度箭头，草图各对象都有唯一位置。在状态上提示：“草图已完全约束”。

（3）过约束草图：如果在充分约束的草图上再添加约束，则使草图存在多余约束，这时草图为过约束状态。状态栏上提示：“草图上包含过约束的几何体”。

3. 约束的种类

约束精确地控制着草图对象与草图的关系，以及各草图对象之间的相互关系，分为尺寸约束和几何约束两种。

4.4.2 尺寸约束

选择“插入”→“尺寸”→“自动判断”命令，弹出“尺寸”控制栏，如图 4-61 所示。

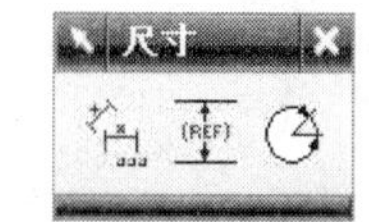

图 4-61 “尺寸”控制栏

在控制栏中单击“草图尺寸对话框”按钮，弹出“尺寸”对话框，如图 4-62 所示。生成尺寸约束时，会生成一个表达式，其名称和值显示在“尺寸”对话框中的当前表达式文本区域中，如图 4-63 所示。可以直接编辑该表达式。

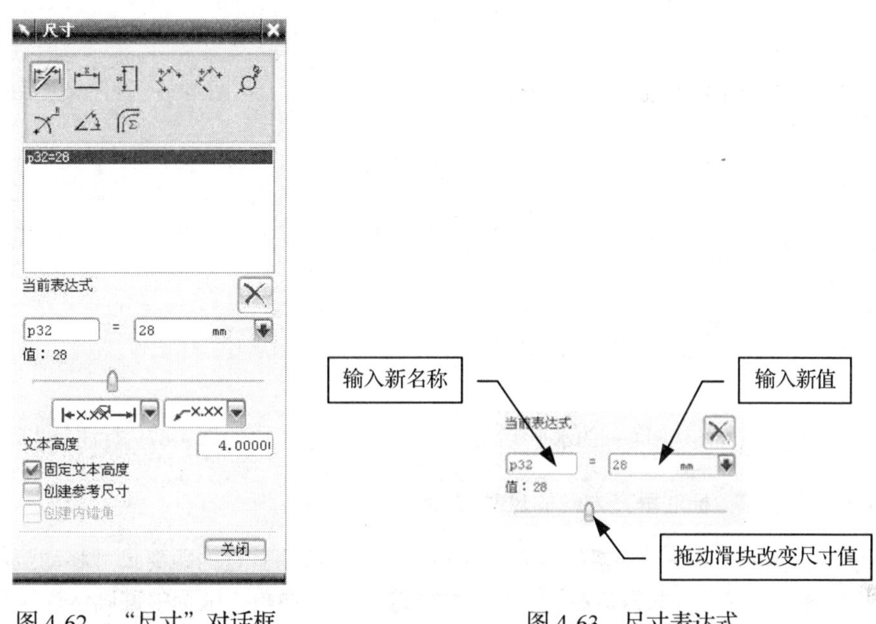

图 4-62 “尺寸”对话框　　　图 4-63 尺寸表达式

在生成尺寸约束时，可以选择草图曲线、边、基准平面或基准轴上的点，以生成水平、竖直、平行、垂直和角度尺寸。

提示：在零件设计中，尺寸通常包括了形状尺寸与定位尺寸。

（1）自动推断的：系统能够根据用户所选择的内容，对要生成的尺寸作出“最佳推断”。

单击如图 4-64 所示的右侧的垂直直线，再单击图标，将垂直直线的尺寸移动至放置处，单击鼠标左键，当前尺寸数值被激活，将尺寸修改为 88，再单击鼠标中键确认操作。垂直直线会根据尺寸的约束而改变，结果如图 4-65 所示。当选择标注的的特征不同时，尺寸的形式也会跟着发生变化。

（2）水平：标注水平方向的尺寸。

单击图标，单击如图 4-66 所示的两处圆心，将水平的距离尺寸移动至放置处，单击鼠标

左键，当前尺寸数值被激活，将尺寸修改为 60，再单击鼠标中键确认操作。两半圆的尺寸会根据尺寸的约束而改变，结果如图 4-67 所示。

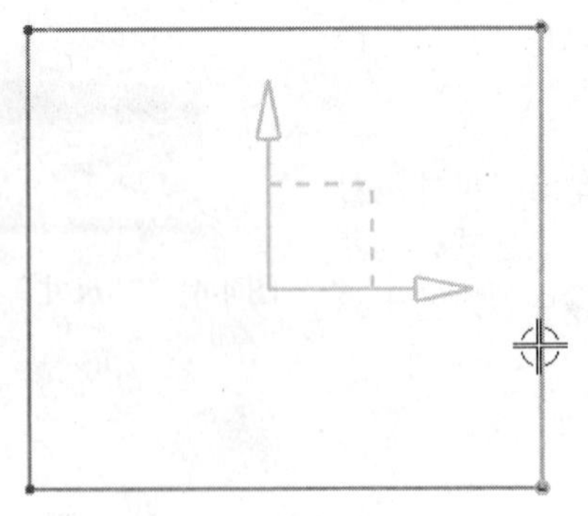

图 4-64　需标注的垂直直线

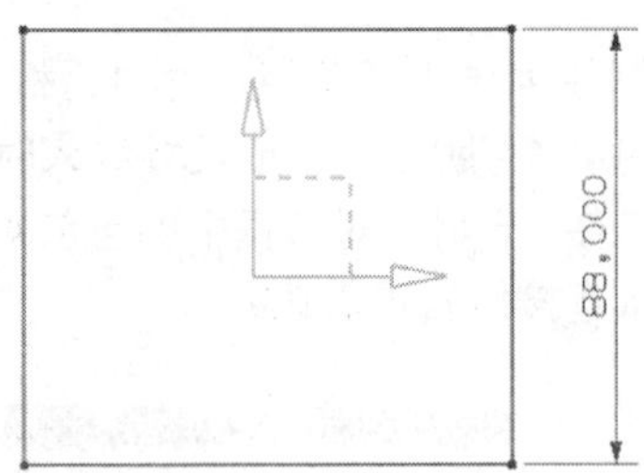

图 4-65　标注尺寸后的状态

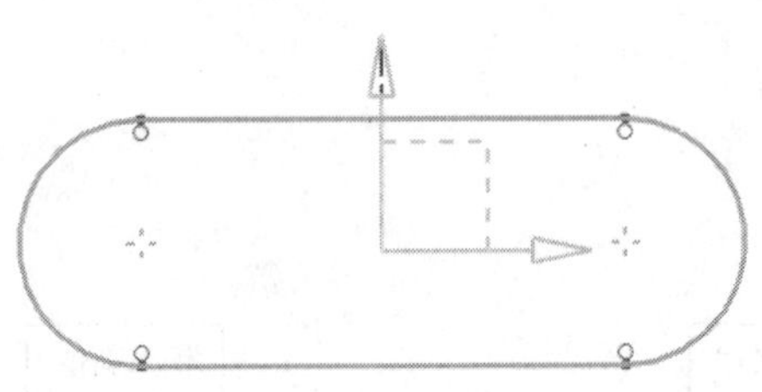

图 4-66　需标注两圆心间的水平距离尺寸

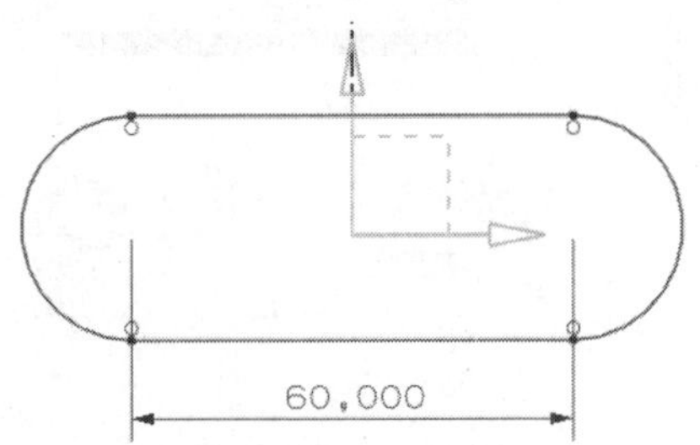

图 4-67　标注尺寸后的状态

（3）竖直：标注垂直方向的尺寸。

单击图标，单击坐标系的原点和底部的水平直线将垂直的距离尺寸移动至任意放置处，单击鼠标左键，当前尺寸数值被激活，将尺寸修改为 15，再单击鼠标中键确认操作。原点与底部的水平直线的垂直距离尺寸会根据尺寸的约束而改变，结果如图 4-68 所示。

提示：任意放置处由操作者自行安排，以美观和考虑放置空间为准。

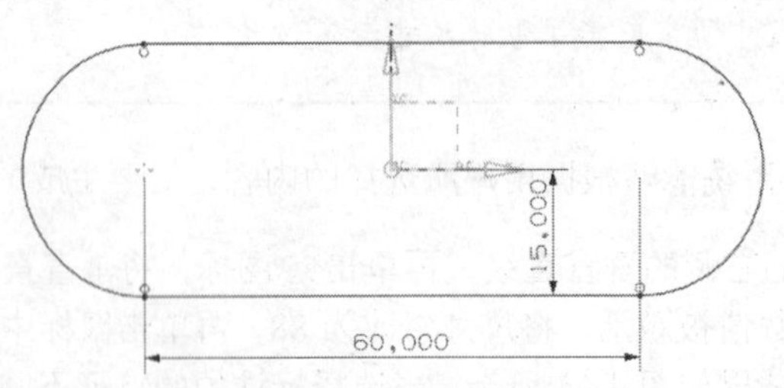

图 4-68　标注尺寸后的状态

（4）平行：在两点间标注与特征平行的尺寸。

单击图标，单击如图 4-69 所示的角度直线，将平行尺寸移动至任意放置处，单击鼠标左键，当前尺寸数值被激活，将尺寸修改为 30，再单击鼠标中键确认操作。角度直线的长度会根据尺寸的约束而改变，结果如图 4-70 所示。

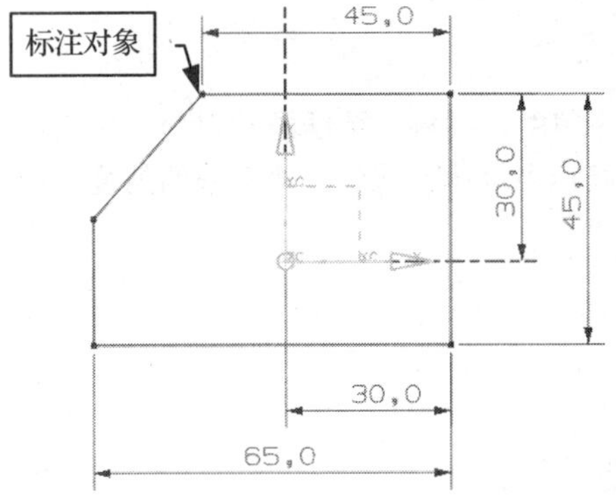

图 4-69　需标注角度直线的尺寸

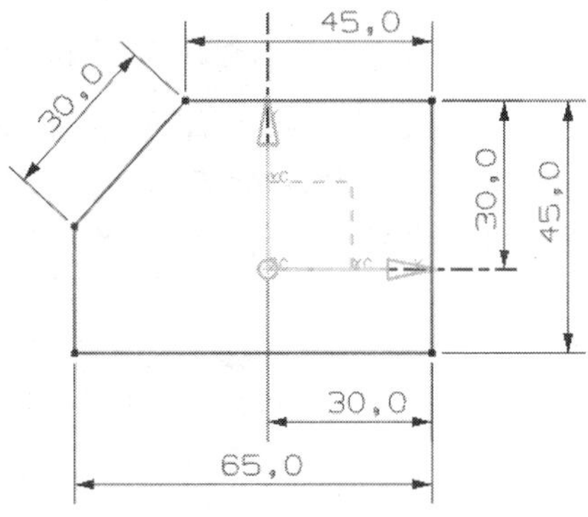

图 4-70　标注尺寸后的状态

（5）垂直：指定直线与草图对象端点之间的垂直尺寸，标注的方式参照水平、竖直尺寸。

（6）直径：为草图的圆标注直径尺寸。

单击图标，单击如图 4-71 所示的圆形，将直径尺寸移动至任意放置处，单击鼠标左键，当前尺寸数值被激活，将尺寸修改为 40，再单击鼠标中键确认操作。圆的大小会根据尺寸的约束而改变，结果如图 4-72 所示。

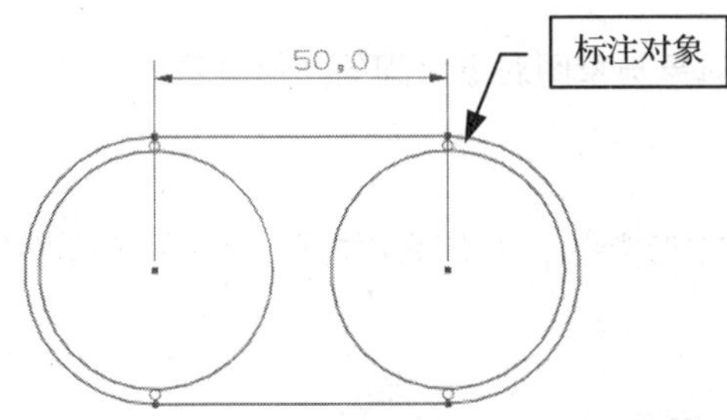

图 4-71　需标注内部圆的直径尺寸

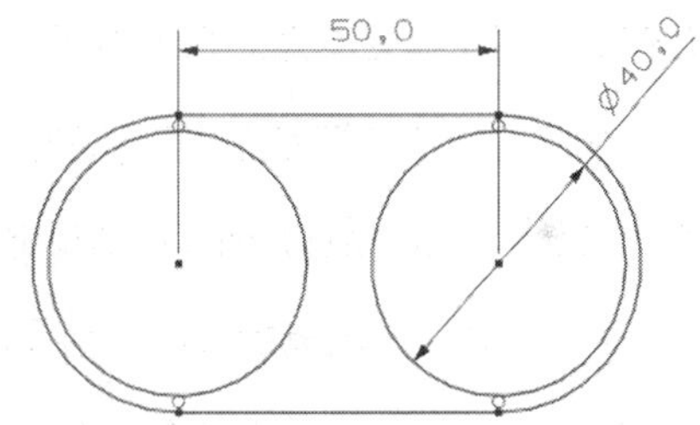

图 4-72　标注尺寸后的状态

（7）半径：为草图的弧标注半径尺寸。

单击图标，单击如图 4-73 所示的圆弧，将直径尺寸移动至任意放置处，单击鼠标左键，当前尺寸数值被激活，将尺寸修改为 22.5，再单击鼠标中键确认操作。圆弧的大小会根据尺寸的约束而改变，结果如图 4-74 所示。

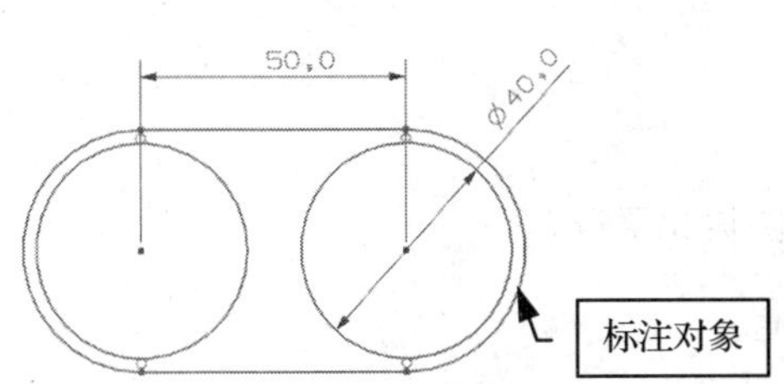

图 4-73　需标注外部圆弧的半径尺寸

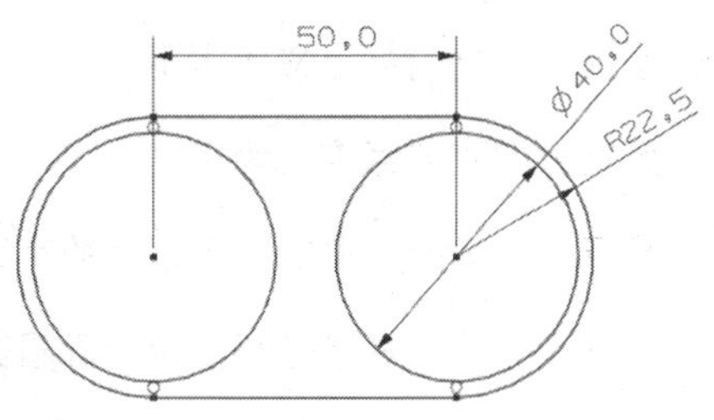

图 4-74　标注尺寸后的状态

提示： 当修改的尺寸值与需要的尺寸相同时，直接单击鼠标中键确认即可。

（8）角度△：指定两条直线之间的角度尺寸。

单击△图标，单击如图 4-75 所示的标注对象 1、2，将角度尺寸移动至任意放置处，单击鼠标左键，当前尺寸数值被激活，将尺寸修改为 40，再单击鼠标中键确认操作。两直线的角度大小会根据尺寸的约束而改变，结果如图 4-76 所示。

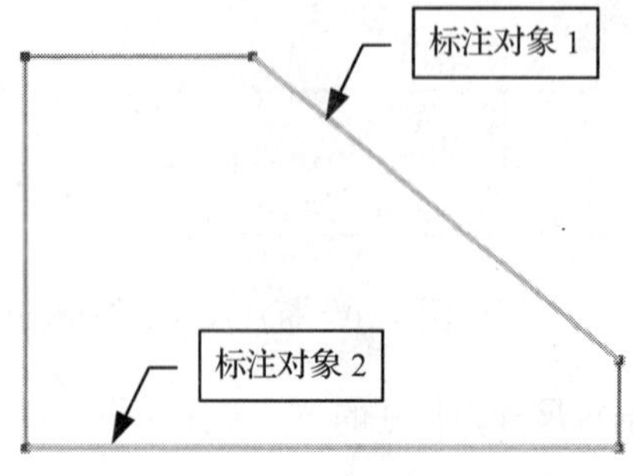

图 4-75　需标注两直线间的角度尺寸

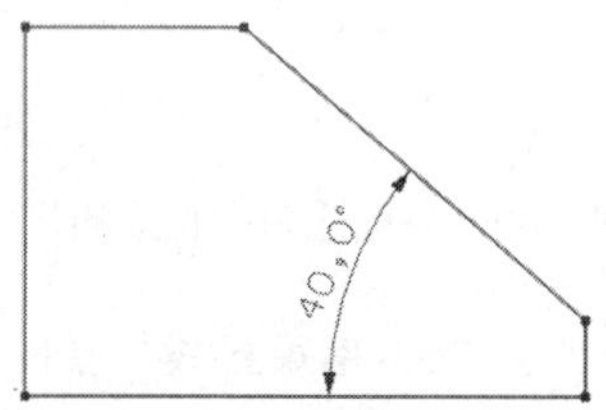

图 4-76　标注尺寸后的状态

（9）周长：约束所选的直线和圆弧集体总长度。

4.4.3　几何约束

几何约束用于确定草图对象与草图，以及草图对象与草图对象之间的几何关系。

（1）几何约束的类型包括以下几种。

① 固定：根据所选几何体的类型定义几何体的固定特性，如点固定位置、直线固定角度等。

② 完全固定：约束对象所有的自由度。

③ 重合：定义两个或两个以上的点具有同一位置。

④ 同心◎：定义两个或两个以上的圆弧和椭圆弧具有同一中心。

⑤ 共线：定义两条或两条以上的直线落在或通过同一直线。

⑥ 点在曲线上：定义点的位置落在曲线上。

⑦ 中点：定义点的位置与直线或圆弧的两个端点等距。

⑧ 水平→：将直线定义为水平。

⑨ 竖直↑：将直线定义为竖直。

⑩ 平行//：定义两条或两条以上的直线或椭圆彼此平行。

⑪ 垂直⊥：定义两条直线或两个椭圆彼此垂直。

⑫ 相切：定义两个对象彼此相切。

⑬ 等长度 ＝：定义两条或两条以上的直线具有相同的长度。

⑭ 等半径 ≈：定义两个或两个以上的弧具有相同的半径。

⑮ 恒定长度 ↔：定义直线具有恒定的长度。

⑯ 恒定角度 ∠：定义直线具有恒定的角度。

⑰ 曲线的切矢：定义样条，在一个定义点处将其选中，并且定义另一个对象在选中的点处彼此相切。

⑱ 均匀比例：移动样条的两个端点时（即更改在两个端点之间建立的水平约束的值），样条将按比例伸缩，以保持原先的形状。

⑲ 不均匀比例：移动样条的两个端点时（即更改在两个端点之间建立的水平约束的值），样条将在水平方向上按比例伸缩，而在竖直方向上保持原先的尺寸，样条将表现出拉伸效果。

（2）通过几何约束将如图 4-77（a）所示的草图对象变成如图 4-77（b）所示。

图 4-77　几何约束的运用

操作步骤

1. 新建一零件文件。

2. 单击“特征”工具栏中的图标，在弹出的“创建草图”对话框中单击 确定 按钮，进入草绘环境，并绘制如图 4-77 中（a）图所示的草图对象。

3. 单击“草图约束”工具栏中的图标，显示出草图对象的自由度箭头，如图 4-78 所示。

4. 选择圆弧的左端点和左边直线的上端点，弹出“约束”对话框，如图 4-79 所示。

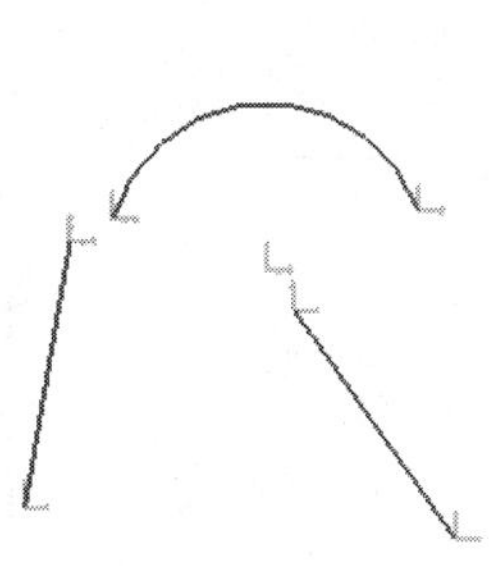

图 4-78　添加几何约束 1

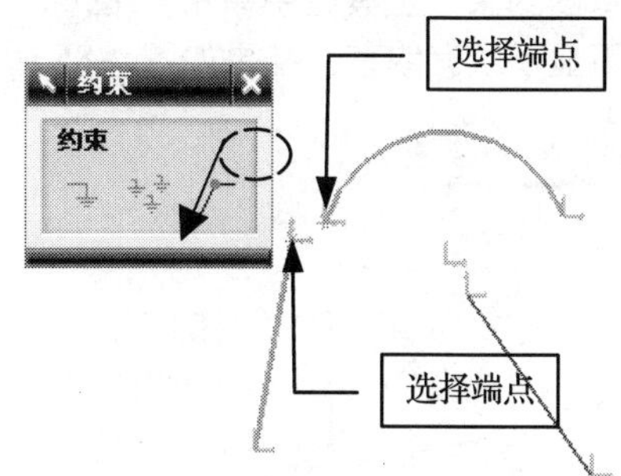

图 4-79　添加几何约束 2

5. 在图 4-79 的“约束”对话框中单击 按钮，使左边直线的上端点与圆弧左侧端点重合，如图 4-80 所示。

6. 选择圆弧的右端点和右边直线的上端点，并在弹出的“约束”对话框中单击 按钮，右边直线的上端点与圆弧右侧端点重合，如图 4-80 和图 4-81 所示。

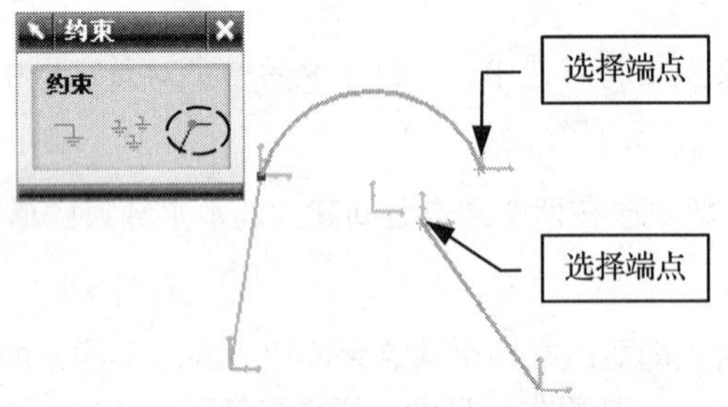

图 4-80　添加几何约束 3

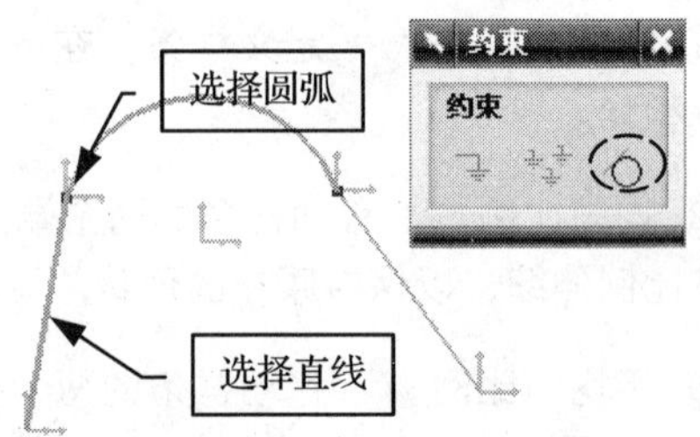

图 4-81　添加几何约束 4

7. 选择左侧直线和圆弧，如图 4-81 所示，在弹出的“约束”对话框中单击 按钮，左侧直线与圆弧相切，以相同方式使右侧直线与圆弧相切，如图 4-82 所示。

8. 选择左侧直线，在弹出的约束对话框中单击 按钮，左侧直线变成水平，如图 4-82 所示。

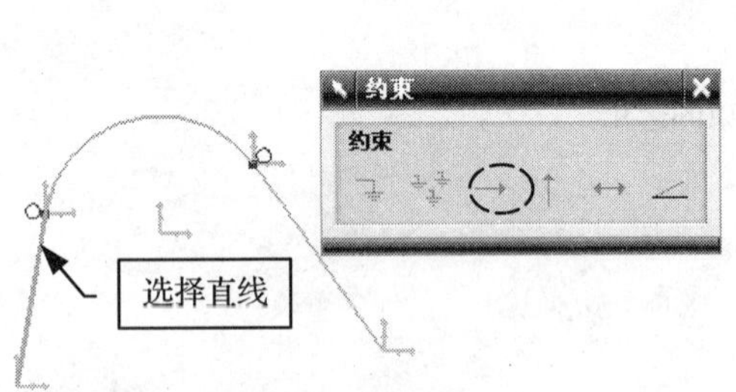

图 4-82　添加几何约束 5

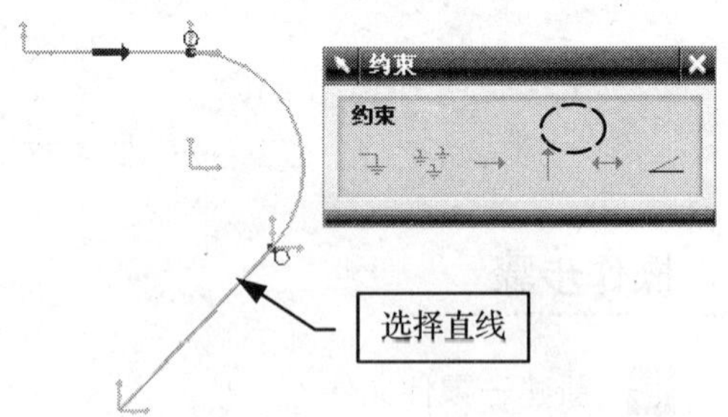

图 4-83　添加几何约束 6

9. 选择右直线，在弹出的约束对话框中单击 按钮，右侧直线变成竖直，如图 4-83 和图 4-84 所示。

10. 在“草图约束”工具栏中单击 图标，退出几何约束，自由度箭头不显示。单击 图标，不显示所有约束，结果如图 4-85 所示。

图 4-84　添加几何约束 7

图 4-85　添加几何约束 8

4.4.4 自动产生约束

自动产生约束是程序在草图对象之间的关系达到了指定的自动约束类型的条件时，程序自动为草图对象添加的约束。

单击“草图约束”工具栏中的图标，弹出“自动约束”对话框，如图 4-86 所示。该对话框中显示了可进行自动判断的几何约束类型。勾选相应的几何约束类型，单击 确定 按钮，在草绘时，系统将自动为满足这些约束条件的草图对象添加约束。

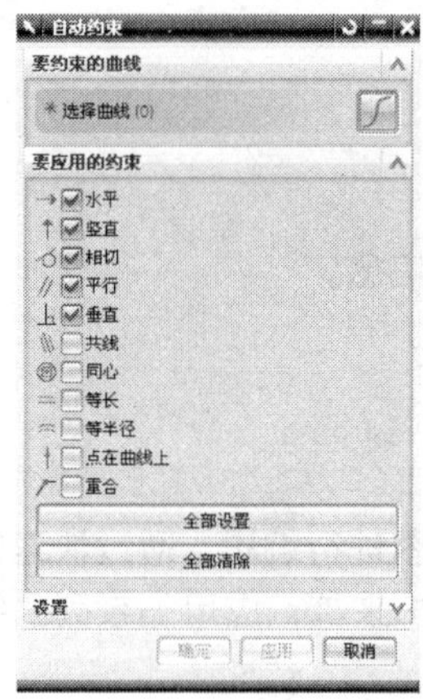

图 4-86 “自动约束”对话框

4.4.5 显示/移除约束

单击“草图约束”工具栏中的“显示/移除约束”图标，弹出“显示/移除约束”对话框，如图 4-87 所示。

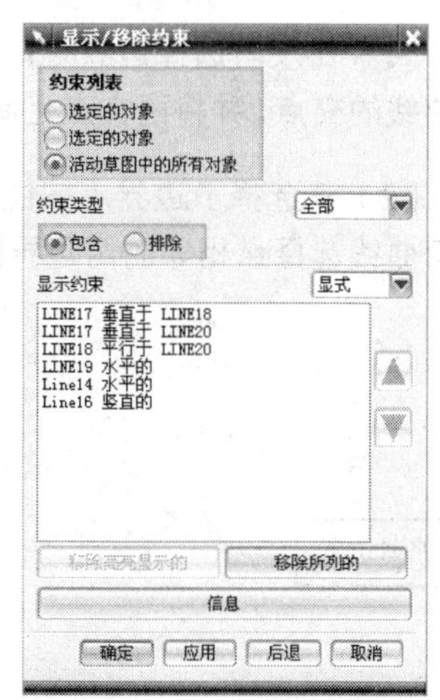

图 4-87 “显示/移除约束”对话框

对话框中各选项的说明如下。

1. 约束列表

（1）选定的对象：一次选择显示约束的对象只能是一个对象。

（2）选定的对象：一次选择显示约束的对象可以是多个对象。

（3）活动草图中的所有对象：显示草图中所有对象的几何约束。

2. 约束类型

选择约束的类型。

（1）包含：显示所选择的约束类型。

（2）排除：显示未选择的约束类型。

3. 显示约束

（1）显式：显示用户添加的几何约束。

（2）自动判断：显示系统自动产生的几何约束。

（3）两者皆是：显示所有几何约束。

4. 移除高亮显示的

删除指定的几何约束。

5. 移除所列的

删除列表中所有的几何约束。

6. 信息

以独立的信息窗口显示更详细的信息。

4.5 编辑草图

完成大致的草图后，常需要对草图进行编辑，通过快速修剪及制作拐角修剪不需要的草图部分，通过延伸将没有闭合的草图闭合起来等，应用一系列的编辑操作，完善草图截面。

4.5.1 快速修剪

快速修剪可以在以任一方向将曲线修剪到最近的交点或边界，单击图标，弹出“快速修剪”对话框，如图 4-88 所示。边界曲线是可选项，若不选边界，则所有可选择的曲线都被当作边界。

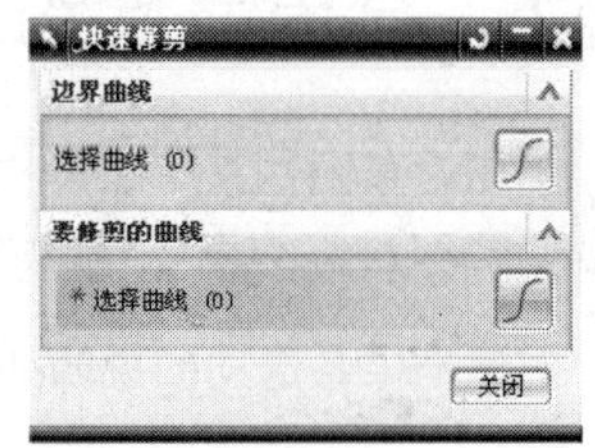

图 4-88 “快速修剪”对话框

（1）在没有选择边界时，系统自动寻找该曲线与最近可选择曲线的交点，并将两交点之间的曲线修剪掉，如图 4-89 所示。

（2）若选择了边界（按住 Ctrl 健可选择多条边界），则只修剪曲线选择点相邻的两边界间的曲线段，如图 4-90 所示。

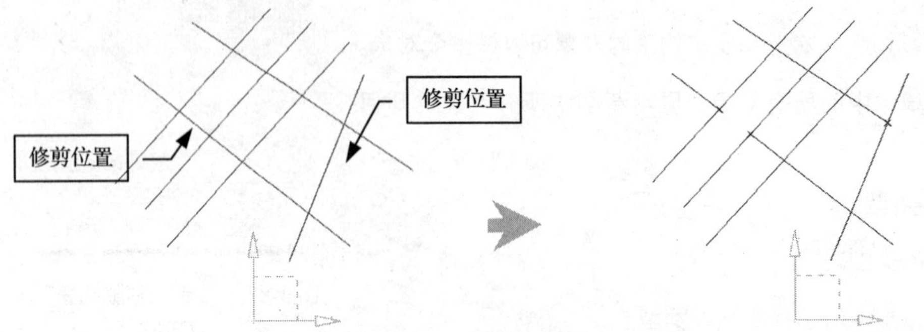

图 4-89 不选择边界时的快速修剪

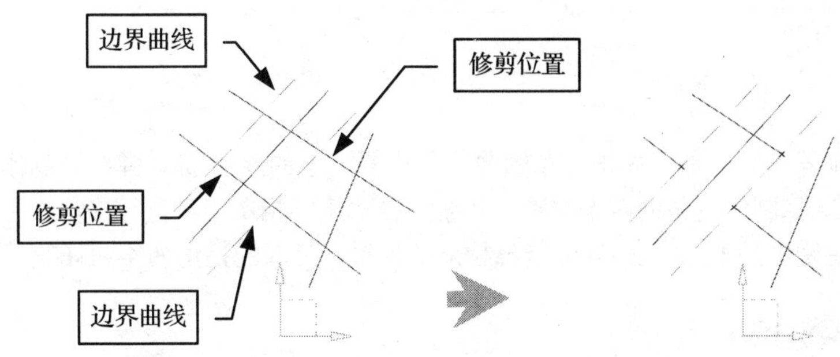

图 4-90　选择边界时的快速修剪

4.5.2 快速延伸

将曲线延伸到一距离最近的曲线或边界上。

1. 单击“草图曲线”工具栏中的图标，弹出“快速延伸”对话框，在图 4-91 左图中选择两处要延伸的曲线，图 4-91 右图为快速延伸后的状态。

2. 单击“草图曲线”工具栏中的图标，弹出“快速延伸”对话框，在“边界曲线”栏中单击“选择曲线”选项，在图 4-92 左图中选择边界曲线，再单击鼠标中键，在图 4-92 左图中选择要延伸的曲线，图 4-92 右图为有边界时快速延伸后的状态。

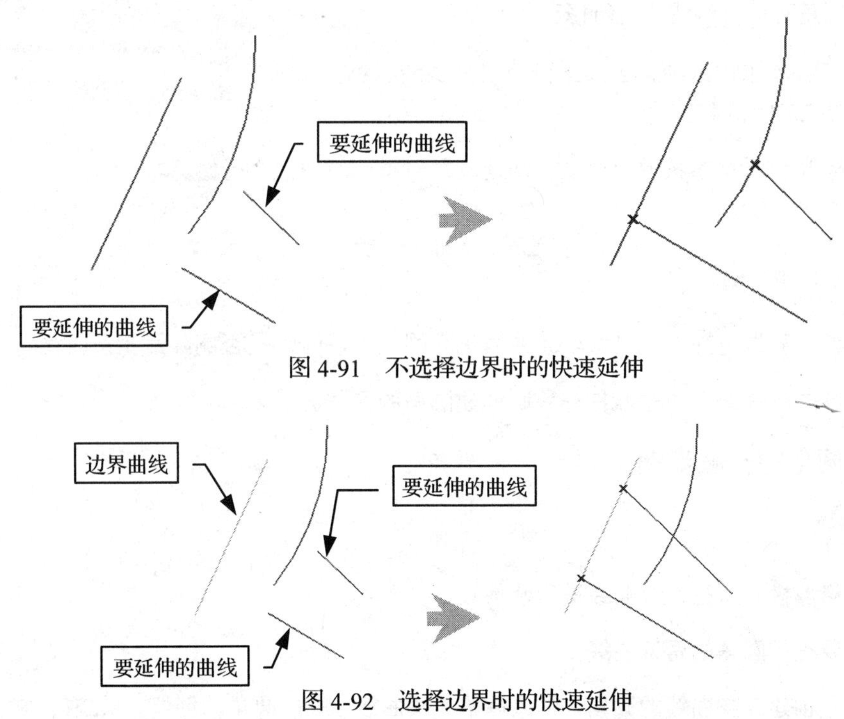

图 4-91　不选择边界时的快速延伸

图 4-92　选择边界时的快速延伸

提示： 在选择曲线时，光标要选择靠近曲线欲延伸的一端，否则将无法延伸。

4.5.3 制作拐角

将两条曲线修剪或延伸到其交点。单击“草图曲线”工具栏中的图标，弹出“制作拐角”对话框，如图 4-93 所示。选择制作拐角的两条曲线，系统将根据实际情况对其进行修剪或延伸。用鼠标分别选择如图 4-94 中左图中的 1，2，3，4 处选择相应的曲线，完成的拐角如 4-94 右图所示。

图 4-93 “制作拐角”对话框

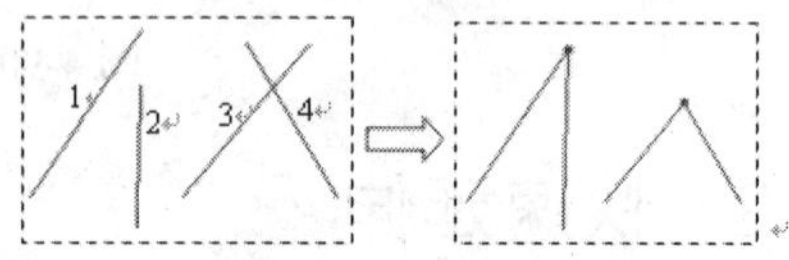

图 4-94 制作拐角

4.5.4 创建圆角

在两条或 3 条曲线间创建圆角。单击“草图曲线”工具栏中的“圆角”图标，弹出“创建圆角”对话框，如图 4-95 所示。

1．圆角方法

确定创建圆角时是否对曲线进行修剪。

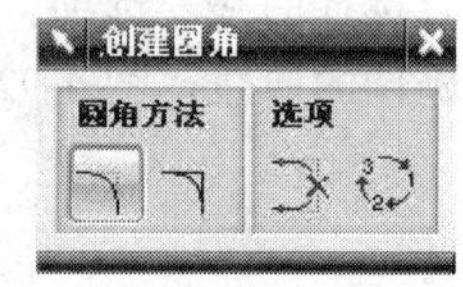

图 4-95 “创建圆角”对话框

（1）修剪：单击此选项，当其呈橙色时为激活状态。激活后创建时将对曲线进行修剪。

（2）取消修剪：单击将激活此项，创建圆角时将不对曲线进行修剪。

2．选项

可选功能包括以下两种。

（1）删除第 3 条曲线：控制对 3 条曲线进行圆角创建时，是否删除第 3 条曲线。

（2）创建备选圆角：单击此按钮，则创建圆角的另一方式。

3．创建圆角的一般步骤

操作步骤

1. 设置修剪模式（是否对曲线进行修剪）。
2. 选择要进行圆角的两条曲线。
3. 如果是创建 3 条曲线的圆角，则选择第 3 条曲线，完成圆角的创建，系统自动判断半径和圆角的位置。
4. 直接输入半径值或单击鼠标来确定半径，完成圆角的创建。

提示： 对三条曲线进行圆角创建时，选择曲线的顺序及在选择第 3 条曲线时，光标在曲线的位置不同其所创建的圆角也将不一样。但在相同的选择和选择第 3 条曲线的位置确定后，创建的圆角是唯一的。

对于两条曲线的圆角，不管选择曲线的顺序和光标选择曲线时的位置如何，移动光标可产生 4 种不同的圆角，需要用户指定在何处创建圆角及指定半径值。

4．不同修剪模式下创建的圆角

效果如图 4-96 所示。

（a）原始曲线

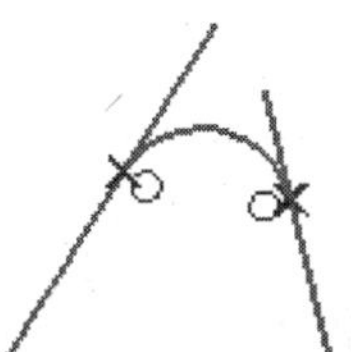

（b）取消修剪

（c）修剪

图 4-96　不同修剪模式下创建的圆角

5．“删除第三条曲线”的使用

此选项用于创建 3 条曲线的圆角，图 4-97 中列出了使用该选项和不使用该选项时的情况。

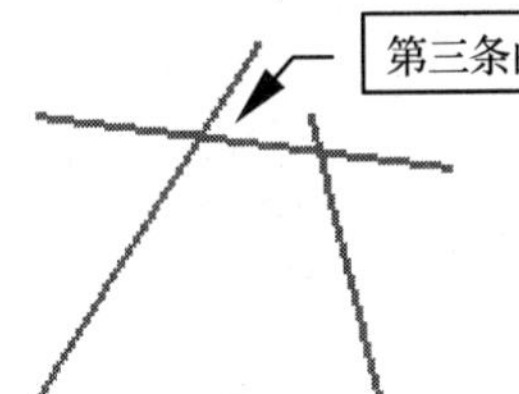

（a）原始曲线

（b）不使用“删除第三条曲线”

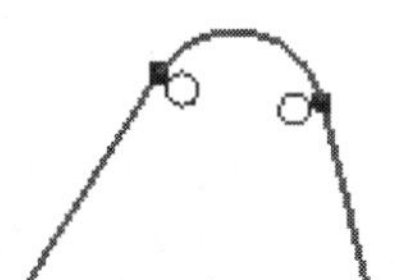

（c）使用“删除第三条曲线”

图 4-97　“删除第三条曲线”的使用

6．“创建备选圆角”与正常圆角的区别

如图 4-98 所示的“创建备选圆角”的使用，其中图 4-98（b）为正常圆角的情形，图 4-85（c）为使用“创建备选圆角”选项时的情形。

（a）原始曲线

（b）正常圆角

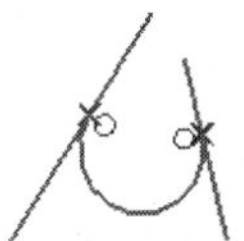

（c）创建备选圆角

图 4-98　“创建备选圆角”的使用

提示： 在创建 3 条曲线的圆角操作时，选择曲线的位置不同，以及选择曲线的顺序不同，将得到不一样的结果，圆角半径值不可以大于倒圆角的特征的最小长度。大于最小长度时将导致圆角创建失败。

第5章 创建曲线

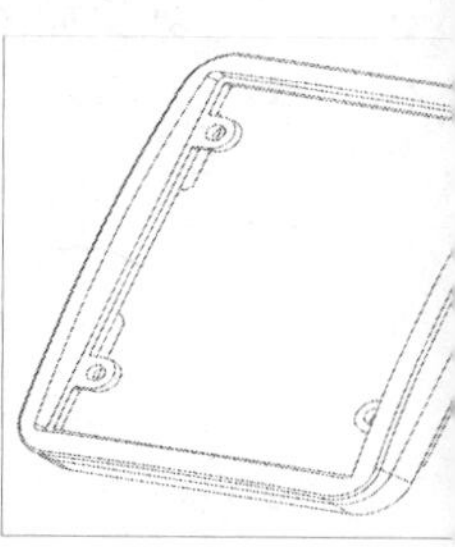
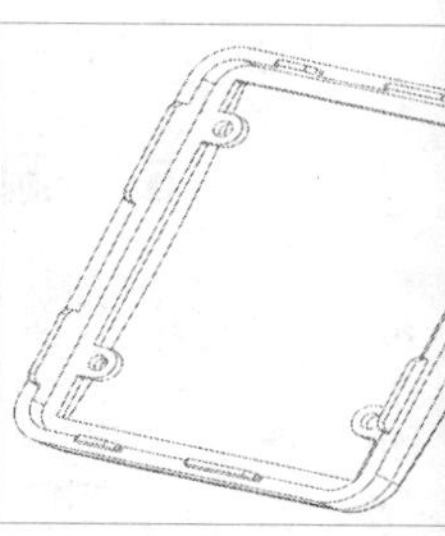
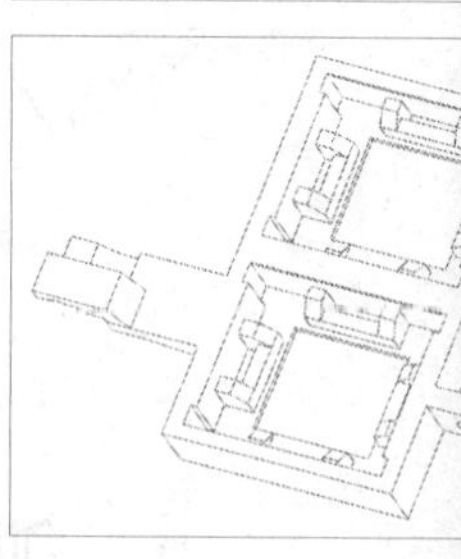
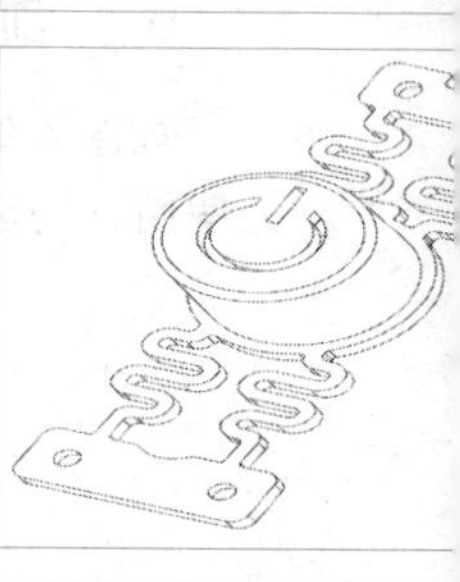
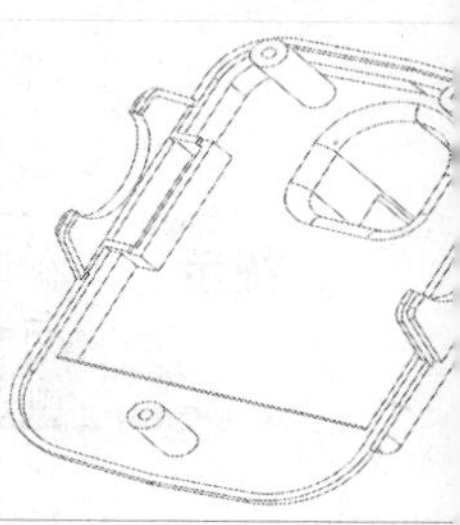

本章导读

本章主要介绍 UG NX5 曲线的创建方法。主要包括直线、圆弧、样条曲线、椭圆、矩形、多边形等，在“来自曲线集的曲线”中可以创建偏置曲线、投影曲线、镜像曲线、桥接曲线和连结曲线等一系列曲线操作。曲线创建完成后可以通过分割曲线，拉长直线等命令进行编辑。

要点提示

- 直线的创建方法
- 圆弧、文本的创建方法
- 来自曲线集的曲线、来自体的曲线的创建方法及注意事项
- 编辑曲线的方式及方法

5.1 创建直线

创建直线有两种方式，一种是在草绘平台中绘制直线，另外一种是通过软件提供的直线快捷图标进行创建。在任一工具栏处右击，并在弹出的快捷菜单中选择“直线和圆弧”选项，如图 5-1 所示，调出“直线和圆弧”工具栏，如图 5-2 所示。

图 5-1 选择“直线和圆弧”选项

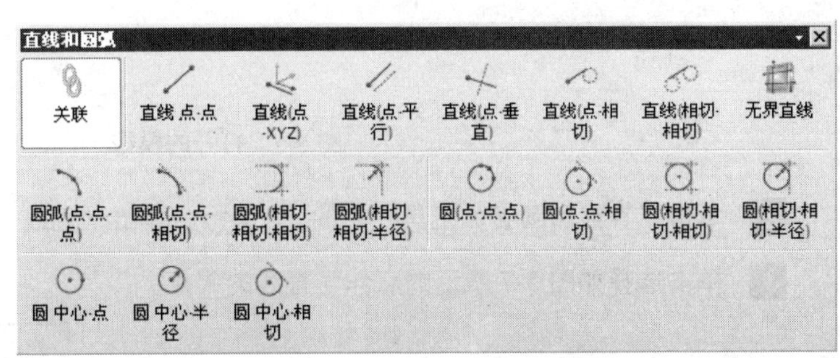

图 5-2 “直线和圆弧”工具栏

选择“插入”→“曲线”→“直线”命令，如图 5-3 所示。同时弹出“直线”对话框，如图 5-4 所示。

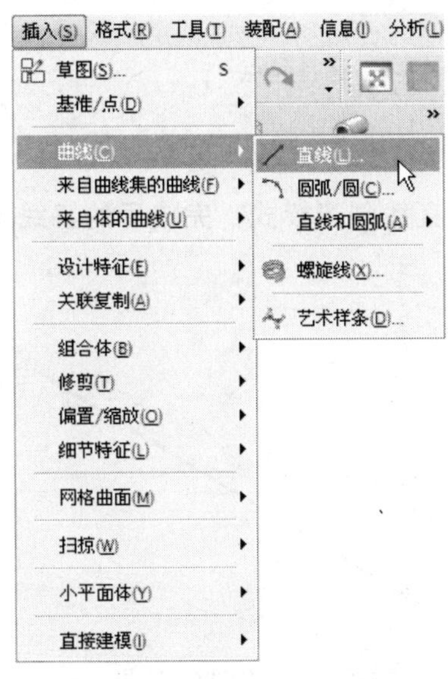

图 5-3 选择“直线”命令

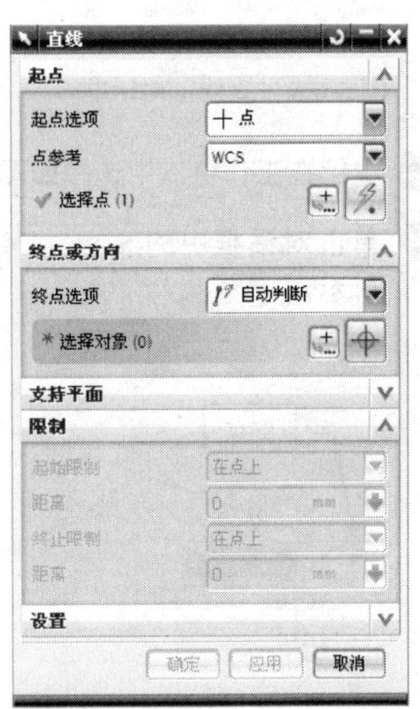

图 5-4 “直线”对话框

录像文件：演示录像\CH05\0501

5.1.1 创建两点直线

通过两点创建一条直线。

操作步骤

1. 打开附书光盘中的 SAMPLE\CH05 \ CURVE_5.1.1.PRT 文件，如图 5-5 所示。

图 5-5 打开的模型

2. 单击“直线和圆弧”工具栏中的图标，弹出“直线 点-点”对话框，如图 5-6 所示。
3. 单击选择如图 5-7 所示的点作为直线的起点。

图 5-6 “直线”对话框　　　图 5-7 选择起点

4. 继续在工作窗口中选择如图 5-8 所示的点作为直线终点。
5. 单击对话框中的 Close Line Point-Point 按钮，退出直线创建模式，完成后的直线如图 5-9 所示。

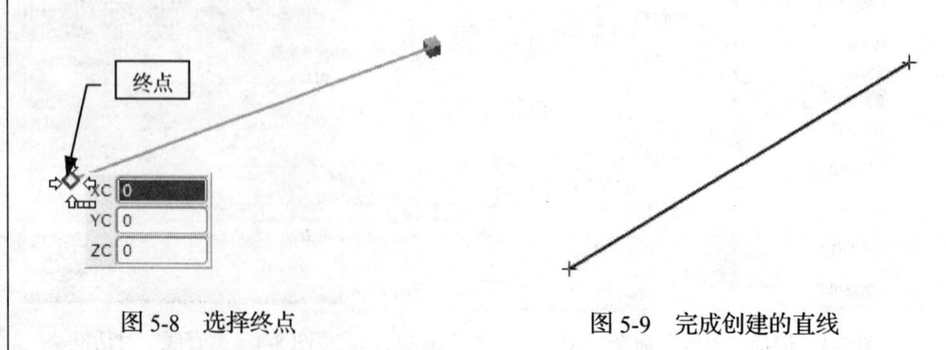

图 5-8 选择终点　　　图 5-9 完成创建的直线

提示： 通过“直线 点-点”的方式创建直线，可以选择现有的点作为直线的起点和终点，同样也可以在鼠标光标右下角出现的坐标输入框（XC、YC、ZC）中输入相应的坐标值对直线的起点和终点进行定义。
创建直线还可以通过选择“插入”→“曲线”→“直线”命令来完成。

5.1.2 创建（点–坐标轴）直线

“点-XYZ”创建直线是指先指定一点作为直线的起点，然后选择 *xc*、*yc*、*zc* 坐标轴中的任意一个方向作为直线延伸的方向。

操作步骤

1. 打开附书光盘中的 SAMPLE\CH05 \ CURVE_5.1.2.PRT 文件，如图 5-10 所示。

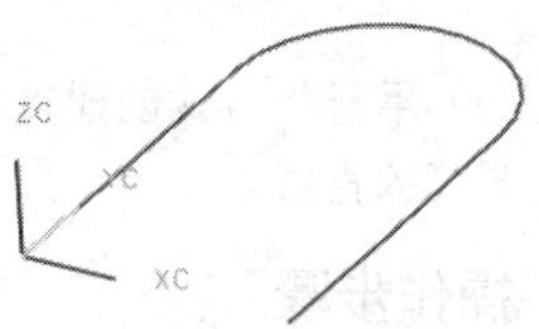

图 5-10 打开的模型

2. 单击“直线和圆弧”工具栏中的图标，弹出“直线(点-XYZ)”对话框，如图 5-11 所示。
3. 选择如图 5-12 所示的点作为直线的起点。

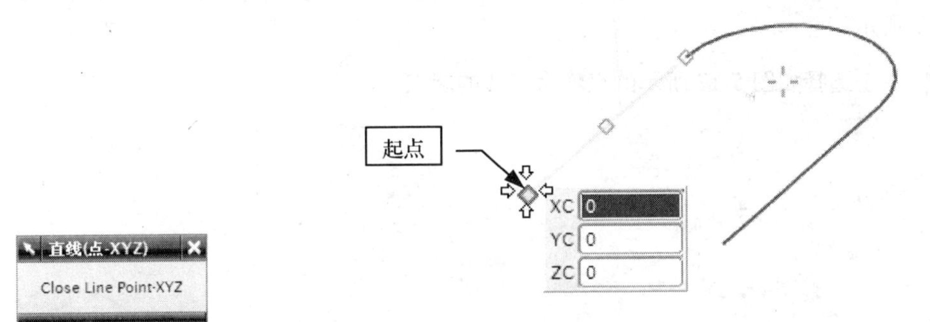

图 5-11 “直线（点-XYZ）”对话框　　图 5-12 选择起点

4. 在工作窗口中移动鼠标至 *zc* 方向，同时在鼠标移动过程中会显示坐标方向，然后将“长度”文本框中的拉伸距离设置为 26，如图 5-13 所示。
5. 在工作窗口中的任意空白处单击，确认直线长度。最后单击 Close Line Point-XYZ 按钮退出对话框，创建后的直线如图 5-14 所示。

提示： 按键盘中的 F3 键可以隐藏鼠标光标右下角的坐标输入框（XC、YC、ZC）。
按 Enter 键确认输入的直线长度，完成直线创建。

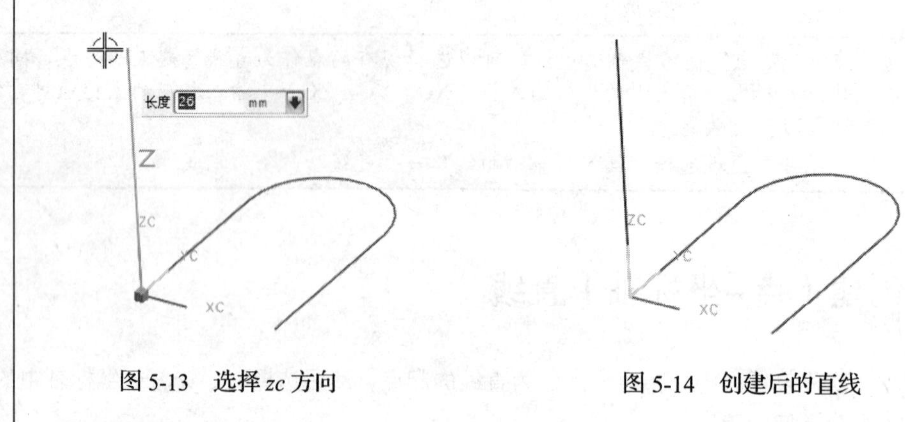

图 5-13　选择 *zc* 方向　　　　图 5-14　创建后的直线

5.1.3　创建（点–平行）直线

“点-平行”方式创建直线是指指定一点作为直线的起点，与选择的平行参照线平行，并创建指定长度的直线。

操作步骤

1. 打开附书光盘中的 SAMPLE\CH05 \ CURVE_5.1.3.PRT 文件，如图 5-15 所示。
2. 单击“直线和圆弧”工具栏中的图标，弹出“直线（点-平行）”对话框，如图 5-16 所示。
3. 单击选择如图 5-17 所示的点作为直线的起点。

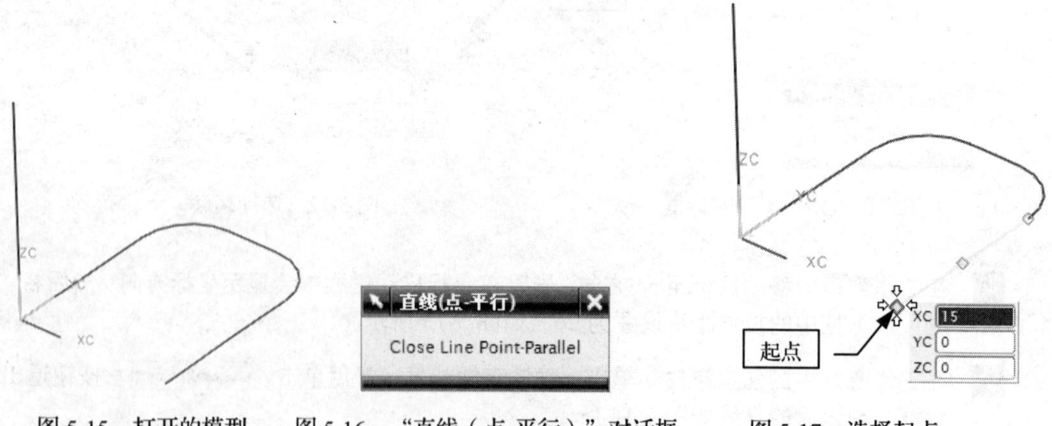

图 5-15　打开的模型　　图 5-16　“直线（点-平行）”对话框　　图 5-17　选择起点

4. 选择如图 5-18 所示直线为平行参照，再在“长度“输入框中输入 21，然后按 Enter 键确认拉伸长度。
5. 单击 Close Line Point-Parallel 按钮退出对话框，创建后的直线如图 5-19 所示。

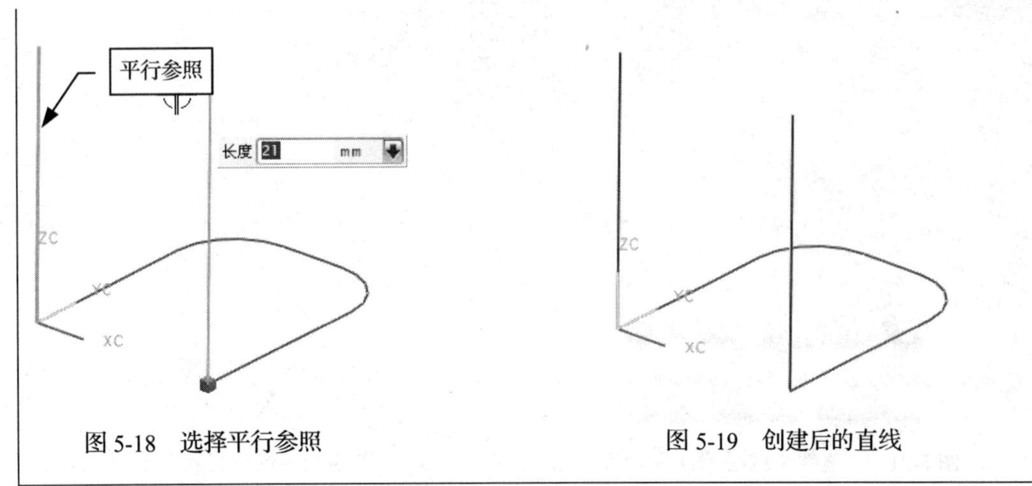

图 5-18 选择平行参照

图 5-19 创建后的直线

5.1.4 创建（点–垂直）直线

"点-垂直" 方式创建直线是指通过指定一点作为直线的起点，再定义直线往 *xc*、*yc* 或 *zc* 方向拉伸。

操作步骤

1. 打开附书光盘中的 SAMPLE\CH05 \ CURVE_5.1.4.PRT 文件，如图 5-20 所示。

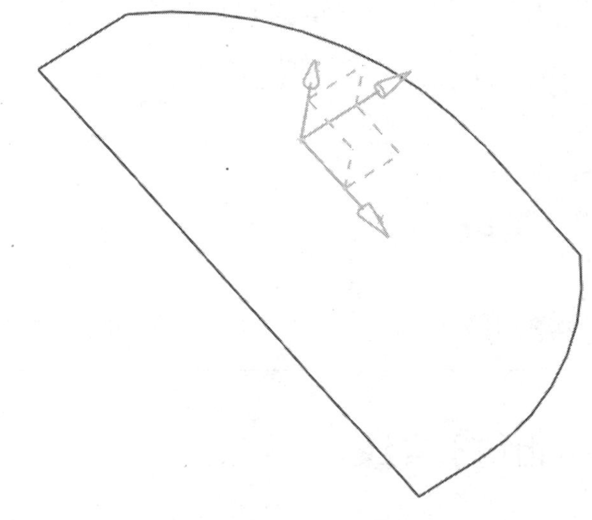

图 5-20 打开的模型

2. 单击 "直线和圆弧" 工具栏中的图标，弹出 "直线（点-垂直）" 对话框，如图 5-21 所示。

3. 单击选择如图 5-22 所示的点作为直线的起点。

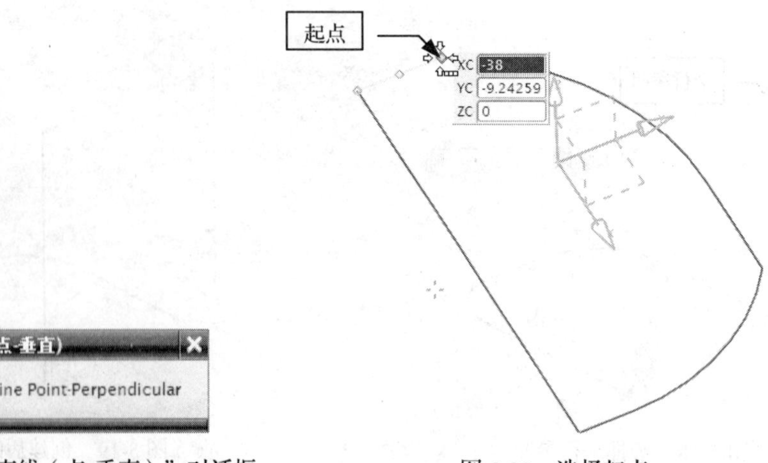

图 5-21　“直线（点-垂直）”对话框　　图 5-22　选择起点

4. 选择如图 5-23 所示的直线作为垂直参照，然后在“长度”输入框中输入-17，最后按 Enter 键确认直线长度。

5. 单击 Close Line Point-Perpendicular 按钮退出对话框，创建完成后的直线如图 5-24 所示。

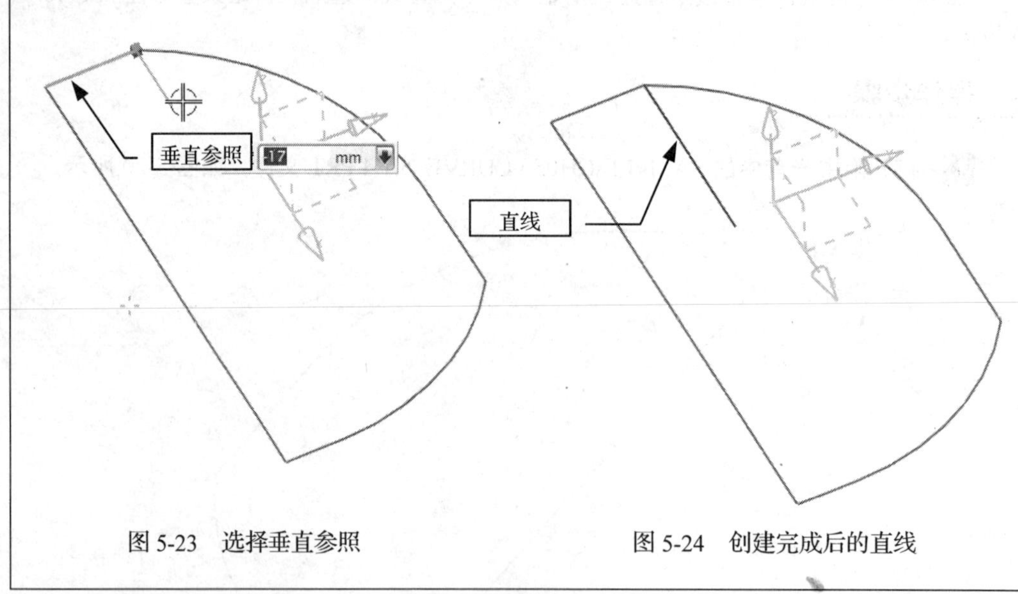

图 5-23　选择垂直参照　　图 5-24　创建完成后的直线

5.1.5　创建（点–相切）直线

“点-相切”方式创建直线是指首先指定一点作为直线的起点，然后选择一相切的圆或圆弧，在起点与切点间创建一直线。

操作步骤

1. 打开附书光盘中的 SAMPLE\CH05 \ CURVE_5.1.5.PRT 文件，如图 5-25 所示。

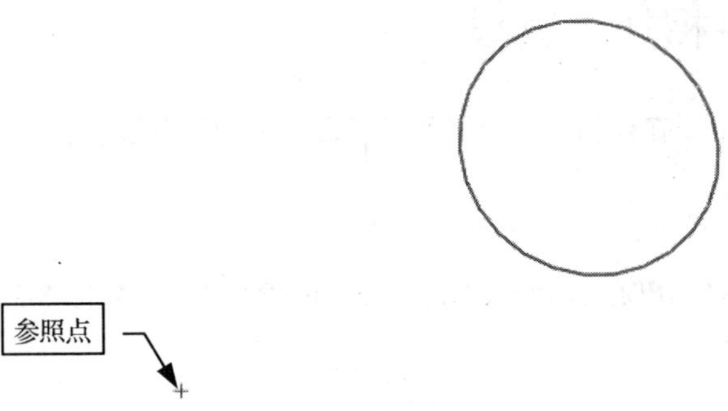

图 5-25 打开的模型

2. 在“直线和圆弧”工具栏中单击图标，弹出“直线（点-相切）”对话框，如图 5-26 所示。

3. 单击选择如图 5-27 所示的参照点作为直线的起点。

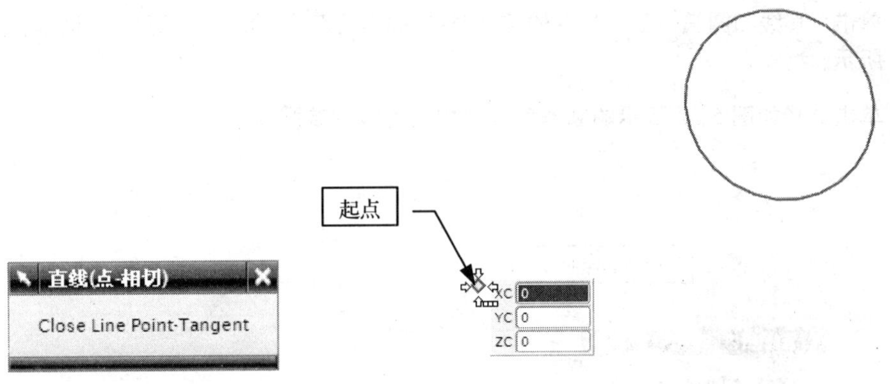

图 5-26 “直线（点-相切）”对话框　　图 5-27 选择起点

4. 选择如图 5-28 所示圆作为相切参照，直线长度参照系统默认的长度，然后按 Enter 键确认。单击 Close Line Point-Tangent 按钮退出对话框，创建完成后的直线如图 5-29 所示。

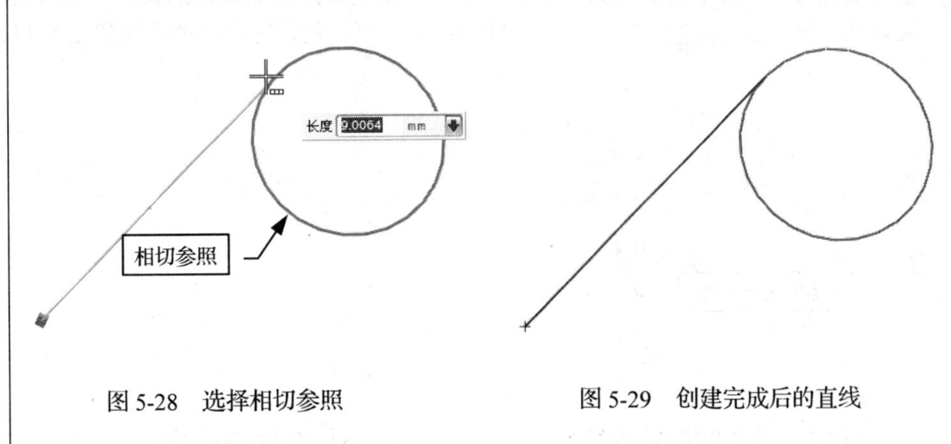

图 5-28 选择相切参照　　图 5-29 创建完成后的直线

5.1.6 创建（相切–相切）直线

通过“相切-相切”方式可以在两相切参照（圆弧、圆）间创建直线。

操作步骤

1. 打开附书光盘中的 SAMPLE\CH05 \ CURVE_5.1.6.PRT 文件，如图 5-30 所示。

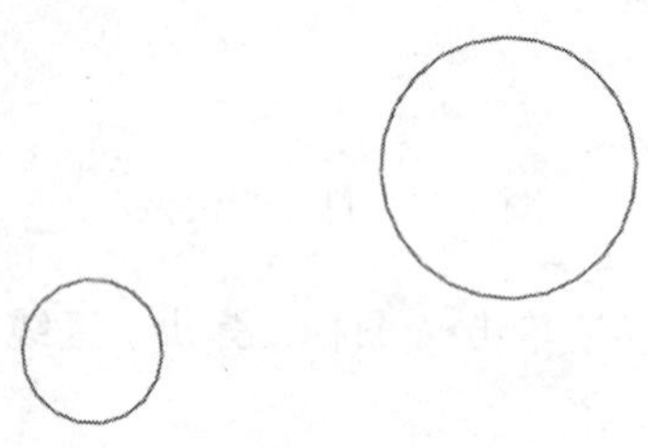

图 5-30 打开的模型

2. 单击“直线和圆弧”工具栏中的图标，弹出“直线（相切-相切）”对话框，如图 5-31 所示。

3. 单击选择如图 5-32 所示的圆作为创建相切直线的参照曲线。

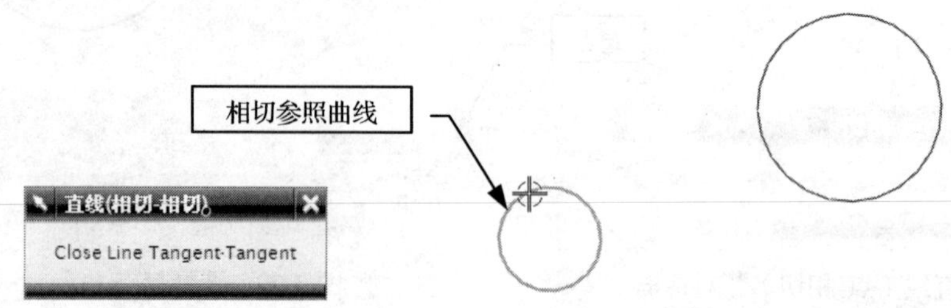

图 5-31 “直线（相切-相切）”对话框　　图 5-32 选择相切参照曲线 1

4. 选择如图 5-33 所示的圆作为相切参照，直线长度参照系统默认的长度，然后按 Enter 键确认。单击 Close Line Tangent-Tangent 按钮退出对话框，创建完成后的直线如图 5-34 所示。

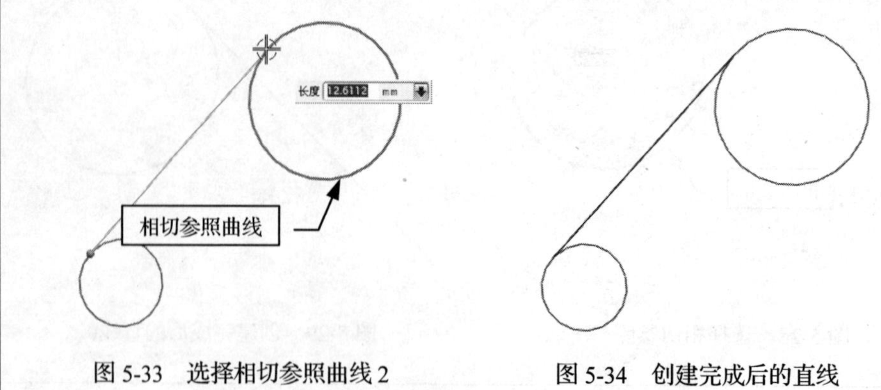

图 5-33 选择相切参照曲线 2　　图 5-34 创建完成后的直线

5.2 创建圆弧

在“直线和圆弧”工具栏中包括圆弧（点-点-点）、圆弧（点-点-相切）、圆弧（相切-相切-相切）、圆弧（相切-相切-半径）4 种创建圆弧的方式，如图 5-35 所示。通过工具栏中的“关联”图标可以切换圆弧\圆的关联与非关联特性。

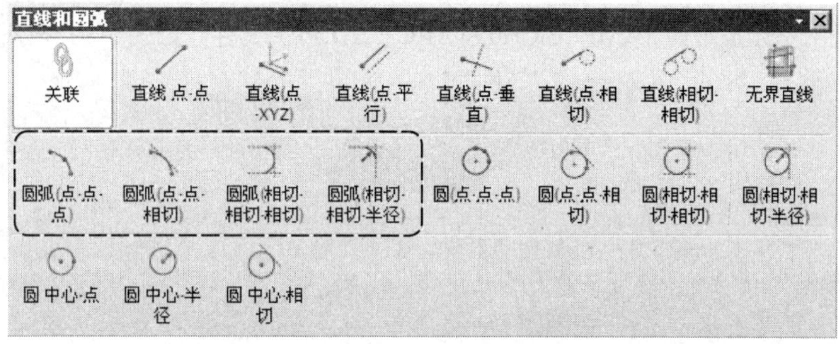

图 5-35 “直线和圆弧”工具栏

同样在菜单栏中选择“插入”→“曲线”→“圆弧/圆”命令也可以创建圆弧，如图 5-36 所示，同时弹出“圆弧/圆”对话框，如图 5-37 所示。

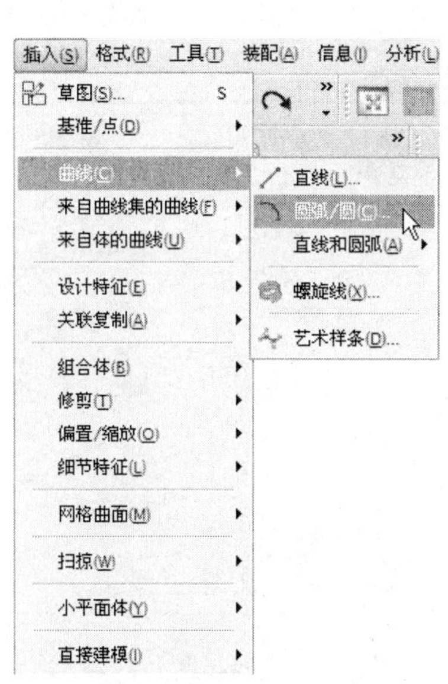

图 5-36 选择“直线”命令

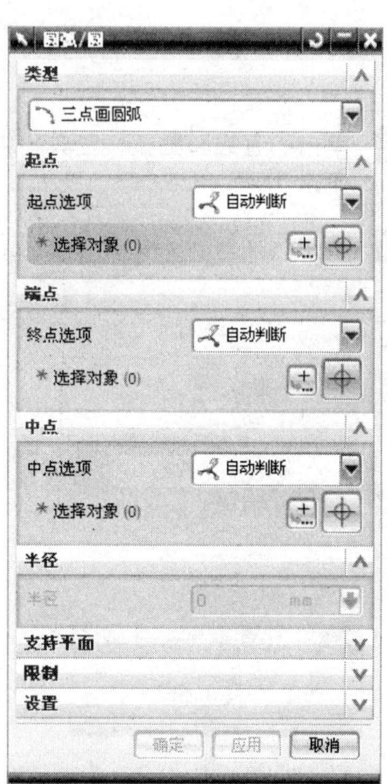

图 5-37 “圆弧/圆”对话框

录像文件：演示录像\CH05\0502

5.2.1 创建（点-点-点）圆弧

三点创建圆弧是指分别选择 3 点作为圆弧的起点、中点、终点，在 3 点间完成创建一个圆弧。

操作步骤

1. 打开附书光盘中的 SAMPLE\CH05 \ ARC_5.2.1.PRT 文件，如图 5-38 所示。

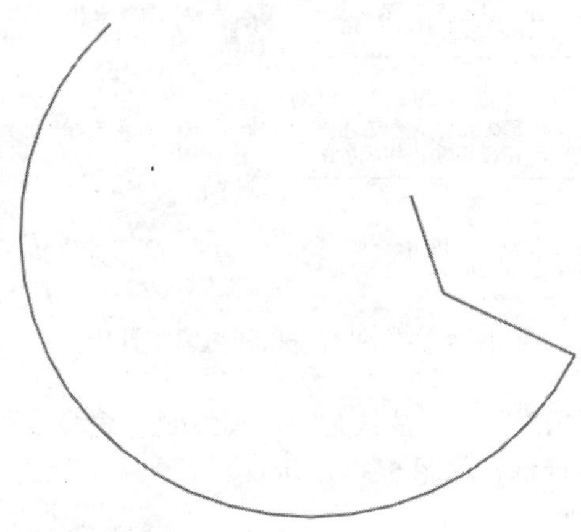

图 5-38 打开的模型

2. 单击“直线和圆弧”工具栏中的图标，弹出“圆弧（点-点-点）”对话框，如图 5-39 所示。

3. 单击选择如图 5-40 所示的直线上的点作为圆弧的起点。

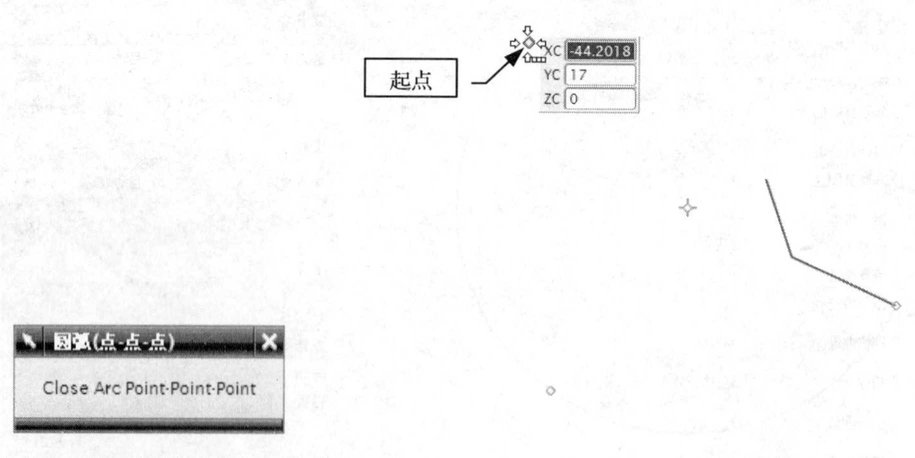

图 5-39 “圆弧（点-点-点）”对话框　　图 5-40 选择起点

4. 选择如图 5-41 所示的点作为圆弧的终点，然后在工作窗口中继续选择另一条直线上的点作为圆弧的中点，如图 5-42 所示。

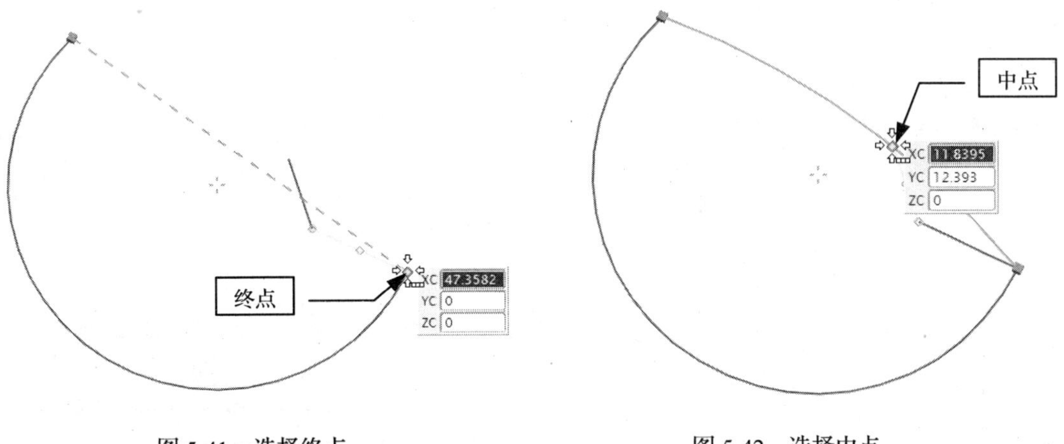

图 5-41　选择终点　　　图 5-42　选择中点

5. 单击 Close Arc Point-Point-Point 按钮退出对话框，创建完成后的圆弧如图 5-43 所示。

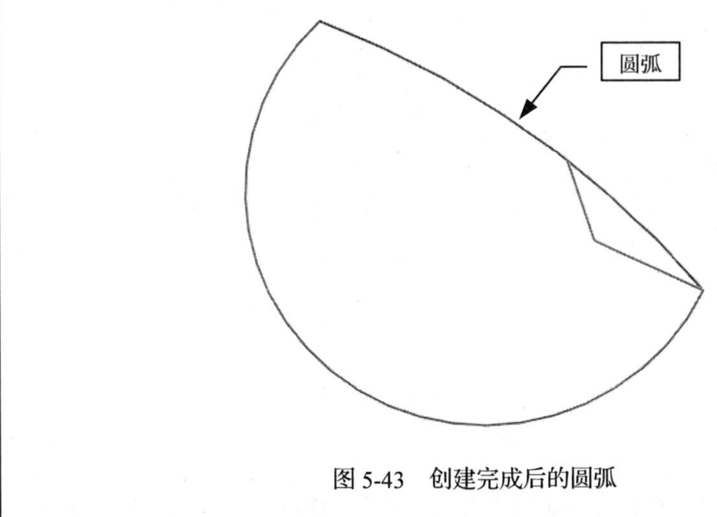

图 5-43　创建完成后的圆弧

提示： 先选择起点与终点，再选择中点。

5.2.2　创建（点–点–相切）圆弧

经过两点，然后与一直线相切创建一个圆弧。

操作步骤

1. 打开附书光盘中的 SAMPLE\CH05 \ ARC_5.2.2.PRT 文件，如图 5-44 所示。

2. 单击“直线和圆弧”工具栏中的图标，弹出“圆弧（点-点-相切）”对话框，如图 5-45

所示。

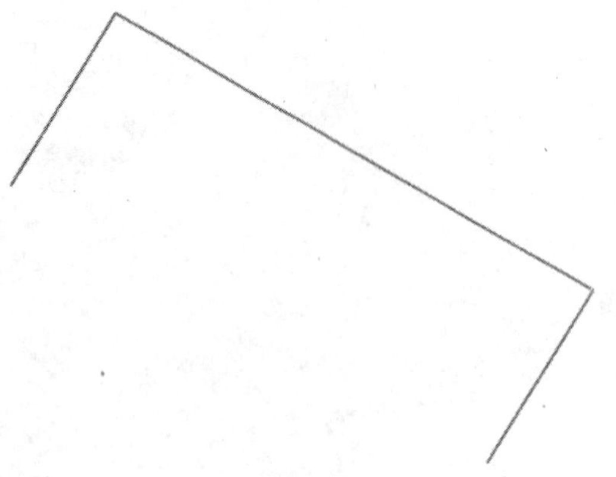

图 5-44 打开的模型

图 5-45 “圆弧（点-点-相切）”对话框

3. 单击选择如图 5-46 所示的点作为圆弧的起点。

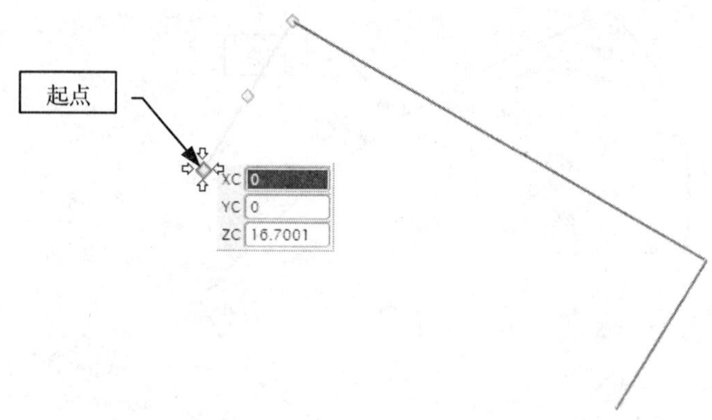

图 5-46 选择起点

4. 选择如图 5-47 所示的点作为圆弧的终点，然后在工作窗口中继续选择如图 5-48 所示的直线作为圆弧相切参照。

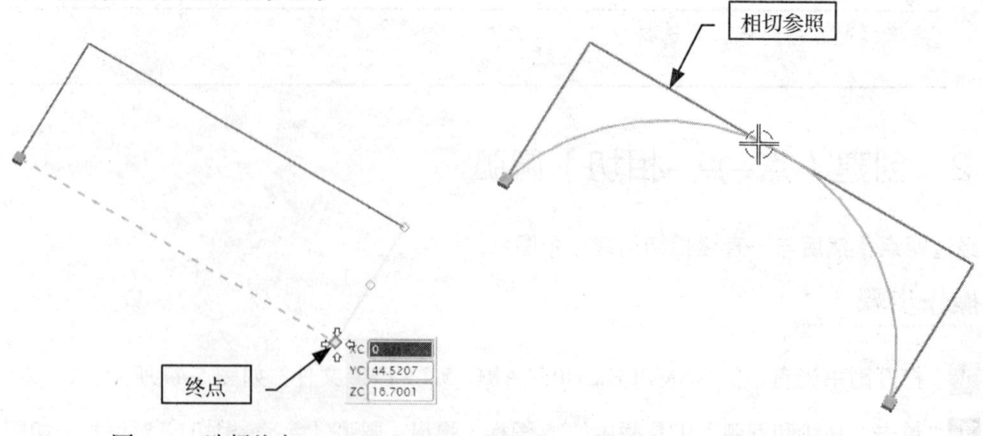

图 5-47 选择终点

图 5-48 选择相切参照曲线

5. 单击 Close Arc Point-Point-Tangent 按钮退出对话框，创建完成后的圆弧如图 5-49 所示。

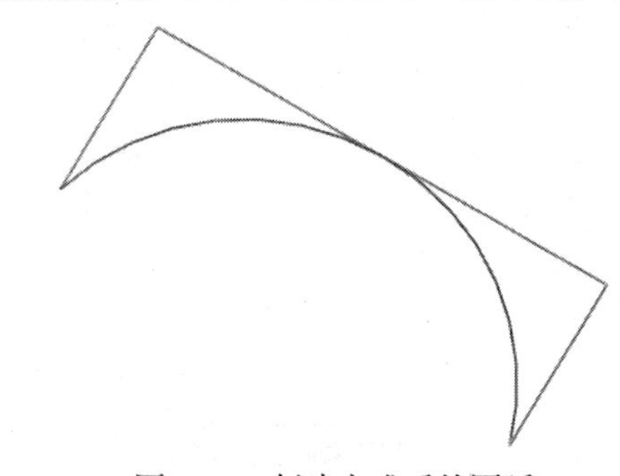

图 5-49 创建完成后的圆弧

5.2.3 创建（相切–相切–相切）圆弧

创建与 3 条曲线相切的圆弧。

操作步骤

1. 打开附书光盘中的 SAMPLE\CH05 \ ARC_5.2.3.PRT 文件，如图 5-50 所示。

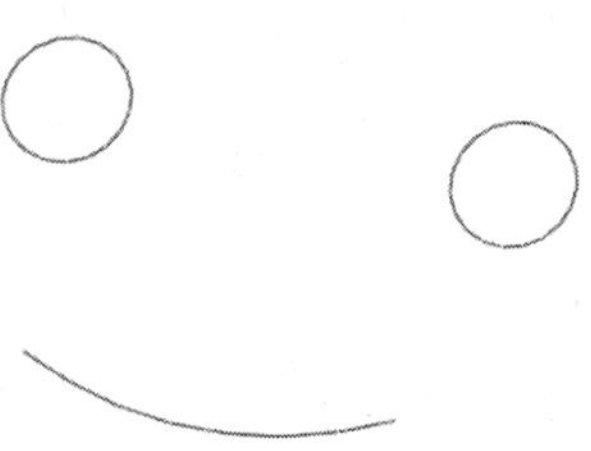

图 5-50 打开的模型

2. 单击“直线和圆弧”工具栏中的图标，弹出“圆弧（相切-相切-相切）”对话框，如图 5-51 所示。

3. 单击选择如图 5-52 所示的圆作为圆弧的第一个相切参照。

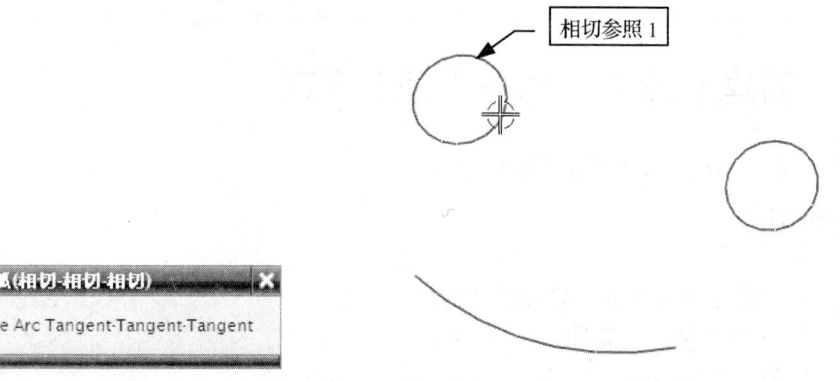

图 5-51 “圆弧（相切-相切-相切）”对话框

图 5-52 选择相切参照 1

4. 选择如图 5-53 所示的圆上的点作为圆弧的第二个相切参照，然后在工作窗口中继续选择如图 5-54 所示的直线作为圆弧的第 3 个相切参照。

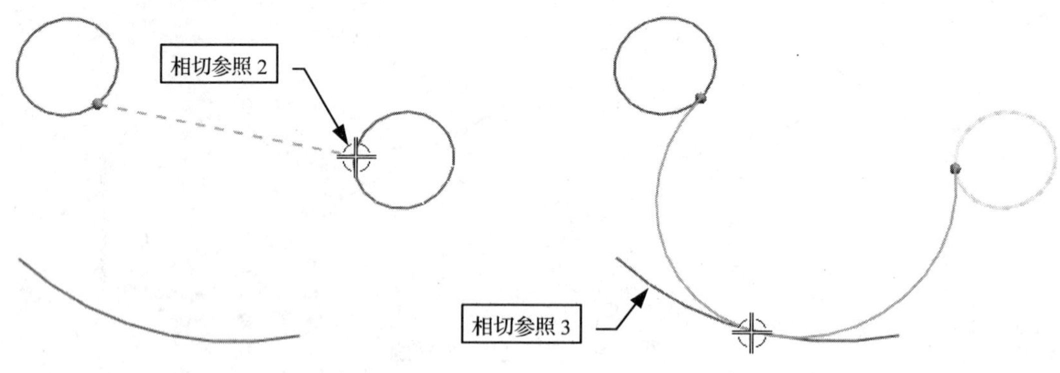

图 5-53　选择相切参照 2　　　　图 5-54　选择相切参照 3

5. 单击 Close Arc Tangent-Tangent-Tangent 按钮退出对话框，创建完成后的圆弧如图 5-55 所示。

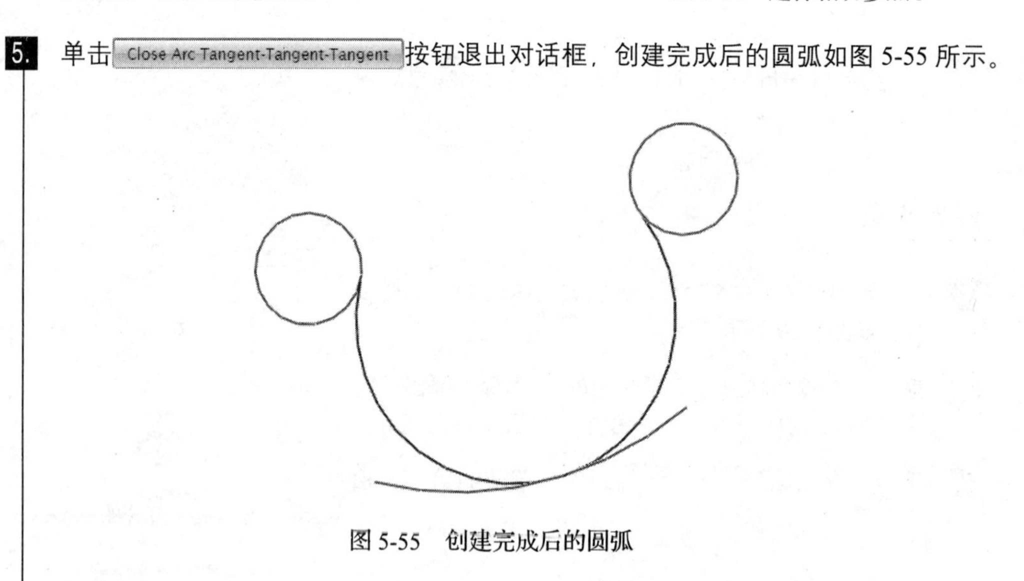

图 5-55　创建完成后的圆弧

5.2.4　创建（相切–相切–半径）圆弧

创建与两条曲线相切并指定半径的圆弧。

操作步骤

1. 打开附书光盘中的 SAMPLE\CH05 \ ARC_5.2.4.PRT 文件，如图 5-56 所示。

2. 单击“直线和圆弧”工具栏中的图标，弹出“圆弧（相切-相切-半径）”对话框，如图 5-57 所示。

3. 单击选择如图 5-58 所示的直线作为圆弧的第一个相切参照。

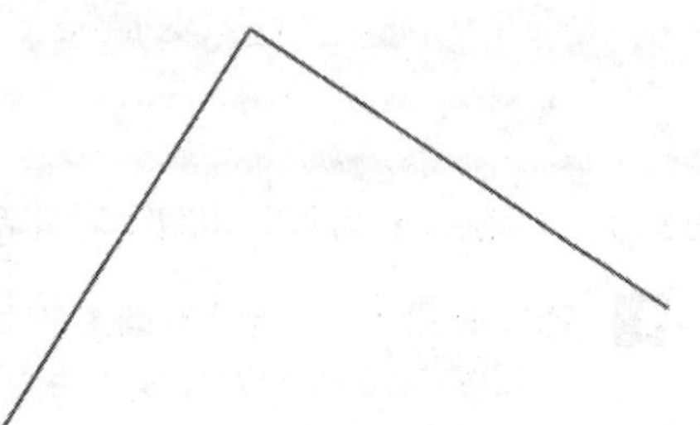

图 5-56　打开的模型

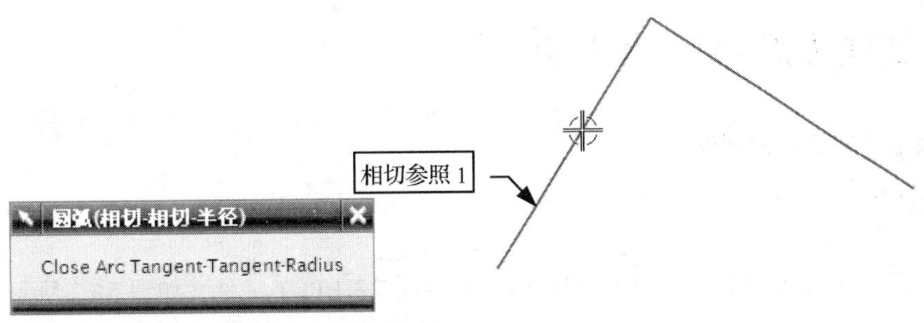

图 5-57 “圆弧（相切-相切-半径）”对话框　　图 5-58 选择相切参照直线 1

4. 选择如图 5-59 所示的直线作为第二个相切参照，再在“半径“输入框中输入 7，然后按 Enter 键确认半径大小。

5. 单击 Close Arc Tangent-Tangent-Radius 按钮退出对话框，创建完成后直线如图 5-60 所示。

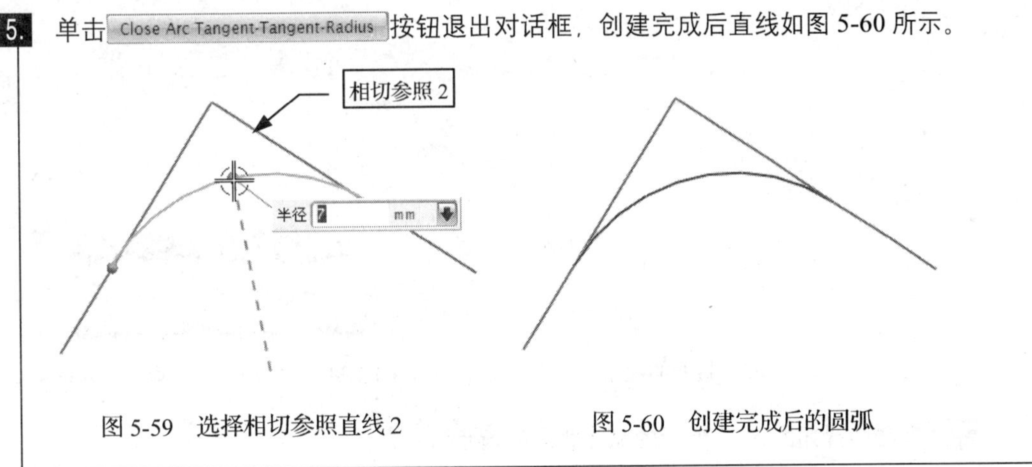

图 5-59 选择相切参照直线 2　　图 5-60 创建完成后的圆弧

5.3 创建圆

通过“直线和圆弧”工具栏可以创建 7 种类型的圆，如图 5-61 所示。本节主要介绍这 7 种类型的创建方法。

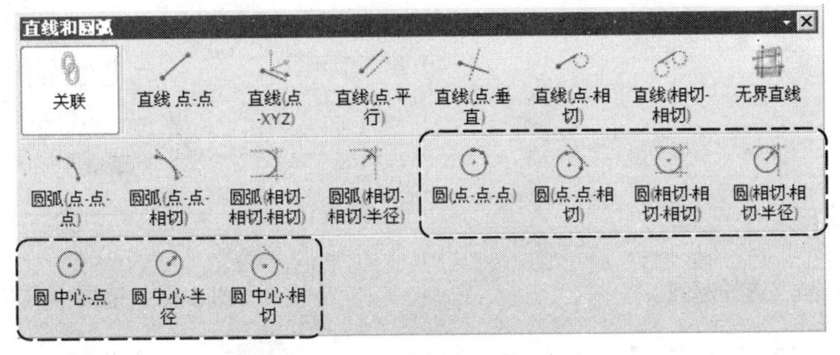

图 5-61 “直线和圆弧”工具栏

录像文件：演示录像\CH05\0503

5.3.1　创建（点–点–点）圆

在圆周上指定三点创建圆。

操作步骤

1. 打开附书光盘中的 SAMPLE\CH05 \ ROUND_5.3.1.PRT 文件，如图 5-62 所示。
2. 单击“直线和圆弧”工具栏中的图标，弹出“圆（点-点-点）”对话框，如图 5-63 所示。

图 5-62　打开的模型

图 5-63　“圆（点-点-点）”对话框

3. 单击选择如图 5-64 所示的点作为圆的起点。
4. 选择如图 5-65 所示的点作为圆的中点，然后在工作窗口中继续选择如图 5-66 所示的点为圆的终点。

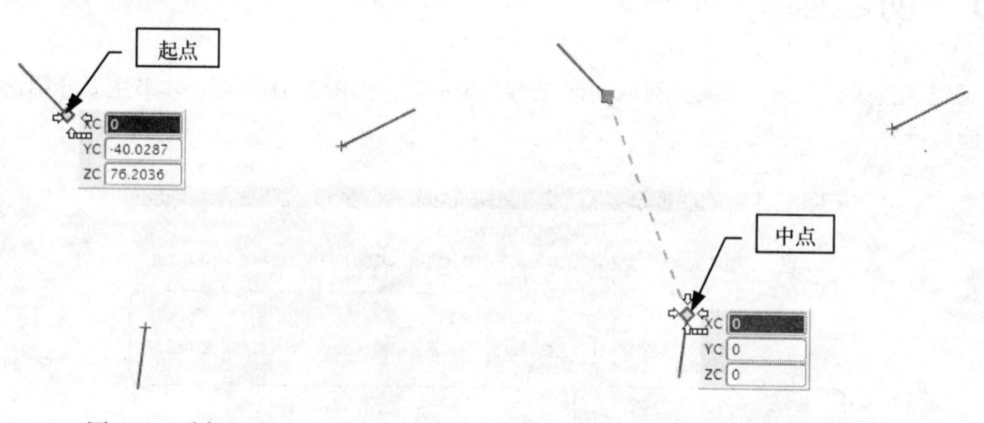

图 5-64　选择起点　　图 5-65　选择中点

5. 单击 Close Circle Point-Point-Point 按钮退出对话框，创建完成后的圆如图 5-67 所示。

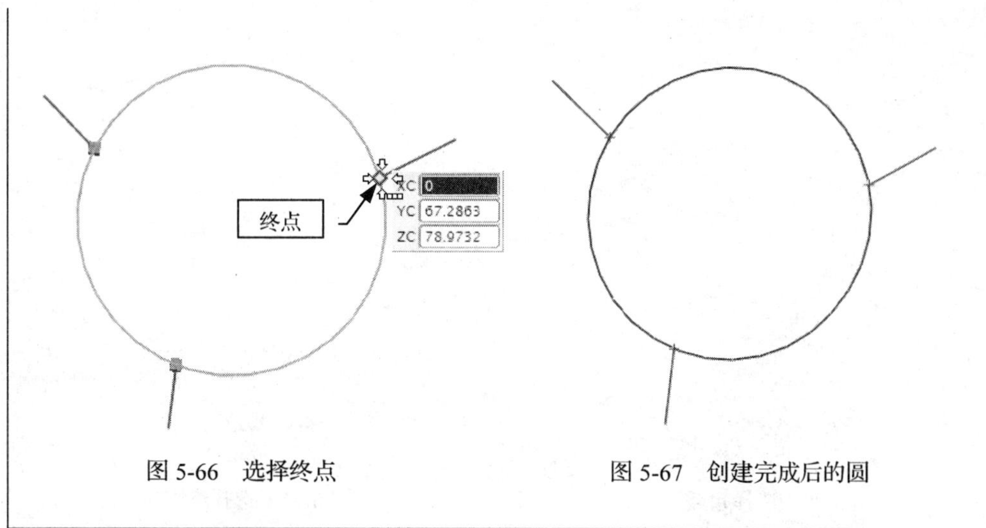

图 5-66 选择终点　　图 5-67 创建完成后的圆

5.3.2 创建（点–点–相切）圆

"点-点-相切"方式是指通过两点并且与一直线相切创建圆。

操作步骤

1. 打开附书光盘中的 SAMPLE\CH05 \ ROUND_5.3.2.PRT 文件，如图 5-68 所示。
2. 单击"直线和圆弧"工具栏中的图标，弹出"圆（点-点-相切）"对话框，如图 5-69 所示。

图 5-68 打开的模型　　图 5-69 "圆（点-点-相切）"对话框

3. 单击选择如图 5-70 所示的点作为圆的起点。
4. 选择如图 5-71 所示的点作为圆的终点，然后在工作窗口中继续选择如图 5-72 所示的直线作为圆的相切参照。

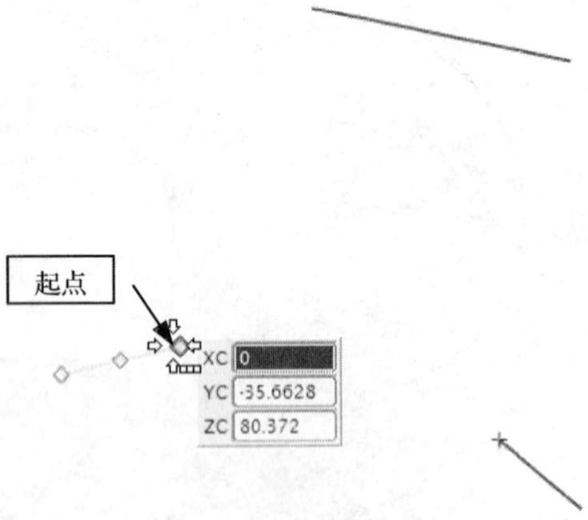

图 5-70 选择起点

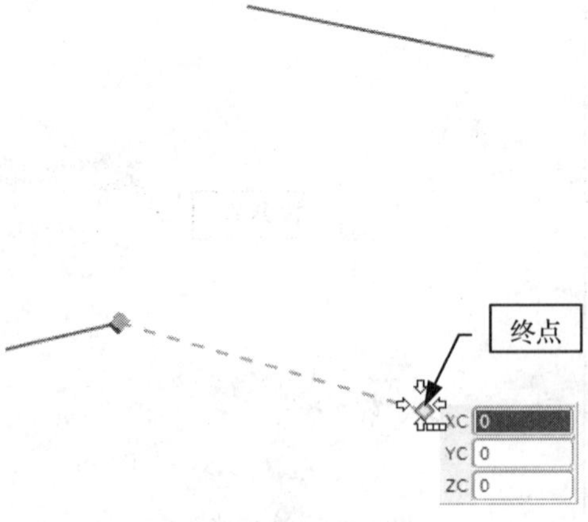

图 5-71 选择终点

5. 单击 Close Circle Point-Point-Tangent 按钮退出对话框，创建完成后的圆如图 5-73 所示。

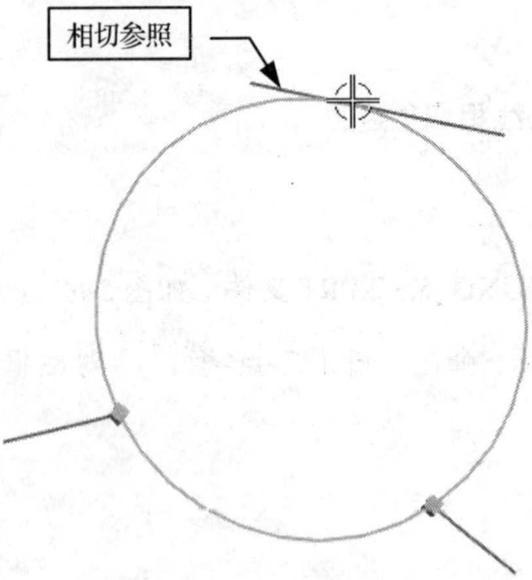

图 5-72 选择相切参照

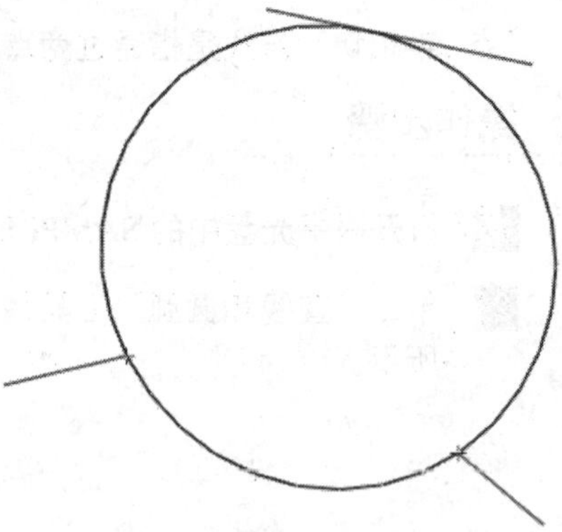

图 5-73 创建完成后的圆

5.3.3 创建（相切–相切–相切）圆

通过"相切-相切-相切"方式可以创建与 3 条曲线相切的圆。

操作步骤

1. 打开附书光盘中的 SAMPLE\CH05 \ ROUND_5.3.3.PRT 文件，如图 5-74 所示。

2. 单击"直线和圆弧"工具栏中的图标，弹出"圆（相切-相切-相切）"对话框，如图 5-75 所示。

3. 单击选择如图 5-76 所示的直线作为圆的起始相切参照。

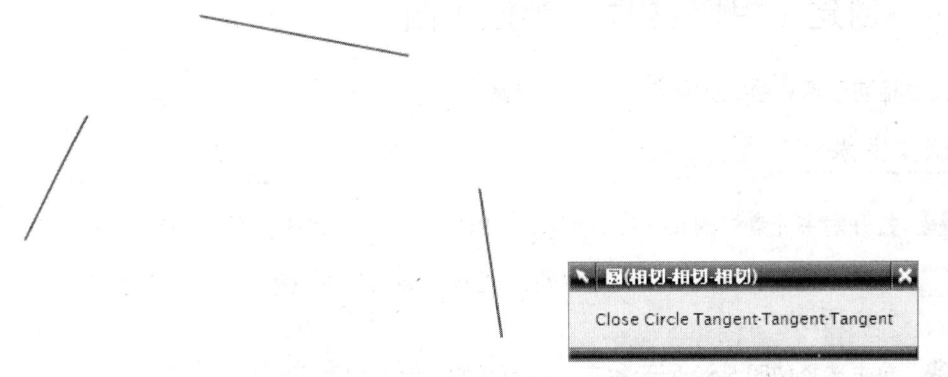

图 5-74　打开的模型　　　　图 5-75　“圆（相切-相切-相切）”对话框

4. 选择如图 5-77 所示的直线作为圆的终点相切参照，然后在工作窗口中继续选择如图 5-78 所示的直线作为圆的中点相切参照。

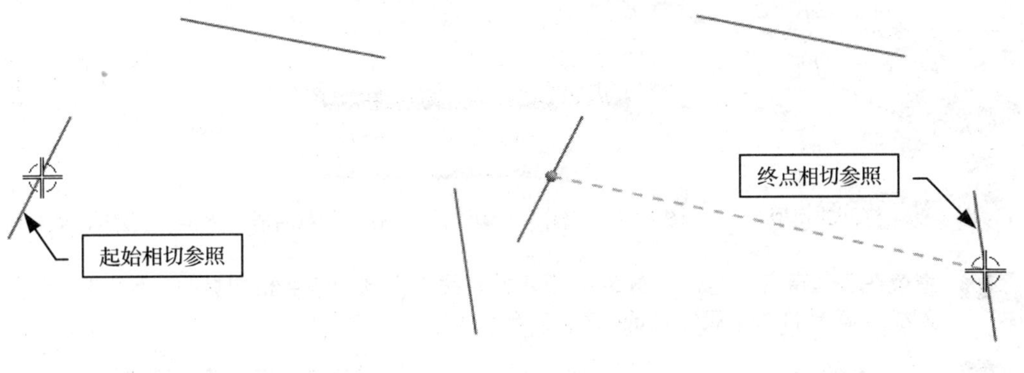

图 5-76　选择起始相切参照　　　　图 5-77　选择终点相切参照

5. 单击 Close Circle Tangent-Tangent-Tangent 按钮退出对话框，创建完成后的圆如图 5-79 所示。

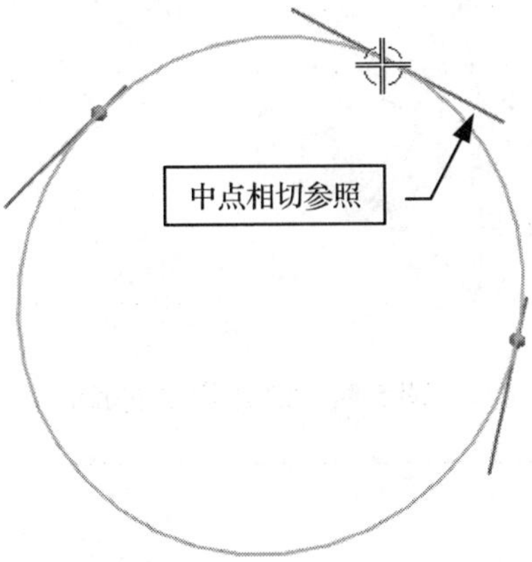

图 5-78　选择中点相切参照 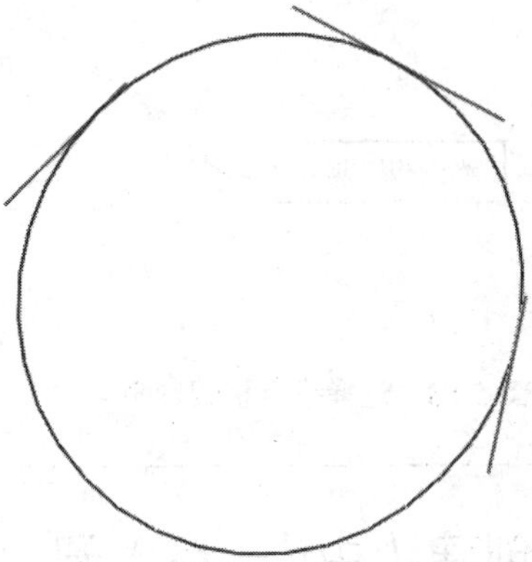　　　　图 5-79　创建完成后的圆

5.3.4 创建（相切–相切–半径）圆

通过相切于两处曲线并指定半径值创建圆。

操作步骤

1. 打开附书光盘中的 SAMPLE\CH05 \ ROUND_5.3.4.PRT 文件，如图 5-80 所示。

2. 单击“直线和圆弧”工具栏中的图标，弹出“圆（相切-相切-半径）”对话框，如图 5-81 所示。

3. 单击选择如图 5-82 所示的直线作为圆的起始相切参照。

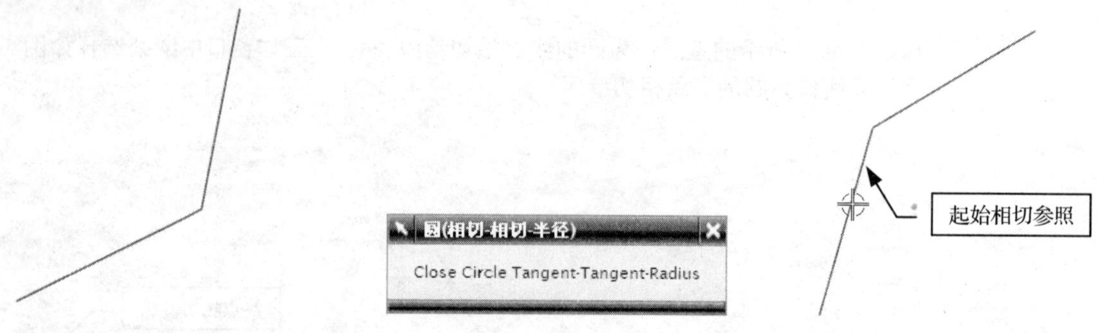

图 5-80　打开的模型　　图 5-81　“圆（相切-相切-半径）”对话框　　图 5-82　选择起始相切参照

4. 继续在工作窗口中选择如图 5-83 所示的直线作为圆的终点相切参照，然后在“半径“输入框中输入 11，最后按 Enter 键确认半径大小。

5. 单击 Close Circle Tangent Tangent Radius 按钮退出对话框，创建完成后的圆如图 5-84 所示。

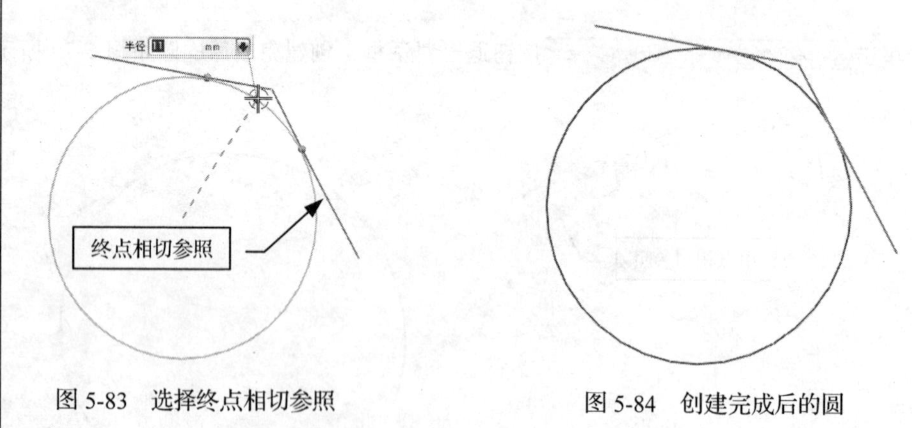

图 5-83　选择终点相切参照　　图 5-84　创建完成后的圆

5.3.5 创建（中心–点）圆

指定一点为圆心，并指定另一点作为圆周经过的点来创建圆。

操作步骤

1. 打开附书光盘中的 SAMPLE\CH05 \ ROUND_5.3.5.PRT 文件，如图 5-85 所示。
2. 单击“直线和圆弧”工具栏中的⊙图标，弹出“圆 中心-点”对话框，如图 5-86 所示。
3. 单击选择如图 5-87 所示的点作为圆的中心。

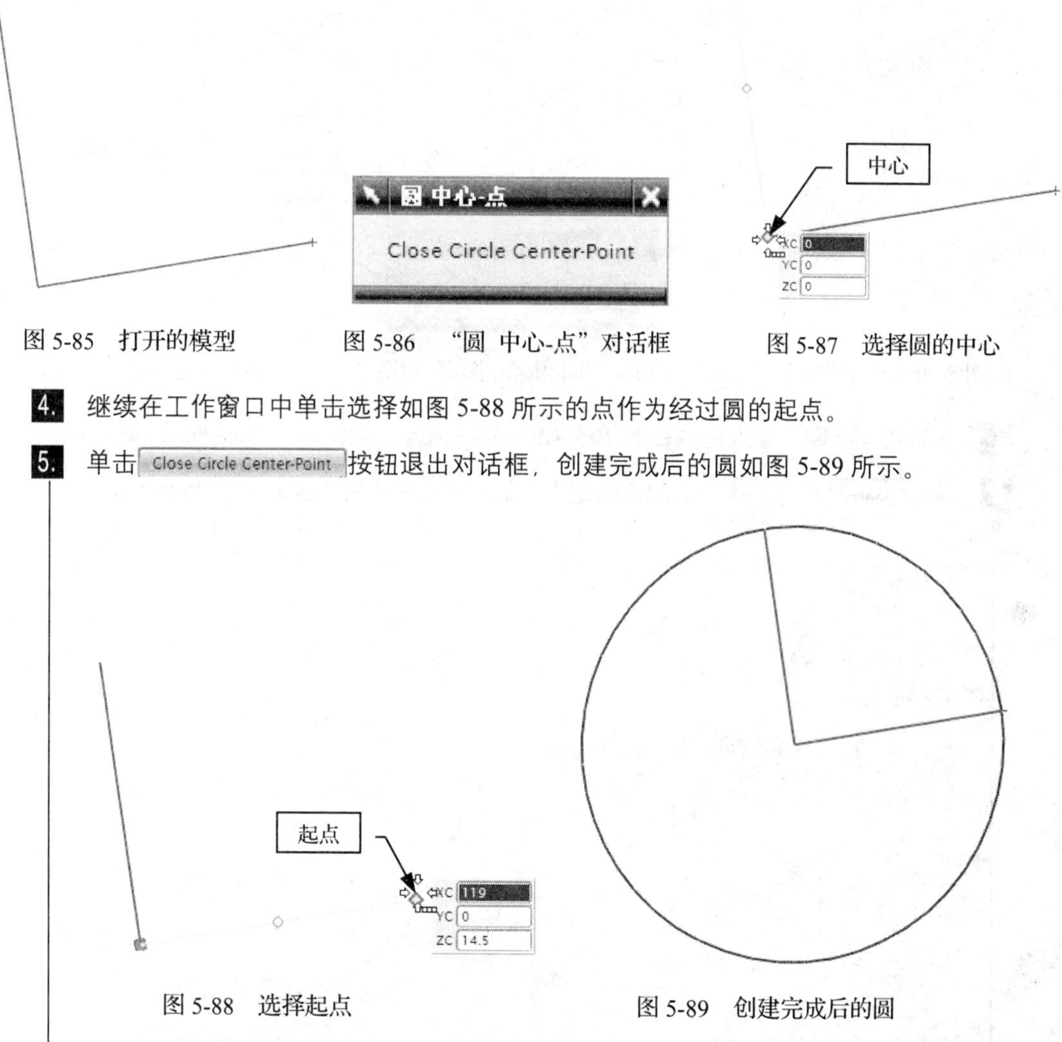

图 5-85 打开的模型　　图 5-86 “圆 中心-点”对话框　　图 5-87 选择圆的中心

4. 继续在工作窗口中单击选择如图 5-88 所示的点作为经过圆的起点。
5. 单击 Close Circle Center-Point 按钮退出对话框，创建完成后的圆如图 5-89 所示。

图 5-88 选择起点　　图 5-89 创建完成后的圆

5.3.6 创建（中心–半径）圆

“中心-半径”方式是指指定一点作为圆的中心，再指定圆的半径来创建圆。

操作步骤

1. 打开附书光盘中的 SAMPLE\CH05 \ ROUND_5.3.6.PRT 文件，如图 5-90 所示。
2. 单击“直线和圆弧”工具栏中的图标，弹出“圆 中心-半径”对话框，如图 5-91 所示。
3. 单击选择如图 5-92 所示的点作为圆的中心。

图 5-90 打开的模型　　图 5-91 “圆 中心-半径”对话框　　图 5-92 选择圆的中心

4. 然后在“半径“输入框中输入 10，如图 5-93 所示。最后按 Enter 键确认半径大小。
5. 单击 Close Circle Center-Radius 按钮退出对话框，创建完成后的圆如图 5-94 所示。

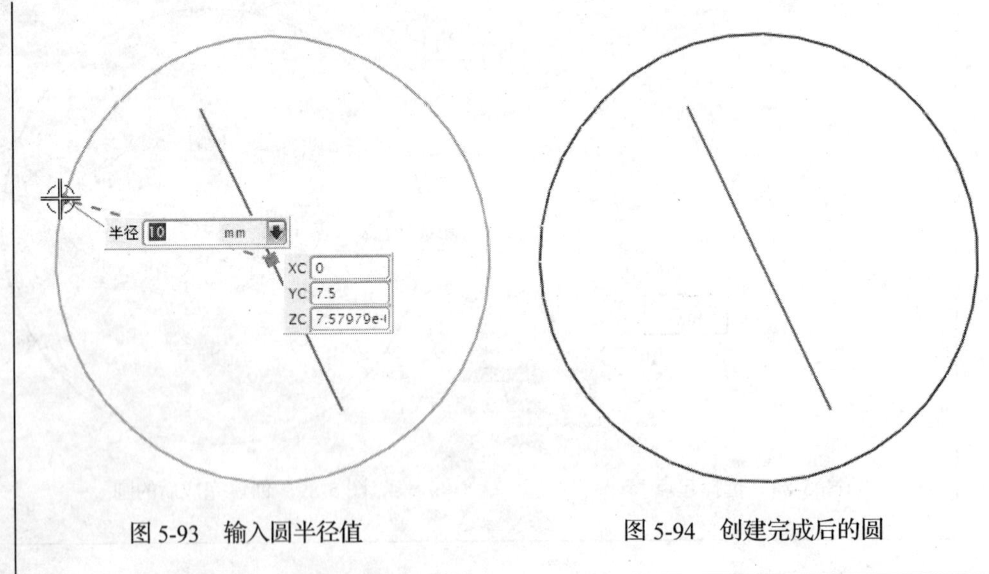

图 5-93 输入圆半径值　　图 5-94 创建完成后的圆

5.3.7 创建（中心–相切）圆

“中心-相切”方式是指指定一点作为圆的中心，再指定圆的相切号照来创建圆。

操作步骤

1. 打开附书光盘中的 SAMPLE\CH05 \ ROUND_5.3.7.PRT 文件，如图 5-95 所示。
2. 单击“直线和圆弧”工具栏中的图标，弹出“圆 中心-相切”对话框，如图 5-96 所示。
3. 单击选择如图 5-97 所示的点作为圆的中心。

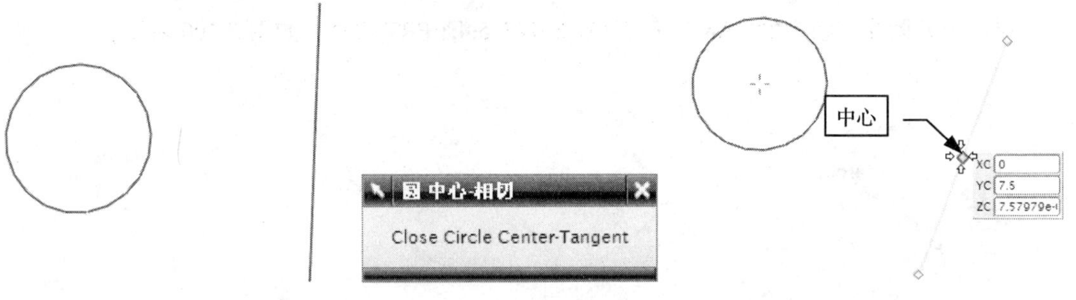

图 5-95 打开的模型　　图 5-96 “圆 中心-相切”对话框　　图 5-97 选择圆的中心

4. 在工作窗口中单击选择如图 5-98 所示的曲线为圆的相切参照。
5. 单击 Close Circle Center-Tangent 按钮退出对话框，创建完成后直线如图 5-99 所示。

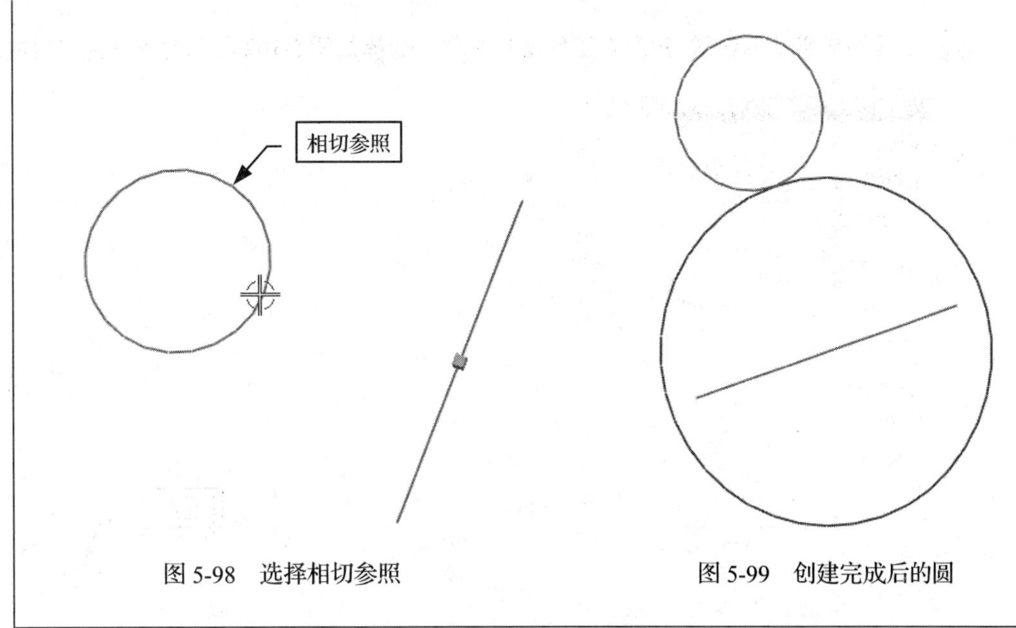

图 5-98 选择相切参照　　图 5-99 创建完成后的圆

5.4 创建基本曲线

本节主要介绍 UG NX5 基本曲线的创建方法，基本曲线包括直线、圆弧、圆、圆角、修剪曲线和编辑曲线等。

录像文件：演示录像\CH05\0504

5.4.1 创建基本直线

通过此实例来了解基本直线的创建方法以及常用设置。

操作步骤

1. 打开附书光盘中的 SAMPLE\CH05 \LINE_5.4.1.PRT 文件，如图 5-100 所示。

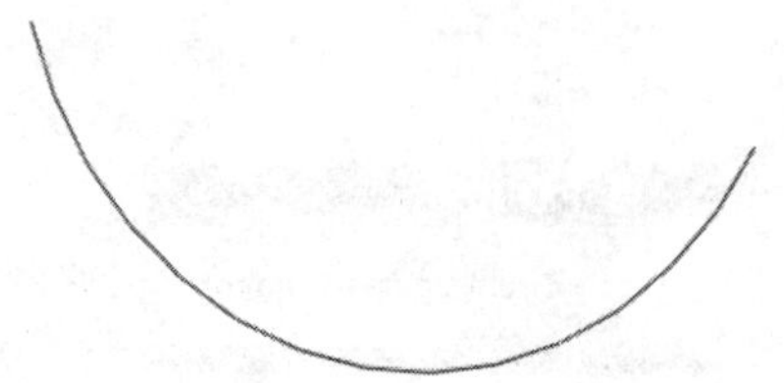

图 5-100 打开的 LINE_5.4.1.PRT 文件

2. 在主菜单栏中选择“插入”→“曲线”→“直线”命令，弹出“直线”对话框，如图 5-101 所示。

3. 参照系统默认的设置，然后在工作窗口中单击选择如图 5-102 所示的点作为直线的起点。

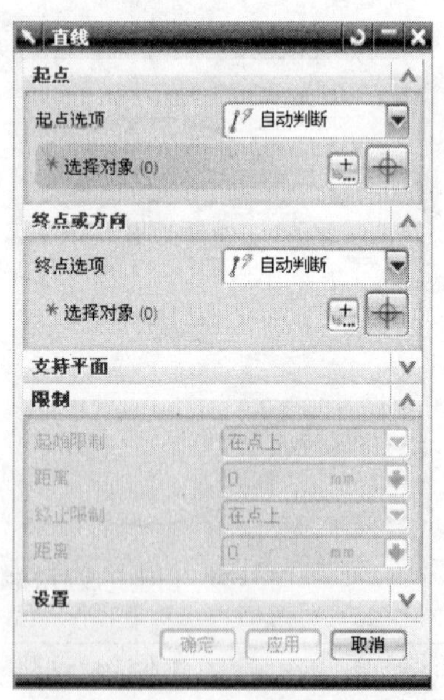

图 5-101 “直线”对话框

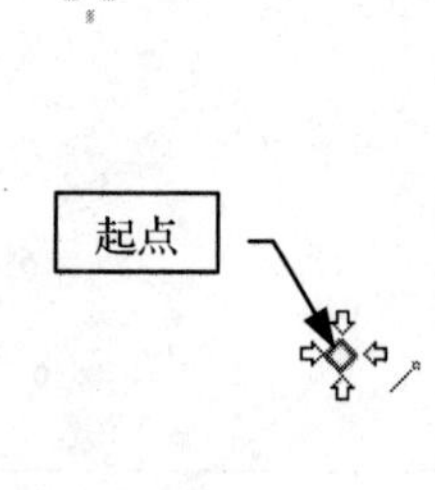

图 5-102 选择直线起点

4. 继续在工作窗口中选择圆弧的另一端点作为直线的终点，如图 5-103 所示。单击对话框中的 确定 按钮退出对话框，创建后的直线如图 5-104 所示。

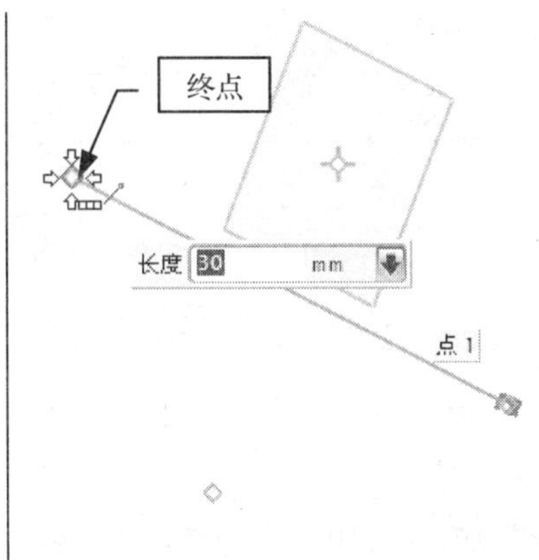

图 5-103　选择直线终点

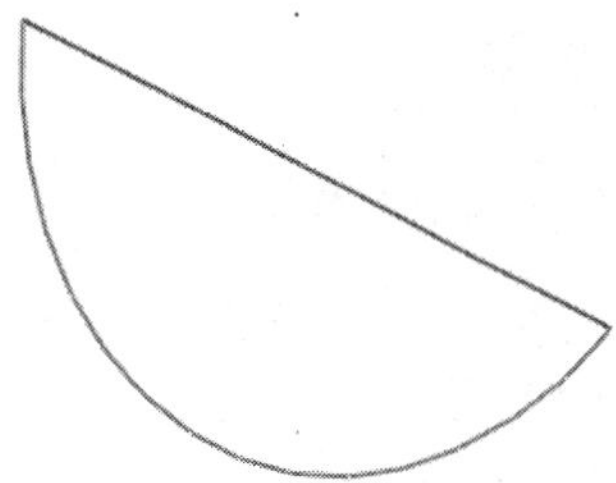

图 5-104　创建完成后的直线

提示：

（1）确定直线的起点方式有多种，单击“直线”对话框中的“起点”栏下 自动判断 选项右侧的三角形按钮，弹出下拉列表，如图 5-105 所示。列表中包括 3 种确定直线起点的方式。

- 自动判断：是默认的选择方式，程序将根据现有的工作条件自动选择直线的起点。
- 点：指定直线的起始方式为点。
- 相切：指定直线的起始方式为相切。

（2）确定直线终点的方式同样有 3 种，如“自动判断”、“点”和“相切”。

（3）“支持平面”是指直线所在的工作平面，系统将根据鼠标移动的方向自动设置支持平面。确定支持平面有“自动平面”、“锁定平面”、“选择平面”3 种方式，如图 5-106 所示。

- 自动平面：是默认的选择方式，程序将根据现有的工作条件自动选择支持平面。
- 锁定平面：锁定平面是指锁定程序自动选择的支持平面，如果选择“选择平面”选项设置支持平面，程序将无法选择“锁定平面”选项。
- 选择平面：选择和创建直线所在的支持平面。

（4）在创建直线过程中，系统将自动开启直线“捕捉点”菜单命令，如图 5-107 所示。通过“捕捉点”菜单命令，可以对创建直线时的捕捉参照进行相应的设置。

图 5-105　设置直线起点方式

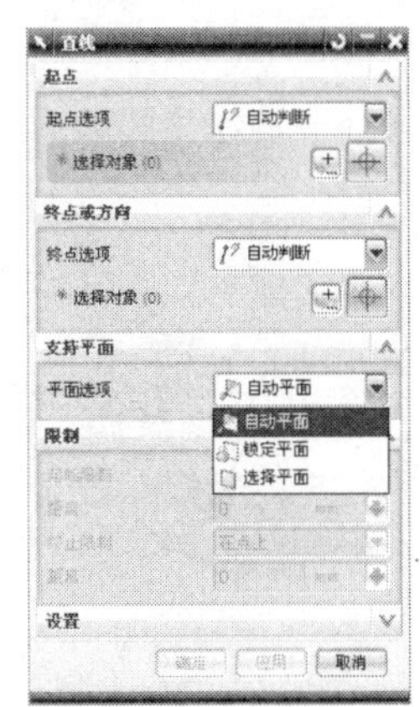

图 5-106　设置直线支持平面

图 5-107　“捕捉点”菜单命令

5.4.2 创建基本圆弧

操作步骤

1. 打开附书光盘中的 SAMPLE\CH05 \ROUND_5.4.2.PRT 文件，如图 5-108 所示。
2. 在主菜单栏中选择“插入”→“曲线→圆弧/圆”命令，弹出“圆弧/圆”对话框，如图 5-109 所示。
3. 参照系统默认的设置，然后在工作窗口中单击选择如图 5-110 所示的点作为直线的起点。

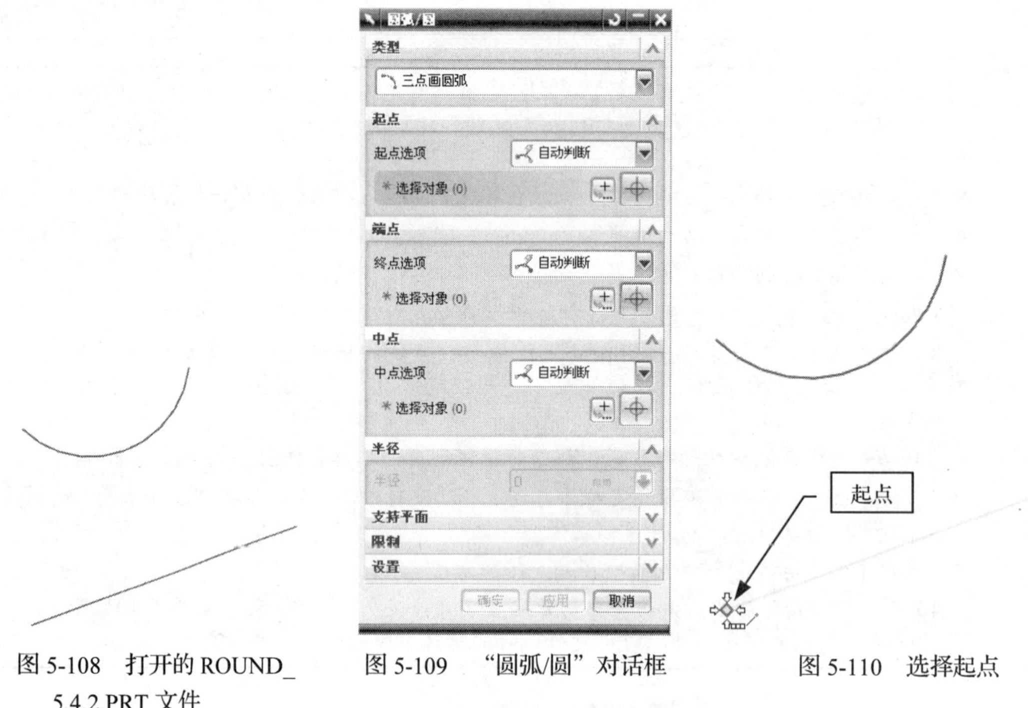

图 5-108 打开的 ROUND_5.4.2.PRT 文件　　图 5-109 “圆弧/圆”对话框　　图 5-110 选择起点

4. 继续在工作窗口中单击选择直线的另外一端作为圆弧的终点，如图 5-111 所示。

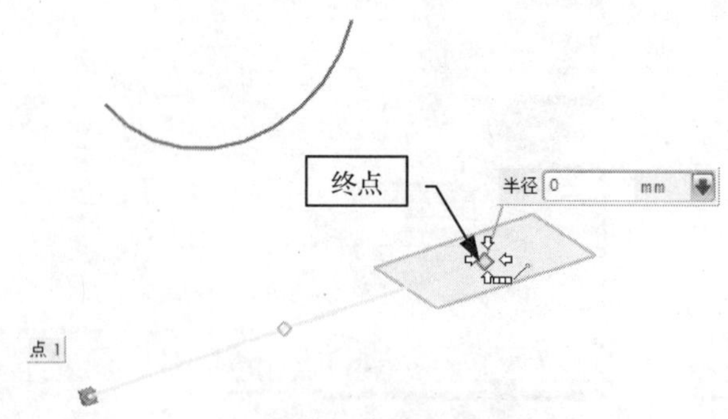

图 5-111 选择终点

5. 单击选择圆弧的中点（系统自动捕捉圆弧中点）作为创建圆弧的中点，如图 5-112 所示。

6. 单击对话框中的确定按钮，创建的 3 点圆弧如图 5-113 所示。

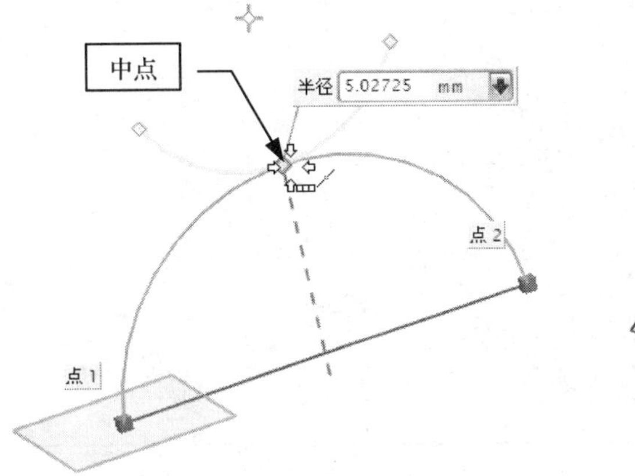

图 5-112 选择中点

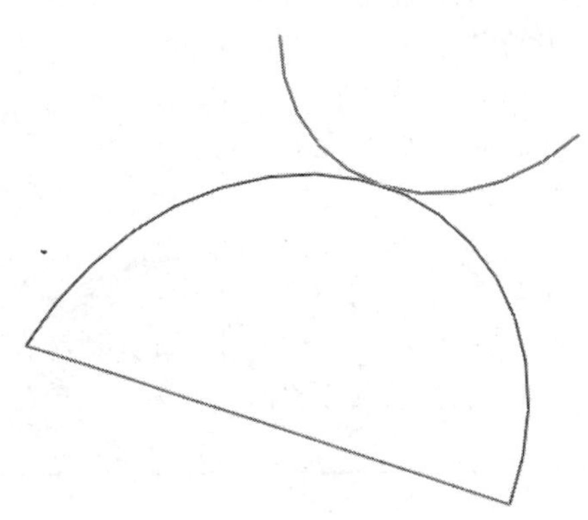

图 5-113 创建完成后的圆弧

7. 勾选对话框"限制"栏中的"整圆"复选框，如图 5-114 所示，将创建的圆弧设置为一个整圆，结果如图 5-115 所示。

图 5-114 选择"整圆"选项

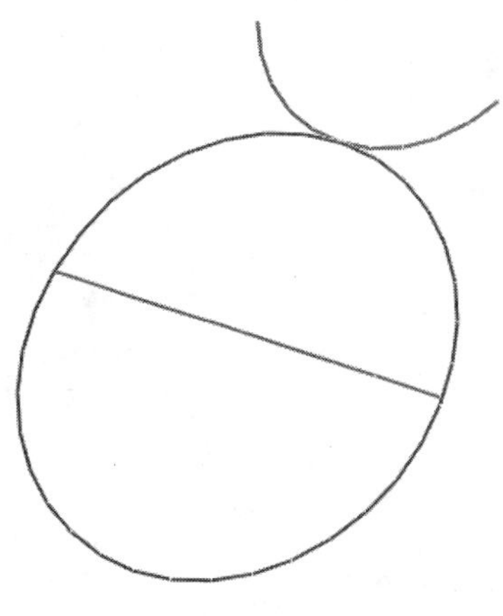

图 5-115 创建完成后的圆

提示：

（1）确定圆弧/圆的起点、端点、中点有 3 种方式。

- 自动判断：是默认的选择方式，程序将根据现有的工作条件自动选择圆弧/圆的起点、端点、中点。
- 点：指定圆弧/圆的起点、端点、中点方式为点。
- 相切：指定圆弧/圆的起点、端点、中点方式为相切。

（2）圆弧/圆的端点中点确定方式中另外多了“半径”方式。

（3）“支持平面”是指圆弧/圆所在的工作平面，系统将根据鼠标移动的方向自动设置支持平面。确定支持平面有“自动平面”、“锁定平面”、“选择平面”3 种方式。

- 自动平面：是默认的选择方式，程序将根据现有的工作条件自动选择支持平面。
- 锁定平面：锁定平面是指锁定程序自动选择的支持平面，如果选择“选择平面”选项设置支持平面程序将无法选择“锁定平面”选项。
- 选择平面：选择和创建圆弧/圆所在的支持平面。

（4）在创建圆弧/圆时可以输入圆弧半径来确定圆弧/圆的大小，但需根据需要灵活使用。

5.4.3 创建基本椭圆

操作步骤

1. 打开附书光盘中的 SAMPLE\CH05 \ROUND_5.4.3.PRT 文件，如图 5-116 所示。
2. 在主菜单栏中选择“插入”→“曲线”→“椭圆”命令（或者单击“艺术曲线”工具栏中的图标），弹出“点”对话框，如图 5-117 所示。
3. 在工作窗口中选择如图 5-118 所示的圆心点作为椭圆的中心。

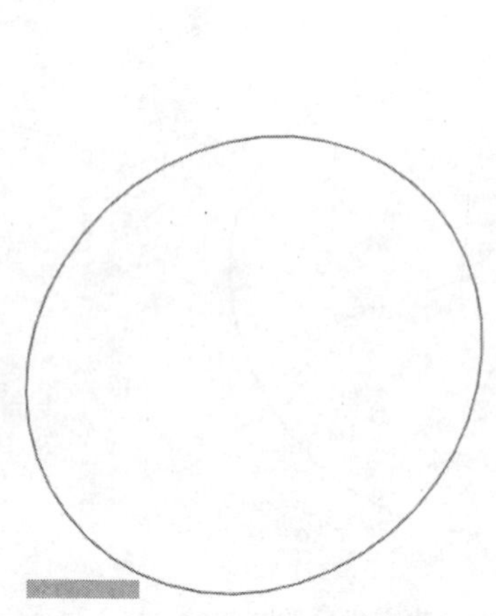

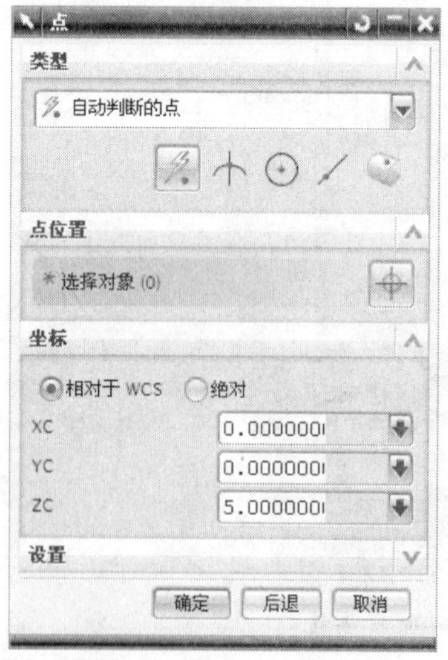

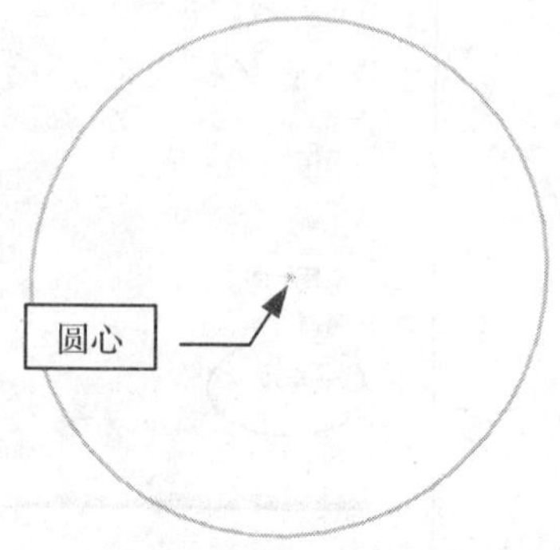

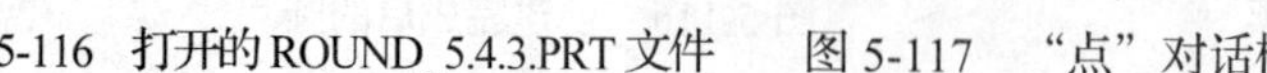

图 5-116　打开的 ROUND_5.4.3.PRT 文件　　图 5-117　“点”对话框　　图 5-118　选择椭圆中心

4. 弹出“椭圆”对话框，然后在对话框中将“长半轴”文本框的数值修改为 5，再将“短半轴”文本框的数值修改为 3，其他参数参照系统默认的设置，如图 5-119 所示。

5. 单击对话框中的确定按钮，完成椭圆的创建，结果如图 5-120 所示。

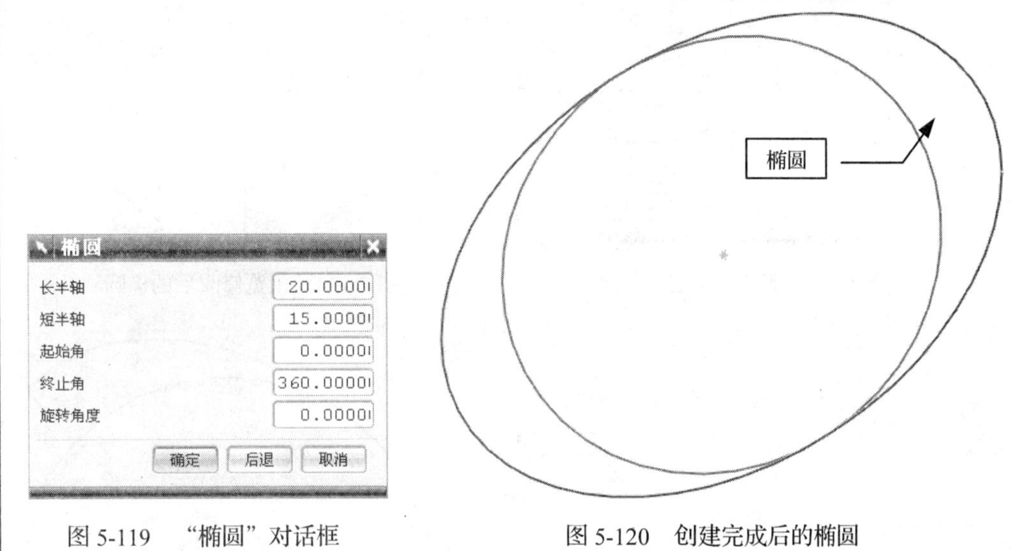

图 5-119 “椭圆”对话框

图 5-120 创建完成后的椭圆

提示：

“椭圆”对话框中的参数说明如下。

- 长半轴：椭圆长度方向半径。
- 短半轴：椭圆宽度方向半径。
- 起始角：起始角是指椭圆起点相对椭圆中心的角度。将“椭圆”对话框中的“起始角”设置为 45，如图 5-121 所示，完成后的椭圆如图 5-122 所示。
- 终止角：终止角是指椭圆终点相对椭圆中心的角度，将“椭圆”对话框中的“终止角”设置为 270，如图 5-123 所示，完成后的椭圆如图 5-124 所示。
- 旋转角度：旋转角度是指相对椭圆所在平面而形成的角度，将“椭圆”对话框中的“旋转角度”设置为 45，如图 5-125 所示，完成后的椭圆如图 5-126 所示。

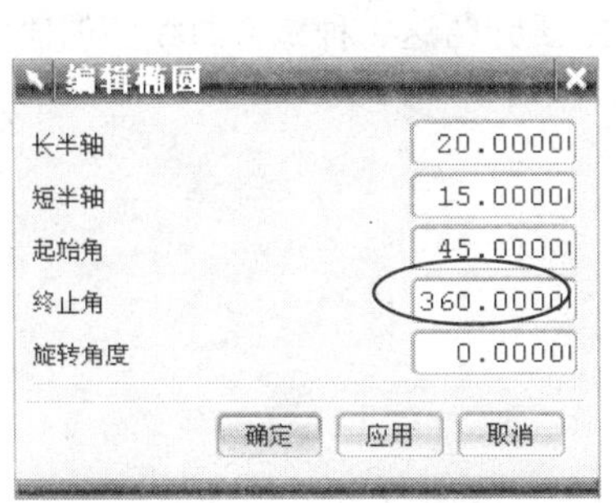

图 5-121 修改起始角

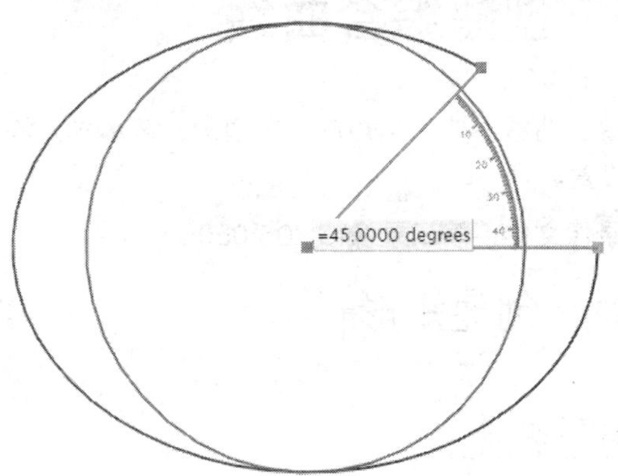

图 5-122 预览修改后的椭圆

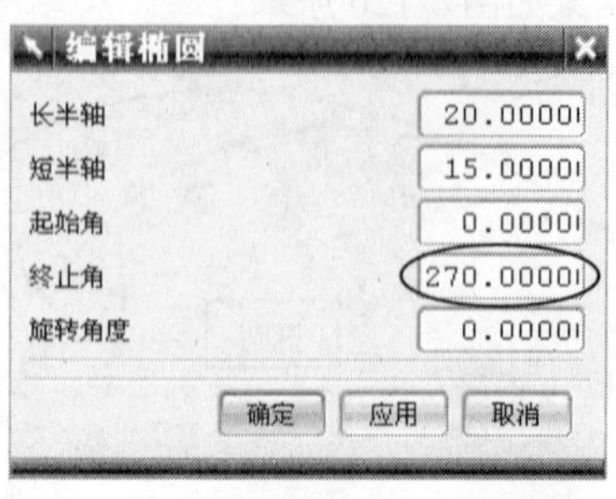

图 5-123　修改终止角

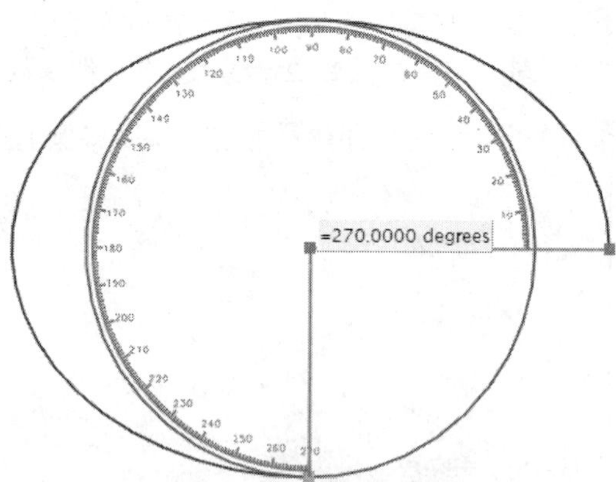

图 5-124　预览修改后的椭圆

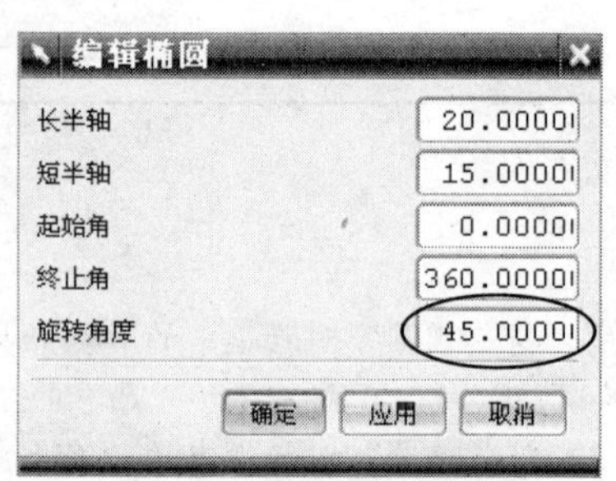

图 5-125　修改旋转角度

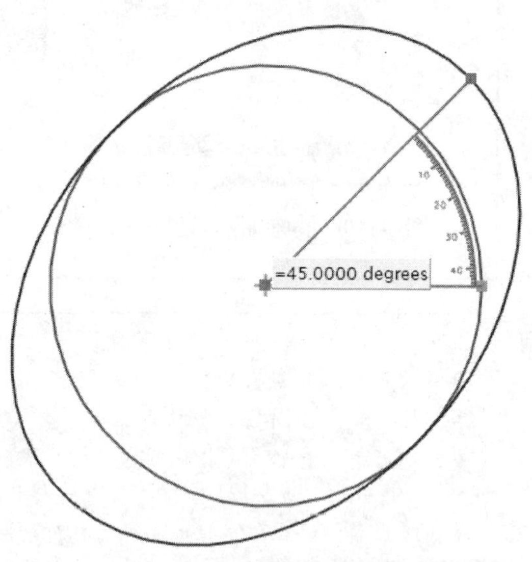

图 5-126　预览修改后的椭圆

5.5　创建综合曲线

综合曲线主要包括矩形、多边形、艺术样条等。本节主要介绍这 3 种综合曲线的创建方法及参数设置。

录像文件：演示录像\CH05\0505

5.5.1　创建矩形

操作步骤

1. 打开附书光盘中的 SAMPLE\CH05 \RECTANGLE_5.5.1.PRT 文件，如图 5-127 所示。

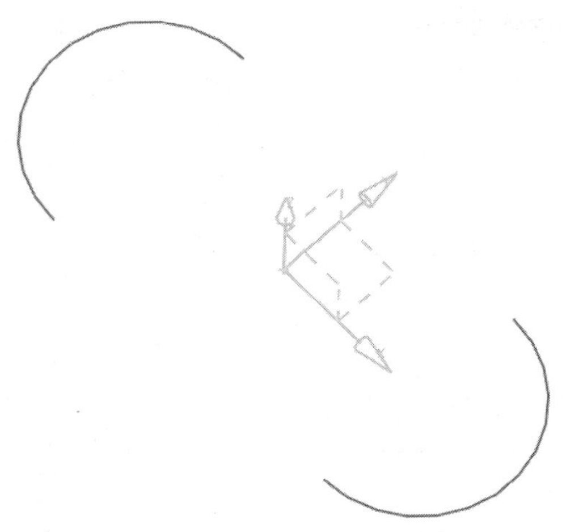

图 5-127 打开的 RECTANGLE_5.5.1.PRT 文件

2. 在主菜单栏中选择“插入”→“曲线”→“矩形”命令，弹出“点”对话框，如图 5-128 所示。在工作窗口中选择如图 5-129 所示的点作为矩形起点，再单击对话框中的 确定 按钮。

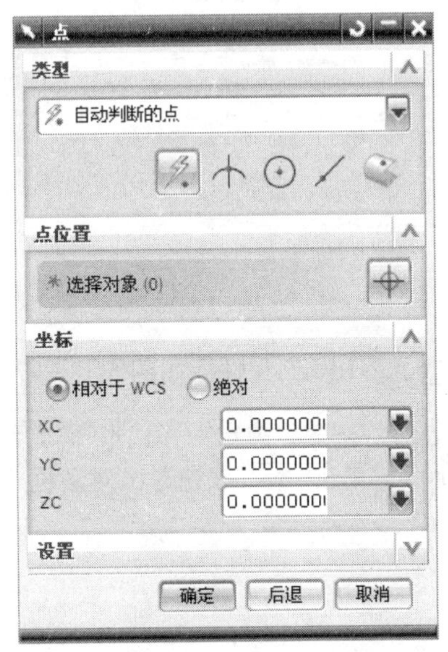

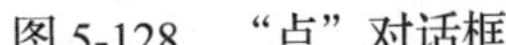

图 5-128 “点”对话框

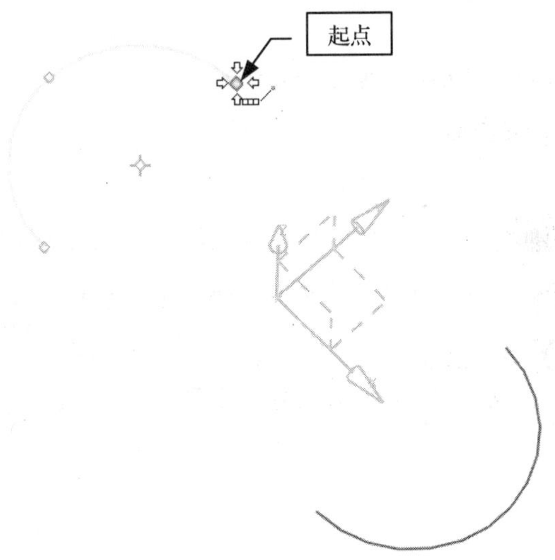

图 5-129 选择矩形起点

3. 程序继续弹出“点”对话框，在对话框中的 XC、YC 数值框中分别输入 15、–10，如图 5-130 所示。

提示： 输入值为矩形的对角点值，也可以直接选择。

4. 单击 取消 按钮退出对话框，创建的矩形如图 5-131 所示。

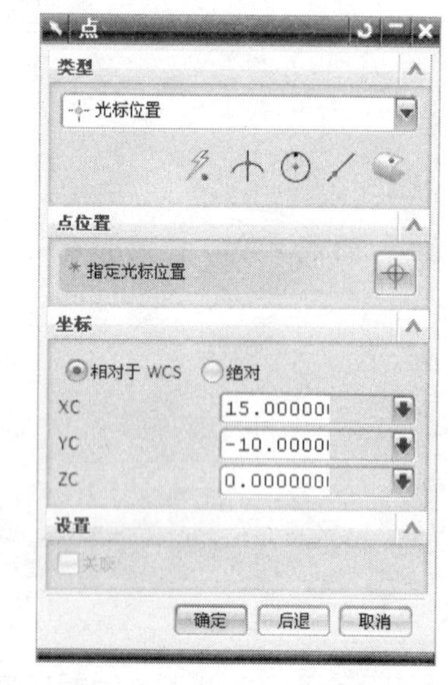

图 5-130　设置 *xc*，*yc* 值

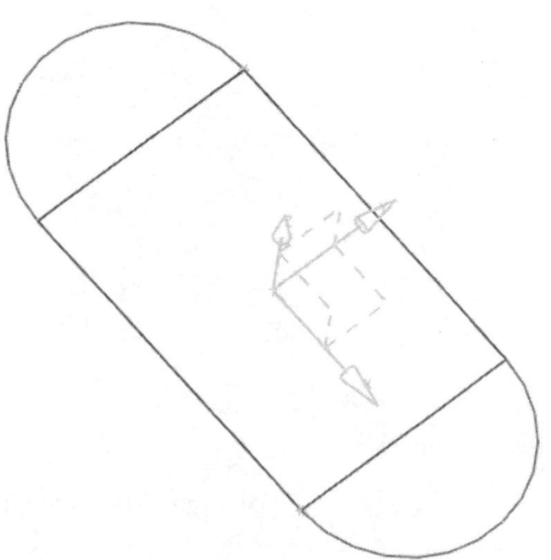
图 5-131　创建完成后的矩形

5.5.2　创建多边形

创建具有指定数量边的多边形。

操作步骤

步骤 1　创建"内接半径"方式多边形

1. 打开附书光盘中的 SAMPLE\CH05 \POLYGON_5.5.2-1.PRT 文件，如图 5-132 所示。
2. 在主菜单栏中选择"插入"→"曲线"→"多边形"命令，弹出"多边形"对话框，将对话框中的"侧面数"设置为 8，如图 5-133 所示。单击确定按钮退出对话框。

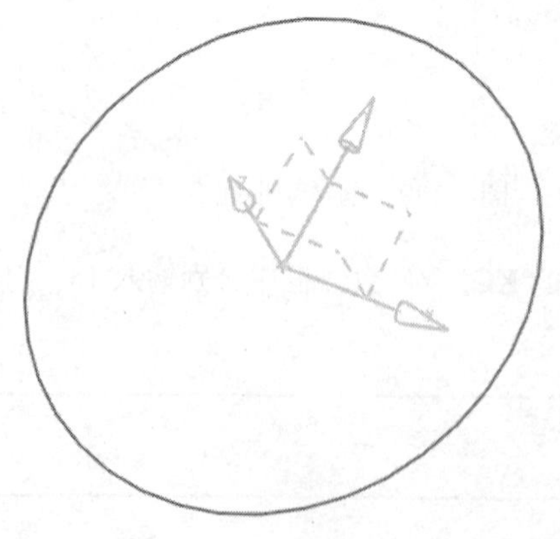
图 5-132　打开的 RECTANGLE_5.5.2-1.PRT 文件

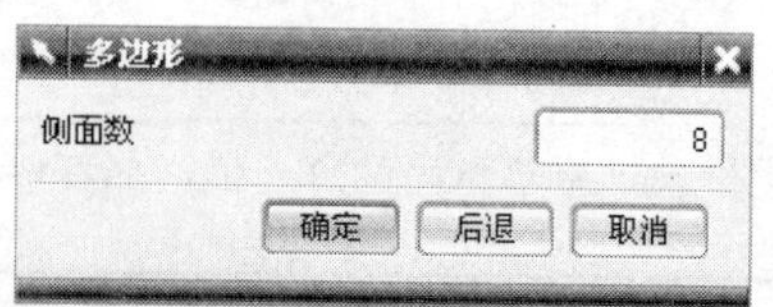

图 5-133　"多边形"对话框

3. 弹出"多边形"对话框，单击对话框中的 内接半径 按钮，如图 5-134 所示，然后单击 确定 按钮。

4. 继续弹出"多边形"对话框，将对话框中的参数设置成如图 5-135 所示，然后单击 确定 按钮。

图 5-134 选择"内接半径"

图 5-135 修改多边形参数

5. 弹出"点"对话框，在对话框中可以设置多边形的圆心。参照系统默认的设置不变，如图 5-136 所示，再单击对话框中的 确定 按钮。

6. 单击 取消 按钮退出对话框，创建的多边形如图 5-137 所示。

图 5-136 "点"对话框

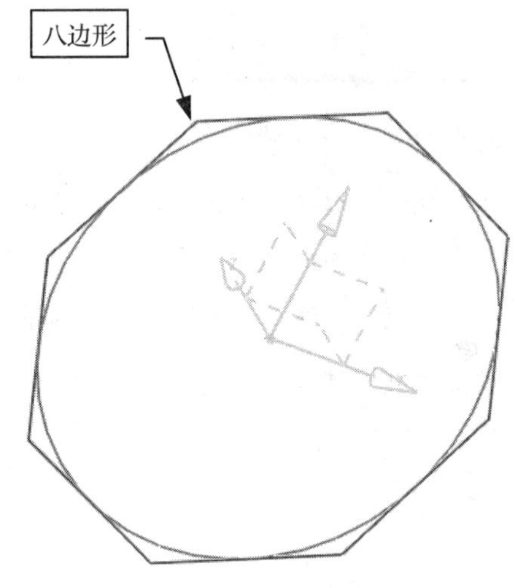

图 5-137 八边形

步骤 2 创建"多边形边数"方式多边形

1. 打开附书光盘中的 SAMPLE\CH05 \POLYGON_5.5.2-2.PRT 文件，如图 5-138 所示。

2. 在主菜单栏中选择"插入"→"曲线"→"多边形"命令，弹出"多边形"对话框，将对话框中的"侧面数"设置为 6，如图 5-139 所示。单击 确定 按钮退出对话框。

3. 弹出"多边形"对话框，单击对话框中的 多边形边数 按钮，如图 5-140 所示。最后单击 确定 按钮。

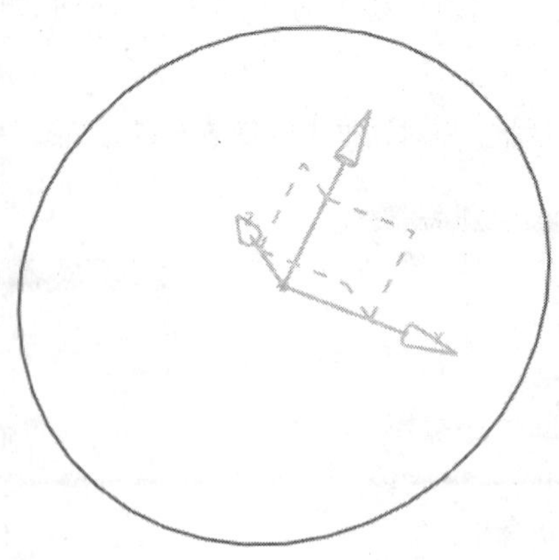

图 5-138　打开的 RECTANGLE_5.5.2-2.PRT 文件

图 5-139　“多边形”对话框

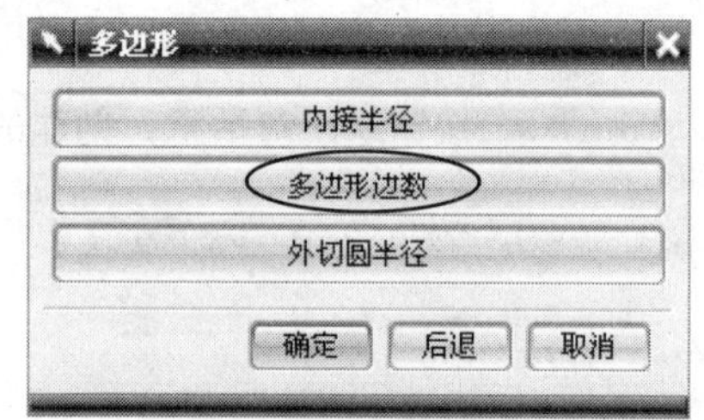

图 5-140　选择“多边形边数”

4. 继续弹出“多边形”对话框，在“侧”输入框中输入 30，其他参数按照系统默认的设置不变，如图 5-141 所示，然后单击对话框中的确定按钮。

5. 弹出“点”对话框，参照系统默认的设置，然后单击对话框中的确定按钮。

6. 继续弹出“点”对话框，最后单击取消按钮退出对话框，创建的六边形如图 5-142 所示。

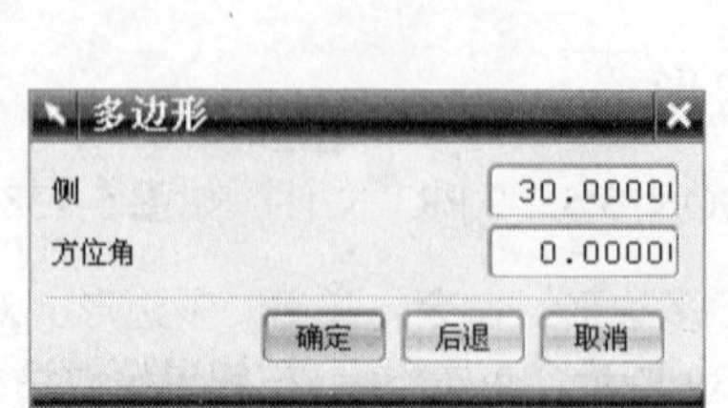

图 5-141　“多边形”对话框

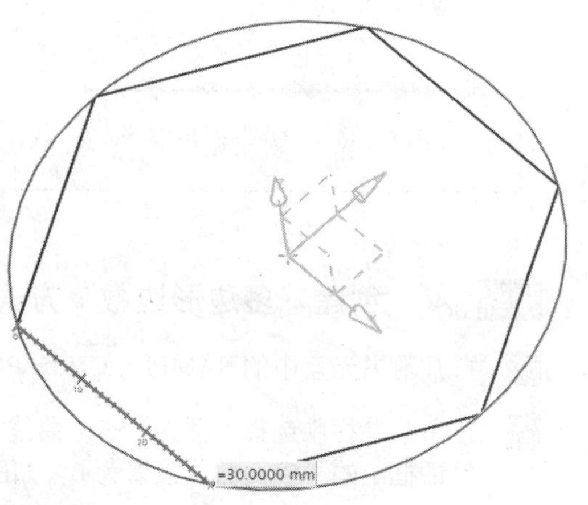

图 5-142　完成创建的六边形

步骤 3 创建"外切圆半径"方式多边形

1. 打开附书光盘中的 SAMPLE\CH05 \POLYGON_5.5.2-3.PRT 文件，如图 5-143 所示。

2. 在主菜单栏中选择"插入"→"曲线"→"多边形"命令，弹出"多边形"对话框，将对话框中的"侧面数"设置为 5，单击确定按钮退出对话框。

3. 弹出"多边形"对话框，单击对话框中的"外切圆半径"按钮，如图 5-144 所示，然后单击确定按钮。

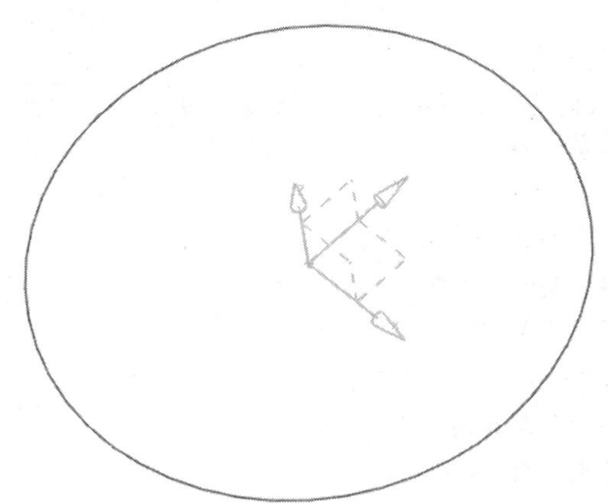

图 5-143 打开的 RECTANGLE_5.5.2-3.PRT 文件

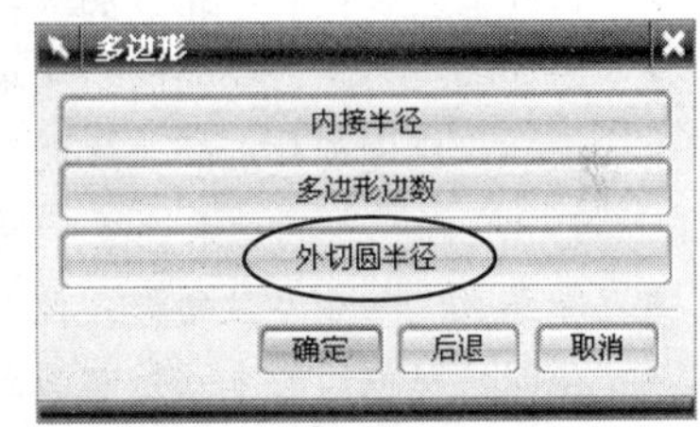

图 5-144 选择"外切圆半径"

4. 继续弹出"多边形"对话框，在对话框中的"圆半径"文本框中输入 30，其他参数按照系统默认的设置即可，然后单击对话框中的确定按钮。

5. 弹出"点"对话框，按照系统默认的设置不变，然后单击对话框中的确定按钮。

6. 继续弹出"点"对话框，最后单击取消按钮退出对话框，创建的五边形如图 5-145 所示。

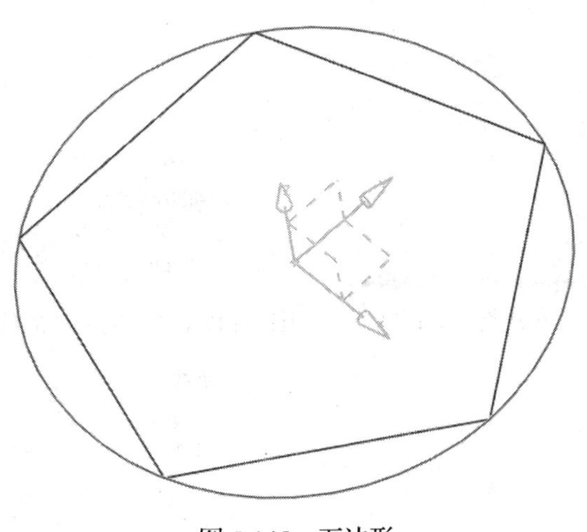

图 5-145 五边形

5.5.3 创建艺术样条曲线

艺术样条曲线是指通过拖放顶点和极点，并在顶点指定曲率约束的曲线。在创建艺术样条曲线前，需先了解“艺术样条”对话框中的相关参数。选择“插入”→“曲线”→“艺术样条”命令，弹出“艺术样条”对话框，如图 5-146 所示。

提示：“艺术样条”对话框中的各项参数说明如下。

（1）“样条设置”栏

- 通过点：创建的艺术样条曲线完全通过定义点。
- 根据极点：创建的艺术样条曲线需要指定样条极点，指定的极点数量应比设定的阶次至少大于 1，否则艺术样条曲线将无法生成。
- 单段：创建的艺术样条曲线是独立的一段。
- 匹配的结点位置：指定的样条定义点与样条节点位置重合。
- 封闭的：勾选“封闭的”选项可以创建封闭的艺术样条曲线。
- 关联：决定创建后的曲线之间是否存在关联性。

（2）“自动判断的约束设置”栏中的参数如图 5-147 所示。

- 等参数：以等参数的形式控制曲面的约束方向。
- 截面：以截面的方式控制曲面的约束方向。
- 固定相切方向：选中该项，创建曲面时将有一个固定的相切方向。

（3）“图纸平面”栏中的参数如图 5-148 所示。

- 图纸平面：指定创建艺术样条曲线的平面，默认为“视图”的形式。

（4）“微调”栏中的参数如图 5-149 所示。

- 速度：用于控制微调的速度，滑块所在数值越大时，微调量也会越大，反之则越小。只有勾选了“启用”选项后，速度值才会起作用。

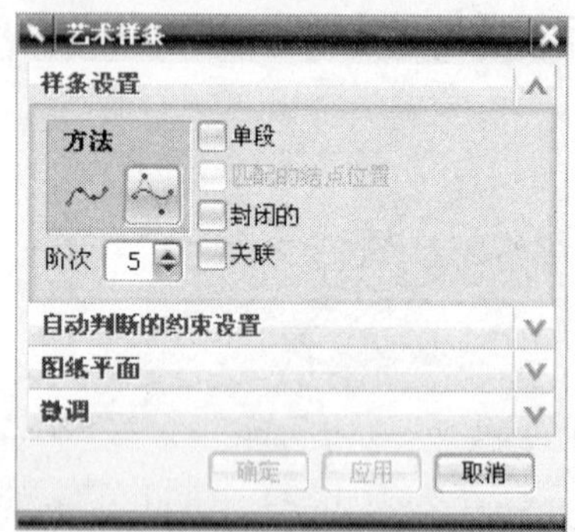

图 5-146 “艺术样条”对话框

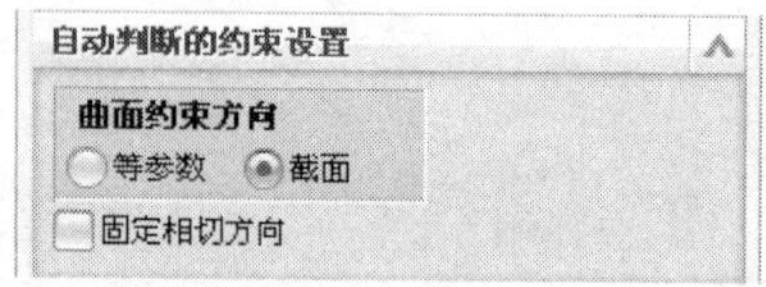

图 5-147 “自动判断的约束设置”栏中的参数

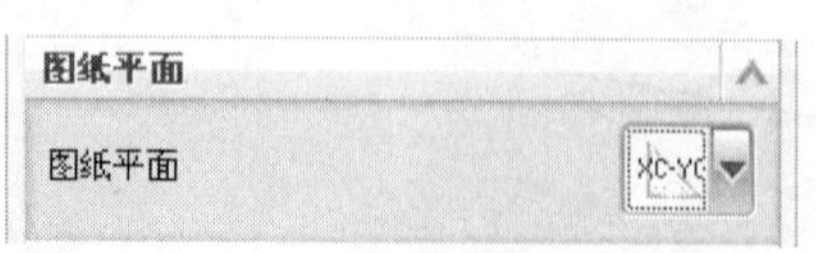

图 5-148 “图纸平面”栏中的参数

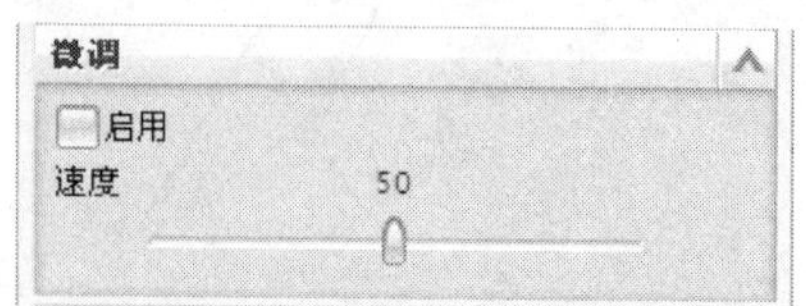

图 5-149 “微调”栏中的参数

操作步骤

步骤 1 "通过点"方式创建艺术样条曲线

1. 打开附书光盘中的 SAMPLE\CH05 \SPLINE_5.5.3-1.PRT 文件，如图 5-150 所示。

图 5-150 打开的 SPLINE_5.5.3-1.PRT 文件

2. 在主菜单栏中选择"插入"→"曲线"→"艺术样条"命令（或是在"艺术样条"工具栏中单击图标），弹出"艺术样条"对话框，如图 5-151 所示。

3. 在"捕捉点"工具栏中单击选择"现有点"按钮，然后在工作窗口中依次选择点 1、点 2、点 3、点 4、点 5，如图 5-152 所示。

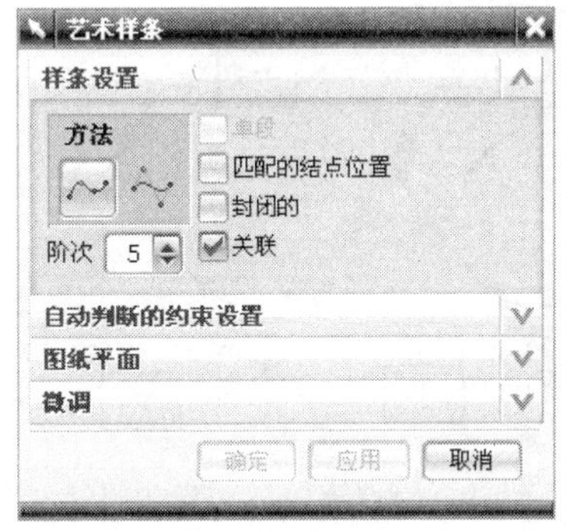

图 5-151 "艺术样条"对话框

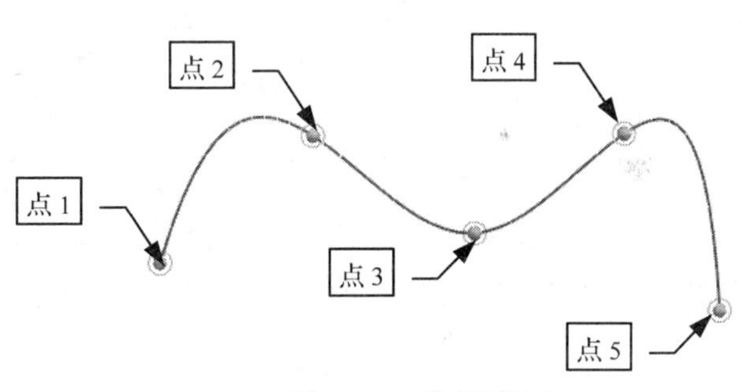

图 5-152 选择通过点

4. 单击 确定 按钮退出对话框，创建完成后的艺术样条曲线如图 5-153 所示。

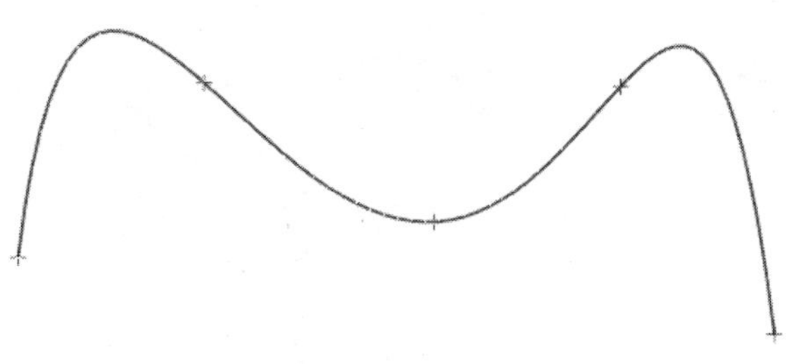

图 5-153 艺术样条曲线

步骤 2 通过“根据极点”方式创建艺术样条曲线

1. 打开附书光盘中的 SAMPLE\CH05 \SPLINE_5.5.3-2.PRT 文件，如图 5-154 所示。

图 5-154 打开的 SPLINE_5.5.3-2.PRT 文件

2. 在主菜单栏中选择“插入”→“曲线”→“艺术样条”命令（或是在“艺术样条”工具栏中单击图标），弹出“艺术样条”对话框，将“阶次”设置为 2，如图 5-155 所示。

3. 在“捕捉点”工具栏中单击选择“现有点”按钮，然后在工作窗口中依次选择点 1、点 2、点 3、点 4、点 5、点 6、点 7，如图 5-156 所示。

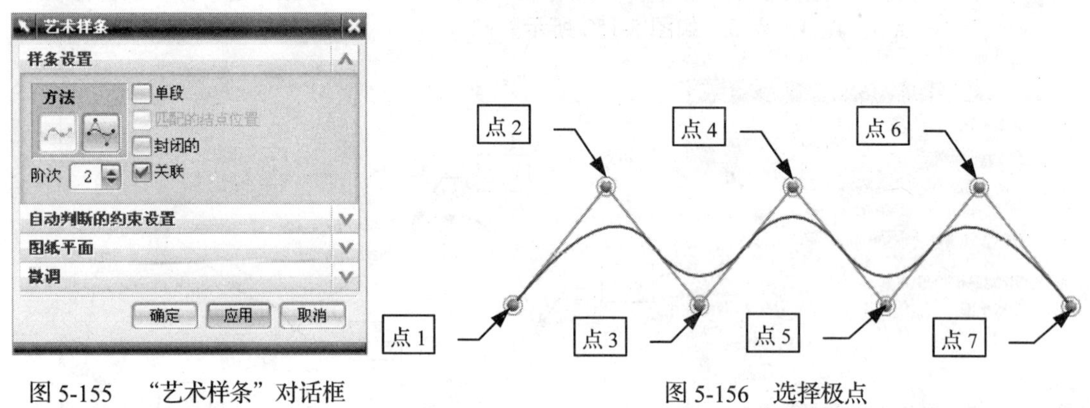

图 5-155 “艺术样条”对话框

图 5-156 选择极点

4. 单击确定按钮退出对话框，创建完成后的艺术样条曲线如图 5-157 所示。

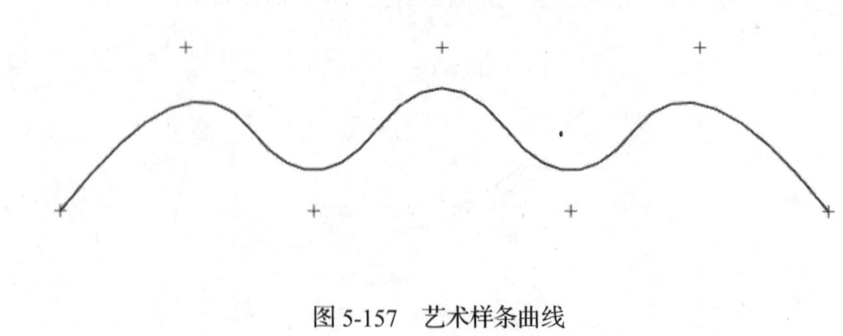

图 5-157 艺术样条曲线

> **提示：** 指定的极点数量应比设定的阶次至少大于 1，否则艺术样条曲线将无法生成。
> 将艺术样条曲线的阶次设置得越大，曲线偏离极点越大，如图 5-158 所示的阶次为 2，图 5-159 所示的阶次为 4，当阶次为 1 时曲线为直线，如图 5-160 所示。

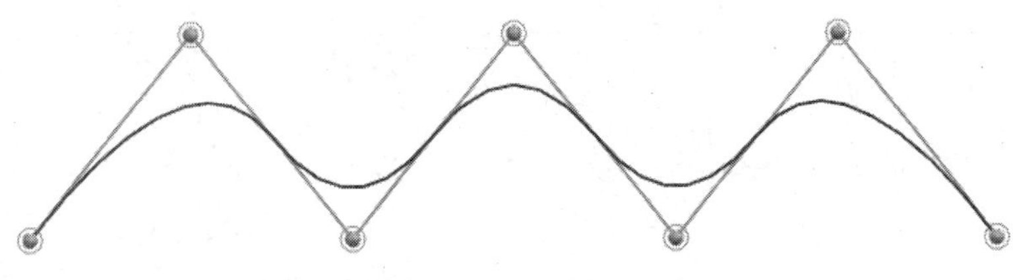

图 5-158　阶次为 2

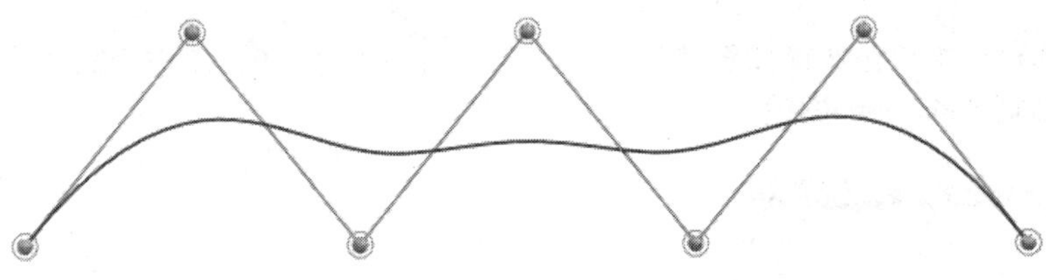

图 5-159　阶次为 4

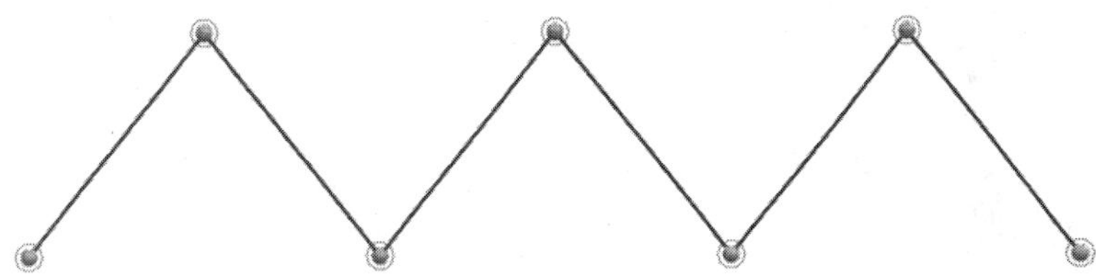

图 5-160　阶次为 1

5.6　创建文本

UG NX5 提供了 3 种创建文本的方式，分别是平面创建文本、曲线创建文本、曲面创建文本，本节主要介绍这 3 种文本的创建方法及参数设置。

录像文件：演示录像\CH05\0506

5.6.1　创建平面文本

平面文本是指在固定平面上创建的文本。

操作步骤

1. 打开附书光盘中的 SAMPLE\CH05 \TEXT_5.6.1_FILISH.PRT 文件，如图 5-161 所示为完成后的文本状态。新建一零件文档 TEXT_5.6.1. PRT。

WWW. BF58. COM

图 5-161　打开 TEXT_5.6.1_FILISH.PRT 文件

2. 在主菜单栏中选择“插入”→“曲线”→“文本”命令（或是在“艺术样条”工具栏中单击A图标），弹出“文本”对话框，如图 5-162 所示。

3. 在工作窗口中单击选择如图 5-163 所示的坐标（0、0、0）点作为文本放置点，然后单击对话框中的确定按钮。

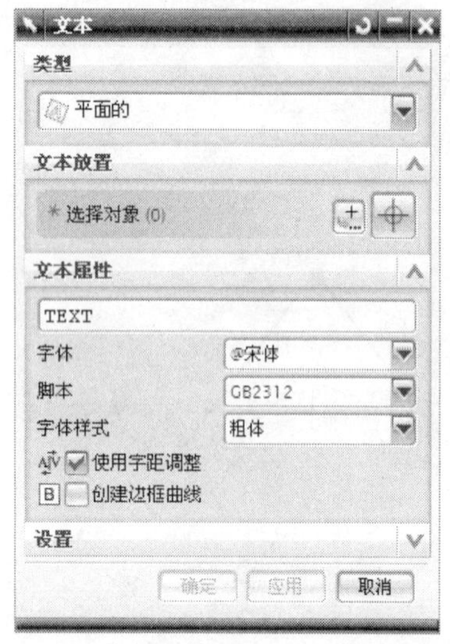

图 5-162　“文本”对话框

图 5-163　选择文本放置点

4. 继续弹出“文本”对话框，在“文本属性”栏下的文本框中输入 WWW.BF58.COM，将“字体样式”设置为“粗体”，单击工作窗口中的坐标（0、0、0）为锚点放置，将对话框中的其他参数设置成如图 5-164 所示。预览创建的文本，如图 5-165 所示。

5. 单击对话框中的确定按钮，创建完成后的文本如图 5-166 所示。

提示： 勾选对话框中的B按钮，可以创建带边框曲线的文本。

调整文本的尺寸大小除了可以在对话框中的“尺寸”栏下调整外，还可以在创建文本过程中通过调整箭头来进行调整尺寸，如图 5-167 所示。

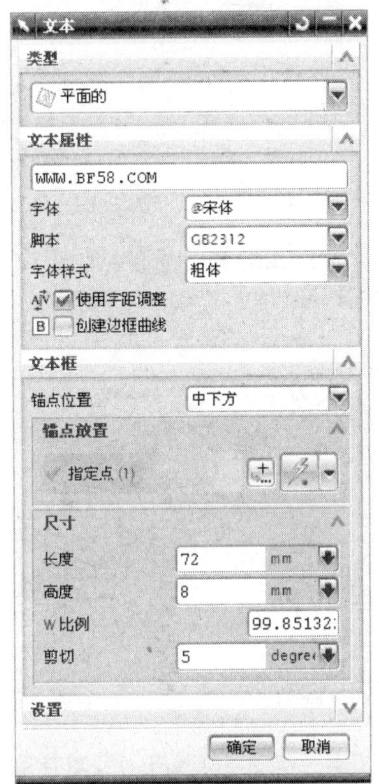

图 5-164 设置文本参数

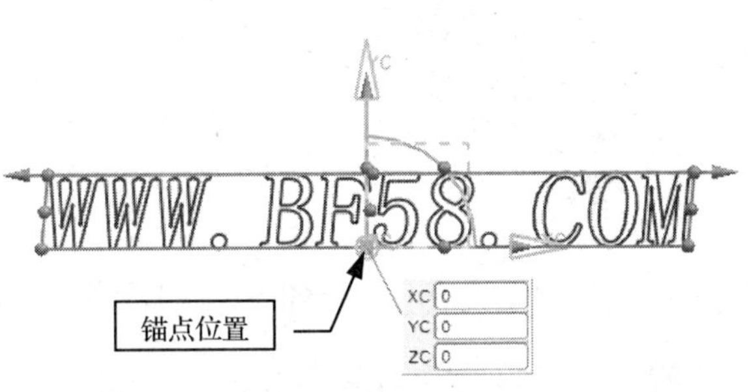

图 5-165 预览文本

WWW. BF58. COM

图 5-166 创建完成后的文本

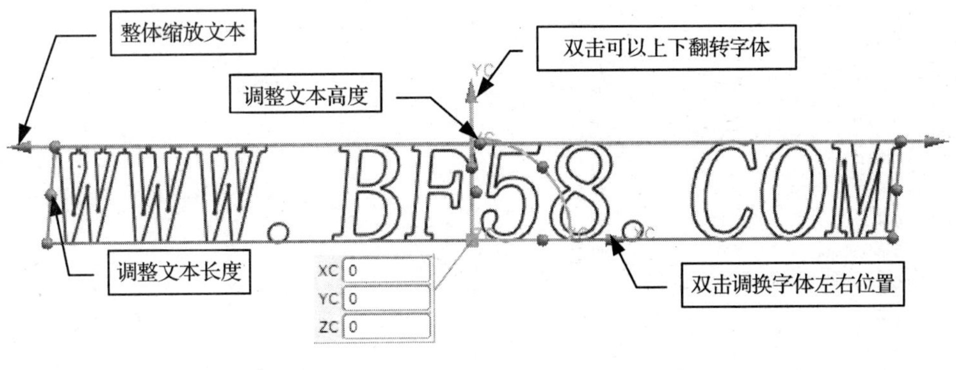

图 5-167 文本调整参数

5.6.2 创建曲线文本

曲线文本是指创建的文本绕着曲线的形状产生。

操作步骤

1. 打开附书光盘中的 SAMPLE\CH05 \TEXT_5.6.2_FILISH.PRT 文件，如图 5-168 所示。将零件另存为创建 TEXT_5.6.2.PRT 文件，并将文字删除。

图 5-168 打开的 TEXT_5.6.2.PRT 文件

2. 在主菜单栏中选择“插入”→“曲线”→“文本”命令（或是在“艺术样条”工具栏中单击A图标），弹出“文本”对话框，如图 5-169 所示。

3. 单击“类型”栏下的[平面的]选项右侧的下拉箭头，在弹出的下拉列表中选择“在曲线上”选项。然后工作窗口中单击选择如图 5-170 所示的曲线为文本放置曲线，然后单击对话框中的[确定]按钮。

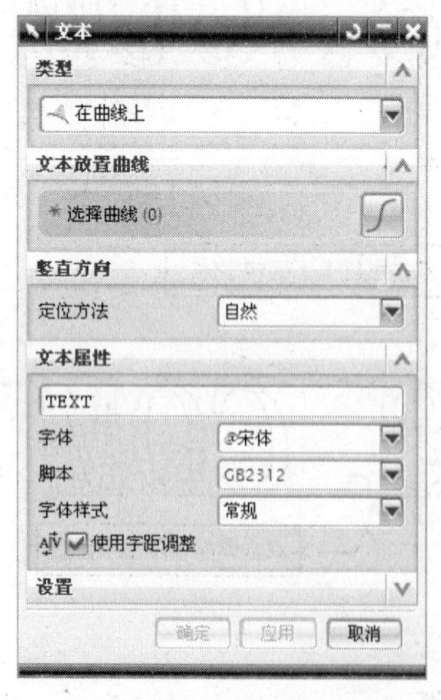

图 5-169 选择类型

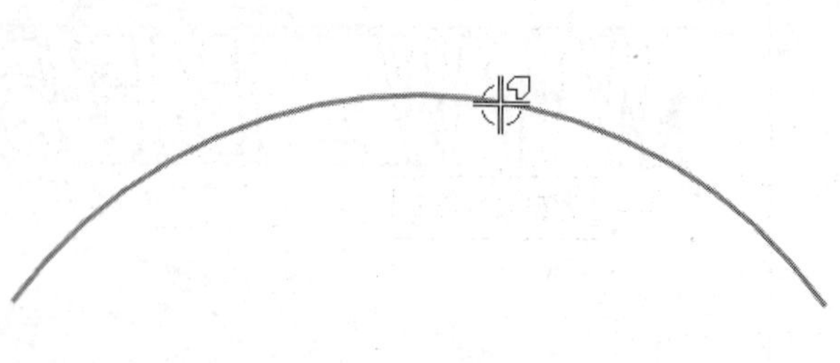

图 5-170 选择文本放置曲线

4. 继续弹出"文本"对话框，在"文本属性"栏下的文本框输入 WWW.BF58.COM，将"字体样式"设置为"粗体"，然后将对话框中的其他参数设置成如图 5-171 所示。预览创建的文本如图 5-172 所示。

图 5-171 设置文本参数

图 5-172 预览文本

5. 单击对话框中的 确定 按钮，创建完成后的文本如图 5-173 所示。

图 5-173 创建完成后的文本

提示：在对话框中的“文本框”栏下的“基线偏置”输入框中设置相应的数值，可以使文本偏移直线，将对话框中的“基线偏置”设置为2，创建的文本如图5-174所示。
修改文本竖直方向。在对话框中的“竖直方向”栏下选择“矢量”选项，再单击按钮，然后选择文本放置的方向，在弹出的下拉列表中单击选择 *yc* 按钮，完成后的文本如图7-175所示。

图 5-174　设置基线偏置值后文本状态

图 5-175　设置文本方向后的状态

5.6.3　创建曲线文本

曲线文本是指在创建的文本绕着曲线的形状产生。

操作步骤

1. 打开附书光盘中的 SAMPLE\CH05 \TEXT_5.6.3_FILISH.PRT 文件，如图 5-176 所示。将零件另存为 TEXT_5.6.3.PRT 文件，并将文字删除。

2. 在主菜单栏中选择“插入”→“曲线”→“文本”命令（或是在“艺术样条”工具栏中单击**A**图标），弹出“文本”对话框，如图 5-177 所示。

3. 单击“类型”栏下的平面的选项右侧的下拉箭头，在弹出的下拉列表中选择“在面上”选项。

4. 选择如图 5-178 所示的曲面作为文本放置面，单击鼠标中键确认选择。继续在工作窗口中选择如图 5-178 所示曲线为面上的位置，然后单击对话框中的确定按钮。

图 5-176 打开的 TEXT_5.6.3_FILISH.PRT.PRT 文件

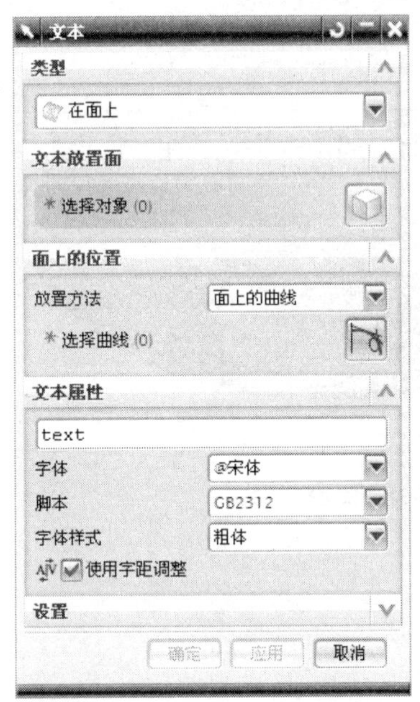

图 5-177 “文本”对话框

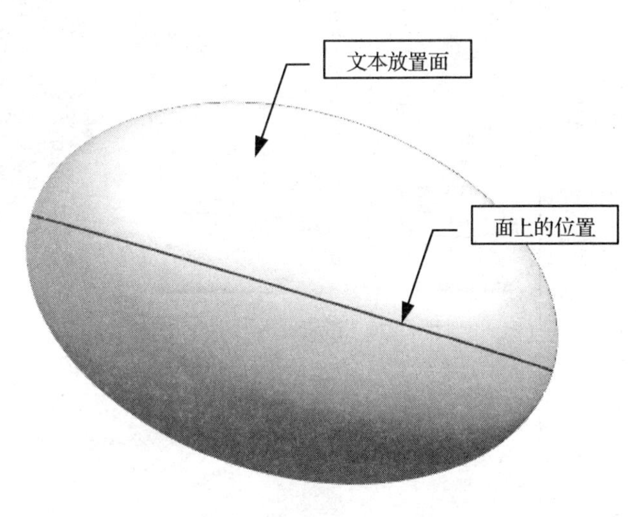

图 5-178 选择文本放置参数

5. 继续弹出“文本”对话框，在“文本属性”栏下的文本框中输入 WWW.BF58.COM，将“字体样式”设置为“粗体”，勾选“设置”栏下的☑投影曲线选项，然后将对话框中的其他参数设置成如图 5-179 所示。调整创建文本过程中的箭头成如图 5-180 所示的状态。

注意： 勾选“设置”栏下的☑投影曲线选项，创建的文本将沿着曲面法向投影至文本放置面上。

6. 单击对话框中的 确定 按钮，创建完成后的文本如图 5-181 所示。

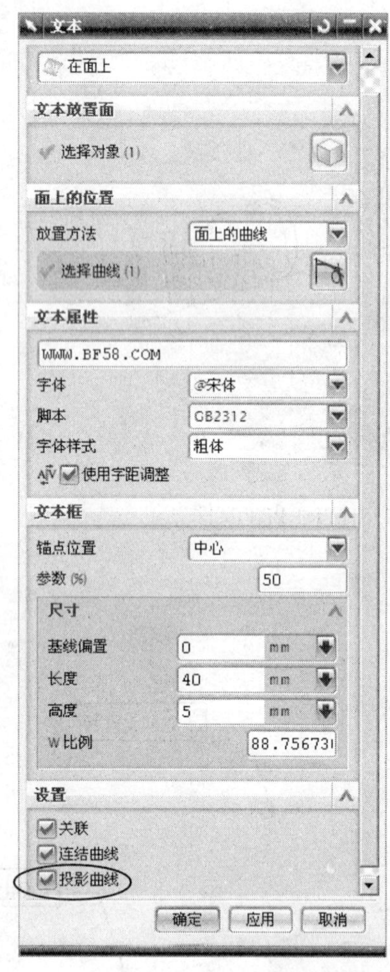

图 5-179　设置文本参数

图 5-180　调整箭头

图 5-181　创建完成后的文本

5.7　创建来自曲线集的曲线

自曲线集的曲线主要包括偏置曲线、在曲面上偏置曲线、投影曲线、桥接曲线、连结曲线、镜像曲线等，本节将介绍这几种曲线的创建方法及参数设置。

录像文件：演示录像\CH05\0507

5.7.1　偏置曲线

偏置曲线可以针对直线、圆弧、艺术样条曲线和边界线等特征按照特征原有的方向，往内或往外偏置指定的距离而创建新的曲线。偏置曲线共有 4 种方式：距离、草图、规律控制、3D 轴向。

1．通过“距离”方式偏置曲线

“距离”方式偏置曲线只能针对平面曲线。

操作步骤

1. 打开附书光盘中的 SAMPLE\CH05 \ OFFSET_5.7.1-1.PRT 文件，如图 5-182 所示。
2. 在主菜单栏中选择“插入”→“来自曲线集的曲线”→“偏置”命令（或在“艺术样条”工具栏中单击图标），弹出“偏置曲线”对话框，如图 5-183 所示。

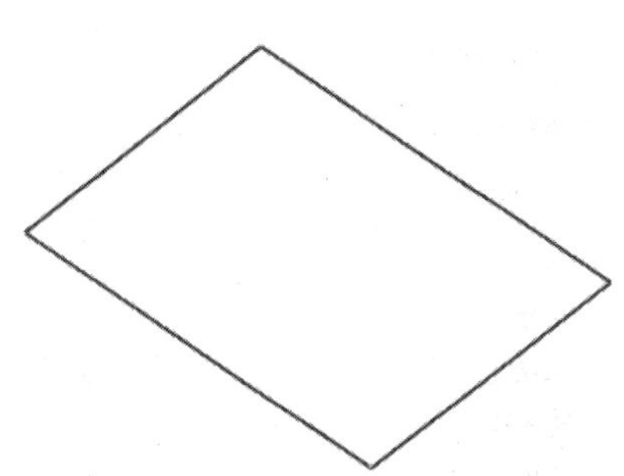

图 5-182　打开的 OFFSET_5.7.1-1.PRT 文件

图 5-183　“偏置曲线”对话框

3. 单击选择如图 5-184 所示的矩形曲线作为偏置对象，单击鼠标中键确认选择。然后输入偏置距离为 5，确认曲线偏置方向为外侧，其他参数按照系统默认的设置不变，最后单击确定按钮，曲线偏置后的效果如图 5-185 所示。

提示： 单击按钮可以切换曲线的偏置方向。

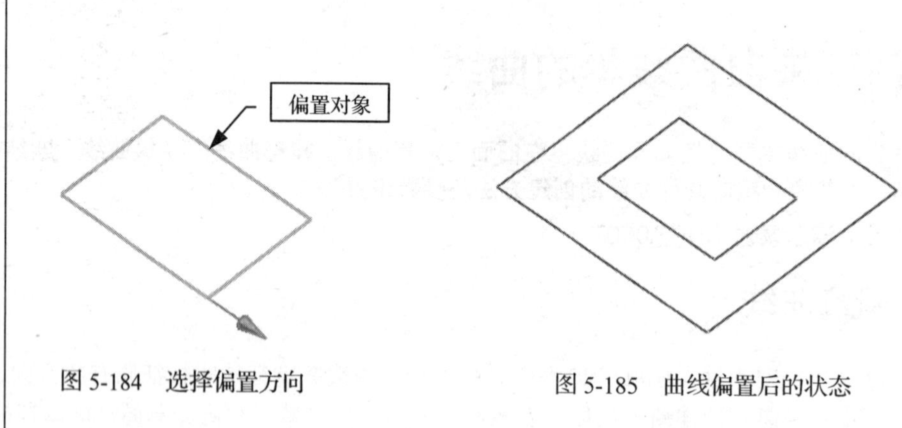

图 5-184　选择偏置方向

图 5-185　曲线偏置后的状态

2. 通过“草图”方式偏置曲线

“草图”方式偏移曲线是指创建具有拔模角度的曲线。

操作步骤

1. 打开附书光盘中的 SAMPLE\CH05 \ OFFSET_5.7.1-2.PRT 文件，如图 5-186 所示。

2. 在主菜单栏中选择“插入”→“来自曲线集的曲线”→“偏置”命令，弹出“偏置曲线”对话框，单击“类型”栏下 距离 选项右侧的下拉箭头，在弹出的下拉列表中选择“草图”选项，如图 5-187 所示。

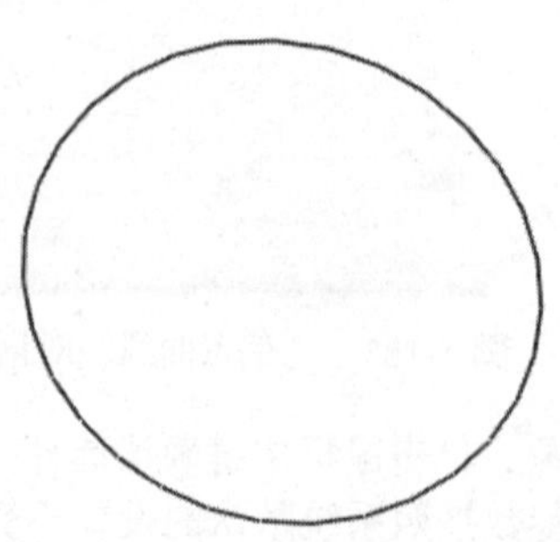

图 5-186　打开的 OFFSET_5.7.1-2.PRT 文件

图 5-187　“偏置曲线”对话框

3. 单击选择如图 5-188 所示的圆作为偏置对象，单击鼠标中键确认选择。然后输入偏置高度为 18，拔模角度为 15，确认曲线偏置方向为内侧，其他参数按照系统默认的设置不变，最后单击 确定 按钮，曲线偏置后的状态如图 5-189 所示。

图 5-188 选择偏置对象　　图 5-189 曲线偏置后的状态

3．“规律控制”偏置曲线

是指定规律类型来偏置曲线。

4．“3D 轴向”偏置曲线

是通过指定矢量方向来偏置曲线。

5.7.2 在面上偏置曲线

曲线沿着曲面的形状进行偏置，偏置曲线的状态会随曲面形状的变化而变化。

操作步骤

1. 打开附书光盘中的 SAMPLE\CH05 \ OFFSET_5.7.2.PRT 文件，如图 5-190 所示。

2. 在主菜单栏中选择“插入”→“来自曲线集的曲线”→“在面上偏置曲线”命令，弹出“在面上偏置曲线”对话框，如图 5-191 所示。

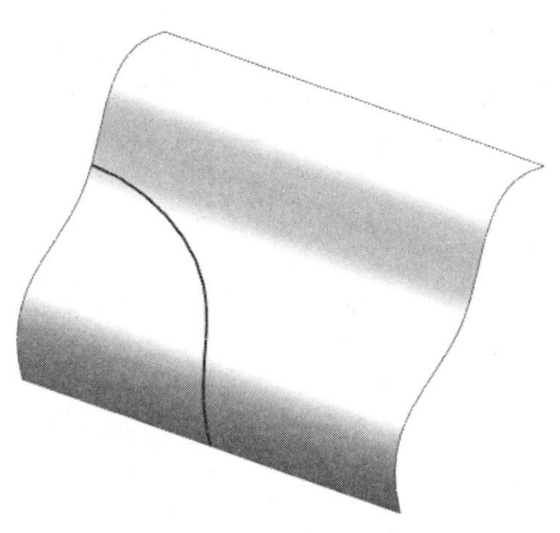

图 5-190 打开的 OFFSET_5.7.2.PRT 文件

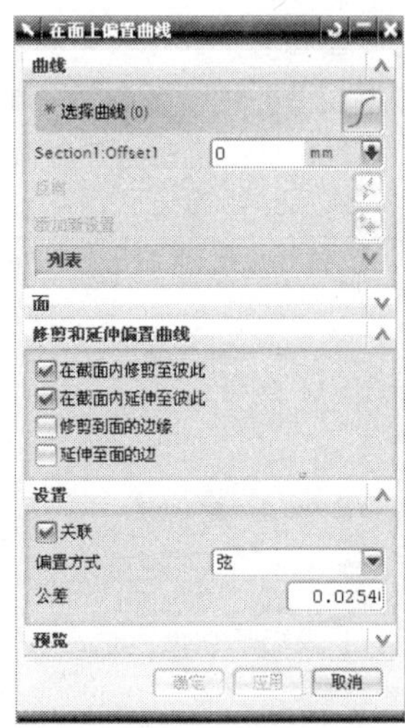

图 5-191 “在面上偏置曲线”对话框

3. 选择如图 5-192 所示的曲线作为偏置对象，输入曲线偏置距离为 4，然后单击按钮确认偏置方向，其他参数按照系统默认的设置不变，单击对话框中的确定按钮，曲线偏置完成后的状态如图 5-193 所示。

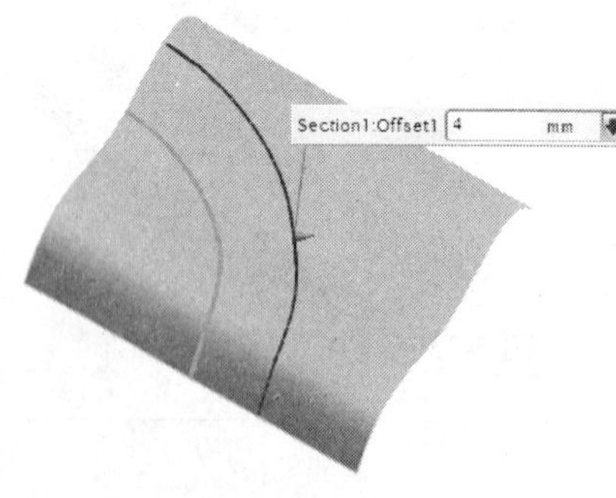

图 5-192　选择偏置曲线

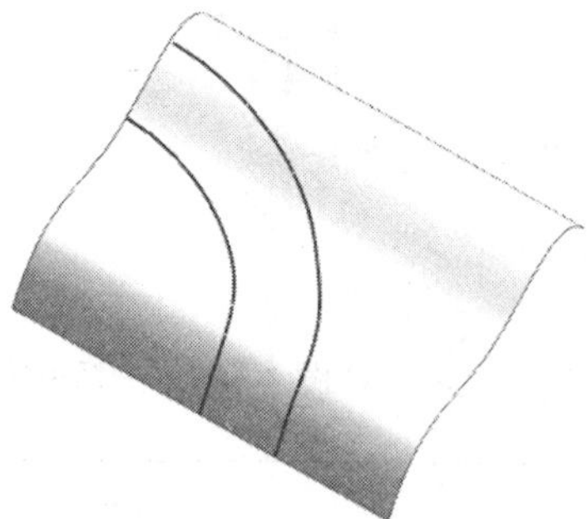

图 5-193　曲线偏置后的状态

提示： “在面上偏置曲线”对话框中的各项参数说明如下。

- 若同时有多条曲线要进行偏置，可以单击对话框中“曲线”栏下的“添加新设置”按钮进行选择。
- 勾选“修剪和延伸偏置曲线”栏下的修剪到面的边缘选项可以将投影在曲面以外的曲线进行修剪并偏移。将上述曲线的偏移距离设置为 7，将对话框中的“修剪和延伸偏曲线”栏设置成如图 5-194 所示，创建完成的曲线将超过曲面，如图 5-195 所示。
- 勾选“修剪和延伸偏置曲线”栏下的“修剪到面的边缘”选项，如图 5-196 所示，创建完成的曲线刚好与曲面边缘平齐，如图 5-197 所示。
- 勾选“修剪和延伸偏置曲线”栏下的延伸至面的边选项可以将曲线延伸至曲面的边缘，如图 5-198 所示的曲线是没有勾选“延伸至面的边”选项时创建的偏置状态，勾选“延伸至面的边”选项后，偏置的曲线如图 5-199 所示。
- “设置方式”下拉列表中共有 4 种偏置方式。

  弦：弦是指原始曲线与偏置曲线之间直线连接的长度。

  圆弧长：圆弧长是指原始曲线与偏置后曲线之间的弧线长度。

  测量：测量是指原始曲线与偏置后曲线之间的最小距离。

  相切的：相切的是指原始曲线在曲面上各点的切线面偏置曲线，然后将偏置的曲线投影到原始曲面上。

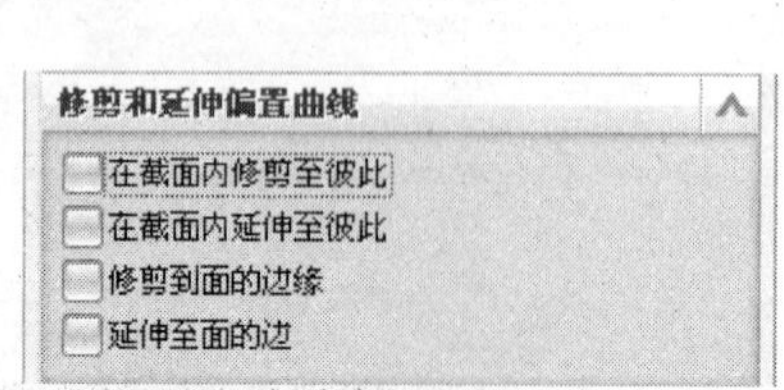

图 5-194　修改“修剪和延伸偏置曲线”栏的参数

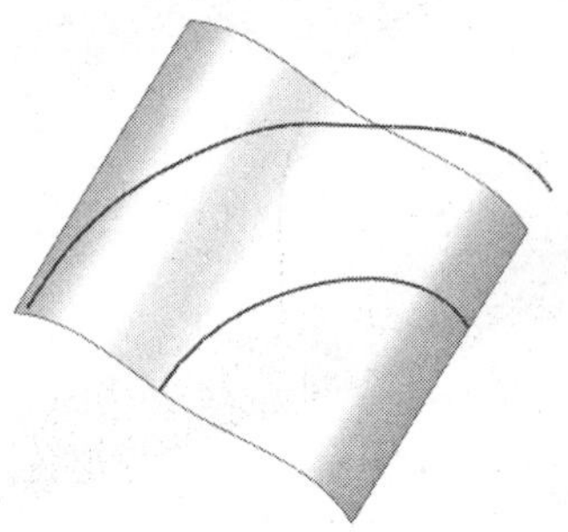

图 5-195　曲线偏置后的状态

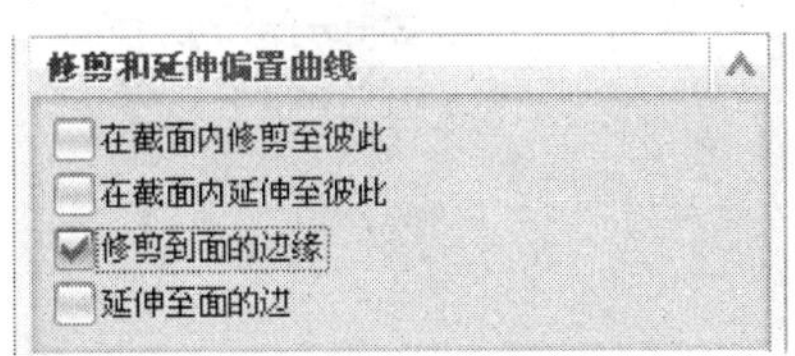

图 5-196 勾选“修剪到面的边缘”选项

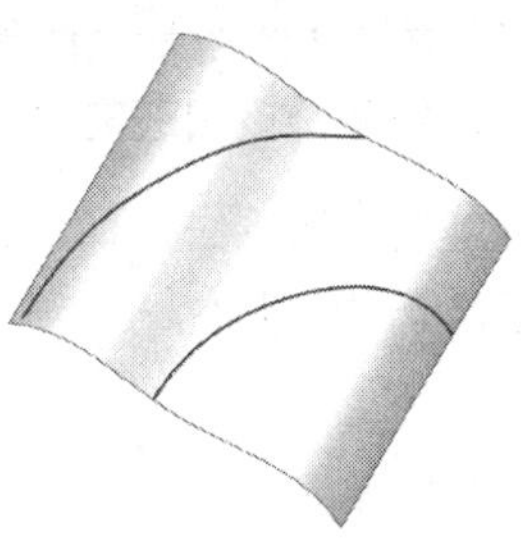

图 5-197 曲线偏置后的状态

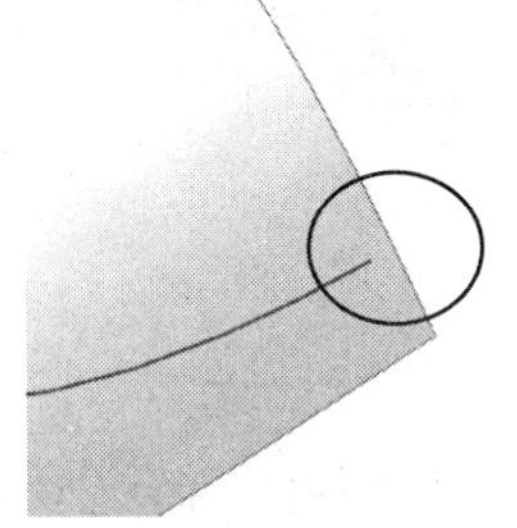

图 5-198 未勾选延伸至面的边的状态

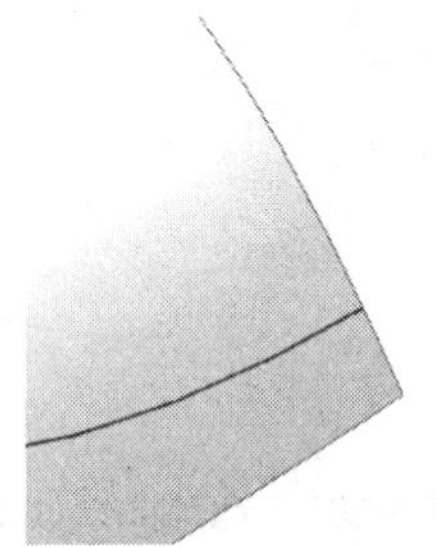

图 5-199 勾选后延伸至面的边的状态

5.7.3 桥接曲线

桥接曲线是指在两参照特征间创建曲线，曲线可以通过各种形式控制。

操作步骤

1. 打开附书光盘中的 SAMPLE\CH05 \ CONNECT_5.7.3.PRT 文件，如图 5-200 所示。
2. 在主菜单栏中选择“插入”→“来自曲线集的曲线”→“桥接曲线”命令，弹出“桥接曲线”对话框，如图 5-201 所示。

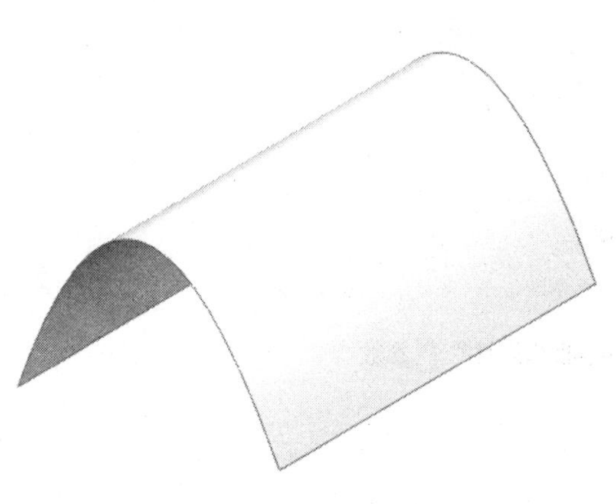

图 5-200 打开的模型

图 5-201 “桥接曲线”对话框

3. 选择如图 5-202 所示的曲面边界端点作为桥接曲线的起点，继续选择曲面边界的另外一边端点作为桥接曲线的终点。

4. 其他选项按照系统默认的设置不变，单击对话框中的 确定 按钮，桥接曲线完成后的效果如图 5-203 所示。

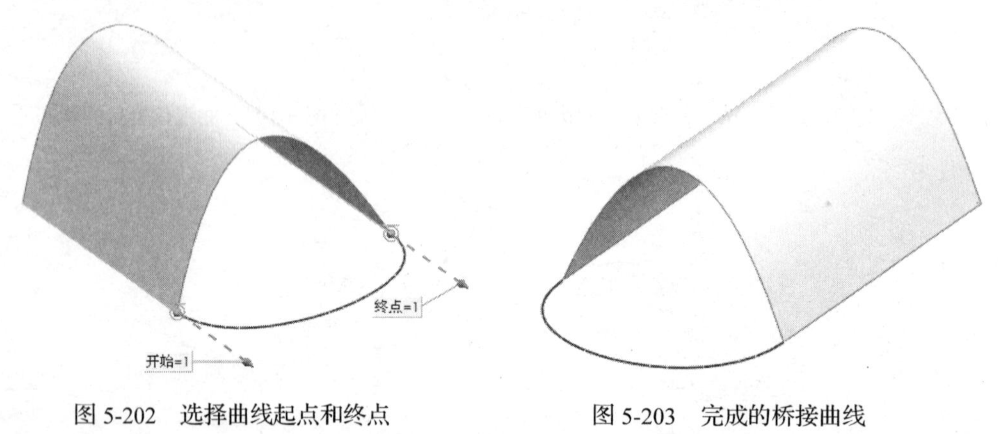

图 5-202　选择曲线起点和终点　　　　图 5-203　完成的桥接曲线

提示：

- 在选择曲线的起点和终点时选择的边界呈高亮显示，如果高亮曲线不是起点所在的边界，可以通过移动鼠标位置来选择起点边界。
- 在对话框中的“桥接曲线属性”栏下可以对曲线连接进行相应的设置，如图 5-204 所示。

连续性：“约束类型”下拉列表中包括 G0（位置）、G1（相切）、G2（曲率）、G3（流）4 种类型，在设计过程中根据需要对曲线约束进行相应的选择。

位置：设置曲线起点或终点的位置。

方向：设置曲线与连接边界的约束关系。

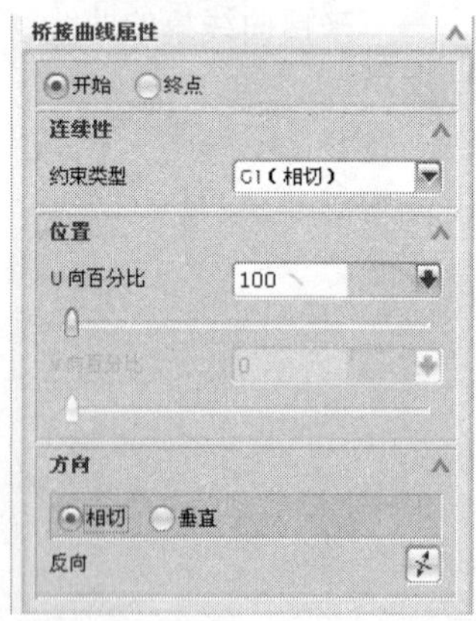

图 5-204　“桥接曲线属性”栏参数

5.7.4　创建圆形圆角曲线

以两条曲线为参照，创建圆形圆角曲线。

操作步骤

1. 打开附书光盘中的 SAMPLE\CH05 \ ROUND_5.7.4.PRT 文件，如图 5-205 所示。

2. 在主菜单栏中选择"插入"→"来自曲线集的曲线"→"圆形圆角曲线"命令，弹出"圆形圆角曲线"对话框，如图 5-206 所示。

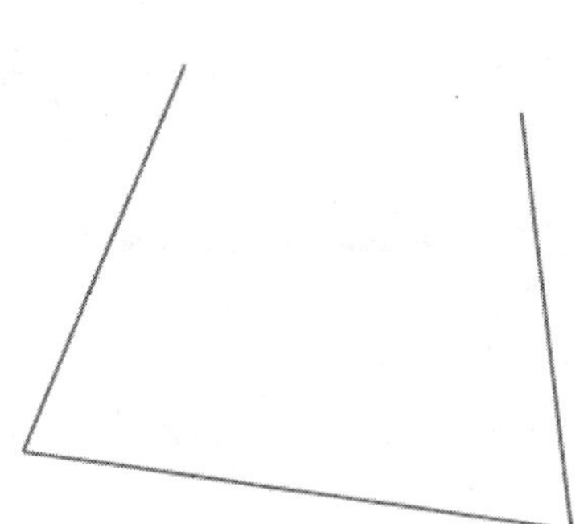

图 5-205 打开的 ROUND_5.7.4.PRT 文件

图 5-206 "圆形圆角曲线"对话框

3. 选择如图 5-207 所示的直线作为曲线 1，单击鼠标中键确认选择。然后在工作窗口中继续选择如图 5-208 所示的直线作为曲线 2。

4. 将"圆柱"栏下的"圆弧长"设置为 0，其他选项按照系统默认的设置不变，单击对话框中的 确定 按钮，创建的圆形圆角曲线如图 5-208 所示。

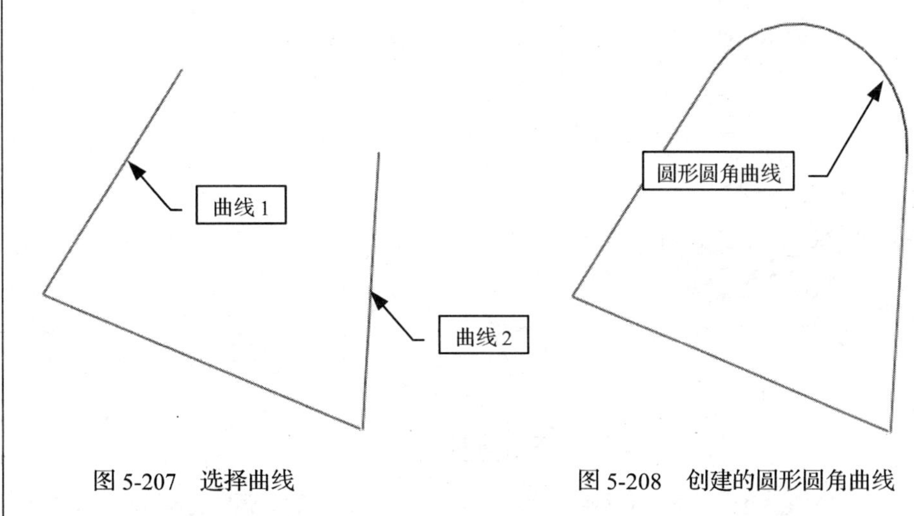

图 5-207 选择曲线　　图 5-208 创建的圆形圆角曲线

提示：

- 在对话框中的“圆柱”栏下的“半径选项”下拉列表中选择“值”选项，可以设置圆形圆角曲线的半径值。
- 勾选“圆柱”栏下的☑显示圆柱 选项，创建的圆形圆角曲线将以圆柱显示。

5.7.5 连结曲线

连结曲线是指将多条曲线连接成一条曲线。

操作步骤

1. 打开附书光盘中的 SAMPLE\CH05 \ LINK_5.7.5.PRT 文件，如图 5-209 所示。

2. 在主菜单栏中选择“插入”→“来自曲线集的曲线”→“连结”命令，弹出“连结曲线”对话框，如图 5-210 所示。

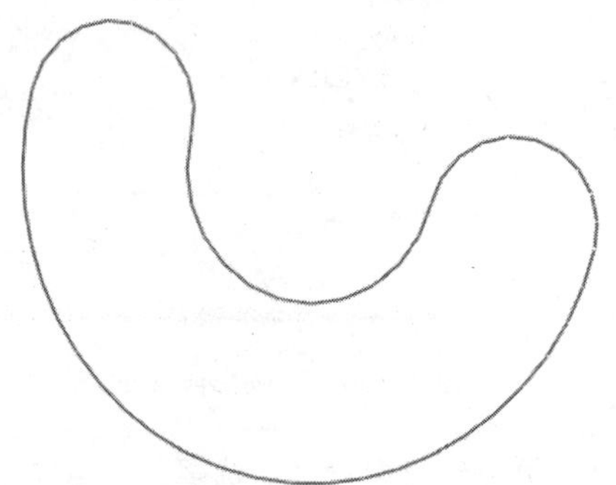

图 5-209 打开的 LINK_5.7.5.PRT 文件

图 5-210 “连结曲线”对话框

3. 选择要进行连结的曲线，将如图 5-211 所示的曲线分为 4 条独立的曲线，单击选择 4 条曲线，预览选择后的曲线，如图 5-212 所示。

4. 最后单击确定按钮退出对话框，连结后的曲线将是一独立的曲线。

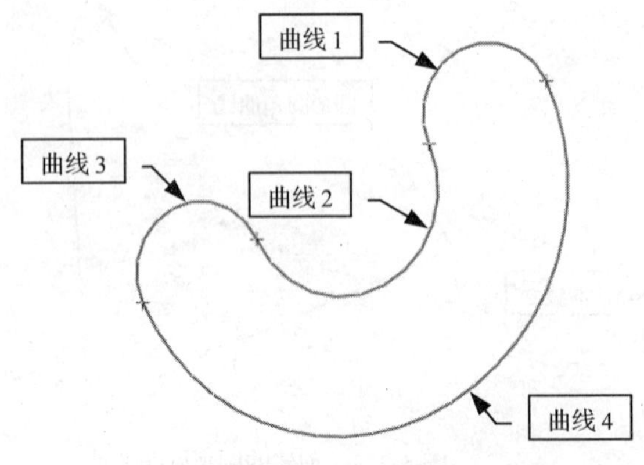

图 5-211 选择连结曲线

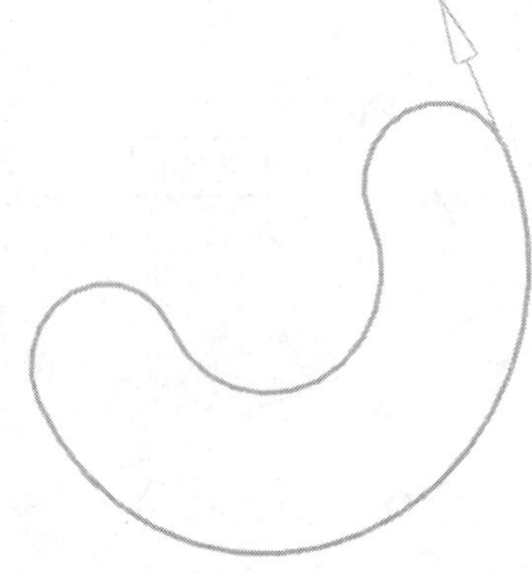

图 5-212 预览选择后的曲线状态

提示： 选择的连结曲线之间必须是封闭的，不能有间隙，否则就无法创建连结曲线。

5.7.6 投影曲线

投影曲线是指将曲线、点、边界投影到指定的曲面或者是平面上。

在“投影曲线“对话框中有 6 种投影方向的方式，如图 5-213 所示，沿面的法向、朝向点、朝向直线、沿矢量、与矢量所成的角度。下面通过实例详细介绍这几种投影方向方式的使用。

操作步骤

步骤 1 沿面的法向

“沿面的法向”投影曲线是指将投影对象沿着曲面或者平面的法向来投影曲线。

1. 打开附书光盘中的 SAMPLE\CH05 \ Projection_5.7.6-1.PRT 文件，如图 5-214 所示。

图 5-213 “投影曲线”对话框

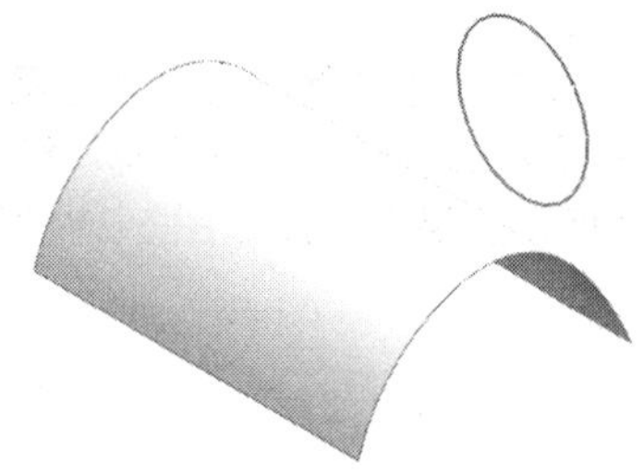

图 5-214 打开的 Projection_5.7.6-1.PRT 文件

2. 在主菜单栏中选择“插入”→“来自曲线集的曲线”→“投影”命令，弹出“投影曲线”对话框，如图 5-215 所示。

3. 选择如图 5-216 所示的圆作为投影曲线对象，单击鼠标中键确认选择。然后继续选择如图 5-216 所示的拉伸曲面作为投影曲面。

图 5-215 “投影曲线”对话框

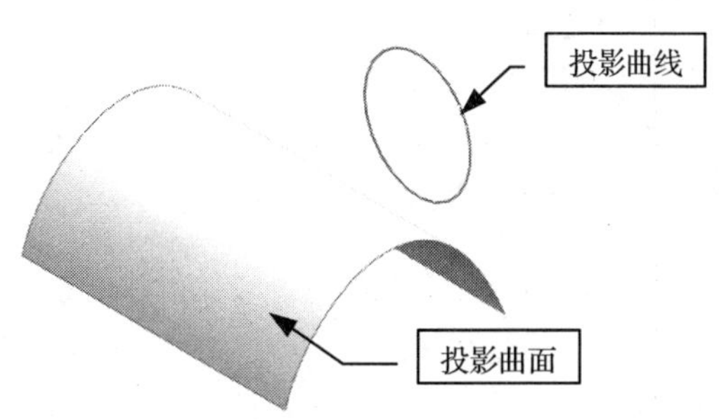

图 5-216 选择投影曲线、投影曲面

4. 其他选项按照系统默认的设置不变，单击对话框中的确定按钮，创建的投影曲线如图5-217所示。

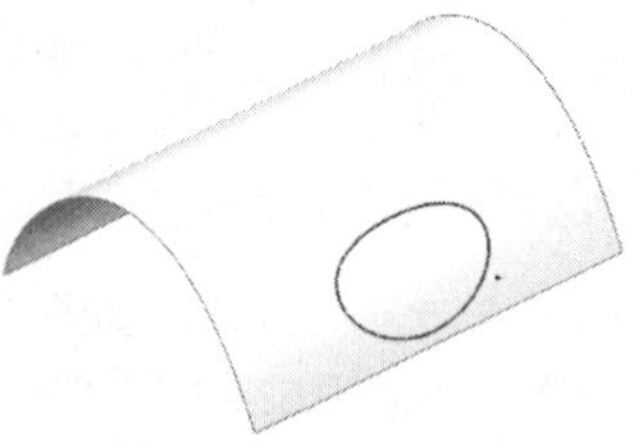

图 5-217　预览投影曲线

步骤 2　朝向点

指定一点作为投影曲线的投影方向。

1. 打开附书光盘中的 SAMPLE\CH05 \ Projection_5.7.6-1.PRT 文件。

2. 在主菜单栏中选择“插入”→“来自曲线集的曲线”→“投影”命令，弹出“投影曲线”对话框。

3. 在工作窗口中选择圆形曲线作为投影曲线，单击鼠标中键确认选择。然后选择拉伸曲面作为投影曲面。在“投影方向”栏下的“方向”下拉列表中选择“朝向点”选项，如图5-218所示。最后选择如图5-219所示的边界端点为投影点。

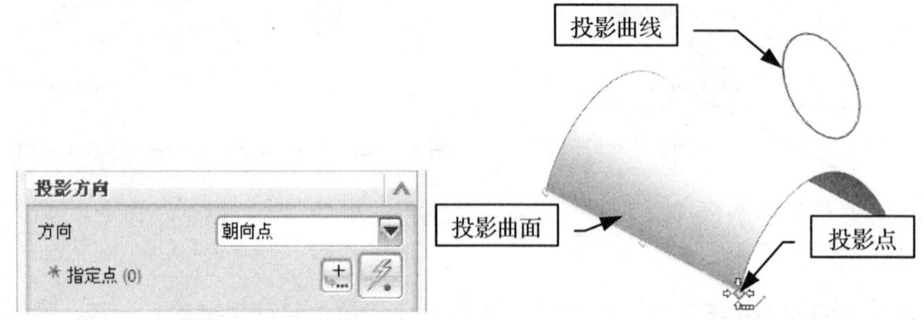

图 5-218　选择“朝向点”选项　　　图 5-219　选择投影对象

4. 其他选项按照系统默认的设置不变，单击对话框中的确定按钮，创建的投影曲线如图5-220所示。

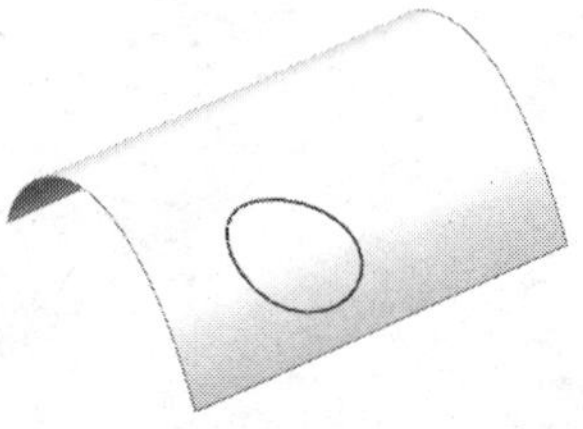

图 5-220　创建的投影曲线

步骤 [3] 朝向直线

指定一直线为投影方向来创建投影曲线。

1. 打开附书光盘中的 SAMPLE\CH05 \ Projection_5.7.6-2.PRT 文件，如图 5-221 所示。

2. 在主菜单栏中选择“插入”→“来自曲线集的曲线”→“投影”命令，弹出“投影曲线”对话框。

3. 在工作窗口中选择圆形曲线作为投影曲线，单击鼠标中键确认选择。然后选择拉伸曲面作为投影曲面。在“投影方向”栏下的“方向”下拉列表中选择“朝向直线”选项，如图 5-222 所示。最后选择如图 5-223 所示的直线为投影方向参照。

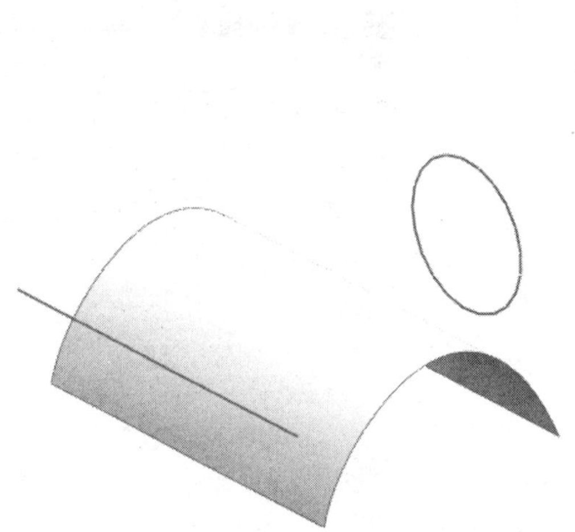

图 5-221 打开的 Projection_5.7.6-2.PRT 文件

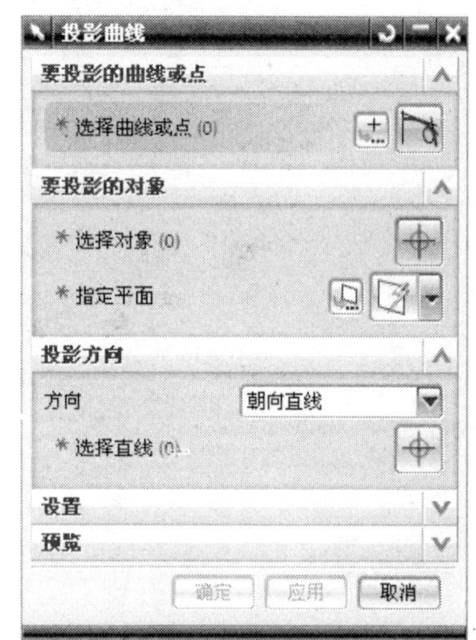

图 5-222 选择“朝向直线”选项

4. 其他选项按照系统默认的设置不变，单击对话框中的 确定 按钮，创建的投影曲线如图 5-224 所示。

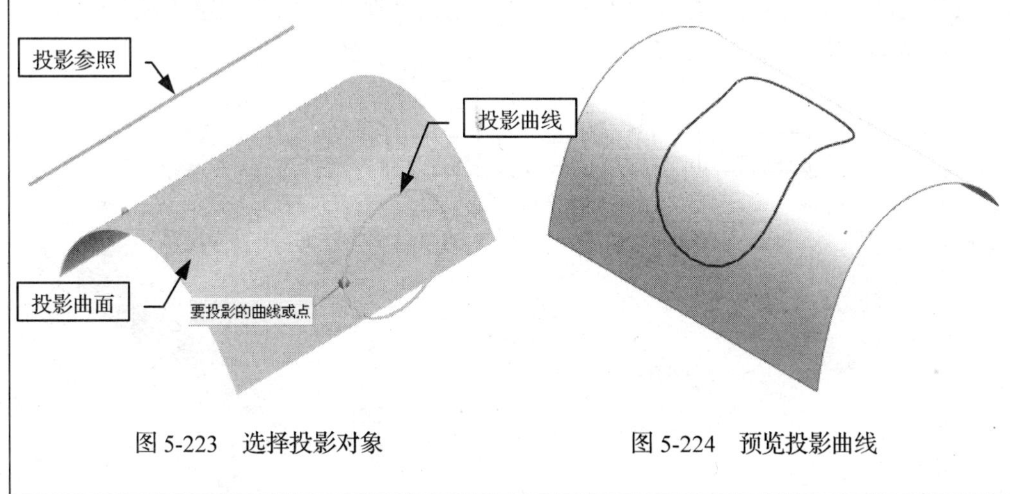

图 5-223 选择投影对象

图 5-224 预览投影曲线

步骤 4 沿矢量

指定矢量方向作为投影方向来投影曲线。

1. 打开附书光盘中的 SAMPLE\CH05 \ Projection_5.7.6-3.PRT 文件，如图 5-225 所示。
2. 在主菜单栏中选择“插入”→“来自曲线集的曲线”→投影”命令，弹出“投影曲线”对话框。
3. 在工作窗口中选择圆形曲线作为投影曲线，单击鼠标中键确认选择。然后选择拉伸曲面作为投影曲面。在“投影方向”栏下的“方向”下拉列表中选择“沿矢量”选项，如图 5-226 所示。最后选择如图 5-227 所示的直线为投影方向参照。

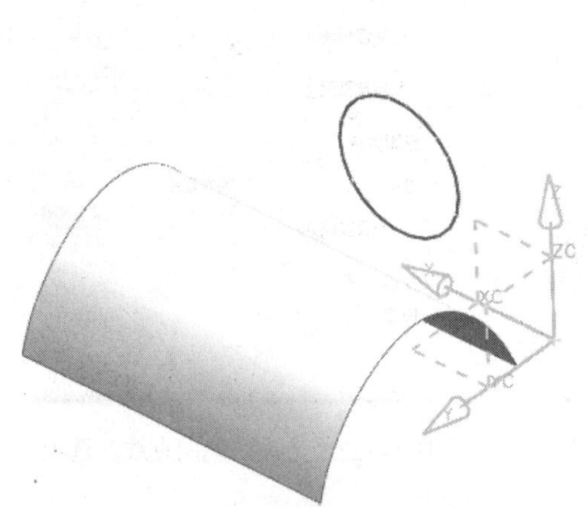

图 5-225 打开的 Projection_5.7.6-3.PRT 文件

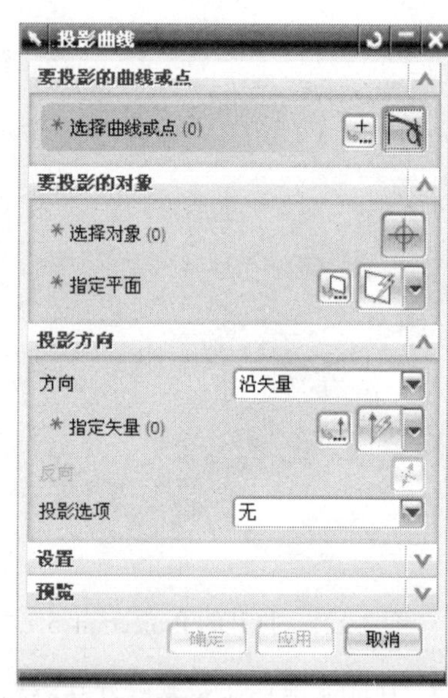

图 5-226 选择“沿矢量”选项

4. 其他选项按照系统默认的设置不变，单击对话框中的确定按钮，创建的投影曲线如图 5-228 所示。

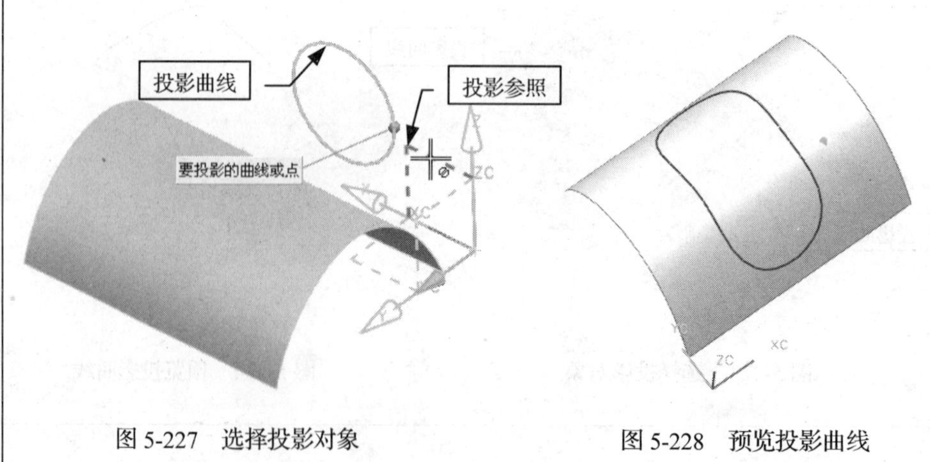

图 5-227 选择投影对象

图 5-228 预览投影曲线

步骤 5 与矢量所成的角度

指定与矢量方向成一角度的方向为投影方向来创建投影曲线。创建方法与“沿矢量”的方式基本一样，这里将不再加以叙述。

5.7.7 组合投影曲线

组合投影曲线是通过两个不同方向的投影而创建的曲线，通过“组合投影”命令可以精确地控制曲线两个方向的形状。

操作步骤

1. 打开附书光盘中的 SAMPLE\CH05 \ Projection_5.7.7.PRT 文件，如图 5-229 所示。
2. 在主菜单栏中选择“插入→“来自曲线集的曲线”→“组合投影”命令，弹出“组合投影”对话框，如图 5-230 所示。

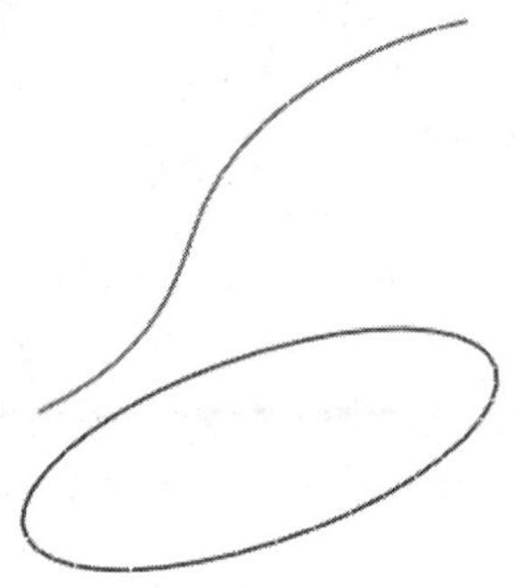

图 5-229　打开的 Projection_5.7.7.PRT 文件

图 5-230　“组合投影”对话框

3. 在工作窗口中选择如图 5-231 所示的曲线 1 为第一条投影线段，单击鼠标中键确认选择。然后继续选择如图 5-231 所示的曲线 2 为第二条投影线段。
4. 系统默认地设置“垂直于曲线所在平面”为曲线投影矢量，单击对话框中的确定按钮，创建完成后的曲线如图 5-232 所示。

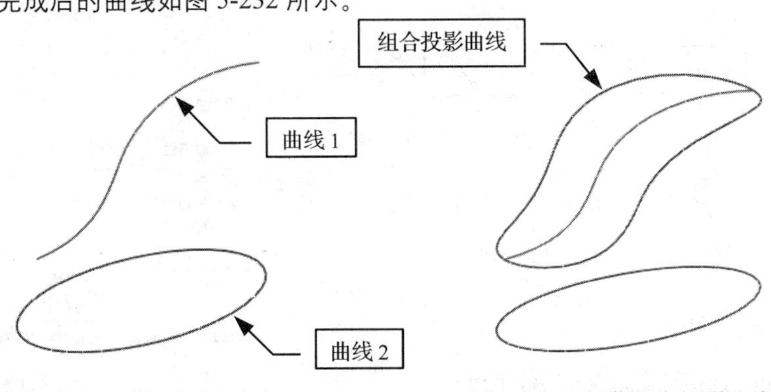

图 5-231　选择投影曲线　　图 5-232　预览组合投影曲线

5.7.8 镜像曲线

创建的曲线是对称的形式时，可以只创建其中对称的一侧，通过镜像命令可以快速地完成另一侧对称的曲线。

操作步骤

1. 打开附书光盘中的 SAMPLE\CH05 \ Mirror_5.7.8.PRT 文件，如图 5-233 所示。

2. 在主菜单栏中选择“插入”→“来自曲线集的曲线”→“镜像曲线”命令，弹出“镜像曲线”对话框，如图 5-234 所示。

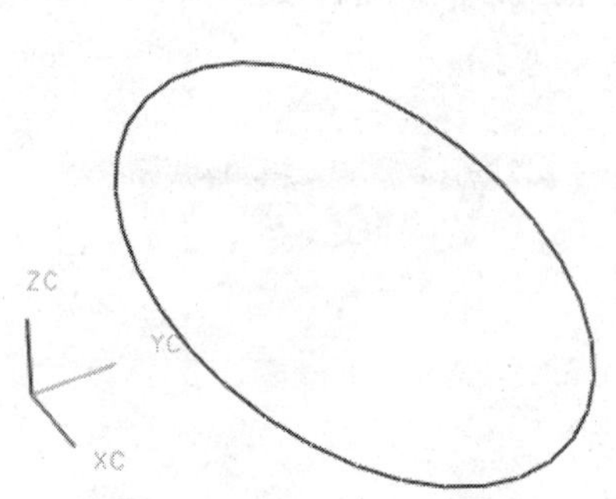

图 5-233 打开的 Mirror_5.7.8.PRT 文件

图 5-234 “镜像曲线”对话框

3. 选择如图 5-235 所示的椭圆曲线为镜像曲线，单击鼠标中键确认选择。然后在工作窗口中选择镜像平面 *xc-zc* 为镜像平面。

提示： 选择镜像平面可以在工作窗口中选择也可以在“镜像曲线”对话框中的“平面方法”下拉列表中选择，如图 5-236 所示。

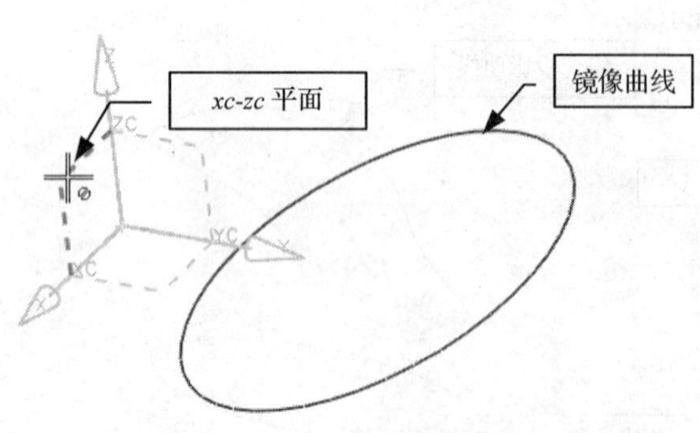

图 5-235 选择镜像曲线和镜像平面

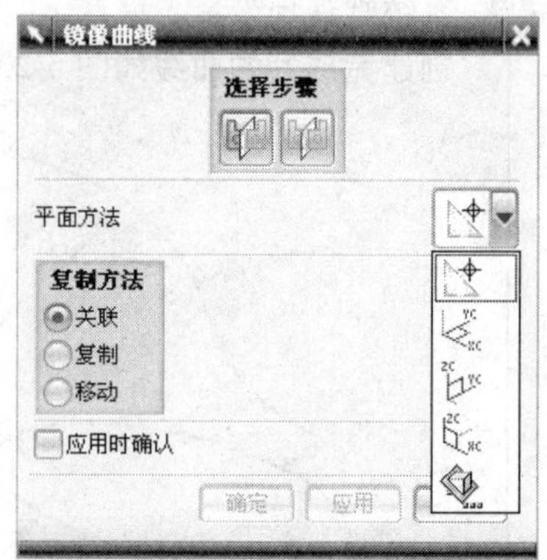

图 5-236 选择镜像平面方式

4. 其他选项按照系统默认的设置不变，单击对话框中的确定按钮，完成镜像创建的曲线如图 5-237 所示。

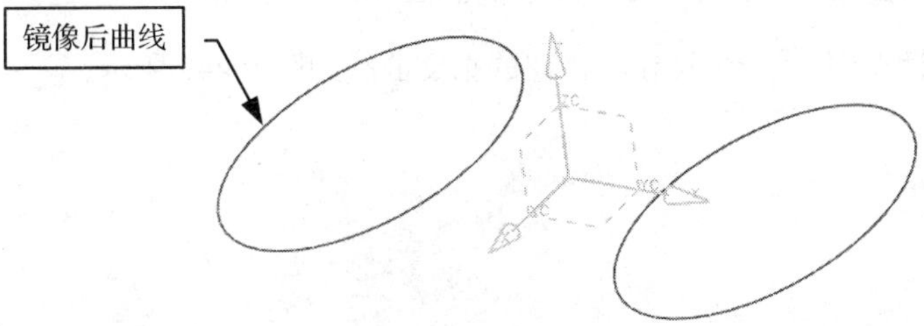

镜像后曲线

图 5-237 镜像后曲线

提示：

- 勾选对话框中的 ◉关联 选项，镜像后的曲线将会随原始镜像曲线参数的改变而改变。
- 勾选对话框中的 ◉复制 选项，镜像后的曲线不会随原始镜像曲线参数的改变而改变。
- 勾选对话框中的 ◉移动 选项，镜像曲线完成后，原始镜像曲线将会被删除。

5.8 创建来自实体的曲线

除了自行创建曲线外，还可以通过现有的特征来创建曲线，如求交创建曲面、截面曲线等形式。

录像文件：演示录像\CH05\0508

5.8.1 创建求交曲线

在两个相交曲面上创建交集曲线，曲线在两曲面交集的位置处。

操作步骤

1. 打开附书光盘中的 SAMPLE\CH05 \ SECTION_5.8.1.PRT 文件，如图 5-238 所示。

2. 在主菜单栏中选择“插入”→“来自体的曲线”→“求交”命令，弹出“相交曲线”对话框，如图 5-239 所示。

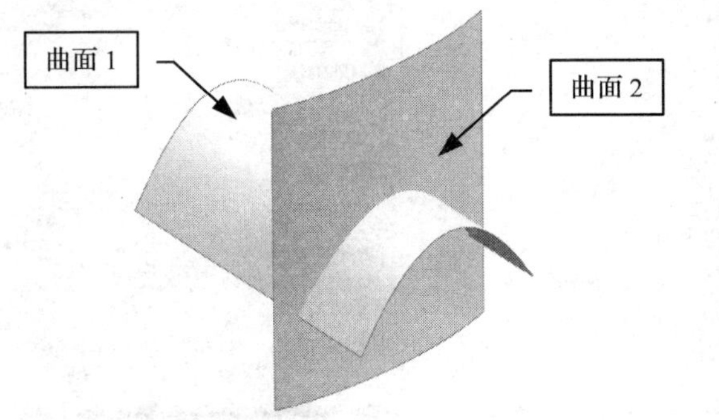

图 5-238 打开的 CROSS_5.8.1.PRT 文件

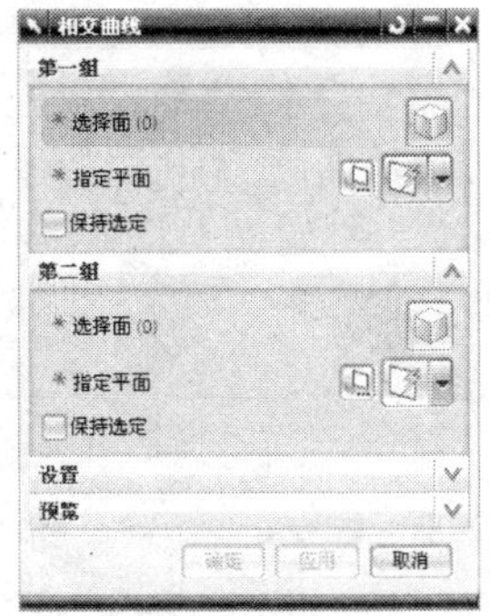

图 5-239 “相交曲线”对话框

3. 选择如图 5-238 所示的曲面 1 作为第一组相交曲面，单击鼠标中键确认选择。然后在工作窗口中继续选择如图 5-238 所示的曲面 2 作为第二组相交曲面。

4. 单击对话框中的 确定 按钮，创建的相交曲线如图 5-240 所示。

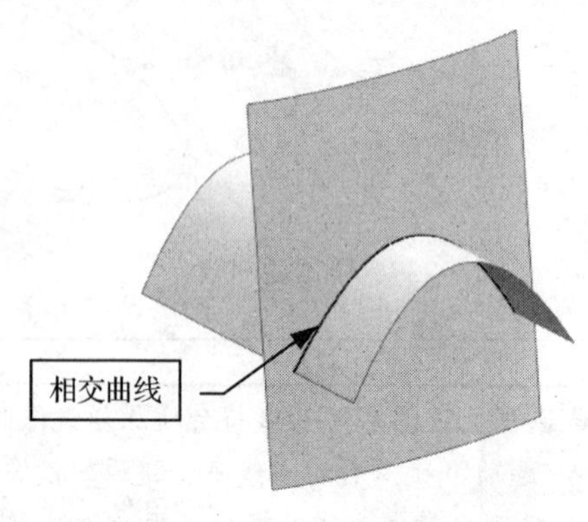

图 5-240 创建的相交曲线

5.8.2 创建截面曲线

通过将平面与体、曲线和面相交来创建曲线或点。创建截面曲线共有 4 种方式：选定的平面、平行平面、径向平面、垂直于曲线的平面。

操作步骤

步骤 1 选定的平面

1. 打开附书光盘中的 SAMPLE\CH05 \ SECTION _5.8.2.PRT 文件，如图 5-241 所示。

2. 在主菜单栏中选择“插入”→“来自体的曲线”→“截面”命令，弹出“截面曲线”对话框，如图 5-242 所示。

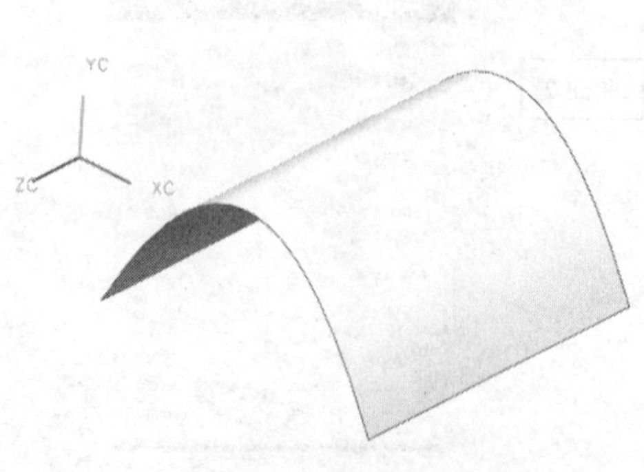

图 5-241 打开的 SECTION_5.8.2.PRT 文件

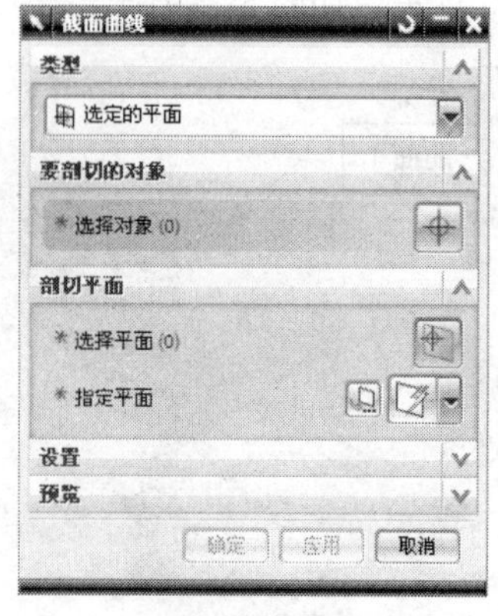

图 5-242 “截面曲线”对话框

3. 选择如图 5-243 所示的拉伸曲面作为要剖切的对象，单击鼠标中键确认选择。然后在工作窗口中选择基准平面 *xc-yc* 作为剖切平面。

4. 最后单击对话框中的确定按钮，创建的截面曲线如图 5-244 所示。

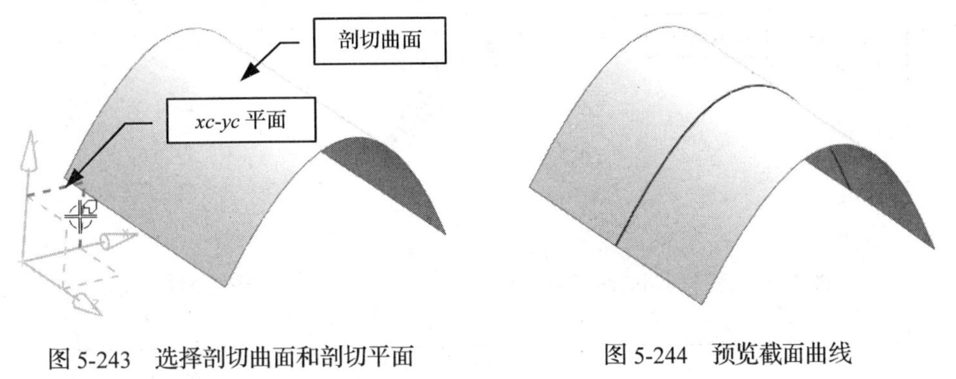

图 5-243 选择剖切曲面和剖切平面

图 5-244 预览截面曲线

步骤 2 平行平面

1. 打开附书光盘中的 SAMPLE\CH05 \ SECTION_5.8.2.PRT 文件，如图 5-245 所示。

2. 在主菜单栏中选择“插入”→“来自体的曲线”→“截面”命令，弹出“截面曲线”对话框。然后在“类型”下拉列表中选择“平行平面”选项，如图 5-246 所示。

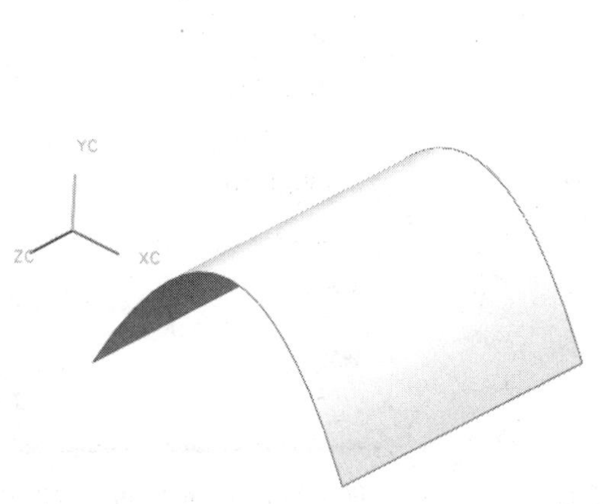

图 5-245 打开的 SECTION_5.8.2.PRT 文件

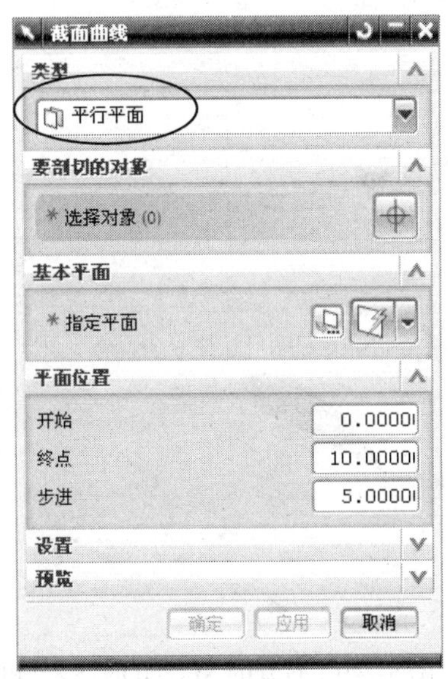

图 5-246 选择“平行平面”选项

3. 选择如图 5-247 所示的拉伸曲面作为剖切的对象，单击鼠标中键确认选择。然后在工作窗口中选择基准平面 *xc-yc* 作为剖切平面。

4. 最后单击对话框中的确定按钮，创建的截面曲线如图 5-248 所示。

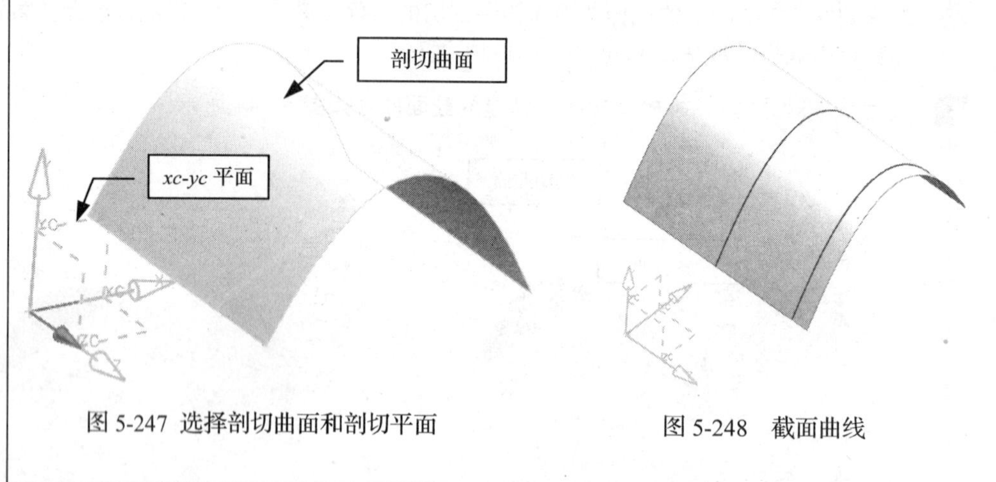

图 5-247 选择剖切曲面和剖切平面　　图 5-248 截面曲线

步骤[3] 径向平面

1. 打开附书光盘中的 SAMPLE\CH05 \ SECTION_5.8.2.PRT 文件，如图 5-249 所示。

2. 在主菜单栏中选择"插入"→"来自体的曲线"→"截面"命令，弹出"截面曲线"对话框。然后在"类型"下拉列表中选择"径向平面"选项，如图 5-250 所示。

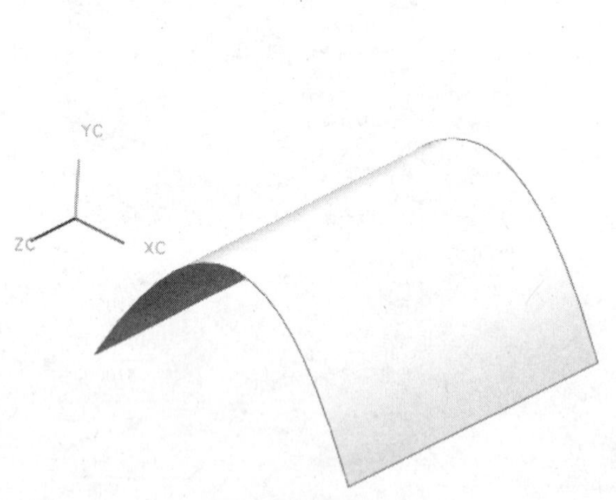

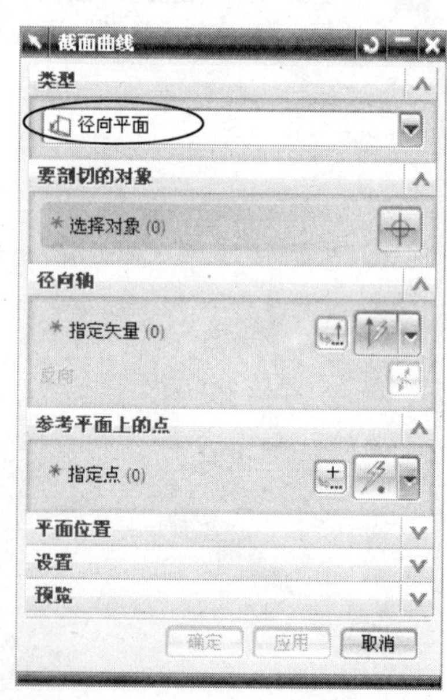

图 5-249 打开的 SECTION_5.8.2.PRT 文件　　图 5-250 选择"径向平面"选项

3. 选择如图 5-251 所示的拉伸曲面作为要剖切的对象，单击鼠标中键确认选择。然后在工作窗口中选择基准平面 *xc-yc* 作为径向轴，最后在曲面上选择一点作为参考平面上的参考点。

4. 最后单击对话框中的确定按钮，创建的截面曲线如图 5-252 所示。

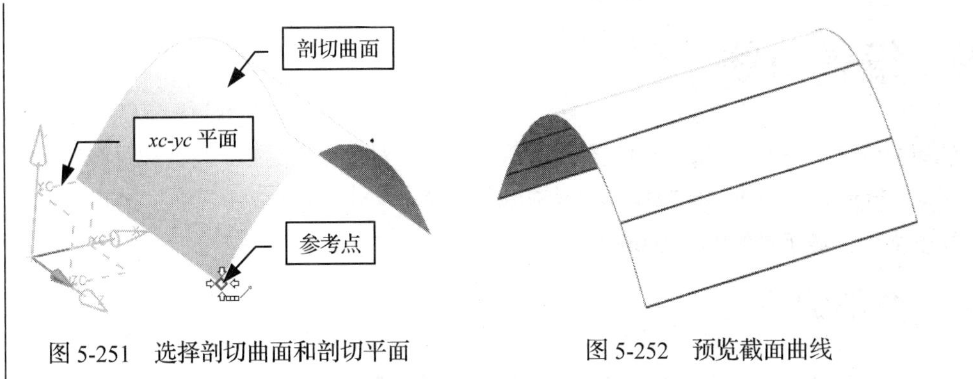

图 5-251 选择剖切曲面和剖切平面　　　图 5-252 预览截面曲线

步骤 4 垂直于曲线的平面

1. 打开附书光盘中的 SAMPLE\CH05 \ SECTION_5.8.2.PRT 文件，如图 5-253 所示。

2. 在主菜单栏中选择"插入"→"来自体的曲线"→"截面"命令，弹出"截面曲线"对话框。然后在"类型"下拉列表中选择"垂直于曲线的平面"选项，如图 5-254 所示。

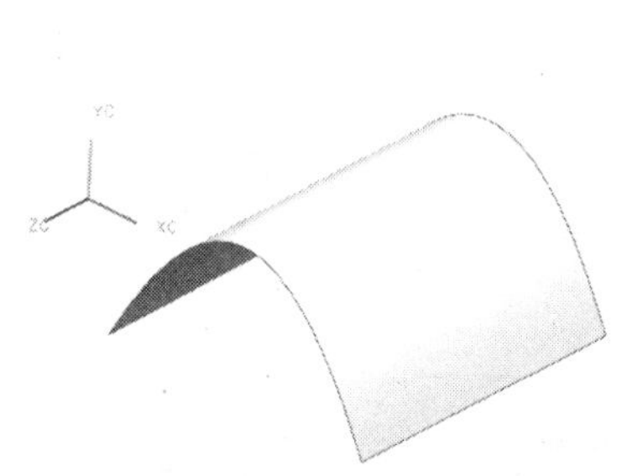

图 5-253 打开的 SECTION_5.8.2.PRT 文件

图 5-254 选择"垂直于曲线的平面"选项

3. 选择如图 5-255 所示的拉伸曲面作为要剖切的对象，单击鼠标中键确认选择。继续选择图 5-255 中的曲面棱边，在棱边开始与终点处创建两处垂直的平面。

4. 最后单击对话框中的 确定 按钮，在两处垂直平面与剖切曲面相交处创建两截面曲线，如图 5-256 所示。

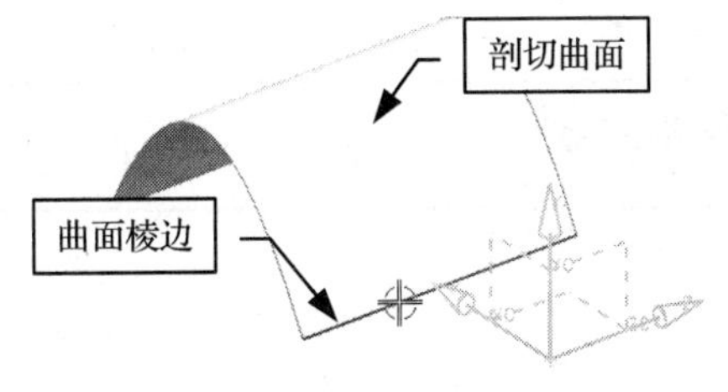

图 5-255 选择剖切曲面和剖切平面

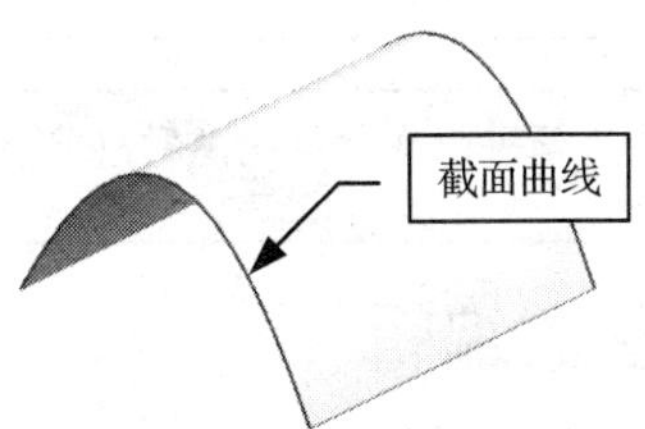

图 5-256 预览截面曲线

5.9 编辑曲线

编辑曲线的方法有几种，如对创建的曲线进行原始对话框的编辑、将曲线进行修剪、分割曲线、拉长曲线等，对创建的曲线进行相应地编辑以满足设计的需要。

录像文件：演示录像\CH05\0509

5.9.1 全部编辑

通过“全部编辑”命令可以打开所有编辑曲线的对话框。

操作步骤

1. 在主菜单栏中选择“编辑”→“曲线”→“全部”命令，弹出“编辑曲线”对话框和“跟踪条”对话框，如图 5-257 和图 5-258 所示。

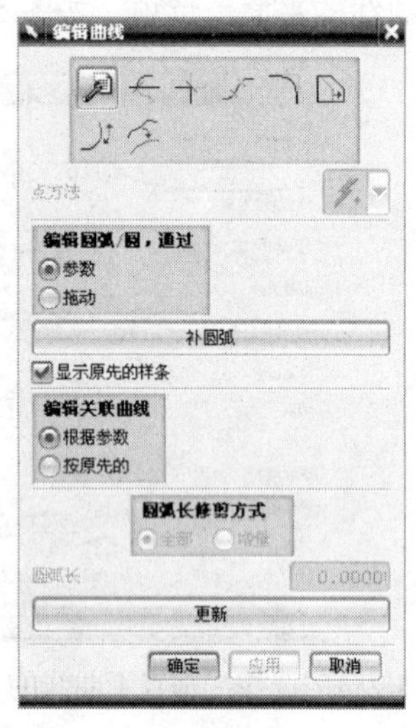

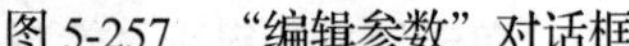

图 5-257 “编辑参数”对话框

图 5-258 “跟踪条”对话框

2. 单击选择任何需要编辑的曲线，系统将自动弹出创建曲线的原始对话框。
3. 通过“全部编辑”命令不仅可以编辑曲线的基本参数，还可以对曲线进行更细节的编辑，如：修剪曲线、修剪角、分割曲线、编辑圆角、拉长、圆弧长、光顺样条等。

提示：

- “编辑曲线”命令只针对曲线，不包括曲面编辑。

5.9.2 参数编辑

“参数编辑”命令对现有的曲线进行参数编辑。

操作步骤

1. 在主菜单栏中选择“编辑”→“曲线”→“参数”命令，弹出“编辑曲线参数”对话框和“跟条”对话框，如图 5-259 和图 5-260 所示。

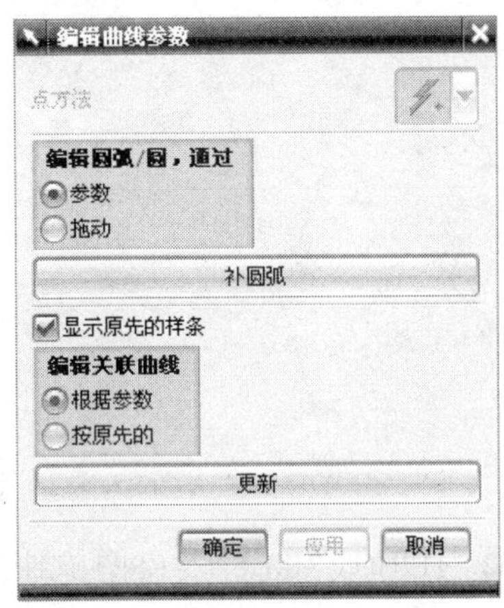

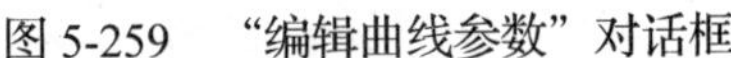

图 5-259 “编辑曲线参数”对话框

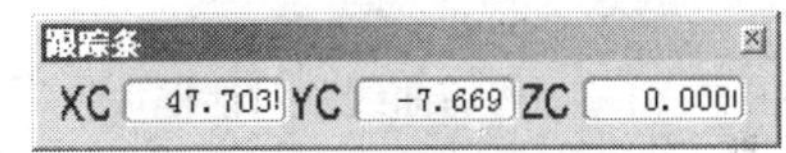

图 5-260 “跟踪条”对话框

2. 单击任何需要编辑的曲线，系统将自动弹出创建曲线的原始对话框。

提示： “编辑曲线”命令只针对曲线，不包括曲面编辑。

5.9.3 修剪曲线

修剪曲线首先需要选定一曲线为修剪目标，然后再选择修剪参照（点、线、平面）。在如图 5-261 所示的“修剪曲线”对话框中的“方向”下拉列表中共有 4 种方向方式，相对于 WCS、最短的 3D 距离、沿一矢量方向、沿屏幕垂直方向。

操作步骤

步骤 1 相对于 WCS

1. 打开附书光盘中的 SAMPLE\CH05 \ TRIM_5.9.3-1.PRT 文件，如图 5-262 所示。
2. 在主菜单栏中选择“编辑”→“曲线”→“修剪”命令，弹出“修剪曲线”对话框。
3. 在工作窗口中单击选择如图 5-263 所示的曲线 1 作为要修剪的曲线，然后继续单击选择直线作为边界对象 1。
4. 系统默认选择的方向方式为“相对于 WCS”，其他参数也按照系统默认的设置不变，单击对话框中的确定按钮，修剪后的曲线如图 5-264 所示。

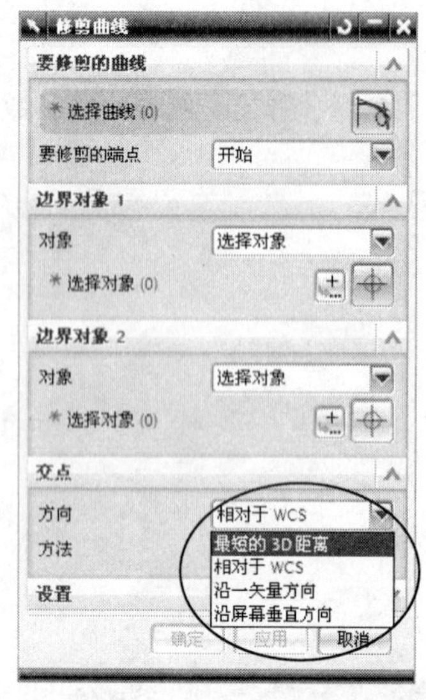

图 5-261 “修剪曲线”对话框

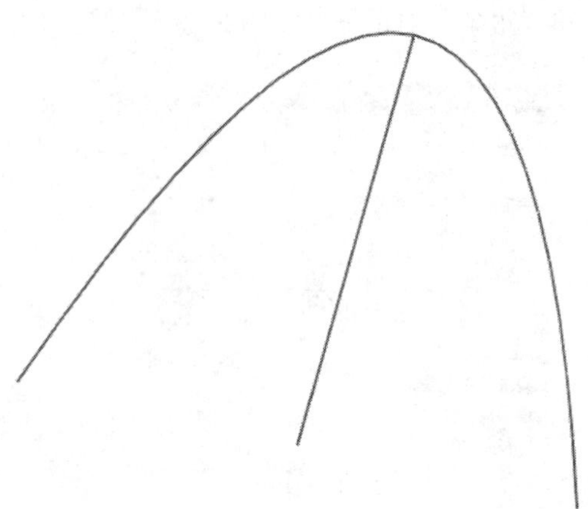

图 5-262 打开的 TRIM_5.9.3-1.PRT 文件

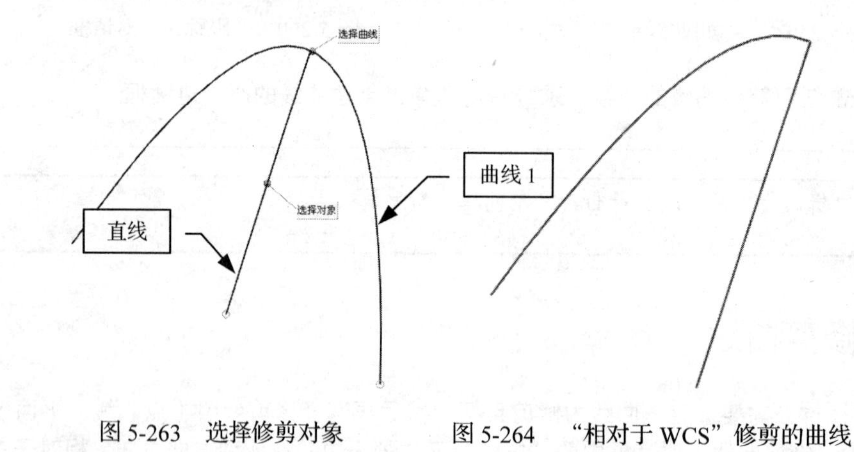

图 5-263 选择修剪对象

图 5-264 “相对于 WCS”修剪的曲线

提示： 如果要改变曲线的修剪方向可以在对话框中的“要修剪的曲线”栏下的“要修剪的端点”下拉列表中选择“终点”选项。

步骤 2 最短的 3D 距离

1. 打开附书光盘中的 SAMPLE\CH05 \ TRIM_5.9.3-2.PRT 文件，如图 5-265 所示。
2. 在主菜单栏中选择“编辑”→“曲线”→“修剪”命令，弹出“修剪曲线”对话框。
3. 在工作窗口中单击选择如图 5-266 所示的曲线 1 作为要修剪的曲线。然后在工作窗口中选择如图 5-268 所示的直线 1 作为边界对象 1，继续选择直线 1 为边界对象 2。
4. 在对话框中的“方向”下拉列表中选择“最短的 3D 距离”选项，其他参数按照系统默认的设置不变，如图 5-267 所示。

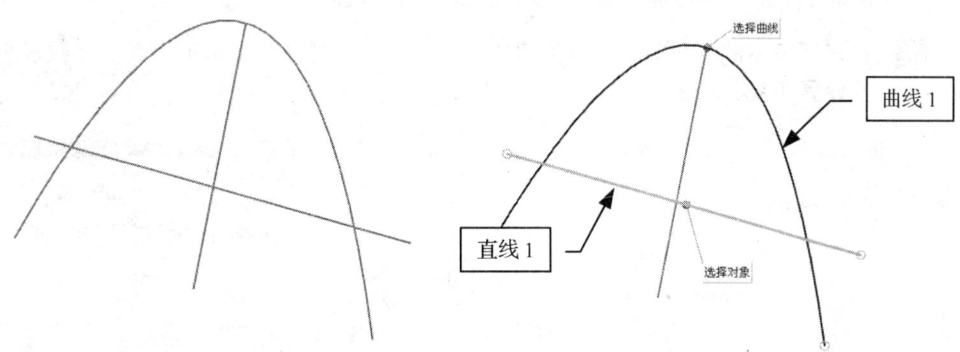

图 5-265 打开的 TRIM_5.9.3-2.PRT 文件　　　　图 5-266 选择修剪对象

5. 最后单击“修剪曲线”对话框中的 确定 按钮，修剪后的曲线如图 5-268 所示。取消对话框中对“设置”栏下的 关联 选项的勾选，修剪完成后的曲线如图 5-269 所示。

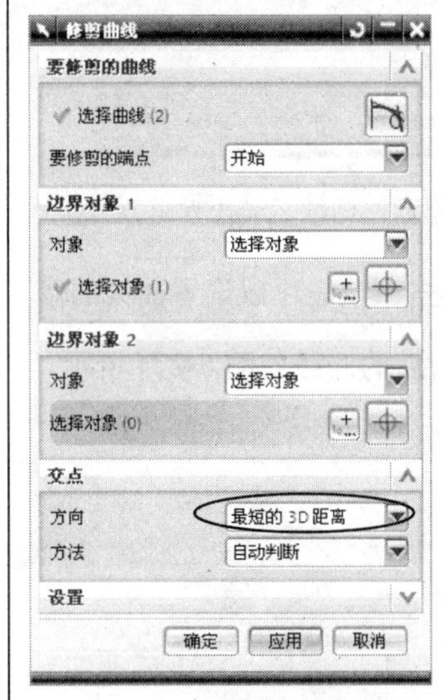

图 5-267 选择“最短的 3D 距离”选项

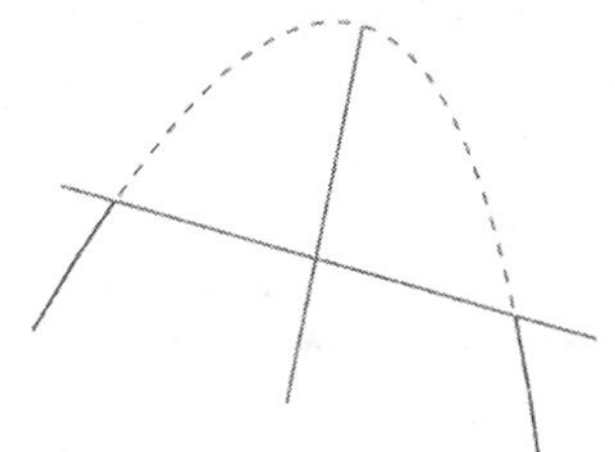

图 5-268 选择修剪对象

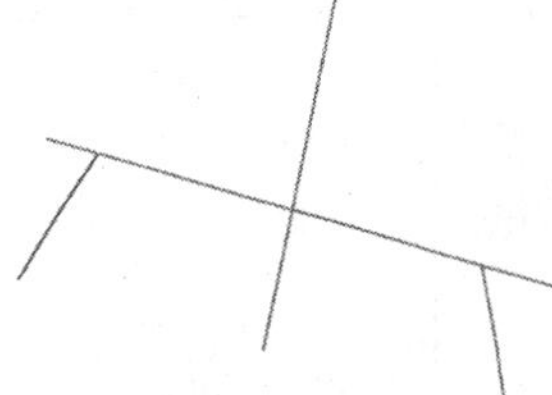

图 5-269 “最短的 3D 距离”修剪的曲线

步骤 3 沿一矢量方向

1. 打开附书光盘中的 SAMPLE\CH05 \ TRIM_5.9.3-3 .PRT 文件，如图 5-270 所示。

2. 在主菜单栏中选择“编辑”→“曲线”→“修剪”命令，弹出“修剪曲线”对话框。

3. 在工作窗口中单击选择如图 5-271 所示的曲线 1 为要修剪的曲线。然后在工作窗口中依次选择如

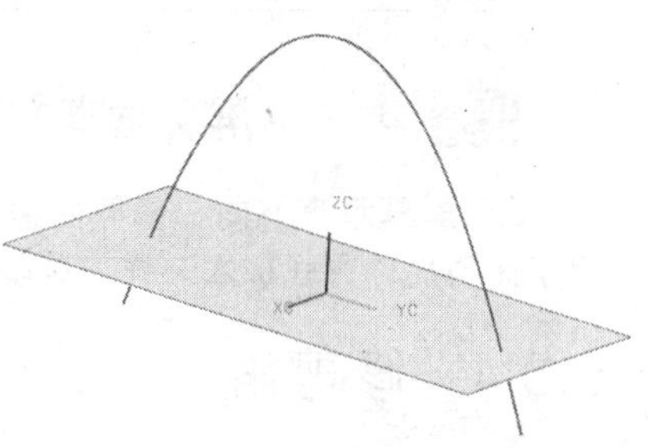

图 5-270 打开的 TRIM_5.9.3-3.PRT 文件

图 5-271 所示的拉伸曲面作为边界对象 1 和边界对象 2。

4. 在对话框中的"方向"下拉列表中选择"沿一矢量方向"选项，其他参数按照系统默认的设置不变，如图 5-272 所示。

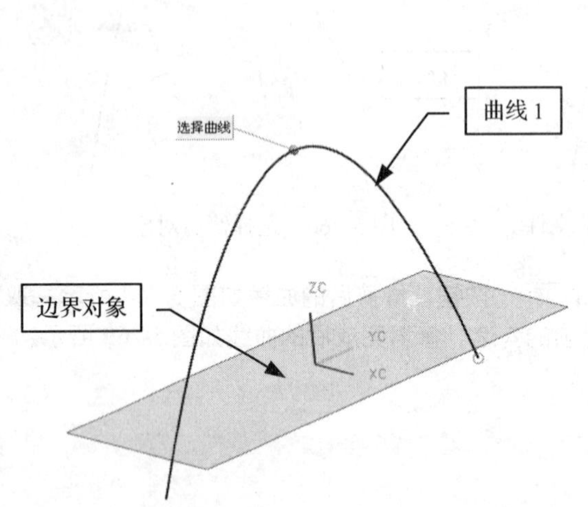

图 5-271　选择修剪对象　　　　图 5-272　选择"沿一矢量方向"选项

5. 指定如图 5-273 所示的拉伸曲面作为矢量参照，单击按钮可以设置曲线的修剪方向。

6. 最后单击"修剪曲线"对话框中的确定按钮，修剪后的曲线如图 5-274 所示。

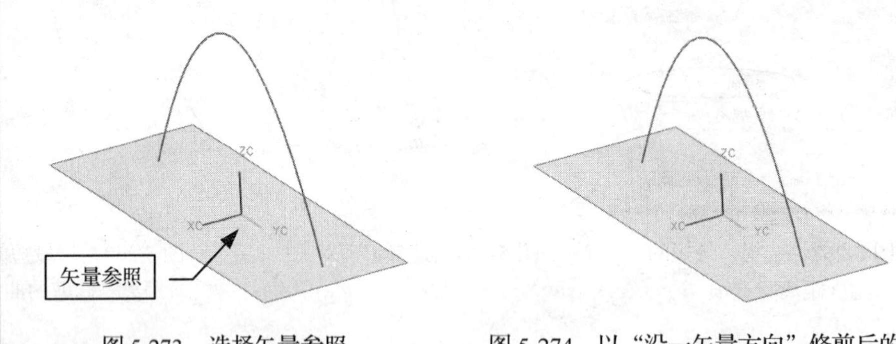

图 5-273　选择矢量参照　　　　图 5-274　以"沿一矢量方向"修剪后的曲线

步骤 4　沿屏幕垂直方向

"沿屏幕垂直方向"修剪曲线是指沿着屏幕垂直方向的平面或曲面进行修剪，操作方法跟前面所述的几种方式基本一样，这里就不再介绍。

5.9.4　修剪角

当需修剪相交的曲线，并保留其中需要的部分曲线时就可以通过修剪角来完成。

操作步骤

1. 打开附书光盘中的 SAMPLE\CH05 \ TRIM CORNER_5.9.4.PRT 文件，如图 5-275 所示。

2. 在主菜单栏中选择"编辑"→"曲线"→"修剪角"命令，弹出"修剪角"对话框，如图 5-276 所示。

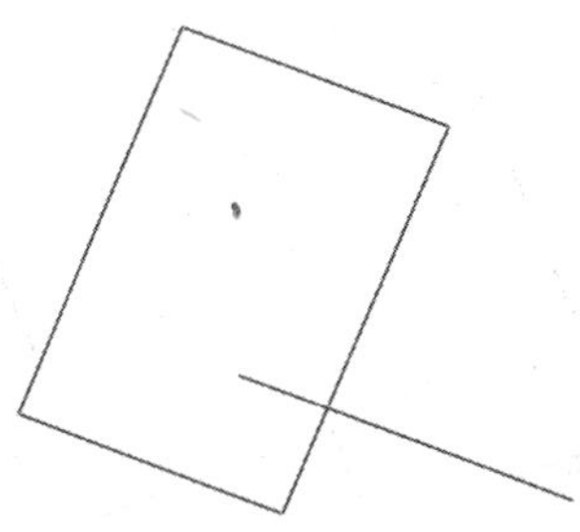

图 5-275 打开的 TRIM CORNER_5.9.4.PRT 文件

图 5-276 "修剪角"对话框

3. 在工作窗口中单击选择两直线交点处，在选择曲线时一定要注意鼠标光标圈内必须包括两个对象，如图 5-277 所示。如果鼠标光标圆圈内只有一个对象，系统将无法对曲线进行修剪角操作，并弹出如图 5-278 所示"修剪角"对话框。

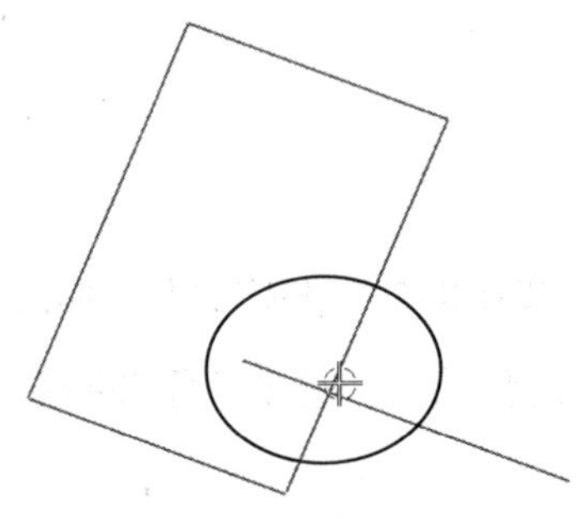

图 5-277 "修剪角"对话框

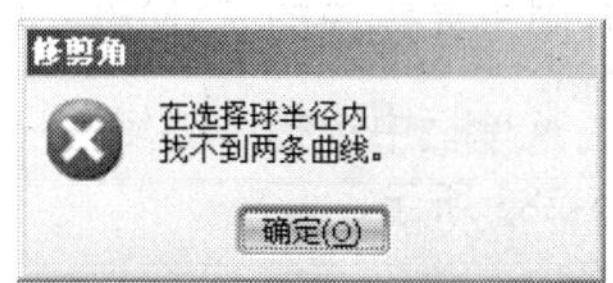

图 5-278 "修剪角"对话框

4. 对象被选中后系统将弹出"修剪角"对话框，如图 5-279 所示，选中的曲线呈高亮显示，单击对话框中的 是(Y) 按钮或单击鼠标中键，修剪角完成后的状态如图 5-280 所示。

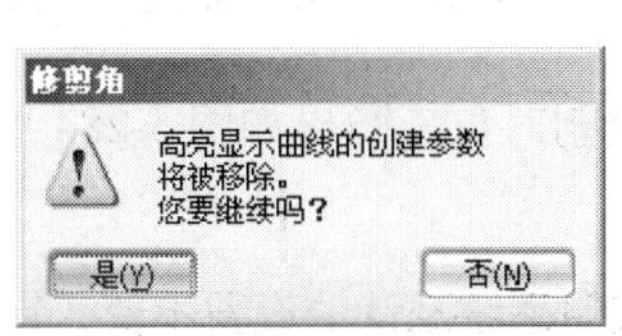

图 5-279 "修剪角"对话框

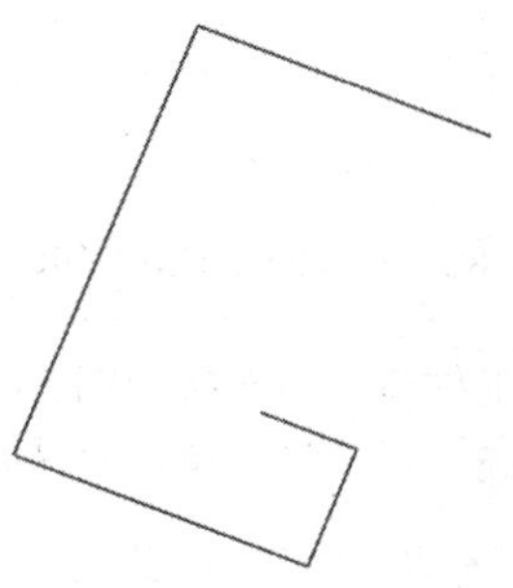

图 5-280 预览修剪角

5. 单击 Close Trim Corner 按钮退出对话框。

提示： 修剪角的结果根据鼠标光标圆圈的位置来确定，在不同位置选择可以得到不一样的效果，如图 5-281 所示。
草图曲线不能执行“修剪角”命令。

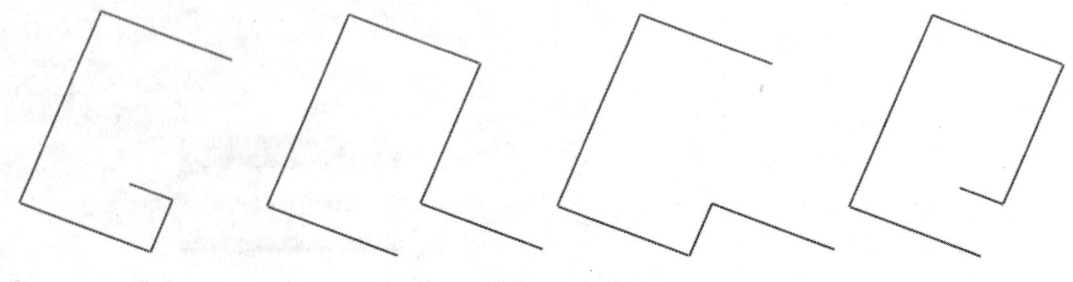

图 5-281　预览 4 种修剪角结果

5.9.5　分割曲线

“分割曲线”命令可以将曲线分成多段独立的曲线。分割曲线有等参数、等圆弧长两种类型。

操作步骤

步骤 [1]　等参数

1. 打开附书光盘中的 SAMPLE\CH05 \ TRIM CORNER_5.9.5.PRT 文件，如图 5-282 所示。

2. 在主菜单栏中选择“编辑”→“曲线”→“分割”命令，弹出“分割曲线”对话框，如图 5-283 所示。

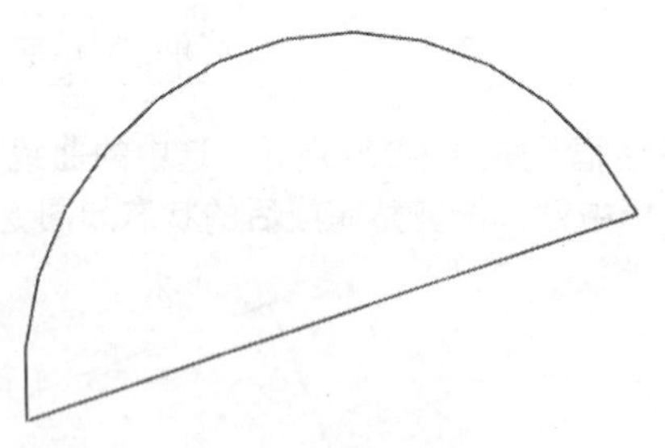

图 5-282　打开的 TRIM CORNER_5.9.5.PRT 文件

图 5-283　“分割曲线”对话框

3. 在工作窗口中选择如图 5-282 所示的直线作为分割对象，弹出如图 5-284 所示的“分割曲线”对话框，单击对话框中的 是(Y) 按钮。

4. 将“分段”栏下的“段数”设置为 10，其他选项按照系统默认的设置不变，最后单击 确定 按钮退出对话框。分割后的曲线共分为 10 段，每一段直线的距离相等，如图 5-285 所示。

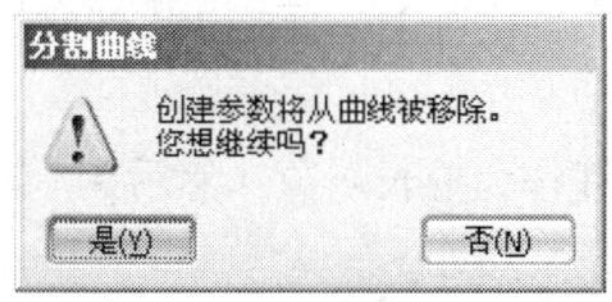

图 5-284 “分割曲线”对话框

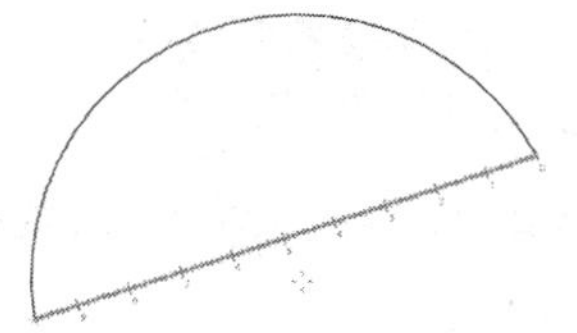

图 5-285 分割后的曲线共分为 10 段

步骤 2 等圆弧长

1. 打开附书光盘中的 SAMPLE\CH05 \ TRIM CORNER_5.9.5.PRT 文件，如图 5-286 所示。
2. 在主菜单栏中选择“编辑”→“曲线”→“分割”命令，弹出“分割曲线”对话框。
3. 单击选择如图 5-286 所示的圆弧作为分割对象。弹出“分割曲线”对话框，单击对话框中的[是(Y)]按钮。
4. 在“分段”栏下的“分段长度”下拉列表中选择“等圆弧长”选项，然后将“分段”栏下的“段数”设置为 5，其他选项按照系统默认的设置不变，如图 5-287 所示。

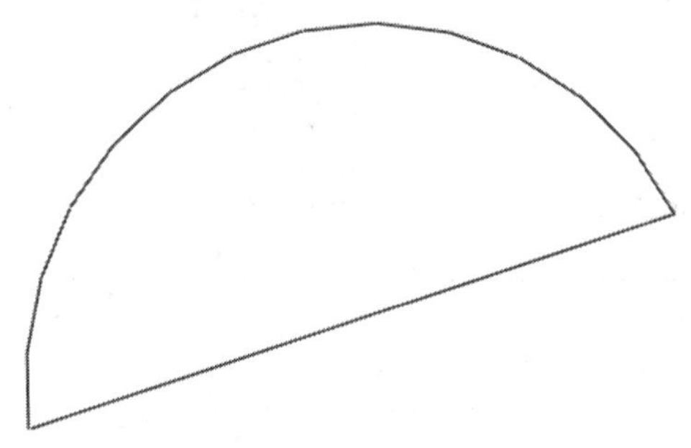

图 5-286 打开的 TRIM CORNER_5.9.5.PRT 文件

图 5-287 设置分割曲线的参数

5. 最后单击[确定]按钮退出对话框。分割后的曲线共分为 5 段，每一段圆弧的弧长距离相等。

提示：等参数：分割后的曲线长度每一段不一定相等，但是直线除外。
等圆弧长：分割后的曲线长度一定相等。

5.9.6 拉长直线

“拉长”命令可以对直线单一方向进行拉伸或缩小，同时移动相应直线的位置。

操作步骤

步骤 1 拉长特征

1. 打开附书光盘中的 SAMPLE\CH05 \ ROUND_5.9.6-1.PRT 文件，如图 5-288 所示。

2. 在主菜单栏中选择“编辑”→“曲线”→“拉长”命令，弹出“拉长曲线”对话框，如图 5-289 所示。

3. 在工作窗口中选择如图 5-288 所示的 A 处的直线作为拉长对象，然后在“XC 增量”文本框中输入 5。

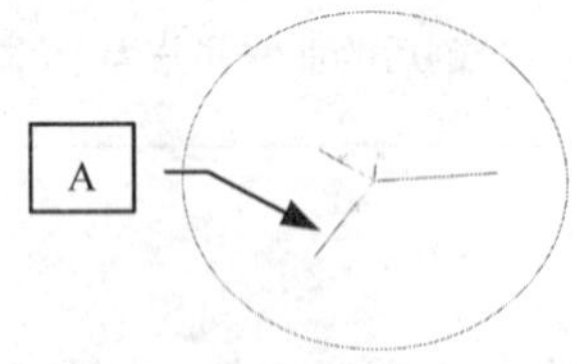

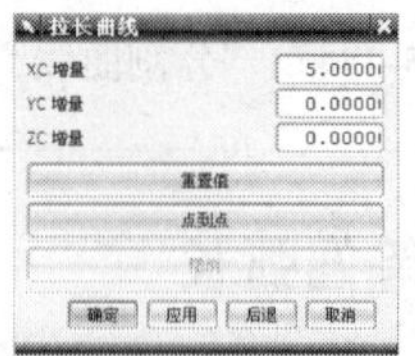

图 5-288 打开的 TRIM CORNER_5.9.6-1.PRT 文件　图 5-289 “拉长曲线”对话框

4. 在弹出的“变换”对话框中单击 Transform Parents 按钮。

5. 最后单击对话框中的 确定 按钮或者单击鼠标中键确认，拉长后的直线如图 5-290 所示。

最长的直线跟随移动后也被拉长。

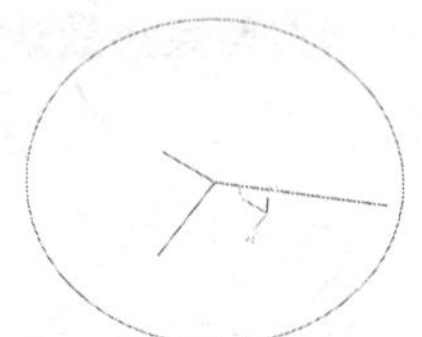

图 5-290 拉伸直线长度

步骤 2 移动特征

1. 打开附书光盘中的 SAMPLE\CH05 \ ROUND_5.9.6-2.PRT 文件，如图 5-291 所示。

2. 在主菜单栏中选择“编辑”→“曲线”→“拉长”命令，弹出“拉长曲线”对话框。

3. 在工作窗口中选择圆作为移动对象，然后在“XC 增量”文本框中输入–25，如图 5-292 所示。

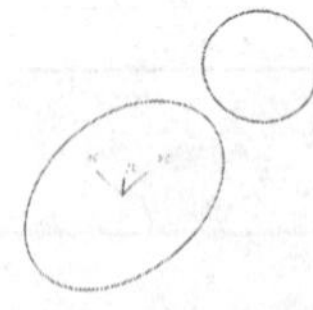

图 5-291 打开的 TRIM CORNER_5.9.6-2.PRT 文件　图 5-292 设置“*xc* 增量”的参数

4. 单击对话框中的 确定 按钮确认，在弹出的“变换”对话框中单击 Transform Parents 按钮。移动后的圆如图 5-293 所示。

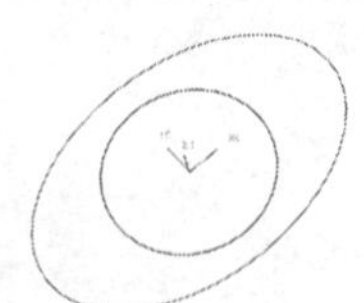

图 5-293 移动后的圆

5.9.7 编辑长度

编辑直线的长度，延伸曲线长度共有自然、线性、圆的 3 种类型。

操作步骤

步骤 1 自然

1. 打开附书光盘中的 SAMPLE\CH05 \ EXTENT_5.9.7-1.PRT 文件，如图 5-294 所示。
2. 在主菜单栏中选择“编辑”→“曲线”→“长度”命令，弹出“曲线长度”对话框，如图 5-295 所示。
3. 选择如图 5-294 所示中的样条曲线作为编辑对象，然后在对话框中的“限制”栏下的“开始”文本框中和“终点”文本框中分别输入 5，其他选项按照系统默认的设置不变，当前曲线延伸的方向为正向，延伸的预览状态如图 5-296 所示。

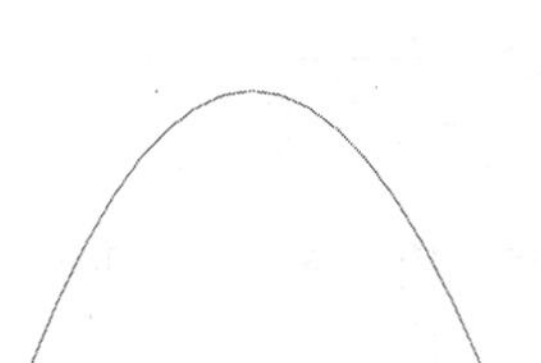

图 5-294 打开的 EXTENT_5.9.7-1.PRT 文件

图 5-295 “曲线长度”对话框

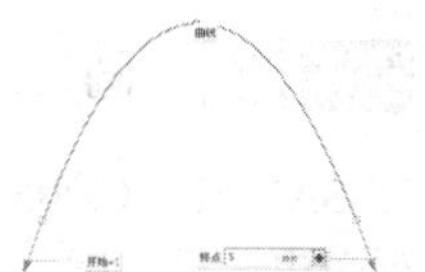

图 5-296 曲线延伸预览状态

4. 单击【确定】按钮退出对话框，完成曲线长度的编辑。

提示： 在“开始”、“终点”文本框中输入负值，曲线延伸方向为反向，在长度上缩小。
在对话框中“延伸”栏下的“长度”下拉列表中选择“全部”选项，曲线延伸的长度延伸值为曲线整体长度，如图 5-297 所示，曲线为单边延伸，如果需要在曲线双侧进行延伸只需在“延伸”栏下的“终点”下拉列表中选择“对称”选项，曲线将沿着两个方向延伸，如图 5-298 所示。

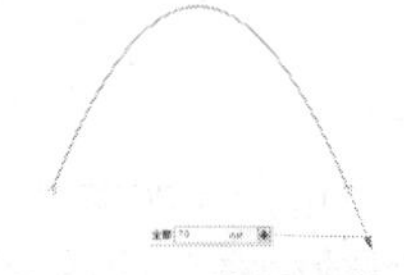

图 5-297 单侧延伸

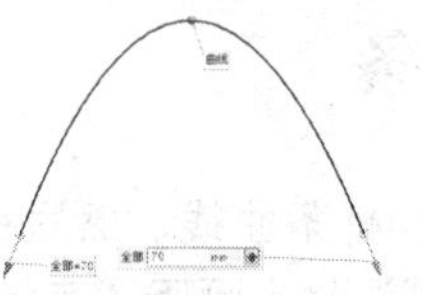

图 5-298 双侧延伸

步骤 2 线性

1. 打开附书光盘中的 SAMPLE\CH05 \ EXTENT_5.9.7-2.PRT 文件，如图 5-299 所示。
2. 在主菜单栏中选择“编辑”→“曲线”→“长度”命令，弹出“曲线长度”对话框。
3. 单击选择样条曲线为编辑对象，然后在对话框中的“方法”下拉列表中选择“线性”选项，分别在“开始”文本框和“终点”文本框中输入 50，如图 5-300 所示。

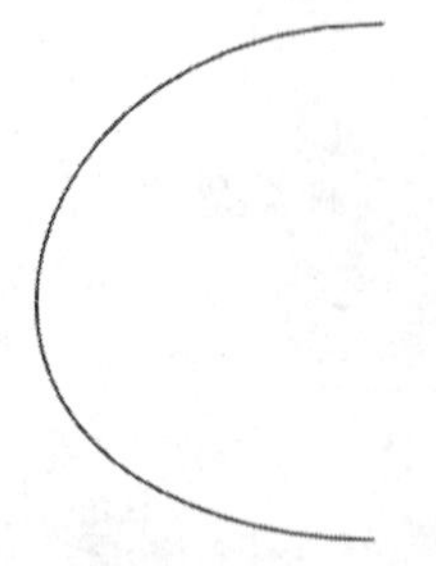

图 5-299　打开的 EXTENT_5.9.7-2.PRT 文件

图 5-300　设置限制参数

4. 预览曲线延长方向为正向，如图 5-301 所示，最后单击 确定 按钮退出对话框，完成曲线长度编辑。

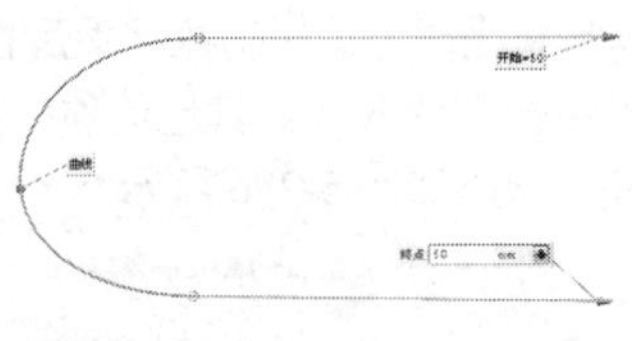

图 5-301　预览曲线延伸方向

步骤 3　圆

以 SAMPLE\CH05 \ EXTENT_5.9.7-2.PRT 文件为例，在对话框中的“延伸”栏下的“方法”下拉列表中选择“圆”选项，预览延伸的曲线如图 5-302 所示。

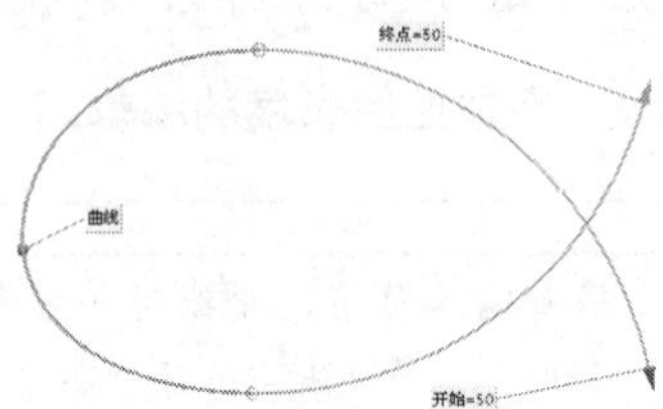

图 5-302　预览延伸的曲线方向

5.9.8　光顺样条

选择要进行光顺的样条曲线，然后在“光顺类型”栏下选择光顺类型，设定样条曲线开始、终点的边界约束，通过调整光顺因子来调整样条曲线，可以减少样条曲线中存在的缺陷。图 5-303 为“光顺样条”对话框，其中有两种光顺类型：曲率、曲率变化。

1．曲率

通过曲线的曲率来光顺样条曲线。

操作步骤

1. 打开附书光盘中的 SAMPLE\CH05 \ SPLINE_5.9.8.PRT 文件，如图 5-304 所示。

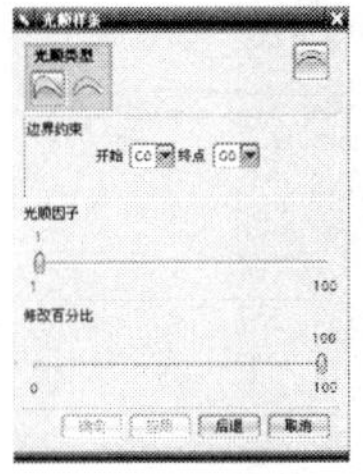

图 5-303 “光顺样条”对话框

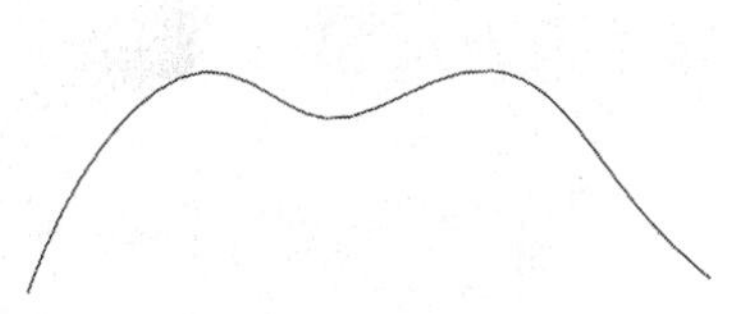

图 5-304 打开的 SPLINE_5.9.8.PRT 文件

2. 在主菜单栏中选择“编辑”→“曲线”→“光顺样条”命令，弹出“光顺样条”对话框。

3. 单击选择 5-304 所示的样条曲线为编辑对象。

4. 系统默认选择“曲率”光顺类型，将“边界约束”栏下的“开始”、“终点”选项分别设置为 G1，在工作窗口中预览样条曲线，如图 5-305 所示。

5. 拖动“光顺因子”下的滑块至 100，如图 5-306 所示。

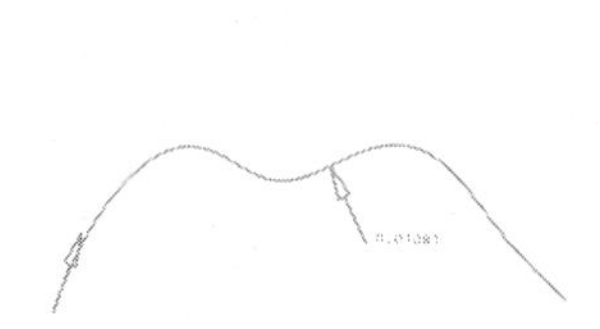

图 5-305 预览光顺样条曲线

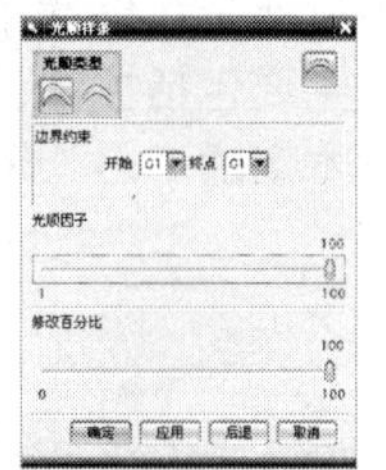

图 5-306 调整光顺因子参数

6. 连续单击 7 次 应用 按钮，完成后的光顺曲线如图 5-307 所示。

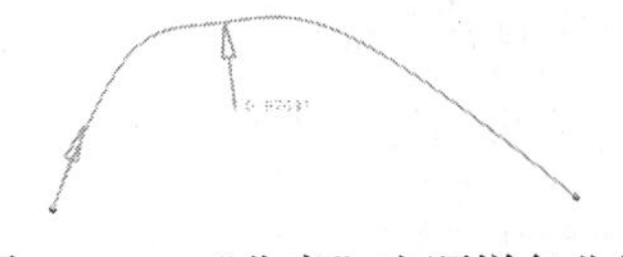

图 5-307 “曲率”光顺样条曲线

2. 曲率变化

通过曲线的曲率大小来光顺样条曲线。

以 SAMPLE\CH05 \ EXTENT_5.9.8.PRT 文件为例，在对话框中的“光顺类型”栏中单击“曲率变化”按钮，其他选项设置参照上述中的“曲率”光顺样条参数设置，同样连续单击 7 次对话框中的 应用 按钮，预览光顺样条的曲线如图 5-308 所示。

图 5-308 “曲率变化”光顺样条曲线

提示：每单击一次 应用 按钮都是对样条曲线进行一次相同设置的调整。

第6章 创建实体

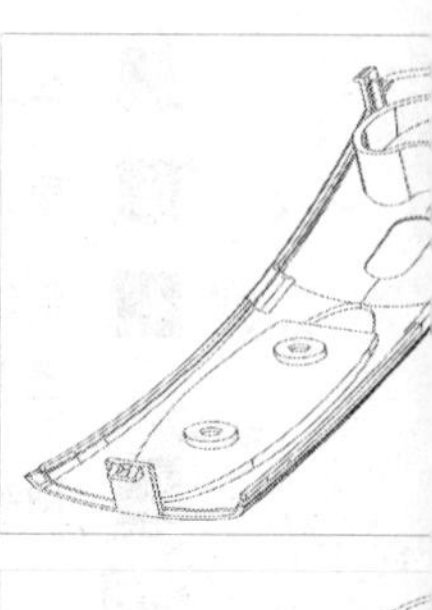

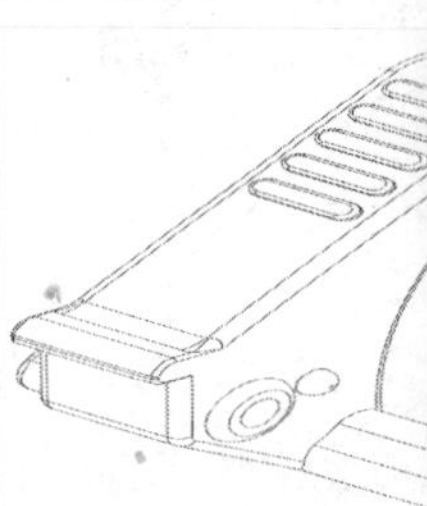

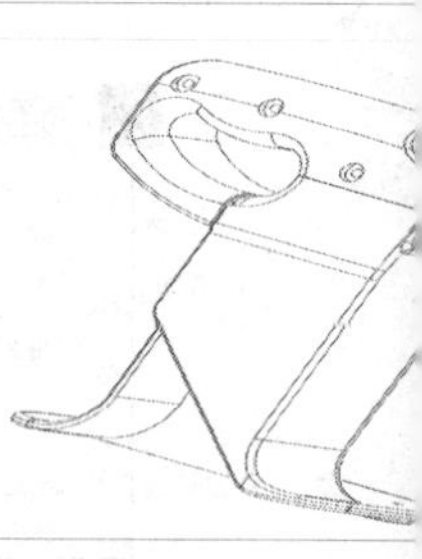

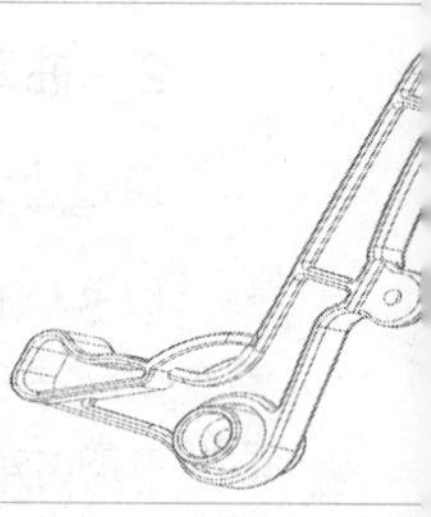

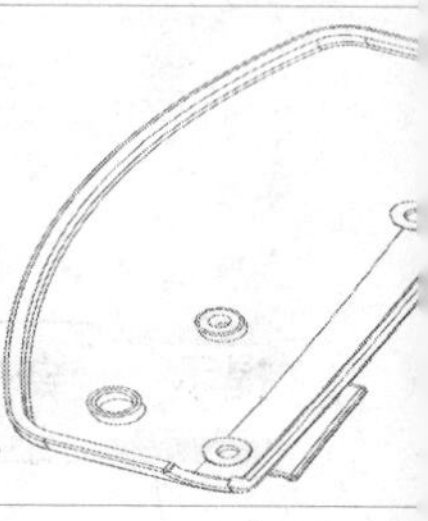

本章导读

实体特征是建模最基础也是最重要的一部分，实体特征创建主要包括拉伸、回转、孔、刀槽、凸台、凸起等。通过本章的学习，了解并掌握以不同的方式创建实体特征。

要点提示

- 创建拉伸与回转特征的操作方法，以及参数设置
- 孔、刀槽、凸台特征的创建方法
- 凸垫、凸起、键槽特征的创建方法
- 三角肋、管道特征的创建方法

6.1 创建拉伸特征

沿矢量方向拉伸一个截面以创建拉伸特征。进入拉伸实体创建模式的方式通常有两种：一种是在菜单栏中选择“插入”→“设计特征”→“拉伸”命令，如图 6-1 左图所示；另一种是在工作窗口中单击“特征”工具栏中的“拉伸”图标，如图 6-1 右图所示。

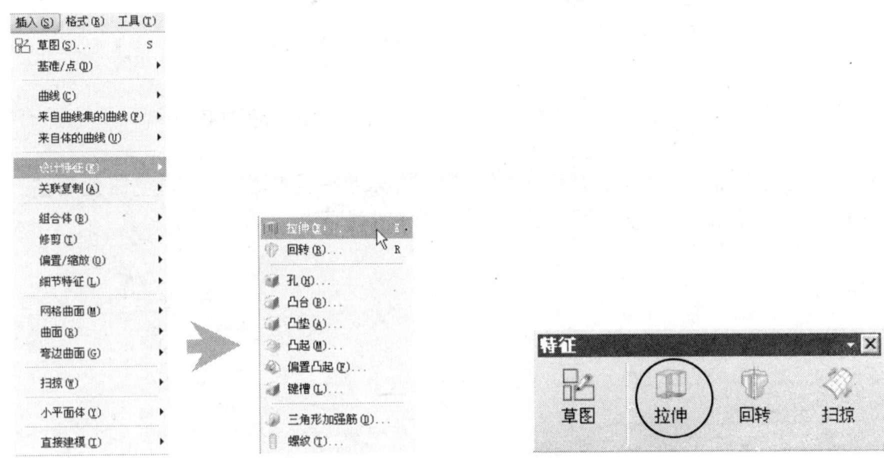

图 6-1　进入拉伸实体模式

录像文件：演示录像\CH06\0601

6.1.1 通过绘制草图截面创建拉伸特征

1. 绘制拉伸截面

使用拉伸命令，在工作窗口中创建如图 6-2 所示的圆柱拉伸特征。

操作步骤

1. 单击“特征”工具栏中的“拉伸”图标，弹出“拉伸”对话框，如图 6-3 所示。

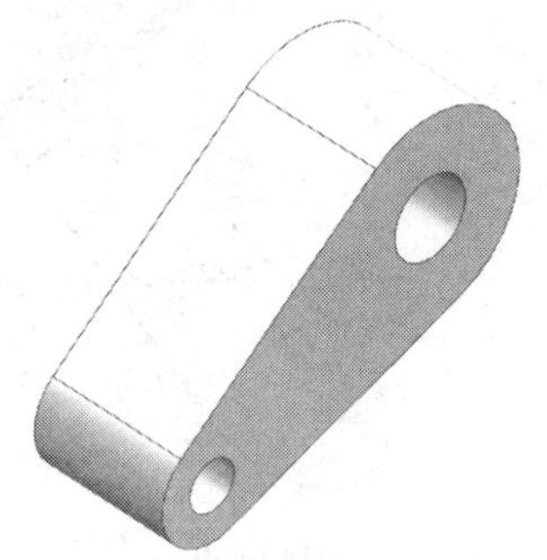

图 6-2　拉伸特征

图 6-3　“拉伸”对话框

2. 在工作窗口中选择如图 6-4 所示的 *zc* 平面作为草绘平面。系统自动进入创建草图截面模式。

3. 利用草绘工具命令在工作窗口中绘制如图 6-5 所示的草图截面。

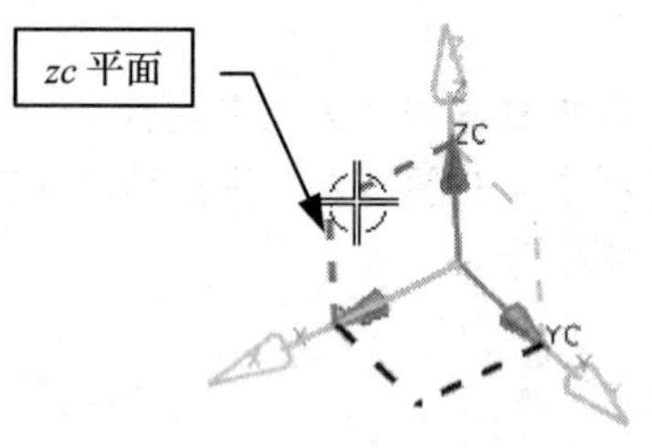

图 6-4 选择草绘平面

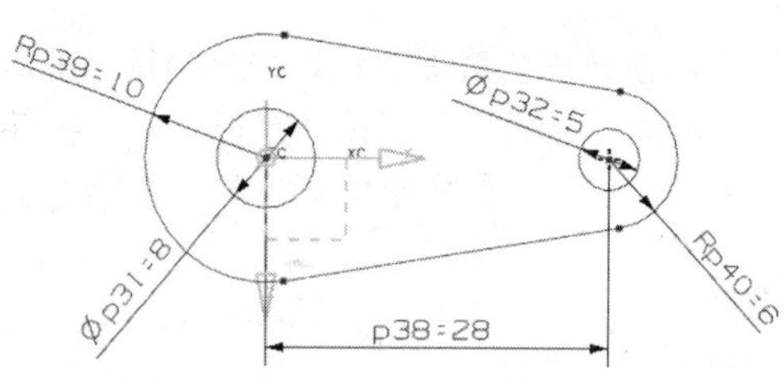

图 6-5 草图截面

4. 在“草图生成器”工具栏中单击 完成草图 图标或在工作窗口中的空白处右击，在弹出的快捷菜单中选择“完成草图”命令，如图 6-6 所示。

图 6-6 选择“完成草图”命令

5. 返回“拉伸”对话框，在对话框中的“限制”栏下输入拉伸距离为 30，如图 6-7 所示。

6. 此时零件指向系统默认的方向拉伸，如图 6-8 所示，（如需改变拉伸方向，可通过单击“方向”栏中的“反向”按钮），单击对话框中的 确定 按钮，完成创建拉伸实体。

图 6-7 设置距离值

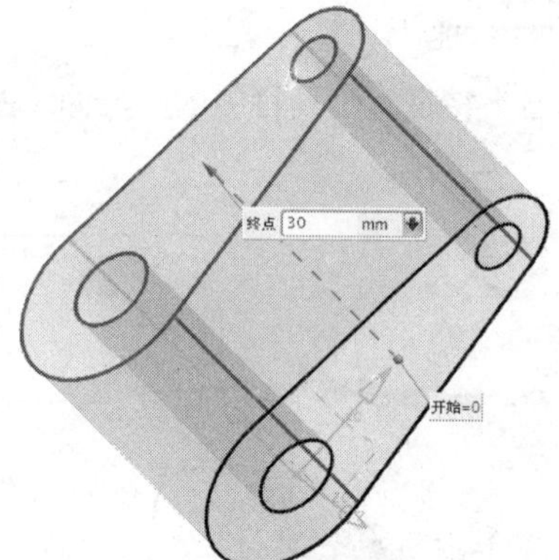

图 6-8 预览拉伸

2．对称拉伸实体

操作步骤

1. 在“拉伸”对话框中单击“限制”栏下的“开始” 值 右侧的下拉箭头，在弹出的下拉列表中单击选择“对称值”选项，如图 6-9 所示。

2. 将“限制”栏中的“开始”距离与“终点”距离设置为 30，或直接在工作窗口中将“开始”距离与“终点”距离设置为 30，如图 6-10 所示。

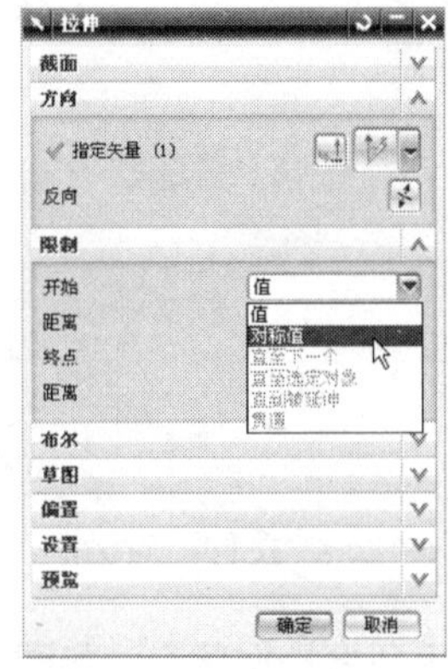

图 6-9 选择“对称值”选项

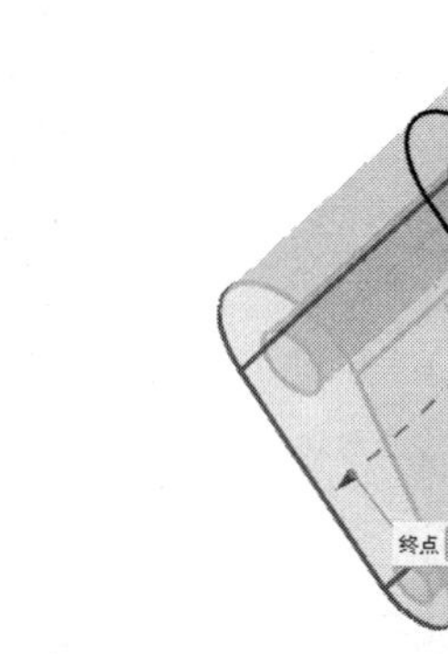

图 6-10 设置对称拉伸值

3. 确认无误后单击“拉伸”对话框中的 确定 按钮，完成对称拉伸实体创建。

提示：

“开始”选项下拉列表中的拉伸方式参数解释如下。

- 值：特征将从草绘平面开始单侧拉伸，并通过所输入的距离定义拉伸时的高度。
- 对称值：选择该项时特征将从草绘平面往两侧均匀拉伸。
- 直至下一个：特征将从草绘平面拉伸至下一个曲面参照。
- 直至选定对象：特征将从草绘平面拉伸到所选的参照。
- 直到被延伸：特征将从草绘平面拉伸到所选的参照对象。
- 贯通：特征将从草绘平面并参照拉伸时的矢量方向穿过所有曲面参照。

“草图”选项下拉列表中的草图方式参数解释如下。

- 从起始限制：特征将以起始平面作为拔模时的固定平面参照，向模型内侧或外侧进行偏置。
- 从截面：特征将以草绘截面作为拔模时的固定平面参照，向模型内侧或外侧进行偏置。
- 起始截面－非对称角：以草绘截面作为固定平面参照，并可以分别定义拉伸时两侧的偏置量。
- 起始截面－对称角：以草绘截面作为固定平面参照，并且两侧定义的偏置量相同。
- 从截面匹配的端部：以草绘截面作为固定平面参照，且偏置特征的端部与截面相匹配。

3．创建拔模拉伸实体

操作步骤

1. 在“拉伸”对话框中单击“草图”下拉列表框 无 右侧的下拉箭头，在弹出的下拉列表中单击选择"从起始限制"选项，如图 6-11 所示。此时"拉伸"对话框中的相关定义方式也产生了变化，如图 6-12 所示。

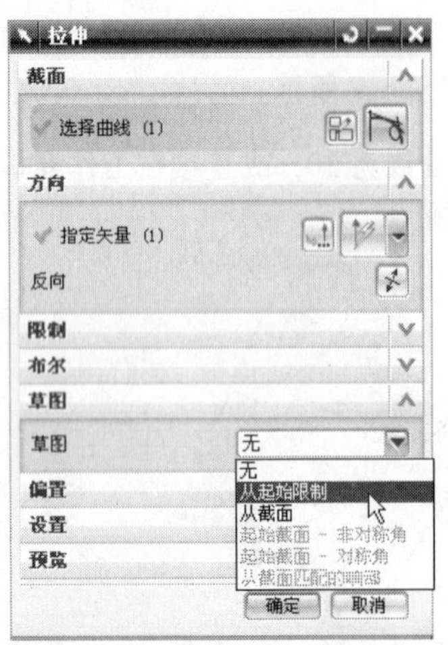

图 6-11　选择"从起始限制"选项

图 6-12　"拉伸"对话框

2. 在对话框中将"角度"值设置为 1，拉伸体显示有拔模角度拉伸状态，如图 6-13 所示。

3. 单击对话框中的"预览"栏下的"显示结果"按钮，在工作窗口中预览创建的拉伸特征，如图 6-14 所示。

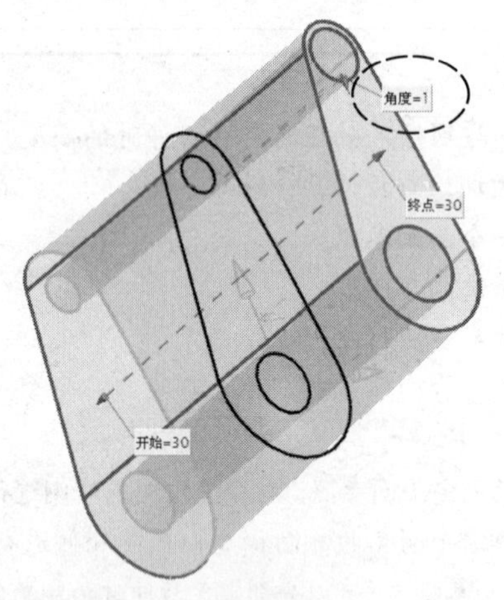

图 6-13　设置角度值

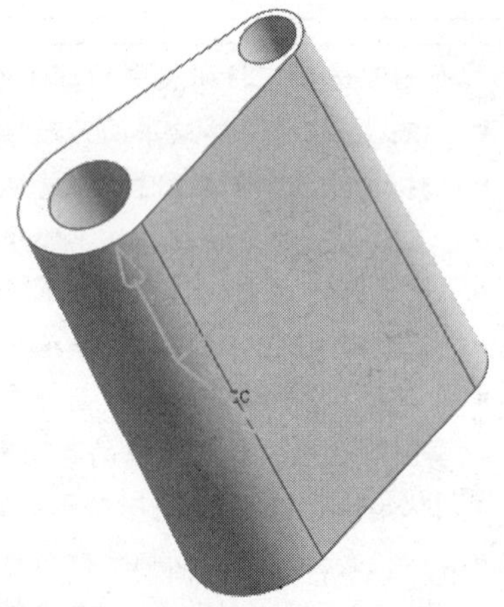

图 6-14　预览拉伸特征（有拔模角度）

4. 确认无误后单击"拉伸"对话框中的 确定 按钮，完成拉伸实体的创建。

6.1.2　选择实体边界创建拉伸

创建实体时，可以进入草绘模式创建实体拉伸，也可选择实体边创建拉伸实体（必须封闭）。

操作步骤

1. 打开附书光盘中的 SAMPLE \ CH06 \ 6.1.2PRT 文件，如图 6-15 所示。

2. 在工作窗口中单击选择如图 6-15 所示的边界，所选的边界呈高亮显示。单击“特征”工具栏中的“拉伸”图标，弹出“拉伸”对话框。在工作窗口中显示拉伸特征的预览状态，如图 6-16 所示。

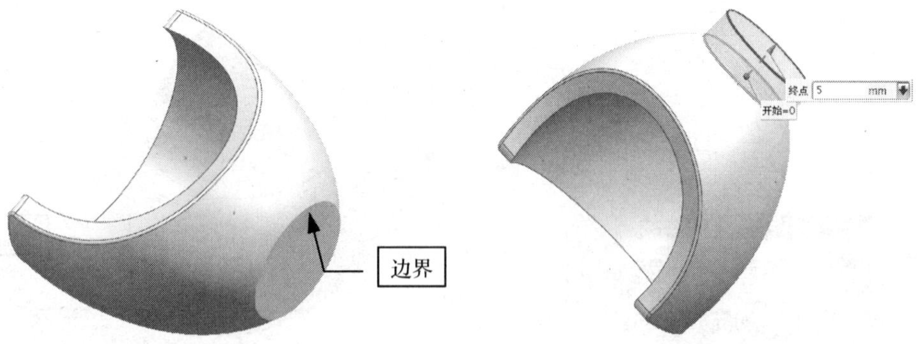

图 6-15　打开的模型　　图 6-16　预览拉伸特征

3. 在“拉伸”对话框中单击“布尔” 无 右侧的下拉箭头，在弹出的下拉列表中单击选择“求和”选项，如图 6-17 所示。

提示：

“布尔”选项下拉列表中的布尔方式参数解释如下。

- 求和：创建后的实体特征之间是一个关联的组合体。
- 求差：使用该项创建特征将从目标体中减去材料。
- 求交：通过目标体与新创建特征中的公共部分创建新实体。

4. 在工作窗口中选择如图 6-18 所示的创建的拉伸实体特征。单击 确定 按钮，完成拉伸实体创建。

图 6-17　选择“求和”选项

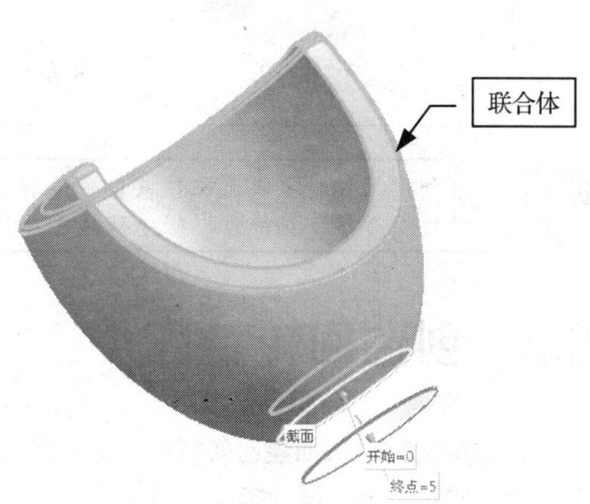

图 6-18　选择联合体

5. 双击上面创建的拉伸特征，系统自动返回创建拉伸特征模式。

6. 在“拉伸”对话框中单击“布尔”选项 右侧的下拉箭头，在弹出的下拉列表中单击选择“求差”选项。此时在工作窗口中弹出“消息”提示框，如图 6-19 所示。由于工具体完全在目标体外，所以不能以目标体进行求差操作。

7. 单击“拉伸”对话框中“方向”栏中的“反向”按钮 ，改变拉伸方向后的拉伸预览特征如图 6-20 所示。

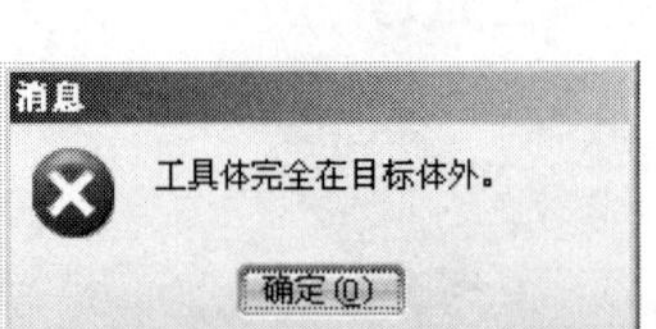

图 6-19 “消息”提示框

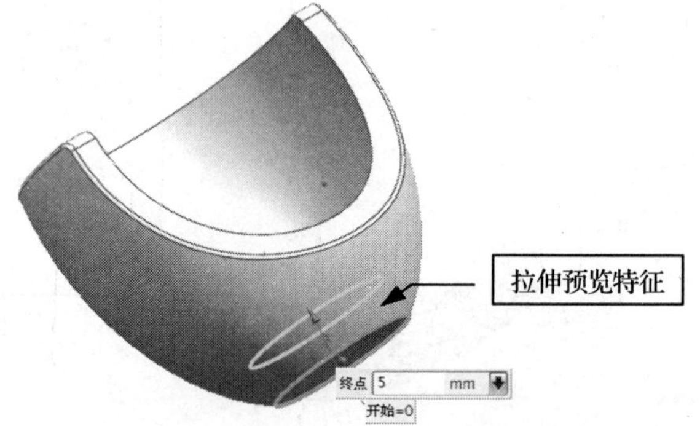

图 6-20 改变拉伸方向后的拉伸特征

8. 单击对话框“预览”栏中的“显示结果”按钮 ，求差后的特征如图 6-21 所示，单击 确定 按钮，完成求差创建。

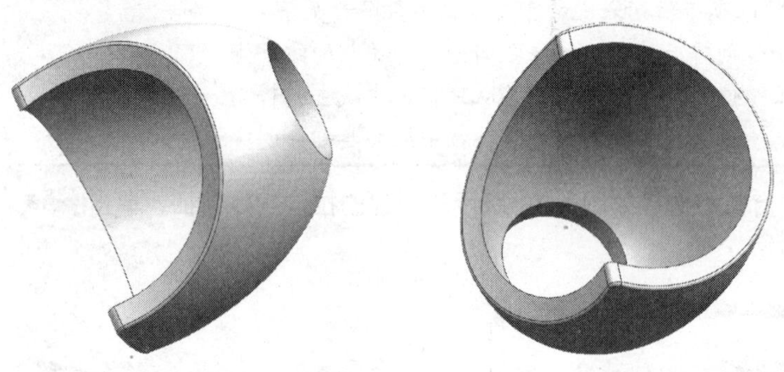

图 6-21 求差后状态

提示： 在创建拉伸特征前，工作窗口中没有实体存在，则对话框中的“布尔”选项不可使用。在进行“布尔”操作时，程序默认已存在的实体为目标体，创建的拉伸实体为工具体。

6.2 创建回转特征

通过绕旋转轴来创建回转特征。进入回转实体创建模式的方式通常有两种：一种是在菜单栏中选择“插入”→“设计特征”→“回转”命令；另一种是在工作窗口中单击“特征”工具栏中的“回转”图标 ，如图 6-22 所示。

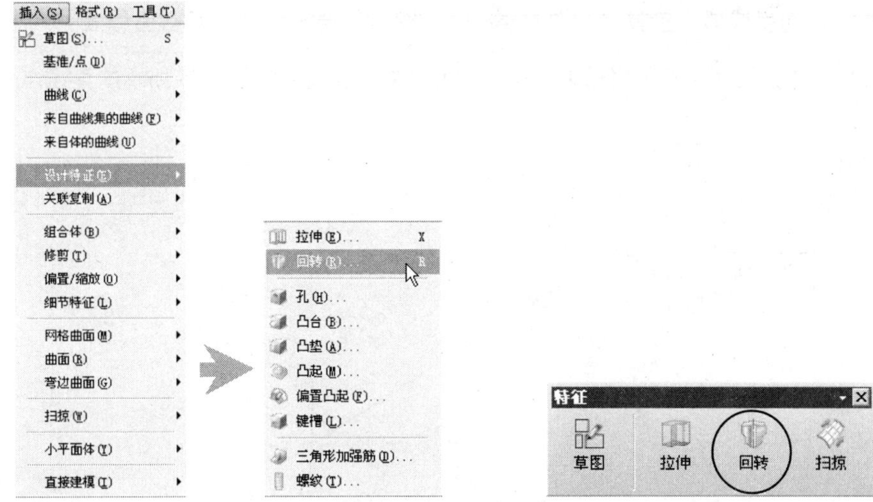

图 6-22 进入回转实体模式

提示： “回转”对话框与“拉伸”对话框中的各选项的使用方法相同，矢量的方向为回转轴线方向。

录像文件：演示录像\CH06\0602

6.2.1 绘制截面创建回转实体

进入草绘模式，绘制一定形状的截面来创建旋转特征。

操作步骤

1. 单击“特征”工具栏中的“回转”图标，弹出如图 6-23 所示的“回转”对话框。

2. 在工作窗口中选择 *yc* 平面作为草绘平面，程序自动进入创建草图截面模式，在工作窗口中绘制如图 6-24 所示的草图截面。

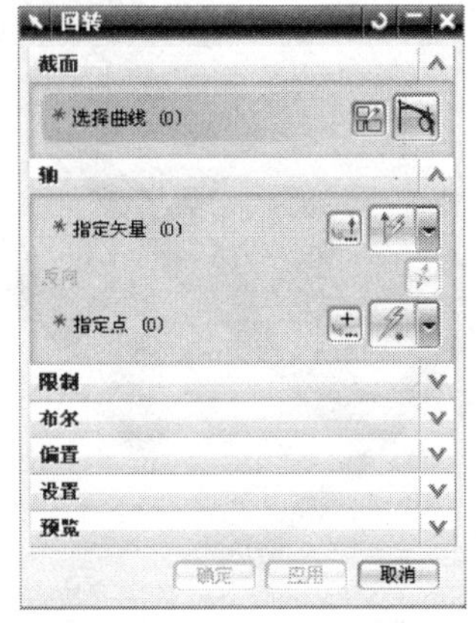

图 6-23 “回转”对话框

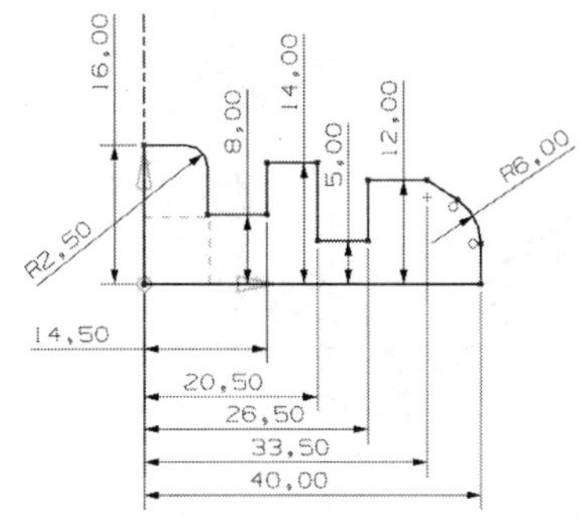

图 6-24 草绘截面

3. 在“草图生成器”工具栏中单击完成草图图标，退出创建草图截面模式。

4. 程序自动返回“回转”对话框，在工作窗口中单击选择如图 6-25 所示的直线作为旋转轴。

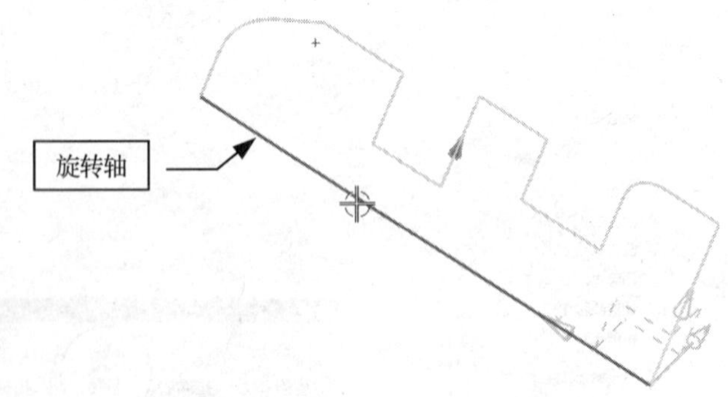

图 6-25　选择旋转轴

5. 在工作窗口中预览当前系统默认的回转方式，如图 6-26 所示，将对话框中“限制”栏中的参数设置成如图 6-27 所示。

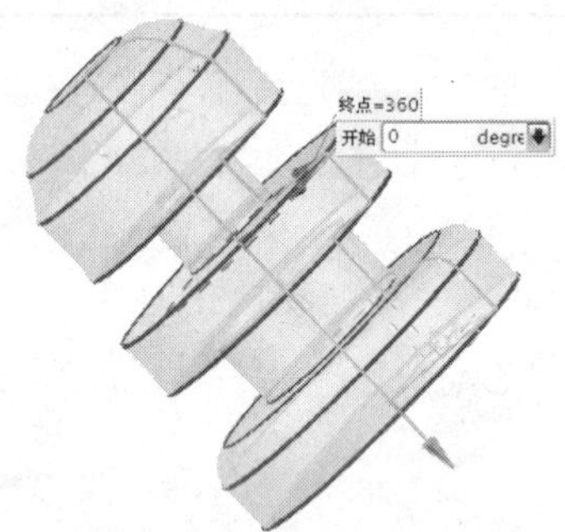

图 6-26　预览回转特征

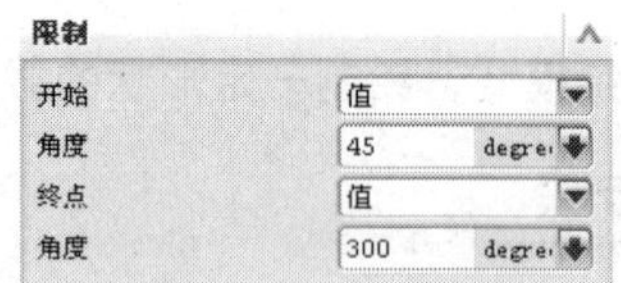

图 6-27　设置旋转角度

6. 设置后的回转特征如图 6-28 所示。单击对话框中“预览”栏中的“显示结果”按钮，在工作窗口中预览创建的回转特征，如图 6-29 所示。单击“回转”对话框中的确定按钮，完成创建回转实体。

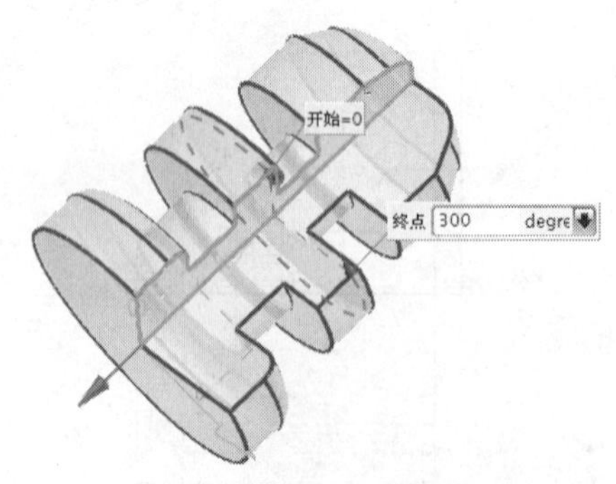

图 6-28　设置后的回转特征

图 6-29　回转预览特征

6.2.2 选择边界创建回转实体

选择现有的零件边作为旋转截面来创建旋转特征。

操作步骤

1. 打开附书光盘中的 SAMPLE \ CH06 \ 6.2.2 PRT 文件，如图 6-30 所示。

2. 在工作窗口中选择如图 6-30 所示的边界，被选择的边界呈高亮显示状态。

3. 单击“特征”工具栏中的“回转”图标，弹出“回转”对话框。在工作窗口中单击选择如图 6-31 所示的边界作为回转轴。

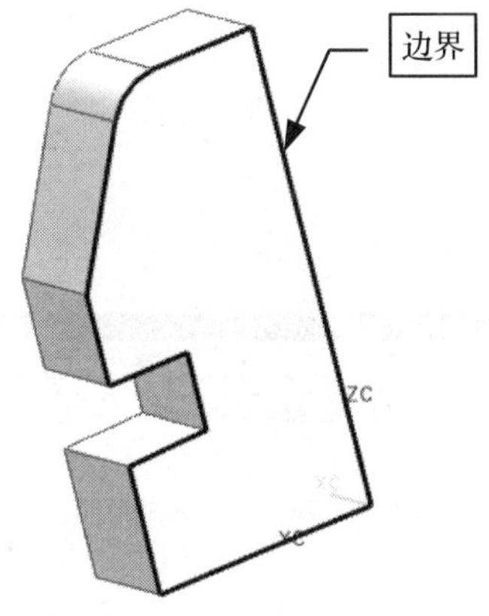

图 6-30 打开的模型

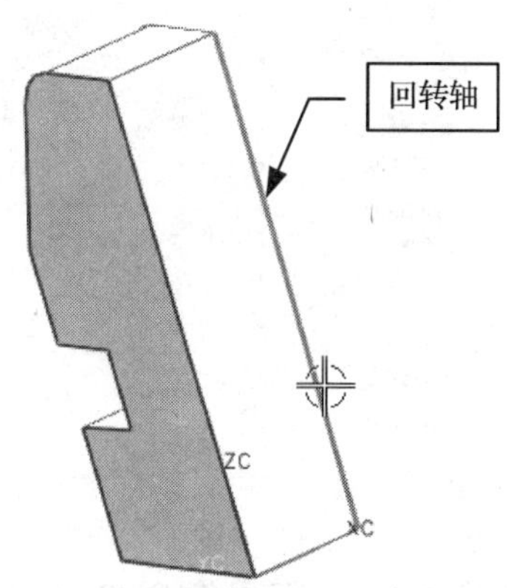

图 6-31 选择回转轴

4. 将工作窗口中的“开始”值设置为 0，“终点”值设置为 270，如图 6-32 所示。

5. 将参照零件隐藏，再单击对话框中的按钮，预览创建的回转特征，如图 6-33 所示。单击“回转”对话框中的 确定 按钮，完成通过选择边界创建回转实体。

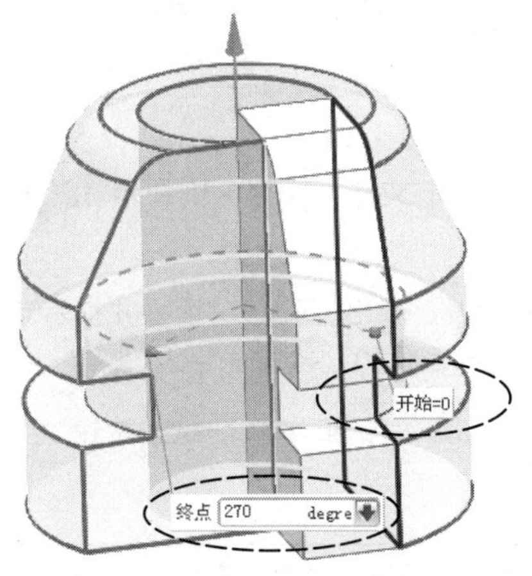

图 6-32 设置回转角度值

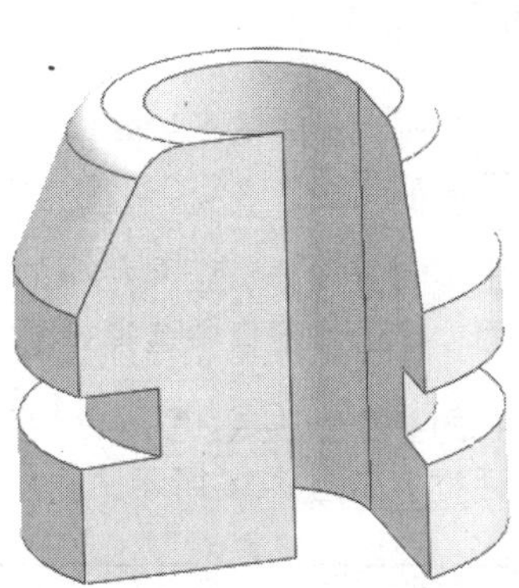
图 6-33 预览回转特征

6.3 创建孔与刀槽特征

孔与刀槽这类特征不能单独生成，只能在其他特征上生成。选择“插入”→“设计特征”命令，或在“特征”工具栏中单击选择“孔”或“刀槽”图标，如图 6-34 所示，即可进入孔与刀槽特征创建模式。

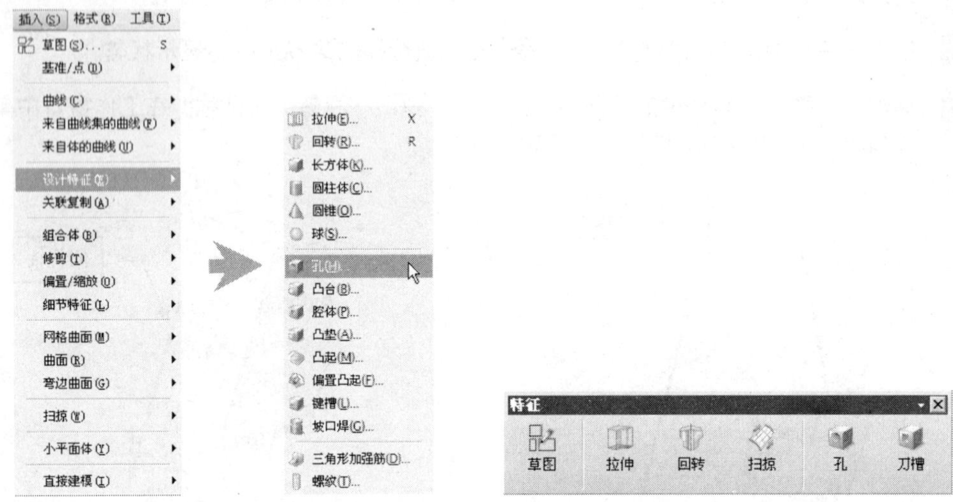

图 6-34　进入创建孔与刀槽模式

录像文件：演示录像\CH06\0603

6.3.1　创建孔特征

在 UG 中，孔的类型有 3 种：简单孔、沉头孔、埋头孔。用户可自定义创建每一类型的孔，并可定义尺寸值。

1．创建简单孔

操作步骤

1. 打开附书光盘中的 SAMPLE \ CH06 \ 6.3.1 PRT 文件，如图 6-35 所示，图 6-36 所示为创建孔后的零件。

2. 单击“特征操作”工具栏中的“孔”图标，弹出“孔”对话框并提示选择孔的放置平面，在工作窗口中选择如图 6-35 所示的平面作为孔放置的平面。

3. 将孔的参数修改成如图 6-37 所示，单击“孔”对话框中的 确定 按钮。弹出“定位”对话框，如图 6-38 所示。

提示： 在修改参数时，输入数值后，只有按 Enter 键确认输入，在工作窗口上的孔特征才会跟随数值变化。

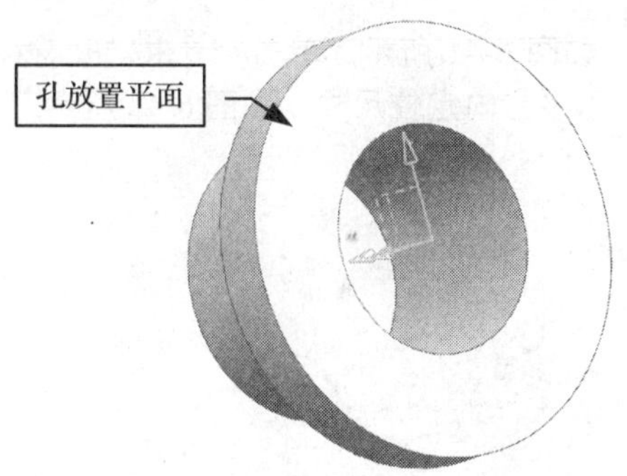

图 6-35 选择放置面

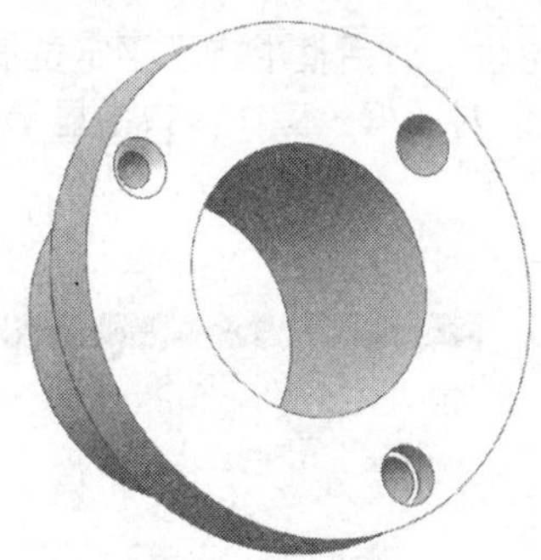

图 6-36 参照零件

图 6-37 修改参数

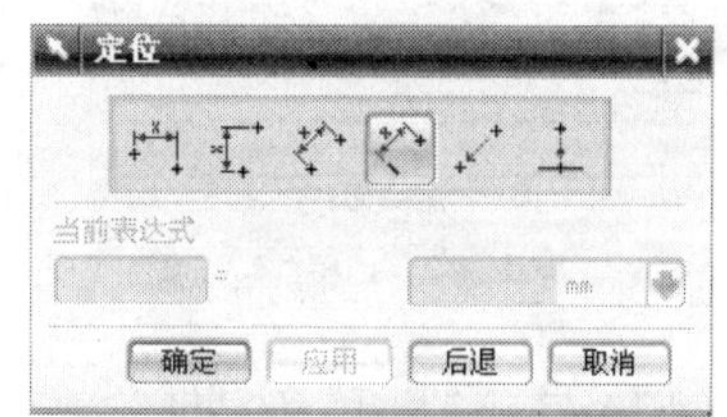

图 6-38 “定位”对话框

提示：“定位”对话框中的孔定位方式如下。

- ：水平。
- ：竖直。
- ：平行。
- ：垂直。
- ：点到点。
- ：点到线上。

4. 单击“定位”对话框中的“水平”按钮，弹出“水平”对话框，如图 6-39 所示。在工作窗口中选择坐标原点作为水平参照，弹出“定位”对话框，并列出当前孔水平方向的定位尺寸值，如图 6-40 所示。

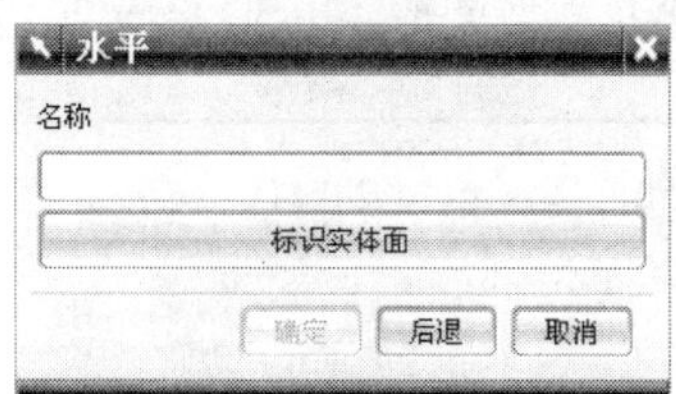

图 6-39 “水平”对话框

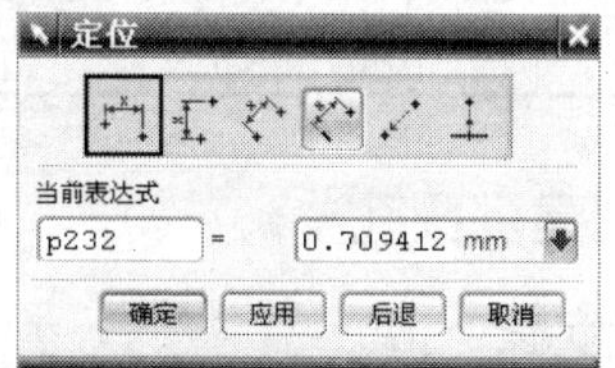

图 6-40 设置定位尺寸值的“定位”对话框

5. 在“定位”对话框中将水平定位值修改成0，如图6-41所示。单击 应用 按钮，返回至“定位”对话框，工作窗口中显示出所标注的水平方向定位尺寸，如图6-42所示。

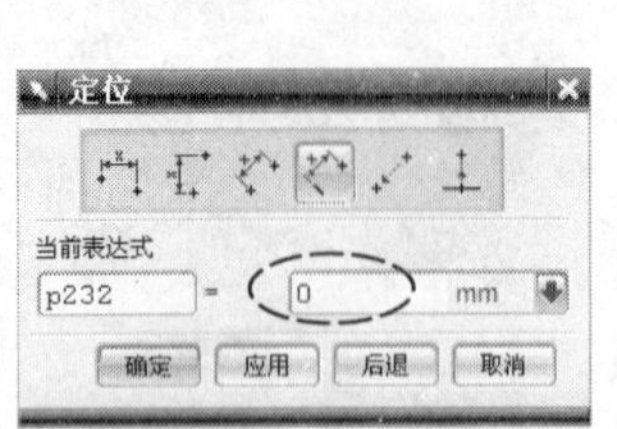

图6-41 修改参数

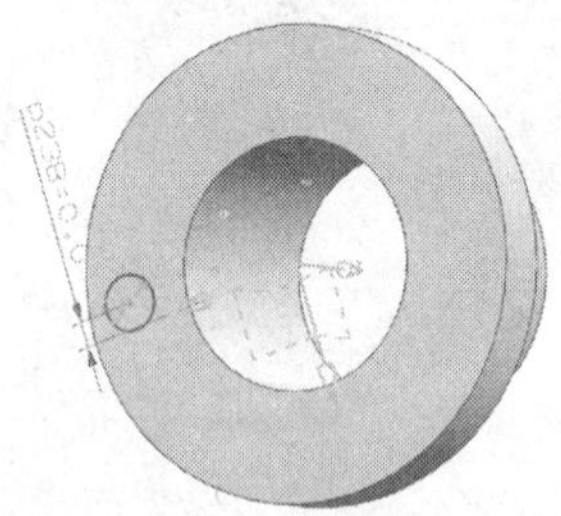
图6-42 水平方向定位尺寸显示状态

6. 单击“定位”对话框中的“竖直”按钮，弹出“竖直”对话框，如图6-43所示。在工作窗口中选择坐标原点作为竖直参照，在弹出的“定位”对话框中将数值修改成如图6-44所示，按Enter键确认输入。

图6-43 “竖直”对话框

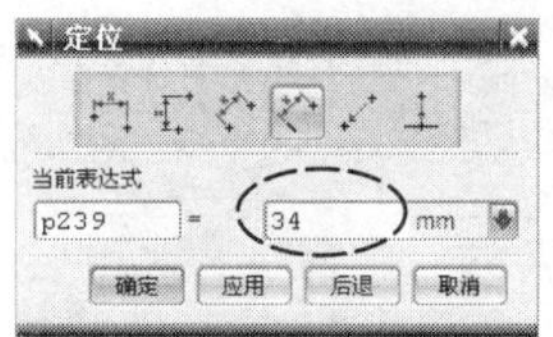

图6-44 修改参数

7. 修改后的尺寸值显示在工作窗口中，如图6-45所示。在对话框中单击 确定 按钮，完成简单孔的创建，结果如图6-46所示。

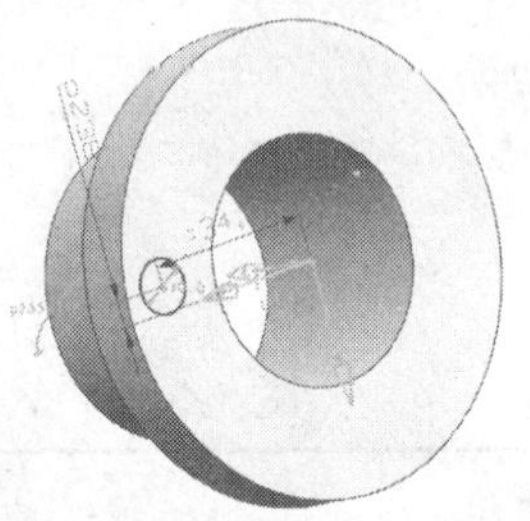
图6-45 定位尺寸显示状态

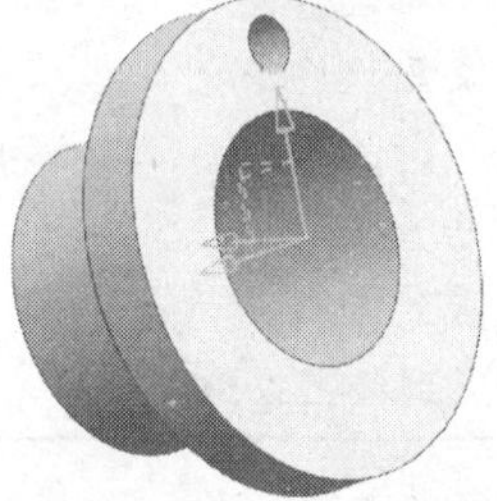
图6-46 简单孔

提示： 在创建孔时，鼠标选择的孔放置点，系统就默认在该点创建孔。

2. 创建沉头孔

操作步骤

1. 在“孔”对话框中，将“类型”栏中的孔类型设置为“沉头孔”，并将孔参数设置为如

图 6-47 所示。

2. 在工作窗口中选择如图 6-48 所示的平面作为沉头孔放置的平面。单击 确定 按钮，弹出“定位”对话框。

图 6-47　设置参数

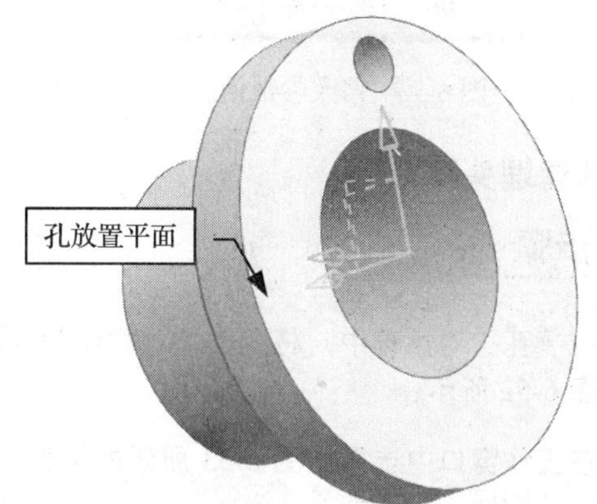

图 6-48　选择放置平面

3. 单击“定位”对话框中的“水平”按钮，弹出“水平”对话框。

4. 在工作窗口中选择坐标原点作为水平方向尺寸参照，在工作窗口中自动显示该孔的中心点与坐标原点的水平距离值，并弹出“定位”对话框，将尺寸值修改为 34，如图 6-49 所示。

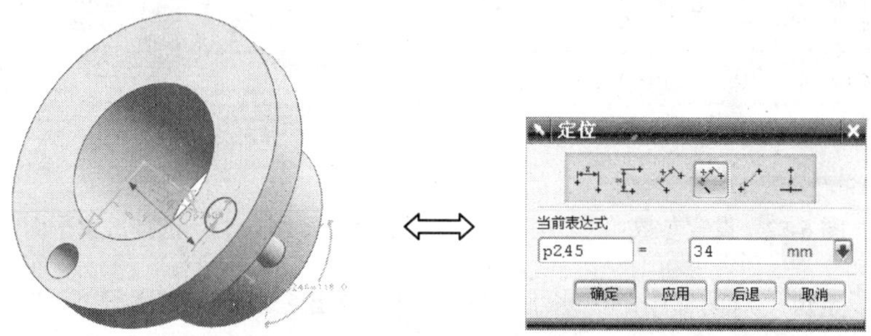

图 6-49　尺寸显示状态与修改参数值

5. 在对话框中单击 应用 按钮，单击“定位”对话框中的“竖直”按钮，弹出“竖直”对话框。

6. 在工作窗口中选择坐标原点作为竖直参照，在弹出的“定位”对话框中将数值修改为如图 6-50 所示，按 Enter 键确认输入。

7. 在对话框中单击 确定 按钮，完成沉头孔的创建，如图 6-51 所示。

提示： 如果用户选择放置的平面为实体表面，孔特征是在实体内部。但用户选择的放置面为基准面时，程序将无法判断孔在基准面的哪一侧。此时可以单击对话框中的“反侧”按钮，来调整孔的方向。

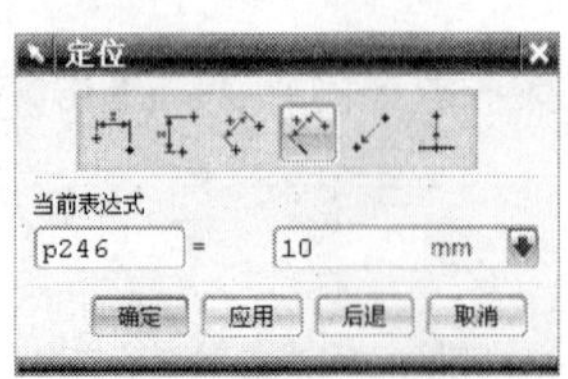

图 6-50 修改参数值

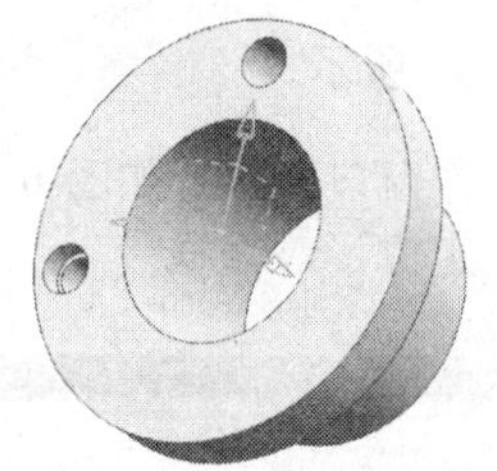

图 6-51 沉头孔创建后的状态

3．创建埋头孔

操作步骤

1. 在“孔”对话框中，将“类型”栏中的孔类型设置为“埋头孔”，并将孔参数设置为如图 6-52 所示。

2. 在工作窗口中选择如图 6-53 所示的平面作为沉头孔放置的平面。单击 确定 按钮，弹出“定位”对话框。

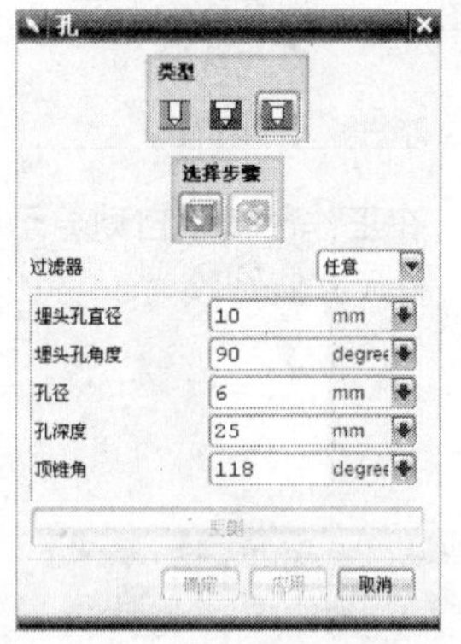

图 6-52 设置参数

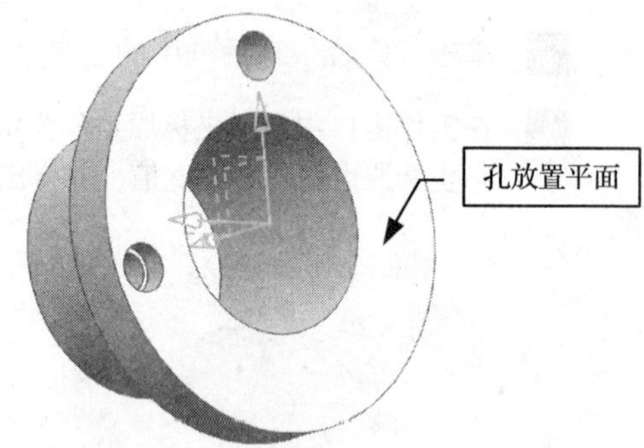

图 6-53 选择放置平面

3. 单击“定位”对话框中的“水平”按钮，弹出“水平”对话框。

4. 在工作窗口中选择坐标原点作为水平方向尺寸参照，在工作窗口中自动显示该孔的中心点与坐标原点的水平距离值，并弹出“定位”对话框，将尺寸值修改为 34，如图 6-54 所示。

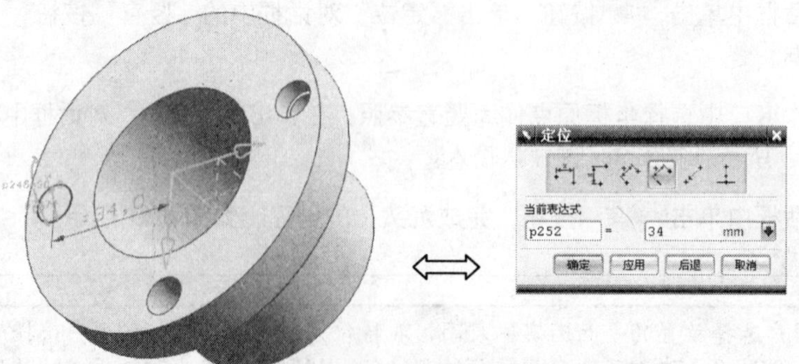

图 6-54 尺寸显示状态与修改参数值

5. 在对话框中单击 应用 按钮，单击“定位”对话框中的“竖直”按钮，弹出“竖直”对话框。

6. 在工作窗口中选择坐标原点作为竖直参照，在弹出的“定位”对话框中将数值修改为10，按 Enter 键确认输入。

7. 在对话框中单击 确定 按钮，完成沉头孔的创建，如图 6-55 所示。

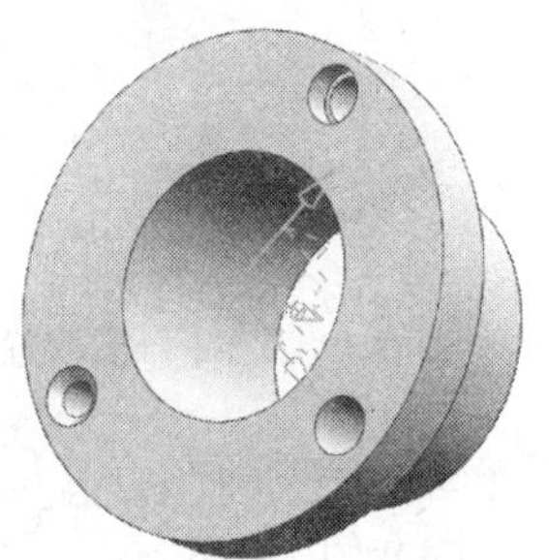
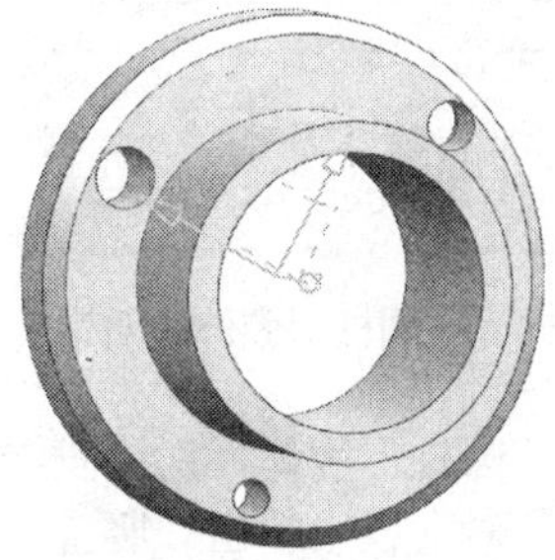

图 6-55 埋头孔创建后状态

6.3.2 创建刀槽

刀槽与偏置面功能具有相同的性质，刀槽可切除材料，也可指定曲线向零件内部作为材料切除。

1. 创建圆柱形刀槽

操作步骤

1. 打开附书光盘中的 SAMPLE \ CH06 \ 6.3.2 PRT 文件，如图 6-56 所示。

2. 在“特征”工具栏中选择“刀槽”图标，弹出“腔体”对话框，如图 6-57 所示。

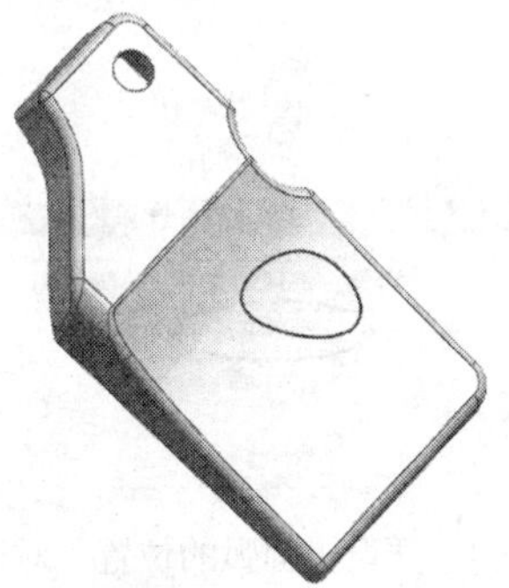

图 6-56 打开的模型

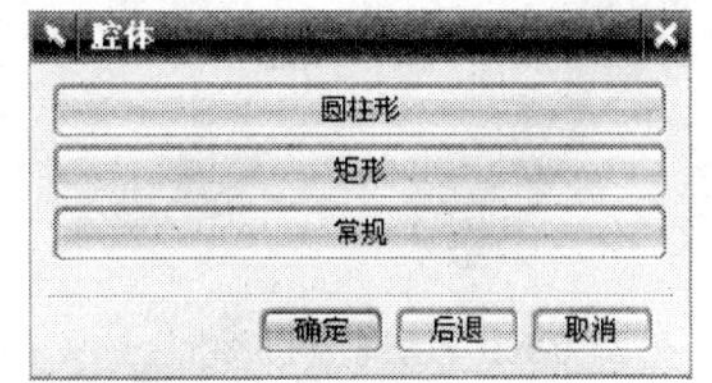

图 6-57 “腔体”对话框

3. 在“腔体”对话框中单击 圆柱形 按钮，进入创建圆柱形刀槽模式。

4. 弹出“圆柱形腔体”对话框，如图 6-58 所示。在工作窗口中选择如图 6-59 所示的顶部平面作为圆柱形刀槽放置平面。

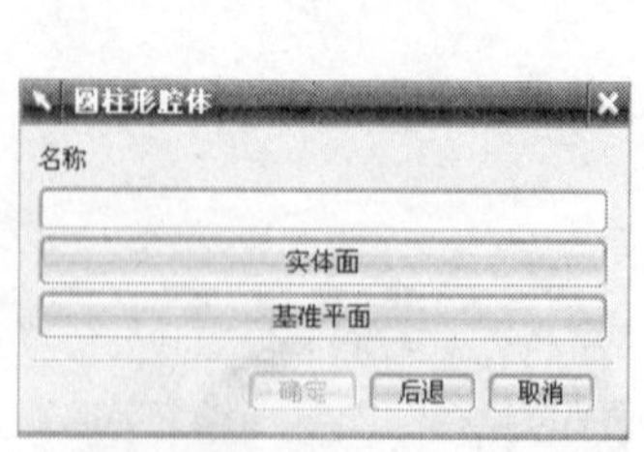

图 6-58 “圆柱形腔体”对话框

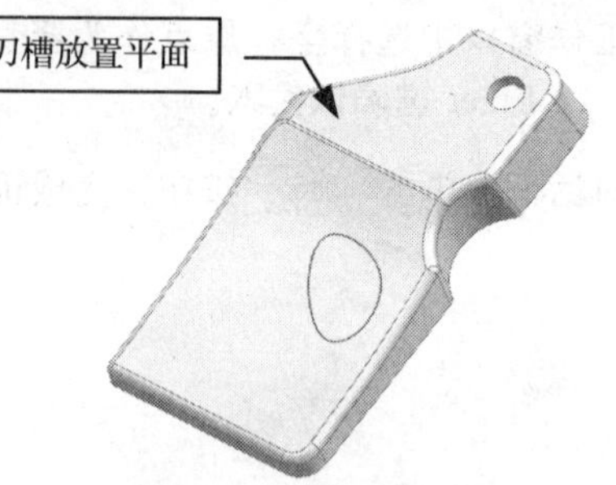

图 6-59 选择刀槽放置平面

5. 将弹出的“圆柱形腔体”对话框参数设置成如图 6-60 所示，单击 确定 按钮，在弹出的“定位”对话框中单击“竖直”按钮，如图 6-61 所示。

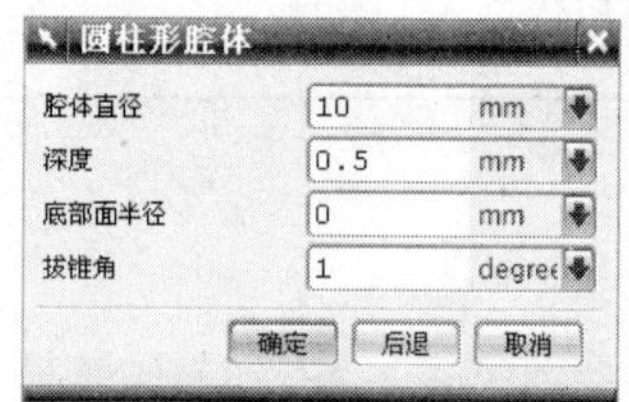

图 6-60 设置“圆柱形腔体”参数

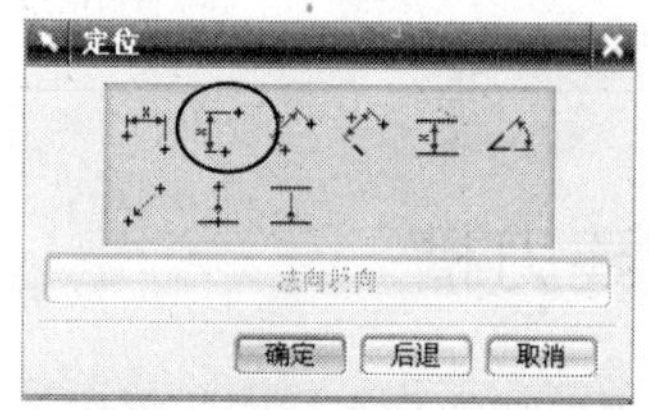

图 6-61 选择竖直参考面

6. 弹出“水平参考”对话框，在工作窗口中依次选择如图 6-62 所示的零件侧边作为刀槽的竖直参考。

7. 再选择刀槽边界，在弹出的“设置圆弧的位置”对话框中单击 圆弧中心 按钮，如图 6-63 所示。

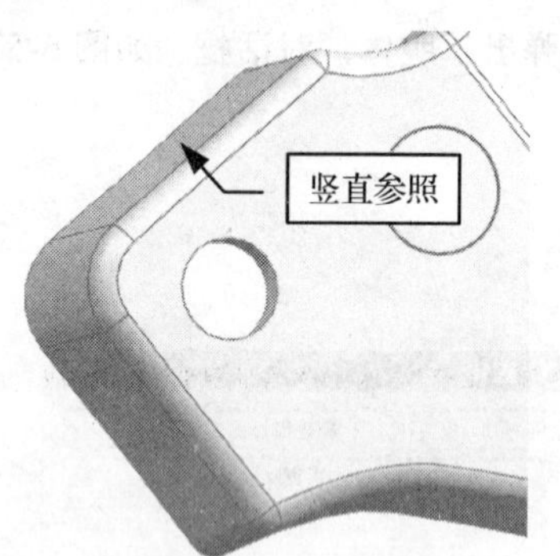

图 6-62 选择竖直参照

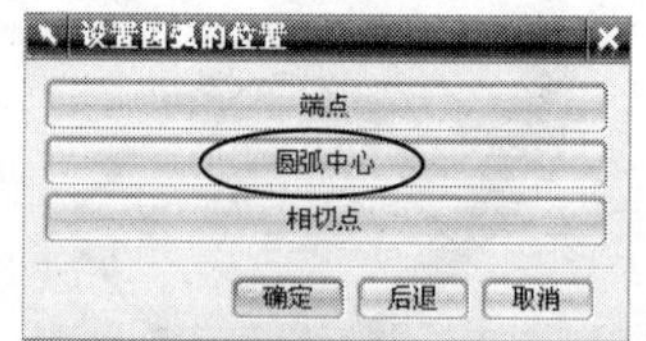

图 6-63 “设置圆弧的位置”对话框

8. 在弹出的“创建表达式”对话框中将定位值修改为 15，单击 确定 按钮。返回至“定位”对话框。

9. 在“定位”对话框中单击“水平”按钮，弹出“水平”对话框，在工作窗口中选择如图 6-64 所示的棱边作为水平参考对象，再选择刀槽边界。

10. 在弹出的“设置圆弧的位置”对话框中单击 圆弧中心 按钮。在弹出的“创建表达式”对话框中将值修改为 30，如图 6-65 所示。

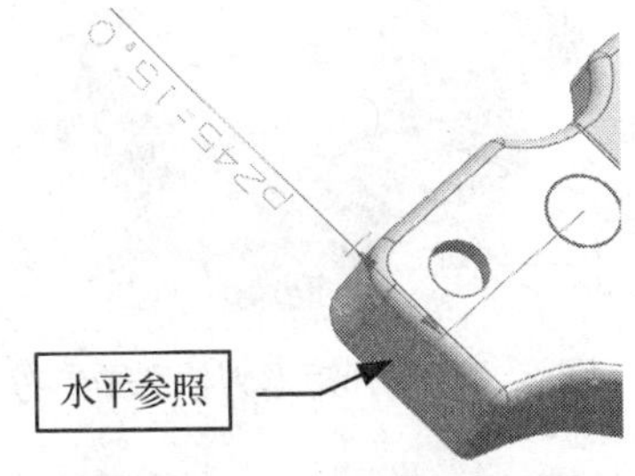

图 6-64 选择刀槽水平参考

图 6-65 修改参数

11. 在“创建表达式”对话框中单击 确定 按钮，在“圆柱型腔体”对话框中单击 取消 按钮，完成圆柱刀槽的创建，如图 6-66 所示。

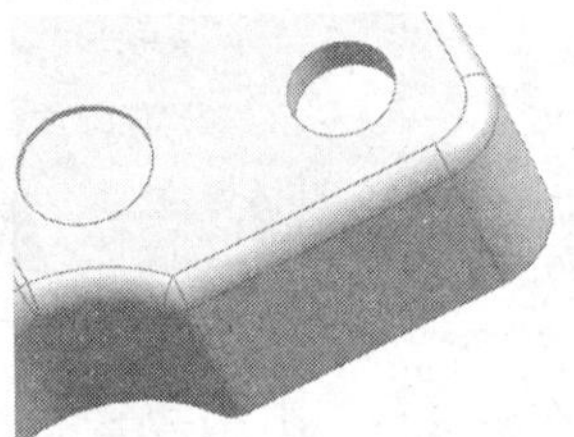

图 6-66 圆柱刀槽创建后的状态

2. 创建矩形刀槽

操作步骤

1. 在“腔体”对话框中单击如图 6-67 所示的 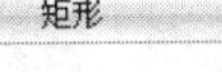 按钮，进入创建矩形刀槽模式。

2. 弹出“矩形腔体”对话框，如图 6-68 所示。

图 6-67 单击“矩形”按钮

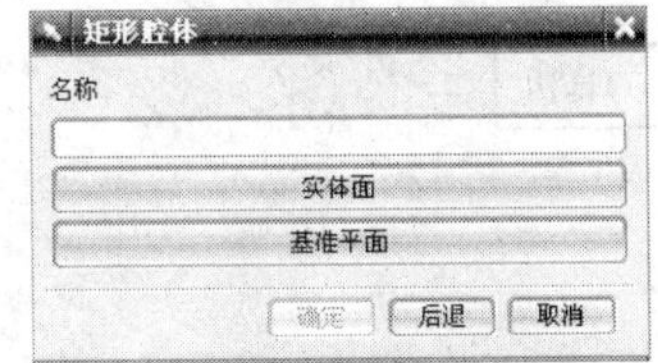

图 6-68 “矩形腔体”对话框

3. 在工作窗口选择如图 6-69 所示的平面作为矩形刀槽放置平面。

4. 弹出“水平参考”对话框，在工作窗口中选择如图 6-70 所示的矩形侧面作为矩形刀槽的水平参考。

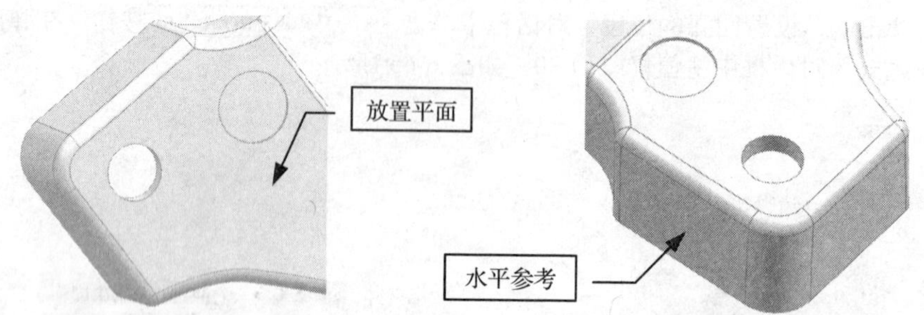

图 6-69 选择放置平面　　图 6-70 选择矩形刀槽水平参考

5. 将弹出的“矩形腔体”对话框中的参数设置为如图 6-71 所示，单击 确定 按钮。在弹出的“定位”对话框中单击“水平”按钮。

6. 弹出“水平”对话框，在工作窗口中选择如图 6-72 所示的棱边作为目标对象。

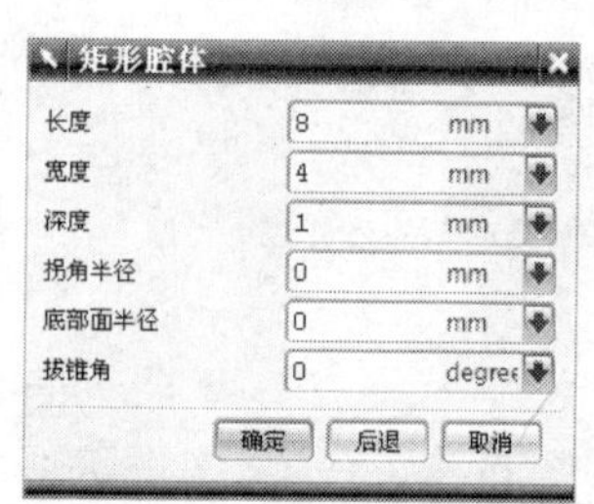

图 6-71 “矩形腔体”对话框

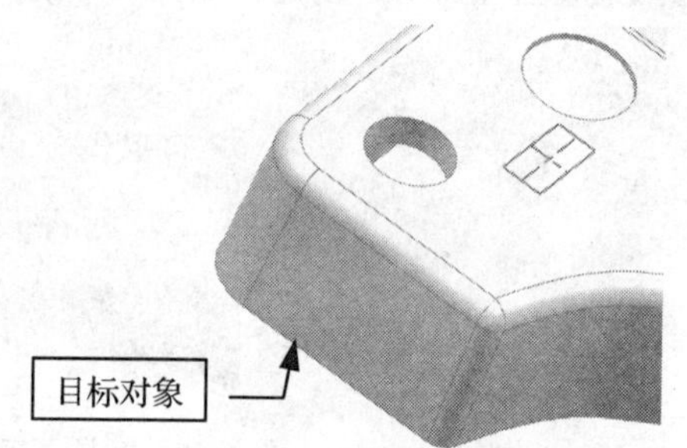

图 6-72 选择目标对象

7. 在工作窗口中选择如图 6-73 所示的矩形中心线作为刀具边。在弹出的“创建表达式”对话框中将定位值设置为 32，单击 确定 按钮。

8. 继续单击“定位”对话框中的“竖直”按钮，弹出“竖直”对话框。选择如图 6-74 所示的棱边作为刀槽竖直目标对象。

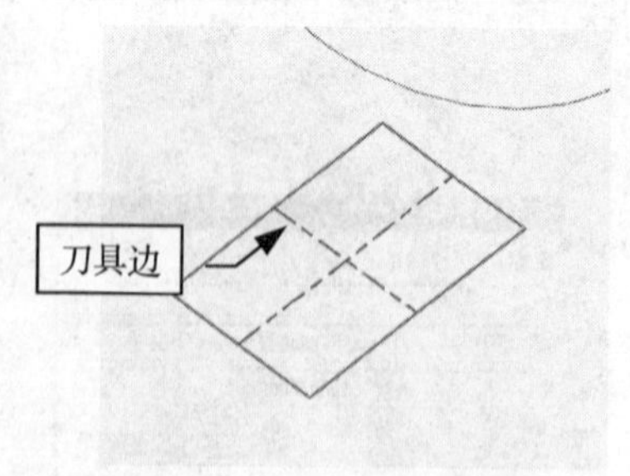

图 6-73 选择刀具边

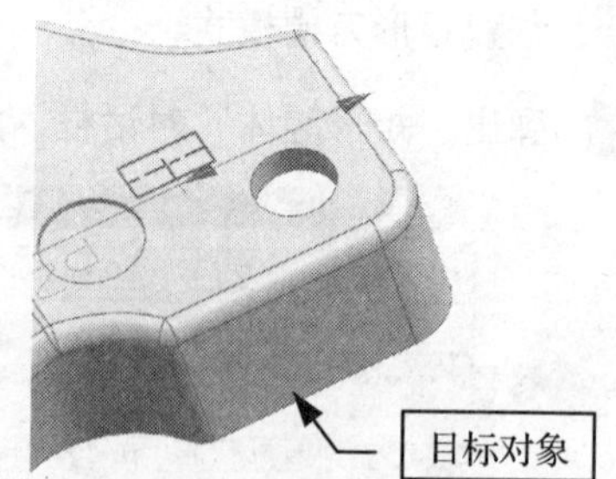

图 6-74 选择刀槽竖直目标对象

9. 在工作窗口中选择如图 6-75 所示的矩形中心线作为刀具边。在弹出的“创建表达式”对话框中将定位值设置为 34，单击 确定 按钮。在“定位”对话框中单击 确定 按钮，完成矩形刀槽的创建如图 6-76 所示。

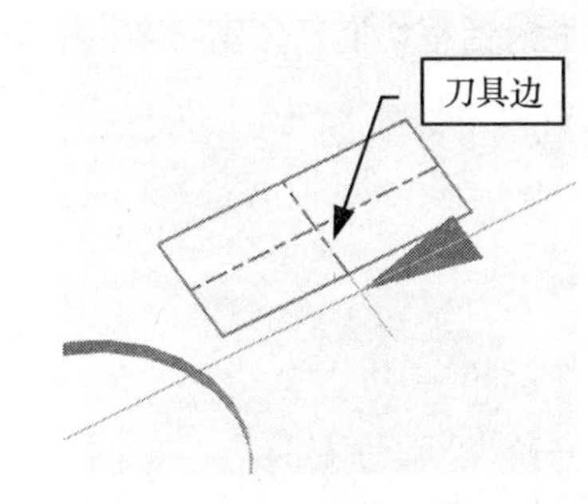

图 6-75 选择矩形中心线

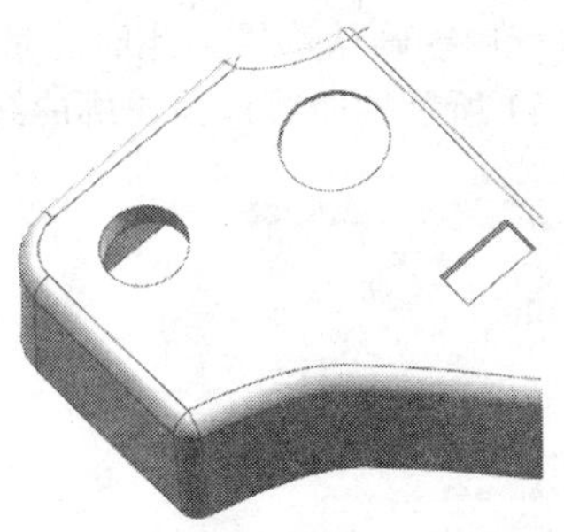

图 6-76 矩形刀槽创建后的状态

3．创建常规刀槽

操作步骤

1. 在“腔体”对话框中单击如图 6-77 所示的“常规”按钮，进入创建矩形刀槽模式。

图 6-77 单击“矩形”按钮

2. 弹出“常规腔体”对话框，如图 6-78 所示。选择如图 6-79 所示的曲面作为腔体放置面。

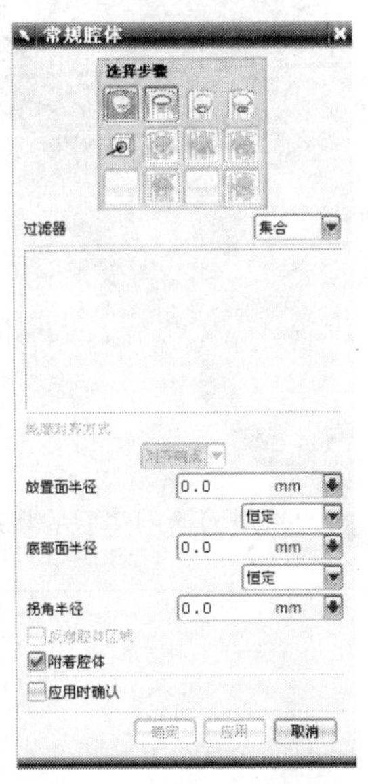

图 6-78 “常规腔体”对话框

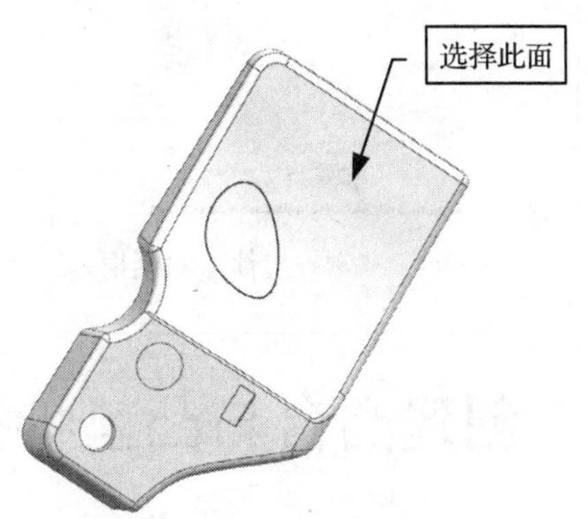

图 6-79 选择放置面

3. 单击鼠标中键确认选择，此时“常规腔体”对话框切换至如图 6-80 所示的状态。选择如图 6-81 所示的曲线作为轮廓曲线。

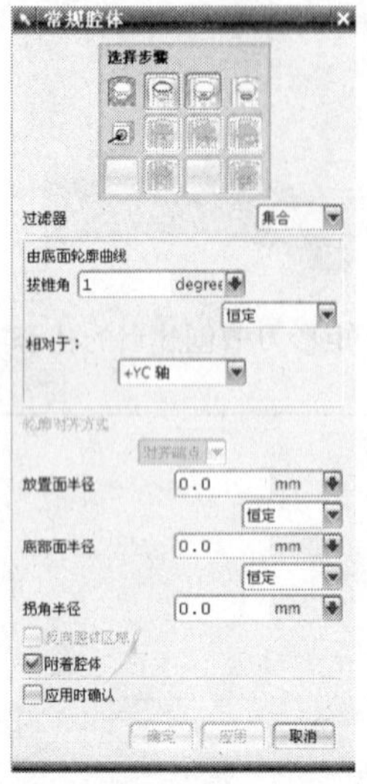

图 6-80 “常规腔体”对话框

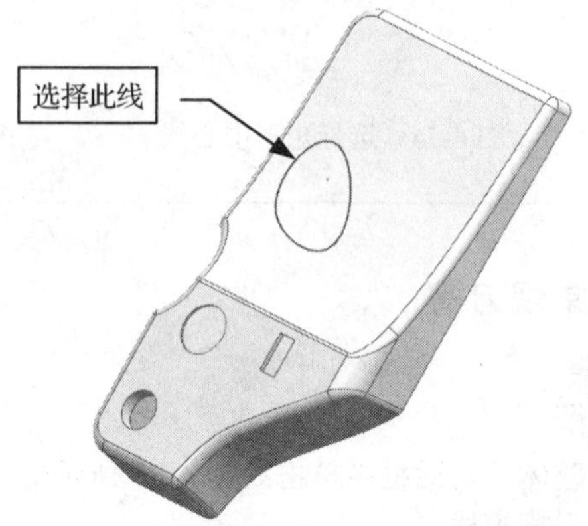

图 6-81 选择轮廓曲线

4. 选择曲线后单击鼠标中键确认，此时对话框将变成如图 6-82 所示，并修改相关参数与选项，两次单击确定按钮，返回“腔体”对话框，单击取消按钮，完成常规腔体的创建，结果如图 6-83 所示。

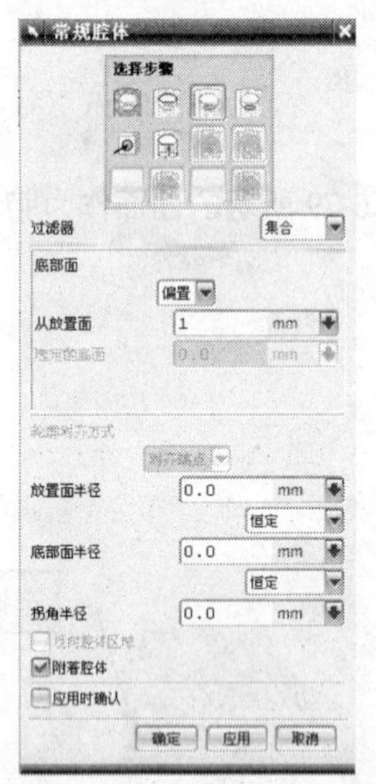

图 6-82 “常规腔体”对话框

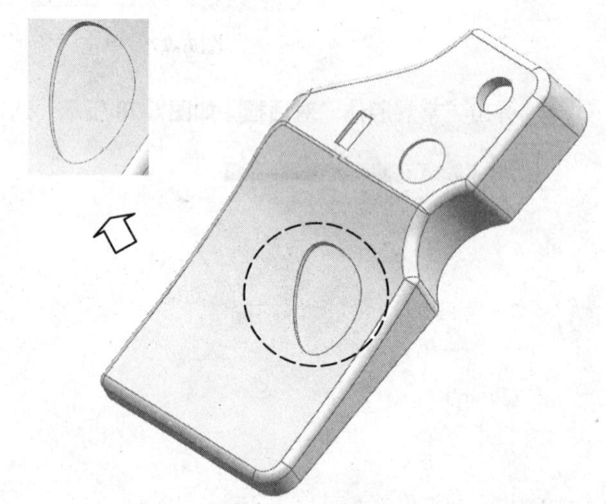

图 6-83 常规刀槽创建后的状态

6.4 创建凸台与凸垫特征

凸台是在实体平面上添加一个圆柱形凸台。而凸垫是向实体添加材料，或用沿矢量对截面进行投影生成的面来修改片体。

录像文件：演示录像\CH06\0604

6.4.1 创建凸台

凸台是在某一平面上创建一圆柱特征，并可带有拔模斜度。

操作步骤

1. 打开附书光盘中的 SAMPLE \ CH06 \ 6.4.1PRT 文件，如图 6-84 所示

2. 选择“插入”→“设计特征”→“凸台”命令，弹出“凸台”对话框，并将参数修改成如图 6-85 所示。

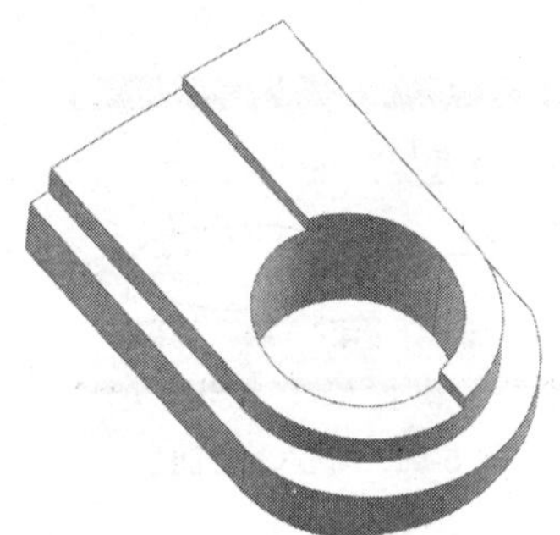

图 6-84 打开的模型

图 6-85 “凸台”对话框

3. 在工作窗口中选择零件顶部平面作为凸台的放置平面，如图 6-86 所示，在选择点处自动显示一圆柱凸台，如图 6-87 所示。

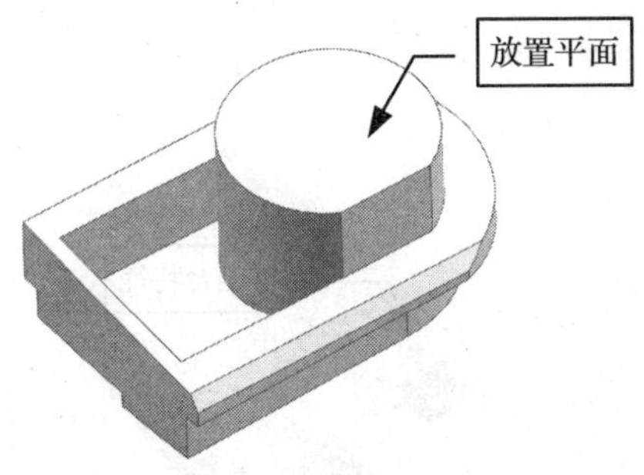

图 6-86 选择凸台放置平面

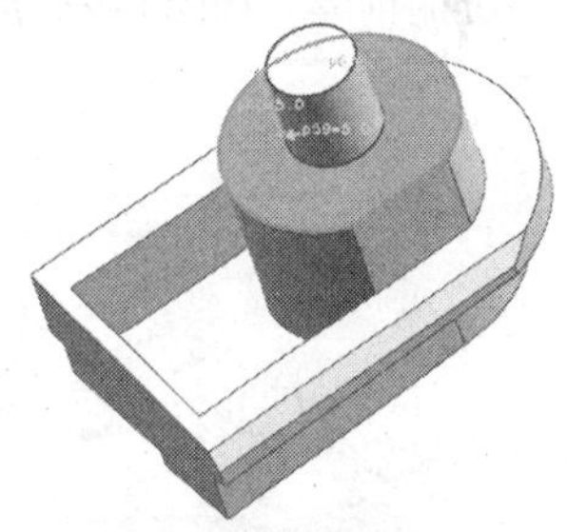

图 6-87 创建的凸台

4. 单击对话框中的 确定 按钮。在弹出的“定位”对话框中单击“水平”按钮，弹出“水平参考”对话框。

5. 在工作窗口中选择如图 6-88 所示的平面作为参考对象，返回至“水平”对话框，选择如图 6-89 所示的边作为水平方向的参考对象。

6. 系统自动显示水平方向定位尺寸，如图 6-90 所示，在弹出的“定位”对话框中将“当前表达式”的定位值设置为 5，如图 6-91 所示。

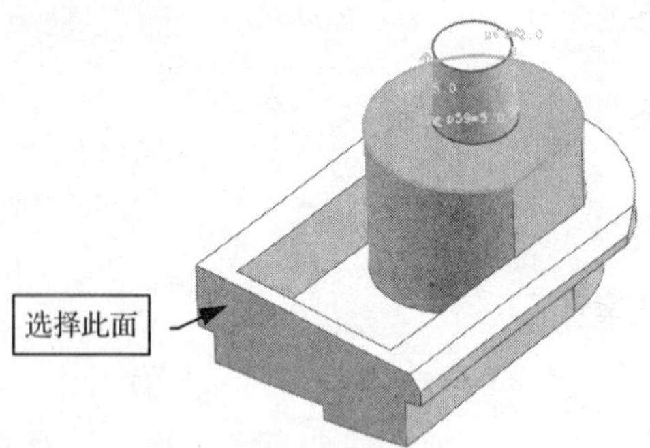

图 6-88　选择参考面

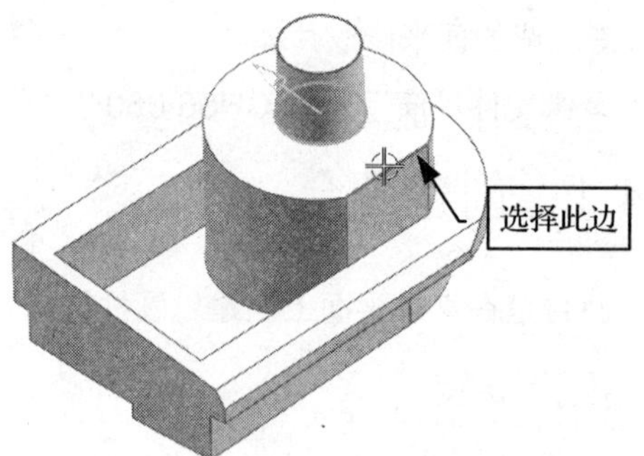

图 6-89　选择参考边

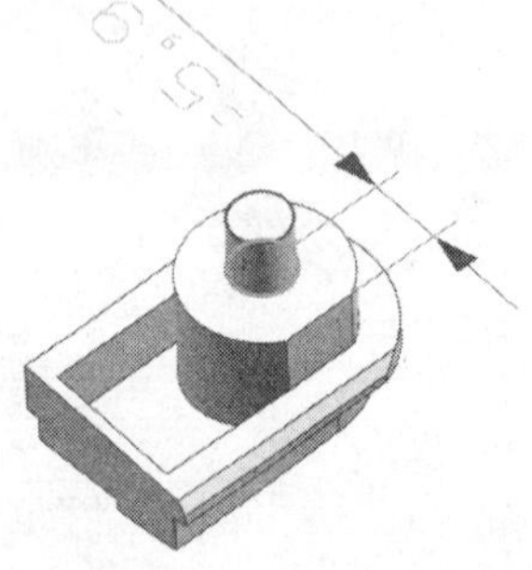

图 6-90　水平尺寸预览状态

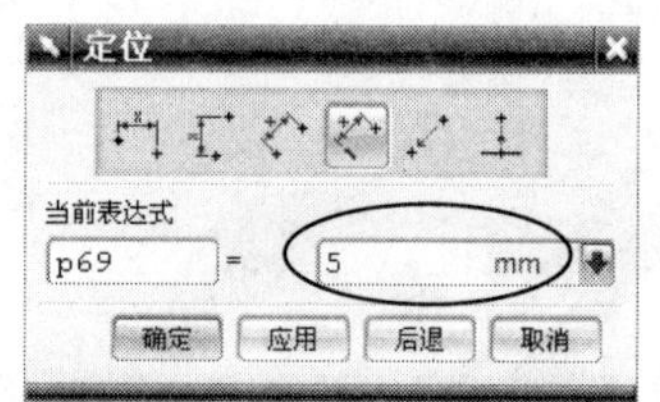

图 6-91　输入定位值

7. 在“定位”对话框中单击 应用 按钮，返回至“定位”对话框中，继续单击“竖直”按钮，弹出“竖直”对话框。选择如图 6-88 所示的平面作为凸台竖直参考，显示出竖直方向定位尺寸，如图 6-92 所示。

8. 在“定位”对话框中将值修改成 15，在“凸台”对话框中单击“取消”按钮，完成凸台特征的创建，如图 6-93 所示。

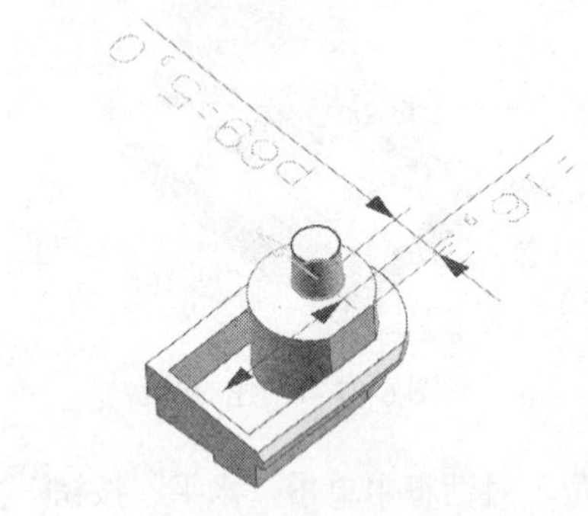

图 6-92　竖直方向预览状态

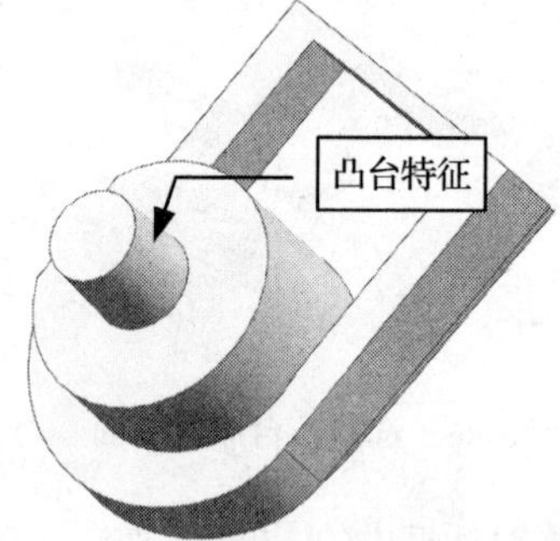

图 6-93　凸台特征创建后的状态

6.4.2　创建矩形凸垫

凸垫特征是在某一平面或曲面上创建一定形状态的凸台。

1．创建矩形凸垫

操作步骤

1. 打开附书光盘中的 SAMPLE \ CH06 \ 6.4.2 PRT 文件，如图 6-94 所示。

2. 选择"插入"→"设计特征"→"凸垫"命令，弹出"凸垫"对话框，如图 6-95 所示。

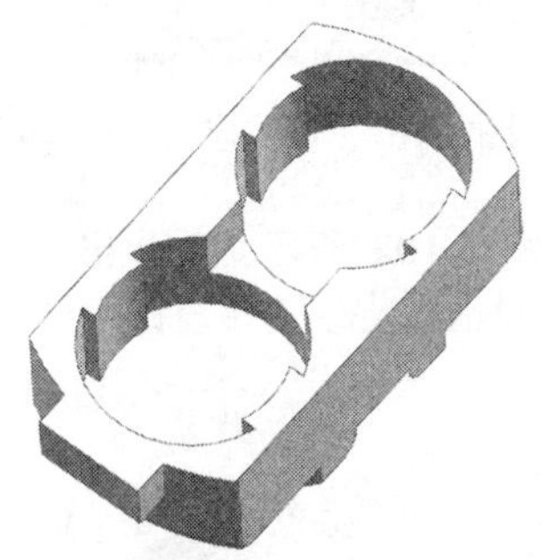

图 6-94　打开的模型

图 6-95　"凸垫"对话框

3. 在"凸垫"对话框中单击"矩形"按钮 矩形 ，如图 6-96 所示，弹出"矩形凸垫"对话框，如图 6-97 所示。

图 6-96　单击"矩形"按钮

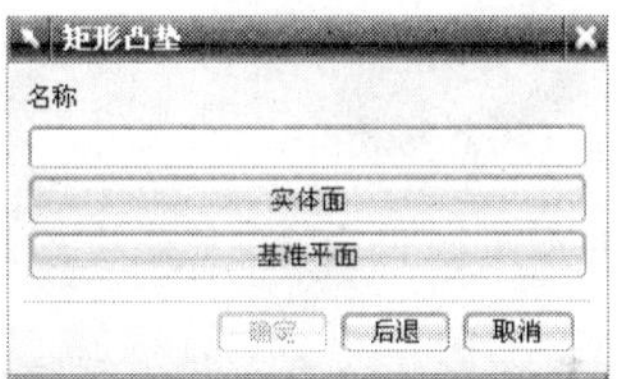

图 6-97　"矩形凸垫"对话框

4. 选择如图 6-98 所示的矩形顶面作为凸垫放置平面，弹出"水平参考"对话框，如图 6-99 所示。

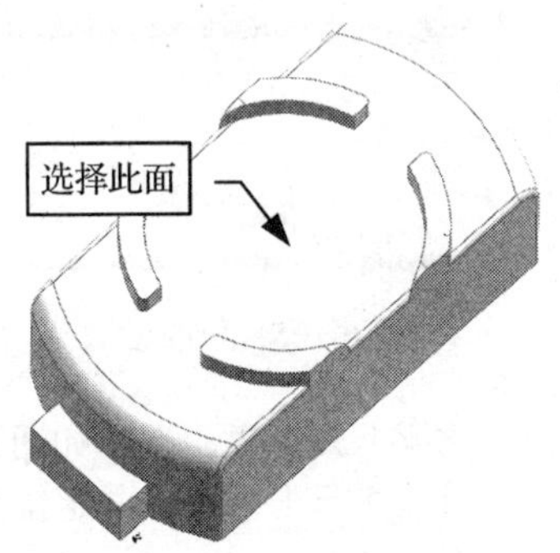

图 6-98　选择凸垫放置平面

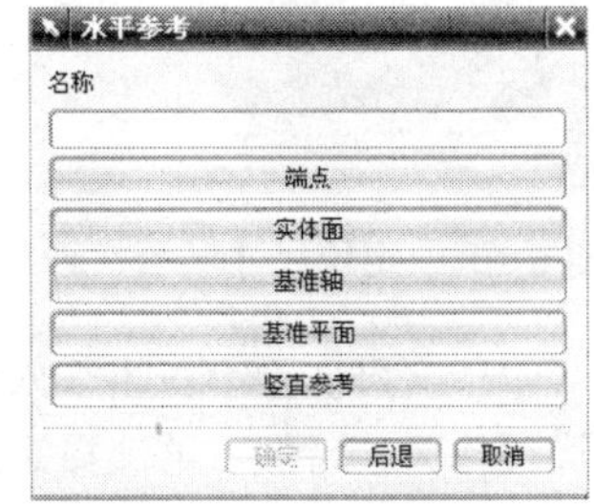

图 6-99　"水平参考"对话框

5. 在工作窗口中选择如图 6-100 所示的侧面作为凸垫水平参考。在弹出的"矩形凸垫"对话框中将参数设置为如图 6-101 所示，单击 确定 按钮。

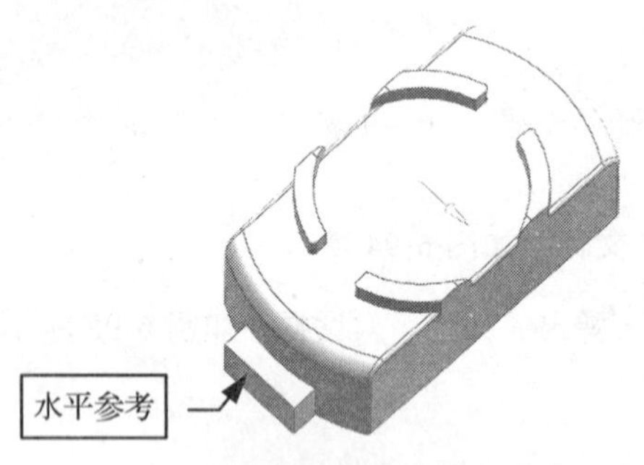

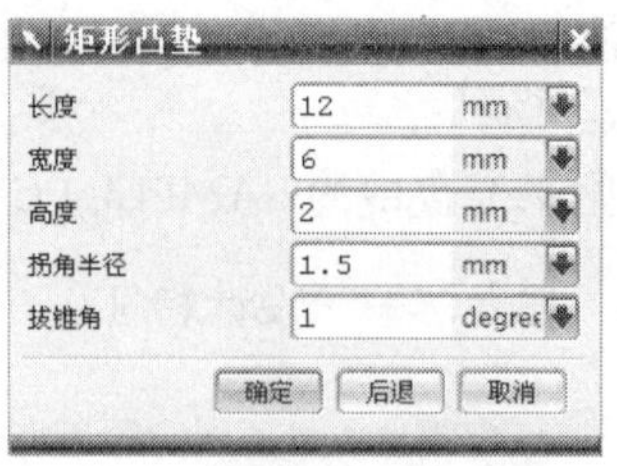

图 6-100　选择水平参考

图 6-101　设置参数

6. 在选择的放置面上自动创建一矩形凸台特征，如图 6-102 所示，并弹出 “定位” 对话框，选择 “竖直” 按钮。系统自动弹出 “竖直” 对话框，在工作窗口中选择如图 6-103 所示的边作为目标对象。

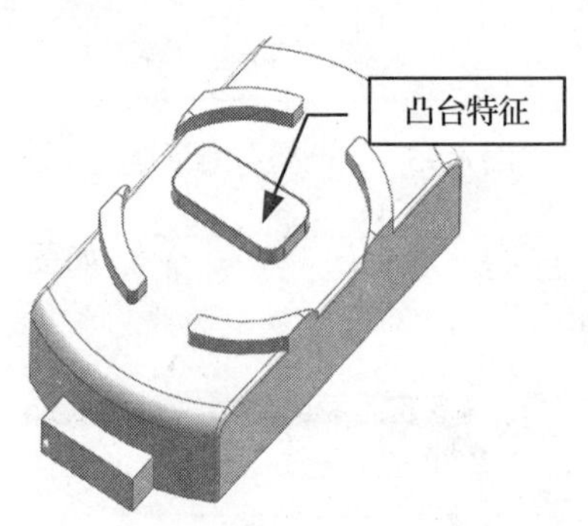

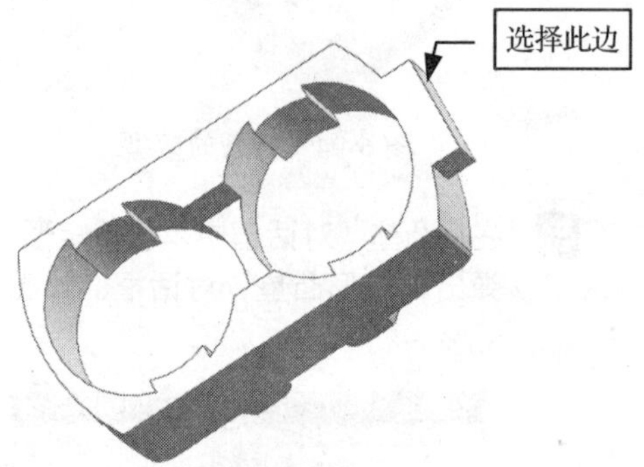

图 6-102　凸台特征显示状态

图 6-103　选择目标对象

7. 选择矩形凸台中心线，系统自动显示定位尺寸，如图 6-104 所示，弹出 “创建表达式” 对话框，将对话框中的尺寸修改为 25，如图 6-105 所示，单击 确定 按钮。

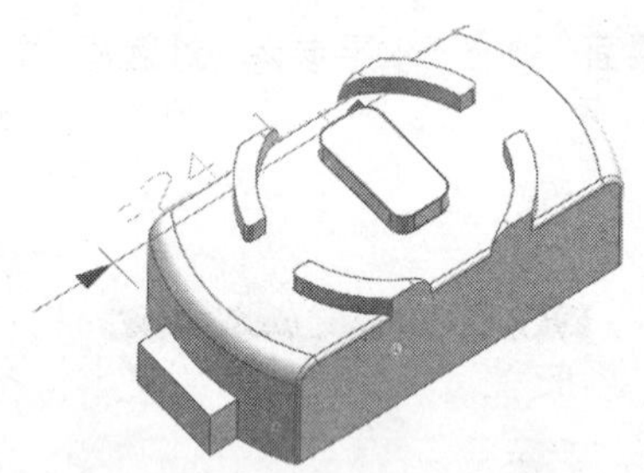

图 6-104　定位尺寸显示状态

图 6-105　修改参数

8. 在 “定位” 对话框中单击 “水平” 按钮，弹出 “水平” 对话框，选择如图 6-106 所示的边线作为参考线，再选择矩形凸台的另一条中心线，显示出水平方向定位尺寸，如图 6-107 所示。

9. 在 “创建表达式” 对话框中将数值修改成 5，依次单击 确定 按钮，在 “凸垫” 对话框中单击 取消 按钮，完成矩形凸垫的创建，如图 6-108 所示。

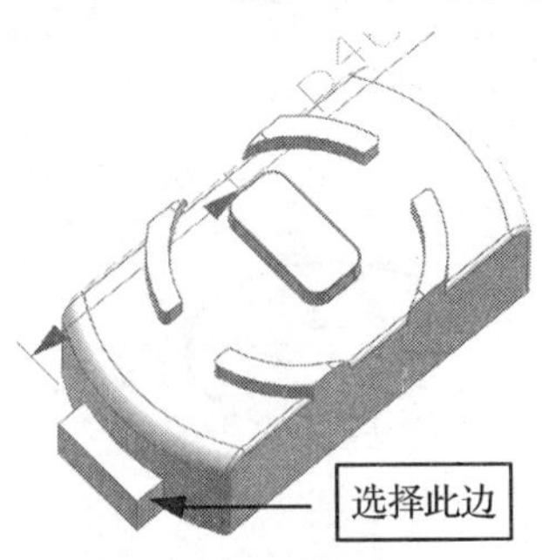

图 6-106 选择参照边

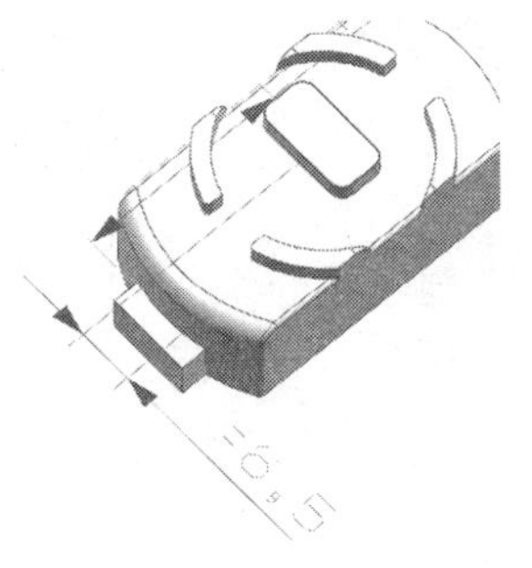

图 6-107 水平尺寸显示状态

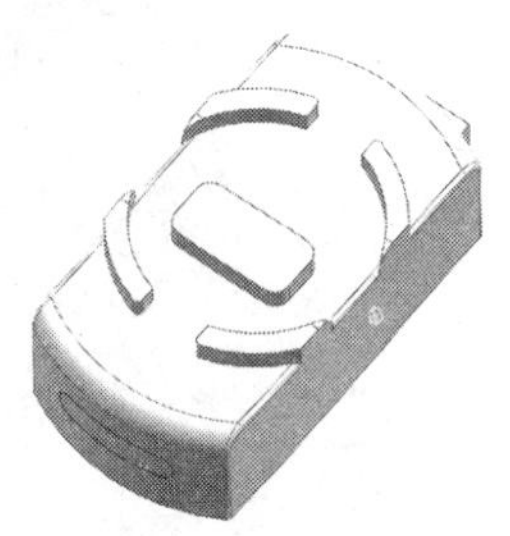

图 6-108 矩形凸垫创建后的状态

2. 创建一般凸垫

操作步骤

1. 在“凸垫”对话框中单击如图 6-109 所示的 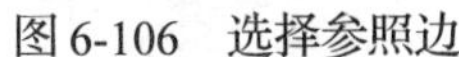 按钮，进入常规凸垫创建模式。

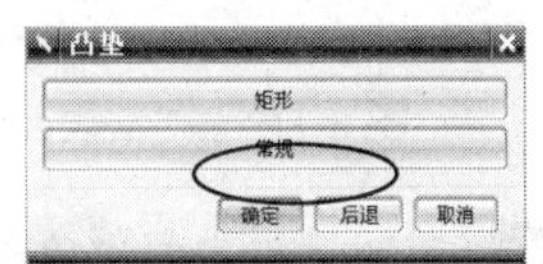

图 6-109 选择“凸垫”按钮

2. 弹出“常规凸垫”对话框，如图 6-110 所示。选择如图 6-111 所示的圆弧曲面作为凸垫放置面。

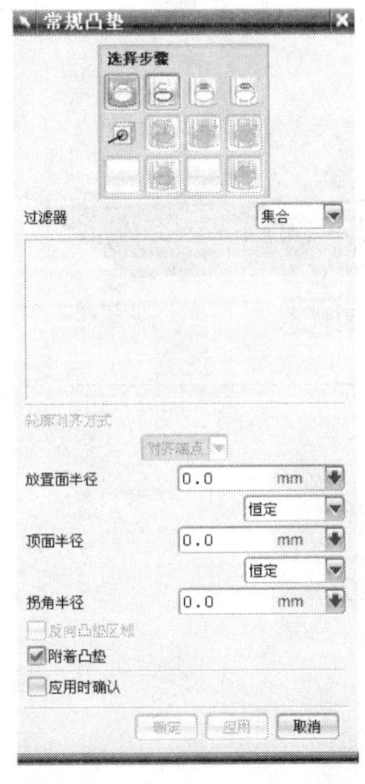

图 6-110 “常规凸垫”对话框

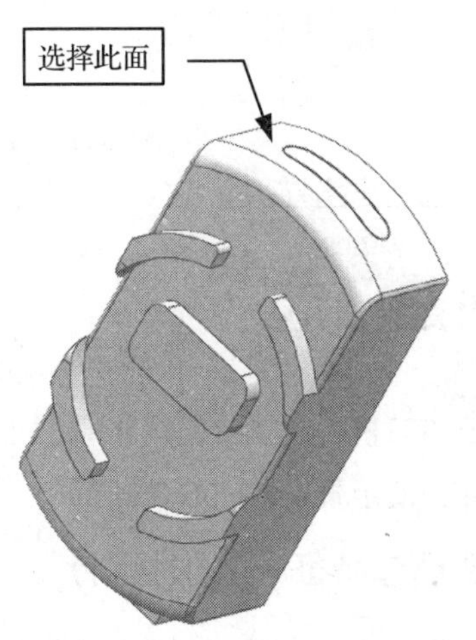

图 6-111 选择放置面

3. 双击鼠标中键，“常规凸垫”对话框切换至如图 6-112 所示的状态。依次选择放置曲面上的曲线作为轮廓曲线，再单击鼠标中键确认，并将对话框中的数值修改成如图 6-113 所示。

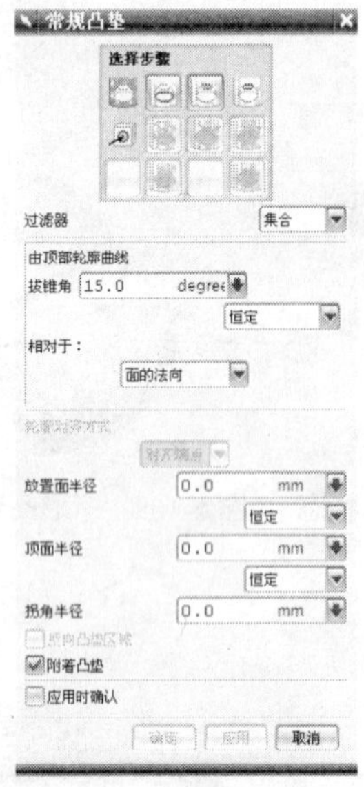

图 6-112 “常规凸垫”对话框

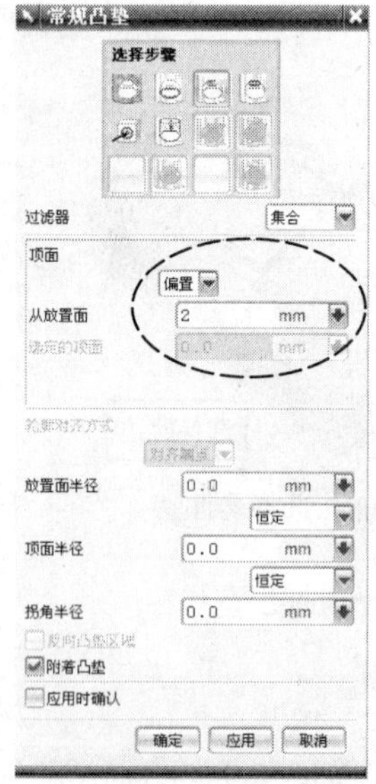

图 6-113 修改参数

4. 在对话框中两次单击 确定 按钮，在“凸垫”对话框中单击 取消 按钮，完成的凸垫创建如图 6-114 所示。

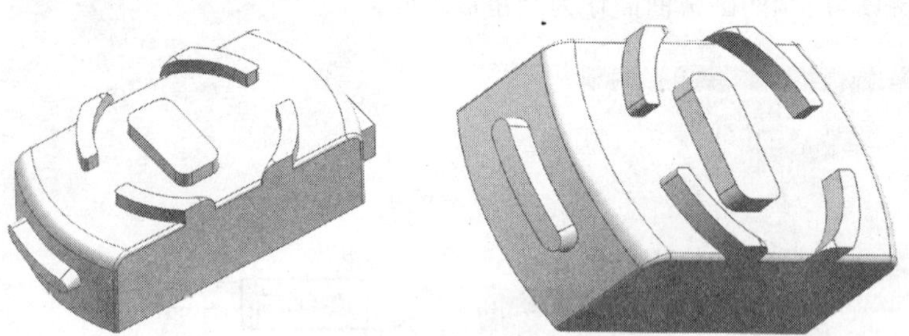

图 6-114 常规凸垫创建后的状态

6.5 创建凸起

凸起特征与刀槽、凸垫特征很相似，凸起特征的创建方法如下。

录像文件：演示录像\CH06\0605

1．创建凸起特征一（加材料）

操作步骤

1. 打开附书光盘中的 SAMPLE \ CH06 \ 6.5.1-1 PRT 文件，如图 6-115 所示。

2. 选择“插入”→“设计特征”命令，如图 6-116 所示，或在“特征”工具栏中单击“凸起”图标，进入创建凸起特征模式。

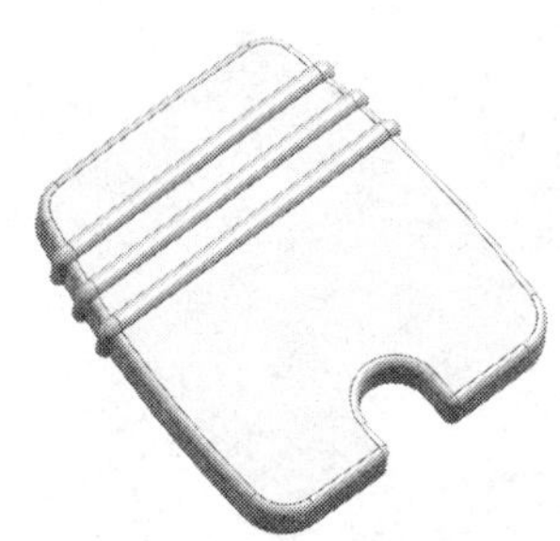

图 6-115 打开的模型

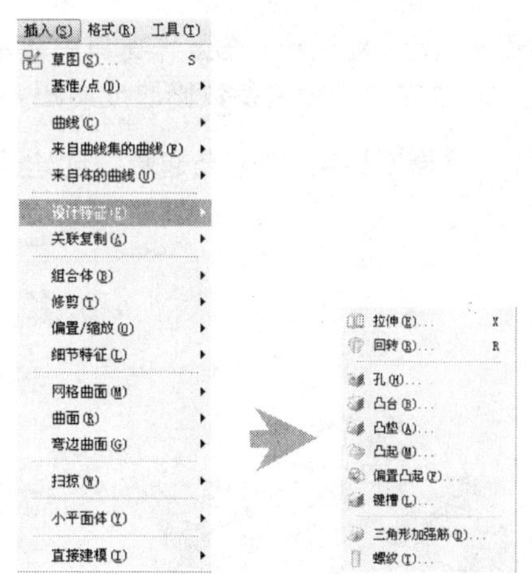

图 6-116 进入创建凸台与凸垫模式

3. 选择"插入"→"设计特征"→"凸起"命令，弹出"凸起"对话框，如图 6-117 所示。

4. 单击"截面"栏中的"草图截面"按钮。弹出"创建草图"对话框，在"草图平面"栏中的"平面选项"下拉列表中选择"创建平面"选项，如图 6-118 所示。

图 6-117 "凸起"对话框

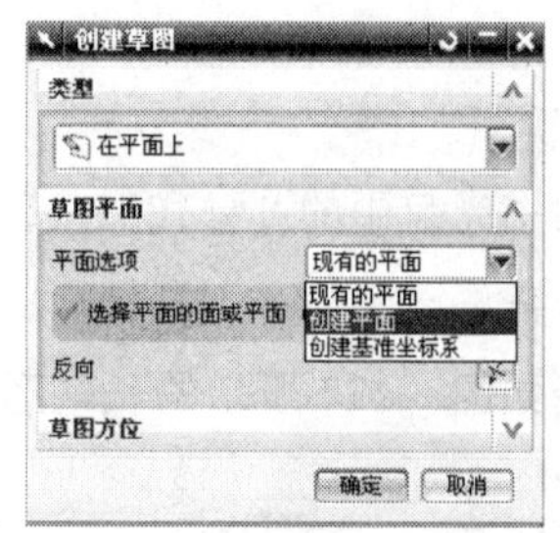

图 6-118 "创建草图"对话框

5. 在工作窗口中选择零件上表平面，在"距离"输入框中输入 3，使草绘平面向上偏移，如图 6-119 所示。单击"创建草图"对话框中的 确定 按钮。

6. 利用"草图"工具栏命令，在工作窗口中绘制如图 6-120 所示的截面，确认无误后在"草图生成器"工具栏中单击 完成草图图标，完成创建草图截面。

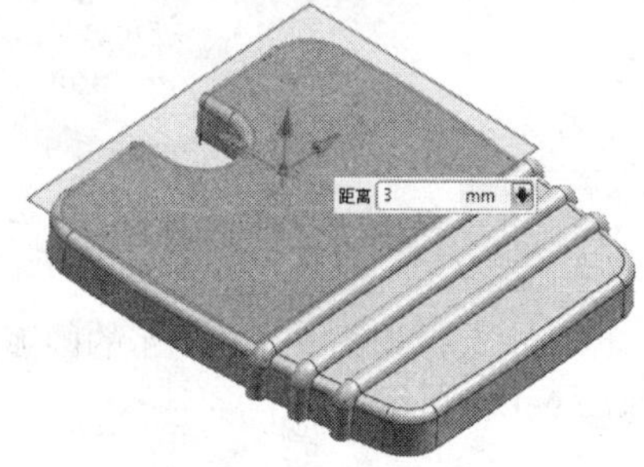

图 6-119 设置"距离"值

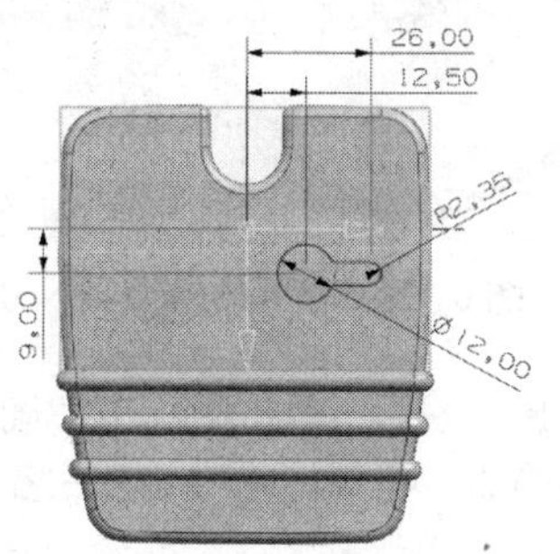

图 6-120 草图截面

7. 返回“凸起”对话框，在工作窗口中显示凸起特征的预览状态，如图 6-121 所示。将“凸起”对话框中的相关参数修改成如图 6-122 所示。

8. 单击 确定 按钮，完成凸起特征创建，结果如图 6-123 所示。

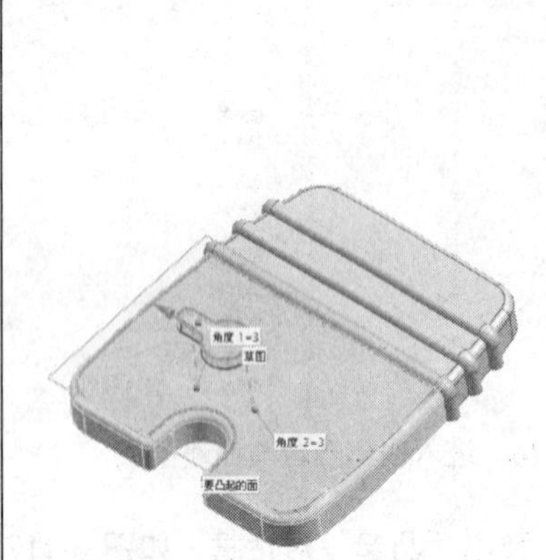

图 6-121 预览凸起特征

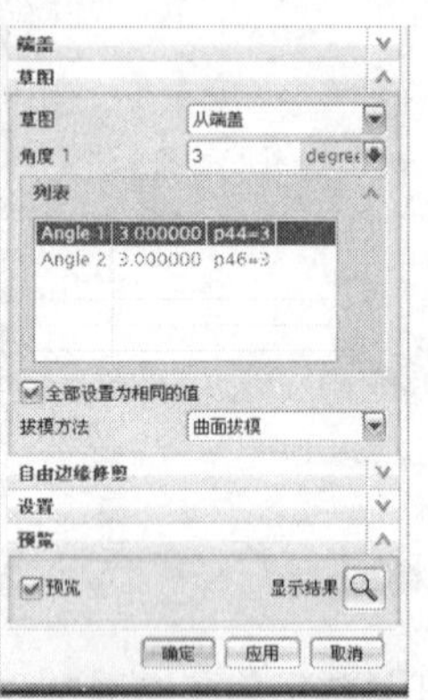

图 6-122 修改参数

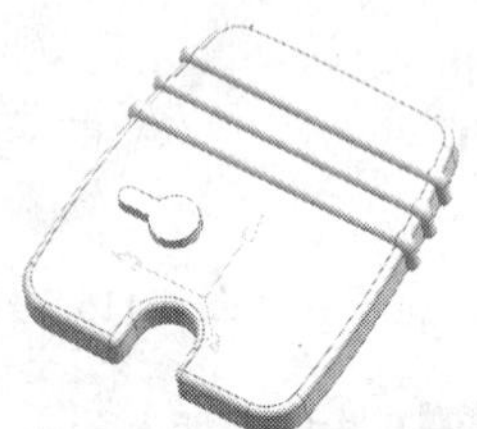
图 6-123 凸起特征创建后的状态

2. 创建凸起特征二（切材料）

操作步骤

1. 打开附书光盘中的 SAMPLE \ CH06 \ 6.5.1-2 PRT 文件，如图 6-124 所示。

2. 选择“插入”→“设计特征”→“凸起”命令，弹出“凸起”对话框。在工作窗口中单击选择如图 6-125 所示的长条形曲线作为草图截面。

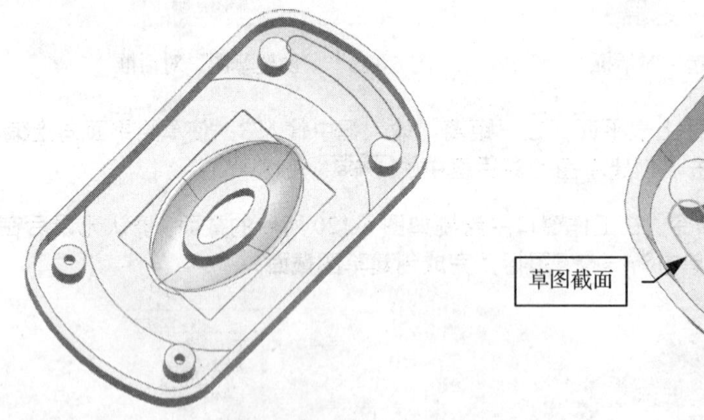
图 6-124 打开的模型

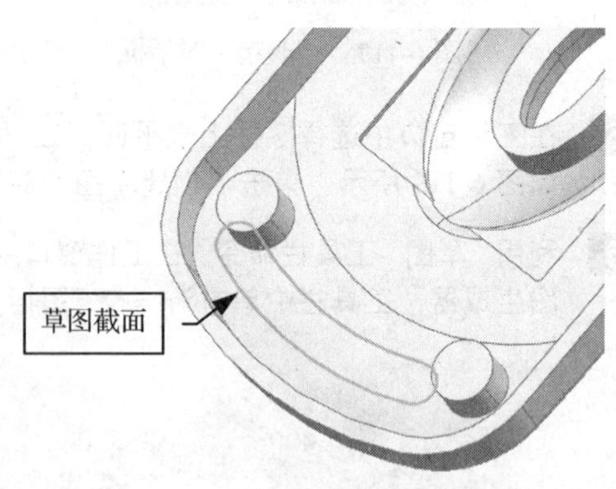

图 6-125 选择草图截面

3. 选择曲线后，单击鼠标中键确认，在工作窗口中选择如图 6-126 所示的圆弧曲面作为凸起的面。将对话框中的相关参数修改成如图 6-127 所示。

4. 在对话框中单击 确定 按钮，完成凸起特征的创建，结果如图 6-128 所示。

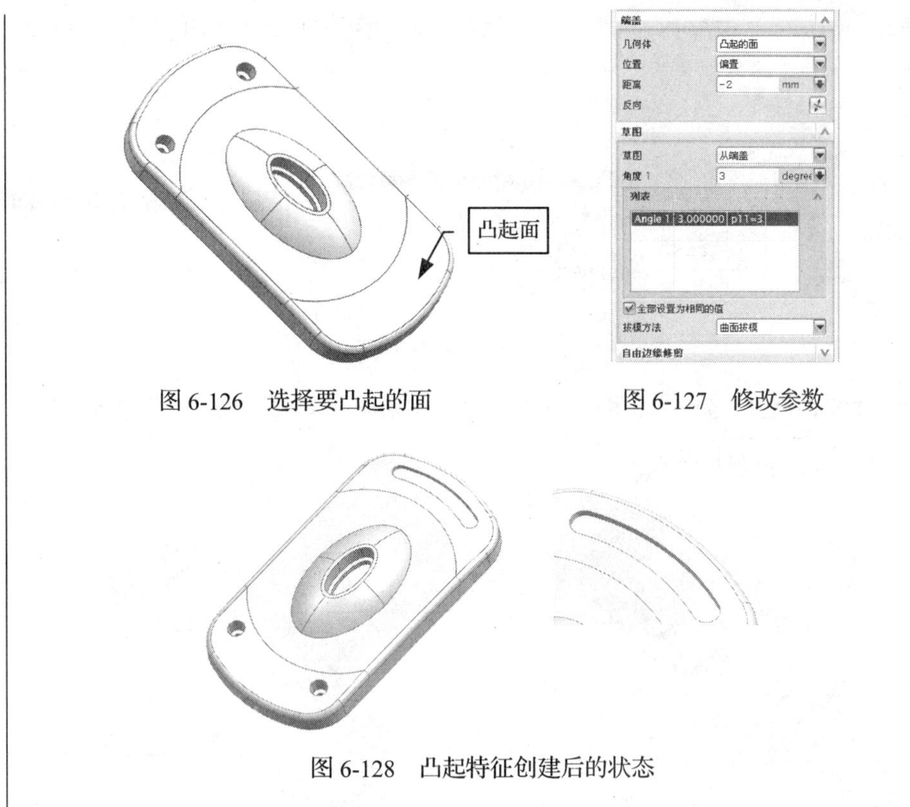

图 6-126 选择要凸起的面

图 6-127 修改参数

图 6-128 凸起特征创建后的状态

6.6 创建键槽、管道特征

键槽是以直槽形状添加一条通道，使其通过实体或在实体内部。键槽类型有矩形键槽、球形端键槽、U 型键槽、T 型键槽、燕尾键槽。管道是通过沿曲线扫琼圆形横截面创建实心或空心管道，可以选择外经与内径。

录像文件：演示录像\CH06\0606

6.6.1 创建键槽特征

1．创建矩形键槽

操作步骤

1. 打开附书光盘中的 SAMPLE \ CH06 \ 6.6.1PRT 文件，如图 6-129 所示
2. 在“特征”工具栏中单击选择“键槽”，弹出“键槽”对话框，如图 6-130 所示。
3. 在“键槽”对话框中单击“矩形”按钮 矩形，再单击 确定 按钮，弹出“矩形键槽”对话框，如图 6-131 所示。
4. 在工作窗口中选择如图 6-132 所示的平面作为矩形键槽的放置平面。在弹出的对话框中

单击[反向默认侧]按钮将方向指向零件内侧，如图 6-133 所示。

图 6-129　打开的模型　　图 6-130　“建槽”对话框　　图 6-131　“矩形键槽”对话框

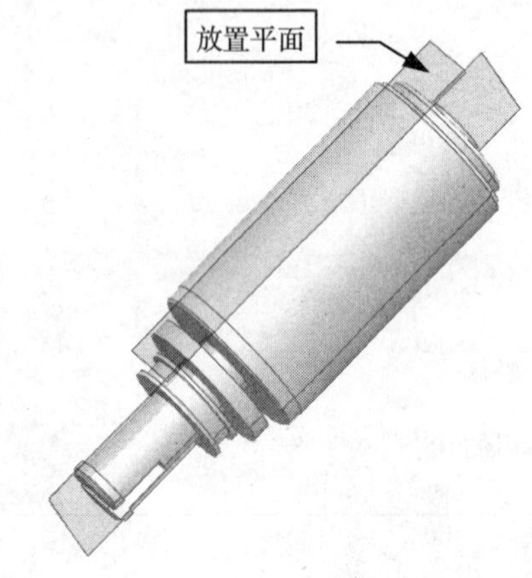

图 6-132　选择矩形键槽的放置平面

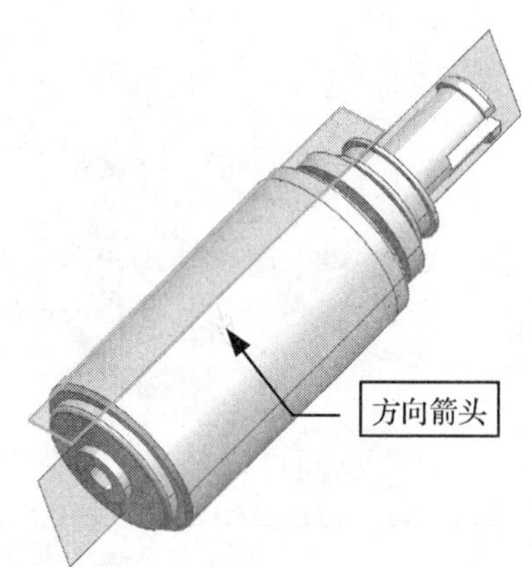

图 6-133　改变方向箭头

5. 弹出“水平参考”对话框，如图 6-134 所示，单击[基准平面]按钮，弹出“选择对象”对话框，在工作窗口中选择如图 6-135 所示的基准平面参考对象。

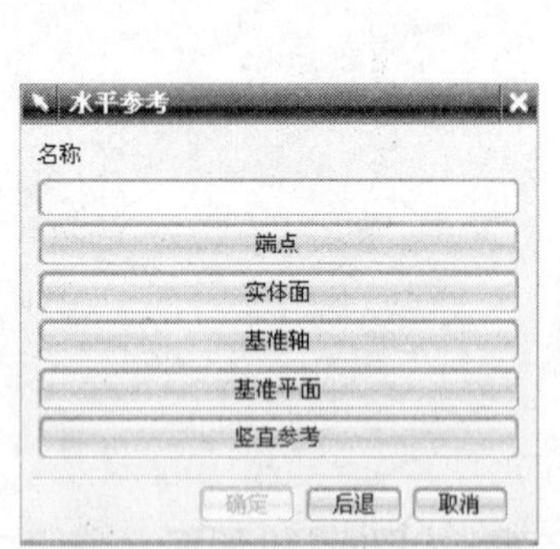

图 6-134　“水平参考”对话框

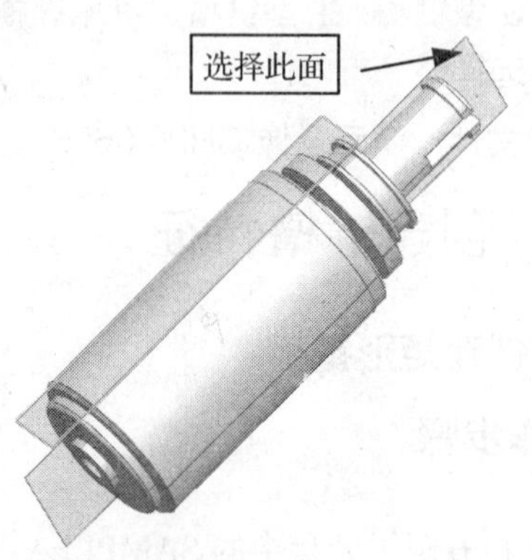

图 6-135　选择基准平面

6. 在弹出的“矩形键槽”对话框中将相关数值修改成如图 6-136 所示，单击[确定]按钮。

7. 系统弹出“定位”对话框，如图 6-137 所示，同时在零件上显示创建的键槽，如图 6-138 所示。

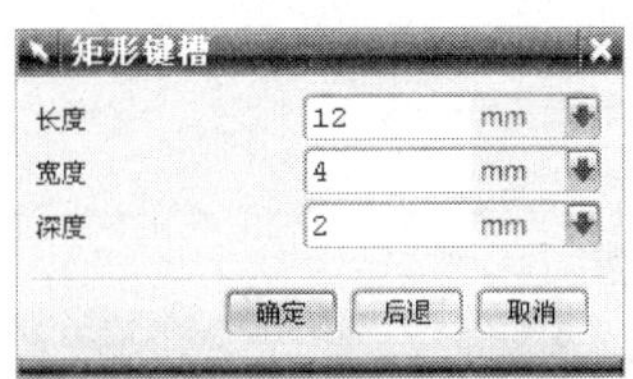

图 6-136 修改参数

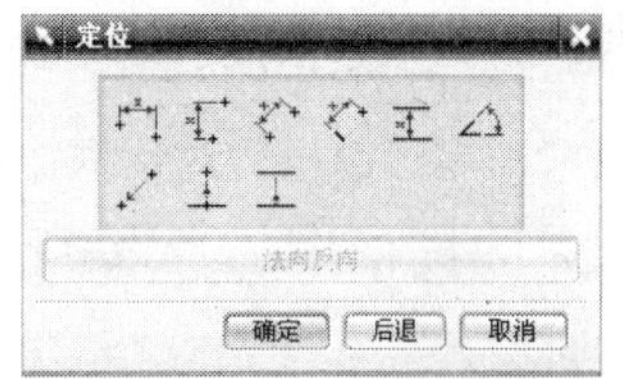

图 6-137 “定位”对话框

提示： 如需标注键槽的定位尺寸，可参照前面的几个章节。

8. 单击“定位”对话框中的 确定 按钮，在“矩形键槽”对话框中单击 取消 按钮，完成后的矩形键槽特征如图 6-139 所示。

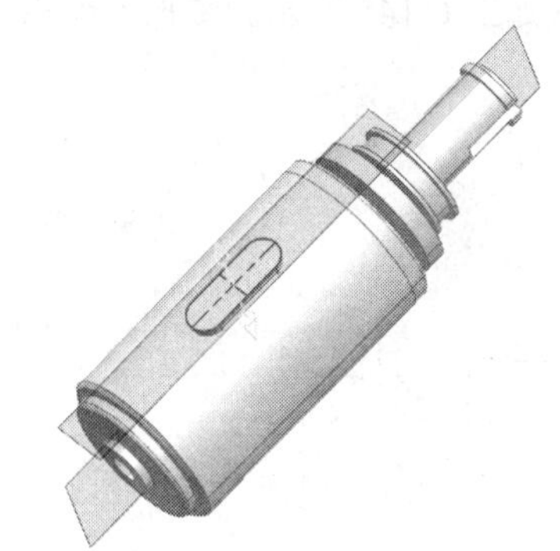

图 6-138 显示创建的键槽

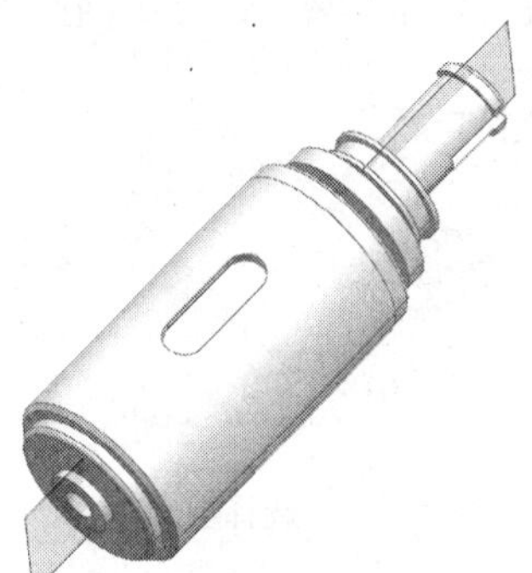

图 6-139 矩形键槽特征

2. 创建燕尾通槽

打开附书光盘中的 SAMPLE \ CH06 \ 6.6.1-2PRT 文件，如图 6-140 所示，在 6.6.1-2PRT 中创建如图 6-141 所示的燕尾通槽。

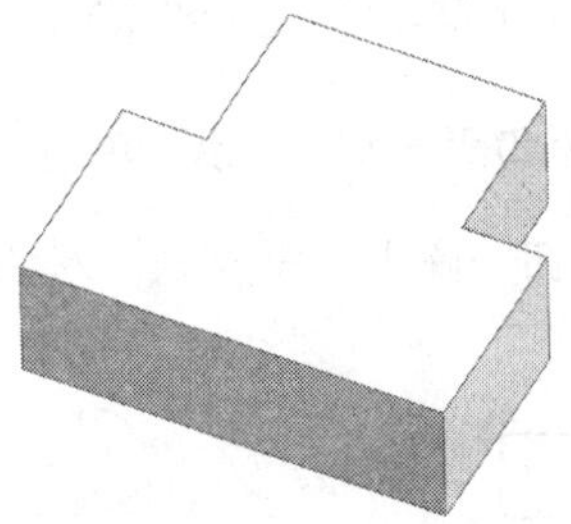

图 6-140 打开的模型

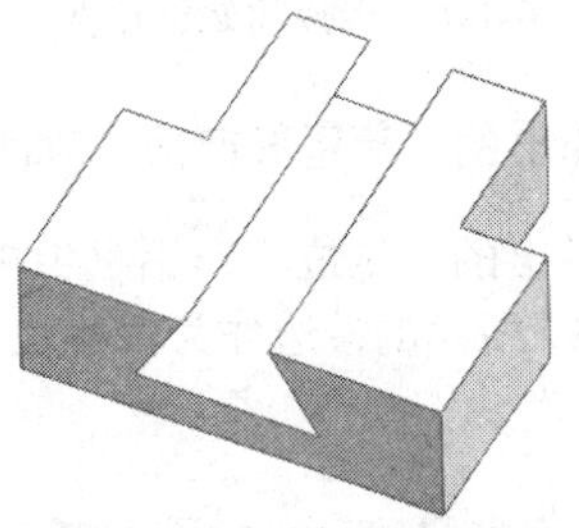

图 6-141 燕尾通槽特征

操作步骤

1. 在“键槽”对话框中单击 ⊙燕尾 按钮，勾选“通槽”选项，如图 6-142 所示，单击 确定按钮，进入创建燕尾通槽模式。

2. 弹出“燕尾形键槽”对话框，如图 6-143 所示。

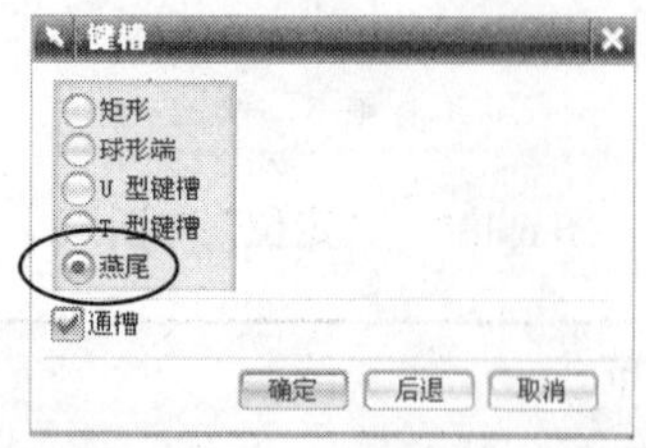

图 6-142 “键槽”对话框

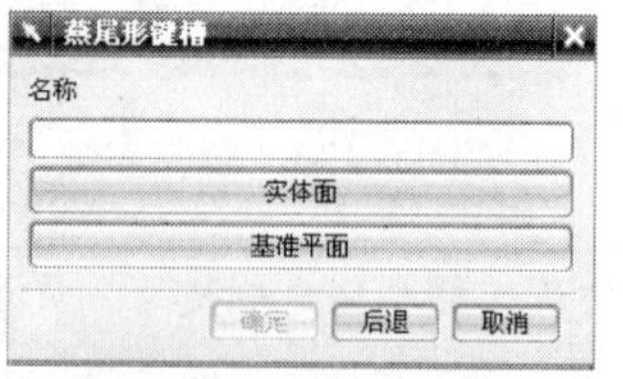

图 6-143 “燕尾形键槽”对话框

3. 在工作窗口中选择如图 6-144 所示的零件顶部平面作为燕尾键槽的放置平面。

4. 弹出“水平参考”对话框，在工作窗口中选择如图 6-145 所示的零件侧面作为水平参考。

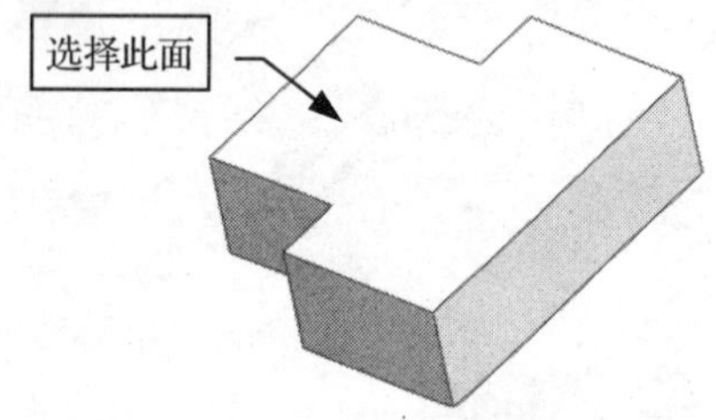

图 6-144 选择放置平面

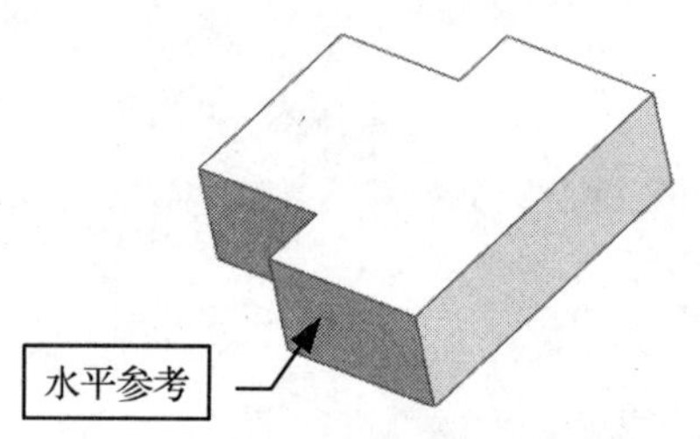

图 6-145 选择水平参考

5. 选择如图 6-146 所示的平面作为起始通过面，选择如图 6-147 所示的平面作为结束通过面。

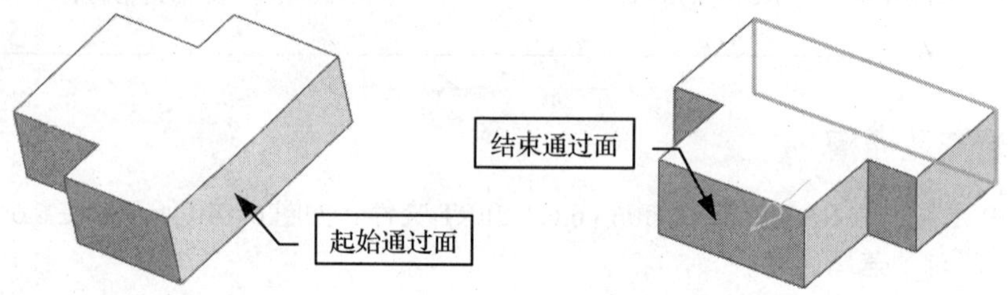

图 6-146 选择起始通过面

图 6-147 选择结束通过面

6. 将弹出的“燕尾形键槽”对话框中的参数设置为如图 6-148 所示，单击 确定 按钮。

7. 在弹出的“定位”对话框中单击“垂直”按钮，弹出“垂直的”对话框，选择如图 6-149 所示的棱边作为目标边。

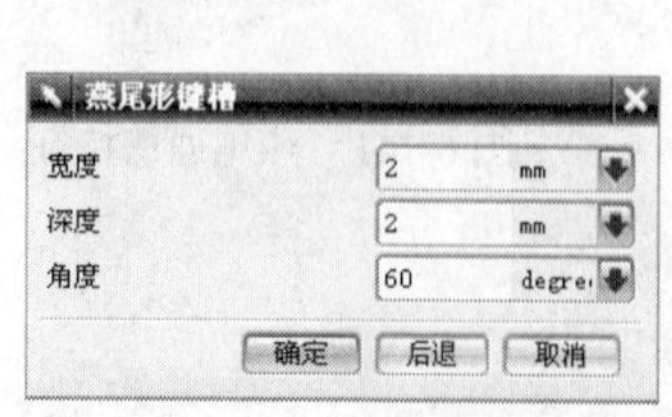

图 6-148 设置参数

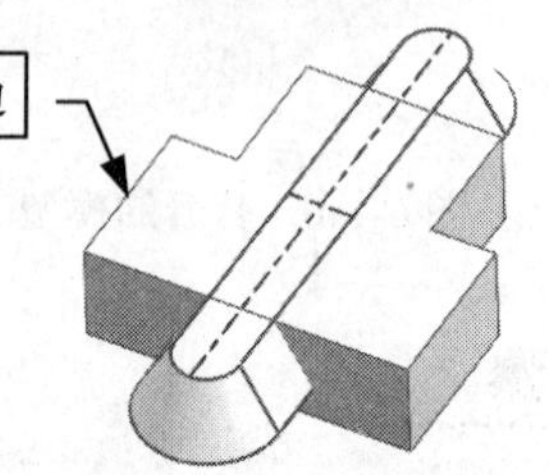

图 6-149 选择目标边

8. 选择如图 6-150 所示的燕尾键槽中心线作为工具边。在弹出的“创建表达式”对话框中将定位值设置为 5，如图 6-151 所示，单击 确定 按钮。

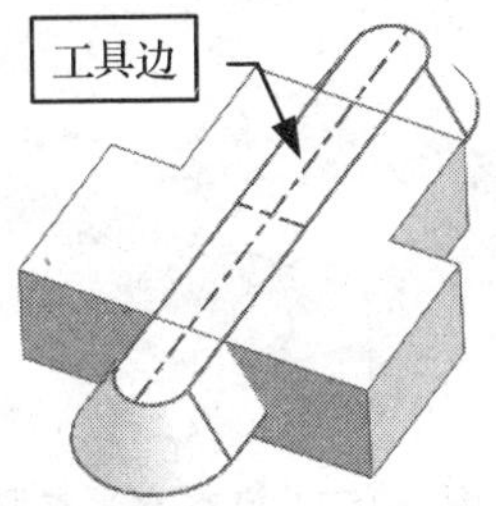

图 6-150 选择工具边

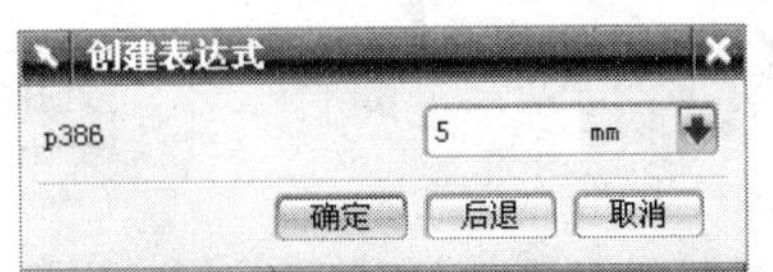

图 6-151 “创建表达式”对话框

9. 返回“定位”对话框，单击 确定 按钮，完成燕尾键槽特征的创建。

3. 创建 U、T 型键槽通槽

打开附书光盘中的 SAMPLE \ CH06 \ 6.6.1-3.PRT 文件，如图 6-152 所示，在 6.6.1-3.PRT 中创建 U、T 型键槽通槽，如图 6-153 所示。

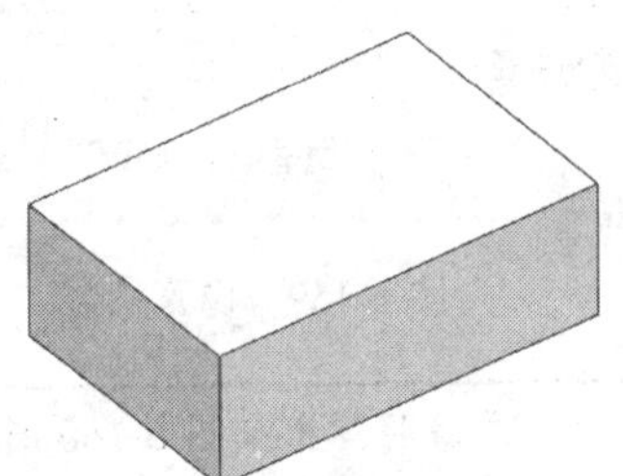

图 6-152 文件的 6.6.1-3.PRT 文件

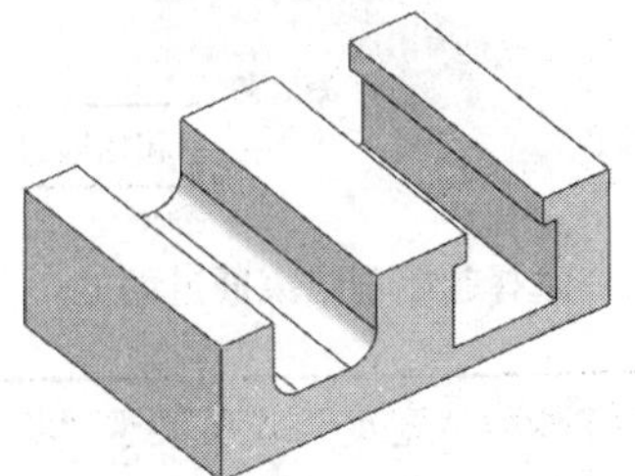

图 6-153 创建的 U、T 型键槽

操作步骤

1. 在“键槽”对话框中单击 U 型键槽 按钮，勾选“通槽”选项，如图 6-154 所示。弹出“U 型键槽”对话框，如图 6-155 所示。

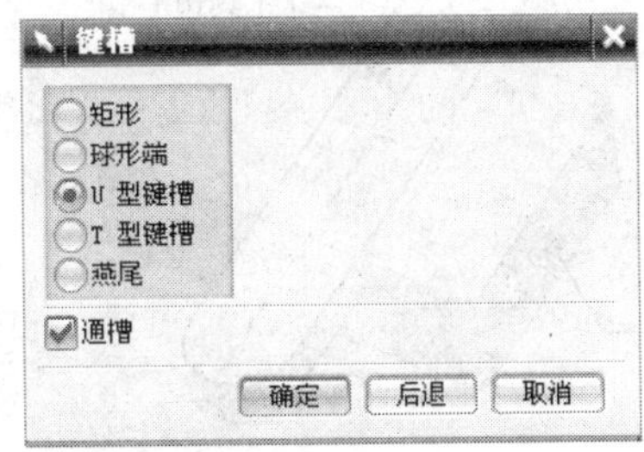

图 6-154 “键槽”对话框

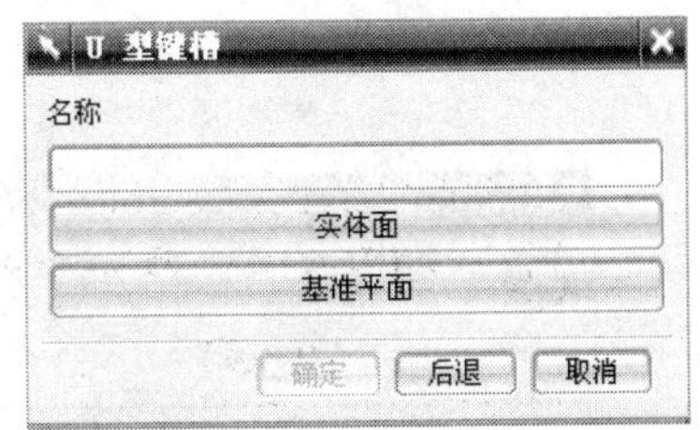

图 6-155 “U 型键槽”对话框

2. 在工作窗口中选择如图 6-156 所示的平面作为 U 型键槽放置面。

3. 弹出“水平参考”对话框，在工作窗口中选择如图 6-157 所示的矩形侧面作为水平参考。

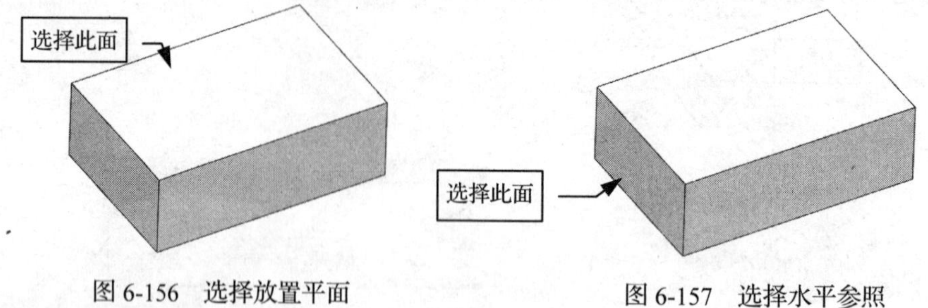

图 6-156　选择放置平面　　　　图 6-157　选择水平参照

4. 在工作窗口中选择矩形侧面作为起始通过面，再选择另一侧相对面作为结束通过面，如图 6-158 所示。

5. 在弹出的“U 型键槽”对话框中，将参数设置为如图 6-159 所示，单击 确定 按钮。

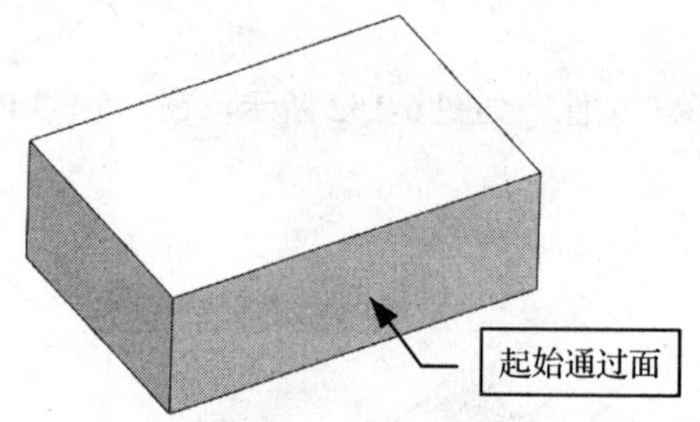

图 6-158　选择起始与结束通过面

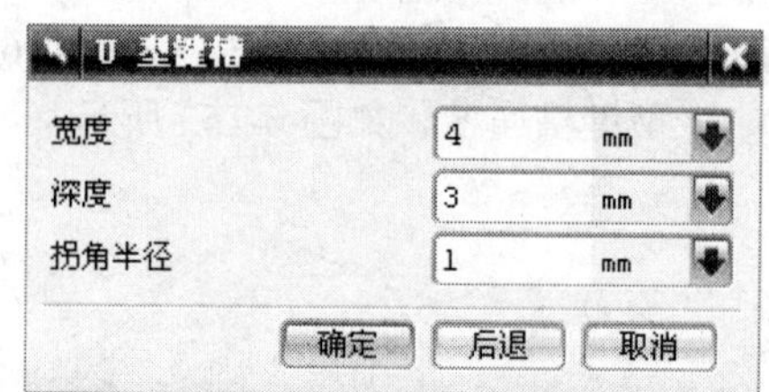

图 6-159　设置参数

提示： U 型键槽的“宽度”必须大于“拐角半径”。若小于，系统将弹出如图 6-160 所示的“消息”对话框。

6. 在弹出的“定位”对话框中单击“按一定距离平行”按钮。弹出“平行距离”对话框，在工作窗口中选择如图 6-161 所示的棱边作为目标边，选择如图 6-161 所示的 U 型键槽中心线作为工具边。

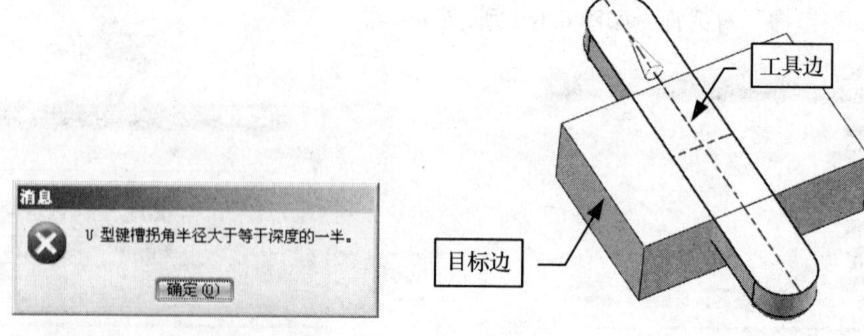

图 6-160　“消息”对话框　　　　图 6-161　选择目标边与工具边

7. 在弹出的“创建表达式”对话框中将定位值设置为 4，如图 6-162 所示，单击 确定 按钮。

8. 单击“定位”对话框中的 确定 按钮，完成后的 U 型键槽特征如图 6-163 所示。

图 6-162 “创建表达式”对话框

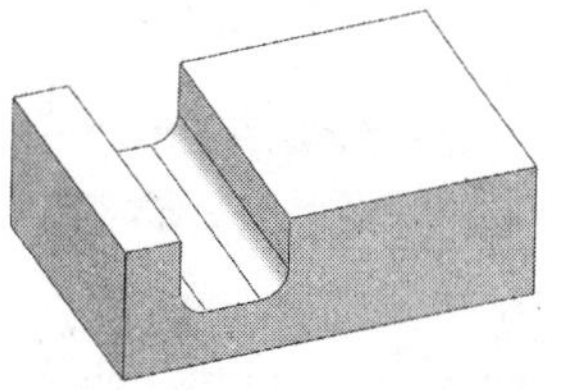

图 6-163 U 型键槽特征

9. 在弹出的“U 型键槽”对话框中单击 后退 按钮，如图 6-164 所示。在弹出的“键槽”对话框中单击“T 型键槽”选项 T 型键槽，再单击 确定 按钮，弹出“T 型键槽”对话框，如图 6-165 所示。

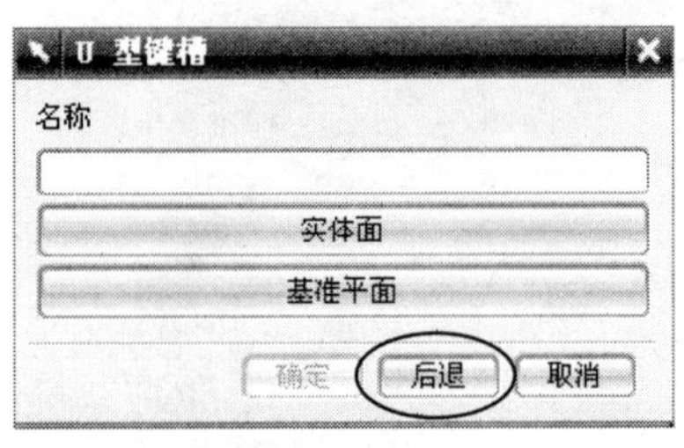

图 6-164 单击“后退”按钮

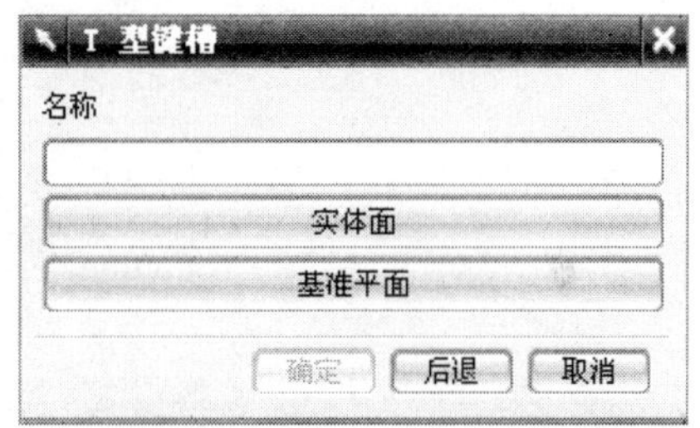

图 6-165 “T 型键槽”对话框

10. 以同样的方法创建 T 型键槽，将“T 型键槽”对话框中的参数设置为如图 6-166 所示，然后单击 确定 按钮。

11. 在弹出的“定位”对话框中单击 按钮，弹出“平行距离”对话框，选择如图 6-167 所示的棱边作为目标边，选择如图 6-167 所示的 T 型键槽中心线作为工具边。

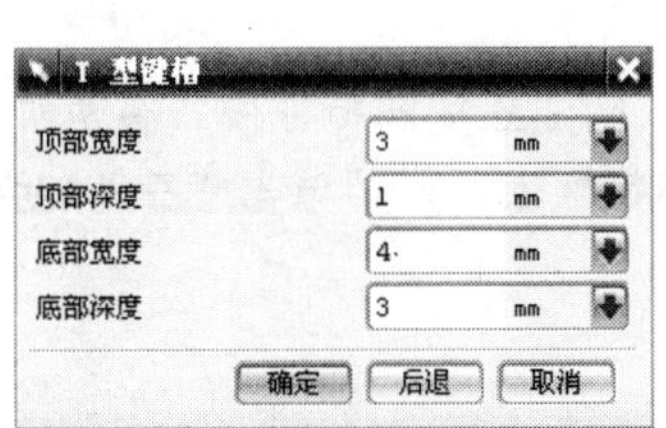

图 6-166 设置 T 型键槽参数

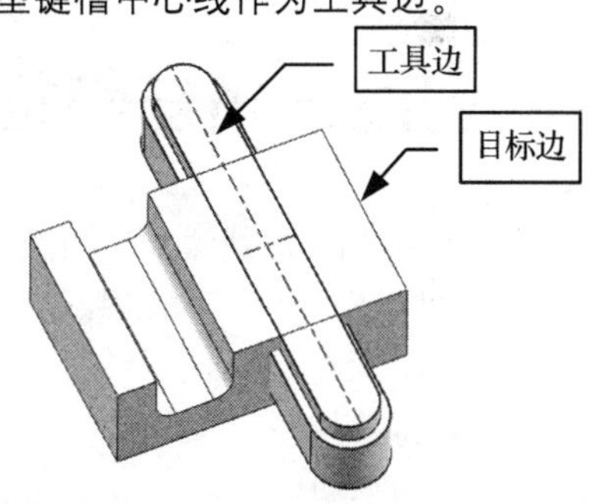

图 6-167 选择目标边与工具边

12. 在弹出的“创建表达式”对话框中将定位值设置为 4，再单击 确定 按钮。

13. 返回“定位”对话框，单击 确定 按钮，完成 T 型键槽特征。

提示： 如果创建的不是通槽，键槽的长度必须小于放置面的水平参考方向的长度。

6.6.2 创建管道特征

管道特征与扫掠特征有相似之处，都需以引导线创建。如图 6-168 所示为所需创建的管道特征，详细创建过程如下：

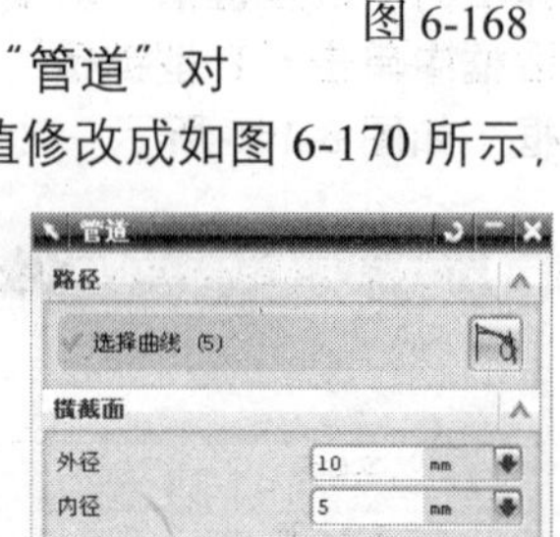

图 6-168 管道特征

操作步骤

1. 打开附书光盘中的 SAMPLE \ CH06 \ 6.6.2 PRT 文件，如图 6-169 所示。

2. 在“特征”工具栏中单击“管道”图标，弹出“管道”对话框，选择一曲线作为管道的引导线，并将参数值修改成如图 6-170 所示，

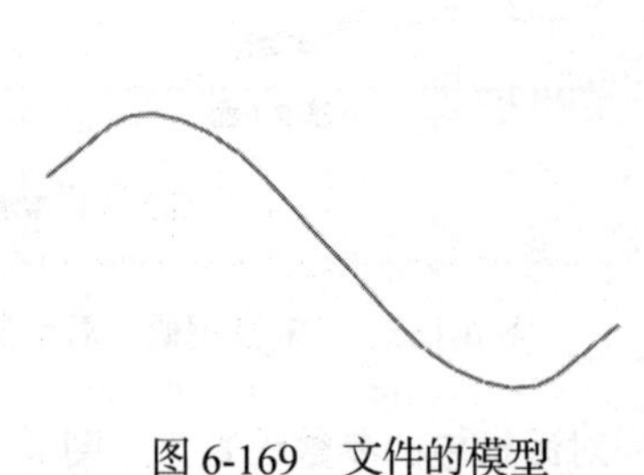

图 6-169 文件的模型

图 6-170 “管道”对话框

3. 单击 确定 按钮，完成管道特征创建。

6.7 创建三角筋特征

沿两组面的相交曲线添加三角形加强筋特征。进入创建三角筋特征模式有两种方式：选择“插入”→“设计特征”→“三角加强筋”命令，或在“特征”工具栏中单击“三角加强筋”按钮，如图 6-171 所示。

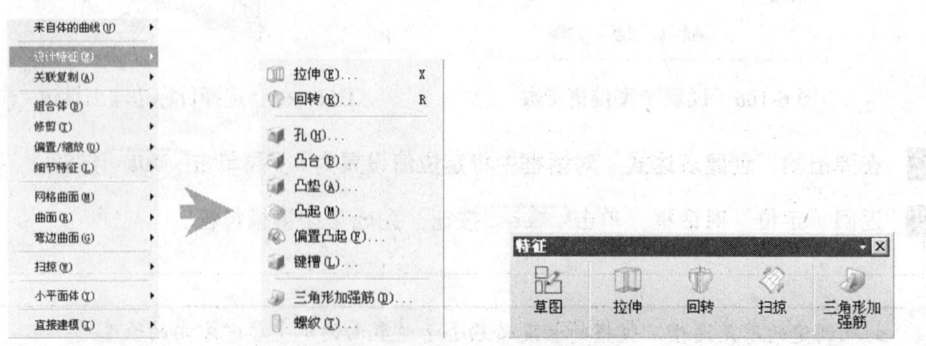

图 6-171 进入创建三角筋特征模式

录像文件：演示录像\CH06\0607

1. 创建三角加强筋

操作步骤

1. 打开附书光盘中的 SAMPLE \ CH06 \ 6.7.1 PRT 文件，如图 6-172 所示。

2. 选择“插入”→“设计特征”→“三角形加强筋”命令，弹出“三角形加强筋”对话框，如图 6-173 所示。

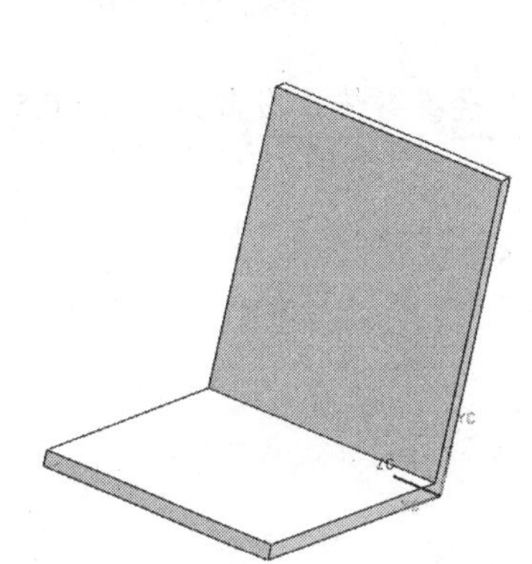

图 6-172　打开的模型

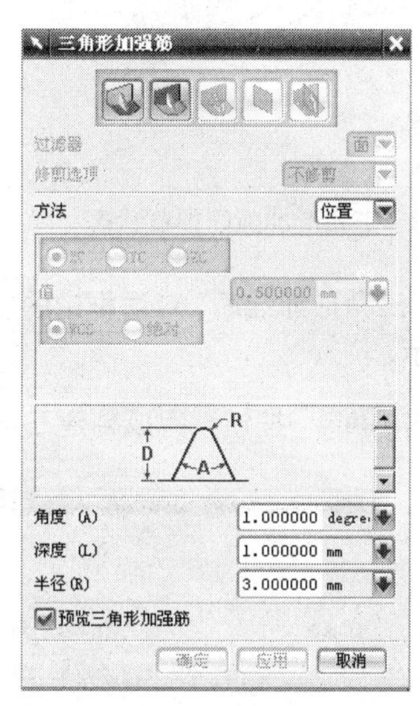

图 6-173　“三角形加强筋”对话框

3. 在工作窗口中选择如图 6-174 所示的平面作为第一组面，再单击对话框中的按钮，再选择如图 6-175 所示的平面作为第二组面。

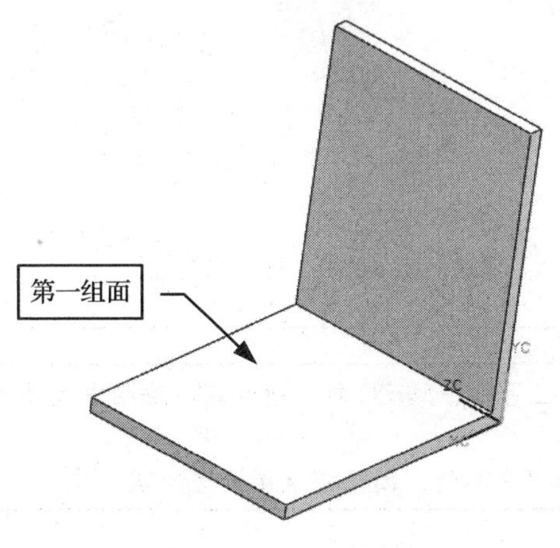

图 6-174　选择第一组面

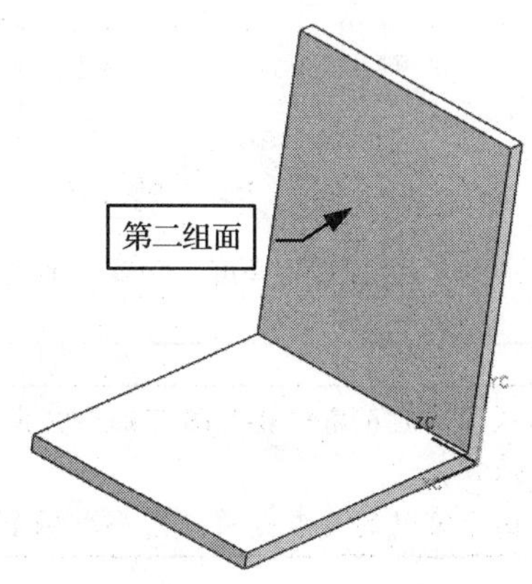

图 6-175　选择第二组面

4. 在工作窗口中显示出创建的三角形加强筋预览特征，如图 6-176 所示。将对话框中的“方法”栏设置为如图 6-177 所示。

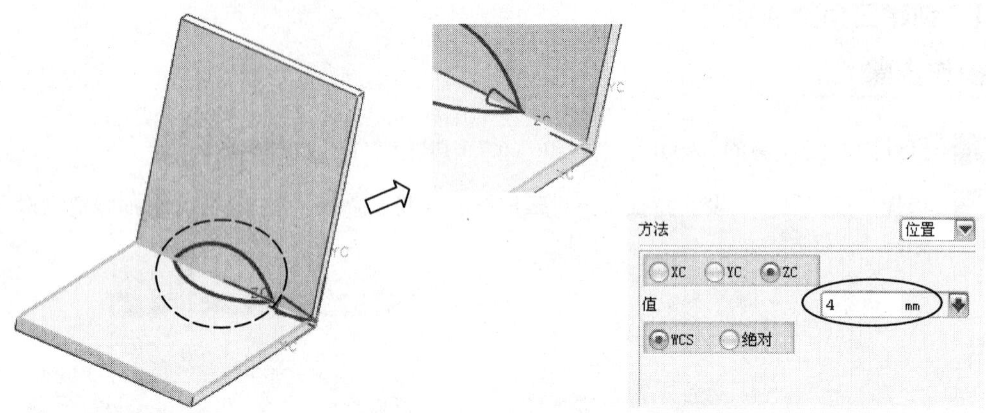

图 6-176　三角形加强筋预览状态　　　　图 6-177　“方法”栏

5. 将“三角形加强筋”对话框中的角度、深度、半径参数依次设置为 1、5、0.5，如图 6-178 所示。

6. 单击 确定 按钮，完成创建三角筋特征，如图 6-179 所示。

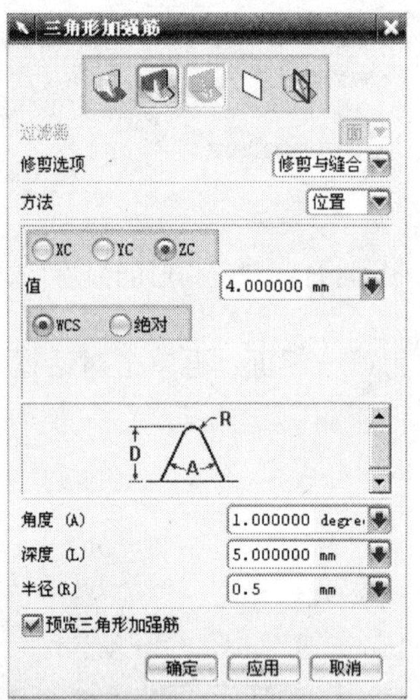

图 6-178　设置角度、深度、半径参数

图 6-179　三角筋特征

提示： 从图 6-176 局部放大图可知，三角形加强筋的位置是参照 ZC 轴，所以在方法栏中选择 ZC 按钮。

由于零件的要求是将三角形加强筋创建至直角架中间处，因而将数值设置为 4。

第7章 创建曲面

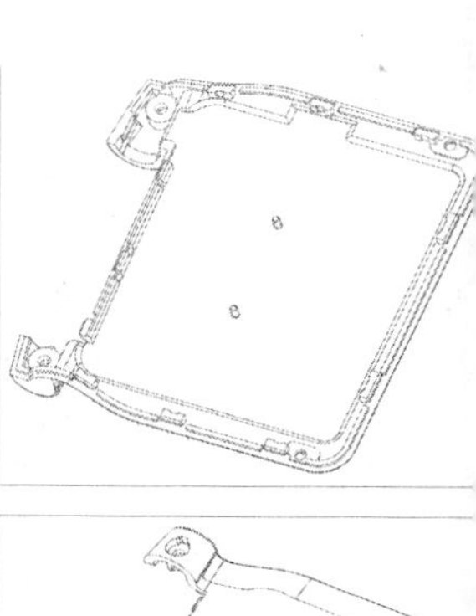

本章导读

UG NX5 中的曲面主要包括网格曲面、扫掠曲面、弯边曲面等。其中网络曲面里面又包括直纹面、通过曲线组、通过曲线网格、创建艺术曲面、创建截面曲面、创建 N 边曲面等。每种创建曲面的方法都不一样，所创建的曲面效果也不尽相同，本章主要介绍这几种曲面的创建方法，以及基本的参数设置。

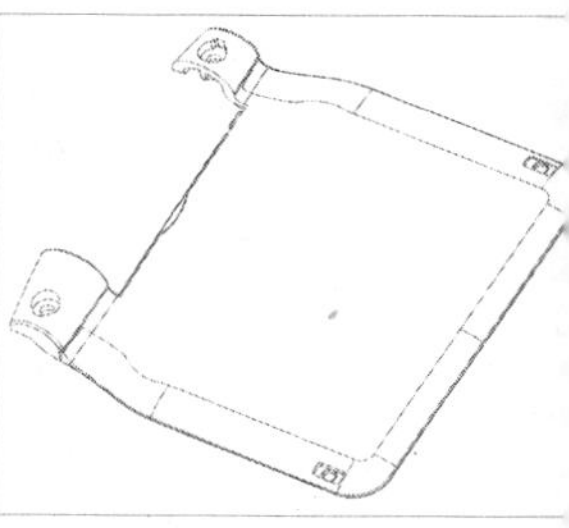

要点提示

- 直纹面、通过曲线组、通过曲线网格、艺术曲面、截面曲面等创建方法。
- 基本扫掠曲面、变化扫掠曲面、样式扫掠曲面、沿引导线扫掠曲面的创建方法，以及参数设置。
- 规律延伸曲面、轮廓线弯边曲面的创建。
- 桥接曲面的创建和参数设置。

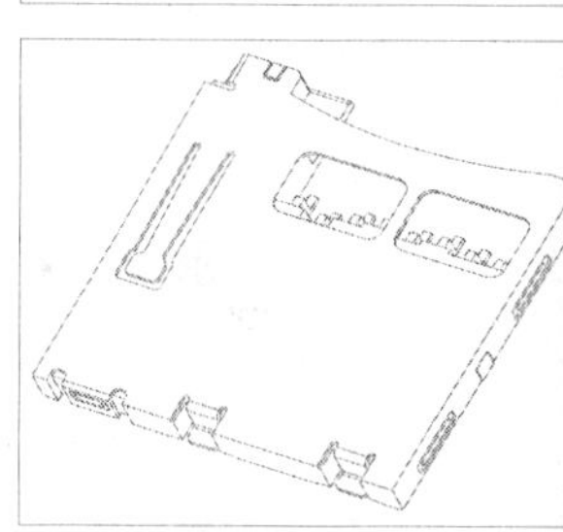

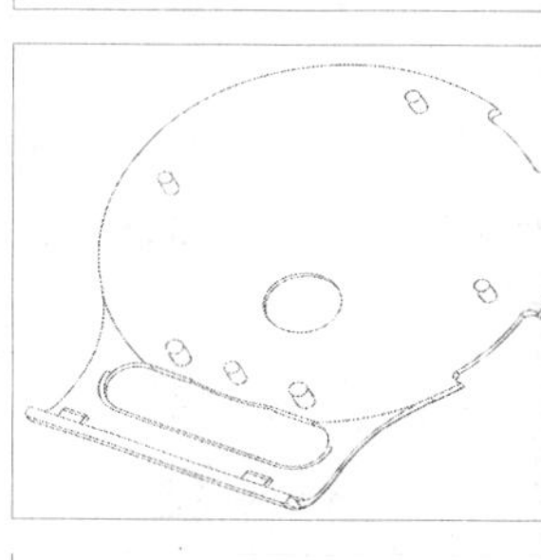

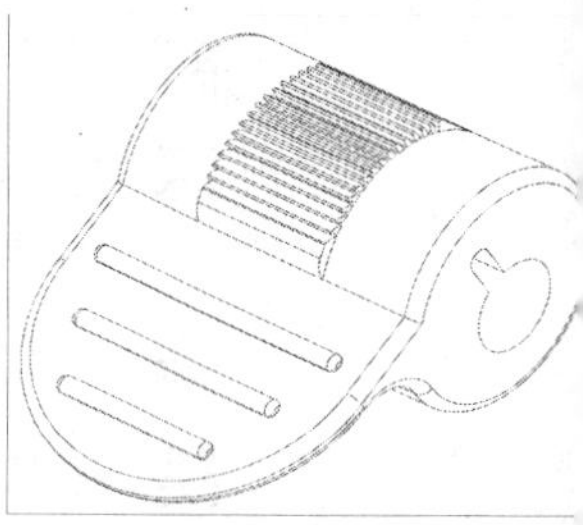

7.1 网格曲面

选择“插入”→“网格曲面”命令，或在“曲面”工具栏中单击需要创建曲面的功能图标，如图 7-1 所示。进入创建网格曲面模式。

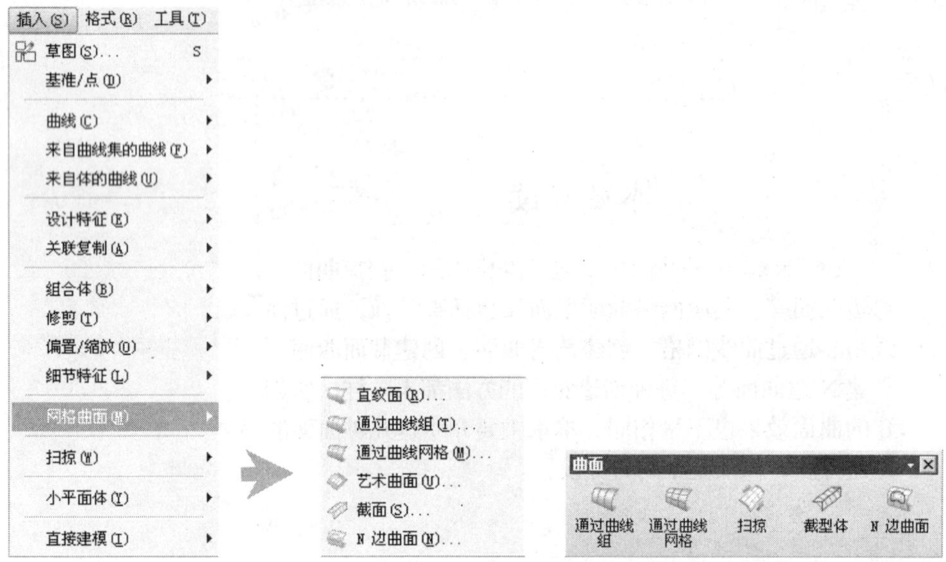

图 7-1 进入创建网格曲面模式

录像文件：演示录像\CH07\0701

7.1.1 创建直纹面

使用两组线串来创建直纹面，选择的截面线串可以是封闭或未封闭的。

1．创建直纹面

操作步骤

1. 打开附书光盘中的 SAMPLE \ CH07 \ 7.1.1-1.PRT 文件，如图 7-2 所示。
2. 在“曲面”工具栏中单击“直纹”图标。
3. 弹出“直纹面”对话框，如图 7-3 所示。
4. 在工作窗口中选择如图 7-4 所示的曲线作为截面线串 1，选择的曲线上出现“截面线串 1”的方向。
5. 单击“直纹面”对话框中的“截面线串 2” 按钮，如图 7-5 所示。
6. 在工作窗口中选择另一侧的曲线作为截面线串 2，如图 7-6 所示。

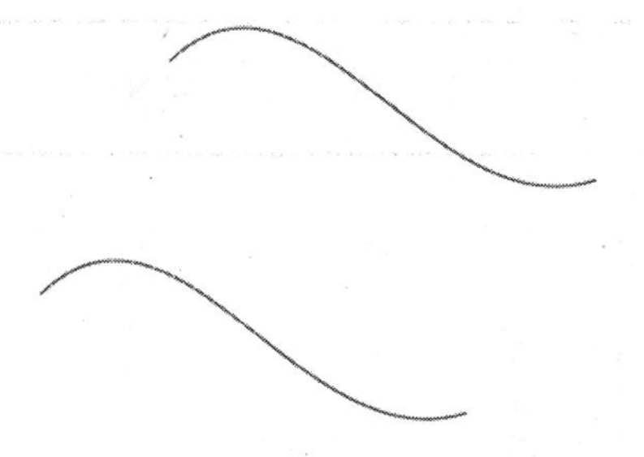

图 7-2 打开的模型

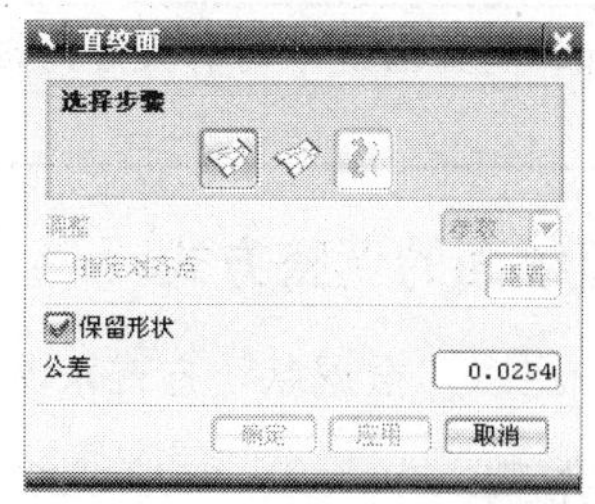

图 7-3 “直纹面”对话框

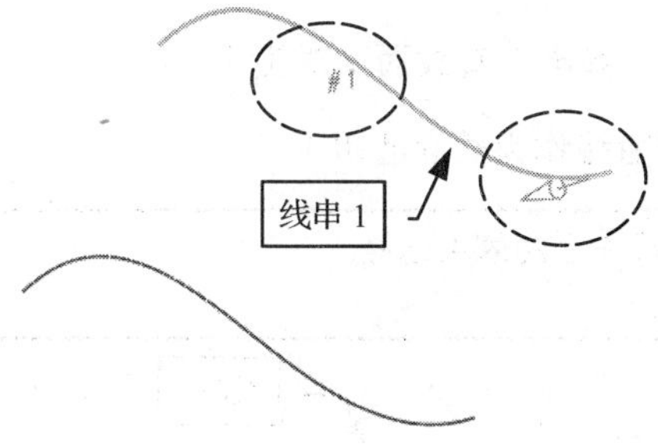

图 7-4 选择截面线串 1

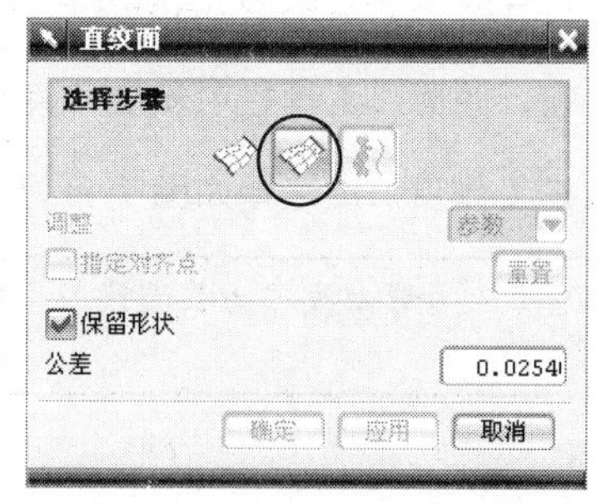

图 7-5 单击“截面线串 2”按钮

7. 从图 7-6 可知截面线串 1 与截面线串 2 的箭头方向不一致，如果单击“直纹”对话框中的 确定 按钮，创建的直纹面如图 7-7 所示，直纹面呈扭曲状态。

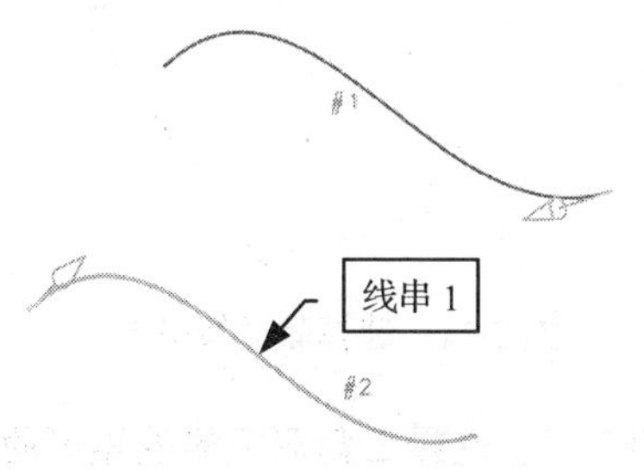

图 7-6 选择截面线串 2

图 7-7 直纹面

8. 如果需要改变截面线串 2 的箭头方向，可按住 Shift 键不放，选择上一步创建的截面线串 2 后单击鼠标左建。此时截面线串 2 已被去除，再重新选择曲线，选择后的状态如图 7-8 所示。

9. 单击“直纹”对话框中的 确定 按钮，创建的直纹面如图 7-9 所示。

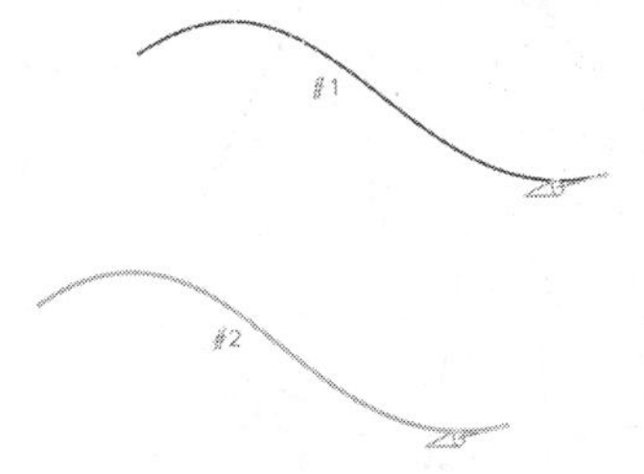

图 7-8 重新选择截面线串 2

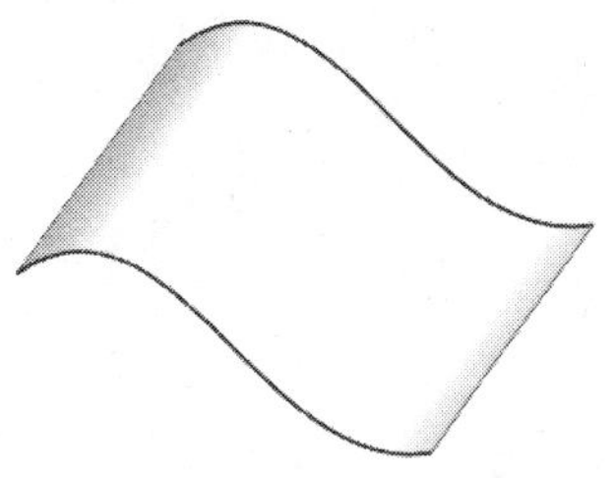

图 7-9 创建的直纹面

提示：选择的截面线串的箭头方向应一致。

2．直纹面的调整方式

下面介绍以“根据点”方式来调整曲面。

操作步骤

1. 打开附书光盘中的 SAMPLE \ CH07 \ 7.1.1-2.PRT 文件，如图 7-10 所示。
2. 在“曲面”工具栏中单击“直纹”图标，弹出“直纹面”对话框。
3. 在工作窗口中选择如图 7-11 所示的三角形曲线作为截面线串 1。

提示：选择三角形曲线作为截面线串 1 时，必须按箭头方向依次选择。

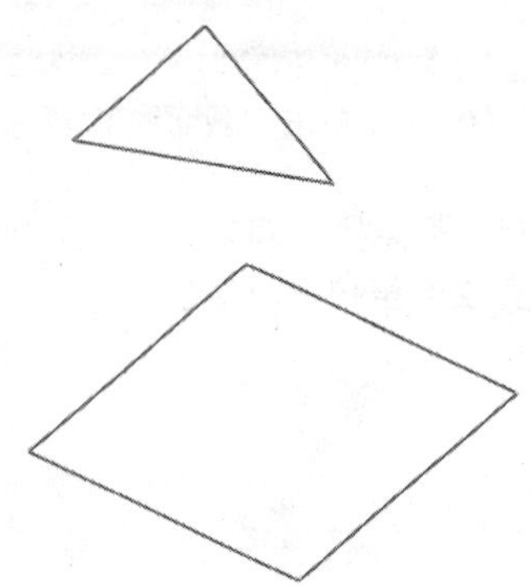

图 7-10　打开的模型

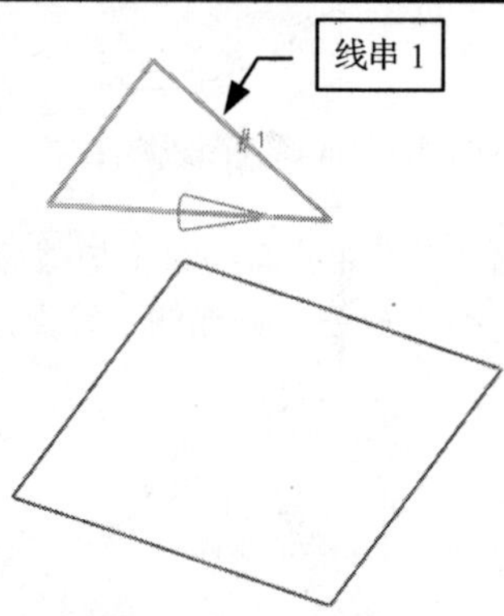

图 7-11　选择截面线串 1

4. 单击“直纹面”对话框中的“截面线串 2”按钮，选择三角形下侧的矩形曲线作为截面线串 2，如图 7-12 所示。

提示：截面线串 1 与截面线串 2 的起点的方向应一致。

5. 单击确定按钮，创建的直纹面特征如图 7-13 所示。

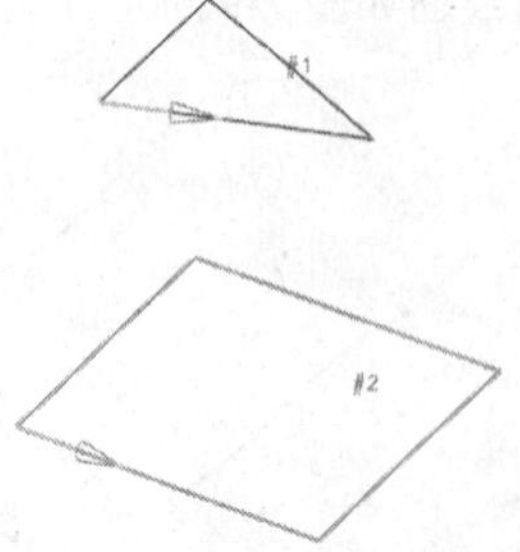

图 7-12　选择截面线串 2

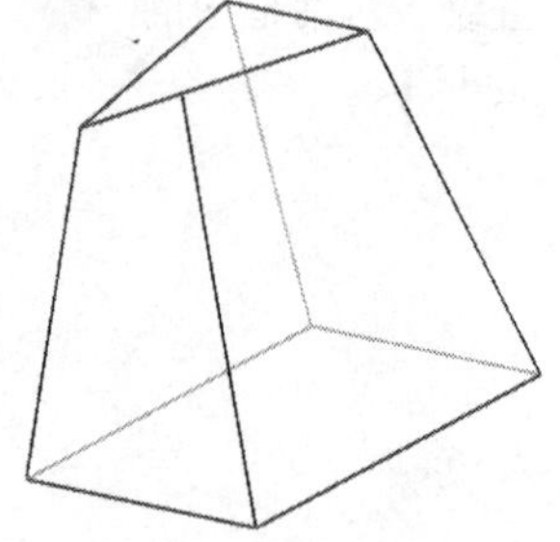

图 7-13　直纹面特征

6. 双击图 7-13 中创建的直纹面，返回创建直纹面模式。在“直纹面”对话框中单击“调整”选项右侧的下拉箭头，在弹出的下拉列表中选择“根据点”选项作为调整方式，如图 7-14 所示。

7. 在工作窗口中显示如图 7-15 所示的对齐点，选择如图 7-16 所示的对齐点，所选的对齐点呈高亮显示。

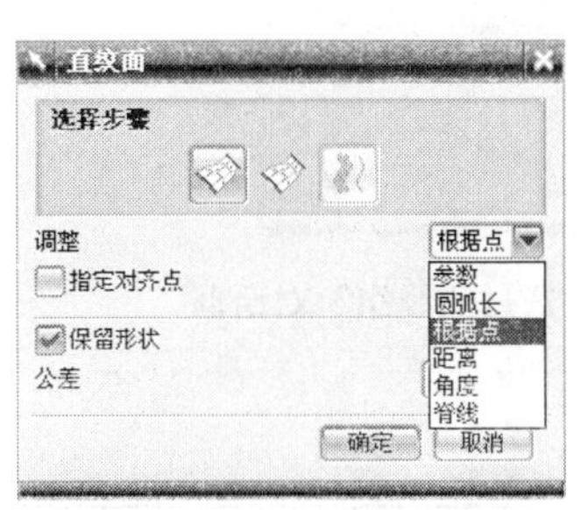

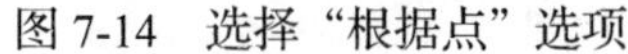
图 7-14 选择“根据点”选项

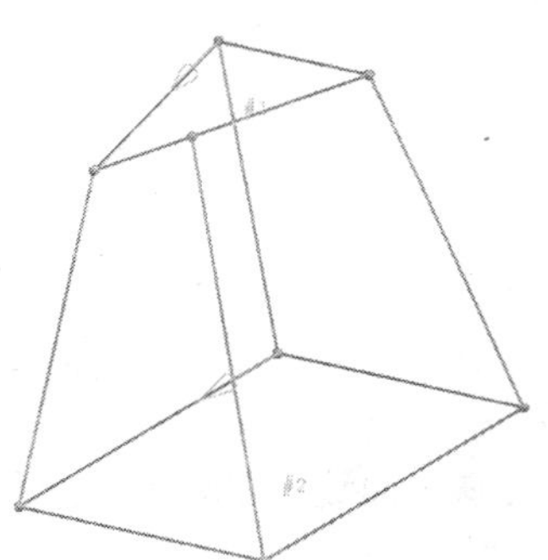
图 7-15 对齐点

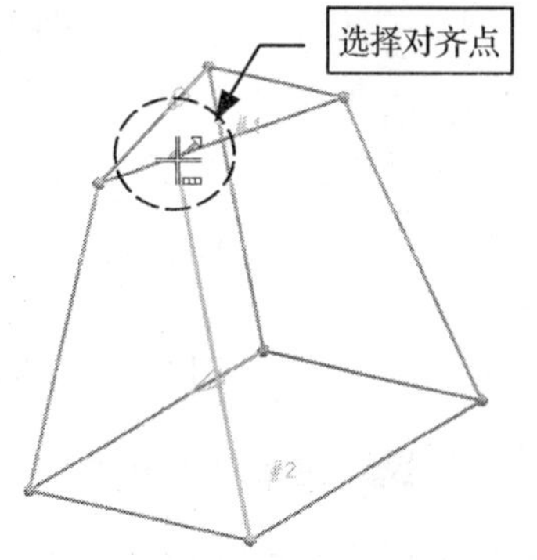

图 7-16 选择对齐点

8. 单击上一步选择的对齐点不放，将其拖放到三角形顶点，如图 7-17 所示。单击对话框中的 确定 按钮，修改后的直纹面特征如图 7-18 所示。

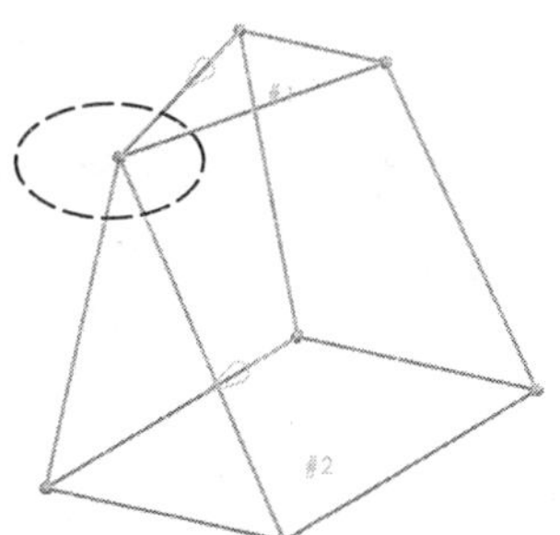
图 7-17 修改对齐点位置

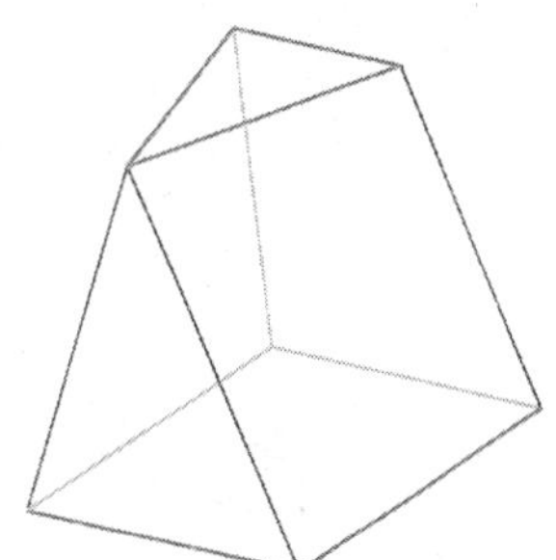
图 7-18 修改后的直纹面特征

7.1.2 通过曲线组

通过选择多个截面创建曲面，选择的截面线串可以是封闭的，也可以是未封闭的。

（1）使用通过曲线组创建曲面。

操作步骤

1. 打开附书光盘中的 SAMPLE \ CH07 \ 7.1.2.PRT 文件，如图 7-19 所示。

2. 选择“插入”→“网格曲面”→“通过曲线组”命令，弹出“通过曲线组”对话框，如图 7-20 所示。

3. 在工作窗口中选择图 7-21 所示的最顶端第一处圆形曲线，曲线被选中后将显示箭头方向。

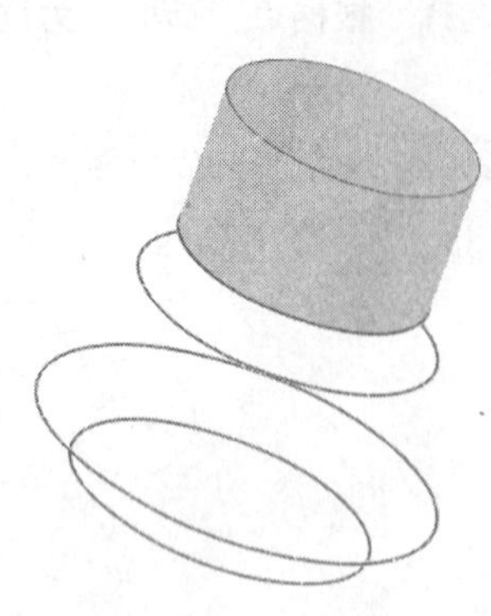

图 7-19　打开的模型

图 7-20　“通过曲线组”对话框

4. 单击鼠标中键，选择第二处圆形曲线，如图 7-22 所示。

提示： 选择的截面线串上的箭头方向必须对齐一致，否则将无法创建曲面。

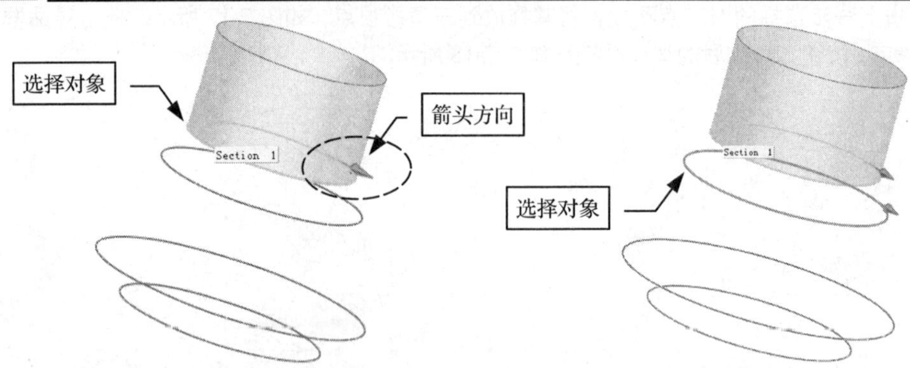

图 7-21　选择第一处圆形曲线

图 7-22　选择第二处圆形曲线

5. 按照同样的方式，选择剩余的两处圆形曲线，选择后的状态如图 7-23 所示。

6. 单击“通过曲线组”对话框中的 确定 按钮，通过曲面组创建的曲面特征如图 7-24 所示。

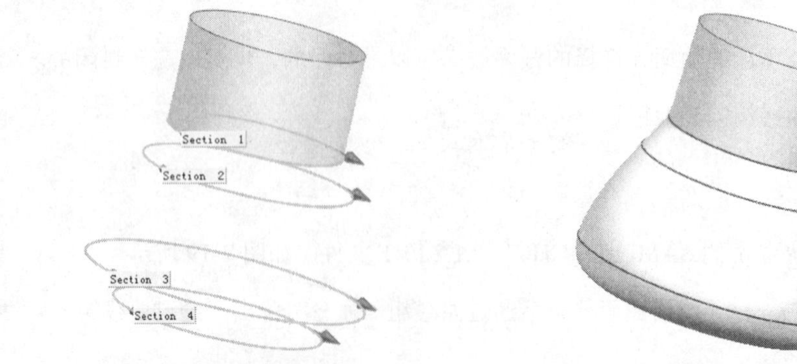

图 7-23　选择剩余圆形曲线

图 7-24　通过曲面组创建的曲面特征

（2）在“通过曲线组”对话框中可以设置“连续性”、“调整”、“输出曲面选项”等参数。下面介绍几种参数的不同设置情况。

操作步骤

1. 打开（1）中“通过曲线组”创建的曲面特征，如图 7-25 所示。

2. 在“通过曲线组”对话框中的“连续性”栏中的“第一截面线串”下拉列表中选择“G1（相切）”选项，如图 7-26 所示。

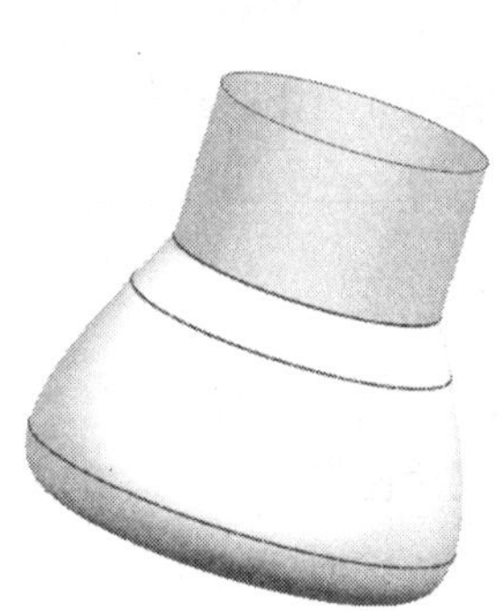

图 7-25 曲面特征

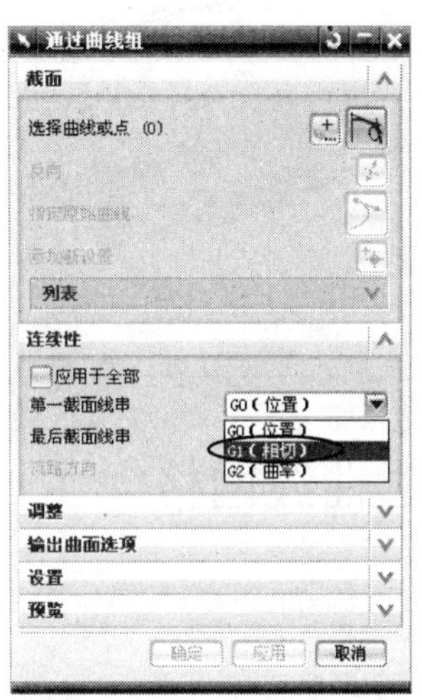

图 7-26 选择“相切”项

3. 在工作窗口中选择如图 7-27 所示的圆柱面，作为第一个的截面连续性约束面。选择“最后截面线串”下拉列表中的“G1（相切）”选项，如图 7-28 所示。选择如图 7-27 所示的圆柱面作为一个的截面连续性约束面。

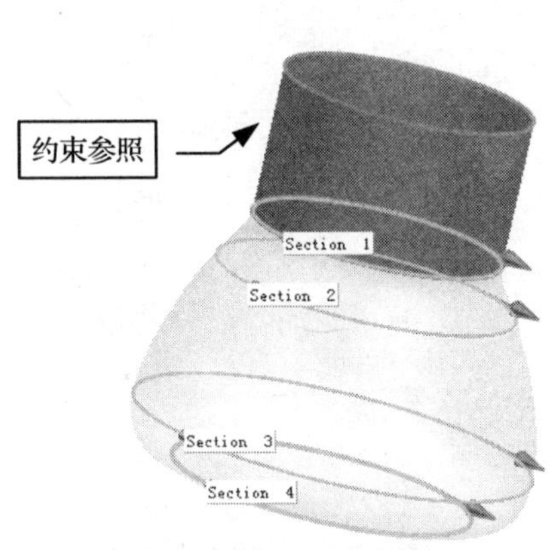

图 7-27 选择圆柱面

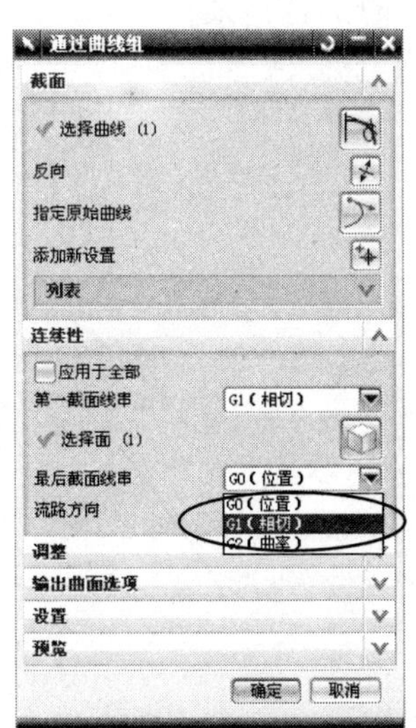

图 7-28 选择“相切”项

4. 单击“通过曲线组”对话框中的“预览”栏中的“显示结果”按钮，在工作窗口中预览通过曲线组创建的曲面特征，如图 7-29 所示。

5. 在“连续性”栏中的“第一截面线串”与“最后截面线串”下拉列表中选择“G2 曲率”选项。完成后的曲面特征如图 7-30 所示。

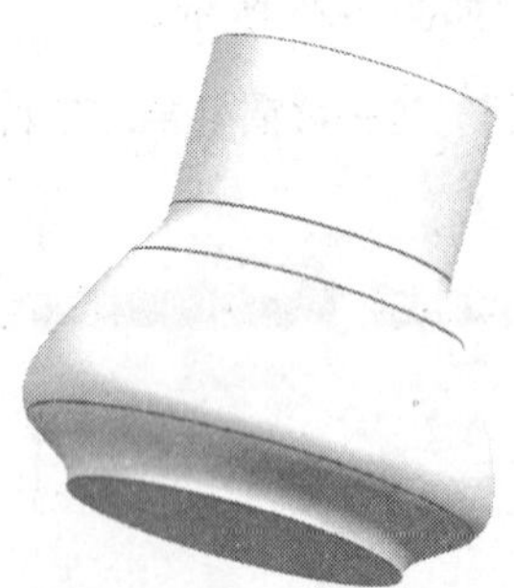

图 7-29　G1 相切曲面

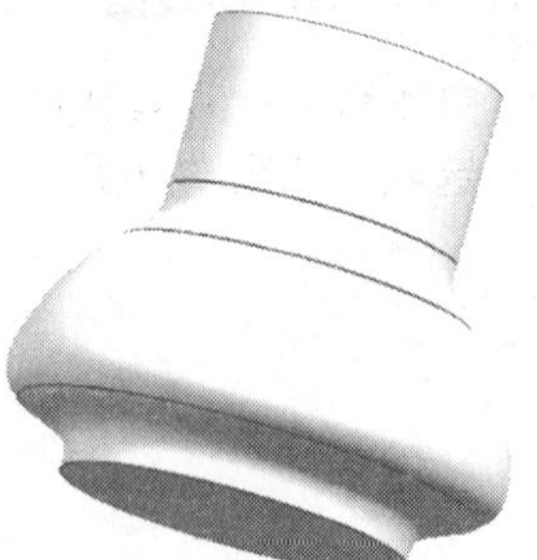

图 7-30　G2 曲率曲面

7.1.3　通过曲线网格

通过一个方向的截面网络和另一个方向的引导线方式创建曲面。

（1）通过曲线网格创建曲面。

操作步骤

1. 打开附书光盘中的 SAMPLE \ CH07 \ 7.1.3-1.PRT 文件，如图 7-31 所示。

2. 选择“插入”→“网格曲面”→“通过曲线网格”命令，弹出“通过曲线网格”对话框，如图 7-32 所示。

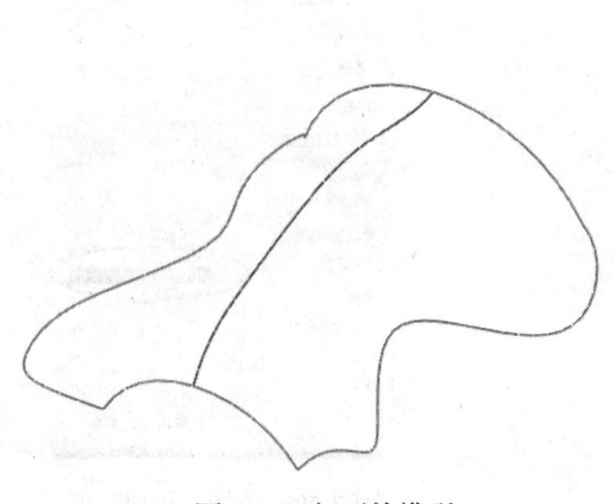

图 7-31　打开的模型

图 7-32　“通过曲线网格”对话框

3. 在工作窗口中选择如图 7-33 所示的曲线作为主曲线，曲线被选中后将显示箭头方向。

4. 单击鼠标中键，在工作窗口中显示起点箭头和 Primary Curve 1 的信息，确认选择的主曲线为主曲线 1。

5. 按同样的方式，依次在工作窗口中选择如图 7-34 所示的“主曲线 2”与“主曲线 3”，单击鼠标中键，完成选择主曲线。

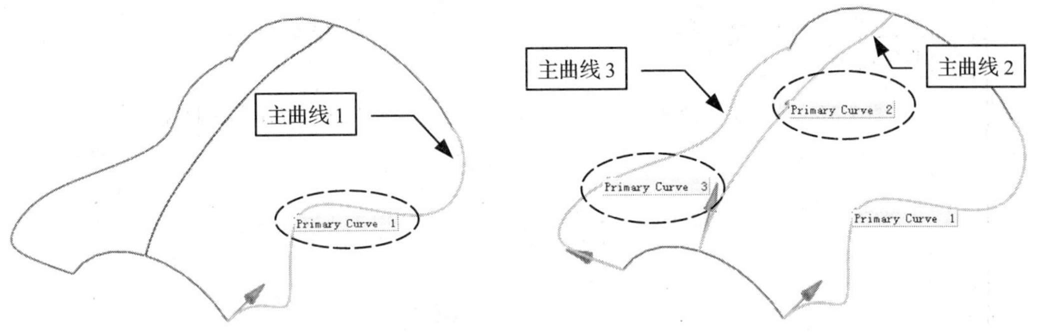

图 7-33 选择“主曲线 1”　　图 7-34 选择“主曲线 2”与“主曲线 3”

提示：在选择“主曲线 1”后，需按鼠标中键确认选择的曲线，每选择一曲线必须单击鼠标中键确认选择，并且选择的曲线箭头方向应一致。图 7-35 为错误的选择。

6. 在“通过曲线网格”对话框中选择“交叉曲线”栏中的“选择曲线”选项，如图 7-36 所示（或者是连续单击鼠标中键），将“主曲线”选项切换到选择“交叉曲线”选项。

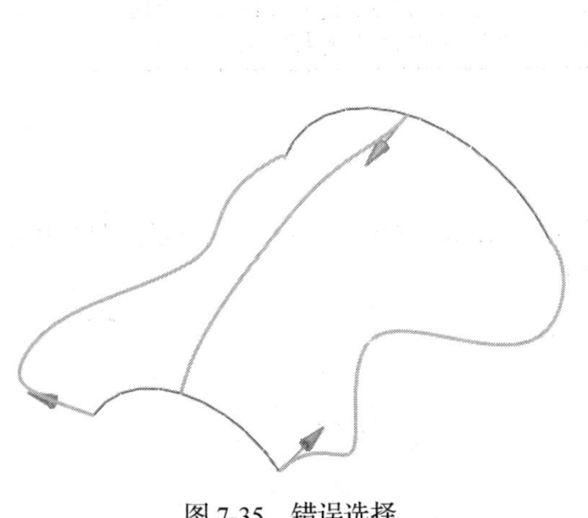

图 7-35 错误选择

图 7-36 激活“交叉曲线”项

7. 在工作窗口中选择如图 7-37 所示的曲线作为交叉曲线 1，单击鼠标中键确认选择。

8. 选择如图 7-38 所示的曲线作为交叉曲线 2，单击鼠标中键确认。

9. 单击 确定 按钮，通过曲线网格创建的曲面如图 7-39 所示。

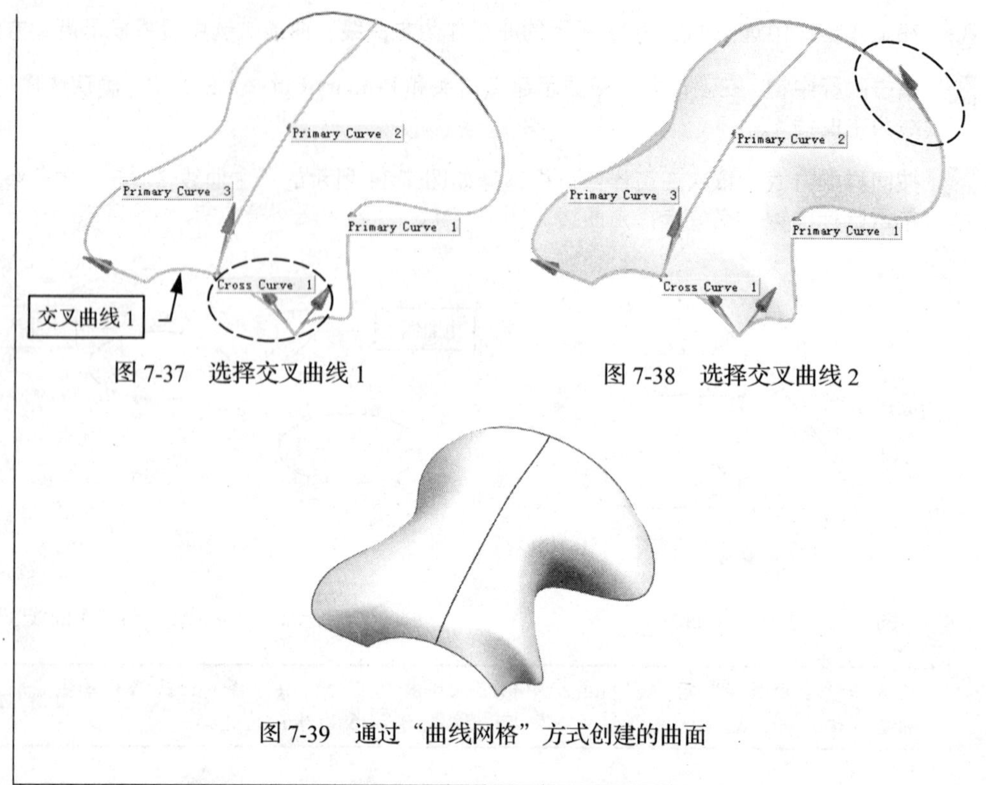

图 7-37 选择交叉曲线 1

图 7-38 选择交叉曲线 2

图 7-39 通过“曲线网格”方式创建的曲面

（2）通过曲线网格对话框可以设置“连续性”、“输出曲面选项”、“设置”等参数。下面介绍几种参数的不同设置情况。

提示： 通过曲线网格主曲线与交叉曲线可以不相交，当主曲线与交叉曲线不相交时，主曲线与交叉曲线之间的间隙必须小于对话框中的“公差”栏中的“交点”值。

操作步骤

1. 打开附书光盘中的 SAMPLE \ CH07 \ 7.1.3-2.PRT 文件，如图 7-40 所示。图中共有两处曲线不相交，通过测量其间隙约为 0.12。

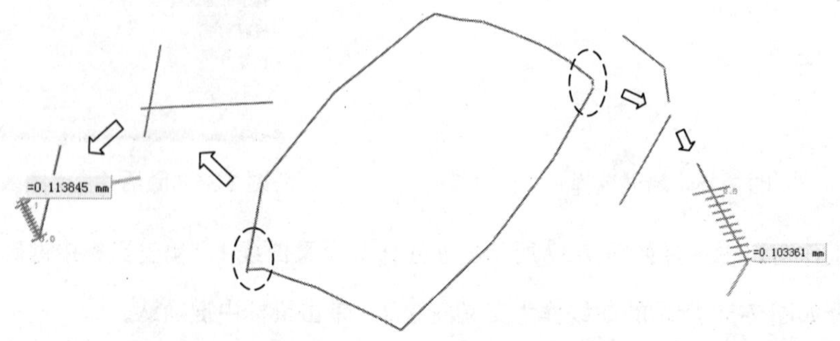

图 7-40 打开的模型

2. 选择“插入”→“网格曲面”→“通过曲线网格”命令，弹出“通过曲线网格”对话框。

3. 在工作窗口中选择如图 7-41 所示的曲线为主曲线 1，所选的曲线呈高亮显示状态。单击鼠标中键，继续选择同方向的另外一条曲线为“主曲线 2”，单击鼠标中键，完成“主曲线”的选择。

4. 两次单双击鼠标中键，将“主曲线”选项切换至“交叉曲线”选项。选择如图 7-42 所示的曲线作为交叉曲线，所选的曲线呈高亮显示状态，单击鼠标中键。

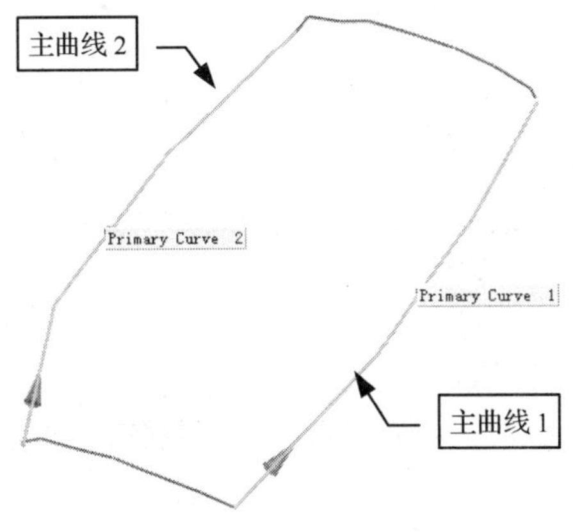

图 7-41　选择主曲线

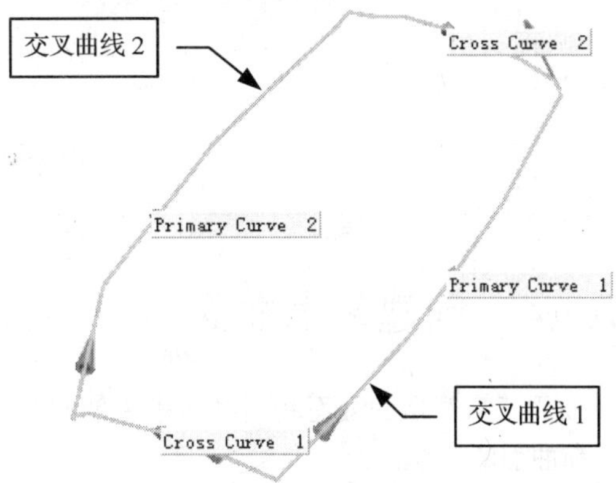

图 7-42　选择交叉曲线

5. 继续选择同方向的另外一条曲线作为“交叉曲线 2”，单击鼠标中键，完成交叉曲线的选择。

6. 此时在工作窗口中的右侧下方弹出“警报”对话框，如图 7-43 所示。

提示： “警报”对话框中显示了“线串不在公差范围内相交”，说明曲线相交间隙大于系统默认的公差范围，因此曲面就无法生成。这时只需适当地增大“公差”栏中的“交点”值。

7. 在“通过曲线网络”对话框中将“交点”值修改为 0.15，如图 7-44 所示（公差值必须大于曲线相交间隙，否则曲面将无法生成）。

图 7-43　“警报”对话框

图 7-44　修改交点值

8. 单击 确定 按钮，通过曲面网格创建的曲面如图 7-45 所示。从图 7-45 的几处放大图可知，创建的曲面没有完全通过主曲线与交叉曲线。

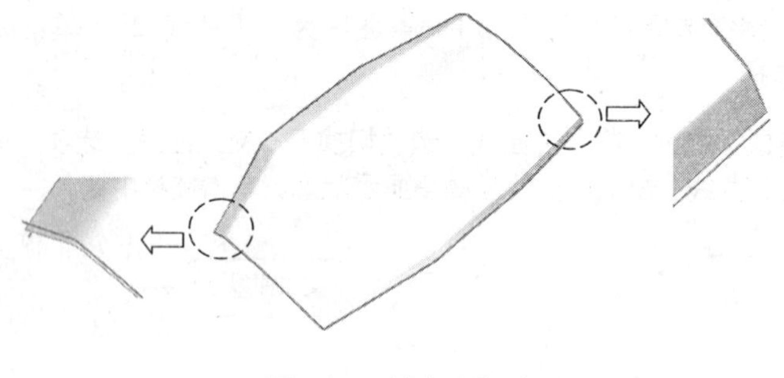

图 7-45　创建后曲面

7.1.4　创建艺术曲面

用任意数量的截面和引导线串来创建艺术曲面，可以通过添加或删除截面、引导线串来改变当前曲面的形状。

1．创建艺术曲面

操作步骤

1. 打开附书光盘中的 SAMPLE \ CH07 \ 7.1.4-1.PRT 文件，如图 7-46 所示。

2. 选择“插入”→“网格曲面”→“艺术曲面”命令，弹出“艺术曲面”对话框，如图 7-47 所示。

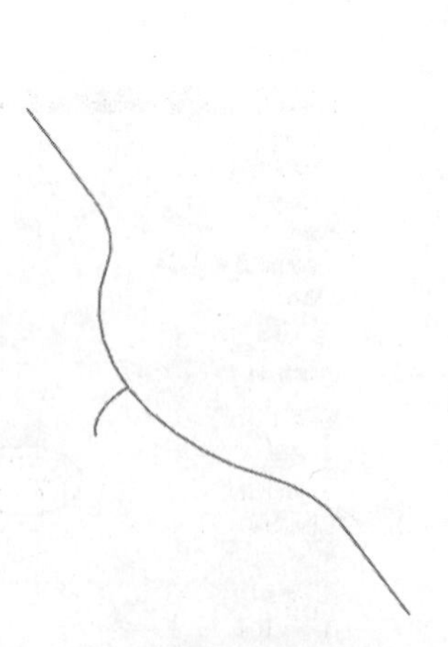

图 7-46　打开的模型

图 7-47　“艺术曲面”对话框

3. 在工作窗口中单击选择如图 7-48 所示的曲线作为截面曲线，所选的曲线呈高亮显示状态，同时出现箭头方向，单击鼠标中键。

4. 在"艺术曲面"对话框中选择 Gulde（Cross） Curves 栏中的"选择曲线"选项，或直接按鼠标中键。

5. 选择如图 7-49 所示的曲线为曲面引导线，单击鼠标中键，完成引导线选择。

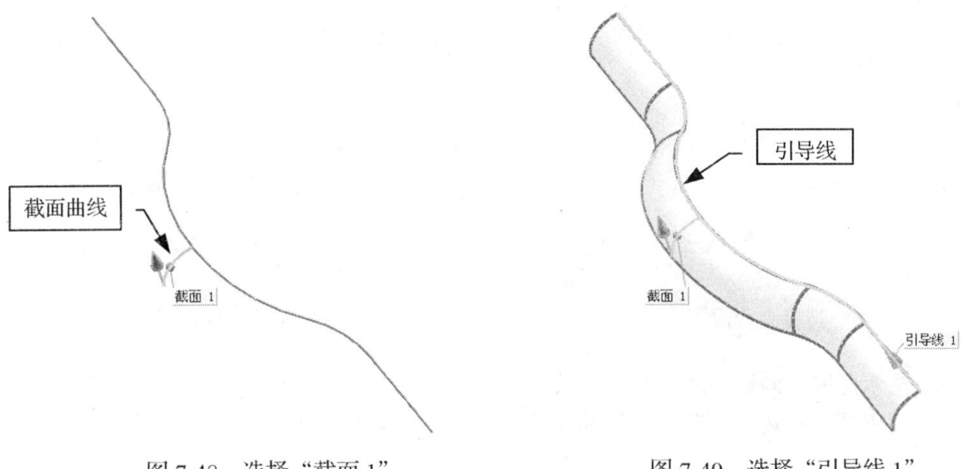

图 7-48 选择"截面 1"　　图 7-49 选择"引导线 1"

6. 单击 确定 按钮，完成创建后的艺术曲面如图 7-50 所示。

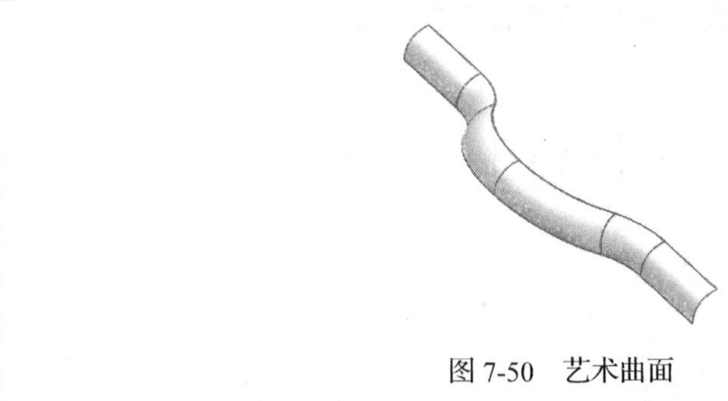

图 7-50 艺术曲面

2．选择两条截面与引导线创建艺术曲面

操作步骤

1. 打开附书光盘中的 SAMPLE \ CH07 \ 7.1.4-2.PRT 文件，如图 7-51 所示。

2. 选择"插入"→"网格曲面"→"艺术曲面"命令，弹出"艺术曲面"对话框。

3. 在工作窗口中选择如图 7-52 所示的曲线为截面曲线。单击鼠标中键，在工作窗口中显示起点箭头和"截面 1"的符号。选择如图 7-53 所示的曲线为"截面 2"

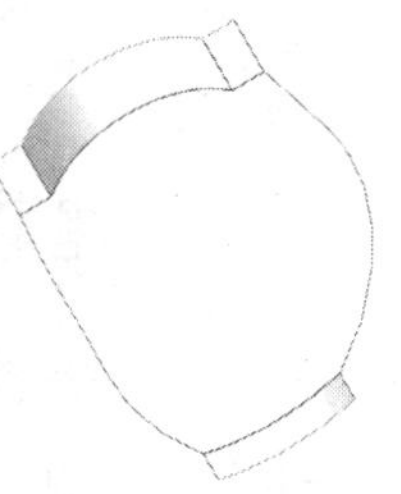

图 7-51 打开的模型

提示： 在选择图 7-53 中的曲线时，可在工作窗口上方的“曲线规则”栏中选择曲线行为为“相连曲线”选项 相连曲线 ，这样能更好地选择相连曲线。

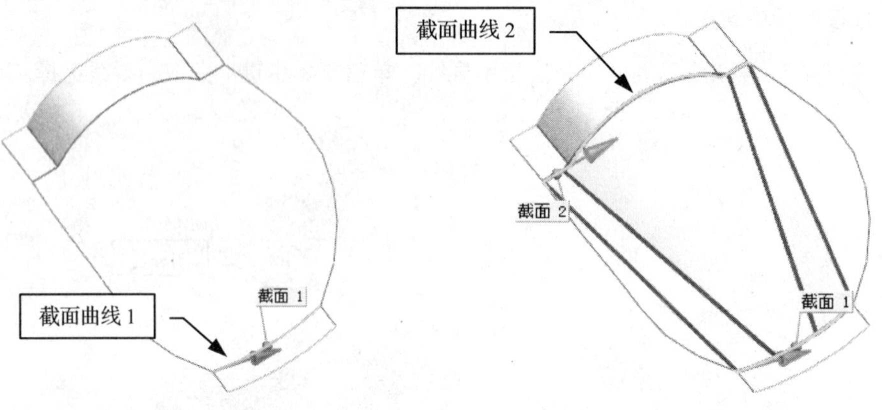

图 7-52　选择“截面 1”　　　图 7-53　选择“截面 2”

4. 在“艺术曲面”对话框中选择 Gulde（Cross） Curves 栏中的“选择曲线”选项，或双击鼠标中键，将选择的截面曲线切换至 Gulde（Cross） Curves 选项。

5. 选择如图 7-54 所示的曲线为引导线 1，再单击鼠标中键。继续选择同方向的另外一条曲线为“引导线 2”，单击鼠标中键，完成选择引导线。

6. 单击 确定 按钮，完成创建后的艺术曲面如图 7-55 所示

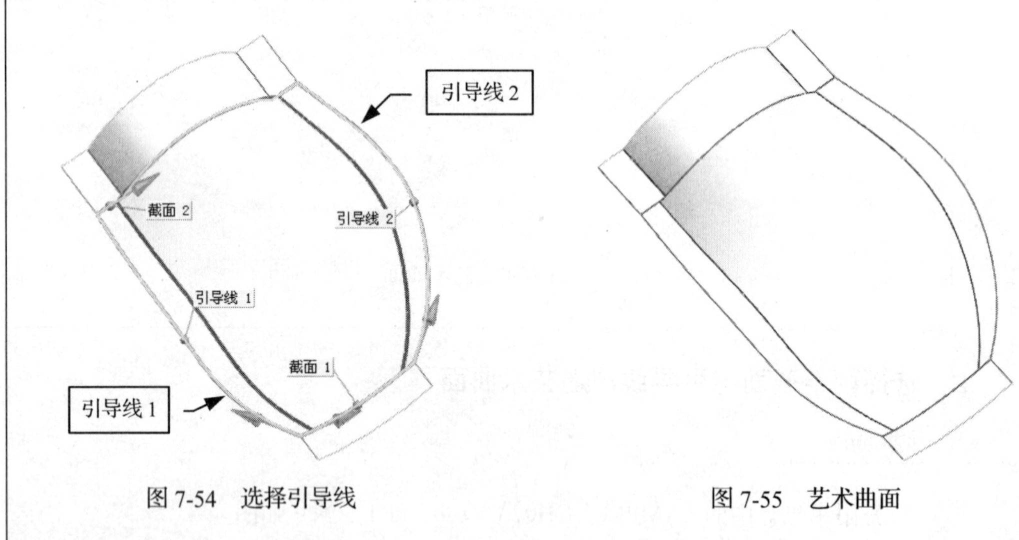

图 7-54　选择引导线　　　图 7-55　艺术曲面

7.1.5　创建截面曲面

用两次曲面构造定义的截面创建体。选择“插入”→“网格曲面”→“截面”命令，或在“曲面”工具栏中单击“截型体”图标，如图 7-56 所示。弹出“艺术曲面”对话框，如图 7-57 所示，即可进入截面曲面创建功能。

曲面
通过曲线组 通过曲线网格 扫掠 截型体 N 边曲面

图 7-56 “曲面”工具栏

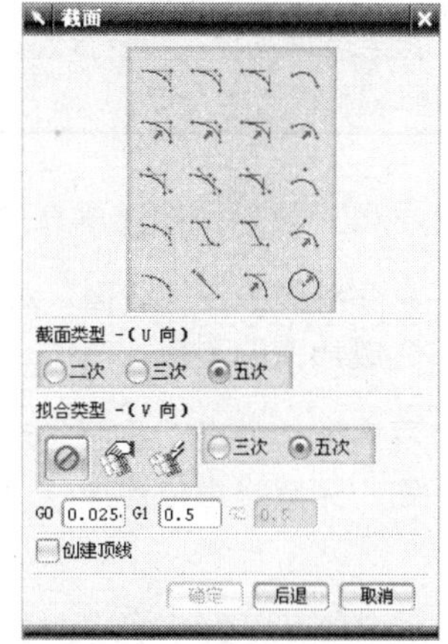

图 7-57 “截面”对话框

下面介绍几种常用的截面体构建方法。

1. 端点－顶点－肩点

用此方法构建截面曲面时，用户需指定起始边、肩点、终止边、顶点、脊线共 5 组曲线。

操作步骤

1. 打开附书光盘中的 SAMPLE \ CH07 \ 7.1.5-1.PRT 文件，如图 7-58 所示。

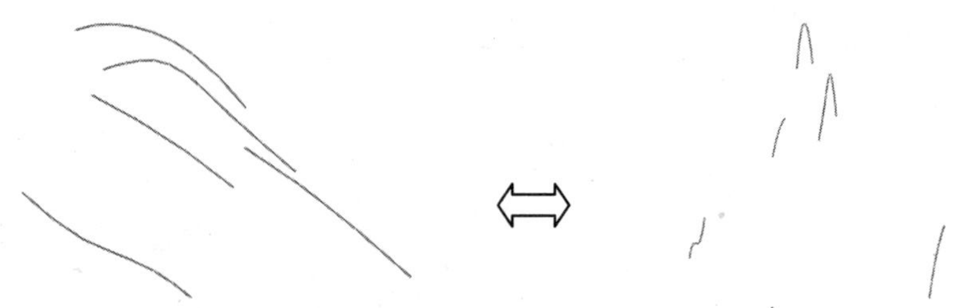

图 7-58 打开的 7.1.5-1.PRT 文件

2. 在“曲面”工具栏中单击“截型体”图标，弹出“截面”对话框。
3. 在对话框中的截面体构建方法中单击“端点－顶点－肩点”按钮。弹出“截面”对话框，如图 7-59 所示。在工作窗口中选择如图 7-60 所示的曲线作为起始边。

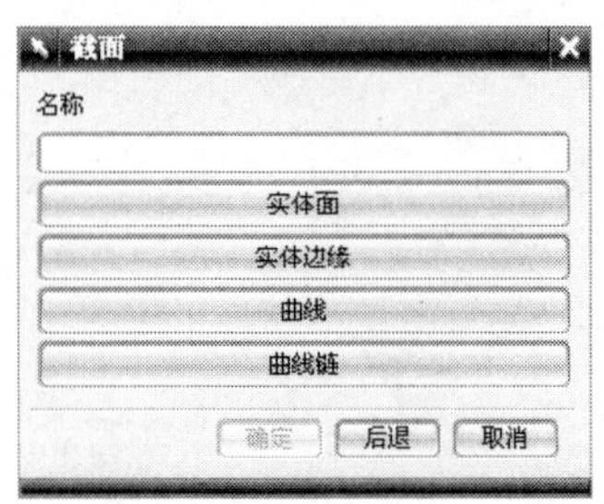

图 7-59 “截面”对话框

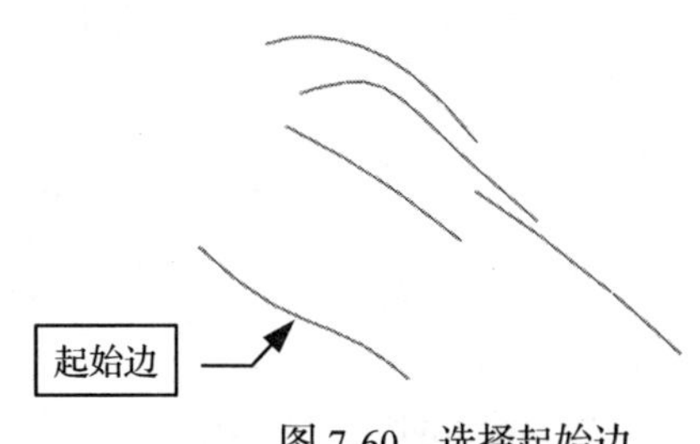

图 7-60 选择起始边

提示： 系统提示栏提示用户选择起始边，每完成一组曲线的选择后，用户需要注意系统提示栏中的信息。

4. 单击 确定 按钮，或直接单击鼠标中键，完成起始边的选择。

5. 程序继续弹出“截面”对话框，选择如图 7-61 所示的曲线作为肩点。单击 确定 按钮，完成肩点的选择。

6. 程序继续弹出“截面”对话框，选择如图 7-62 所示的曲线作为终止边。单击 确定 按钮，完成终止边选择。

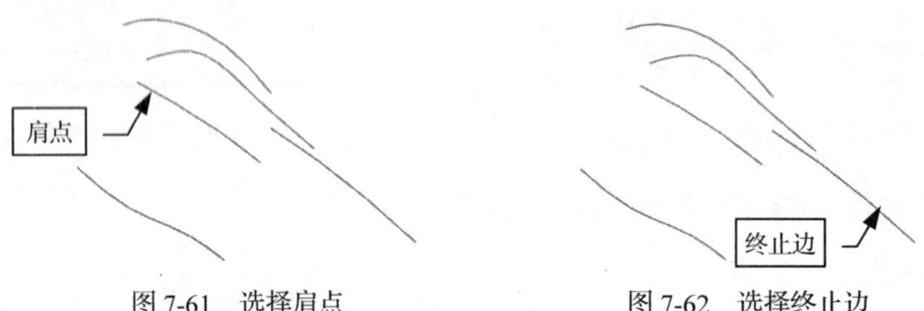

图 7-61　选择肩点　　图 7-62　选择终止边

7. 程序继续弹出“截面”对话框，在工作窗口中选择如图 7-63 所示的曲线作为顶点。单击 确定 按钮，完成顶点选择。

提示： 选择顶点曲线时，顶点曲线的高度需大于肩点曲线的高度，不然系统将自动弹出如图 7-64 所示的“消息”对话框。

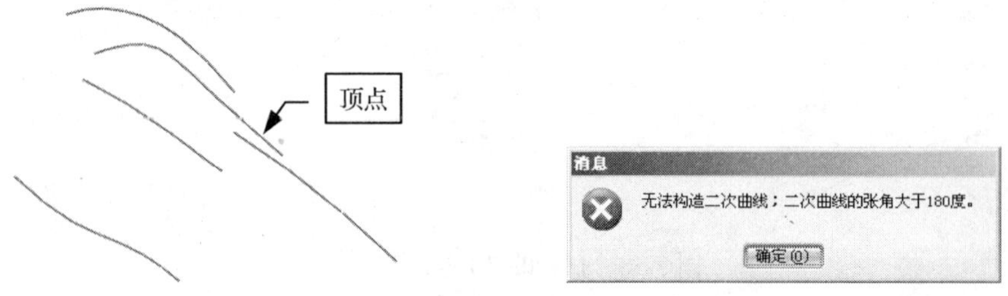

图 7-63　选择顶点　　图 7-64　“消息”对话框

8. 系统继续弹出“截面”对话框，选择如图 7-65 所示的曲线作为脊线，再单击 确定 按钮，完成对脊线选择。创建后的截面曲面如图 7-66 所示。

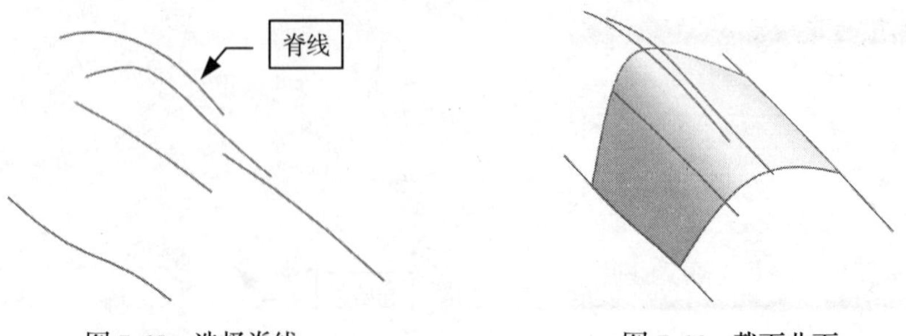

图 7-65　选择脊线　　图 7-66　截面曲面

9. 用鼠标左建双击图 7-66 中创建的截面曲面，弹出"编辑截面"对话框，如图 7-67 所示。

10. 在对话框中单击"替换脊线串"按钮 替换脊线串 ，弹出"编辑截面"对话框。在工作窗口中选择如图 7-68 所示的曲线作为脊线。

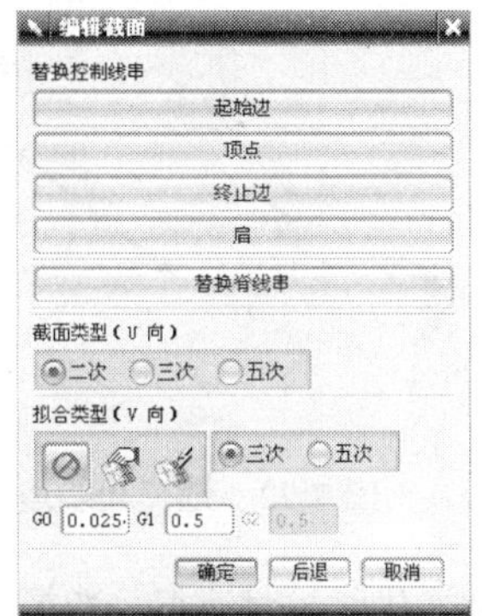

图 7-67　"编辑截面"对话框

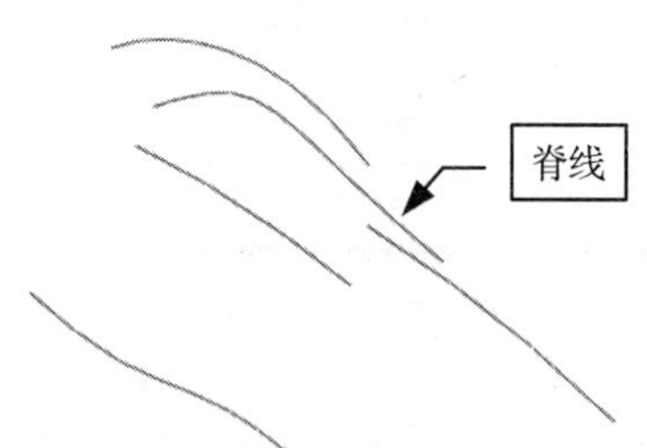

图 7-68　替换脊线串

11. 单击"编辑截面"对话框中的 确定 按钮，返回"截面"对话框，单击对话框中的 确定 按钮，完成后的截面曲面如图 7-69 所示。

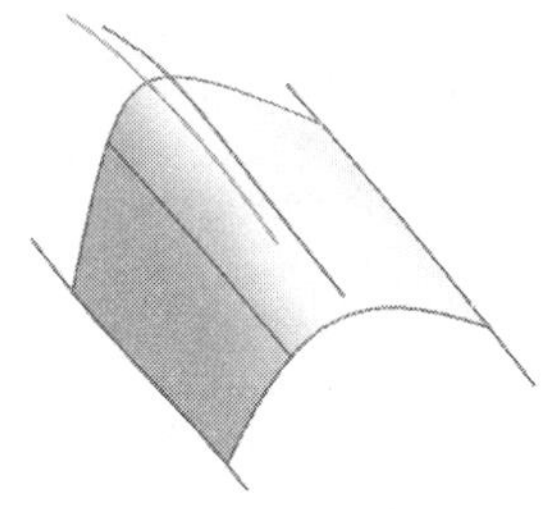

图 7-69　截面曲面

2. 端点－斜率－肩点

用此方法构建截面曲面时，需指定起始边，起始斜率控制、肩点、终止边、端点、脊线共 6 组曲线。

操作步骤

1. 打开附书光盘中的 SAMPLE \ CH07 \ 7.1.5-2.PRT 文件，如图 7-70 所示。

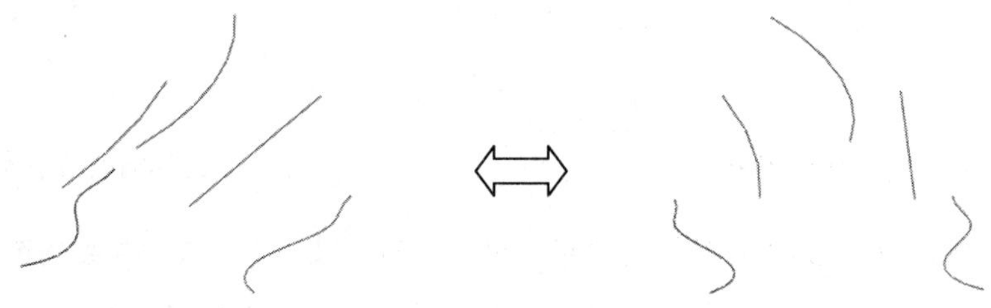

图 7-70　打开的 7.1.5-2.PRT 文件

2. 在“曲面”工具栏中单击“截型体”图标，弹出“截面”对话框。

3. 在对话框中的截面体构建方法中单击“端点－斜率－肩点”按钮。弹出“截面”对话框，如图 7-71 所示。在工作窗口中选择如图 7-72 所示的曲线作为起始边。

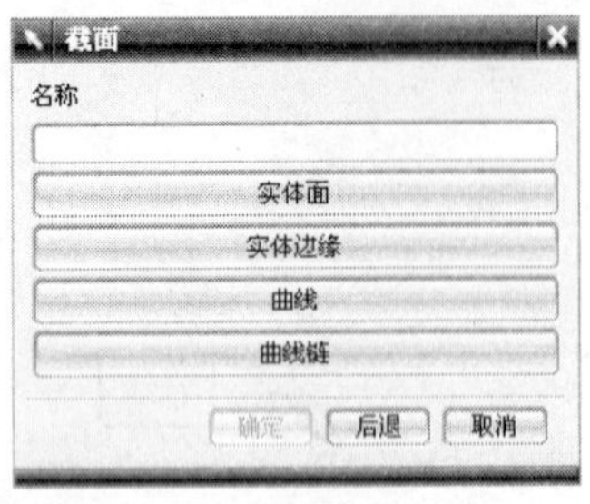

图 7-71 “截面”对话框

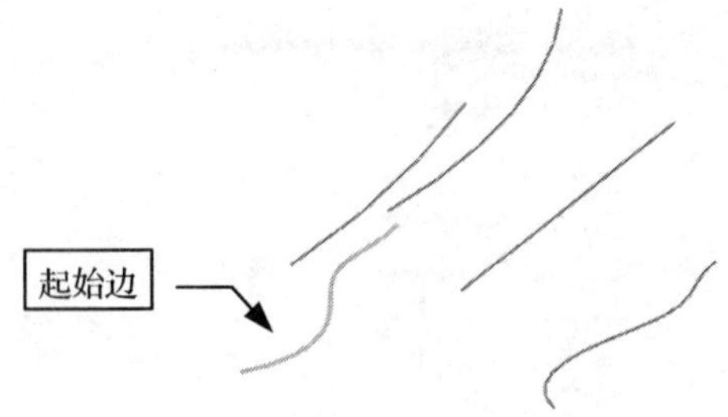

图 7-72 选择起始边

4. 单击确定按钮完成对起始边的选择，继续弹出“截面”对话框，选择如图 7-73 所示的曲线作为起始斜率控制。单击确定按钮，完成起始斜率控制的选择。

5. 程序继续弹出“截面”对话框，选择如图 7-74 所示的曲线作为肩点。单击确定按钮，完成对肩点的选择。

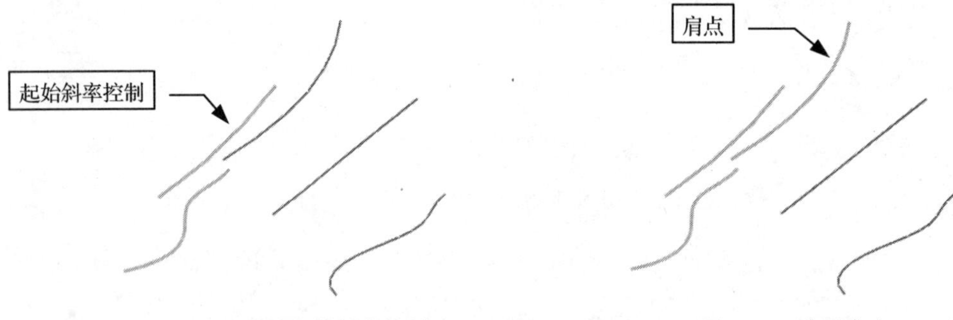

图 7-73 选择起始斜率控制　　图 7-74 选择肩点

6. 选择如图 7-75 所示的曲线作为终止边。单击确定按钮，完成对终止边的选择。选择如图 7-76 所示的曲线作为端点斜率控制。单击确定按钮，完成端点斜率控制选择。

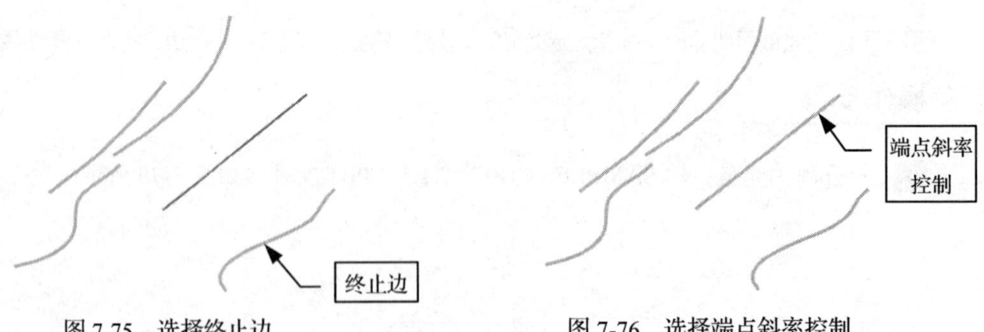

图 7-75 选择终止边　　图 7-76 选择端点斜率控制

7. 选择如图 7-74 所示的曲线作为脊线。单击确定按钮，完成对脊线的选择。

8. 单击“编辑截面”对话框中的确定按钮，返回“截面”对话框。单击对话框中的确定按钮，完成后的截面曲面如图 7-77 所示。

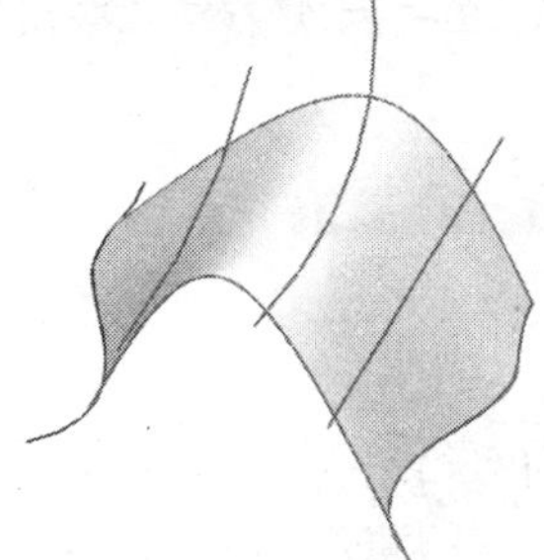

图 7-77 截面曲面

提示："端点－斜率－肩点"方式创建曲面时起始端点斜率控制线、肩点、终止端点控制线不能重复选择同一根线。

7.1.6 创建 N 边曲面

创建一组由端点相连曲线封闭的曲面，创建 N 边曲面时，需要选择曲线或边的闭环，利用此功能可以填补曲面上的非四边面孔。

选择"插入"→"网格曲面"→"N 边曲面"命令，或在"曲面"工具栏中单击"N 边曲面"图标，弹出"N 边曲面"对话框，如图 7-78 所示。

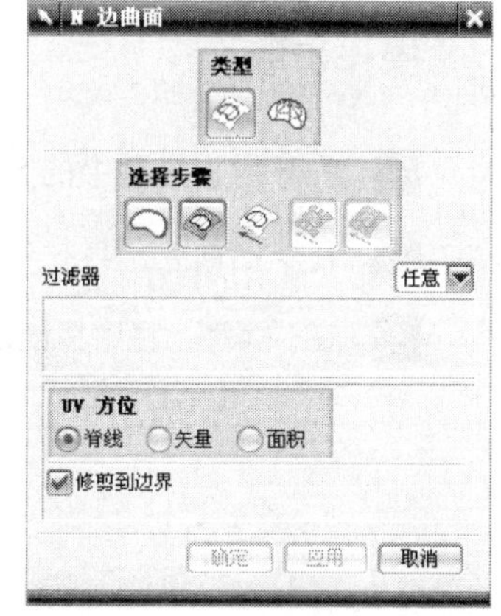

图 7-78 "N 边曲面"对话框

1．使用"修剪的单片体"类型创建 N 边曲面

操作步骤

1. 打开附书光盘中的 SAMPLE \ CH07 \ 7.1.6-1.PRT 文件，如图 7-79 所示。

2. 在"曲面"工具栏中单击"N 边曲面"图标，弹出"N 边曲面"对话框。

3. 在工作窗口中选择如图 7-80 所示的中间破空边界曲线。

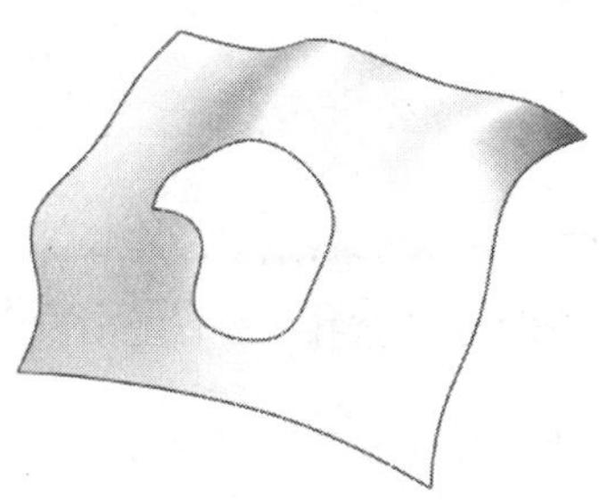

图 7-79 打开的 7.1.6-1.PRT 文件

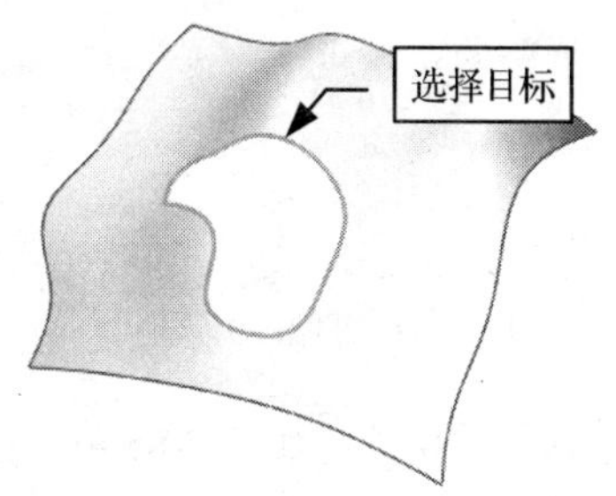

图 7-80 选择边界曲线

4. 单击“UV 方位”栏中的“面积”面积选项，单击“选择步骤”栏中“UV 方位－面积”按钮，如图 7-81 所示。单击两次确定按钮或者直接按鼠标中键，完成如图 7-82 所示的 N 边曲面特征。

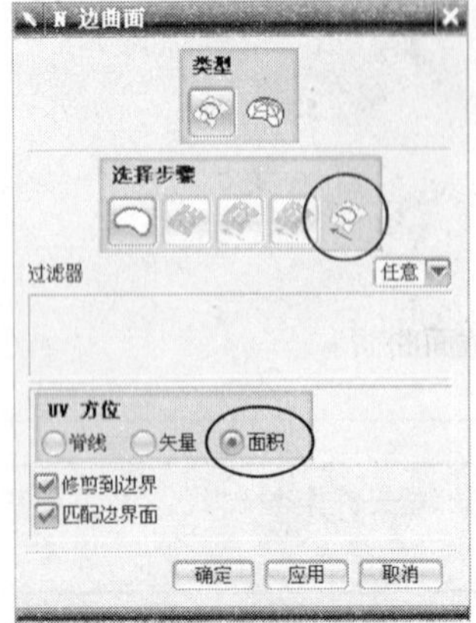

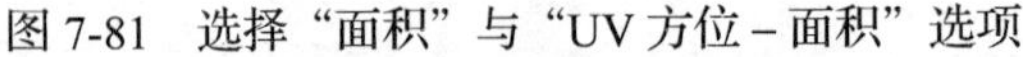

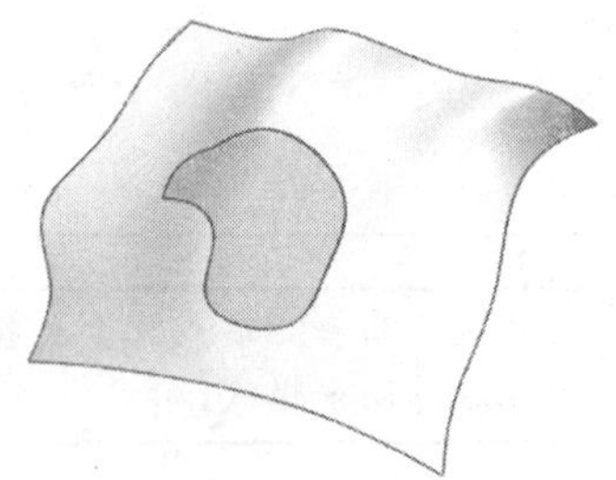

图 7-81　选择“面积”与“UV 方位－面积”选项　　图 7-82　N 边曲面特征

2．使用“多个三角补片”类型创建 N 边曲面

操作步骤

1. 打开附书光盘中的 SAMPLE \ CH07 \ 7.1.6-2 PRT 文件，如图 7-83 所示。
2. 在“曲面”工具栏中单击“N 边曲面”图标，弹出“N 边曲面”对话框。
3. 在“类型”栏中将创建的 N 边曲面类型设置为“多个三角补片”按钮，如图 7-84 所示。

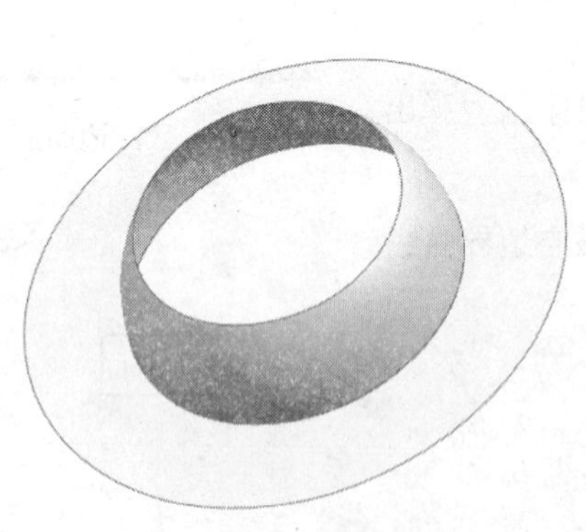

图 7-83　打开的模型

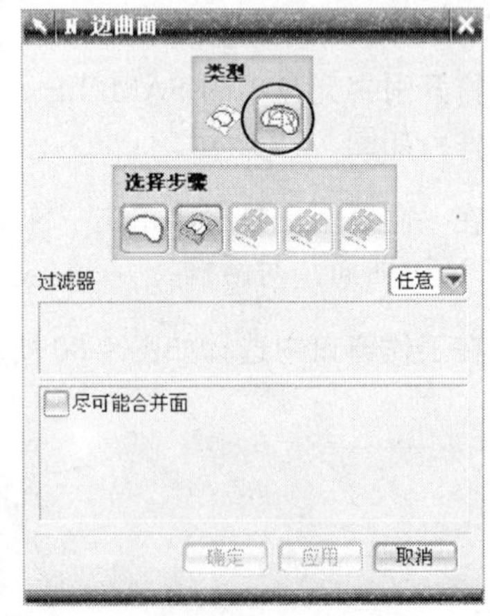

图 7-84　选择“多个三角补片”类型

4. 在工作窗口中选择如图 7-85 所示的零件顶部内侧曲线作为边界曲线。
5. 单击两次确定按钮或者直接按鼠标中键，弹出“形状控制”对话框，如图 7-86 所示。

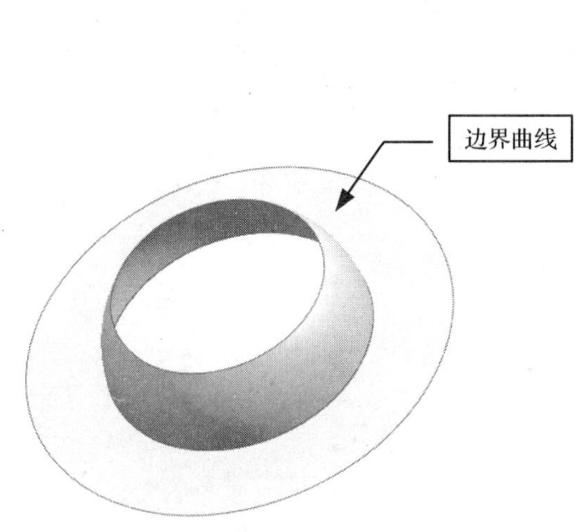

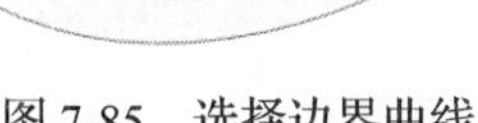

图 7-85　选择边界曲线

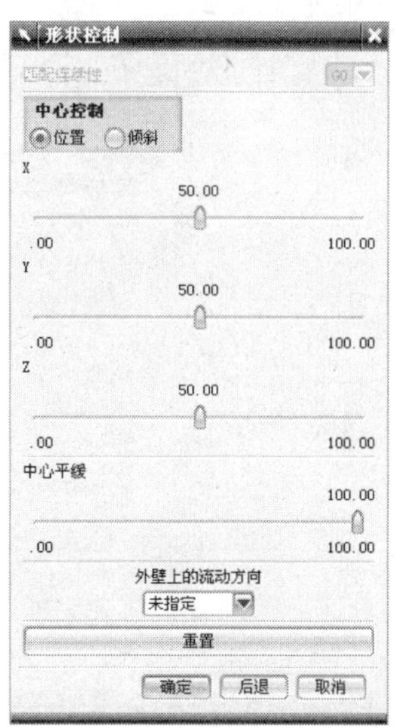

图 7-86　“形状控制”对话框

提示： ■ 在“形状控制”对话框中选择“中心控制”栏中的“位置”选项◉位置，可以对三角补片中心位置的 X、Y、Z 轴进行调整。调整“中心平缓”大小可以控制生成曲面的饱满度。选择“倾斜”选项◉倾斜，可以调整中心点 X、Y 的倾斜度。

6. 在对话框中选择“中心控制”栏中的“位置”选项◉位置，将 Z 项调整为 80，中心平缓调整为 50，其余设置不变，单击 确定 按钮，完成后如图 7-87 所示。

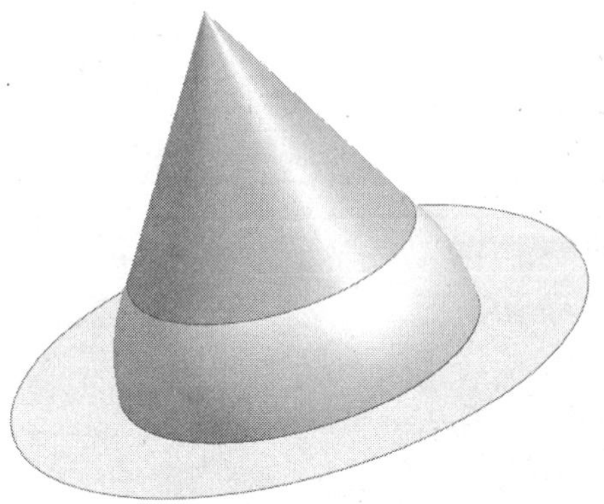

图 7-87　“多个三角补片”N 边曲面

7.2　扫掠曲面

扫掠曲面是指通过指定曲面引导线和截面方式所创建的曲面。选择“插入”→“扫掠”命令，如图 7-88 所示。

录像文件：演示录像\CH07\0702

图 7-88 选择“扫掠”命令

7.2.1 创建扫掠曲面

选择“插入”→“扫掠”→“扫掠”菜单命令，或在“曲面”工具栏中单击图标，如图 7-89 所示。弹出“扫掠”对话框，如图 7-90 所示。

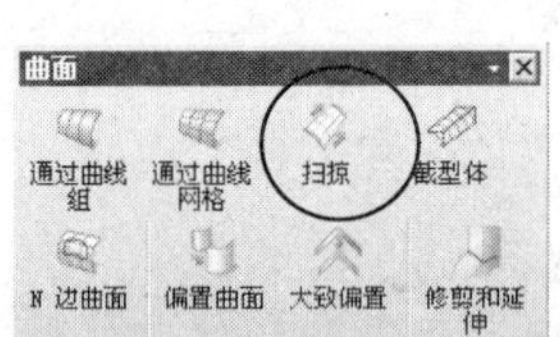

图 7-89 选择“扫掠”图标

图 7-90 “扫掠”对话框

1．使用一组引导线创建扫掠曲面

操作步骤

1. 打开附书光盘中的 SAMPLE \ CH07 \ 7.2.1-1.PRT 文件，如图 7-91 所示。
2. 在“曲面”工具栏中单击图标，弹出“扫掠”对话框。
3. 选择如图 7-92 所示的曲线作为截面曲线，单击鼠标中键，完成选择截面曲线。
4. 单击鼠标中键，将选择“截面曲线”切换至“引导线”，在工作窗口中选择如图 7-93 所示的曲线作为引导线。

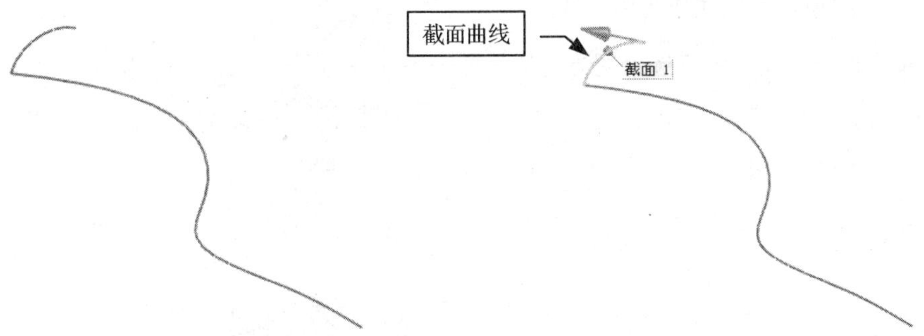

图 7-91 打开的 7.2.1-1.PRT 文件　　图 7-92 选择截面曲线

5. 单击“扫掠”对话框中的 确定 按钮，完成后的扫掠曲面如图 7-94 所示。

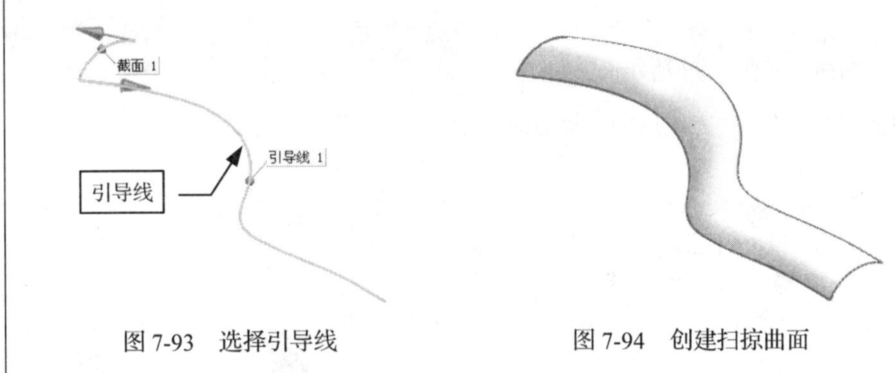

图 7-93 选择引导线　　图 7-94 创建扫掠曲面

2. 使用两组引导线创建扫掠曲面

当使用两组引导线时，可以指定脊线曲线。

操作步骤

1. 打开附书光盘中的 SAMPLE \ CH07 \ 7.2.1-2.PRT 文件，如图 7-95 所示。

2. 在“曲面”工具栏中单击图标，弹出“扫掠”对话框。

3. 选择如图 7-96 所示的曲线作为截面曲线，单击鼠标中键确认选择。

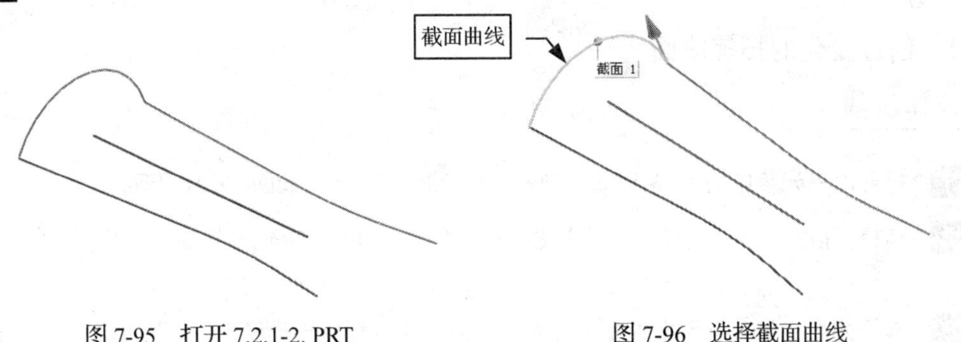

图 7-95 打开 7.2.1-2. PRT　　图 7-96 选择截面曲线

4. 再单击鼠标中键，将选择的“截面曲线”选项切换至“引导线”。在工作窗口中选择如图 7-97 所示的曲线作为引导线。

5. 单击鼠标中键，继续选择同方向的另外一条曲线为“引导线 2”，如图 7-98 所示

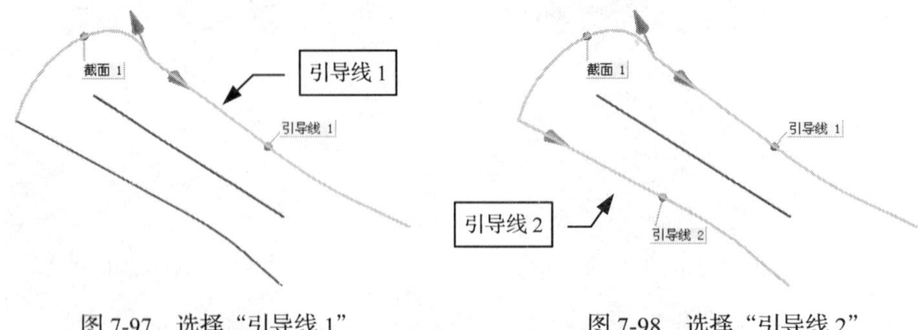

图 7-97　选择“引导线 1”　　图 7-98　选择“引导线 2”

6. 单击对话框中的“脊线”栏中的“选择曲线”选项，将其激活。然后在工作窗口中选择中间曲线，如图 7-99 所示

7. 单击确定按钮，完成后的扫掠曲面如图 7-100 所示。

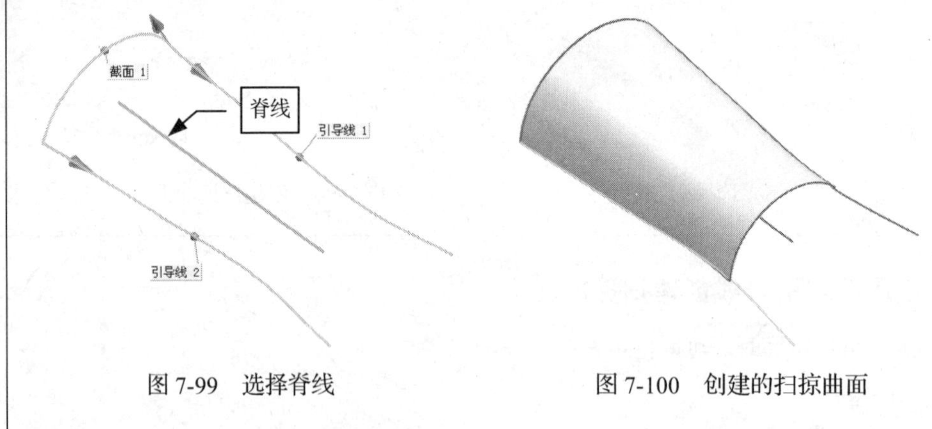

图 7-99　选择脊线　　图 7-100　创建的扫掠曲面

7.2.2　通过变化扫掠曲面

变化扫掠曲面是通过引导线中的草图截面控制扫掠横截面来创建曲面，扫掠曲面横截面形状沿引导线形状改变。

1．创建变化的扫掠曲面

操作步骤

1. 打开附书光盘中的 SAMPLE \ CH07 \ 7.2.2.PRT 文件，如图 7-101 所示。

2. 选择“插入”→“扫掠”→“变化扫掠”命令，弹出“变化的扫掠”对话框，如图 7-102 所示。

3. 选择如图 7-101 所示的曲线作为截面几何图形。程序自动弹出“创建草图”对话框，如

图 7-103 所示。在工作窗口中显示系统默认的草图平面，如图 7-104 所示。单击确定按钮，进入创建草图截面。

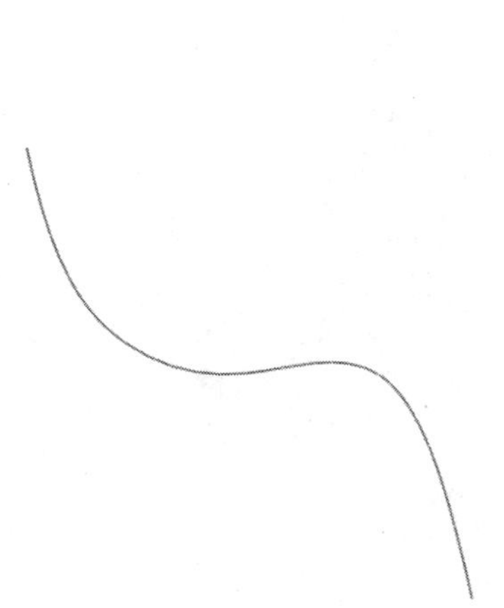
图 7-101 打开的 7.2.2.PRT 文件

图 7-102 “变化的扫掠”对话框

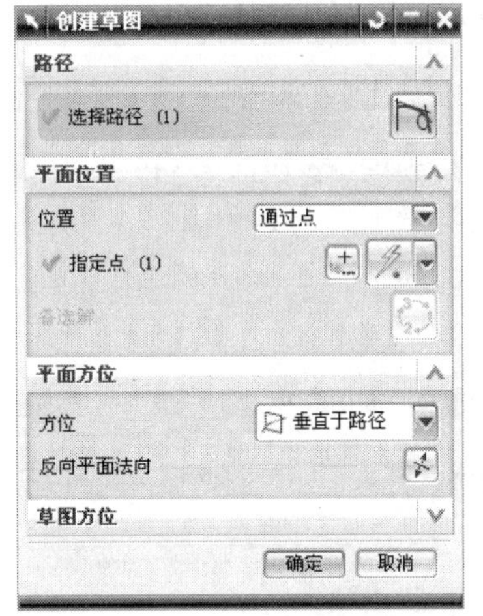

图 7-103 “创建草图”对话框

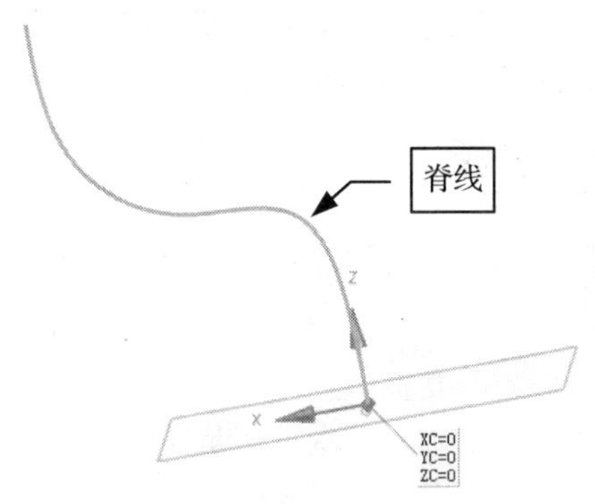

图 7-104 草绘平面

4. 利用草图命令，在工作窗口中绘制如图 7-105 所示的草图截面。在“草图生成器”工具栏中单击完成草图图标，完成草图截面的创建。

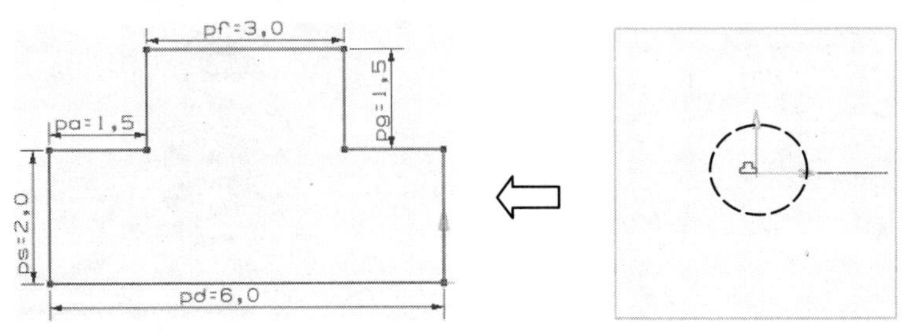

图 7-105 草图截面

5. 在“变化的扫掠”对话框中选择“体类型”下拉列表中的“片体”选项，如图 7-106 所示。单击对话框中的 确定 按钮，创建的变化扫掠曲面如图 7-107 所示

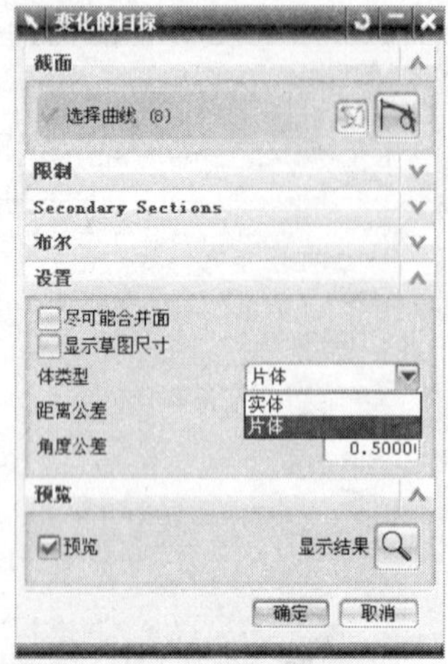

图 7-106　选择“片体”选项

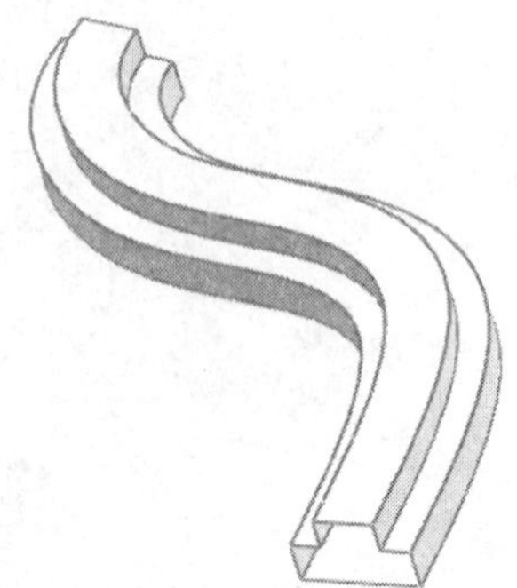

图 7-107　变化扫掠曲面

7.2.3　通过样式扫掠曲面

样式扫掠曲面是指通过一组曲线创建精确、光滑的 A 级质量的自由曲面。样式扫掠最多定义两组引导线串和两组截面线串。

操作步骤

1. 打开附书光盘中的 SAMPLE \ CH07 \ 7.2.3.PRT 文件，如图 7-108 所示。

2. 选择“插入”→“扫掠”→“样式扫掠”命令，弹出“样式扫掠”对话框，如图 7-109 所示。

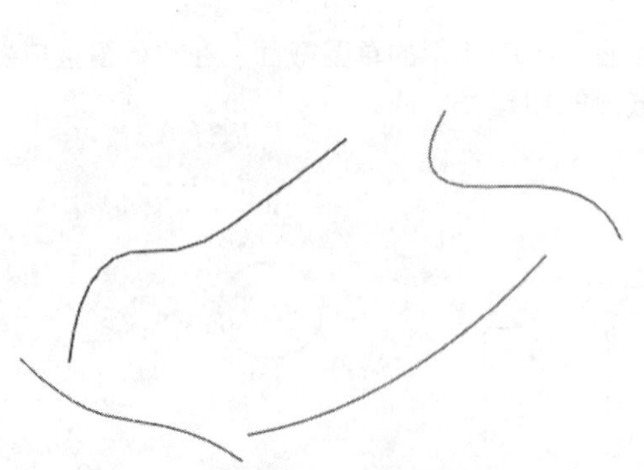

图 7-108　打开的 7.2.3.PRT 文件

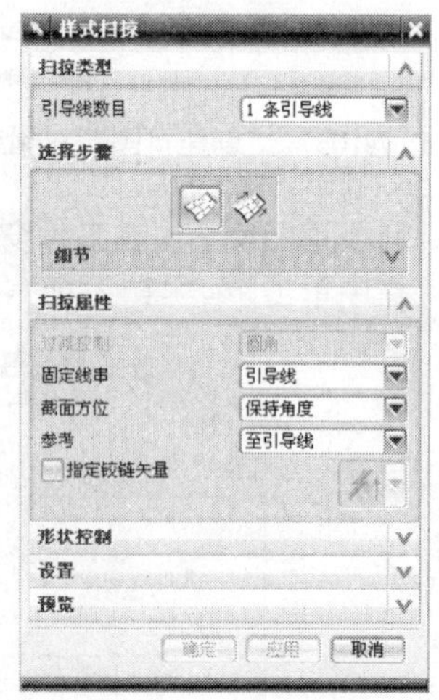

图 7-109　“样式扫掠”对话框

提示：

"样式扫掠"对话框中"扫掠类型"栏中的参数说明如下。

- 引导线数目：包括 1 条引导线、1 条引导线，1 个触点、1 个引导线，1 个方位、2 条引导线。

"样式扫掠"对话框中"选择步骤"栏中的参数说明如下。

- 截面线串：选择延伸的截面线串，但不能超过两组。
- 引导线串：选择样式的引导线串，但不能超过两组。

3. 选择"引导线数目"下拉列表中的"2 条引导线"选项。在工作窗口中选择如图 7-110 所示的曲线为"截面线串 1"，单击鼠标中键确认选择。

4. 选择如图 7-111 所示的曲线为"截面线串 2"，单击鼠标中键，完成截面线串的选择。

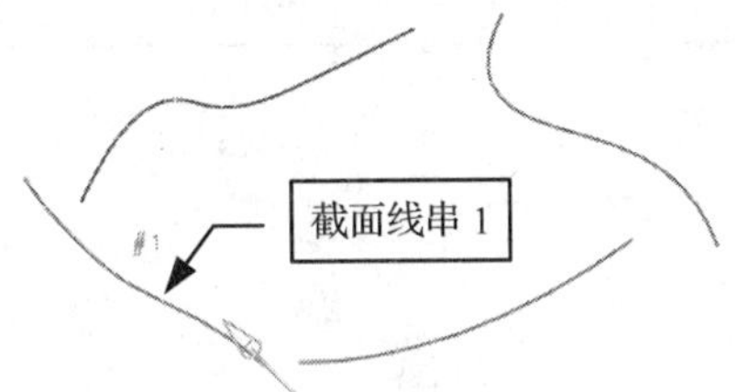

图 7-110 选择截面线串 1

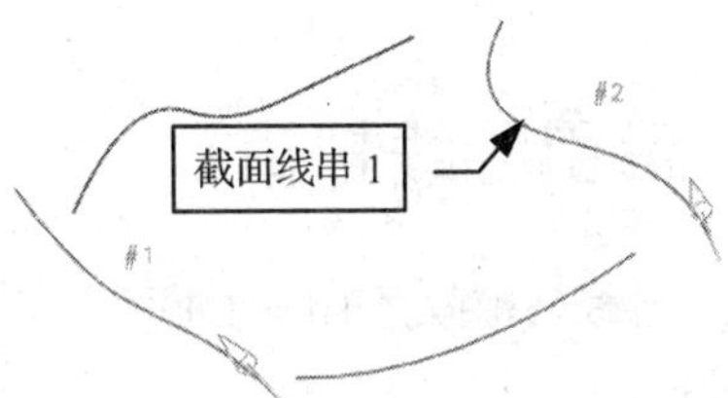

图 7-111 选择截面线串 2

5. 单击鼠标中键或单击"选择步骤"栏中的"引导线串"按钮。选择如图 7-112 所示的曲线为"引导线串 1"，单击鼠标中键确认。

6. 选择如图 7-113 所示的曲线为"引导线串 2"，单击鼠标中键，完成引导线串的选择。

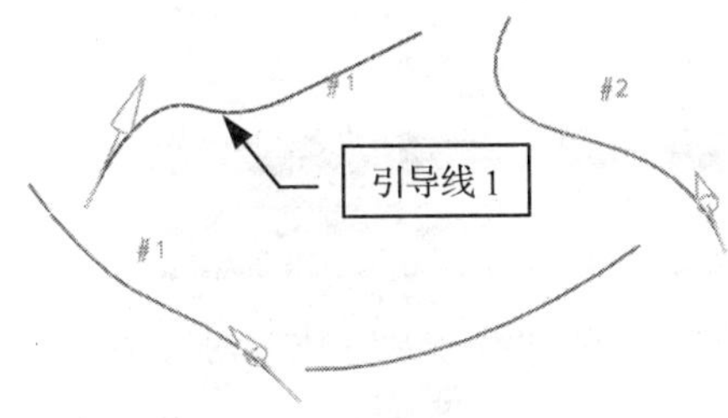

图 7-112 选择引导线 1

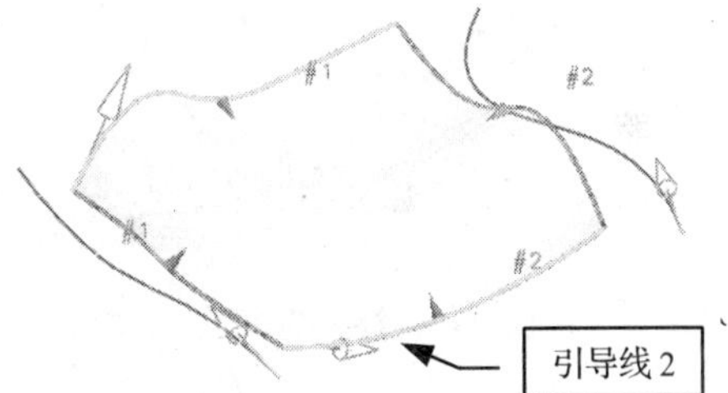

图 7-113 选择引导线 2

7. 单击"形状控制"栏中的"部分扫掠"按钮，如图 7-114 所示，单击如图 7-115 所示的截面线串 2 上的箭头。

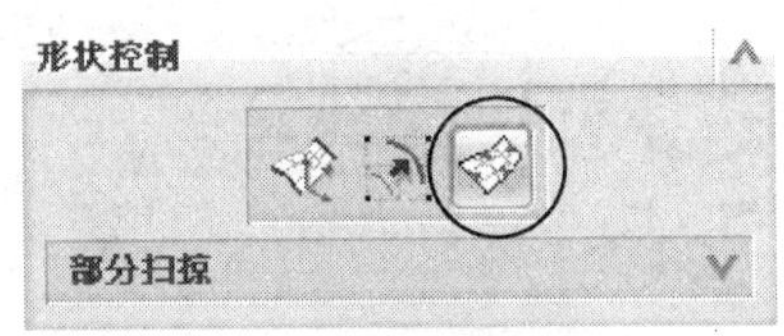

图 7-114 单击"部分扫掠"按钮

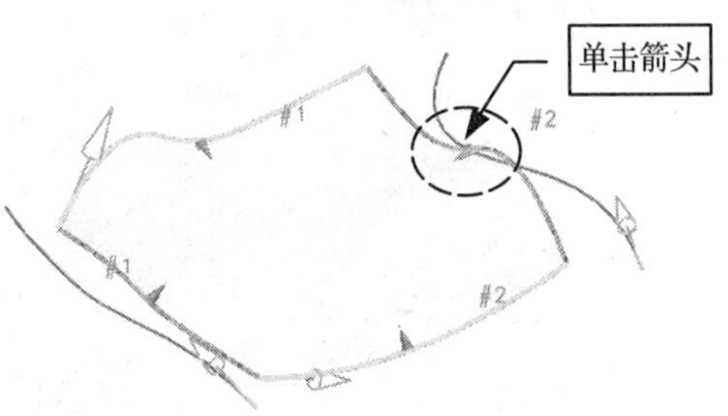

图 7-115 单击箭头

8. 在弹出“V 终点”文本框中将参数值修改为 0.5，如图 7-116 所示。单击 确定 按钮，创建的样式扫掠曲面如图 7-117 所示。

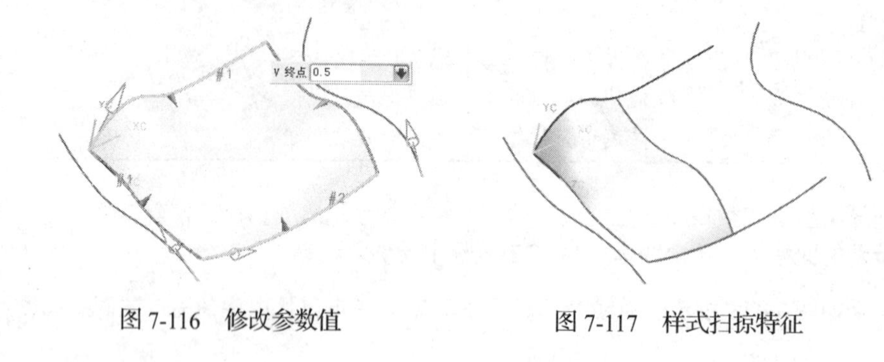

图 7-116　修改参数值　　　图 7-117　样式扫掠特征

7.2.4　沿引导线扫掠

通过引导线扫掠截面来创建曲面。

操作步骤

1. 打开附书光盘中的 SAMPLE \ CH07 \ 7.2.4.PRT 文件，如图 7-118 所示。

2. 选择“插入”→“扫掠”→“沿引导线扫掠”命令。弹出“沿引导线扫掠”对话框，如图 7-119 所示。

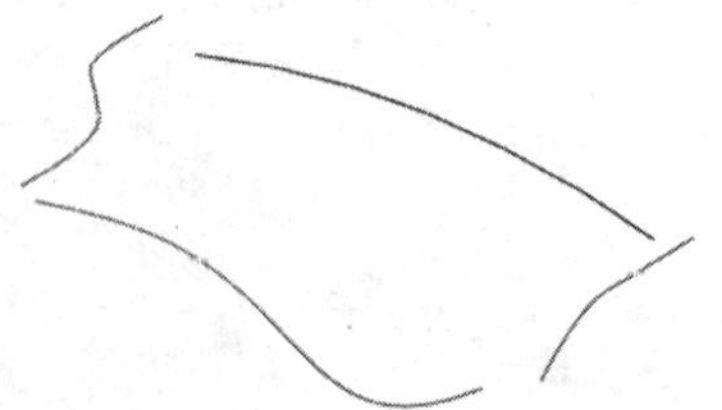

图 7-118　打开的 7.2.4 PRT 文件

图 7-119　“沿引导线扫掠”对话框

3. 在工作窗口中选择如图 7-120 所示的曲线作为截面线串，单击 确定 按钮或直接单击鼠标中键，完成选择截面线串。

4. 选择如图 7-121 所示的曲线作为引导线串。单击 确定 按钮或直接单击鼠标中键，完成选择引导线串。

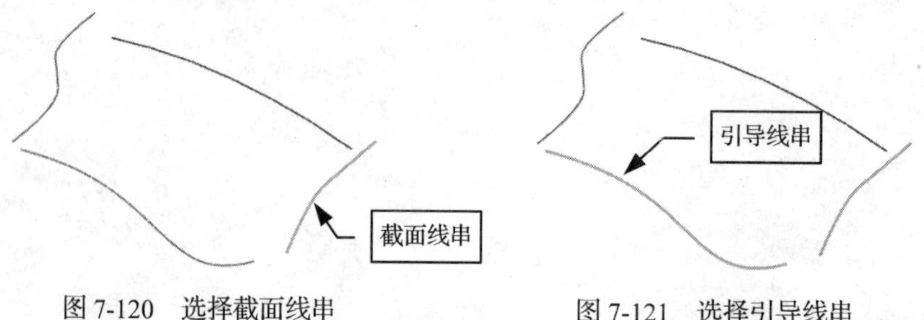

图 7-120　选择截面线串　　　图 7-121　选择引导线串

5. 此时在工作窗口中显示出扫掠曲面箭头的方向向下，如图 7-122 所示。在“沿引导线扫掠”对话框中将“第一偏置”的值修改为-2，“第二偏置”的值修改为 0，如图 7-123 所示。

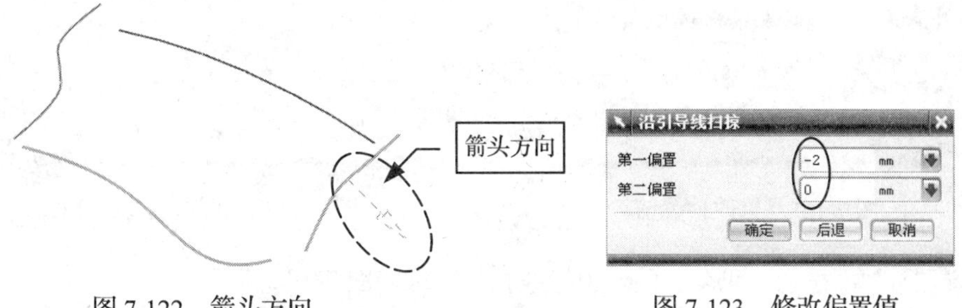

图 7-122 箭头方向　　图 7-123 修改偏置值

6. 单击 确定 按钮或直接单击鼠标中键，创建的沿引导线扫掠特征如图 7-124 所示。

7. 继续在工作窗口中选择如图 7-125 所示的曲线作为截面线串，单击 确定 按钮或直接单击鼠标中键，完成选择截面线串。

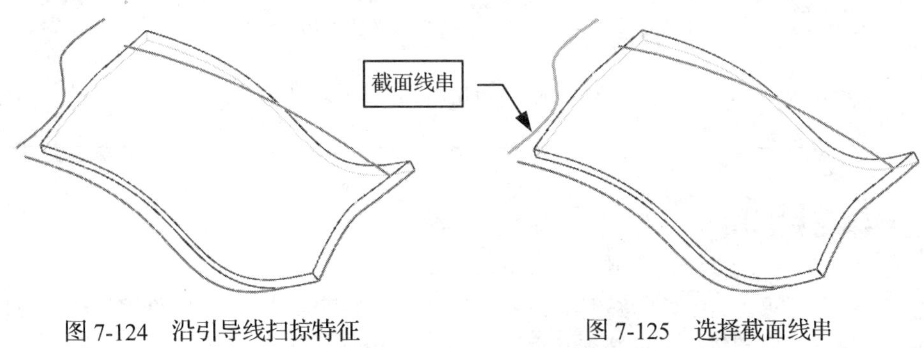

图 7-124 沿引导线扫掠特征　　图 7-125 选择截面线串

8. 选择如图 7-126 所示的曲线作为引导线串。单击 确定 按钮或直接单击鼠标中键，完成选择引导线串。

9. 此时在工作窗口中显示出扫掠曲面箭头方向，如图 7-127 所示。

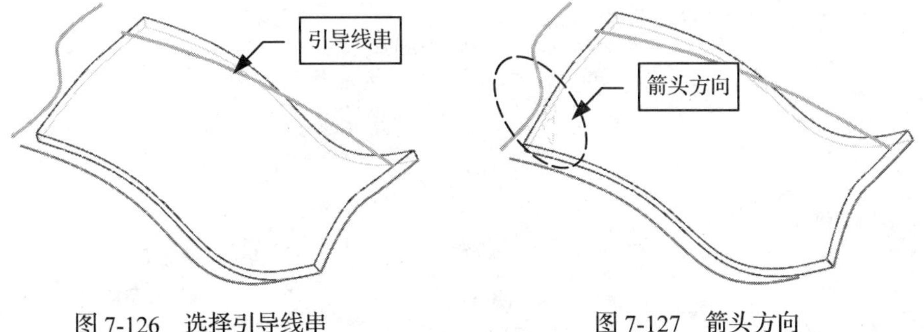

图 7-126 选择引导线串　　图 7-127 箭头方向

10. 在“沿引导线扫掠”对话框中将“第一偏置”的值修改为 3，“第二偏置”的值修改为 0，如图 7-128 所示。

11. 单击 确定 按钮，在弹出的“布尔运算”对话框中单击“求差”按钮 求差 ，如图 7-129 所示。

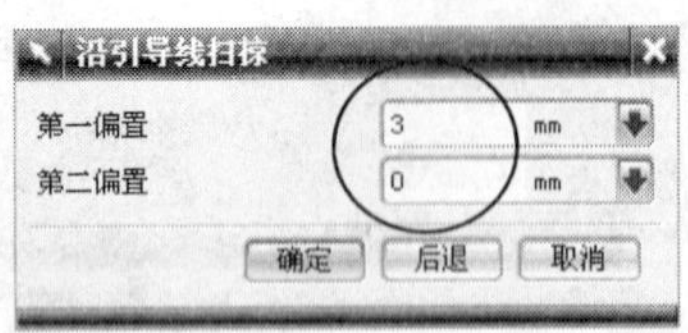

图 7-128　修改偏置值

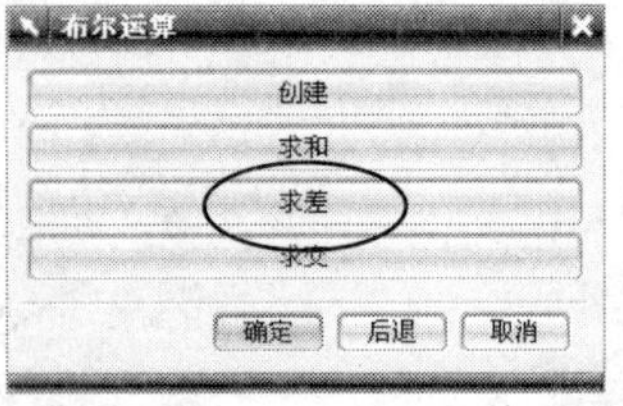

图 7-129　单击“求差”按钮

12. 单击 确定 按钮，求差后的沿引导线扫掠特征如图 7-130 所示。

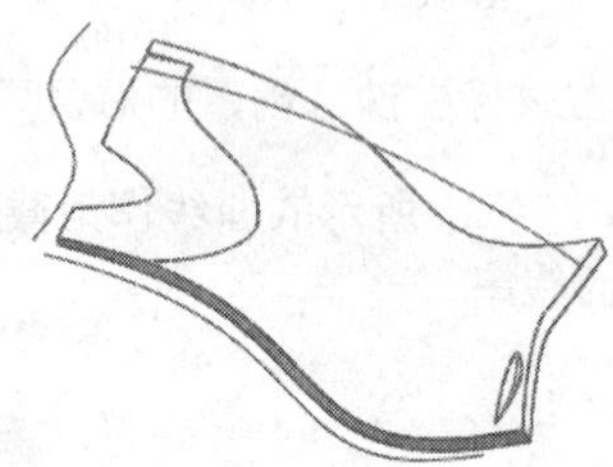

图 7-130　求差后的沿引导线扫掠特征

7.3　弯边曲面

单击“标准”工具栏中的 开始· 图标，在展开的下拉列表中选择“外观照型设计”选项。启动“外观照型设计”应用模块来创建弯边曲面。

选择“插入”→“弯边曲面”命令，如图 7-131 所示。进入创建弯边曲面模式。

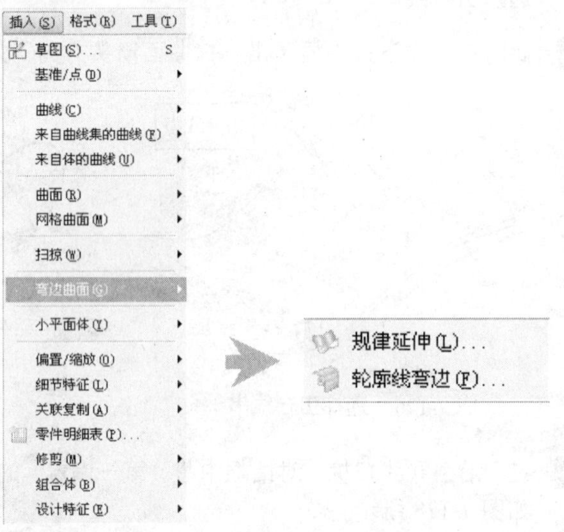

图 7-131　选择“弯边曲面”命令

录像文件：演示录像\CH07\0703

7.3.1 规律延伸

规律延伸是以动态的或基于距离和角度规律，从原始曲面创建一个由规律控制的延伸曲面。

操作步骤

1. 打开附书光盘中的 SAMPLE \ CH07 \ 7.3.1 PRT 文件，如图 7-132 所示。

2. 选择“插入”→“弯边曲面”→“规律延伸”命令。弹出“规律延伸”对话框，如图 7-133 所示。

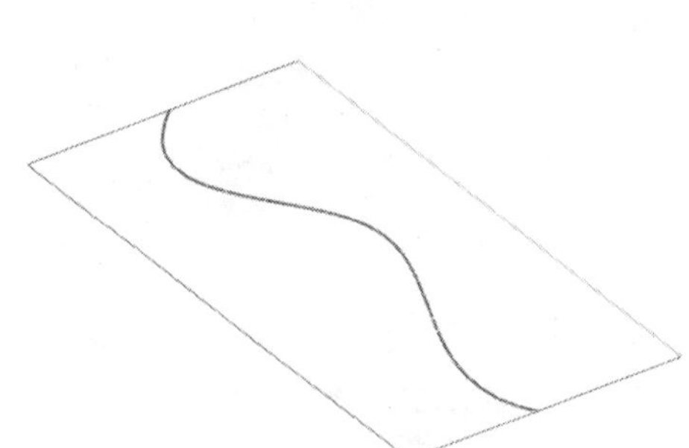

图 7-132 打开的 7.3.1 PRT 文件

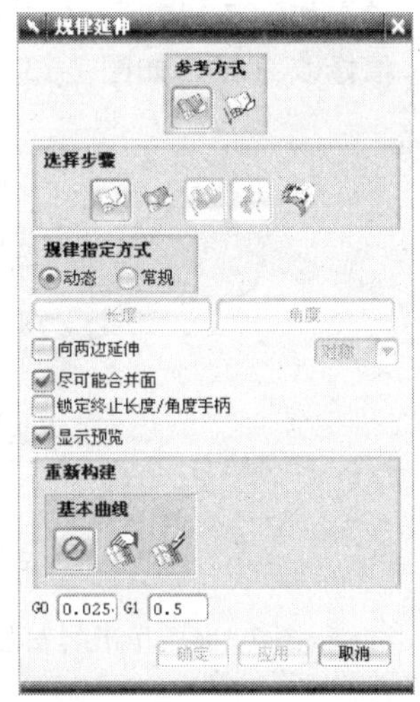

图 7-133 “规律延伸”对话框

提示： “规律延伸”对话框中“参考方式”栏中的各项参数说明如下。

- 面：使用参考面来确定延伸曲面。
- 矢量：指定矢量方向作为延伸曲面的参考方向。

3. 在“参考方式”栏中单击“面”按钮，在工作窗口中选择如图 7-134 所示的曲线。

4. 单击鼠标中键，或在对话框中的“选择步骤”栏中单击“参考面”按钮，选择如图 7-132 所示的曲面作为参考面，单击鼠标中键确认。

5. 此时在工作窗口中显示出系统默认的延伸方式，如图 7-135 所示。

提示： “规律延伸”对话框中“选择步骤”栏中的各项参数说明如下。

- 基本曲线串：选择延伸曲面使用的基本曲线，曲线串必须位于曲面上。
- 参考面：选定延伸曲面的参考曲面。
- 参考矢量：选定延伸曲面的参考矢量方向。
- 脊线串：延伸曲面横截面位于垂直于脊线串的平面内。
- 定义规律：使用手柄在关键点定义规律、长度和角度规律值。

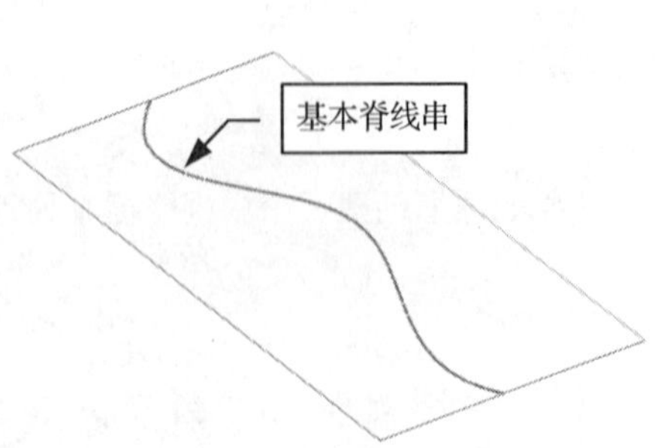

图 7-134　选择基本线串

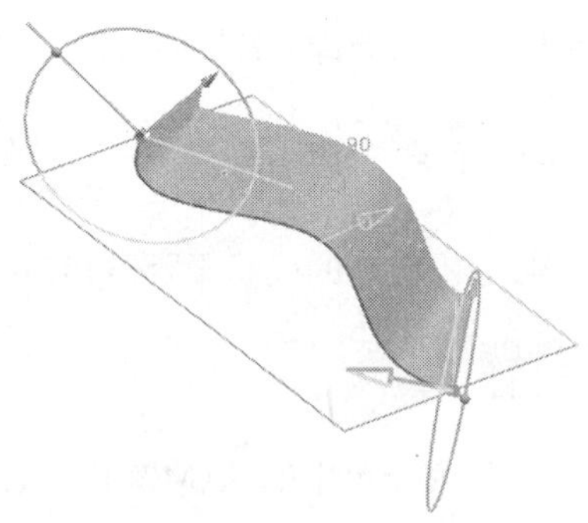

图 7-135　延伸方式

6. 单击如图 7-136 所示的起始箭头可以修改延伸长度。在弹出的“长度”输入框中将长度值修改为 10，如图 7-137 所示。

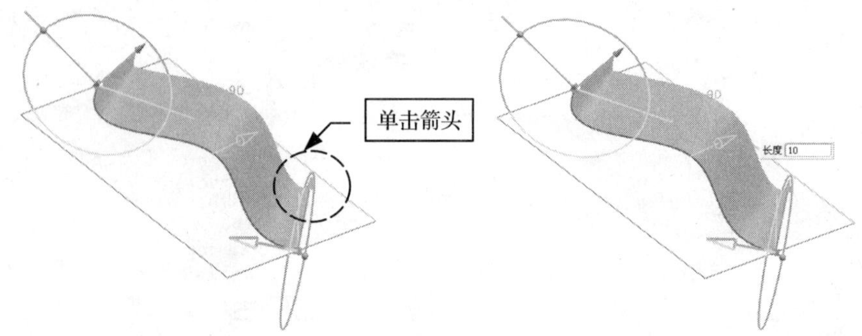

图 7-136　单击起始箭头　　　图 7-137　修改长度值

7. 单击另一侧延伸曲面上的终止箭头，在弹出的“长度”输入框中将长度值修改为 15，如图 7-138 所示。

提示： 如果用户定义了起始长度，那么延伸长度将是恒定的，如果用户定义了两端的长度，那么延伸长度将是线性变化的。

8. 单击如图 7-139 所示的起始圆点可以修改延伸角度。

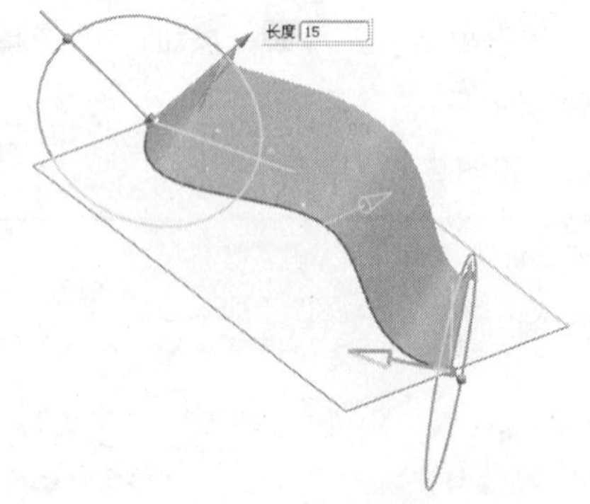

图 7-138　修改终止长度

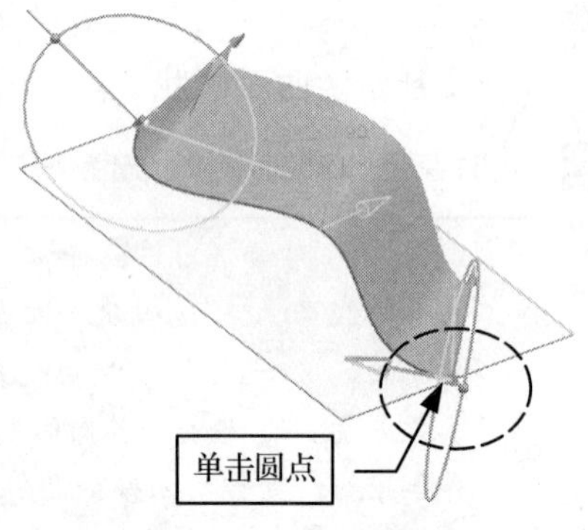

图 7-139　单击起始圆点

9. 在弹出的“角度”输入框中将起始角度值修改为 60，如图 7-140 所示。单击另一侧的终止圆点，将角度值修改为 100，如图 7-141 所示。

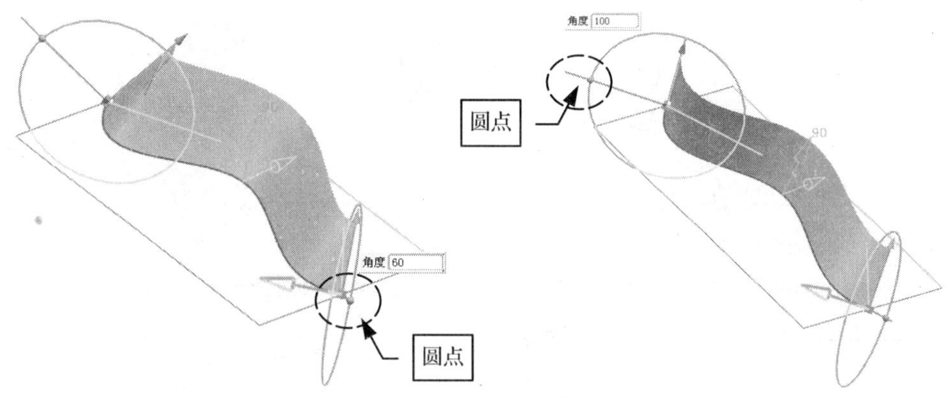

图 7-140 修改起始角度值　　　　图 7-141 修改终止角度值

10. 在“规律指定方式”栏中单击“动态”单选按钮。

提示： “规律延伸”对话框中“规律指定方式”栏中的各项参数说明如下。

- 动态：用户可以指定角度值与长度创建规律延伸曲面。
- 常规：使用对话框模式更改规律、角度和长度值。

11. 勾选对话框中的“向两边延伸”按钮，在工作窗口中单击延伸曲面向两边延伸，如图 7-142 所示。

12. 选择“向两边延伸”右侧下拉列表中的“不对称”选项，如图 7-143 所示。可对另一边的延伸曲面进行定义。

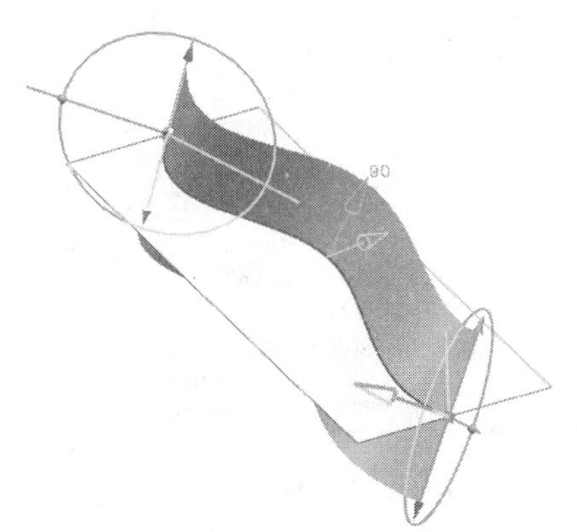

图 7-142 延伸曲面将向两边延伸

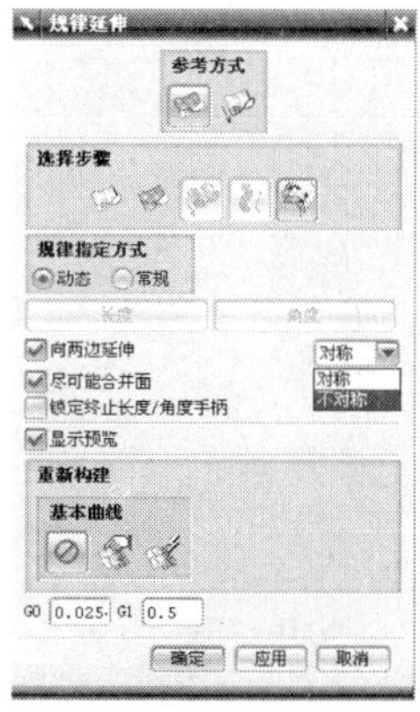

图 7-143 选择“不对称”项

13. 如果勾选对话框中的“锁定终止长度/角度手柄”选项，那么在工作窗口中的终止长度与角度都参照起始长度与角度，如图 7-144 所示。

14. 单击 确定 按钮，创建的规律延伸曲面特征如图 7-145 所示。

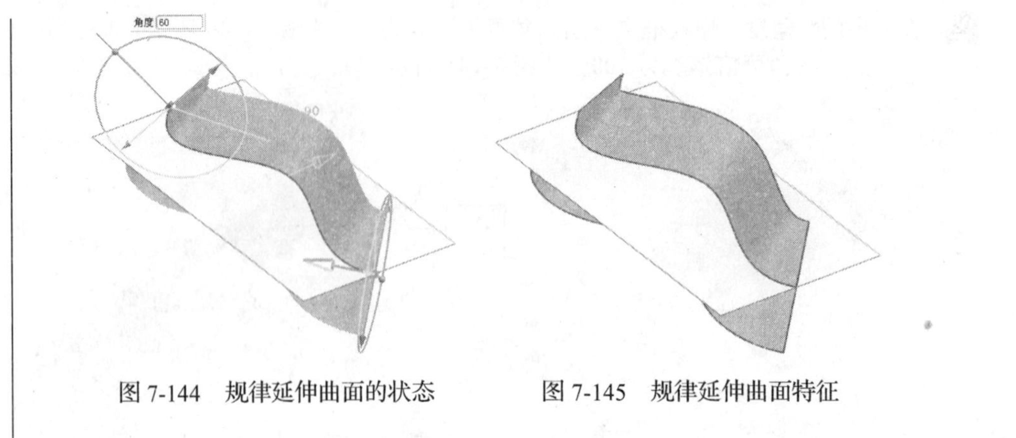

图 7-144　规律延伸曲面的状态　　　图 7-145　规律延伸曲面特征

7.3.2　轮廓线弯边

轮廓线弯边是指创建具备光顺边细节，最优化外观形状和斜率连续性的 A 类曲面。

操作步骤

1. 打开附书光盘中的 SAMPLE \ CH07 \ 7.3.2.PRT 文件，如图 7-146 所示。

2. 选择"插入"→"弯边曲面"→"轮廓线弯边"命令，弹出"轮廓线弯边"对话框，如图 7-147 所示。

图 7-146　打开的 7.3.2.PRT 文件

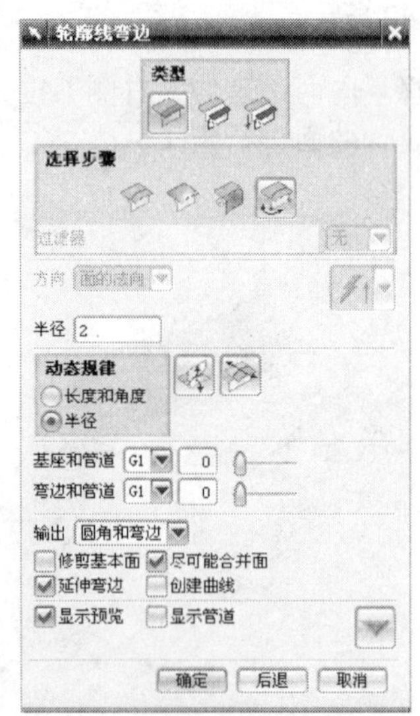

图 7-147　"轮廓线弯边"对话框

3. 单击"类型"栏中的"基本"按钮，在工作窗口中选择如图 7-148 所示的曲线作为基础曲线。

4. 单击鼠标中键或者在"选择步骤"栏中单击"基本面"按钮，选择如图 7-149 所示的曲面，所选的曲面呈高亮显示。

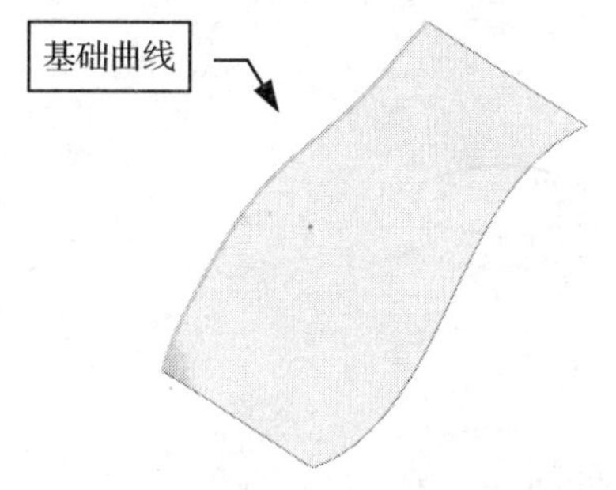

图 7-148 选择基础曲线

图 7-149 选择基本面

5. 单击两次鼠标中键，在工作窗口中显示出系统默认的轮廓线弯曲曲面的预览状态，如图 7-150 所示，单击如图 7-151 所示的起始箭头可以修改延伸长度。

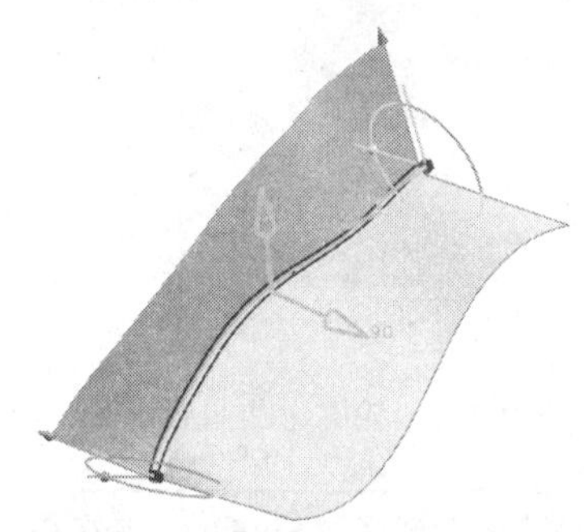

图 7-150 轮廓线弯曲曲面的预览状态

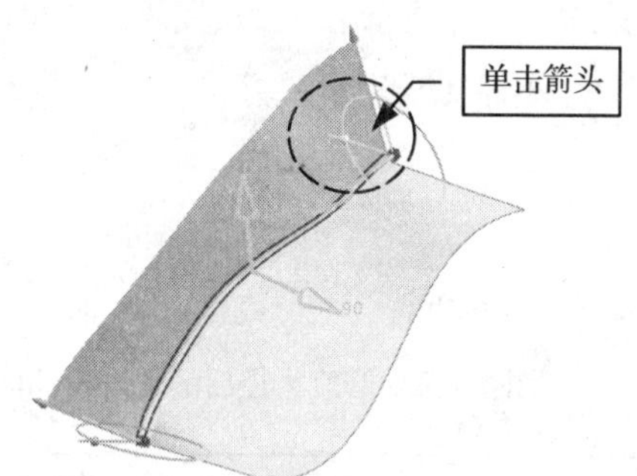

图 7-151 单击起始箭头

6. 在弹出的“长度”输入框中将长度值修改为 20，如图 7-152 所示，单击如图 7-153 所示的起始圆点可以修改延伸角度。

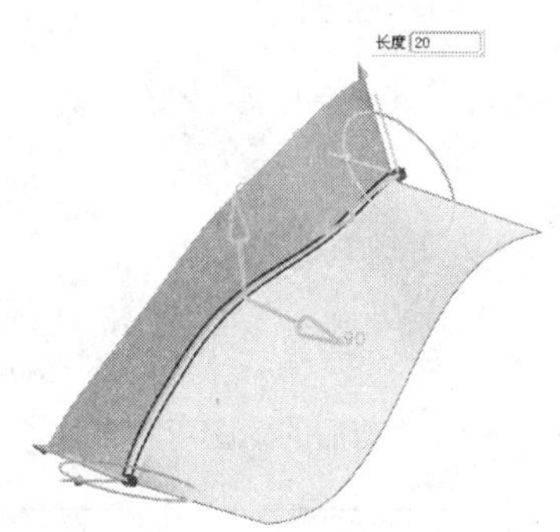

图 7-152 修改长度值

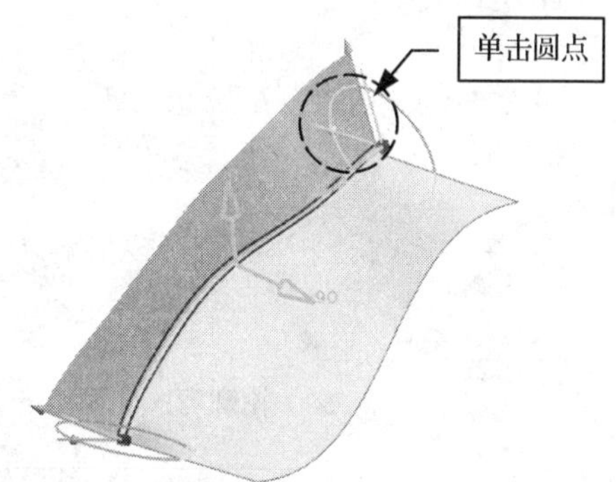

图 7-153 单击起始圆点

7. 在弹出的“角度”输入框中将起始角度值修改为–30，如图 7-154 所示。将对话框中的“半径”值修改为 5，如图 7-155 所示。

8. 在工作窗口中显示出修改半径值后的轮廓弯曲曲面的预览状态，如图 7-156 所示。单击 确定 按钮，创建的轮廓弯曲曲面特征如图 7-157 所示

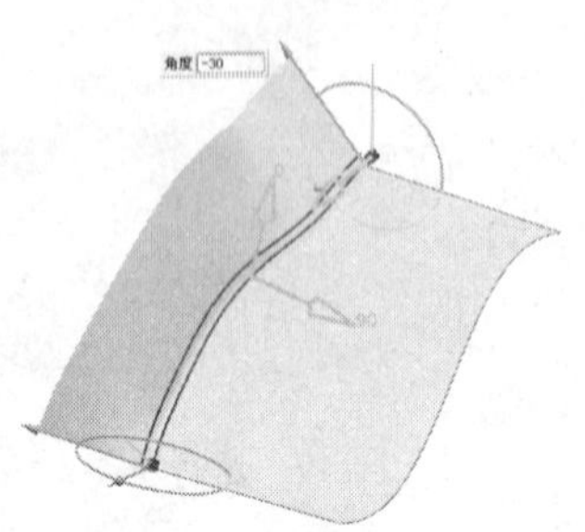

图 7-154 修改角度值

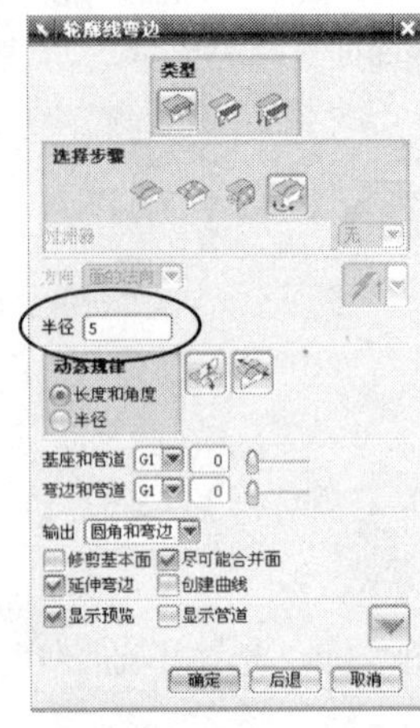

图 7-155 修改半径值

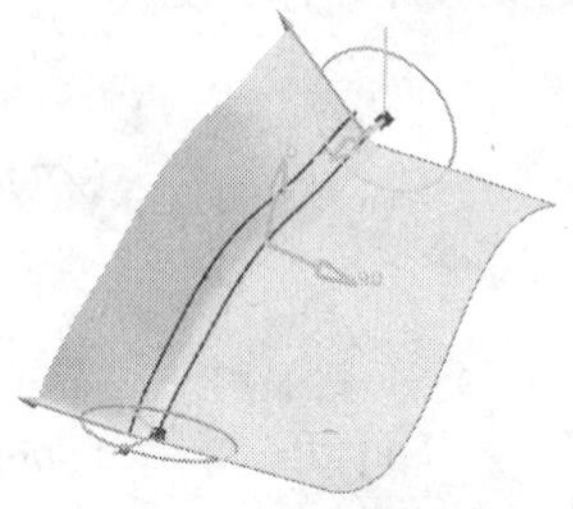

图 7-156 修改半径后的轮廓弯曲曲面

图 7-157 轮廓弯曲曲面特征

提示： 从图 7-158 中的轮廓弯曲曲面侧面可知，原有的基本面还保留一部分。可双击如图 7-158 所示的轮廓弯曲曲面，返回创建轮廓曲面。

9. 勾选对话框中的“修剪基本面”选项，单击 确定 按钮，修剪后的轮廓弯曲曲面特征如图 7-159 所示

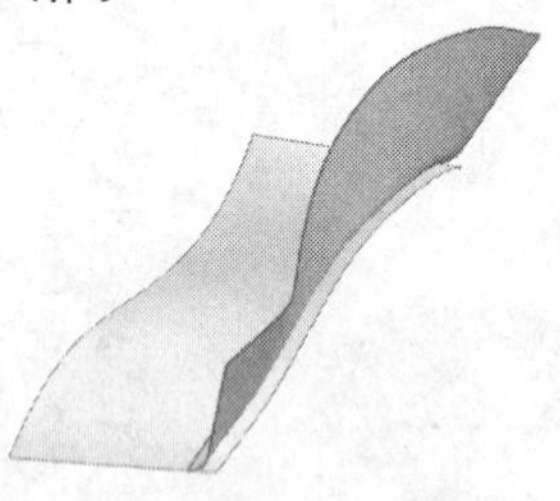

图 7-158 轮廓弯曲曲面

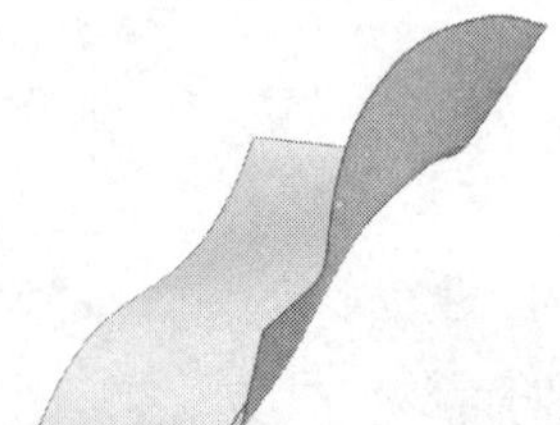

图 7-159 修剪后的轮廓弯曲曲面

7.4 创建其他曲面

在上一章节中所介绍的网格曲面命令主要用来创建大面积产品的曲面。在实际设计中，要完成较复杂的曲面照型，还需要借助于其他曲面命令来完成。本节主要介绍几种其他曲面的创建方法。

录像文件：演示录像\CH07\0704

创建桥接曲面

桥接曲面是指创建两个不相连曲面之间的过渡曲面。

1. 通过主面创建桥接曲面

操作步骤

1. 打开附书光盘中的 SAMPLE \ CH07 \ 7.4.2.PRT，如图 7-160 所示。

2. 在“曲面”工具栏中单击“桥接”图标，弹出“桥接”对话框，如图 7-161 所示。

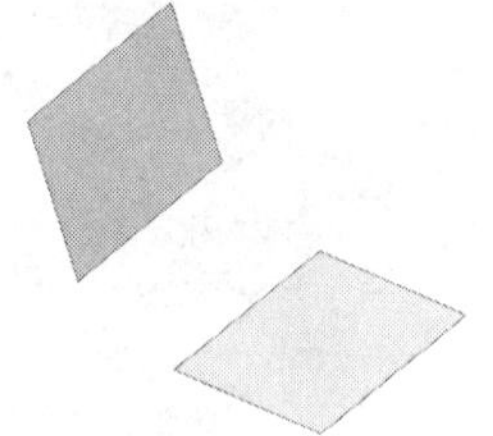

图 7-160 打开的 7.4.2.PRT 文件

图 7-161 “桥接”对话框

提示： “桥接”对话框中“选择步骤”栏中的各项参数说明如下。

- 主面：选择需要桥接的两个主面。
- 侧面：选择桥接曲面的侧面边界面，可以选择一个或两个，也可以不选择。
- 第一侧面线串：选择桥接曲面的侧面线串 1，也可以不选择。
- 第二侧面线串：选择桥接曲面的侧面线串 2，也可以不选择。

3. 在工作窗口中选择如图 7-162 所示的曲面作为主面 1，选择的曲面呈高亮显示，在选择的曲面边缘显示箭头方向。

4. 选择如图 7-163 所示的曲面为主面 2，选择的曲面呈高亮显示状态，在选择的曲面边缘显示箭头方向。

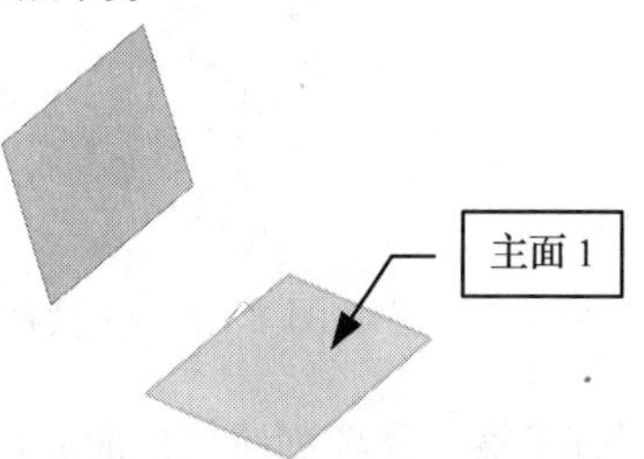

图 7-162 选择主面 1

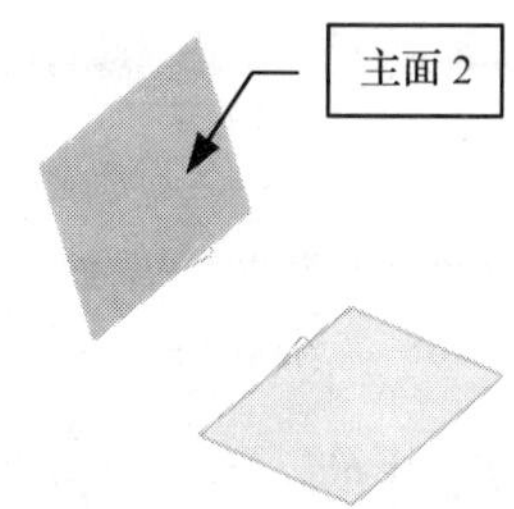

图 7-163 选择主面 2

提示： 选择主面后，主面边缘线上显示箭头，确认选择的两个主面箭头指向的方向一致，如 7-164 所示。如果两个主面箭头指向的方向不一致，创建的桥接曲面将扭曲状态，如图 7-165 所示。

桥接曲面中的箭头方向是根据光标的位置判断的。

图 7-164　箭头方向

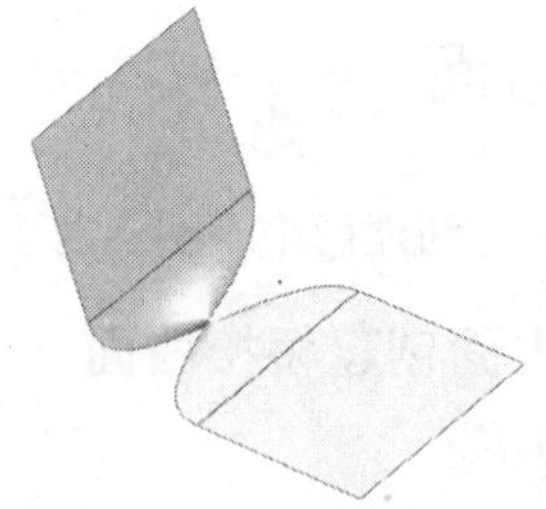

图 7-165　桥接曲面扭曲状态

5. 单击对话框中的 应用 按钮，此时对话框中的"拖动"按钮被激活，如图 7-166 所示。在工作窗口中显示出如图 7-167 所示的桥接曲面。

图 7-166　激活"拖动"按钮

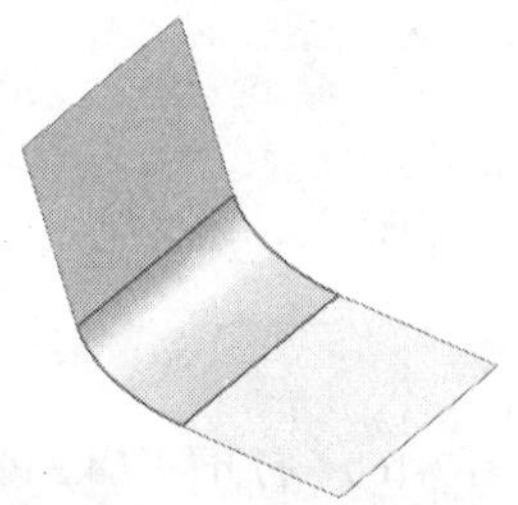

图 7-167　桥接曲面

6. 单击对话框中的"拖动"按钮 拖动 ，弹出"拖拉桥接曲面"对话框，如图 7-168 所示。

7. 单击工作窗口中的主面 1，系统自动显示拖动箭头，如图 7-169 所示。按住鼠标左建可拖拉改变桥接曲面的形状。

提示： 如果拖拉的桥接曲面不符合，单击"拖拉桥接曲面"对话框中的"重置"按钮 重置 ，可使拖拉的桥接曲面回复原样。

图 7-168　"拖拉桥接曲面"对话框

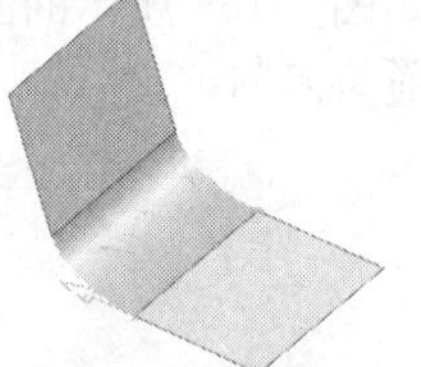

图 7-169　拖拉箭头

8. 单击对话框中的 确定 按钮或者单击鼠标中键，完成创建桥接曲面。

2. 定义侧面创建桥接曲面

操作步骤

1. 打开随书光盘中的 SAMPLE \ CH07 \ 7.4.2-2.PRT 文件，如图 7-170 所示。

2. 在“曲面”工具栏中单击图标。弹出“桥接”对话框。

3. 在工作窗口中选择如图 7-171 所示的曲面作为主面 1，所选择的曲面呈高亮显示状态，并在选择的曲面边缘显示箭头方向。

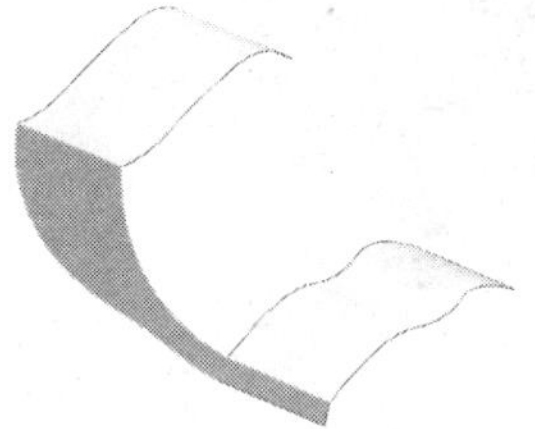

图 7-170 打开的模型

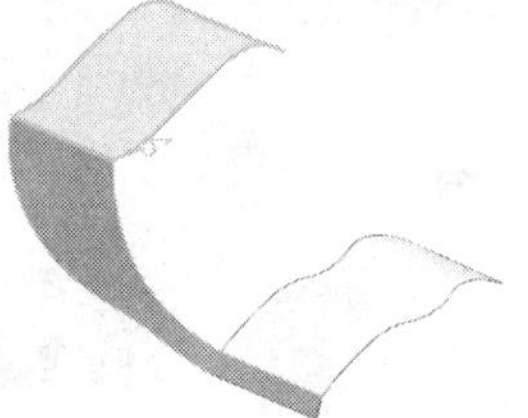

图 7-171 选择主面 1

4. 继续选择如图 7-172 所示的曲面为主面 2，所选择的曲面呈高亮显示状态，并在选择的曲面边缘显示箭头方向。

5. 单击对话框中的 确定 按钮或者单击鼠标中键，完成创建桥接曲面，如图 7-173 所示。

图 7-172 选择主面 2

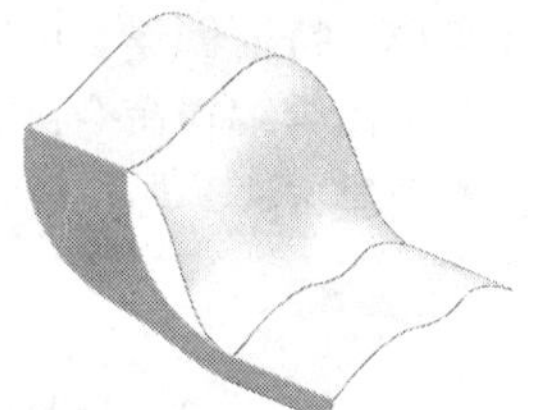

图 7-173 桥接曲面

6. 从图 7-13 可知，创建的桥接曲面的侧面没有完全相交。此时可双击创建的桥接曲面，在弹出的“桥接”对话框中单击“选择步骤”栏中的“第一侧面线串”按钮，如图 7-174 所示。

7. 在工作窗口中单击选择如图 7-175 所示的曲线作为第一侧面线串。

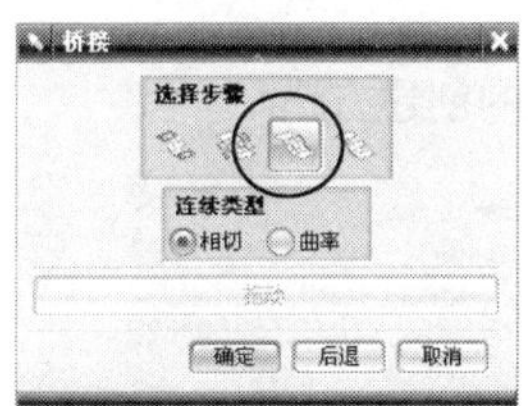

图 7-174 选择“第一侧面线串”按钮

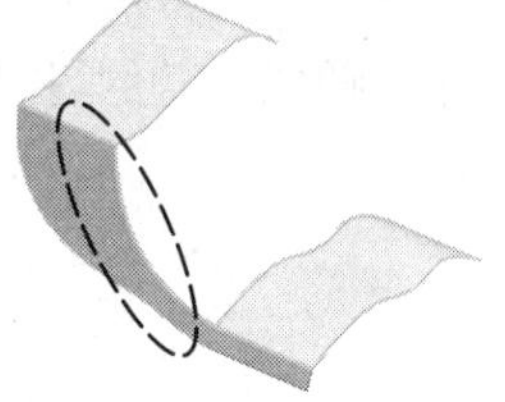

图 7-175 选择第一侧面线串

8. 单击对话框中的 确定 按钮或者单击鼠标中键，完成创建桥接曲面，结果如图 7-176 所示。

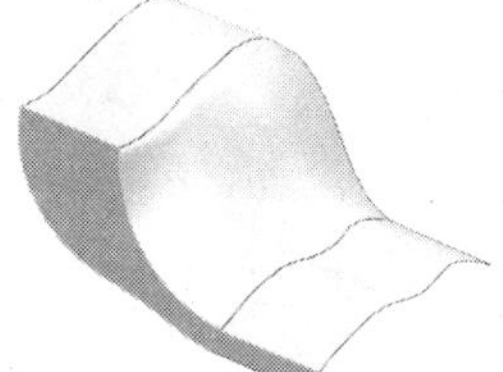

图 7-176 桥接曲面

第8章

实体与曲面特征操作

本章导读

本章主要介绍 UG NX5 对于创建实体与曲面的后期细节特征操作。特征创建后可以通过分割面、修剪面、修剪体、拆分体等编辑命令进行参数设置，了解并掌握细节特征的创建方法，如拔模、倒圆角、倒斜角等。

要点提示

- 对实体特征进行求和、求差、求交运算和缝合操作。
- 偏置、缩放、修剪等编辑方式的详细操作。
- 关联复制特征主要包括抽取、实例特征、镜像特征、镜像体、引用几何体 5 种类型。
- 拔模、倒斜角、边倒圆、面倒圆等细节特征的创建方法

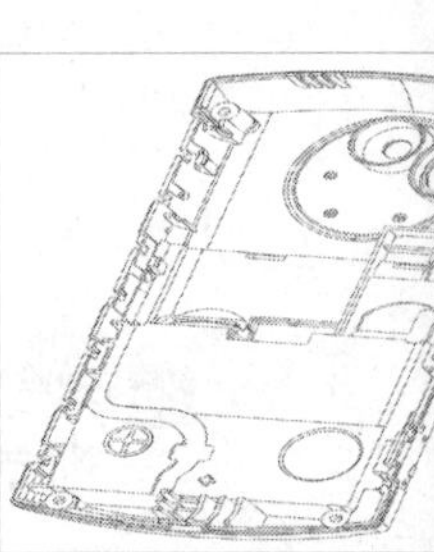

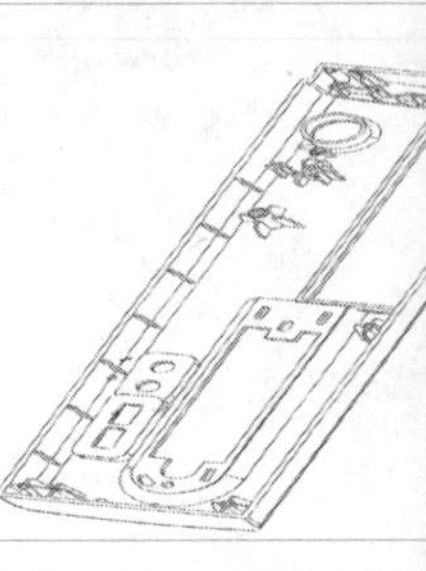

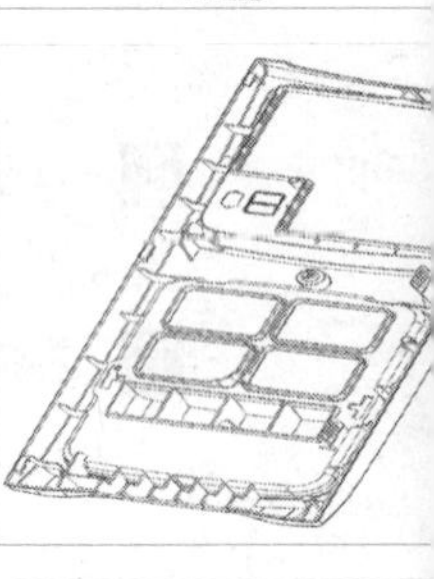

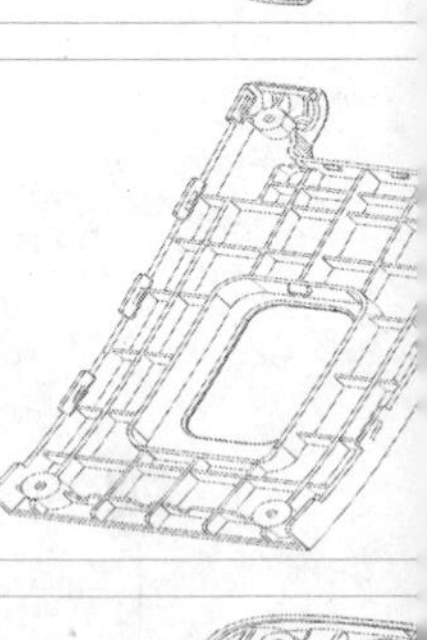

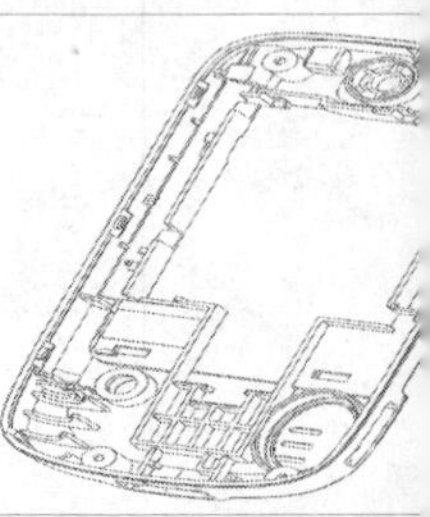

8.1 组合体

将已创建的两个或两个以上的实体进行求和、求差、求交运算和缝合操作。在操作中需先选择目标对象和刀具对象。

选择“插入”→“组合体”命令，或者在“特征操作”工具栏中单击选择“求和”图标下拉列表中的特征，如图 8-1 所示。进入创建组合体特征。

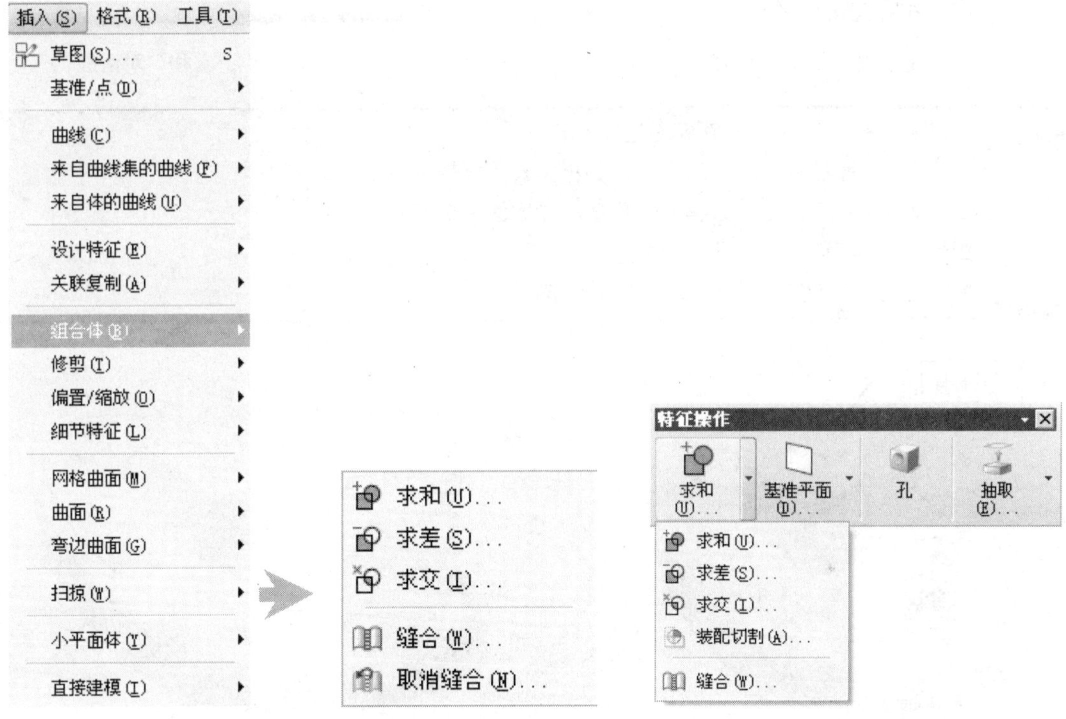

图 8-1 进入创建组合体模式

录像文件：**演示录像\CH08\0801**

8.1.1 求和运算

将两个或多个实体特征合并成一个独立的实体。

操作步骤

1. 打开附书光盘中的 SAMPLE \ CH08 \ 8.1.1 PRT 文件，如图 8-2 所示。
2. 选择“插入“→”组合体“→“求和”命令。弹出“求和”对话框，如图 8-3 所示。
3. 在工作窗口中选择如图 8-4 所示的圆柱体作为目标体，所选的圆柱体呈高亮显示并出现“目标”符号。再选择如图 8-5 所示的长方体作为工具体。

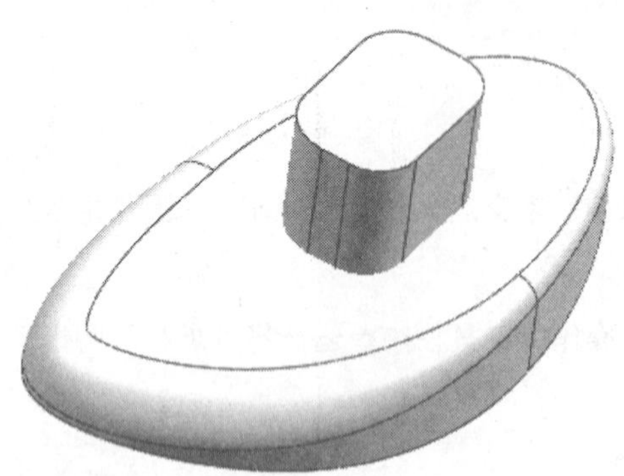

图 8-2　打开的模型

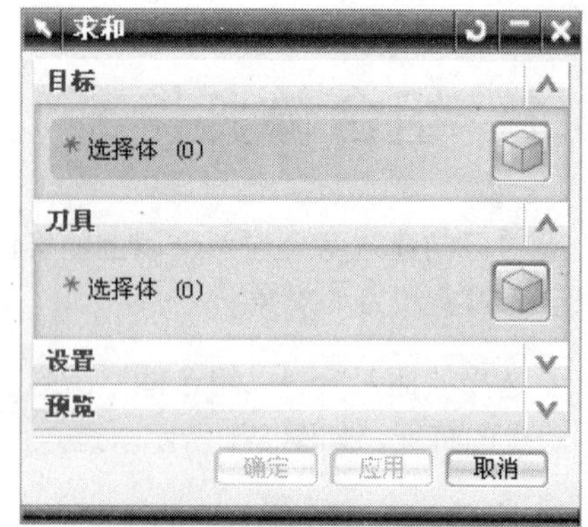

图 8-3　“求和”对话框

提示：“求和”对话框中的各项参数说明如下。

- 目标：选择布尔运算的实体，目标体只能选择一个。
- 刀具：在目标体上选择求和特征，可选择多个刀具体。
- 设置：可设置保持目标和工具。
- 预览：在工作窗口中预览求和后的两个实体特征。

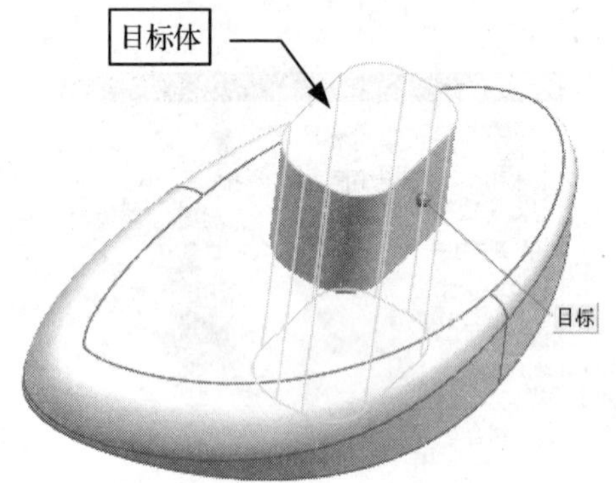

图 8-4　选择目标体

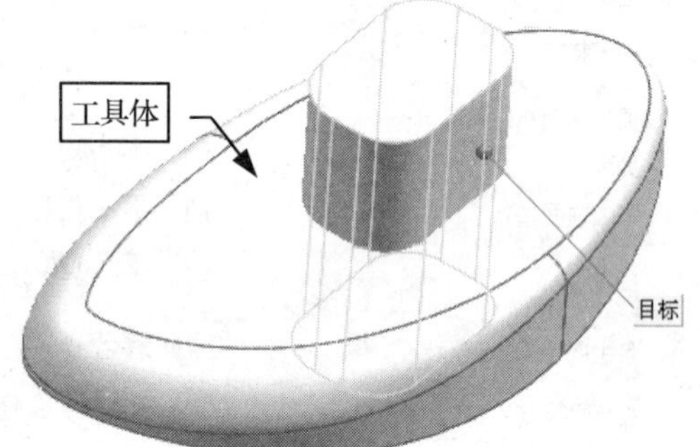

图 8-5　选择工具体

4. 再单击对话框中“预览”栏中的“显示结果”按钮，在工作窗口中预览求和后的两个实体特征，如图 8-6 所示。

5. 单击对话框中“预览”栏中的“撤销结果”按钮，返回创建求和特征。

6. 在对话框中的“设置”栏中勾选“保持目标”选项，如图 8-7 所示。再单击对话框中“预览”栏中的“显示结果”按钮，在工作窗口中显示如图 8-8 所示的保持目标后的求和特征。最后单击 确定 按钮，完成创建组合体求和操作。

提示：“设置”栏下的各项参数说明如下。

- 保持目标：选择的目标被保持。
- 保持工具：选择的工具被保持。

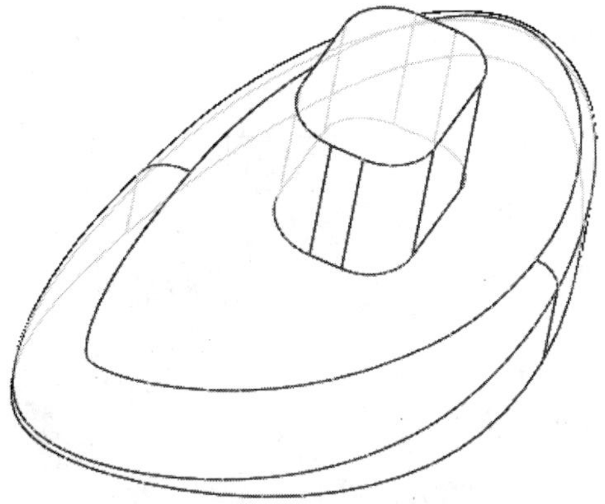

图 8-6 预览求和特征

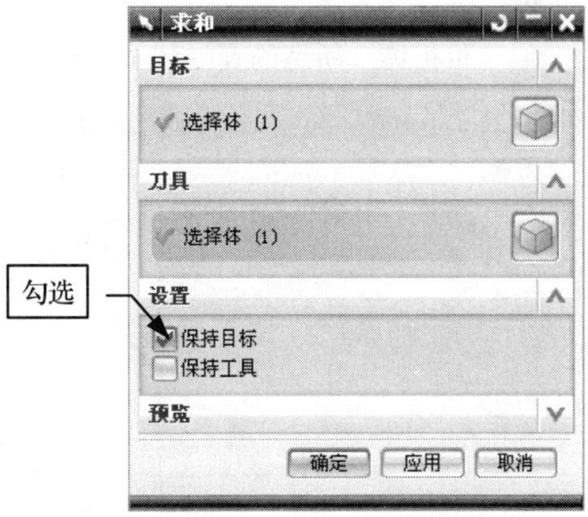

图 8-7 勾选“保持目标”选项

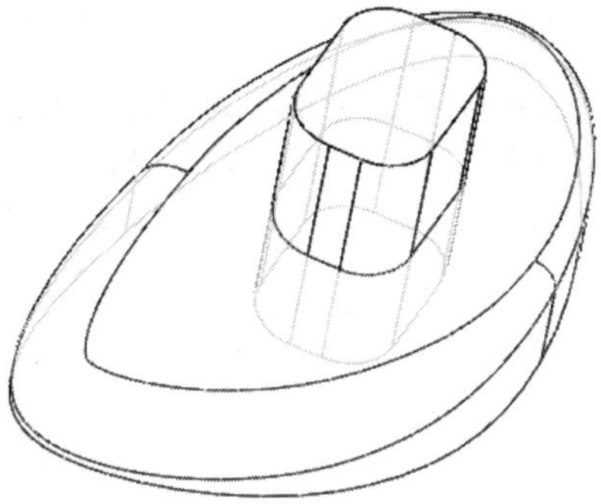

图 8-8 勾选“保持目标”项后的求和特征

8.1.2 求差运算

两个独立的实体相交，然后从一个实体的体积块中切除另外一个实体体积。

操作步骤

1. 打开附书光盘中的 SAMPLE \ CH08 \ 8.1.1.PRT 文件，如图 8-9 所示。

2. 选择“插入”→“组合体”→“求差”命令，或者在“特征操作”工具栏中单击“求和”图标，如图 8-10 所示。

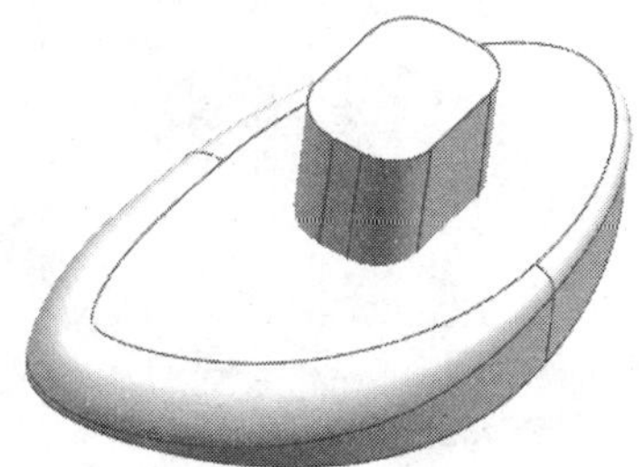

图 8-9 打开的模型

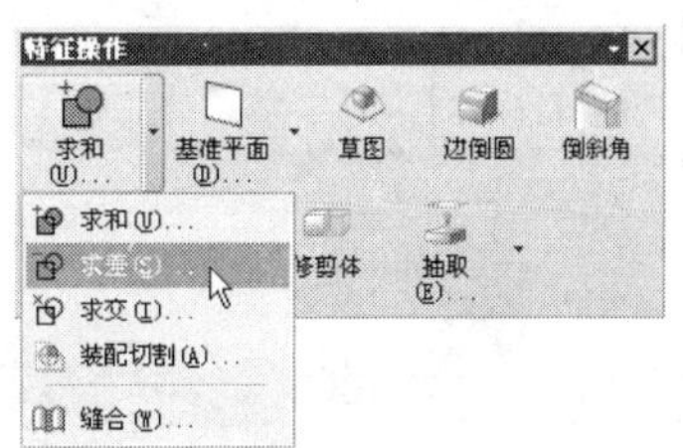

图 8-10 “特征操作”工具栏

3. 弹出“求差”对话框，如图 8-11 所示。在工作窗口中选择如图 8-12 所示的圆柱体作为目标体，所选的圆柱体呈高亮显示状态。

图 8-11 “求差”对话框

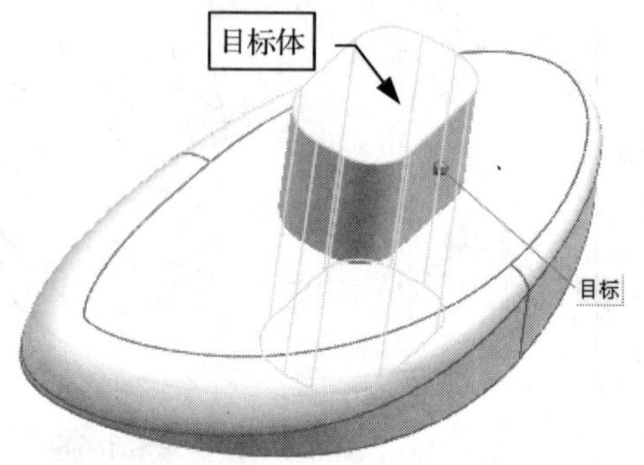

图 8-12 选择目标体

4. 选择如图 8-13 所示的长方体作为工具体。再单击对话框中“预览”栏中的“显示结果”按钮，在工作窗口中预览求差后的两个实体特征，如图 8-14 所示。

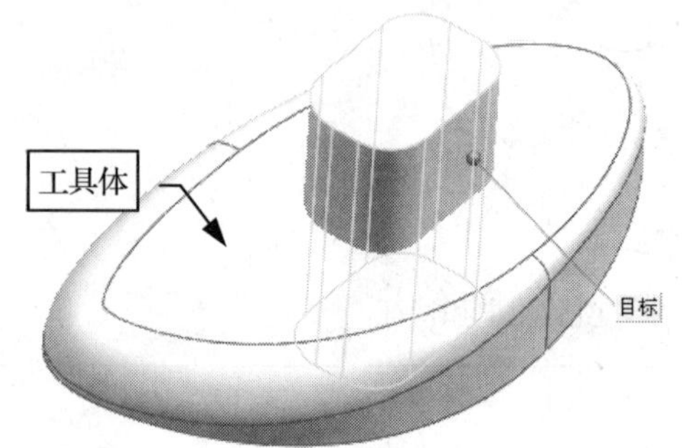

图 8-13 选择工具体

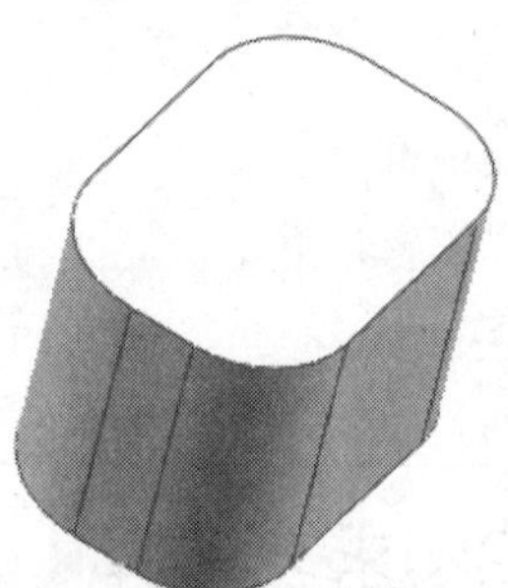

图 8-14 预览求差特征

5. 单击“预览”栏中的“撤销结果”按钮，返回创建求差特征。将“目标体”修改为长方体，选择圆柱体作为工具体，如图 8-15 所示。

6. 继续单击“预览”栏中的“显示结果”按钮，在工作窗口中预览求差后的两个实体特征，如图 8-16 所示。最后单击 确定 按钮，完成创建组合体求差操作。

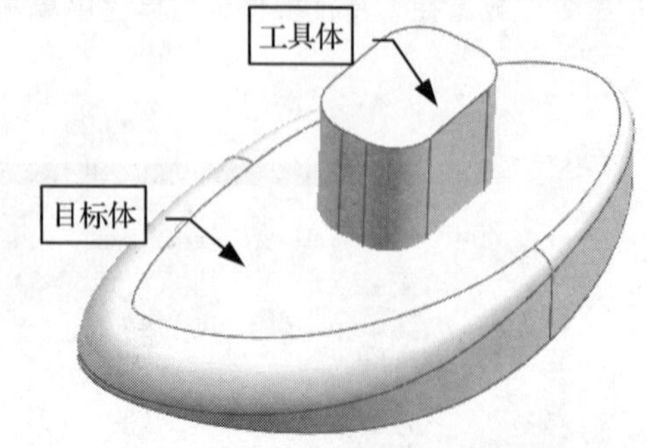

图 8-15 选择“目标体”和“工具体”

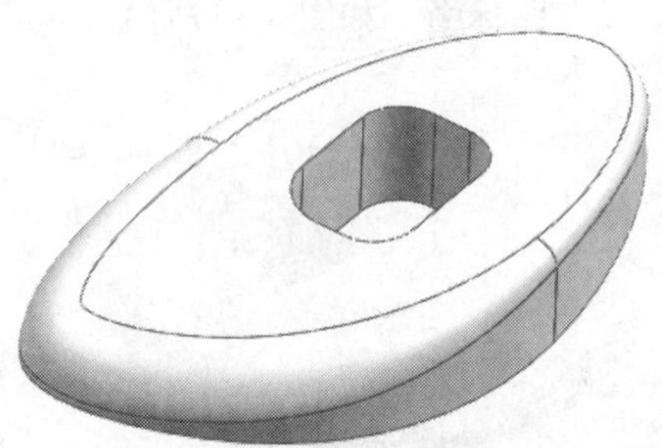

图 8-16 预览求差特征

8.1.3 求交运算

两个实体特征相交，通过“求交”得到两个特征相交的部分。

操作步骤

1. 打开附书光盘中的 SAMPLE \ CH08 \ 8.1.3 PRT 文件，如图 8-17 所示。

2. 选择“插入”→“组合体”→“求交”命令，或在“特征操作”工具栏中单击选择“求差”图标，如图 8-18 所示。

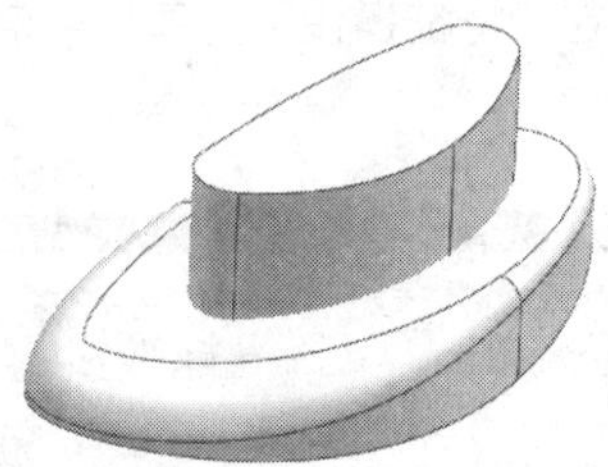

图 8-17　打开的模型

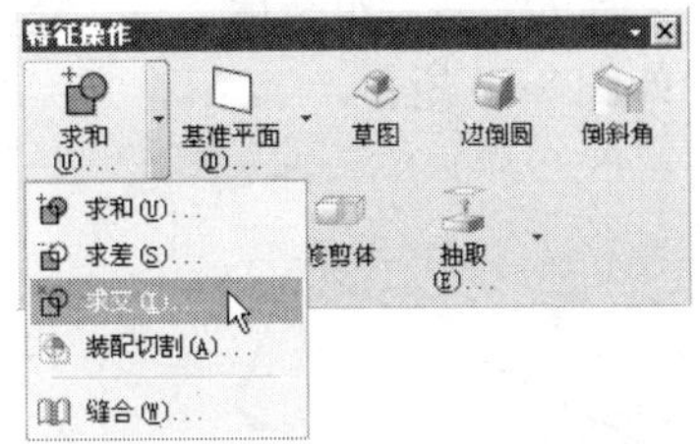

图 8-18　选择“求差”选项

3. 弹出“求交”对话框，如图 8-19 所示。在工作窗口中选择如图 8-20 所示的椭圆形特征作为目标体，所选的目标体呈高亮显示状态。

图 8-19　“求交”对话框

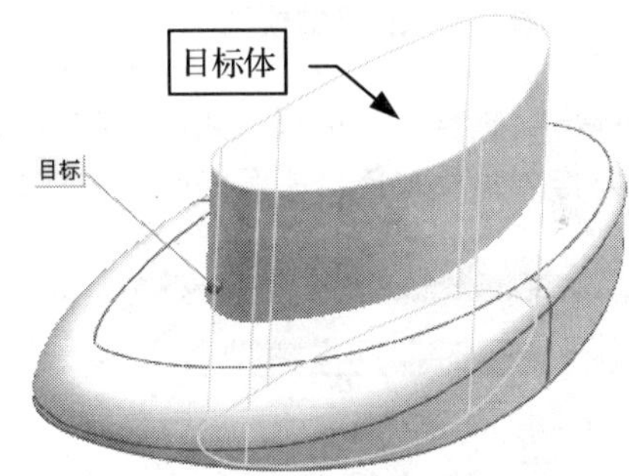

图 8-20　选择目标体

4. 选择如图 8-21 所示的圆柱体作为工具体，最后单击 确定 按钮，完成创建组合体求交操作，如图 8-22 所示。

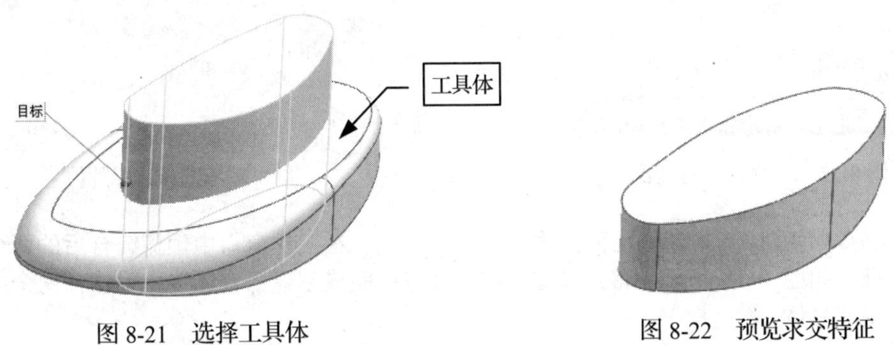

图 8-21　选择工具体

图 8-22　预览求交特征

8.1.4 缝合与取消缝合

缝合是通过将两个独立的曲面连接在一起成为一个独立的面组。

1. 创建缝合特征

操作步骤

1. 打开附书光盘中的 SAMPLE \ CH08 \ 8.1.4 PRT 文件。如图 8-23 所示。

2. 选择“插入”→“组合体”→“缝合”命令，或在“特征操作”工具栏中单击选择图标，如图 8-24 所示。

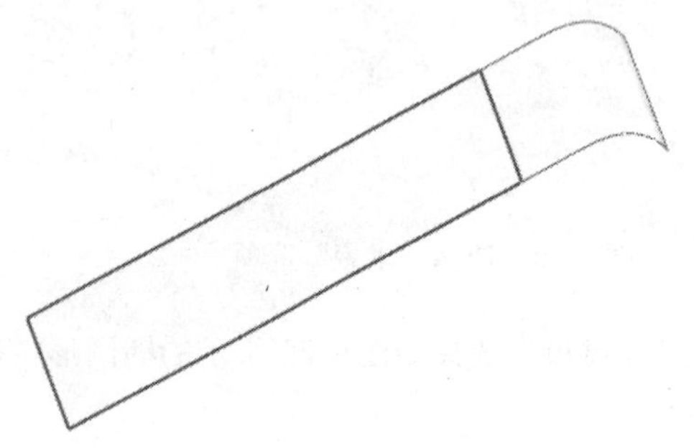

图 8-23 打开的模型

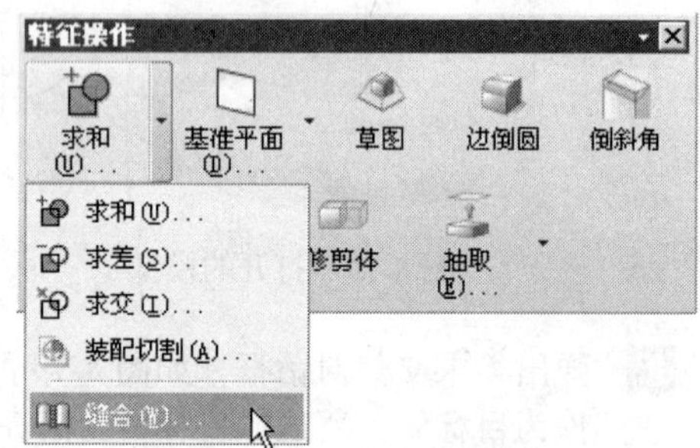

图 8-24 选择“缝合”选项

3. 弹出“缝合”对话框，如图 8-25 所示。然后在工作窗口中选择如图 8-26 所示的长方片体作为目标片体，所选的长方片体呈高亮显示状态。

图 8-25 “缝合”对话框

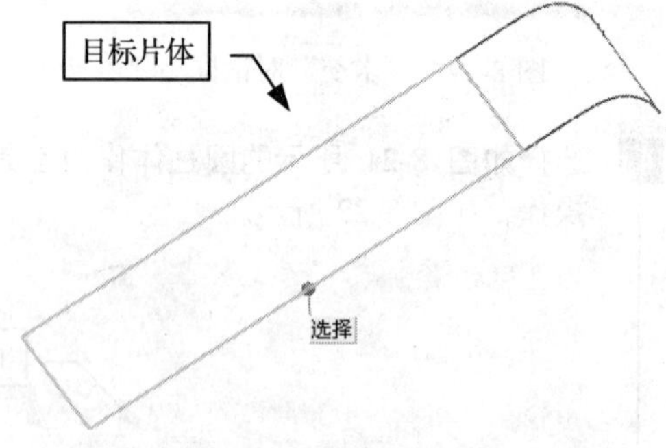

图 8-26 选择目标片体

4. 选择如图 8-27 所示的曲面片体作为工具片体。在工作窗口中预览缝合后的两个实体特征，如图 8-28 所示。最后单击确定按钮，完成创建组合体缝合操作，两个曲面一起组成片体。

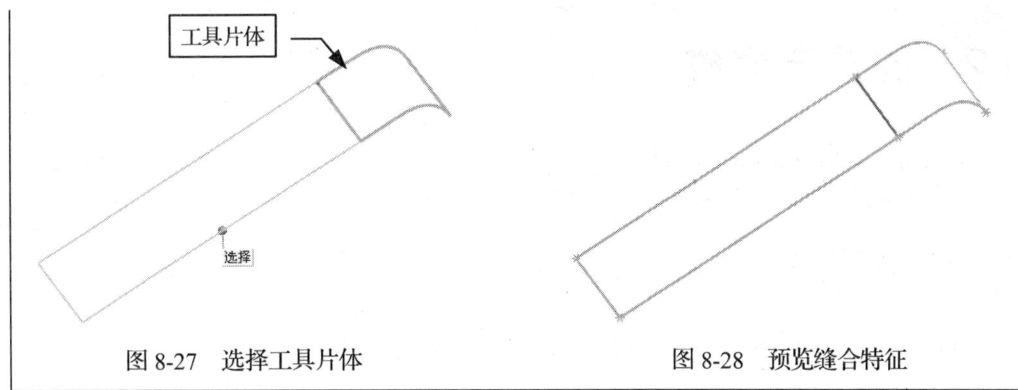

图 8-27 选择工具片体

图 8-28 预览缝合特征

2. 取消缝合特征

取消缝合特征是指将缝合的特征取消缝合。

操作步骤

1. 打开启上小节中创建的缝合特征。如图 8-29 所示。然后选择“插入”→“组合体”→“取消缝合”命令，弹出“取消缝合”对话框，如图 8-30 所示。

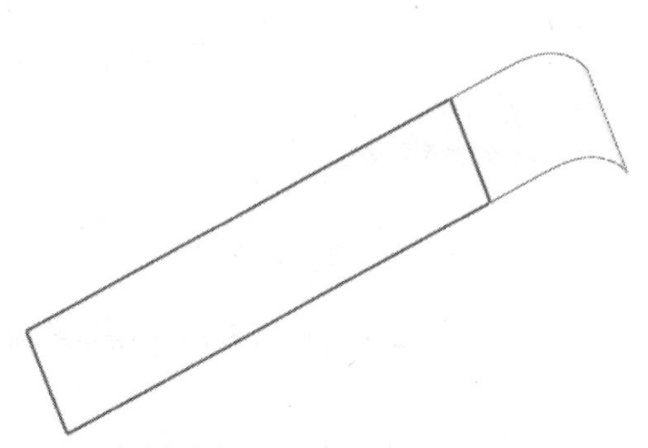

图 8-29 缝合特征

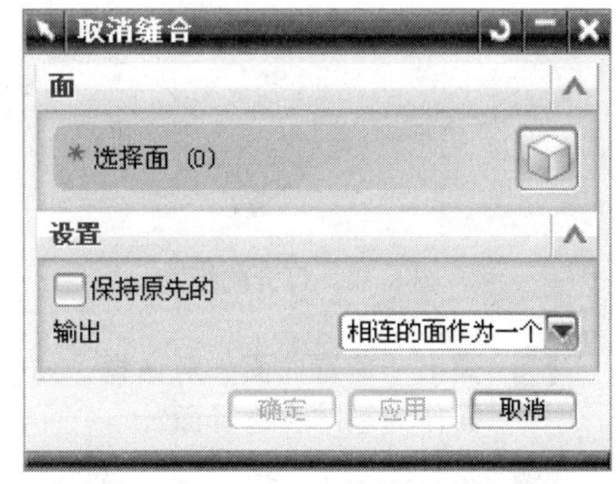

图 8-30 “取消缝合”对话框

2. 在工作窗口中选择如图 8-31 所示的长方体曲面作为取消缝合的面，最后单击 确定 按钮。完成创建组合体取消缝合的操作，取消缝合后的片体分成两个曲面。

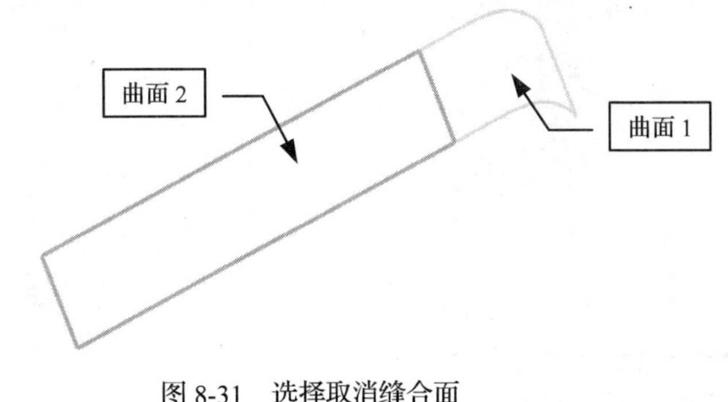

图 8-31 选择取消缝合面

8.2 偏置与缩放

偏置特征是指将实体表面通过指定的距离产生和实体表面相同的实体或片体。缩放特征是指将实体表面通过指定的距离缩放实体或片体。

8.2.1 偏置曲面

选择“偏置曲面”命令可以对曲面进行偏置，偏置的曲面将保持原始曲面的属性。

操作步骤

1. 打开附书光盘中的 SAMPLE \ CH08 \ 8.2.1 PRT 文件，如图 8-32 所示。
2. 选择“插入“→”偏置与缩放“→”偏置曲面”命令，或在“曲面”工具栏中单击选择图标，如图 8-33 所示。

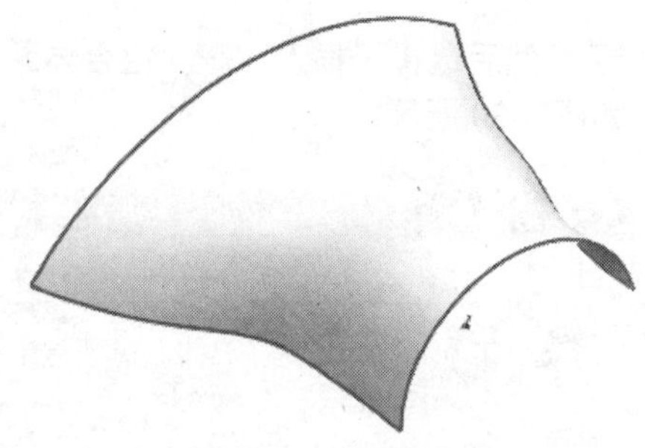

图 8-32 打开的模型

图 8-33 选择“偏置曲面”选项

3. 弹出“偏置曲面”对话框，如图 8-34 所示。然后在工作窗口中选择如图 8-32 所示的曲面作为新结合选择面。
4. 将对话框中的“偏置 1”栏中的偏置值修改为−2，或直接在工作窗口中将偏置值修改为−2，如图 8-35 所示。

图 8-34 “偏置曲面”对话框

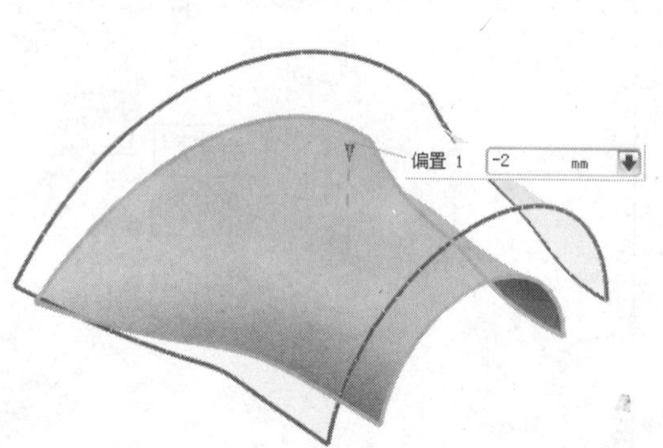

图 8-35 修改偏置值

5. 最后单击 确定 按钮，完成创建偏置曲面的操作，结果如图 8-36 所示。

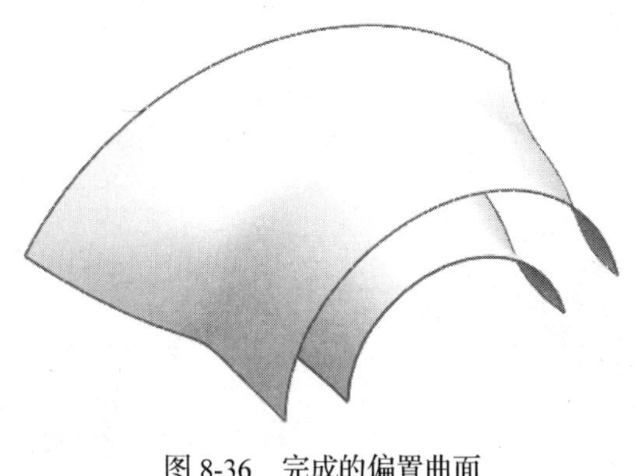

图 8-36　完成的偏置曲面

8.2.2 偏置面

操作步骤

1. 打开附书光盘中的 SAMPLE \ CH08 \ 8.2.2 PRT 文件，如图 8-37 所示。

2. 选择“插入”→“偏置与缩放”→“偏置面”命令，弹出“偏置面”对话框，如图 8-38 所示。

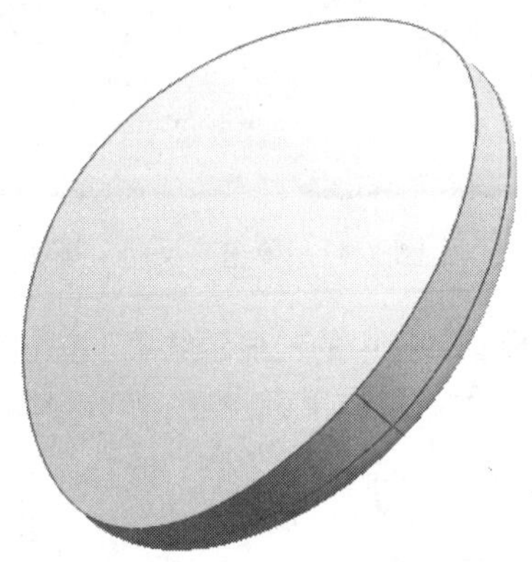

图 8-37　打开的模型

图 8-38　“偏置面”对话框

3. 单击选择如图 8-39 所示的顶部平面作为偏置面。

4. 在工作窗口中显示系统默认的偏置值与偏置方向，再将对话框中“偏置”栏中的偏移值修改为 30，或直接在工作窗口中将偏移值修改为 30，如图 8-40 所示。

5. 单击对话框中“预览”栏中的“显示结果”按钮，在工作窗口中预览偏置后的曲面特征，如图 8-41 所示。

6. 单击对话框中“预览”栏中的“撤销结果”按钮，返回创建偏置特征。再单击对话框中“偏置”栏中的“反向”按钮，如图 8-42 所示。

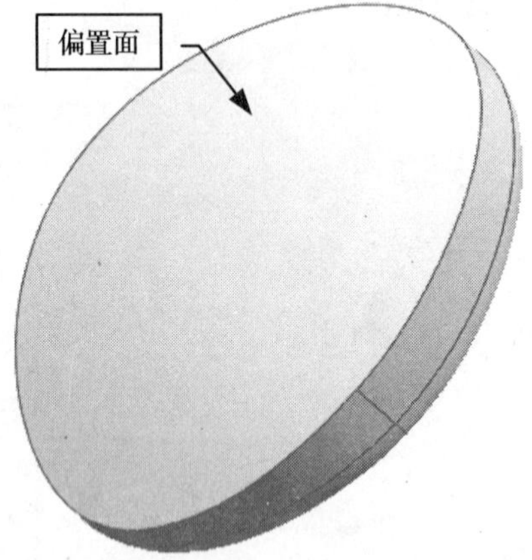

图 8-39 选择偏置面

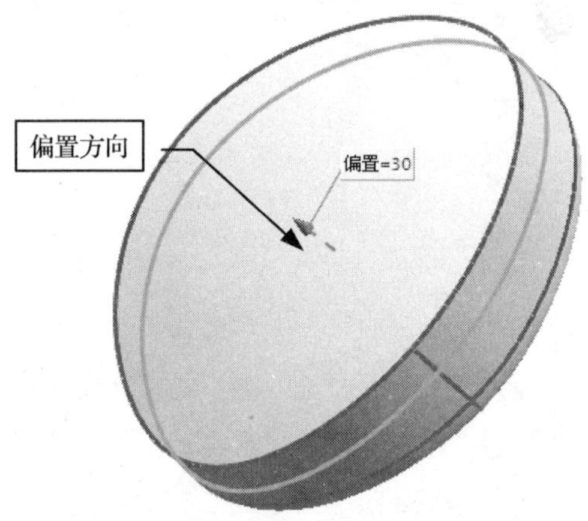

图 8-40 修改偏置值

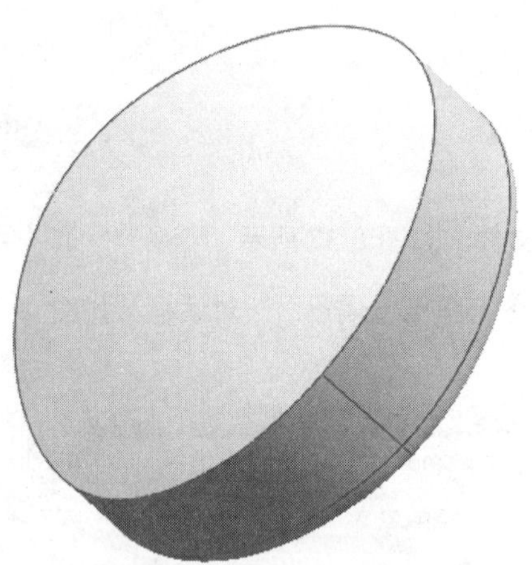

图 8-41 预览偏置状态

图 8-42 单击“反向”按钮

7. 偏置方向向下，偏置面如图 8-43 所示。单击“预览”栏中的“显示结果”按钮，在工作窗口中预览偏置后的曲面特征，如图 8-44 所示。最后单击确定按钮，完成创建偏置面的操作。

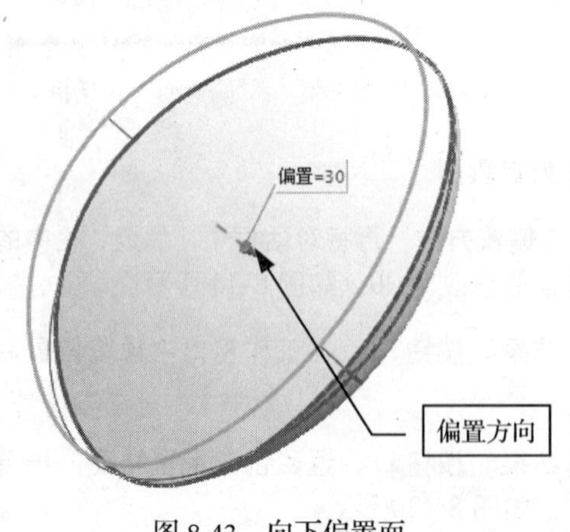

图 8-43 向下偏置面

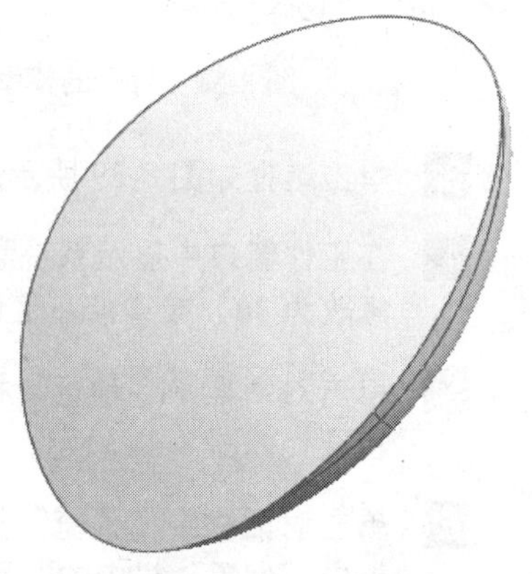

图 8-44 预览偏置状态

8.2.3 大致偏置

当使用“偏置曲面”操作失败时可以使用“大致偏置”功能。选择“插入”→“偏置与缩放”→“大致偏置”命令，或在“曲面”工具栏中单击图标。弹出“偏置面”对话框，如图 8-45 所示。

提示： “大致偏置”对话框中的各项参数说明如下。

- 偏置面/片体：指定大致偏置的曲面。
- 偏置 CSYS：指定或者创建一个坐标系。
- 偏置距离：指定大致偏差距离。
- 偏距偏差：指定允许的大致偏置距离偏差。
- 步距：指定创建大致偏置曲面的曲线步距距离。
- 曲面生成方法：包括云点、通过曲线组、粗加工拟合。
- 曲面控制：可以系统定义的补片数创建大致偏置曲面，也可以用户定义。
- 修剪边界：修剪大致偏置后的曲面边界。

1. 打开附书光盘中的 SAMPLE \ CH08 \ 8.2.3 PRT 文件，如图 8-46 所示。

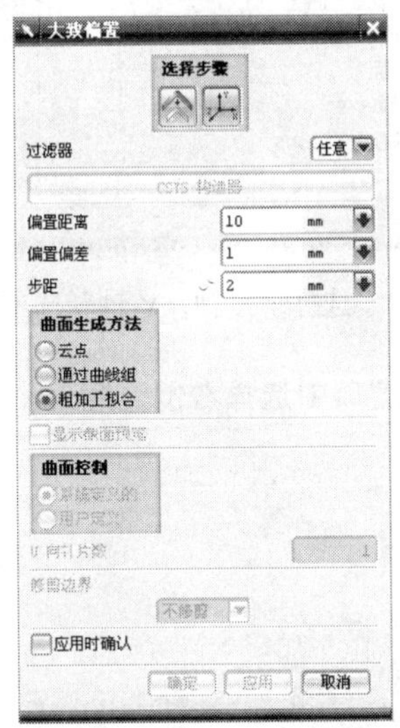

图 8-45 “大致偏置”对话框

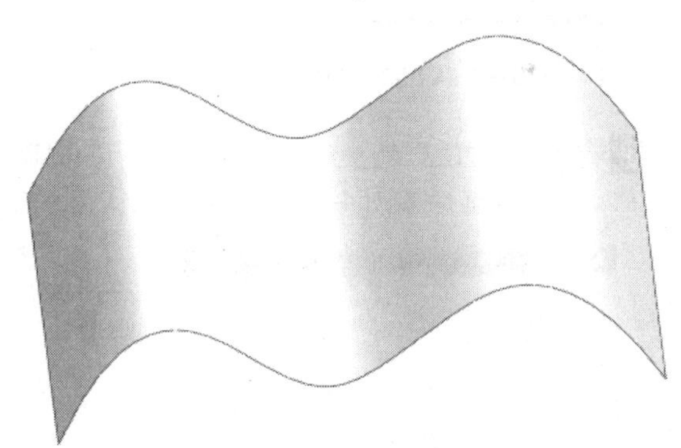

图 8-46 打开的模型

2. 在“曲面”工具栏中单击图标。弹出“偏置面”对话框。在工作窗口中选择如图 4-46 所示的曲面，然后单击鼠标中键。

3. 单击“大致偏置”对话框中的 确定 按钮。弹出如图 4-47 所示的“特征创建失败”对话框。由于偏置 CSYS 坐标系方向不明确，通过单击对话框中的“CSYS 构造器”按钮 CSYS 构造器 创建坐标系，如图 4-48 所示。

4. 弹出 CSYS 对话框，如图 4-49 所示，在对话框中的“类型”下拉列表中选择如图 4-50 所示“X 轴，Y 轴”选项。

图 8-47 “特征创建失败”对话框

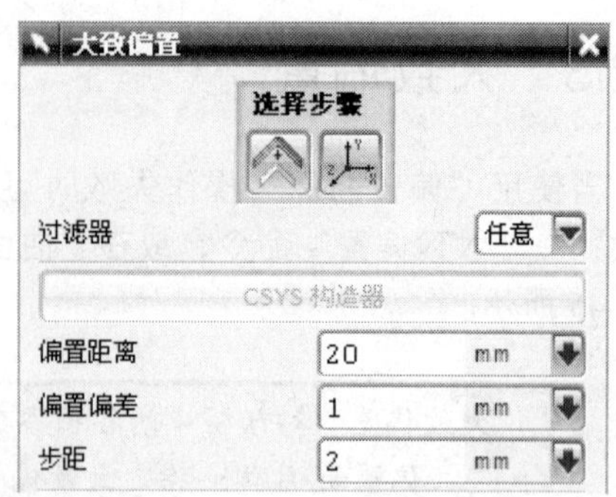

图 8-48 单击“CSYS 构造器”按钮

图 8-49 CSYS 对话框

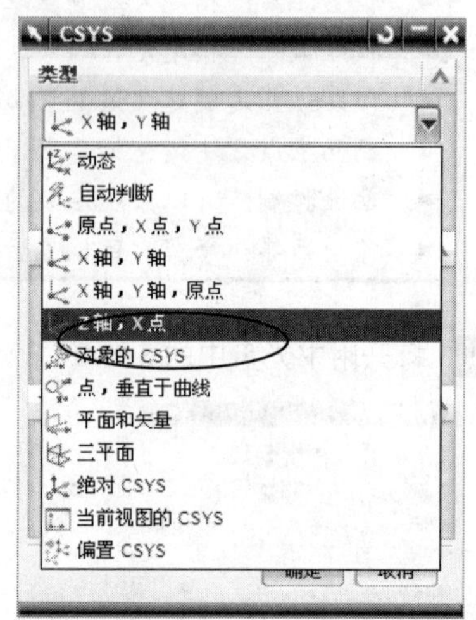

图 8-50 选择“X 轴，Y 轴”选项

5. CSYS 对话框转换成如图 4-51 所示的界面。然后在工作窗口中选择右侧边线为 x 轴判断矢量，选择如图 4-52 所示的曲线作为 y 轴的判断矢量。

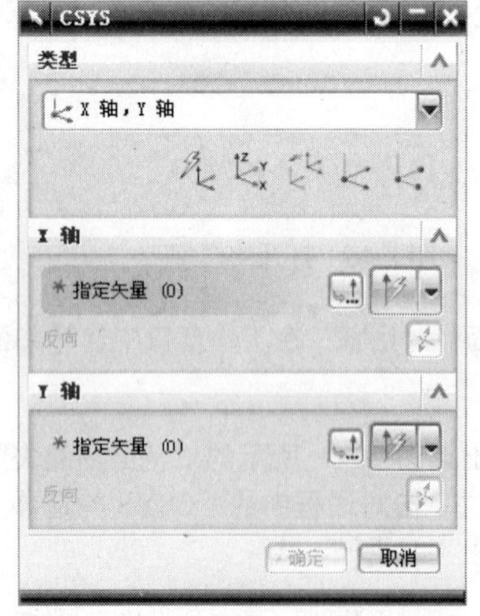

图 8-51 转换后的 CSYS 对话框

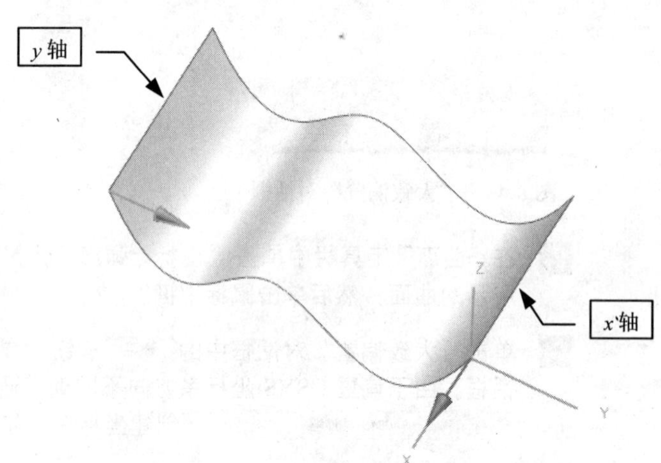

图 8-52 选择 x 轴、y 轴判断矢量

6. 通过单击对话框中"y 轴"栏中的"反向"按钮，使 y 轴箭头与 x 轴箭头方向在同一点，如图 4-53 所示。然后单击确定按钮。返回"大致偏置"对话框，最后单击对话框中的确定按钮，创建完成的大致偏置曲面如图 4-54 所示。

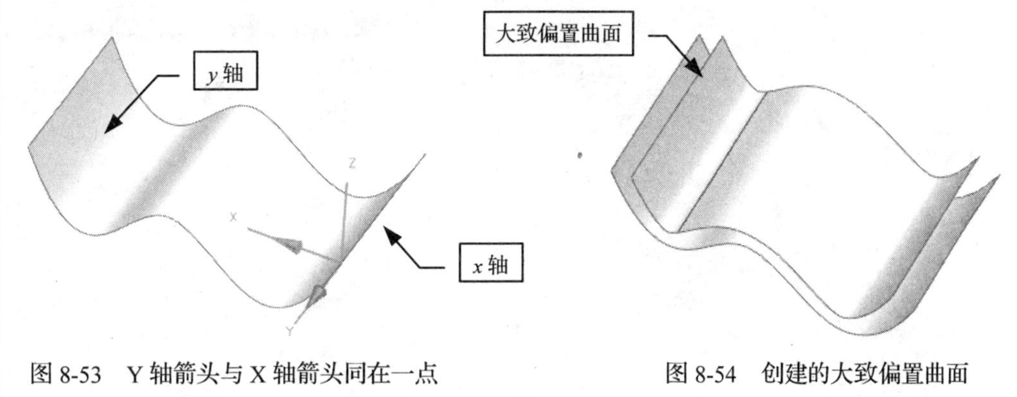

图 8-53 Y 轴箭头与 X 轴箭头同在一点　　图 8-54 创建的大致偏置曲面

8.2.4 缩放特征

缩放特征是通过指定缩放点，然后输入比例因子值进行缩小或放大。

1. 创建缩放特征

操作步骤

1. 打开附书光盘中的 SAMPLE \ CH08 \ 8.2.4 PRT 文件，如图 8-55 所示。

2. 选择"插入"→"偏置与缩放"→"缩放"命令，弹出"比例"对话框，如图 8-56 所示。

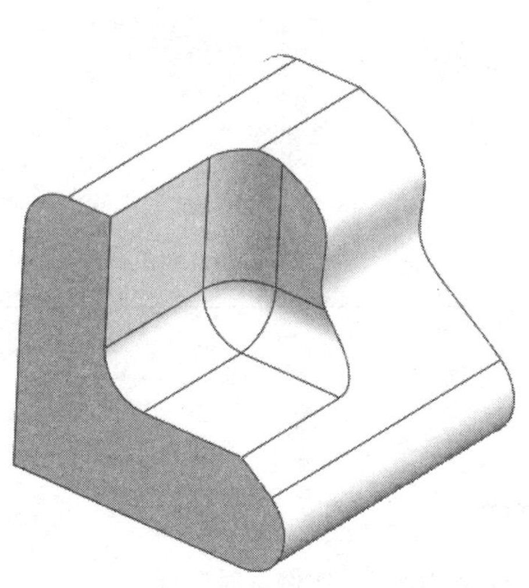

图 8-55 打开的模型

图 8-56 "比例"对话框

3. 在工作窗口中选择如图 8-55 所示的实体特征为缩放对象，程序自动显示缩放点，如图

8-57 所示。程序通过以缩放点为基准，将零件进行缩小或放大。

4. 在对话框中的"比例因子"栏中将"均匀"值修改为 0.5，如图 8-58 所示。

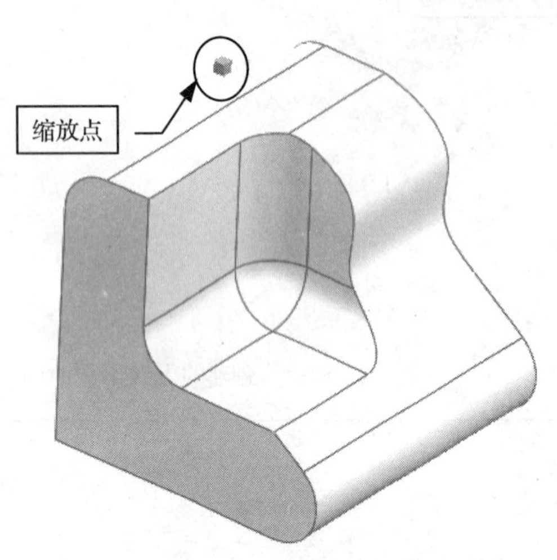

图 8-57 缩放点

图 8-58 修改均匀值

提示：在"比例因子"栏中输入小数值表示将零件进行缩放，输入大于 1 的值表示将零件进行放大。"均匀"值不能是负数值，否则将无法选择操作，且弹出"警报"对话框，如图 8-59 所示。

5. 最后单击对话框中的 确定 按钮，完成创建缩放特征，结果如图 8-60 所示。

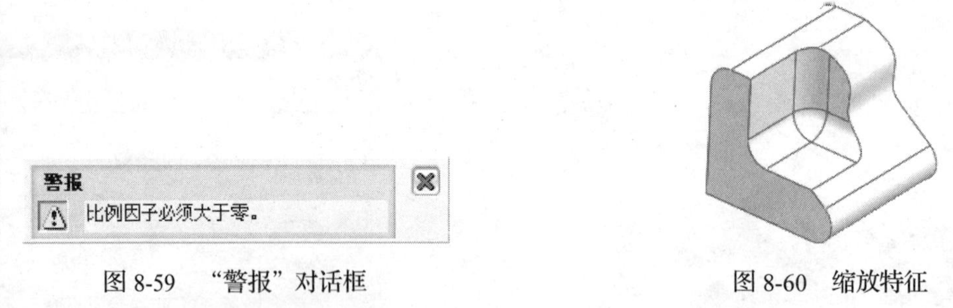

图 8-59 "警报"对话框　　图 8-60 缩放特征

2．以轴对称方式创建缩放特征

操作步骤

1. 打开附书光盘中的 SAMPLE \ CH08 \ 8.2.4 PRT 文件，如图 8-55 所示。
2. 选择"插入"→"偏置与缩放"→"缩放"命令，弹出"比例"对话框。
3. 在对话框中的"类型"下拉列表中选择"轴对称"选项，如图 8-61 所示。
4. 在工作窗口中选择如图 8-55 所示的零件。程序自动显示出缩放点与矢量方向，如图 8-62 所示。

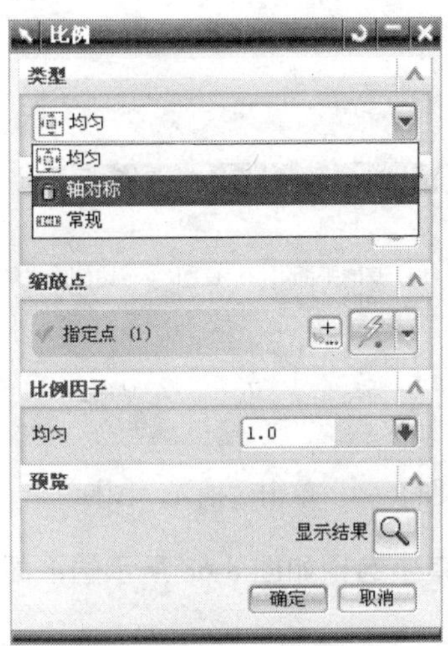

图 8-61 选择"轴对称"选项

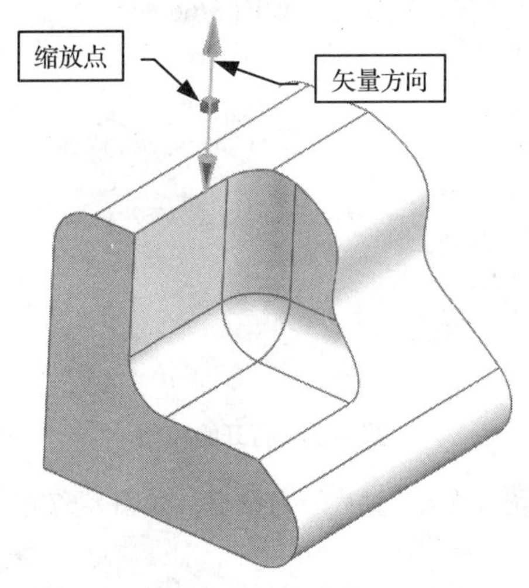

图 8-62 缩放点与矢量方向

5. 在对话框中将"比例因子"栏中的"沿轴向"值修改为 2，如图 8-63 所示。

6. 单击对话框中的"预览"栏中的"显示结果"按钮，在工作窗口中预览创建的缩放特征，程序沿矢量方向延伸一倍，如图 8-64 所示。最后单击 确定 按钮，完成创建缩放特征。

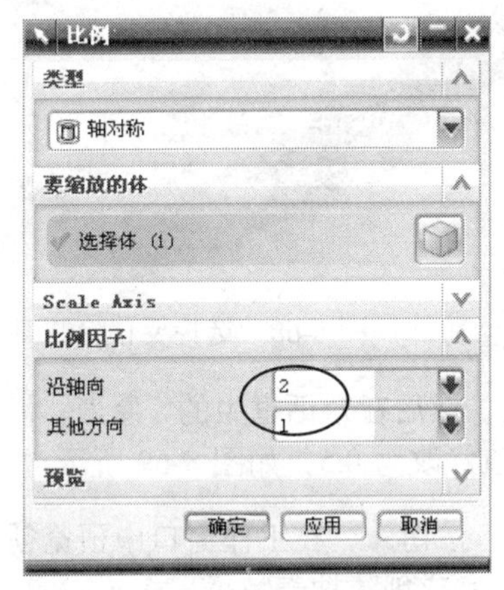

图 8-63 修改"沿轴向"值

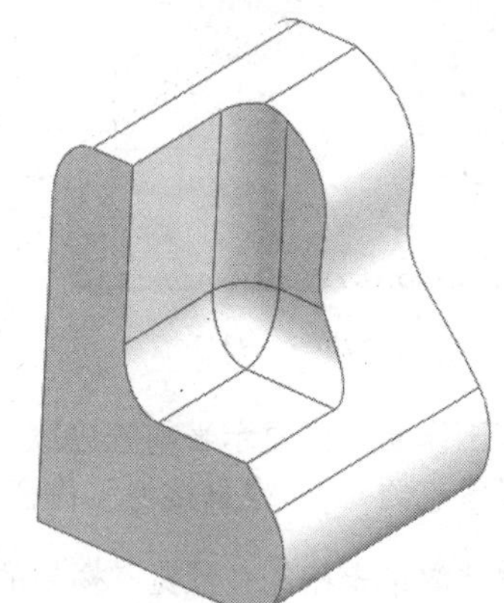

图 8-64 创建的缩放特征

8.2.5 抽壳特征

抽壳特征是根据指定的厚度，将实体的一个或几个表面去除，然后淘空实体的内部。

1．面抽壳特征

操作步骤

1. 打开附书光盘中的 SAMPLE \ CH08 \ 8.2.5 PRT 文件，如图 8-65 所示。

2. 选择"插入"→"偏置与缩放"→"抽壳"命令，或在"特征操作"工具栏中单击"抽壳”图标，如图 8-66 所示。

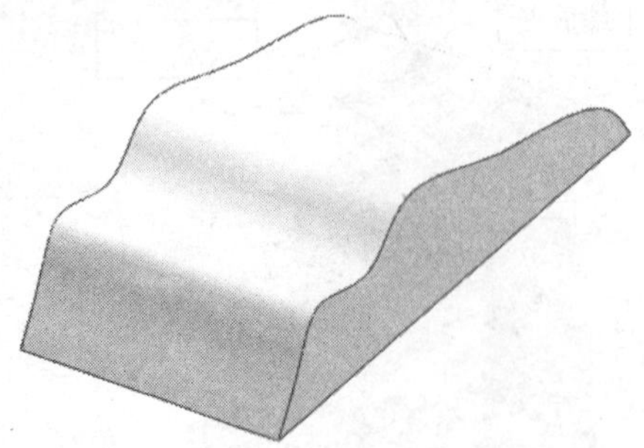

图 8-65　打开的模型

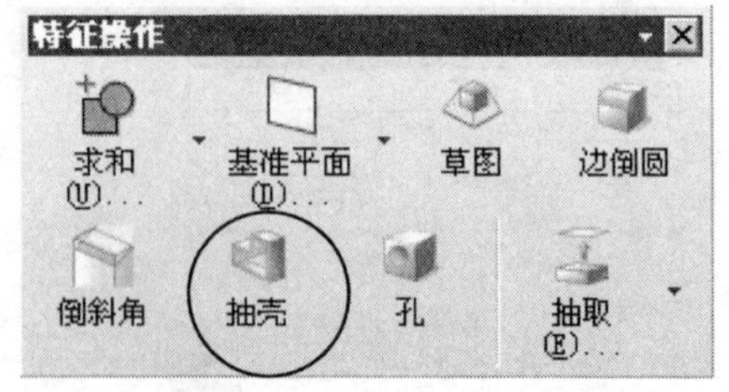

图 8-66　单击“抽壳”图标

3. 弹出“抽壳”对话框，如图 8-67 所示。在工作窗口中选择如图 8-68 所示的平面作为移除的面。

图 8-67　“抽壳”对话框

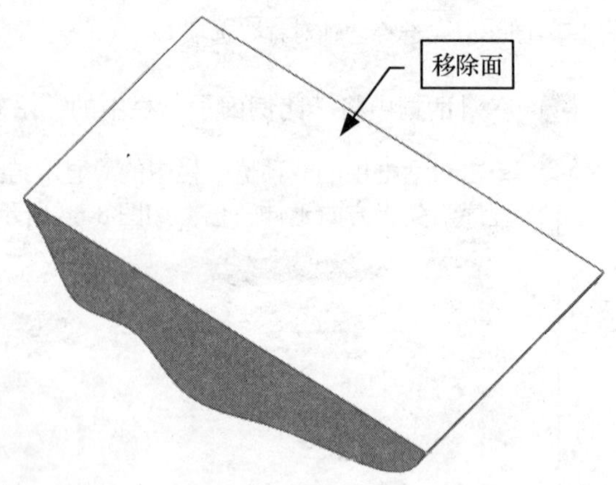

图 8-68　选择要移除的面

4. 在工作窗口中显示当前程序默认的抽壳厚度。然后在对话框中的“厚度”栏中将抽壳厚度修改为 0.5，或直接将工作窗口中的厚度值修改为 0.5，如图 8-69 所示。

5. 单击对话框中的“预览”栏中的“显示结果”按钮，在工作窗口中预览创建的抽壳特征，如图 8-70 所示。最后单击 确定 按钮，完成创建抽壳特征。

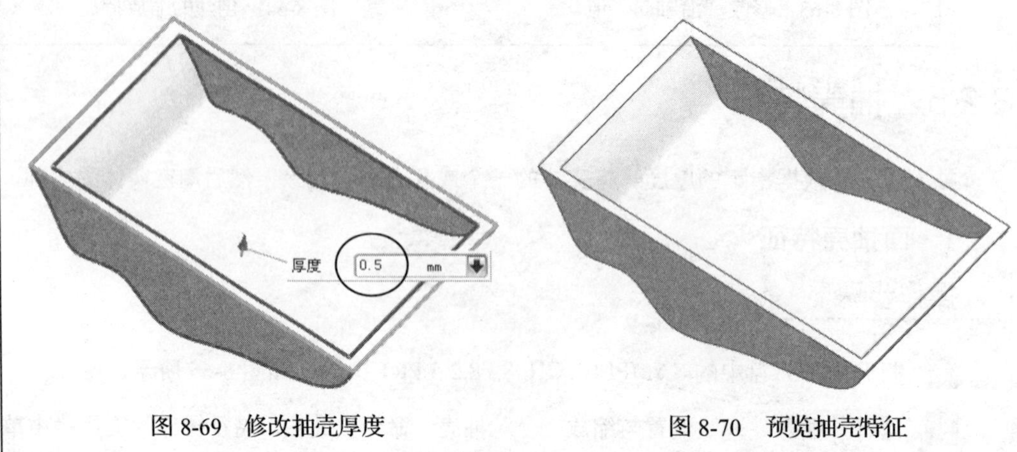

图 8-69　修改抽壳厚度

图 8-70　预览抽壳特征

2. 设置不同的备选厚度

操作步骤

1. 打开上一步创建的面抽壳特征，参照上述抽壳的方法选择要冲孔的面为实体底部平面。
2. 在对话框中的“备选厚度”栏中单击“选择面”选项将其激活，如图 8-71 所示。
3. 在工作窗口中选择如图 8-72 所示的零件侧面，程序自动显示备选厚度数值框。

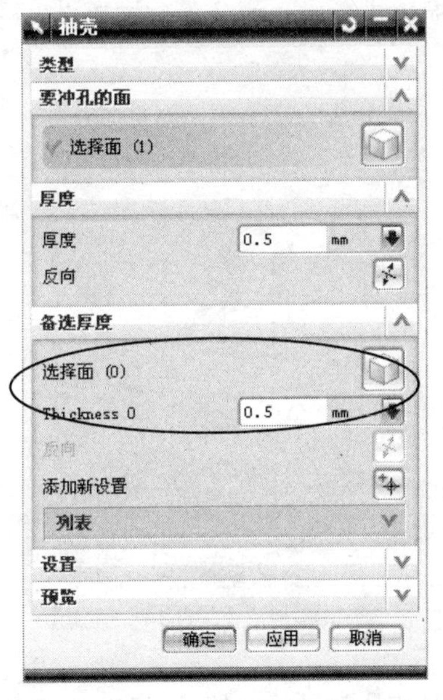

图 8-71 单击“选择面”选项

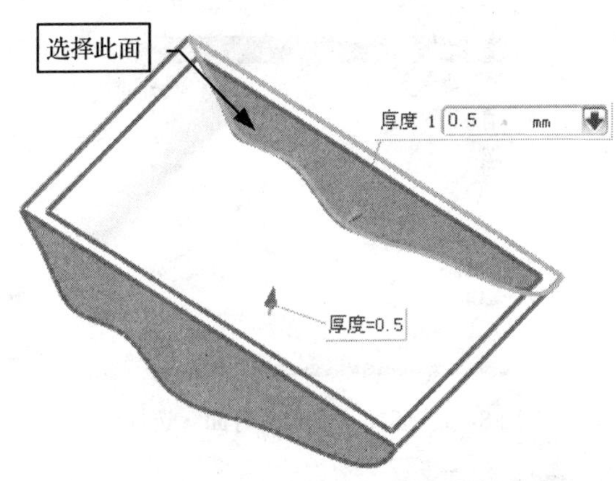

图 8-72 选择零件侧面

4. 在对话框中的“备选厚度”栏中将备选厚度修改为 2，或直接将工作窗口中的备选厚度值修改为 2，如图 8-73 所示。

提示： 如果需要向外侧增加厚度，单击“备选厚度”栏中的“反向”按钮可将备选厚度向外侧增加厚度。

5. 最后单击“确定”按钮，完成创建抽壳特征，如图 8-74 所示。

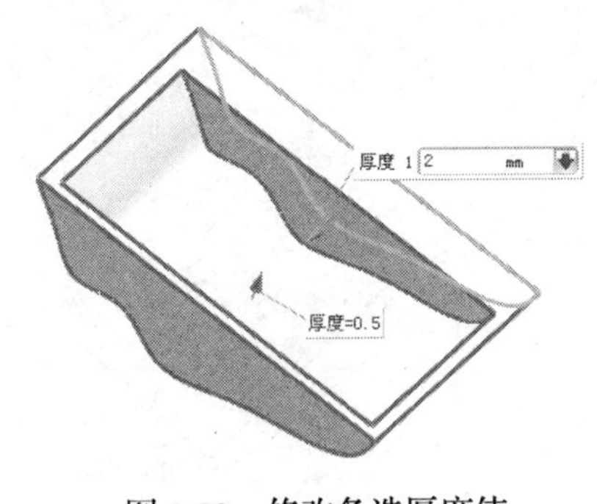

图 8-73 修改备选厚度值

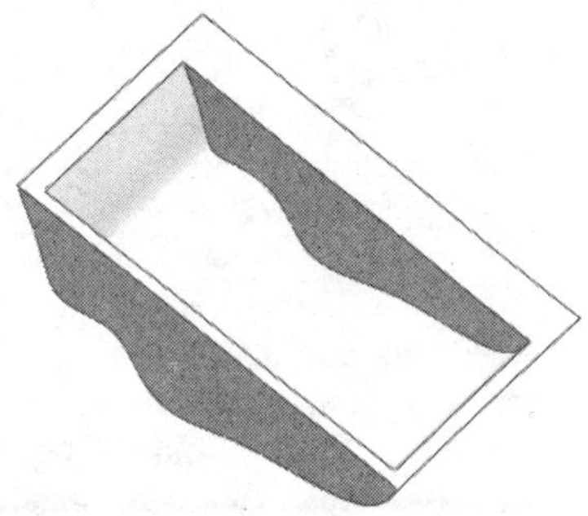

图 8-74 不同备选厚度的抽壳特征

3. 抽壳所有面特征

操作步骤

1. 打开附书光盘中的 SAMPLE \ CH08 \ 8.2.5 PRT 文件。

2. 选择“插入”→“偏置与缩放”→“抽壳”命令，如图 8-67 所示。在对话框中的“类型”栏下拉列表中选择“抽壳所有面”选项，如图 8-75 所示

3. 在工作窗口中选择如图 8-65 所示的零件。此时在工作窗口中的右侧下方弹出“警报”对话框，如图 8-76 所示。

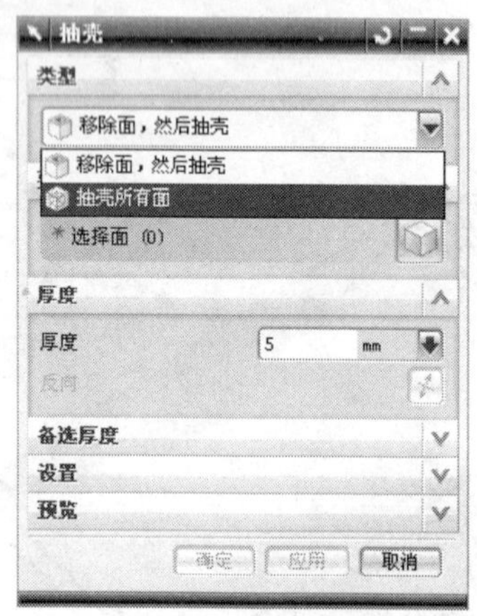

图 8-75 选择“抽壳所有面”选项

图 8-76 “警报”对话框

4. 主要原因是系统默认的抽壳厚度太大，可将“抽壳”对话框中的“厚度”栏中的厚度值修改为 0.5，如图 8-77 所示。

5. 单击对话框中的“预览”栏中的“显示结果”按钮，在工作窗口中预览创建的抽壳特征，如图 8-78 所示。最后单击确定按钮，完成创建抽壳特征。

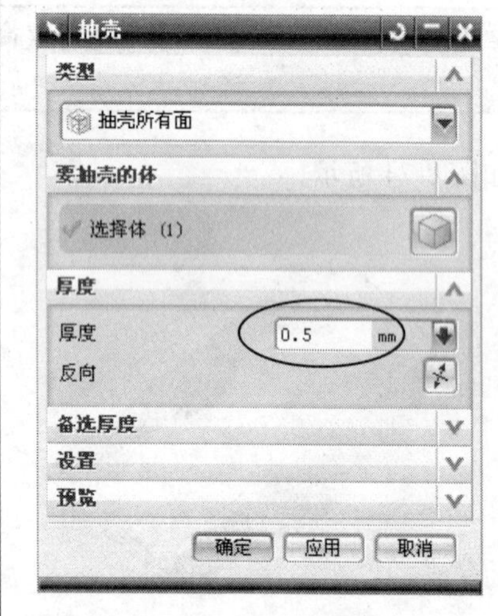

图 8-77 修改厚度值

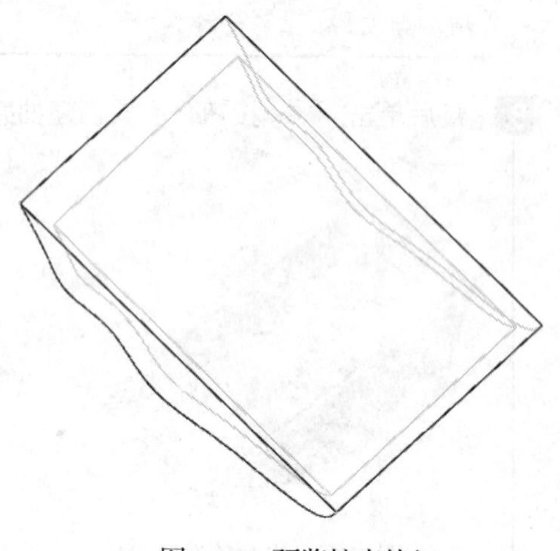

图 8-78 预览抽壳特征

8.2.6 加厚曲面

1. 创建加厚曲面特征

操作步骤

1. 打开附书光盘中的 SAMPLE \ CH08 \ 8.2.6 PRT 文件，如图 8-79 所示。
2. 选择“插入”→“偏置与缩放”→“加厚”命令，弹出如图 8-80 所示的“加厚”对话框。

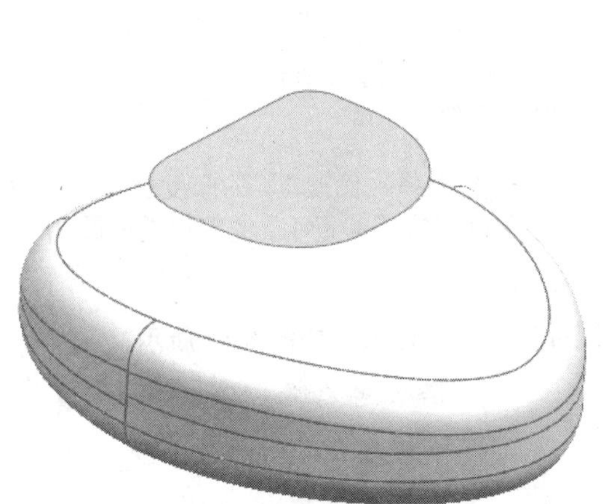

图 8-79 打开的模型

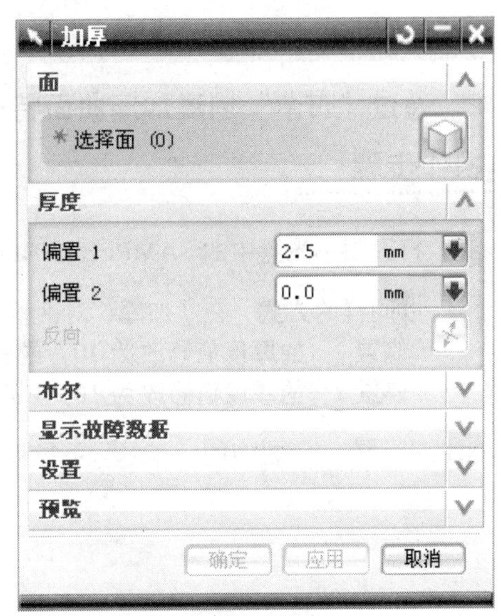

图 8-80 “加厚”对话框

3. 在工作窗口中选择矩形顶部的曲面，如图 8-81 所示。
4. 在“加厚”对话框中的“厚度”栏中将“偏置 1”的厚度值修改为 50，或直接在工作窗口中将“偏置 1”的厚度值修改为 50，如图 8-82 所示。

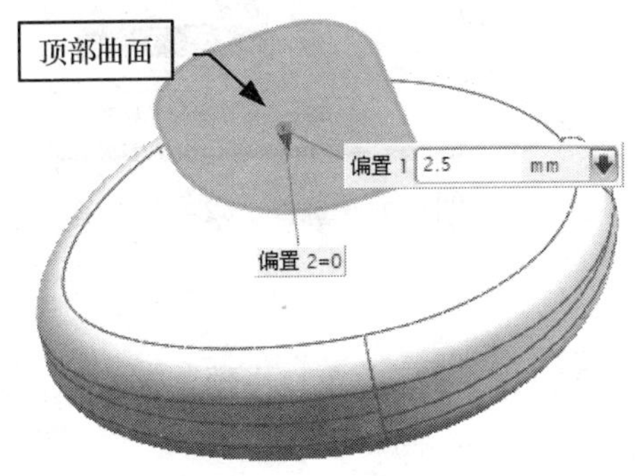

图 8-81 选择加厚面

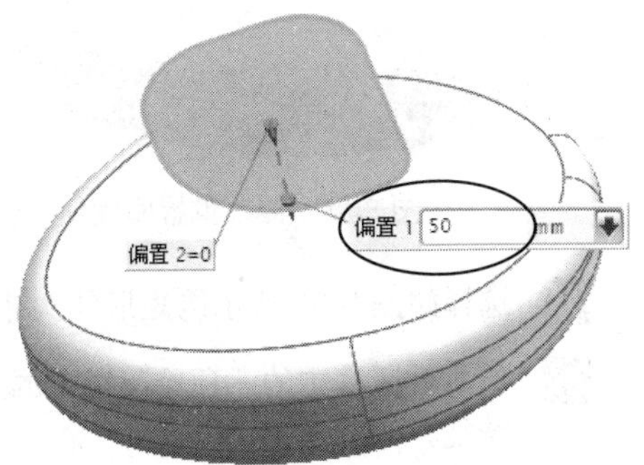

图 8-82 修改“偏置 1”的厚度值

5. 最后单击 确定 按钮，完成创建加厚特征，结果如图 8-83 所示。

图 8-83 加厚特征

2. 通过“布尔”创建加厚曲面特征

操作步骤

1. 打开附书光盘中的 SAMPLE \ CH08 \ 8.2.6.PRT 文件。

2. 以同样的方式，在“加厚”对话框中的“厚度”栏中将“偏置 1”的厚度值修改为 100，“偏置 2”的厚度值修改为 10，或直接在工作窗口中将“偏置 1”的厚度值修改为 100，“偏置 2”的厚度值修改为 10，如图 8-84 示。

3. 在“布尔”栏中的“布尔”下拉列表中选择“求差”选项，如图 8-85 所示。

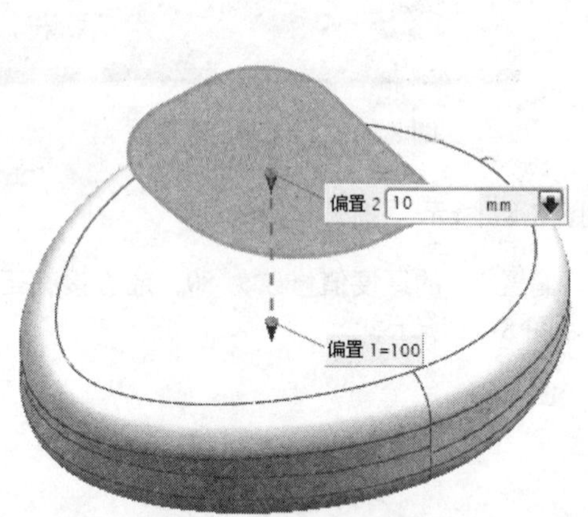

图 8-84 修改偏置厚度值

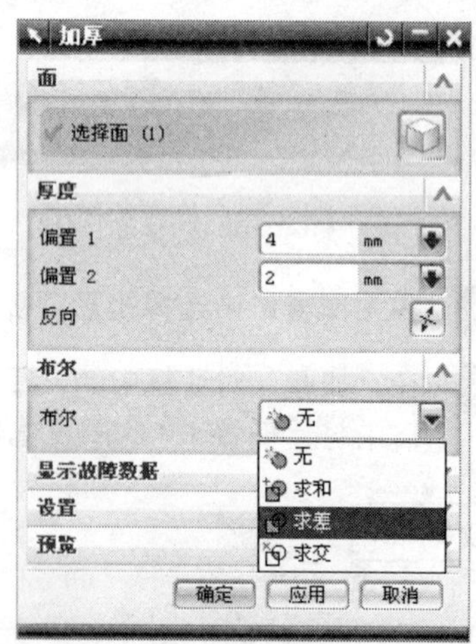

图 8-85 选择“求差”选项

4. 选择如图 8-86 所示的矩形作为求差体。

5. 单击对话框中的“预览”栏中的“显示结果”按钮，在工作窗口中预览求差后的实体特征，如图 8-87 所示。

6. 单击对话框中的“预览”栏中的“撤销结果”按钮，返回创建加厚特征。将布尔方式修改为“求交”，如图 8-88 所示。最后单击确定按钮，完成创建求交后的实体特征，如图 8-89 所示。

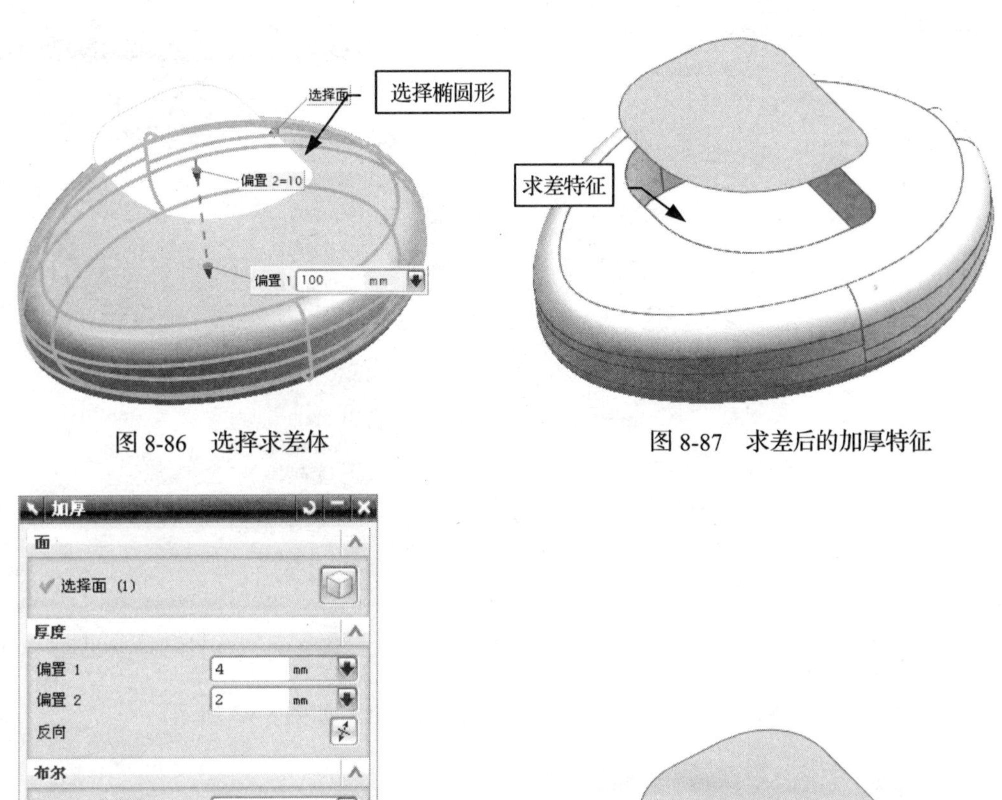

图 8-86 选择求差体

图 8-87 求差后的加厚特征

图 8-88 选择“求交”选项

图 8-89 求交后的实体特征

8.2.7 片体到实体助理

将曲面指定偏置数值从而创建实体特征。

操作步骤

1. 打开附书光盘中的 SAMPLE \ CH08 \ 8.2.7 PRT 文件，如图 8-90 所示。

2. 选择“插入”→“偏置与缩放”→“片体到实体助理”命令。弹出如图 8-91 所示的“片体到实体助理”对话框。

3. 在工作窗口中选择如图 8-90 所示的曲面作为目标片体。

4. 在对话框中的“第一偏置”文本框中将偏置值修改为-2，在“第二偏置”文本框中将偏置值修改为-1，再勾选“补救选项”栏中的“允许拉伸边界”选项，如图 8-92 所示。

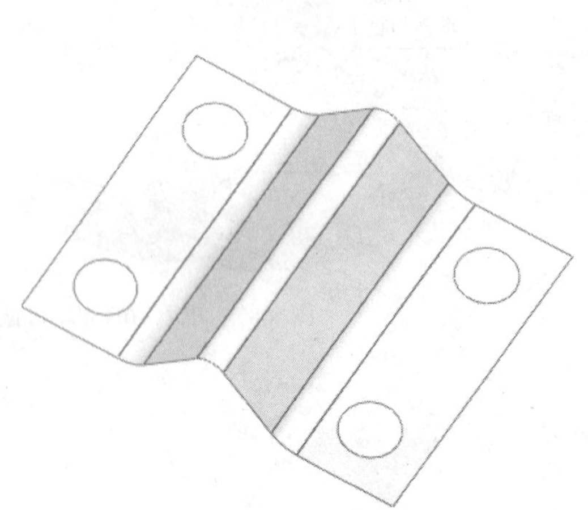

图 8-90　打开的模型

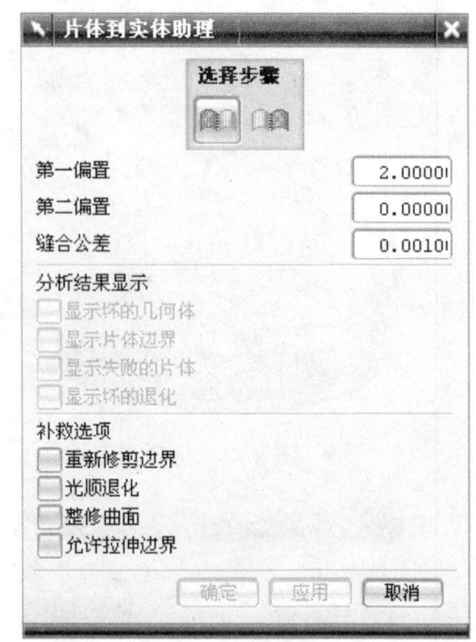

图 8-91　“片体到实体助理”对话框

5. 单击确定按钮，完成创建片体到实体助理特征，如图 8-93 所示。

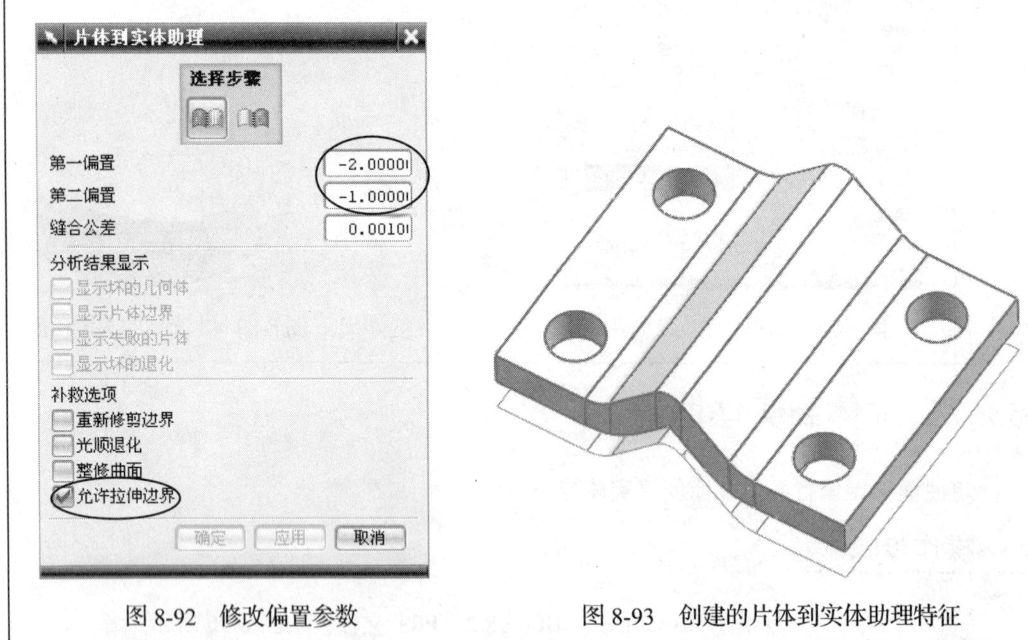

图 8-92　修改偏置参数　　图 8-93　创建的片体到实体助理特征

8.3　修剪特征

用实体表面、基准平面、片体或其他几何体修剪一个或多个实体或片体。选择“插入”→“修剪”命令，如图 8-94 所示，进入创建修剪特征模式。

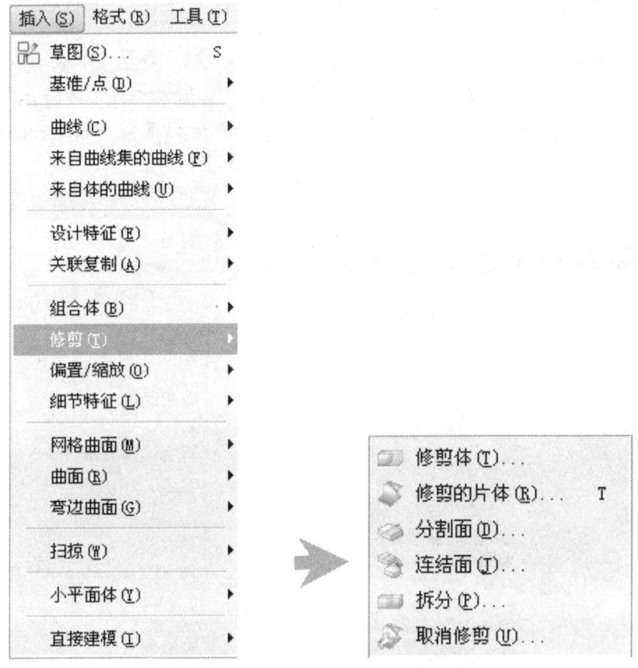

图 8-94 进入创建修剪特征模式

8.3.1 分割面

用曲线或基准平面将一个面分割成多个面。本节介绍通过选择基准平面来分割曲面。

操作步骤

1. 打开附书光盘中的 SAMPLE \ CH08 \ 8.3.1 PRT 文件，如图 8-95 所示。

2. 选择“插入“→”修剪“→”分割面”命令，弹出如图 8-96 所示的“分割”对话框。

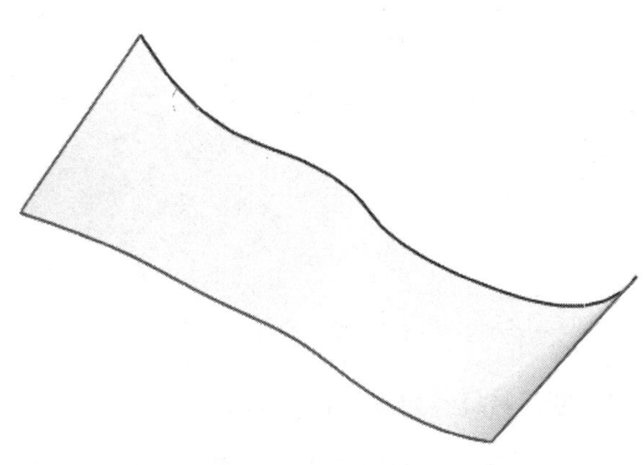

图 8-95 打开的模型

图 8-96 “分割面”对话框

3. 在工作窗口中选择如图 8-95 所示的曲面，再单击鼠标中键确认。

4. 程序自动将选择的 Faces To Divide（分割面）选项切换至 Divicling Objects（分割对象）选项，如图 8-97 所示。通过单击“实用工具”工具栏中的“显示”图标。在弹出的“类选择”对话框中单击“对象”栏中的“全选”按钮，如图 8-98 所示。

图 8-97　切换至选择分割面

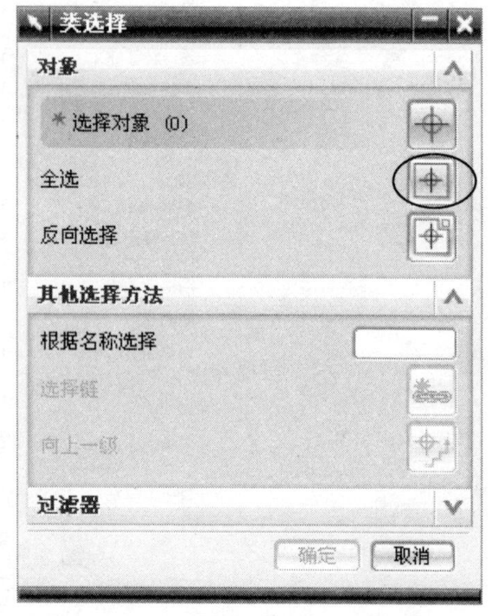

图 8-98　单击“全选”按钮

5. 将隐藏的基准平面显示在工作窗口中，再单击“类选择”对话框中的确定按钮。

6. 隐藏的基准平面显示在工作窗口中，如图 8-99 所示。选择如图 8-100 所示的基准平面作为分割对象。

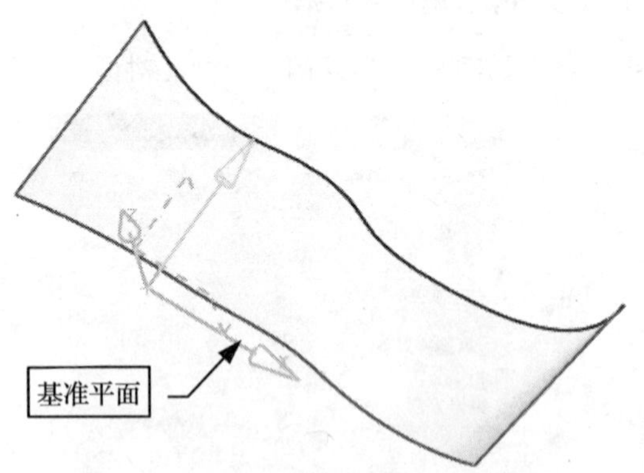

图 8-99　显示基准平面

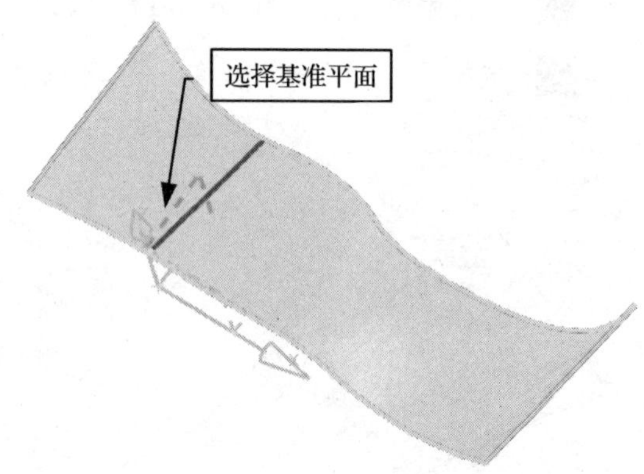

图 8-100　选择分割对象

7. 单击对话框中的确定按钮，完成创建分割面特征，如图 8-101 所示。

8. 在工作窗口中单击基准平面，再单击“实用工具”工具栏中的“隐藏”图标，将基准平面隐藏，隐藏基准平面后的分割面特征如图 8-102 所示。

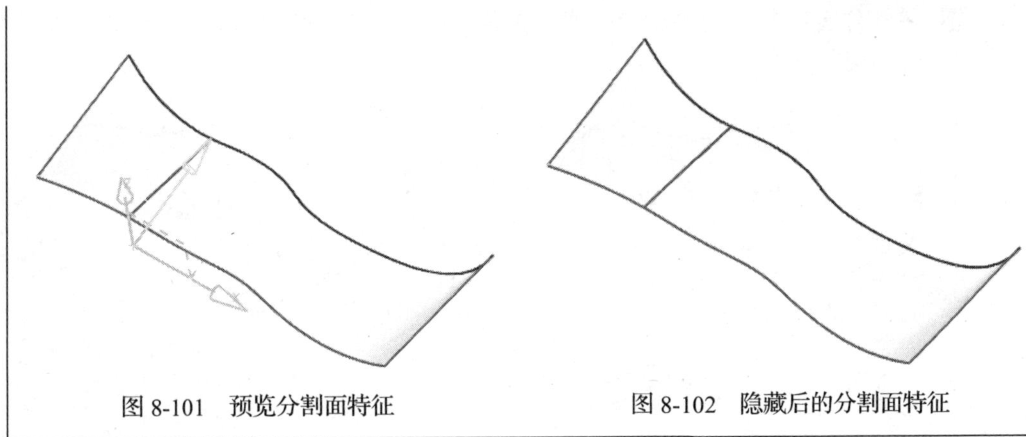

图 8-101 预览分割面特征　　图 8-102 隐藏后的分割面特征

8.3.2 连结面

将分割后的曲面通过“连结面”命令连接成一个整体。

操作步骤

1. 打开附书光盘中的 SAMPLE \ CH08 \ 8.3.2 PRT 文件，如图 8-103 所示。

2. 利用 8.3.1 节中的分割面的方法将图 8-103 中的顶部平面分割成两个平面，如图 8-104 所示。

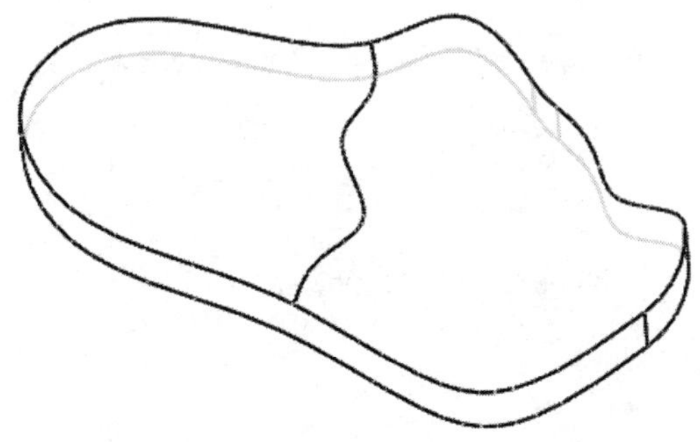

图 8-103 打开的模型

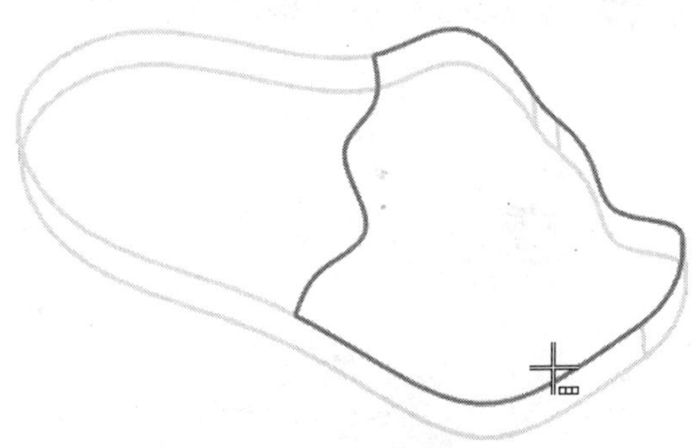

图 8-104 分割顶部平面

3. 选择“插入”→“修剪”→“连结面”命令，弹出“连结面”对话框，然后在对话框中单击如图 8-105 所示的 在同一个曲面上 按钮，弹出“连结面”对话框，如图 8-106 所示。

图 8-105 单击“在同一个曲面上”按钮

图 8-106 “连结面”对话框

4. 在工作窗口中选择如图 8-107 所示的体，最后单击 确定 按钮，创建后的连结面特征如图 8-108 所示。

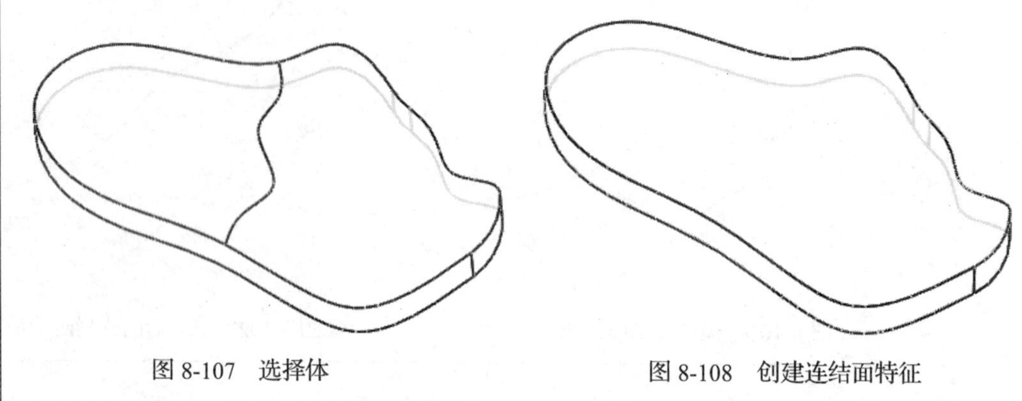

图 8-107　选择体　　　　图 8-108　创建连结面特征

8.3.3　修剪体

修剪体是使用面或基准平面将实体一分为二，保留一边、切除另一边。

操作步骤

1. 打开附书光盘中的 SAMPLE \ CH08 \ 8.3.3 PRT 文件，如图 8-109 所示。
2. 选择“插入”→“修剪”→“修剪体”命令，弹出“修剪体”对话框，如图 8-110 所示。

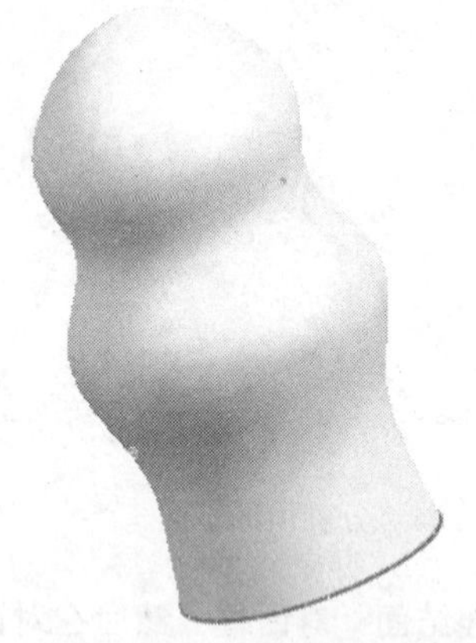

图 8-109　打开的模型

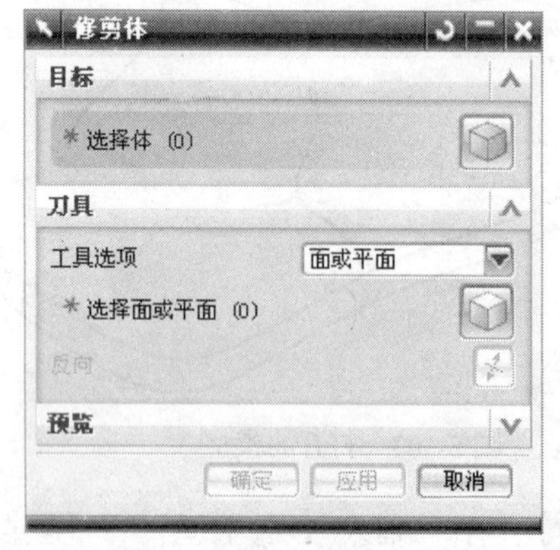

图 8-110　“修剪体”对话框

3. 在工作窗口中选择如图 8-109 所示的零件作为目标体，然后单击鼠标中键，将选择的“目标体”切换至选择“刀具”栏。
4. 在“刀具”栏中选择“工具选项”下拉列表中的“新平面”选项，如图 8-111 所示。
5. 选择如图 8-112 所示的平面作为定义平面。

提示：
- 面或平面：在工作窗口中选择已有的面或平面作为刀具。
- 新平面：创建新的平面作为刀具。

图 8-111 选择“新平面”选项

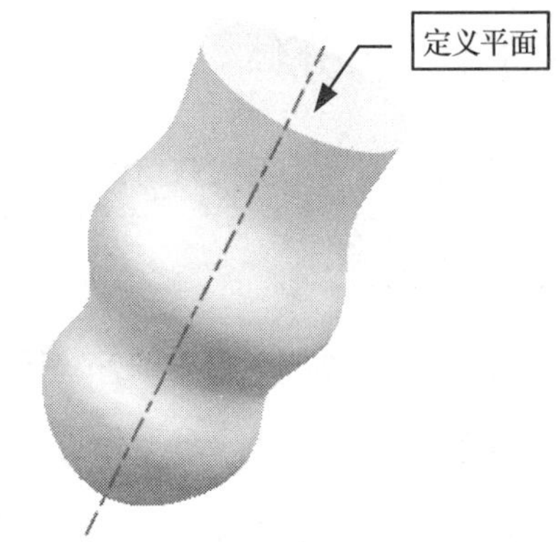

图 8-112 选择定义平面

6. 在选择的定义平面内程序自动显示新建的基准平面，将“距离”值修改为–0.5，如图 8-113 所示。

7. 通过单击“刀具”栏中的“反向”按钮，可以改变修剪目标体，如图 8-114 所示。

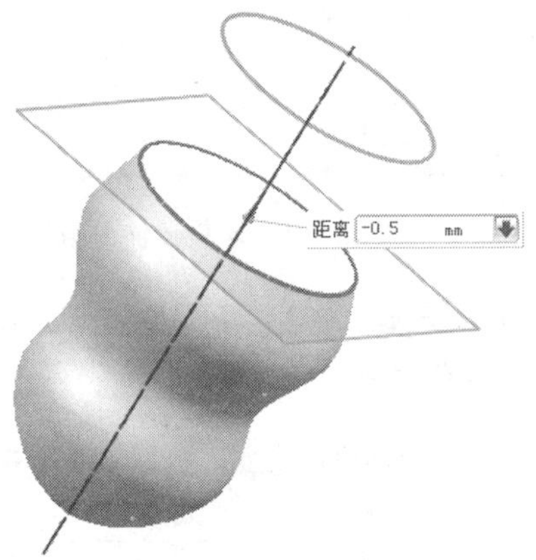

图 8-113 修改“距离”值

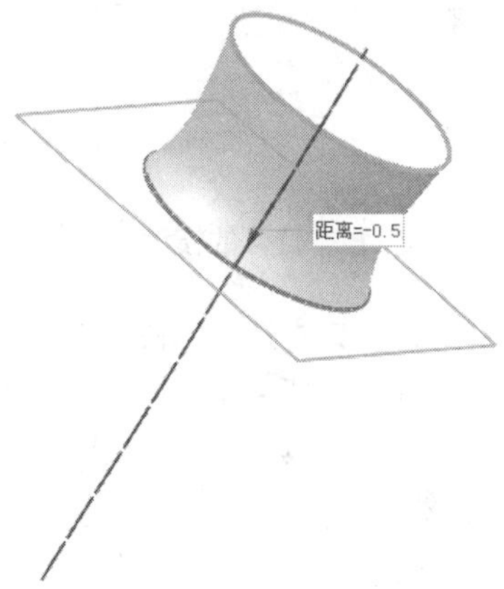

图 8-114 改变修剪目标体

8. 单击对话框中的“预览”栏中的“显示结果”按钮，在工作窗口中预览创建的修剪特征，如图 8-115 所示。

9. 单击对话框中“预览”栏中的“撤销结果”按钮，返回创建修剪体特征。通过单击“刀具”栏中的“反向”按钮，可以改变修剪目标体。最后单击 取消 按钮，完成后的修剪体特征如图 8-116 所示。

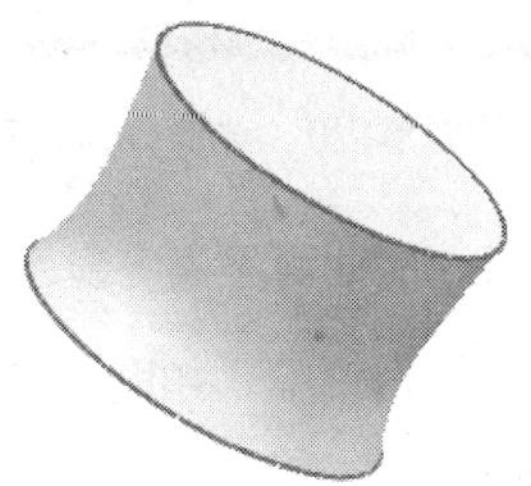

图 8-115 修剪体特征

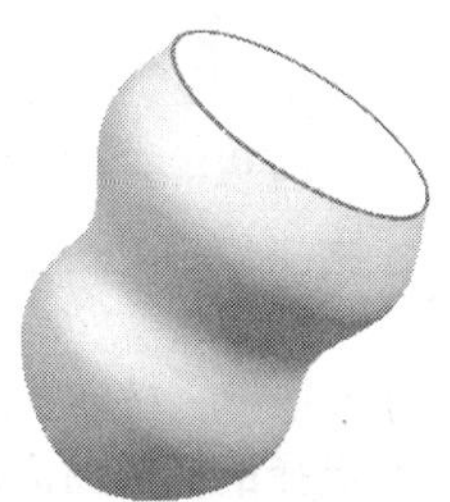

图 8-116 改变目标后的修剪特征

8.3.4 拆分体

用面、基准平面或几何体将一个实体特征分割成多特征。

操作步骤

1. 打开附书光盘中的 SAMPLE \ CH08 \ 8.3.4 PRT 文件，如图 8-117 所示。

2. 选择“插入”→“修剪”→“拆分”命令。弹出“拆分体”对话框，如图 8-118 所示。

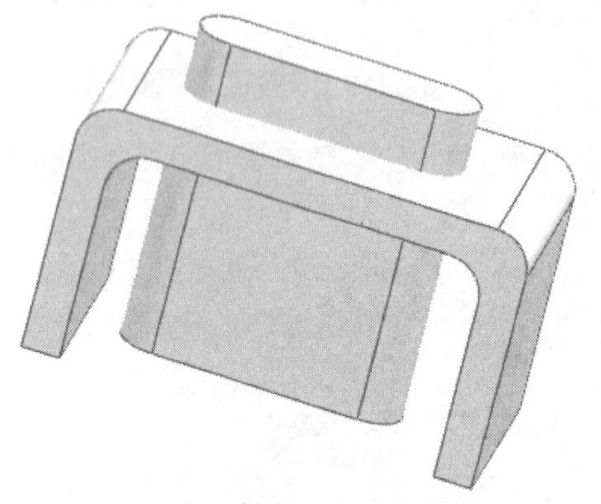

图 8-117 打开的模型

图 8-118 “拆分体”对话框

3. 在工作窗口中选择如图 8-119 所示的零件作为目标体。单击 确定 按钮，或单击鼠标中键。程序自动弹出“拆分体”对话框，如图 8-120 所示。

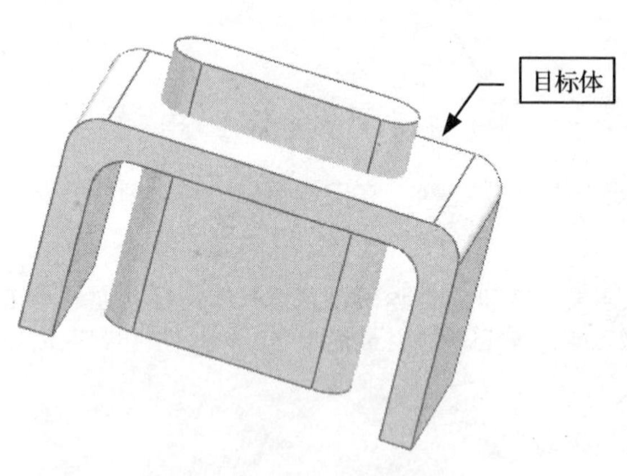

图 8-119 选择目标体

图 8-120 “拆分体”对话框

4. 依次在工作窗口中选择如图 8-121 所示的椭圆曲面，所选的曲面呈高亮显示状态。

5. 单击 确定 按钮，或直接单击鼠标中键。弹出“拆分体”对话框，如图 8-122 所示。表示选择的椭圆曲面已从目标体中删除，单击 确定 按钮。

6. 在弹出的“拆分体”对话框中单击 取消 按钮，创建的拆分体特征如图 8-123 所示。

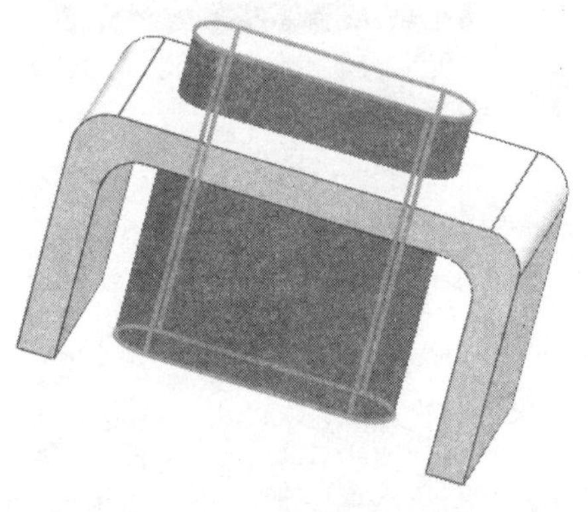

图 8-121 选择椭圆曲面

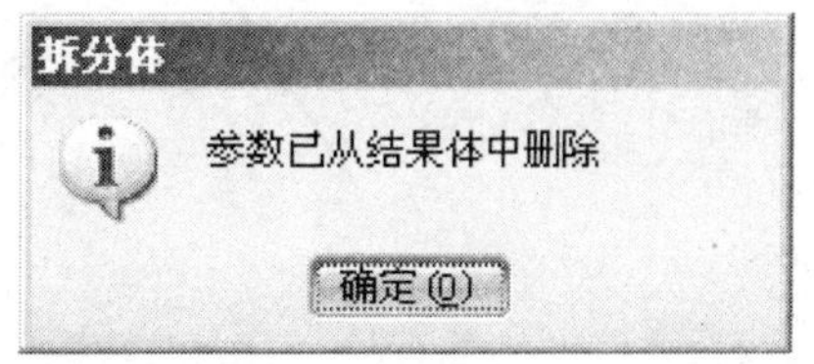

图 8-122 “拆分体”对话框

7. 单击如图 8-123 所示的中间椭圆曲面，选中的曲面呈高亮状态，再单击“实用工具”工具栏中的“隐藏”图标，将椭圆曲面隐藏，隐藏后的拆分体特征如图 8-124 所示。

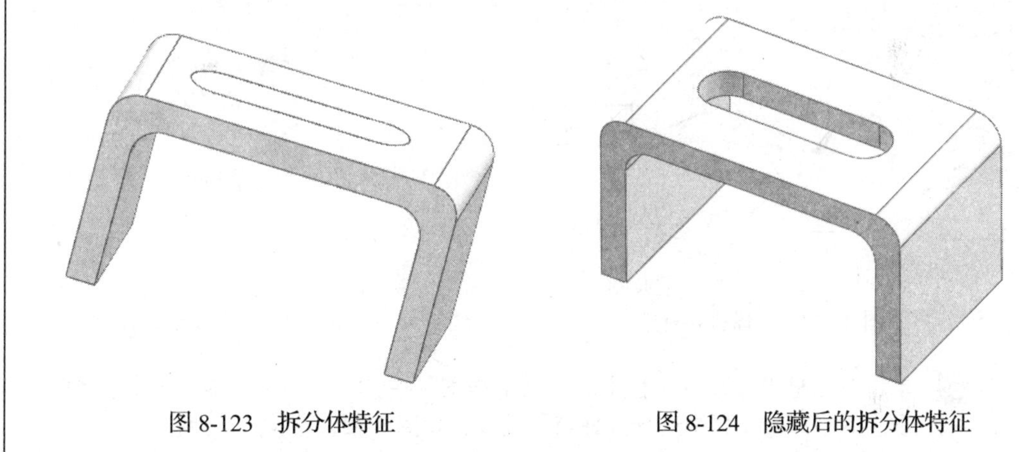

图 8-123 拆分体特征

图 8-124 隐藏后的拆分体特征

8.3.5 修剪的片体

用现有的曲线、面、或基准平面修剪片体特征。

操作步骤

1. 打开附书光盘中的 SAMPLE \ CH08 \ 8.3.5 PRT 文件，如图 8-125 所示。
2. 选择“插入”→“修剪”→“修剪的片体”命令，弹出“修剪的片体”对话框，如图 8-126 所示。
3. 在工作窗口中选择如图 8-125 所示的曲面作为修剪的平面，再单击鼠标中键确认。
4. 选择如图 8-127 所示的曲线作为边界对象。
5. 单击对话框中“预览”栏中的“显示结果”按钮，在工作窗口中预览创建的修剪特征，如图 8-128 所示。

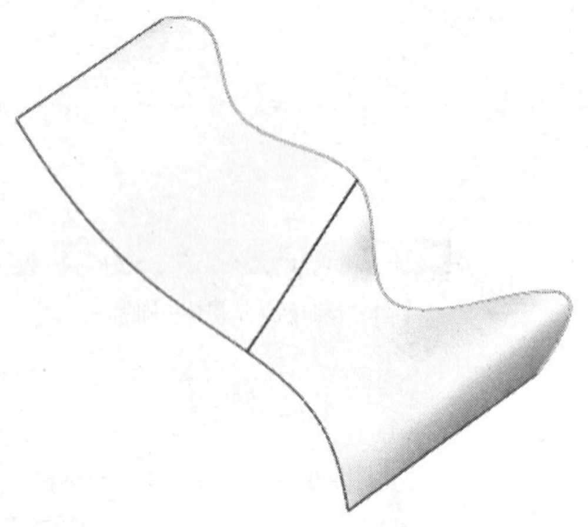

图 8-125　打开的模型

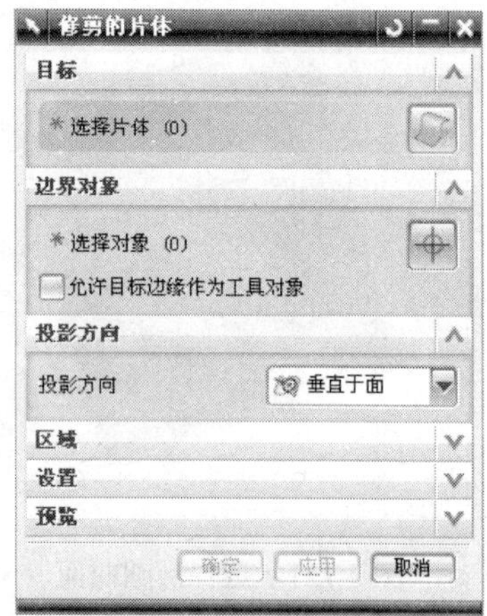

图 8-126　“修剪的片体”对话框

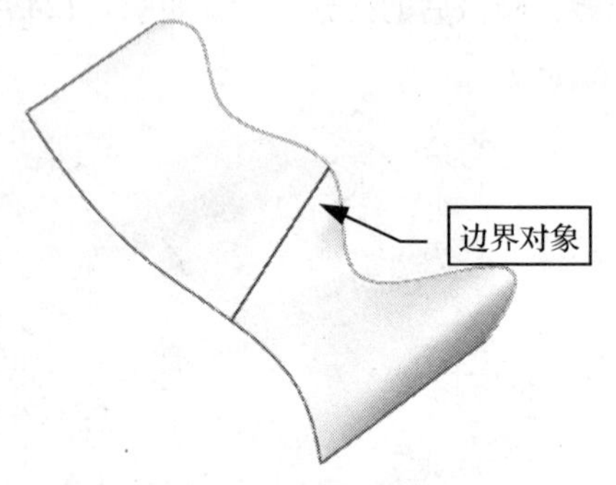

图 8-127　选择边界对象

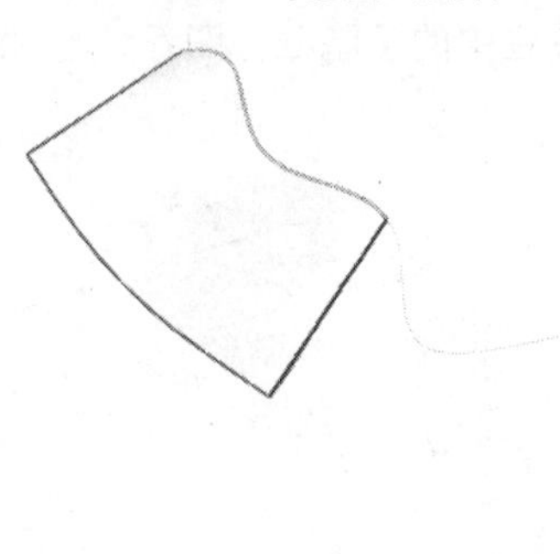

图 8-128　预览修剪片体特征

6. 单击对话框中“预览”栏中的“撤销结果”按钮，返回创建修剪片体特征。在对话框中的“区域”栏中选择“保持”选项，如图 8-129 所示。

7. 按住 Shift 键不放，在工作窗口中选择系统默认的保持片体，此时系统默认的保持片体已被去除了，再重新选择保持片体，选择后的状态如图 8-130 所示。

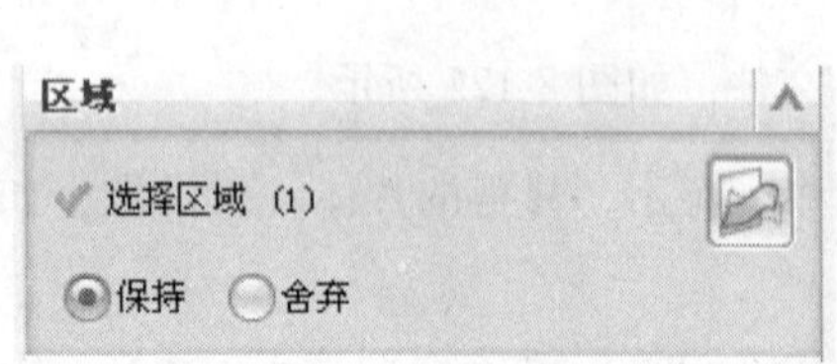

图 8-129　选择“保持”选项

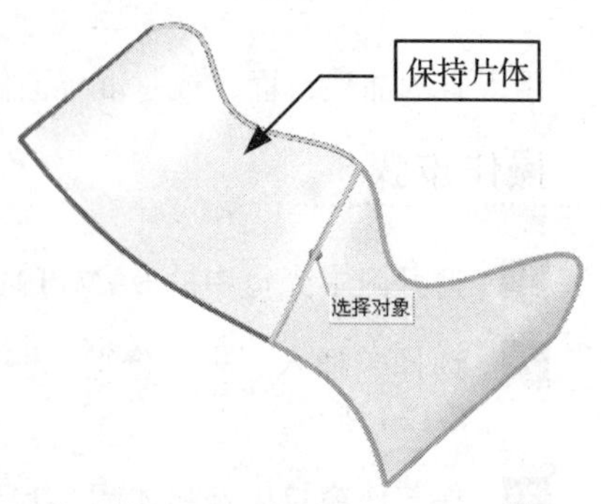

图 8-130　选择保持片体

提示：

- 保持 保持：选择的片体被保持。
- 舍弃 舍弃：选择的片体被舍弃。

8. 单击对话框“预览”栏中的“显示结果”按钮，在工作窗口中预览创建的修剪特征，如图 8-131 所示。

9. 单击对话框中“预览”栏中的“撤销结果”按钮，返回创建修剪体片体特征。在“区域”栏中单击 “舍弃”单选按钮。

10. 单击对话框中“预览”栏中的“显示结果”按钮，在工作窗口中预览创建的修剪特征，如图 8-132 所示。

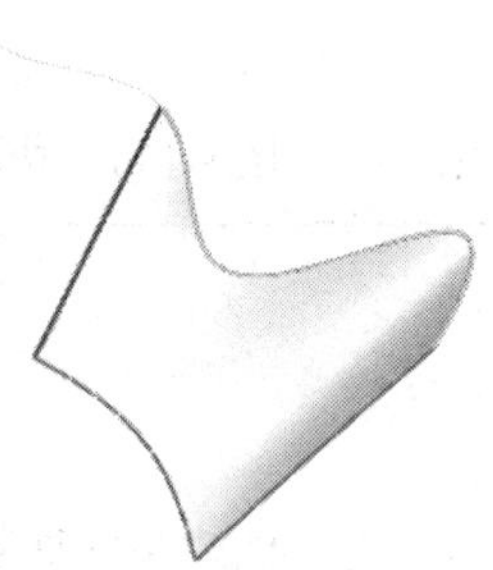

图 8-131 选择“保持”选项后的片体特征

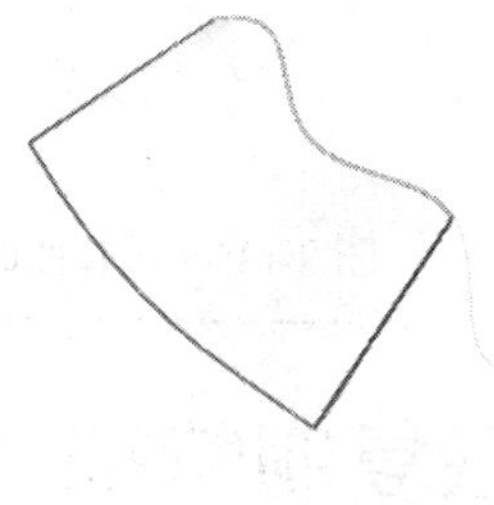

图 8-132 选择“舍弃”选项后的片体特征

8.3.6 取消修剪

取消修剪是指使修剪后的曲面恢复至原始曲面形状。

操作步骤

1. 打开附书光盘中的 SAMPLE \ CH08 \ 8.3.6 PRT 文件，如图 8-133 所示。

2. 选择“插入”→“修剪”→“取消修剪”命令，弹出“取消修剪”对话框，如图 8-134 所示。

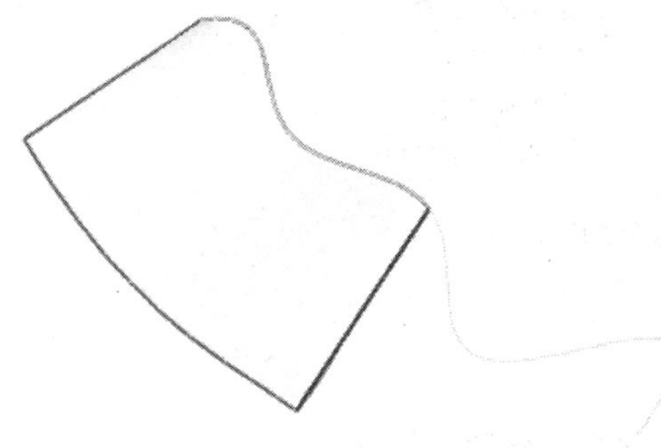

图 8–133 打开 8.3.6 PRT

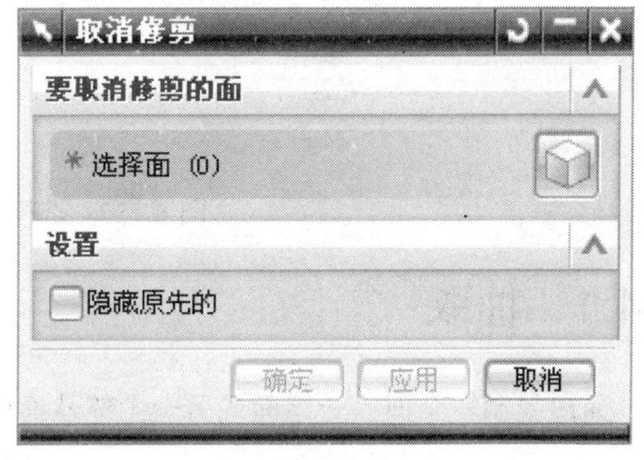

图 8-134 “取消修剪”对话框

3. 在工作窗口中选择如图 8-135 所示的曲面。

4. 最后单击 确定 按钮，完成取消修剪特征的操作如图 8-136 所示。

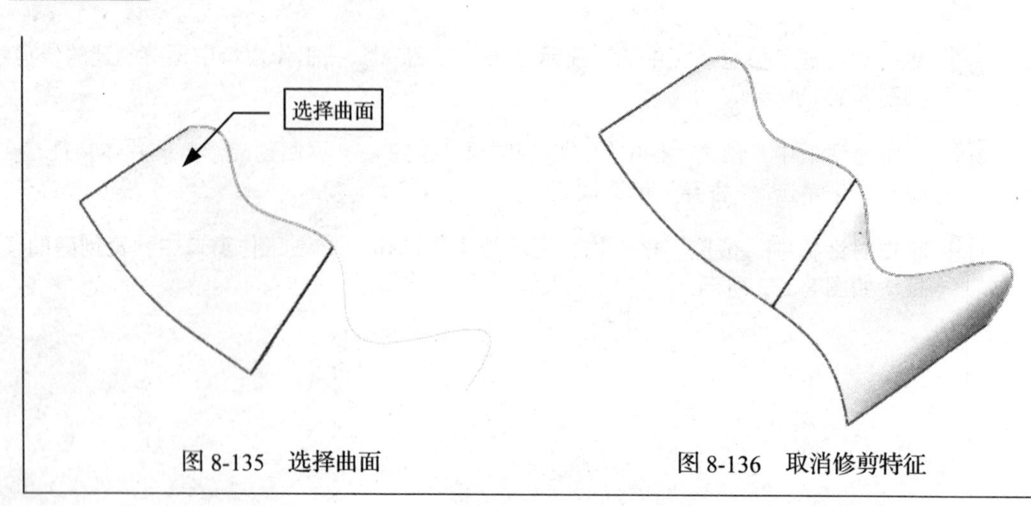

图 8-135　选择曲面　　图 8-136　取消修剪特征

8.4　关联复制特征

选择“插入”→“关联复制”命令，如图 8-137 所示，进入创建关联复制特征模式。关联复制特征主要包括抽取、实例特征、镜像特征、镜像体、引用几何体 5 种类型，本节主要介绍这 5 种关联复制特征的操作方法。

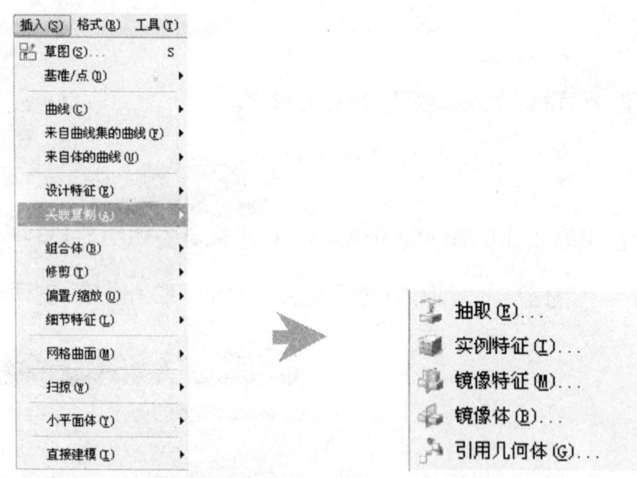

图 8-137　选择“关联复制”命令

8.4.1　抽取

通过复制一个面、一组面或另一个体从而创建一个新的特征。

操作步骤

1. 打开附书光盘中的 SAMPLE \ CH08 \ 8.4.1 PRT 文件，如图 8-138 所示。

2. 选择“插入“→”关联复制特征“→”抽取”命令，弹出“抽取”对话框，如图 8-139 所示。

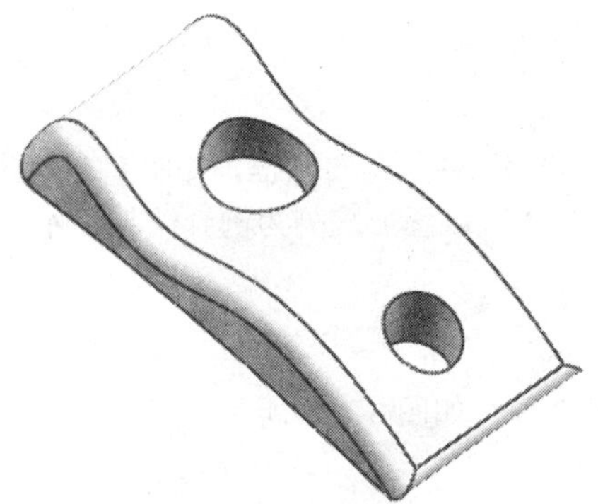

图 8-138 打开的模型

图 8-139 “抽取”对话框

3. 在工作窗口中选择如图 8-140 所示的曲面作为复制的面，再选择“设置”栏中的“删除孔”选项，如图 8-141 所示。

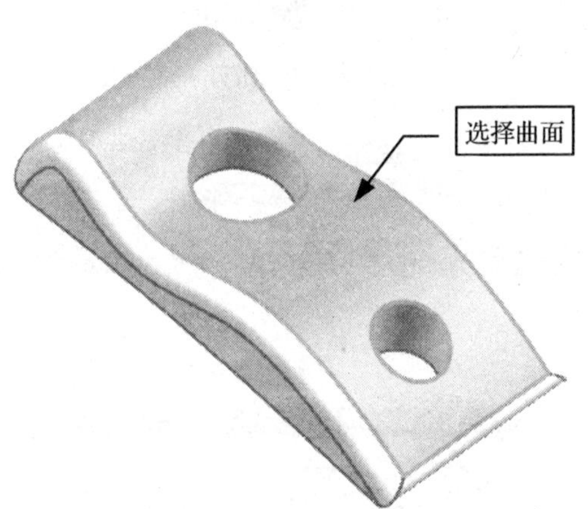

图 8-140 选择复制面

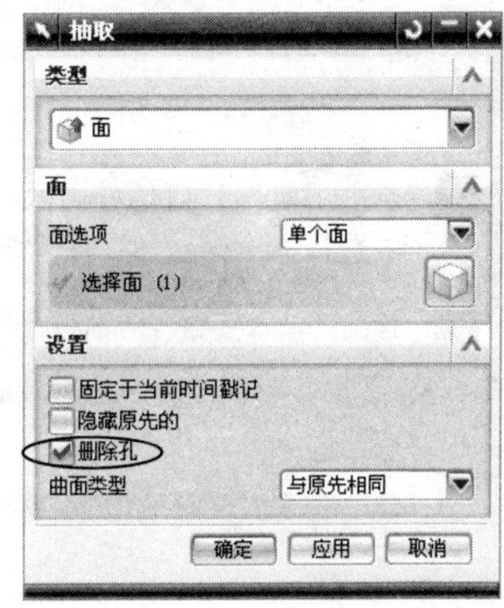

图 8-141 选择“删除孔”选项

4. 单击确定按钮，创建的抽取特征如图 8-142 所示。

5. 在工作窗口中双击如图 8-142 所示的抽取特征，在弹出的“抽取”对话框中选择“设置”栏下的“隐藏原先的”选项，最后单击确定按钮，隐藏原先的抽取特征如图 8-143 所示。

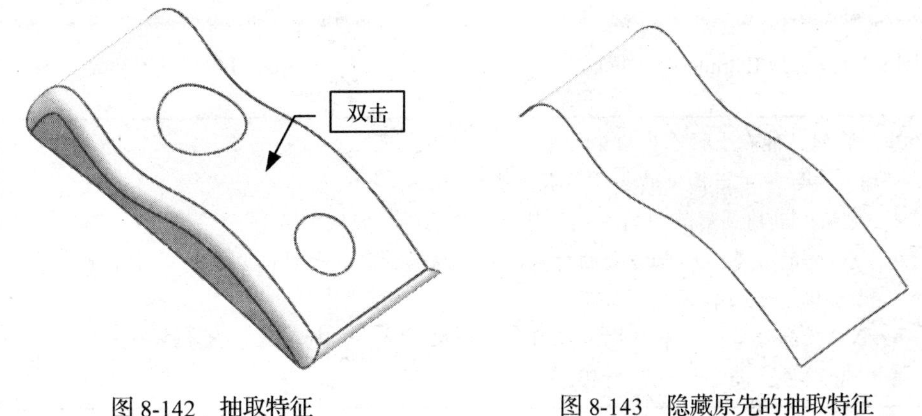

图 8-142 抽取特征　　图 8-143 隐藏原先的抽取特征

8.4.2 实例特征

选择“插入”→“关联复制”→“实例特征”命令。弹出“实例”对话框，如图 8-144 所示。对话框中包括矩形阵列、圆形阵列、图样面 3 种阵列方式。本节以圆形阵列为例介绍其操作方法。

操作步骤

1. 打开附书光盘中的 SAMPLE \ CH08 \ 8.4.2 PRT 文件，如图 8-145 所示。

图 8-144 “实例”对话框

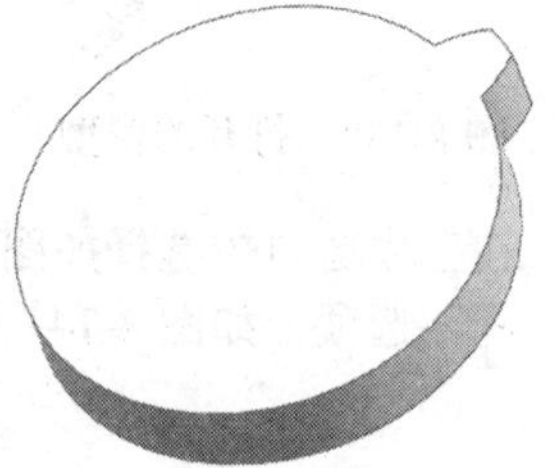

图 8-145 打开 8.4.2.PRT

2. 单击“实例”对话框中的 圆形阵列 按钮，在弹出的“实例”对话框中选择 Extrude（8）作为阵列特征，如图 8-146 所示，再单击 确定 按钮。

3. 弹出“输入参数”对话框，再将对话框中的参数设置为如图 8-147 所示，再单击 确定 按钮。

图 8-146 选择 Extrude（8）特征

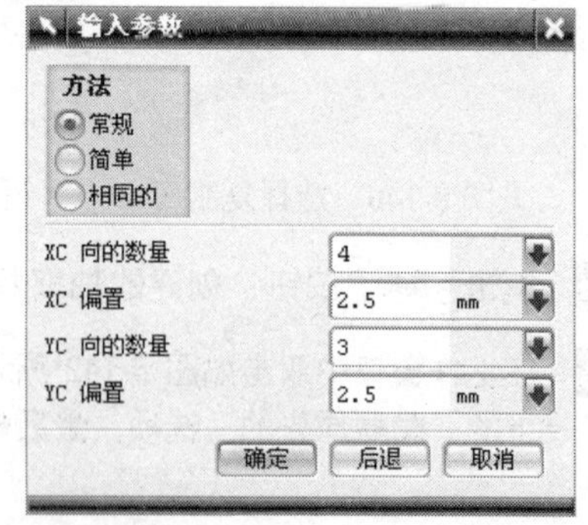

图 8-147 设置参数

提示： 圆形阵列只能在平行于当前坐标系 *xc-yc* 平面上进行。

“输入参数”对话框中的各项参数说明如下。

- 方法：创建圆形阵列的方式，包括常规简单、相同的 3 种。
- XC 向的数量：*xc* 轴方向的行数，包括原始特征，行数必须大于或等于 1。
- XC 偏置：*xc* 轴方向的行距。
- YC 项的数量：*yc* 轴方向的行数，包括原始特征，行数必须大于或等于 1。
- YC 偏置：*yc* 轴方向的行距。

4. 弹出“实例”对话框，在对话框中单击 基准轴 按钮，如图 8-148 所示，弹出“选择一个基准轴”对话框，如图 8-149 所示。在工作窗口选择 x 轴。

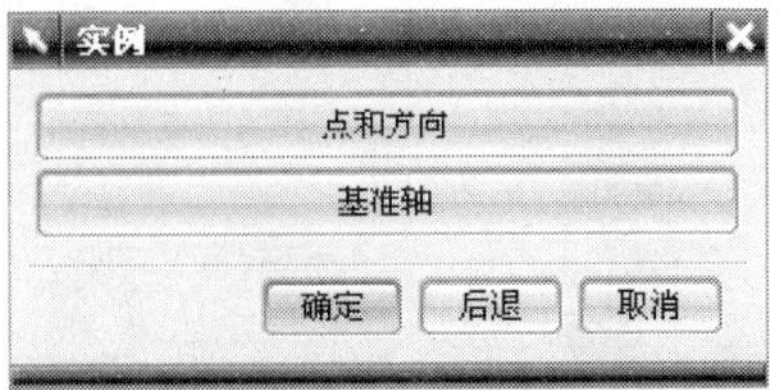

图 8-148 单击“基准轴”按钮

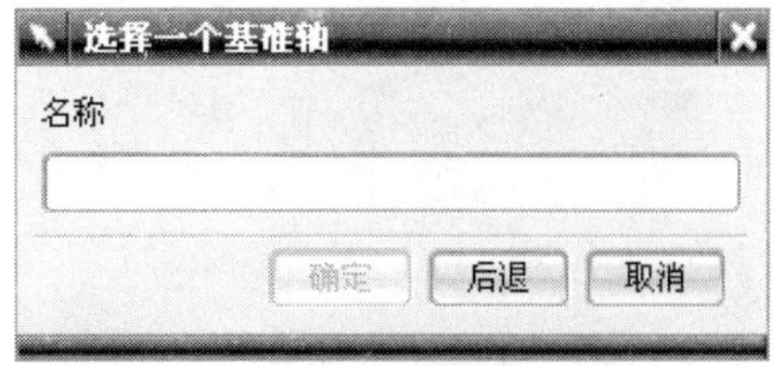

图 8-149 “选择一个基准轴”对话框

5. 在弹出的“实例”对话框中单击 是 按钮，如图 8-150 所示。最后单击“实例”对话框中的 取消 按钮，完成圆形阵列特征如图 8-151 所示。

图 8-150 单击“是”按钮

图 8-151 圆形阵列特征

8.4.3 镜像特征

将现有的特征通过“镜像特征”命令镜像到给定平面的另外一边。

1. 通过“现有的平面”镜像特征

操作步骤

1. 打开附书光盘中的 SAMPLE \ CH08 \ 8.4.3 PRT 文件，如图 8-152 所示。

2. 选择“插入”→“关联复制特征”→“镜像特征”命令，弹出“镜像特征”对话框，如图 8-153 所示。

3. 在工作窗口中选择如图 8-152 所示的零件作为镜像特征，所选的零件呈高亮显示，如图 8-154 所示。

4. 单击“镜像平面”栏中的“选择平面”选项将其激活（或者单击鼠标中键），如图 8-155 所示。

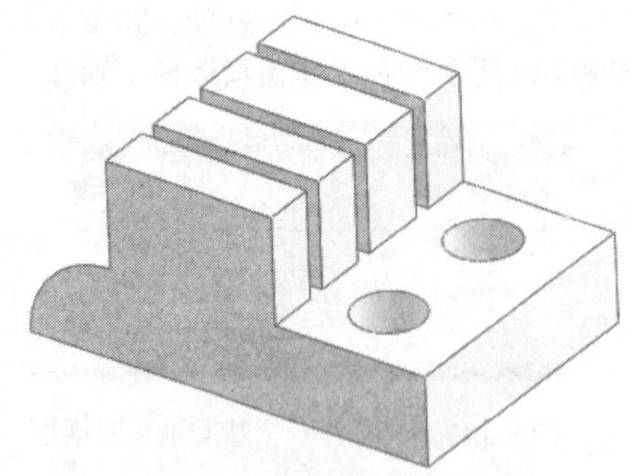
图 8–152　打开的模型

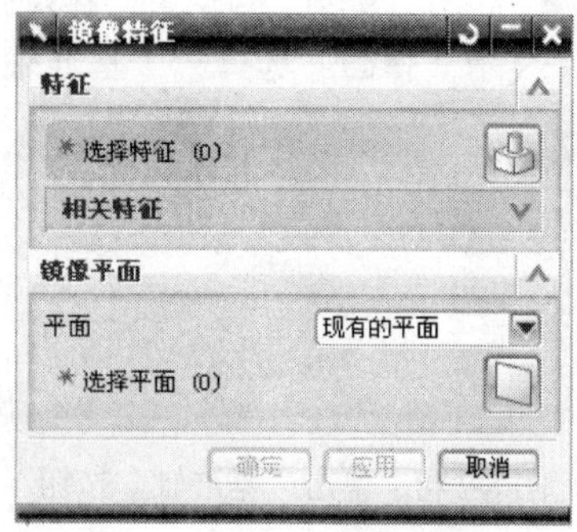

图 8-153　“镜像特征”对话框

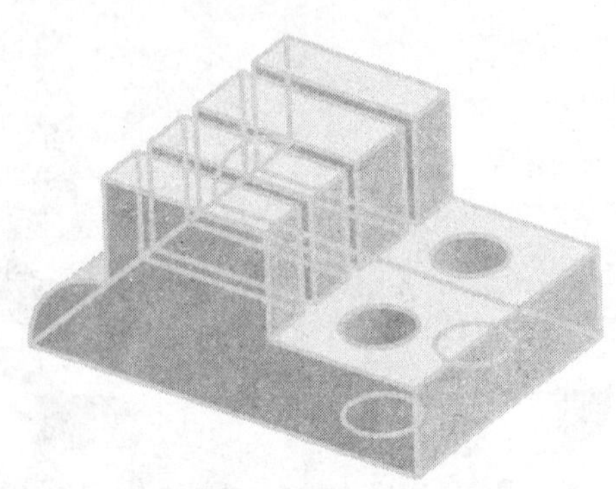
图 8-154　选择镜像特征

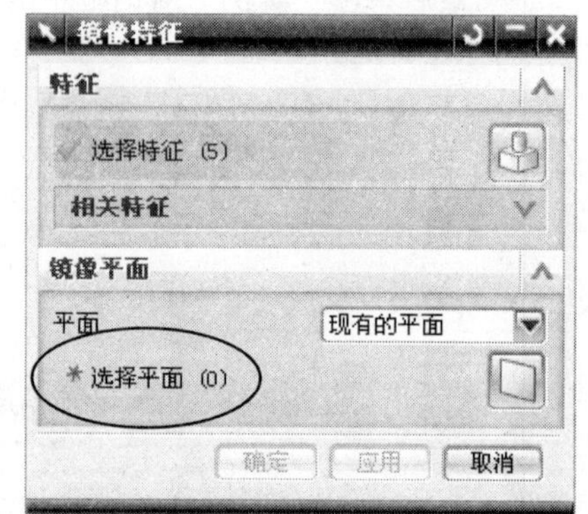

图 8-155　单击“选择平面”选项

5. 在工作窗口中选择如图 8-156 所示的平面作为镜像平面，最后单击 确定 按钮，完成镜像特征的创建，如图 8-157 所示。

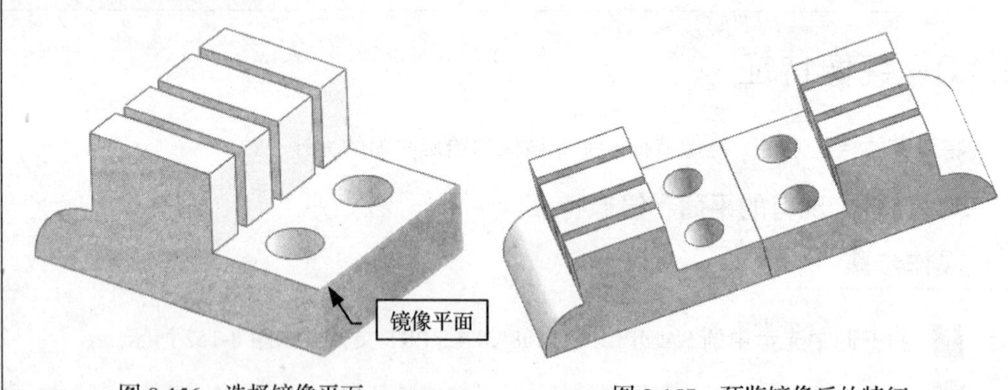

图 8-156　选择镜像平面　　图 8-157　预览镜像后的特征

2．通过“新平面”创建镜像特征

操作步骤

1. 打开附书光盘中的 SAMPLE \ CH08 \ 8.4.3 PRT. PRT 文件。

2. 选择"插入"→"关联复制特征"→"镜像特征"命令，弹出"镜像"对话框。

3. 选择如图 8-152 所示的零件作为镜像特征，所选的零件呈高亮显示。

4. 单击鼠标中键，然后在"平面"文本框右侧单击三角形按钮，在弹出的下拉列表中选择"新平面"选项，如图 8-158 所示。

5. 在工作窗口中指定如图 8-157 所示的平面作为对象以定义平面。

图 8-158 选择"新平面"选项

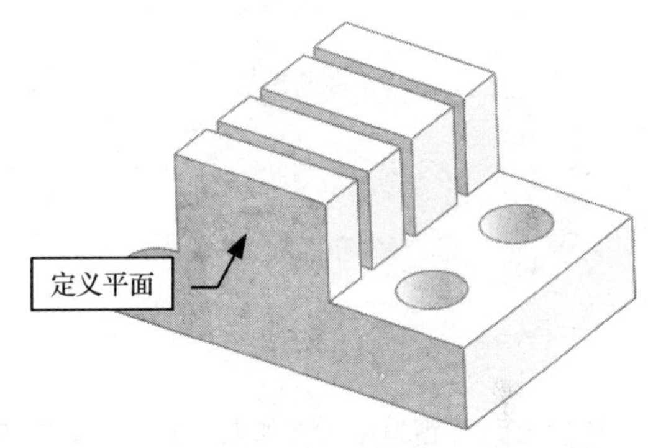

图 8-159 选择定义平面

6. 系统自动显示基准平面，再将"距离"值修改为 5，如图 8-160 所示。最后单击确定按钮，完成镜像特征的创建，结果如图 8-161 所示。

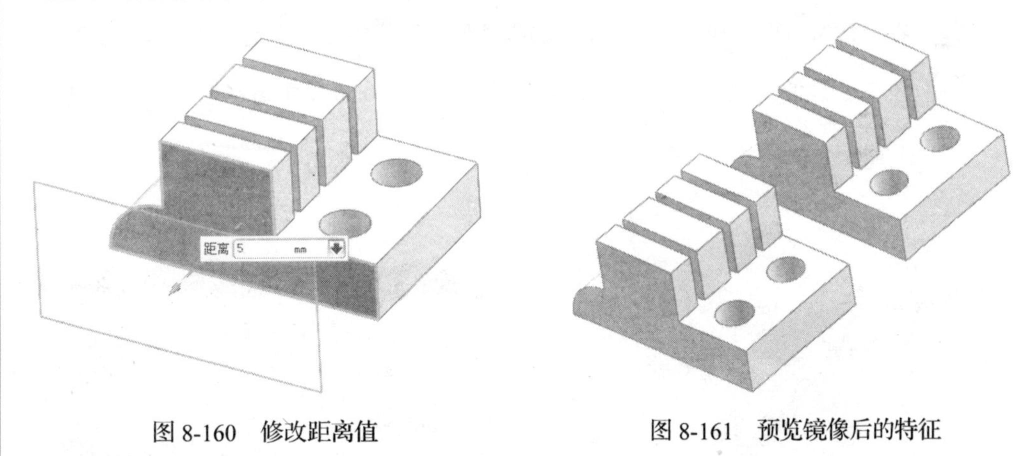

图 8-160 修改距离值

图 8-161 预览镜像后的特征

8.4.4 镜像体

镜像体是选择整个实体，并创建基准平面，产生和原实体完全相同的镜像实体。与"镜像特征"不同的是镜像体必须创建基准平面作为镜像平面。

操作步骤

1. 打开附书光盘中的 SAMPLE \ CH08 \8.4.4.PRT 文件，如图 8-162 所示。

2. 选择“插入”→“关联复制特征”→“镜像体”命令，弹出“镜像体”对话框，如图8-163所示。

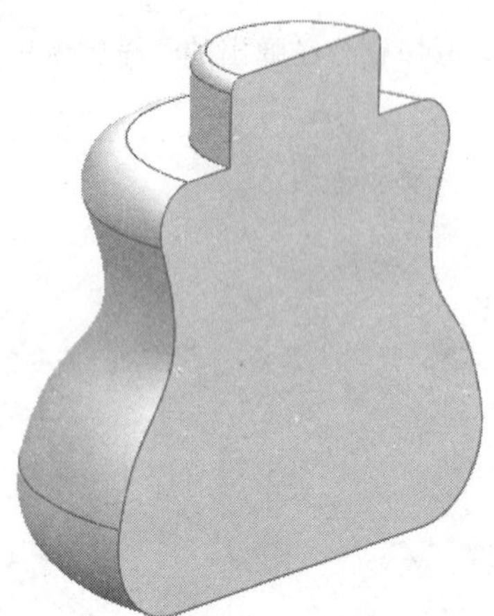

图 8-162　打开的模型

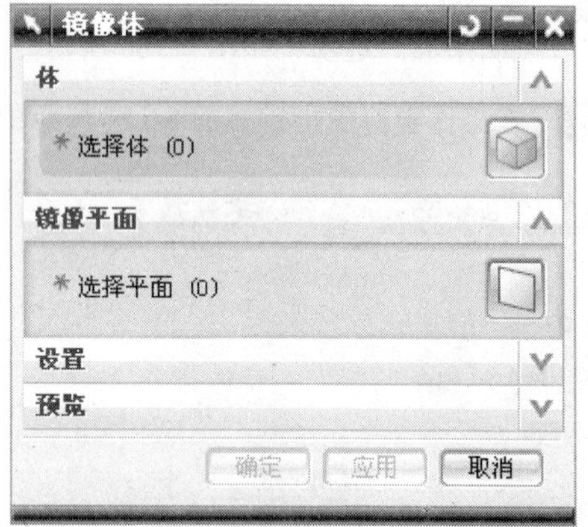

图 8-163　“镜像体”对话框

3. 在工作窗口中创建如图8-162所示的基准平面作为镜像平面。

提示： 镜像体不能以自身的表面作为镜像平面，只能以基准平面作为镜像平面。

4. 在工作窗口中选择图8-164所示的零件作为镜像特征，所选的零件呈高亮显示。

5. 单击“镜像平面”栏中的“选择平面”选项，或直接单击鼠标中键，将其激活。如图8-165所示。

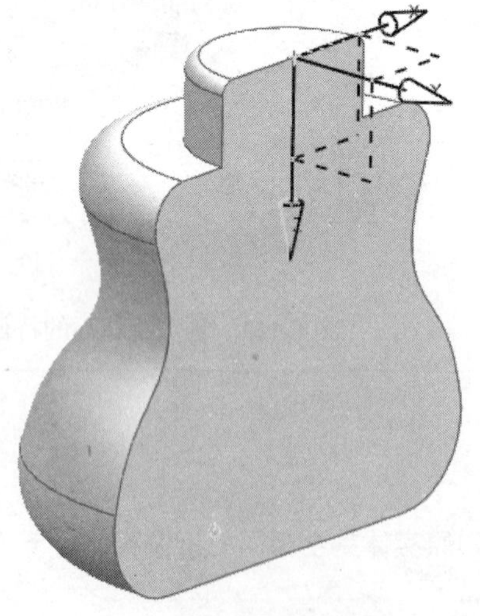

图 8-164　选择镜像体

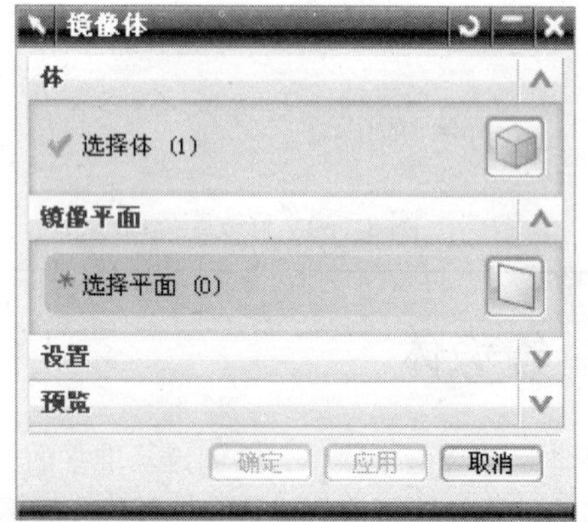

图 8-165　单击“选择平面”选项

6. 在工作窗口中选择如图8-166所示的基准平面作为镜像平面。最后单击确定按钮，完成镜像体特征的创建，如图8-165所示。

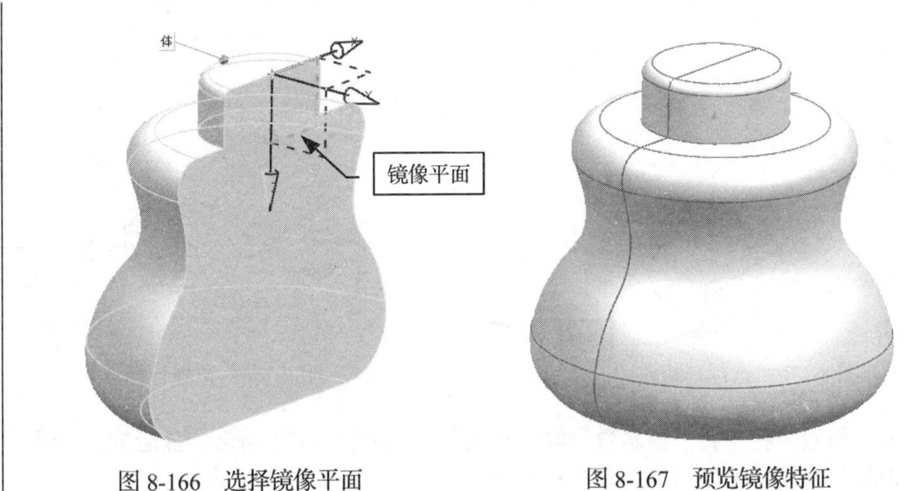

图 8-166 选择镜像平面　　图 8-167 预览镜像特征

8.4.5 引用几何体

将几何体复制到各种图样阵列中。

操作步骤

1. 打开附书光盘中的 SAMPLE \ CH08 \ 8.4.5.PRT 文件，如图 8-168 所示。

2. 选择“插入”→“关联复制特征”→“引用几何体”命令，弹出“引用几何体”对话框，如图 8-169 所示。

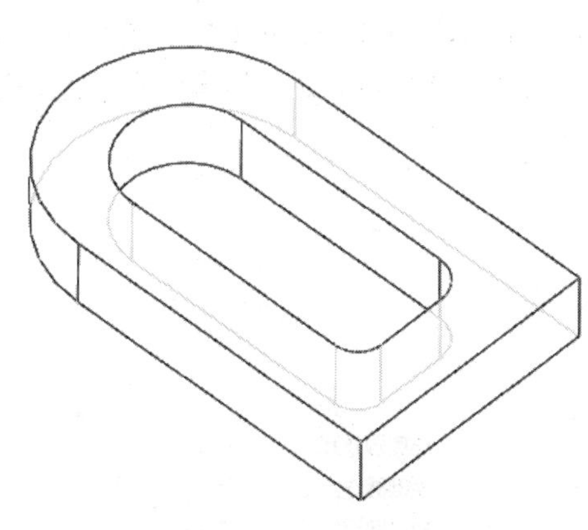

图 8-168 打开的模型

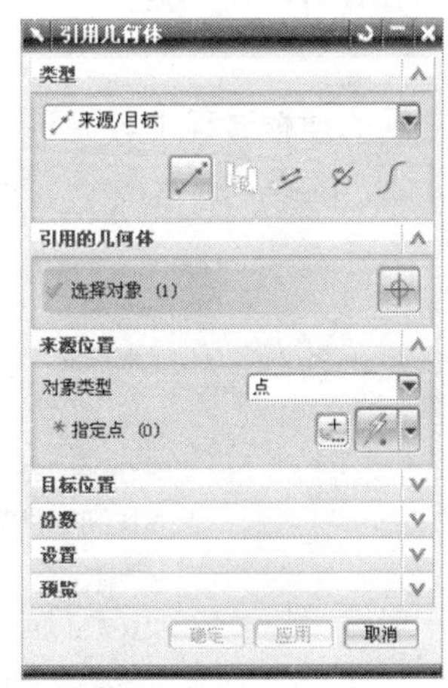

图 8-169 “引用几何体”对话框

3. 单击选择如图 8-168 所示的零件作为引用特征，所选的零件呈高亮显示状态。

4. 单击鼠标中键确认选择，然后在工作窗口中选择如图 8-170 所示的点作为判断点。

5. 选择与判断点相对应的另一点作为目标点，程序自动显示出默认的引用几何体，如图 8-171 所示。

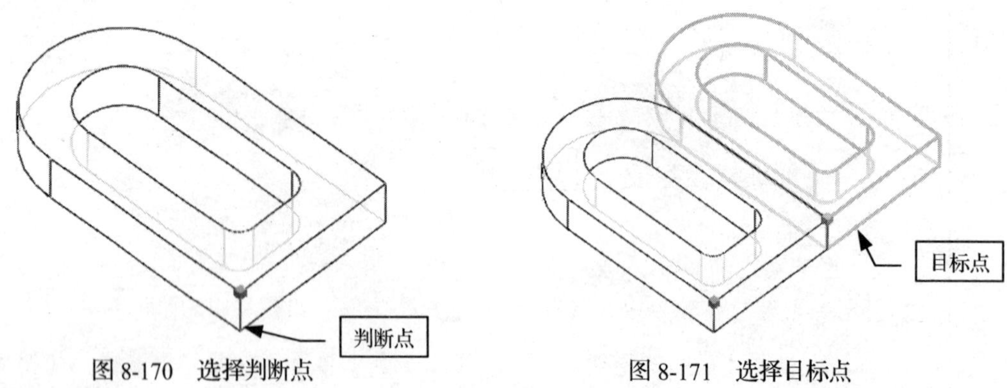

图 8-170　选择判断点

图 8-171　选择目标点

6. 在“份数”栏中将“副本数”的值修改为 2，如图 8-172 所示。最后单击「确定」按钮，创建的引用几何体特征如图 8-173 所示。

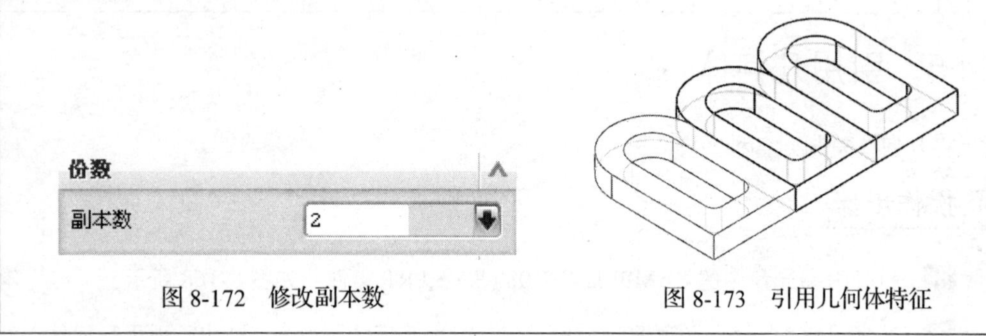

图 8-172　修改副本数

图 8-173　引用几何体特征

8.5　细节特征

在常规的建模过程中，需创建某些细节的部分，如拔模、拔模体、倒角，下面介绍几种常用的细节特征。选择“插入”→“细节特征”命令，如图 8-174 所示，进入创建细节特征模式。

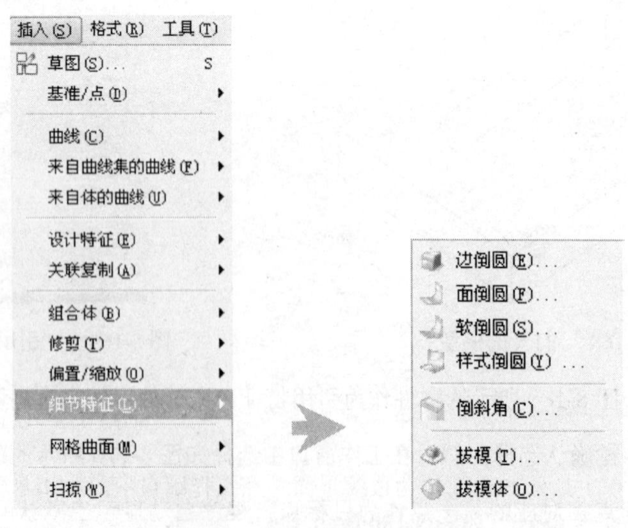

图 8–174　选择“细节特征”命令

8.5.1 拔模

拔模特征是将模型表面沿指定的拔模方向倾斜一定的角度。

1. 通过平面创建拔模特征

操作步骤

1. 打开附书光盘中的 SAMPLE \ CH08 \ 8.5.1 PRT 文件，如图 8-175 所示。

2. 选择“插入”→“细节特征”→“拔模”命令，弹出“草图”对话框，如图 8-174 所示。

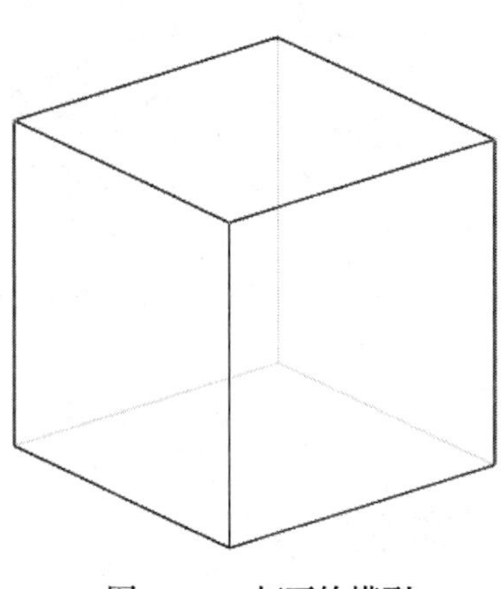

图 8-175 打开的模型

图 8-176 “草图”对话框

3. 按程序默认的拔模方向不变，如图 8-177 所示，再单击鼠标中键。

4. 在工作窗口中选择如图 8-178 所示的矩形顶部平面作为固定平面。

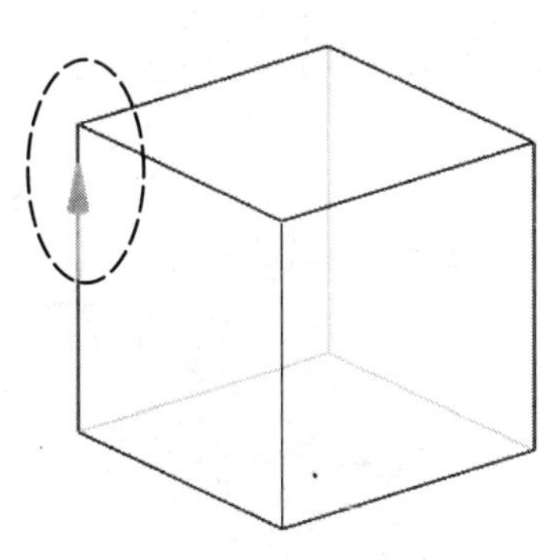

图 8-177 拔模方向

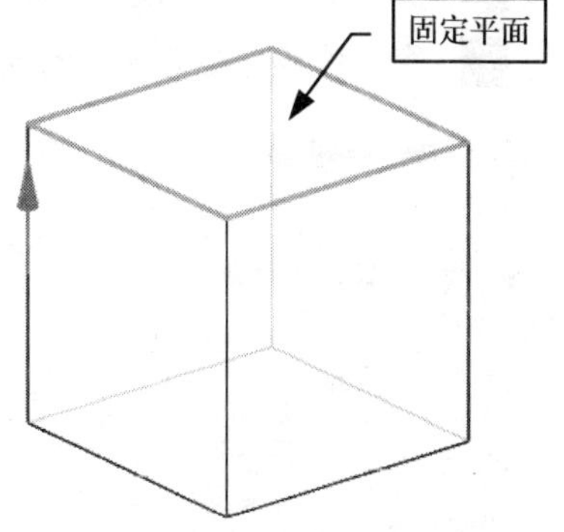

图 8-178 选择固定平面

5. 选择如图 8-179 所示的平面作为拔模平面。在工作窗口中显示出系统默认的拔模特征，再将角度值修改为 10，如图 8-180 所示。

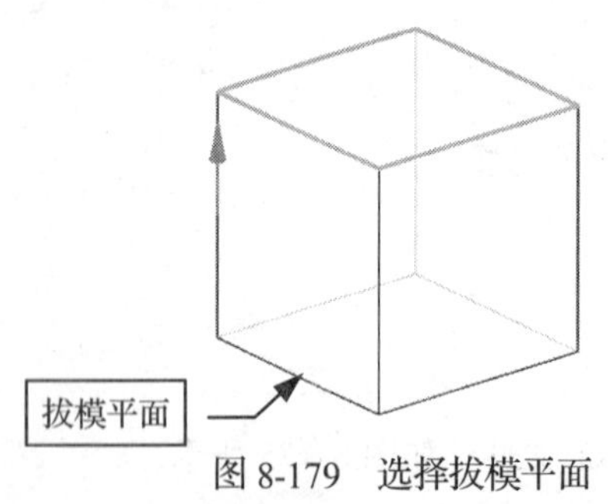

图 8-179　选择拔模平面

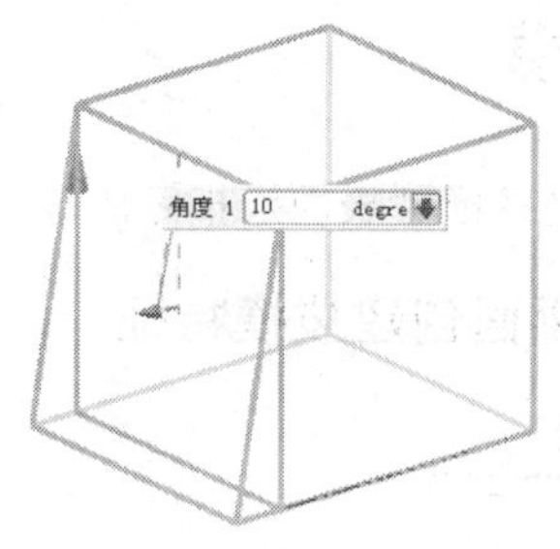

图 8-180　修改角度值

6. 最后单击 确定 按钮，完成拔模特征的创建，结果如图 8-181 所示。

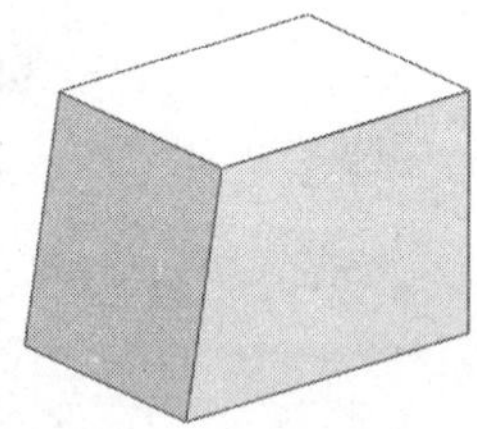

图 8-181　预览拔模特征

2．通过边创建拔模特征

操作步骤

1. 继续打开附书光盘中的 SAMPLE \ CH08 \ DRAFT_8.5.1 PRT 文件。
2. 选择“插入”→“细节特征”→“拔模”命令，弹出“草图”对话框。
3. 选择“类型”下拉列表中的“从边”选项，如图 8-182 所示。
4. 按程序默认的拔模方向不变，如图 8-183 所示，再单击鼠标中键。
5. 在工作窗口中选择如图 8-184 所示的矩形顶部两条棱边作为固定边。

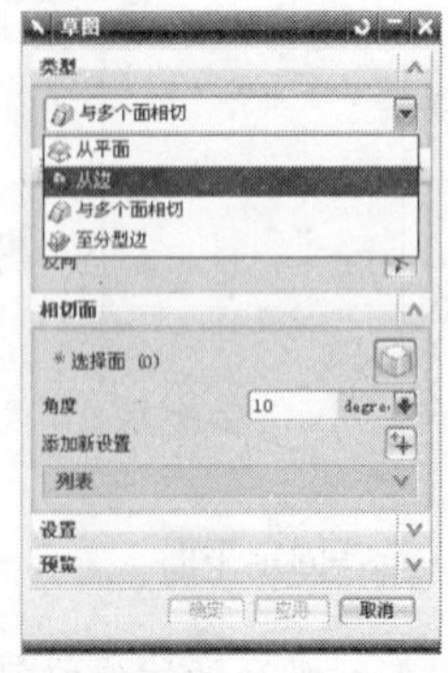

图 8-182　选择“从边”选项

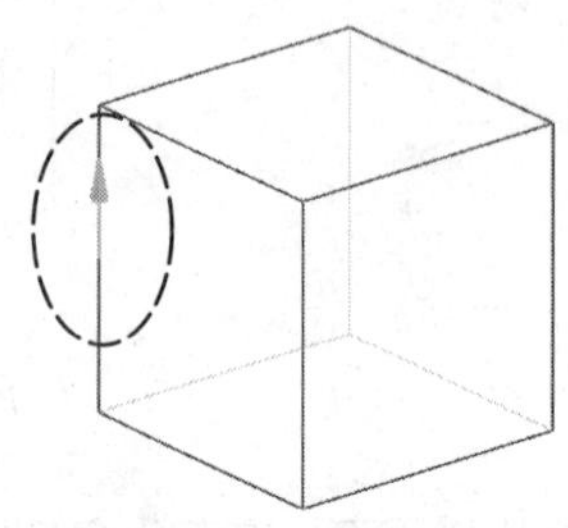

图 8-183　拔模方向

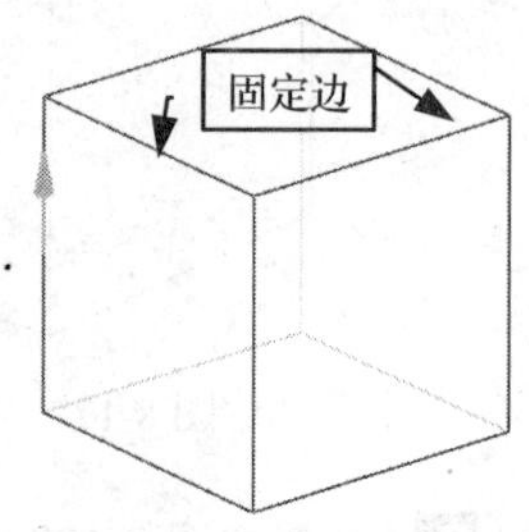

图 8-184　选择固定边

6. 在工作窗口中显示出程序默认的拔模特征，再将角度值修改为 10，如图 8-185 所示。最后单击 确定 按钮，完成拔模特征的创建，结果如图 8-186 所示。

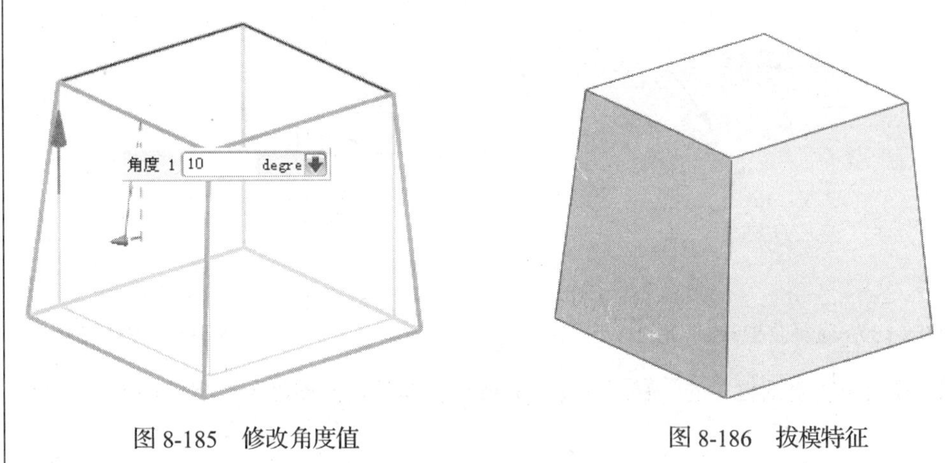

图 8-185 修改角度值　　图 8-186 拔模特征

8.5.2 拔模体

以分型面为基准往分型面上下方向倾斜一定的角度。

操作步骤

1. 打开附书光盘中的 SAMPLE \ CH08 \ 8.5.2.PRT 文件，如图 8-187 所示。

2. 选择“插入”→“细节特征”→“拔模体”命令，弹出“拔模体”对话框，如图 8-188 所示。

图 8-187 打开的模型

图 8-188 “拔模体”对话框

3. 在工作窗口中选择如图 8-187 所示的基准平面作为分型对象。按程序默认的拔模方向不变，再单击鼠标中键，继续选择如图 8-188 所示的圆柱表面作为拔模平面。

4. 将“拔模角”栏中的“角度”值修改为 20，如图 8-191 所示。

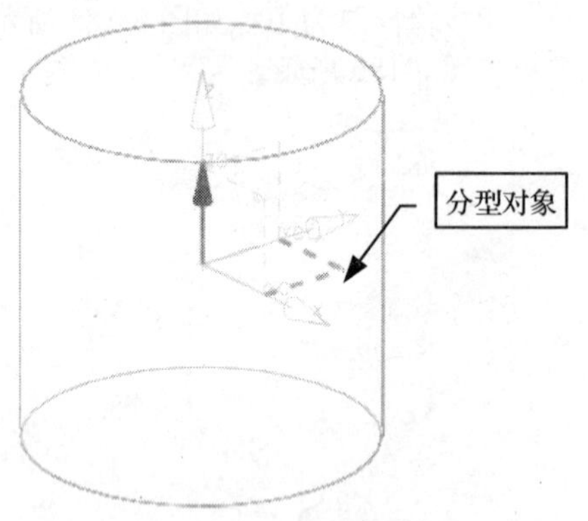

图 8-189　选择分型对象

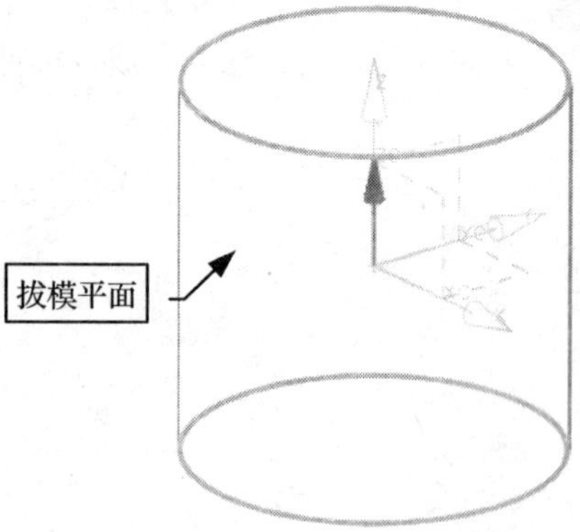

图 8-190　选择拔模平面

5. 最后单击对话框中的“确定”按钮，完成拔模体特征的创建，结果如图 8-192 所示。

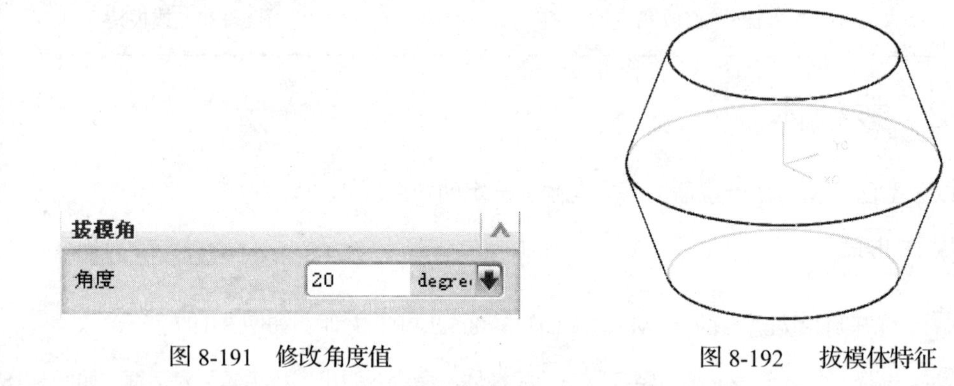

图 8-191　修改角度值

图 8-192　拔模体特征

8.5.3　边倒圆

边倒圆特征是指用指定的倒圆尺寸将实体的边缘创建成圆角特征。

操作步骤

1. 打开附书光盘中的 SAMPLE \ CH08 \8.5.3 PRT 文件，如图 8-193 所示。
2. 选择“插入”→“细节特征”→“边倒圆”命令，弹出“边倒圆”对话框，如图 8-194 所示。
3. 在工作窗口中选择如图 8-195 所示的实体内边缘作为倒圆的边，并显示出程序默认的半径值。
4. 将“倒圆的边”栏中的半径值修改为 5，或直接将工作窗口中的半径值修改为 5，如图 8-196 所示。
5. 单击对话框中“预览”栏中的“显示结果”按钮，在工作窗口中预览创建的边倒圆特征，如图 8-197 所示。
6. 单击对话框中“预览”栏中的“撤销结果”按钮，返回创建边特征。再单击“要倒圆的边”栏中的“添加新设置”按钮，如图 8-198 所示。

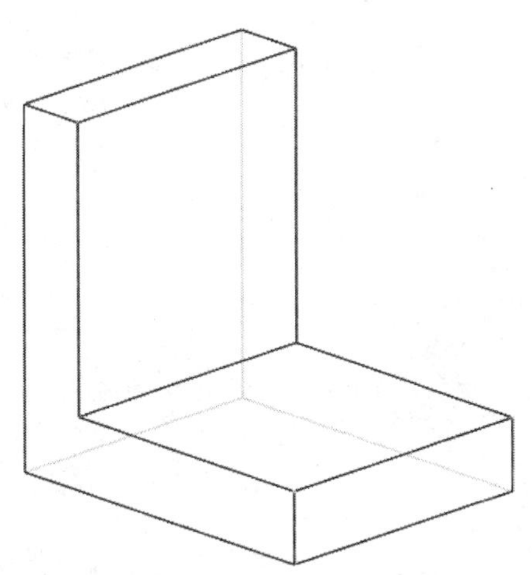

图 8-193 打开的 8.5.3.PRT 文件

图 8-194 “边倒圆”对话框

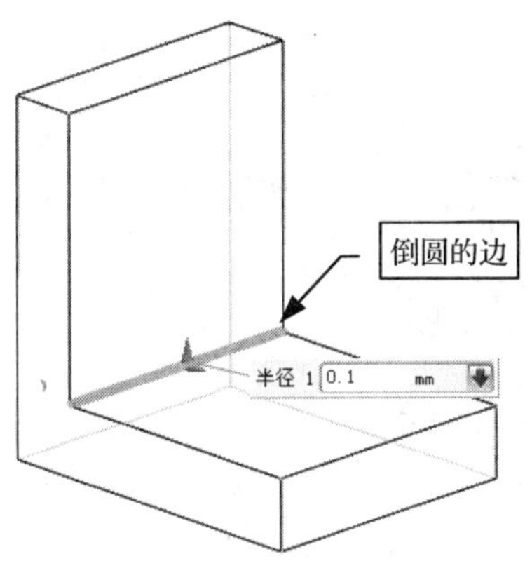

图 8-195 选择倒圆的边

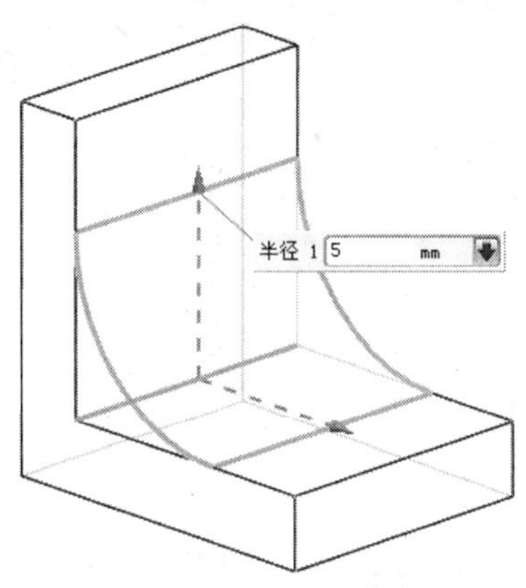

图 8-196 修改半径值

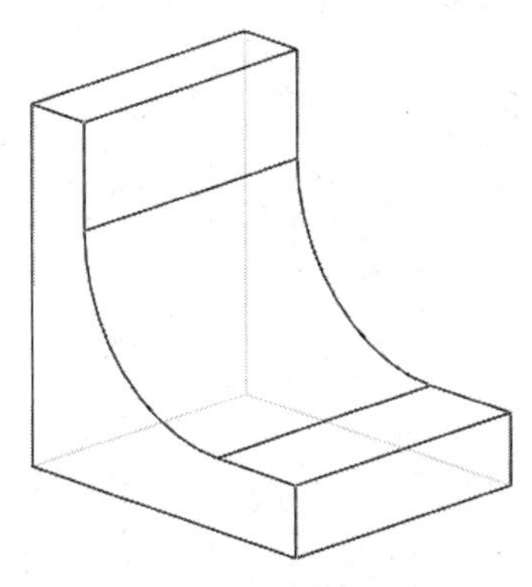

图 8-197 预览边倒圆特征

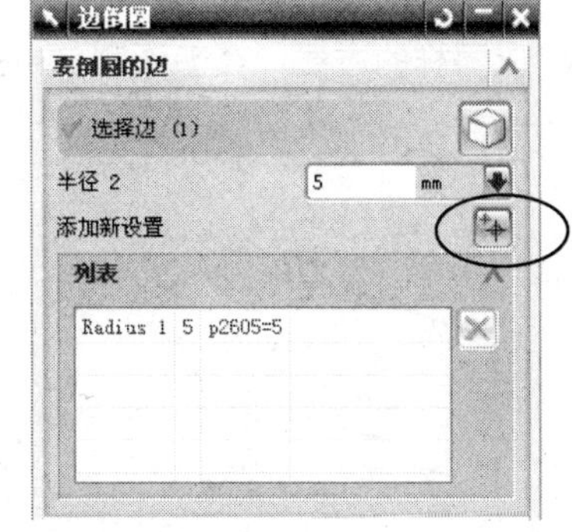

图 8-198 单击“添加新设置”按钮

7. 在工作窗口中选择如图 8-199 所示的实体外边缘作为倒圆的边。

8. 此时在工作窗口中的右侧下方弹出“警报”对话框，如图 8-200 所示。

9. 两处边倒圆的半径太大，可将工作窗口中的半径 2 的值修改为 2，如图 8-201 所示。

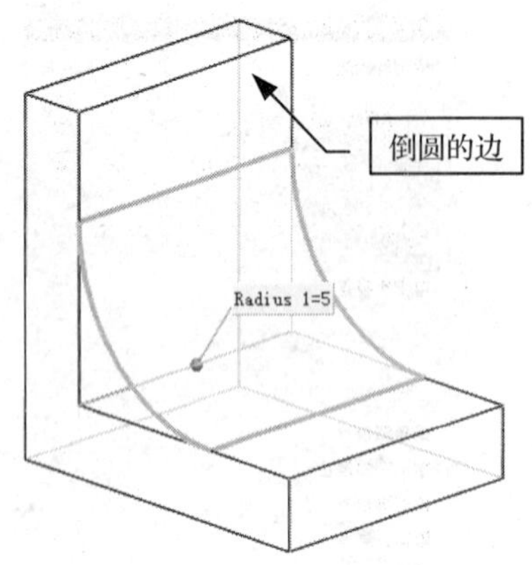

图 8-199 选择倒圆的边

图 8-200 “警报”对话框

10. 单击对话框中“预览”栏中的“显示结果”按钮，在工作窗口中预览创建的边倒圆特征，如图 8-202 所示。

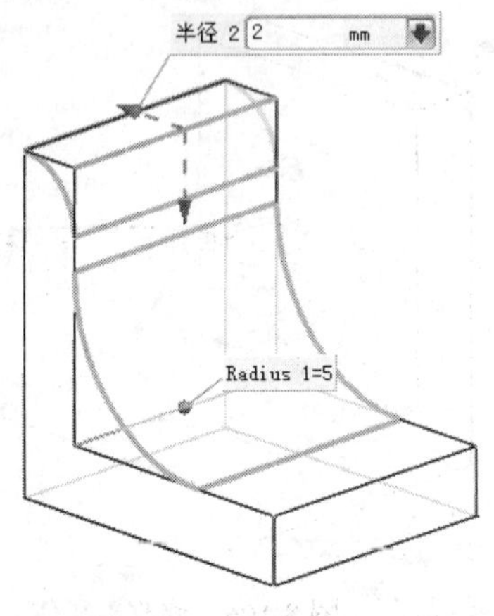

图 8-201 修改半径 2 的值

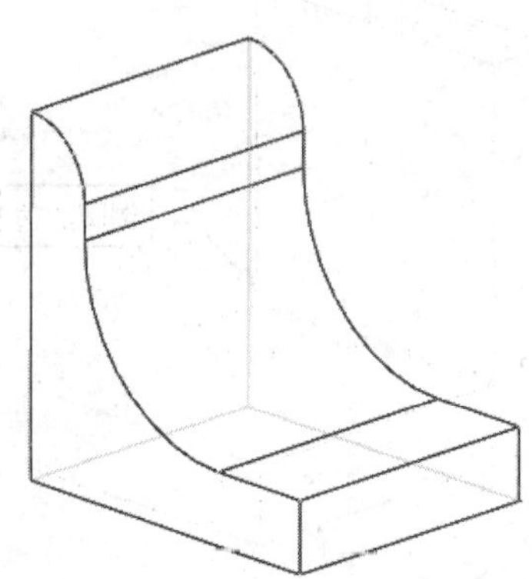

图 8-202 预览边倒圆特征

11. 以同样的方式，在工作窗口中选择如图 8-204 所示的实体外边缘作为倒圆的边。

12. 最后单击 确定 按钮，完成边圆角特征的创建，结果如图 8-204 所示。

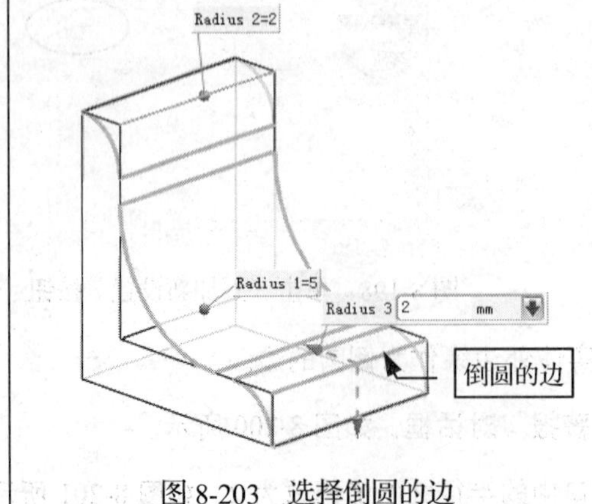

图 8-203 选择倒圆的边

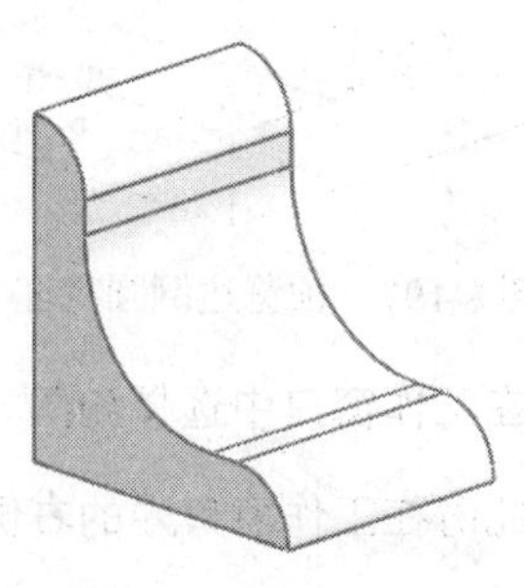

图 8-204 边倒圆特征

8.5.4 面倒圆

在选定的两个面组之间添加相切圆角面。

操作步骤

1. 打开附书光盘中的 SAMPLE \ CH08 \ 8.5.4.PRT 文件，如图 8-205 所示。
2. 选择“插入”→“细节特征”→“面倒圆”命令，弹出“面倒圆”对话框，如图 8-206 所示。

提示： “面倒圆”对话框中“类型”栏下拉列表中的各项参数说明如下。

- 滚动球：使用滚动的球体创建倒圆曲面。
- 扫掠截面：使用沿着脊线的扫掠截面创建倒圆曲面。

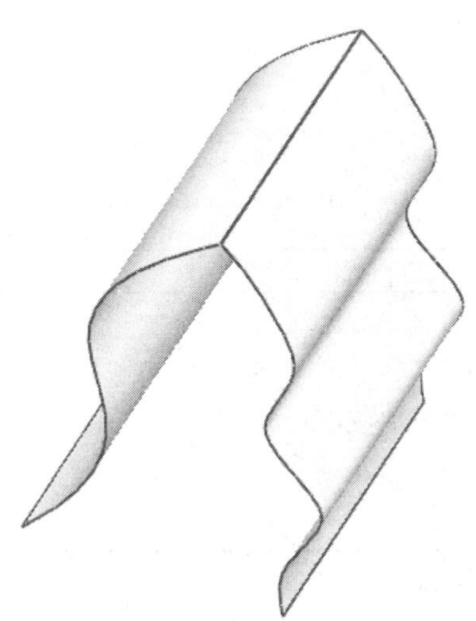

图 8-205 打开的模型

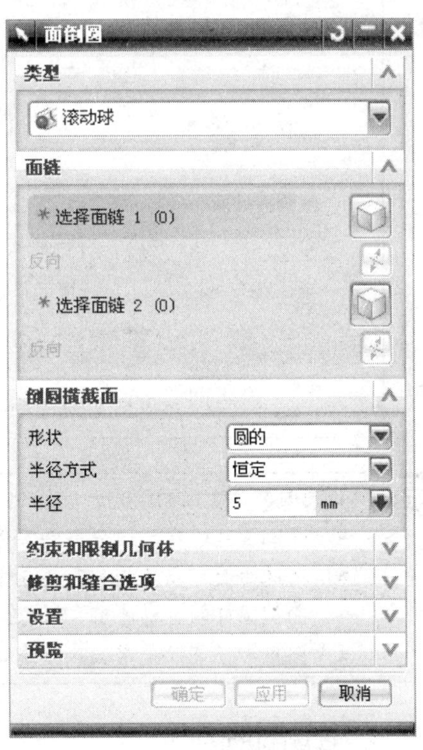

图 8-206 “面倒圆”对话框

3. 在工作窗口中选择如图 8-207 所示的曲面作为面链 1，再单击鼠标中键。
4. 选择如图 8-207 所示的“面链 1”的另一侧曲面作为面链 2。此时在工作窗口中的右侧下方弹出“警报”对话框，如图 8-208 所示。
5. 由于两处面倒圆的半径太大，可将对话框中“倒圆横截面”栏中的半径值修改为 2，如图 8-209 所示。
6. 最后单击对话框中 确定 按钮，创建的面倒圆特征如图 8-210 所示。

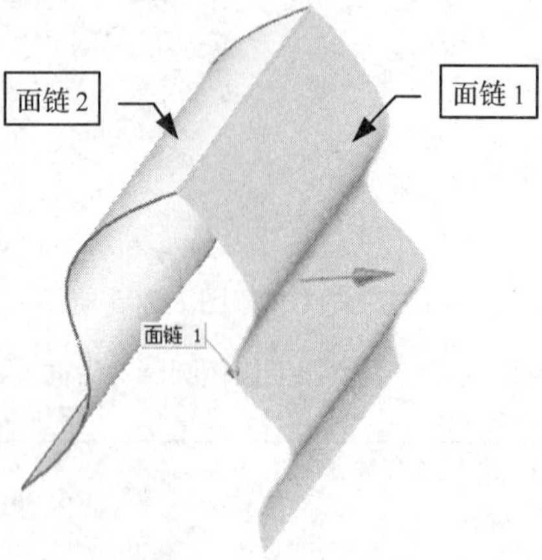

面链 2
面链 1
面链 1

图 8-207　选择"面链 1"

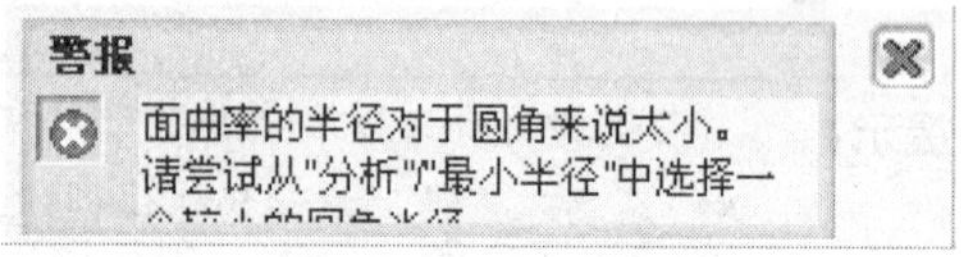

警报
面曲率的半径对于圆角来说太小。
请尝试从"分析"/"最小半径"中选择一

图 8-208　"警报"对话框

倒圆横截面

形状	圆的
半径方式	恒定
半径	2 mm

图 8-209　修改半径值

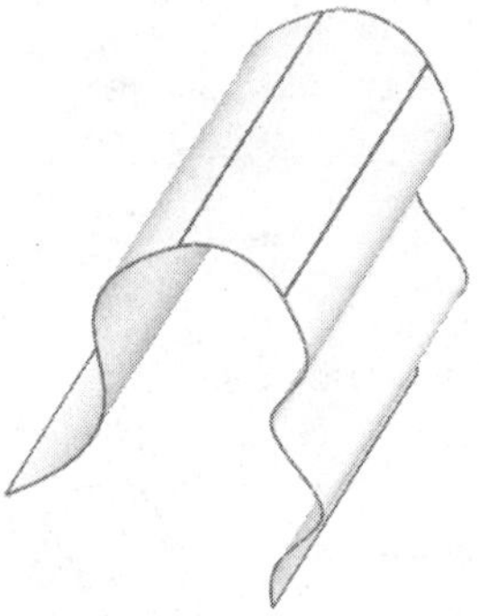

图 8-210　预览面倒圆特征

提示： 面倒圆与边倒圆的区别：

- 面倒圆可以在两组分离的实体或片体之间建立圆角。
- 所选曲面可以不相邻和（或者）一个不同实体的一部分。
- 面倒圆可以自动修剪，并可以与圆角连成一体。
- 圆角半径可以是常数，按规律变化，或相切控制。

8.5.5　软倒圆

在选定的面组之间添加相切和曲率连续圆角面。

操作步骤

1. 打开附书光盘中的 SAMPLE \ CH08 \ 8.5.5 PRT 文件，如图 8-211 所示。
2. 选择"插入"→"细节特征"→"软倒圆"命令，弹出"软倒圆"对话框，如图 8-212 所示。
3. 在工作窗口中选择如图 8-213 所示的曲面作为第一组曲面，选择曲面后显示出倒圆矢量箭头。

提示：■ 单击对话框中的 法向反向 按钮，可以改变倒圆矢量箭头的方向。

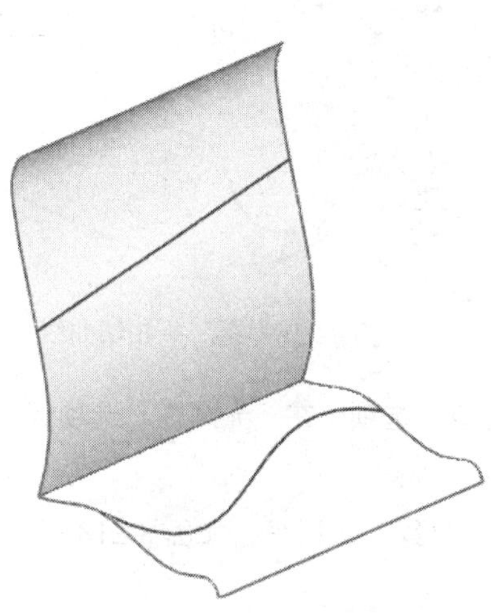

图 8-211 打开的模型

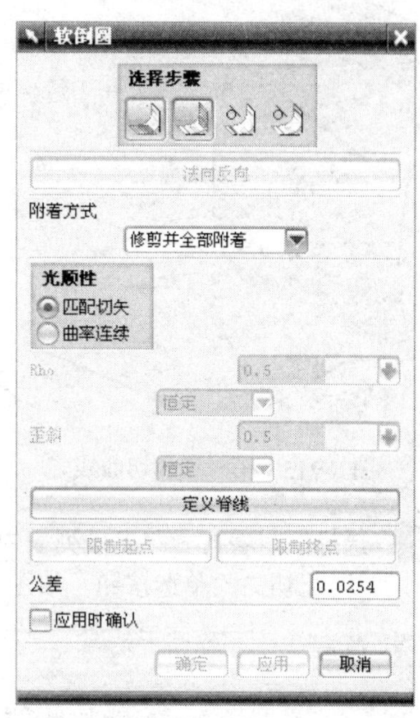

图 8-212 “软倒圆”对话框

4. 单击“第二组面”按钮或直接单击鼠标中键，然后选择如图 8-214 所示的曲面作为第二组曲面，选择曲面后显示出倒圆矢量箭头。

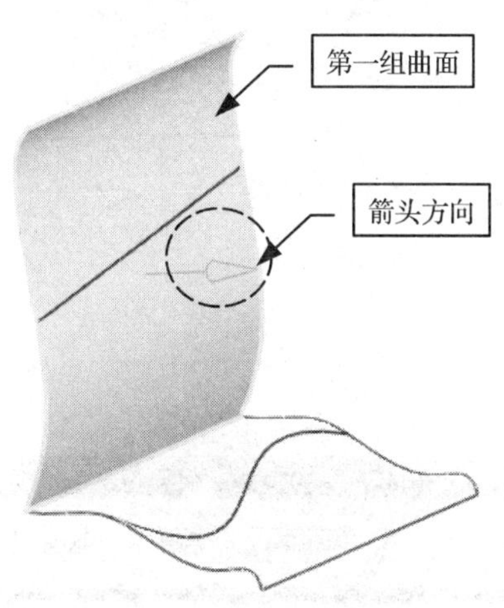

图 8-213 选择第一组曲面

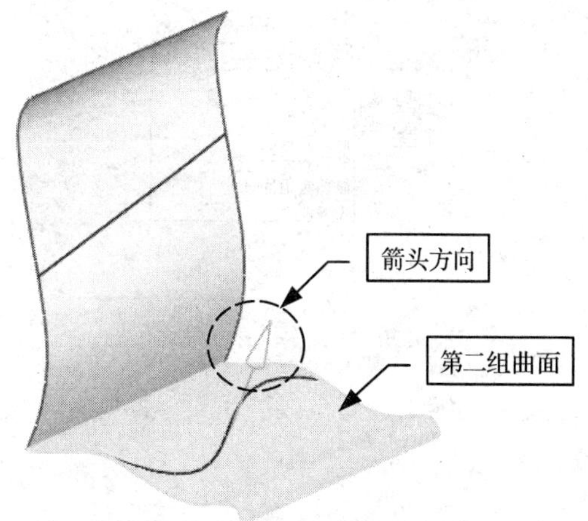

图 8-214 选择第二组曲面

5. 单击“第一条相切曲线”按钮或直接单击鼠标中键，然后选择如图 8-215 所示的曲线作为第一条相切曲线。

6. 单击“第二条相切曲线”按钮或直接单击鼠标中键，然后选择如图 8-216 所示的曲线作为第二条相切曲线。

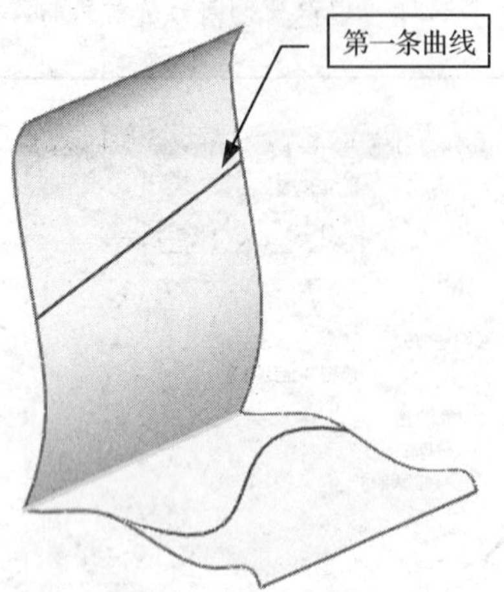

图 8-215　第一条相切曲线

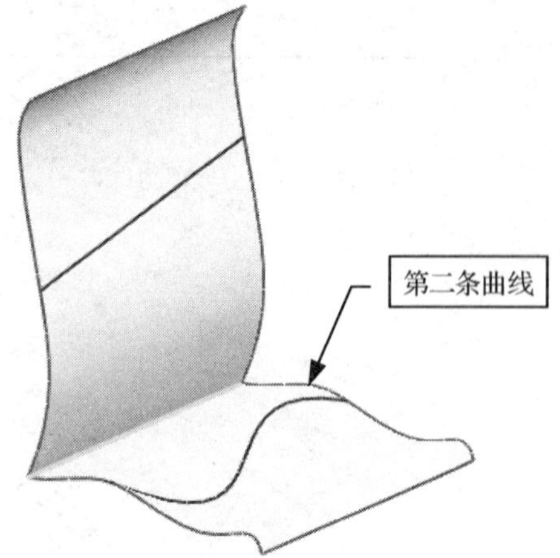

图 8-216　第二条相切曲线

7. 选择“附着方式”下拉列表中的“修剪并全部附着”选项，在“光顺性”选项组中单击“匹配切矢”单选按钮，如图 8-217 所示。

8. 单击 定义脊线 按钮，弹出“脊线”对话框，如图 8-218 所示。

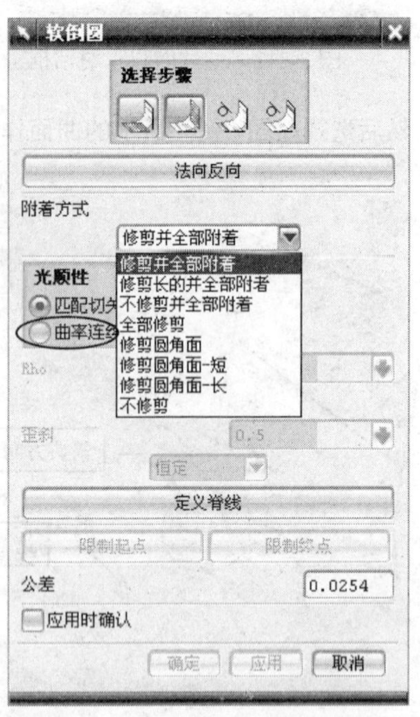

图 8-217　设置软倒圆参数

图 8-218　“脊线”对话框

9. 在工作窗口中选择如图 8-219 所示的“第一组曲面”与“第二组曲面”的相交线作为脊线串。

10. 单击“脊线”对话框中的 确定 按钮，返回“软倒圆”对话框，最后单击对话框中的 确定 按钮，完成后的软倒圆特征如图 8-220 所示。

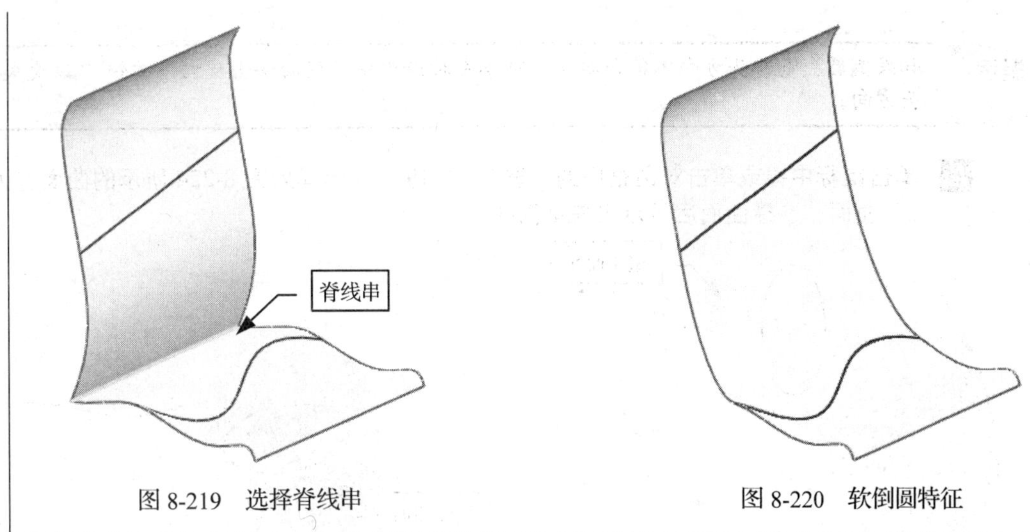

图 8-219 选择脊线串

图 8-220 软倒圆特征

8.5.6 样式倒圆

样式倒圆是指将相切和曲率约束应用到两个相交的曲面中从而创建曲面。

操作步骤

1. 打开附书光盘中的 SAMPLE \ CH08 \ 8.5.6 PRT 文件，如图 8-221 所示。

2. 选择“插入”→“细节特征”→“样式倒圆”命令，弹出“样式圆角”对话框，如图 8-222 所示。

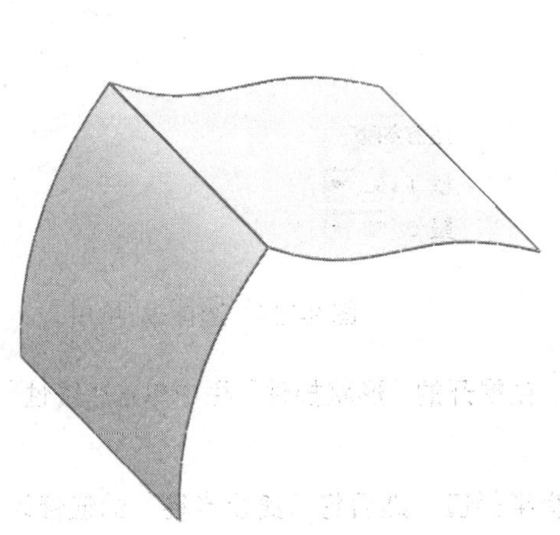

图 8-221 打开的模型

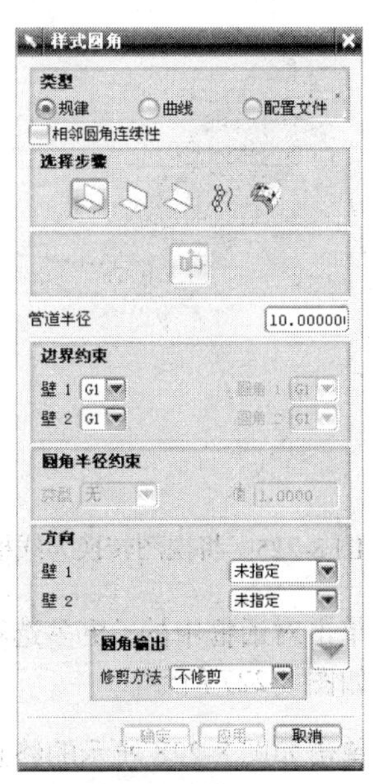

图 8-222 “样式圆角”对话框

3. 在工作窗口中选择如图 8-223 所示的曲面作为“壁 1”曲面，选择曲面后显示出矢量箭头。

提示： 如果倒圆矢量箭头方向不符合要求，可单击对话框中“使面法向反向”按钮改变矢量箭头方向。

4. 单击鼠标中键或单击对话框中的“壁 2”按钮，选择如图 8-224 所示的曲面作为“壁 2”曲面，选择曲面后显示出矢量箭头。

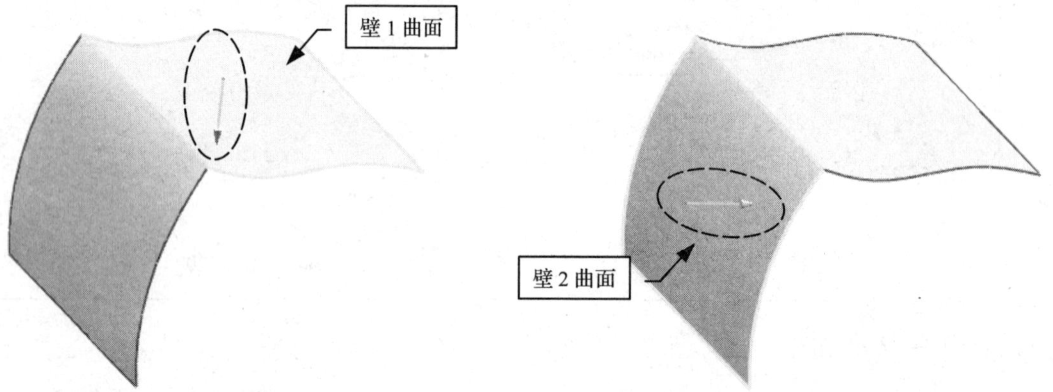

图 8-223　选择“壁 1”曲面　　图 8-224　选择“壁 2”曲面

5. 单击对话框中“选择步骤”栏中的“预览”按钮，再将对话框中的“管道半径”修改为 5。

6. 在工作窗口中的空白处按住鼠标右键不放，在弹出的视图模式中单击“带有变暗边的线框”按钮，视图转换为线框显示模式，如图 8-225 所示。

7. 在“边界约束”栏中的“壁 1”与“壁 2”下拉列表中分别选择为 G2 选项，如图 8-226 所示。

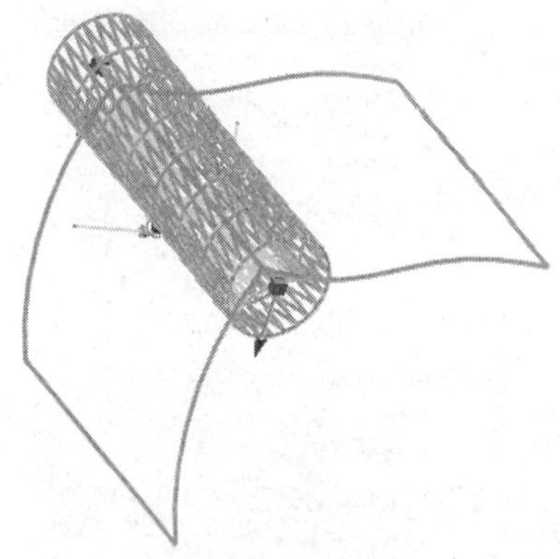

图 8-225　将视图转换为线框模式

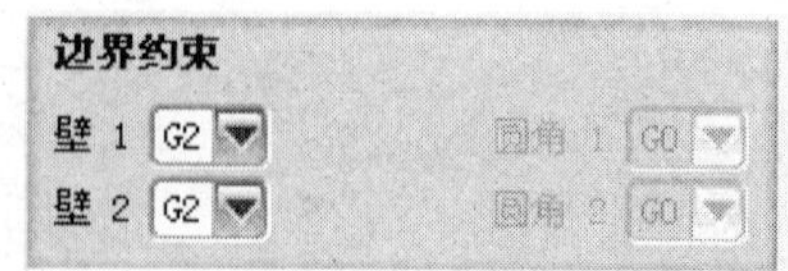

图 8-226　选择边界约束

8. 单击对话框中的“更多选项”按钮，在展开的“形状控件”栏中单击“线性”按钮，如图 8-227 所示。

9. 单击如图 8-228 所示的终止箭头来改变半径值，然后将“终止半径”的值修改为 8。

10. 单击另一端的起始箭头来改变半径值，然后将“终止半径”的值修改为 5，如图 8-229 所示。

11. 最后单击确定按钮，完成后的样式倒圆特征如图 8-230 所示。

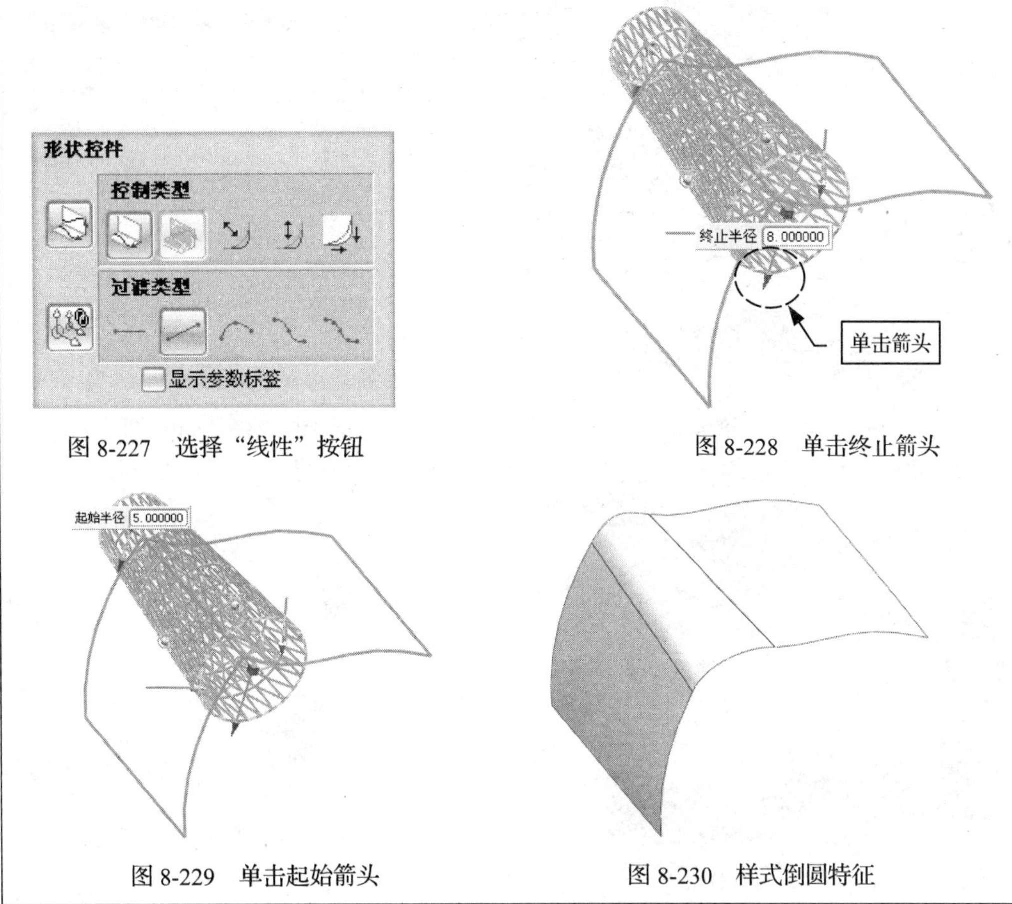

图 8-227 选择“线性”按钮

图 8-228 单击终止箭头

图 8-229 单击起始箭头

图 8-230 样式倒圆特征

8.5.7 倒斜角

倒斜角特征是将指定的倒角数值沿着特征边界进行倒角。倒角的创建方法有 3 种：对称倒斜角、非对称倒斜角、偏置和角度倒斜角。

1．对称倒斜角

操作步骤

1. 打开附书光盘中的 SAMPLE \ CH08 \ 8.5.7 PRT 文件，如图 8-231 所示。
2. 选择“插入“→“细节特征”→“倒斜角”命令，弹出“倒斜角”对话框，如图 8-232 所示。
3. 在工作窗口中选择如图 8-233 所示的边作为斜角边，并显示“距离”输入框。
4. 在“偏置”栏中将“距离”值修改为 20，或直接在工作窗口中将距离值修改为 20，如图 8-234 所示。
5. 单击对话框中“预览”栏中的“显示结果”按钮，在工作窗口中预览创建的倒斜角特征，如图 8-235 所示。

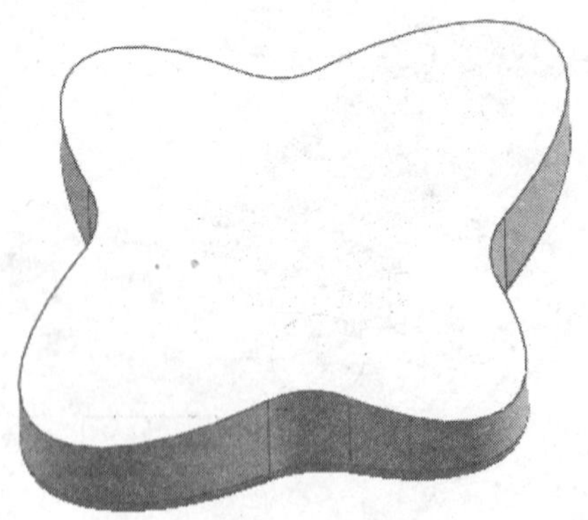

图 8-231 打开的模型

图 8-232 “倒斜角”对话框

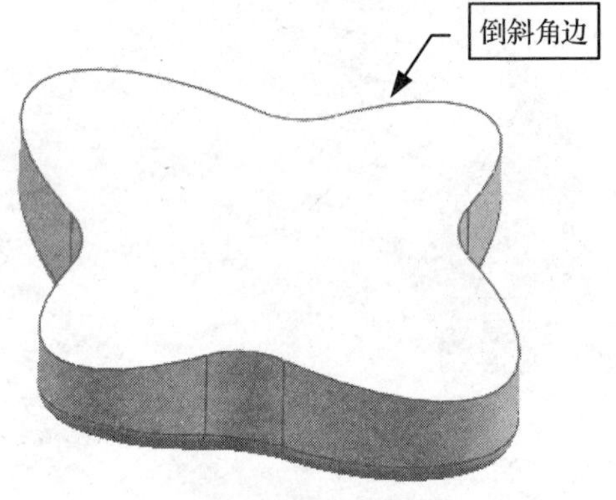

图 8-233 选择要倒斜角的边

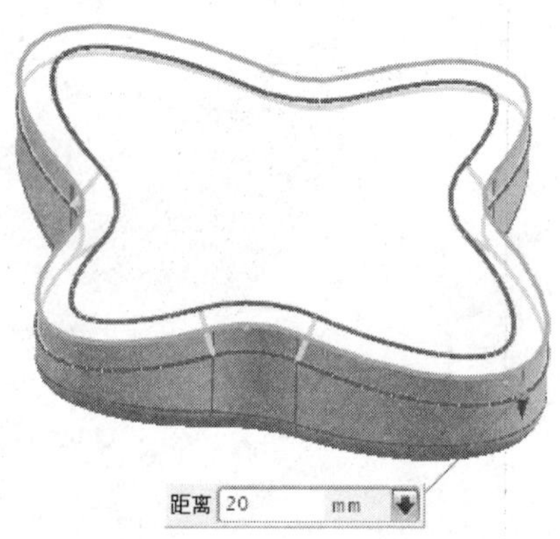

图 8-234 修改距离值

6. 最后单击确定按钮，完成创建对称倒斜角特征。

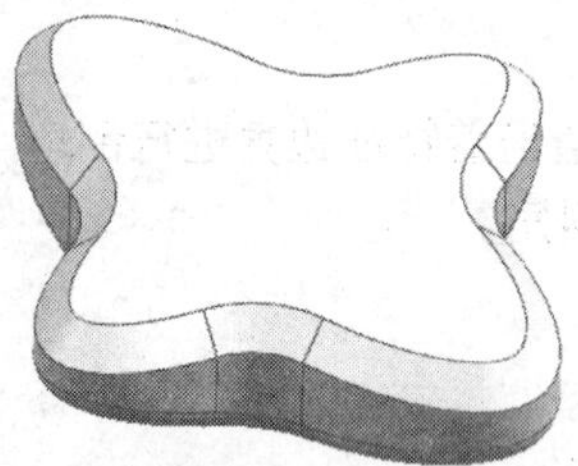

图 8-235 预览对称倒斜角特征

2．非对称倒斜角

操作步骤

1. 打开附书光盘中的 SAMPLE \ CH08 \ 8.5.7 PRT 文件。

2. 选择“插入”→“细节特征”→“倒斜角”命令，弹出“倒斜角”对话框。

3. 在工作窗口中选择如图 8-236 所示的边作为斜角边。

4. 选择“横截面”下拉列表中的“非对称”选项，如图 8-237 所示。

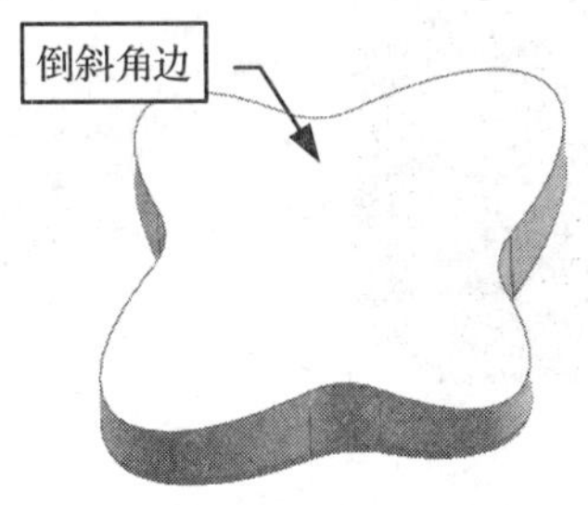

图 8-236 选择要倒斜角的边

图 8-237 选择“非对称”选项

5. 将工作窗口中的 Distance1 值修改为 30，在“距离 2”输入中输入 15，如图 8-238 所示。

6. 最后单击确定按钮，完成后的非对称倒斜角特征如图 8-239 所示。

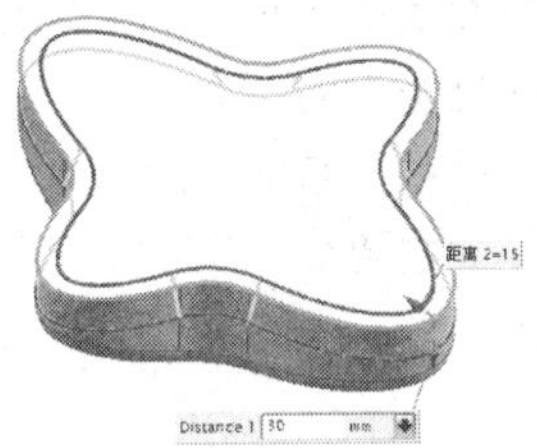

图 8-238 修改 Distance1 值

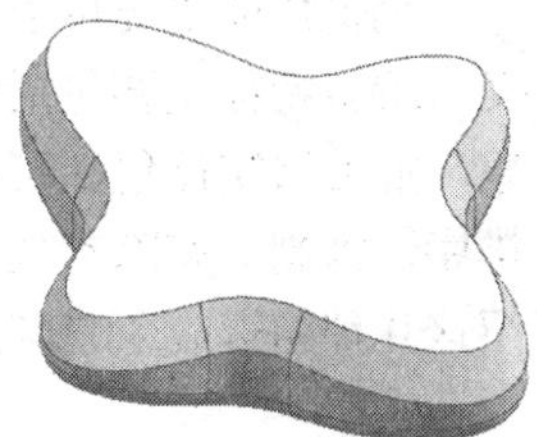

图 8-239 非对称倒斜角特征

3. 偏置和角度倒斜角

1. 打开附书光盘中的 SAMPLE \ CH08 \ 8.5.7 PRT 文件。

2. 选择“插入”→“细节特征”→“倒斜角”命令，弹出“倒斜角”对话框。

3. 在工作窗口中选择如图 8-234 所示的边作为斜角边。

4. 选择“横截面”栏下拉列表中的“偏置和角度”选项，如图 8-240 所示。

5. 将工作窗口中的“角度”值修改为 50，距离值修改为 20，如图 8-241 所示。

6. 最后单击确定按钮，完成后的偏置和角度倒斜角特征如图 8-242 所示。

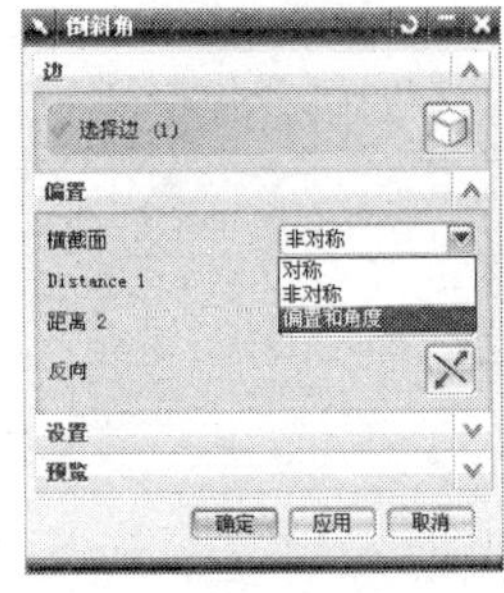

图 8-240 选择“偏置和角度”选项

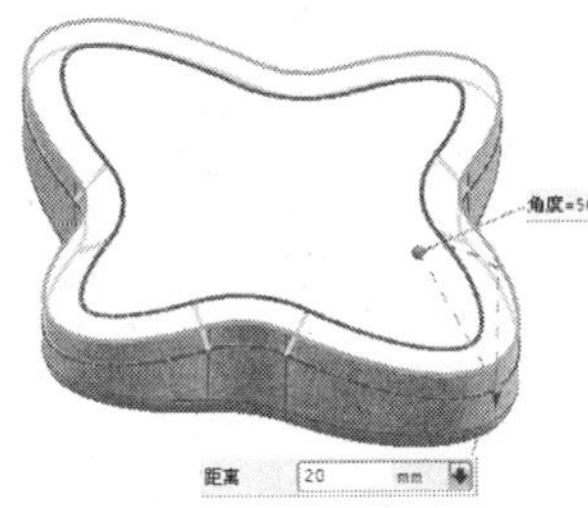

图 8-241 修改倒斜角值

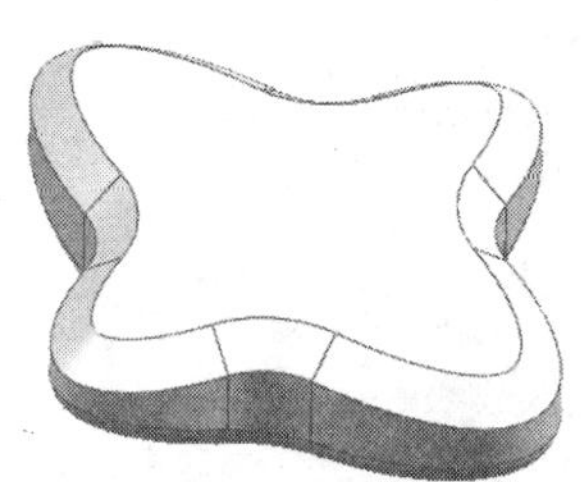

图 8-242 偏置和角度倒斜角特征

第9章 编辑特征

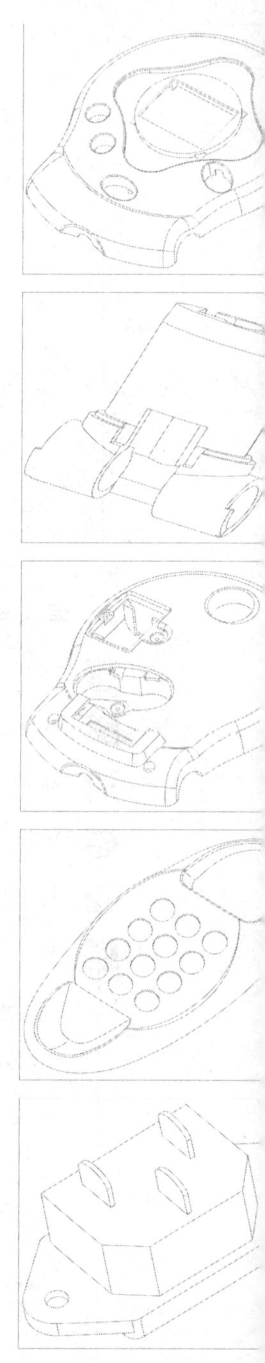

本章导读

编辑特征主要用于对已创建的特征进行修改及重定义。编辑特征主要包括编辑实体、编辑曲面以及变换对象。如编辑实体包括可回滚编辑、编辑位置、移动、重排序、抑制、移除参数等一系列编辑命令。本章主要介绍这几种编辑命令的操作方法及编辑注意事项。

要点提示

- 移动、比例、旋转、镜像、阵列等变换对象的编辑与操作。
- 可回滚编辑、编辑位置、移动、重排序等编辑实体操作。
- 扩大、编辑曲面边界、变换等曲面编辑。
- 复制、粘贴、剪切、撤销和重做等基本操作。

9.1　变换对象

变换对象是指将目标对象进行平移、旋转、复制以及比例缩放等编辑。变换操作的目标对象可以是实体、片体、曲线或点等独立对象。变换对象位置的移动是相对当前工作坐标系而变换方位的。如果两个实体之间存在关联性将不能进行变换操作。

录像文件：演示录像\CH09\0901

9.1.1　移动对象

在变换对象的操作中移动对象时的方式主要有至一点与增量两种，下面将逐个进行介绍。

1．“至一点”移动对象

操作步骤

1. 打开光盘中的 SAMPLE \CH09 \9.1.1.PRT 文件，实例特征如图 9-1 所示。

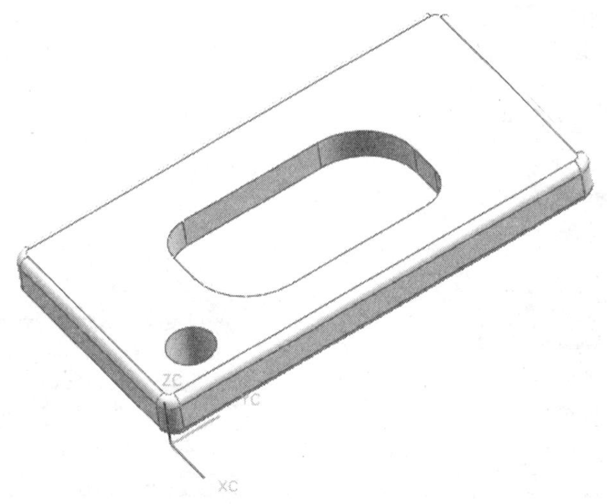

图 9-1　打开的模型

2. 选择菜单栏中的“编辑”→“变换”命令，如图 9-2 所示。同时弹出“类选择”对话框，如图 9-3 所示。

3. 在程序提示下选择工作窗口中的实例特征，再单击“类选择”对话框中的 确定 按钮。弹出“变换”对话框，如图 9-4 所示。

4. 单击“变换”对话框中的 平移 按钮，程序将自动弹出平移“变换”对话框，如图 9-5 所示。

5. 在平移“变换”对话框中单击 至一点 按钮，弹出如图 9-6 所示的“点”对话框。

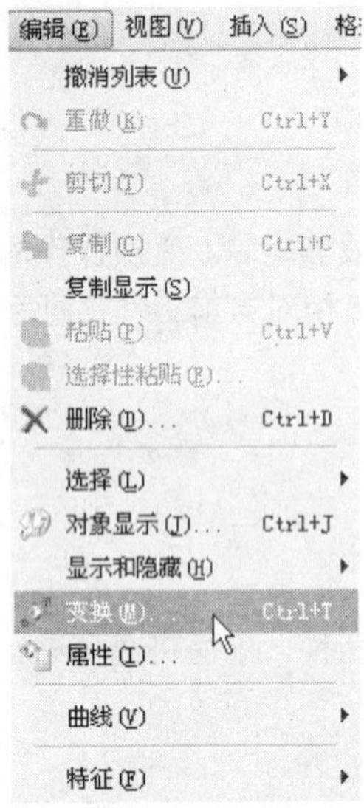

图 9-2 选择“变换”命令

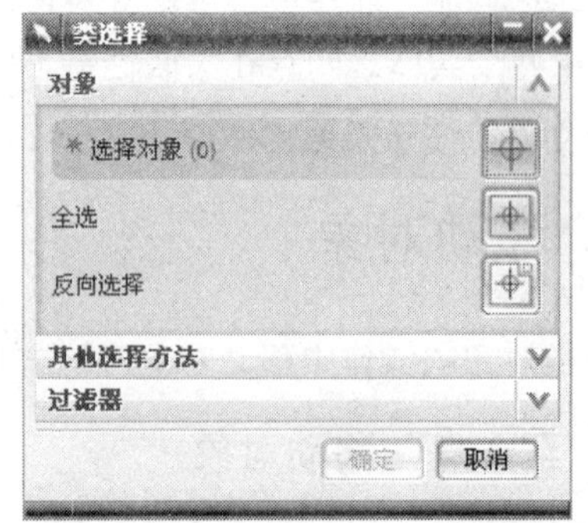

图 9-3 “类选择”对话框

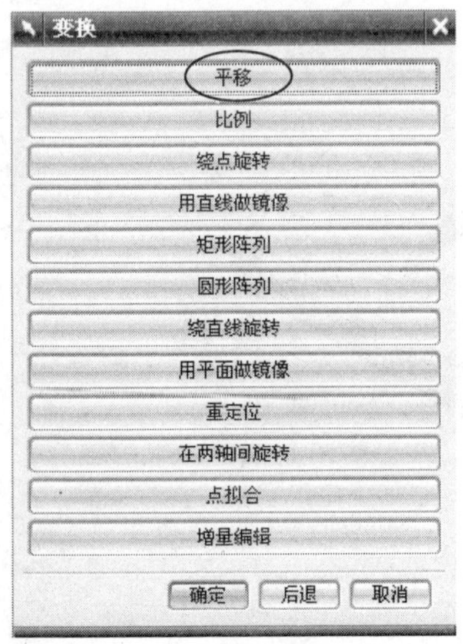

图 9-4 “变换”对话框

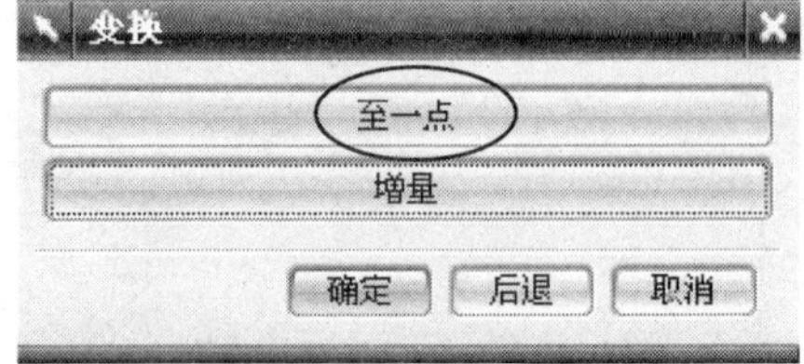

图 9-5 平移“变换”对话框

6. 单击对话框中“类型”栏下的“自动判断的点”按钮，或单击右侧小三角按钮弹出如图9-7所示的下拉列表，列表中有多种控制点方式可供选择。

7. 参照默认的“自动判断的点”类型不变，在工作窗口中选择实例特征顶角上的点，如图9-8所示。

8. 在“点”对话框中的“坐标”栏中将自动显示出当前点的位置，如图9-9所示。

9. 将“坐标”栏中的XC方向值修改为-10，其余的按默认的设置不变，如图9-10所示，再单击对话框中的确定按钮。

10. 弹出“变换”对话框，如图9-11所示。程序默认选择对话框中的“移动”命令。

图 9-6 “点”对话框

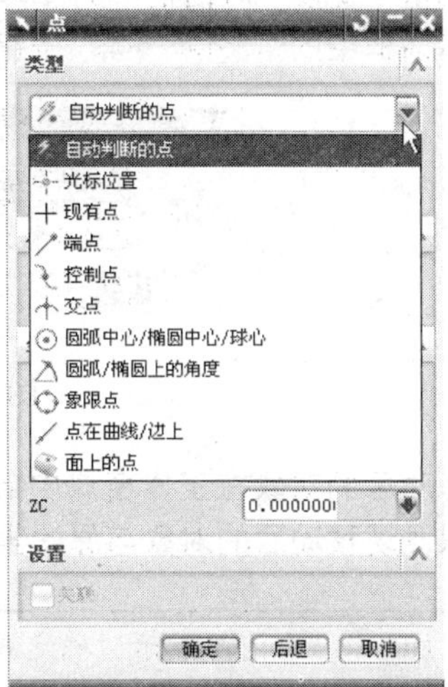

图 9-7 “类型”下拉列表

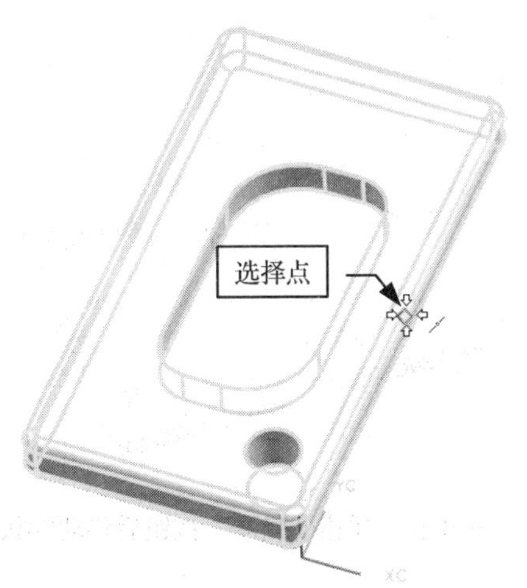

图 9-8 选择点参照

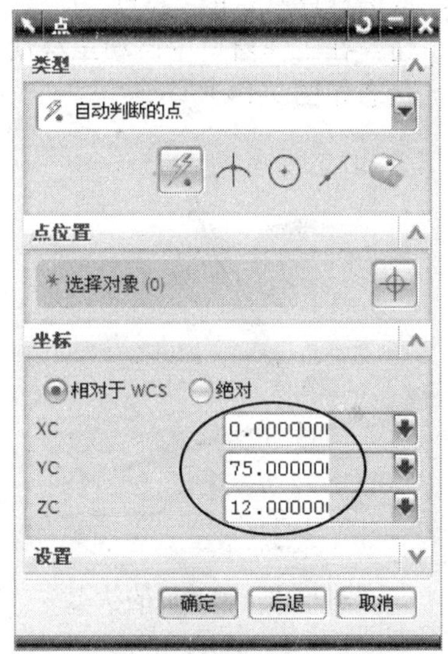

图 9-9 选择点后的“点”对话框

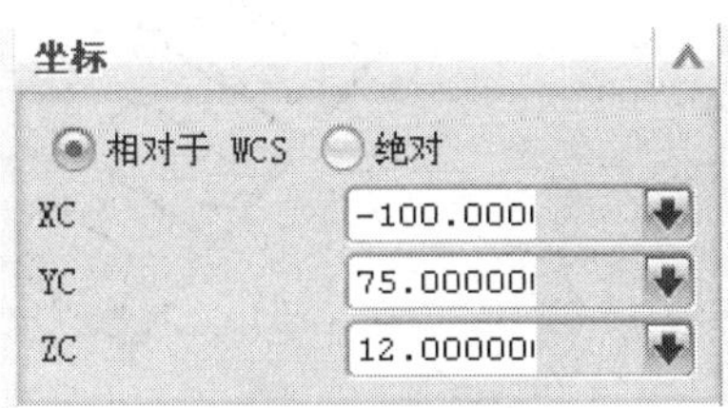

图 9-10 设置“坐标”栏参数

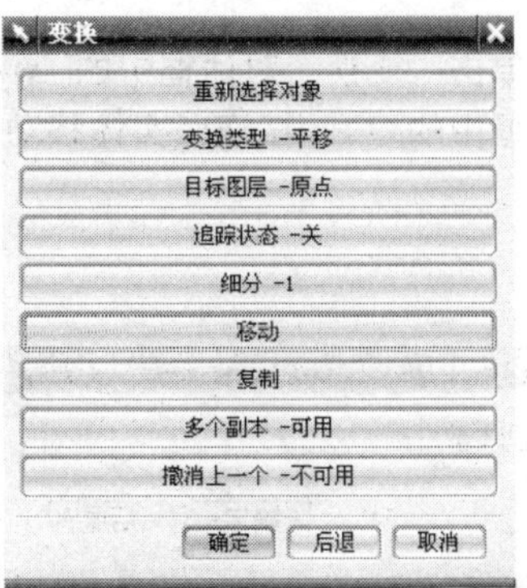

图 9-11 “变换”对话框

11. 单击“变换”对话框中的[确定]按钮，同时弹出“变换”对话框，如图9-12所示。单击对话框中的[Transform Parents]按钮，返回“变换”对话框。

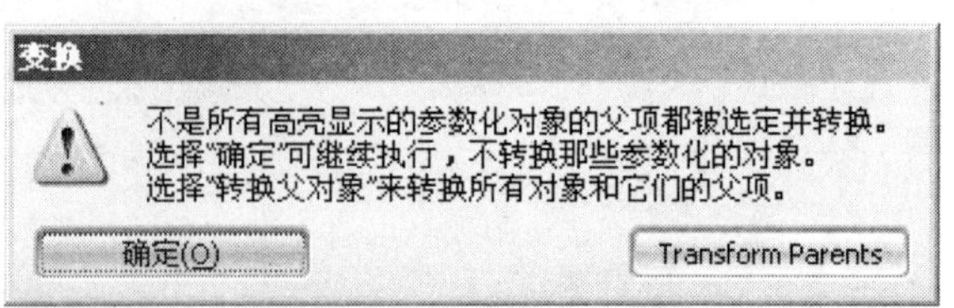

图9-12　“变换”对话框

12. 移动后的对象在工作窗口中自动呈预览状态，再单击[取消]按钮。通过距离测量命令可以发现移动后的对象与原始坐标点相差50mm，如图9-13所示。

提示： 在UG中“取消”表示“确定并退出”。
变换的快捷方式为Ctrl + T。

13. 取消程序默认的“移动”命令，在“变换”对话框中单击[复制]按钮，在工作窗口中自动呈移动预览状态，再单击对话框中的[取消]按钮，创建后的移动状态如图9-14所示。

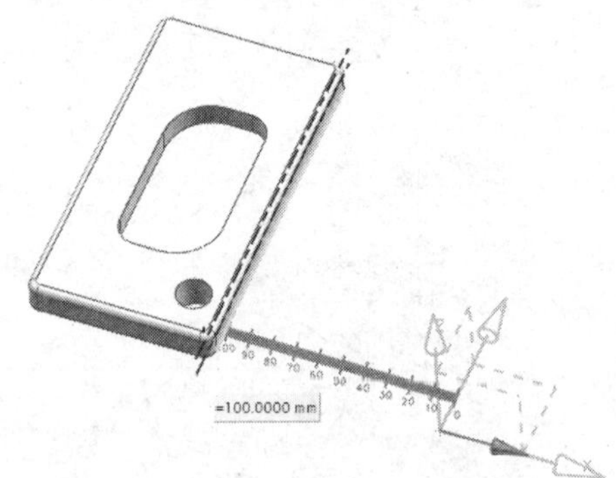

图9-13　移动后的状态

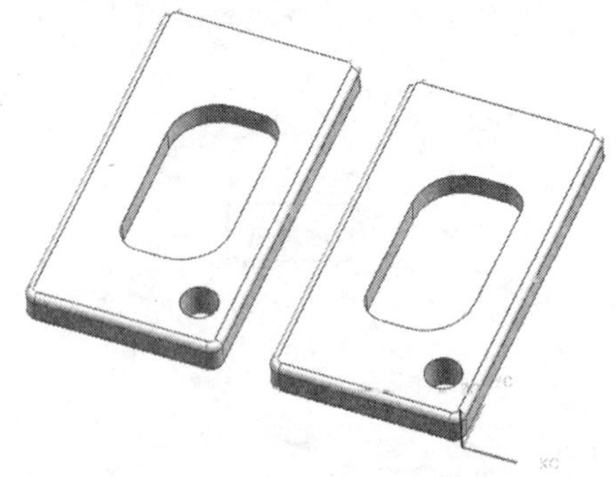

图9-14　单击“复制”按钮后移动的状态

14. 取消程序默认的“移动”命令，在对话框中单击[多个副本 -可用]按钮，弹出“变换”对话框，然后将“副本数”修改为2，如图9-15所示。

15. 单击“变换”对话框中的[确定]按钮，在工作窗口中自动呈移动预览状态，再单击对话框中的[取消]按钮，实体移动后的状态如图9-15所示。

图9-15　修改副本数

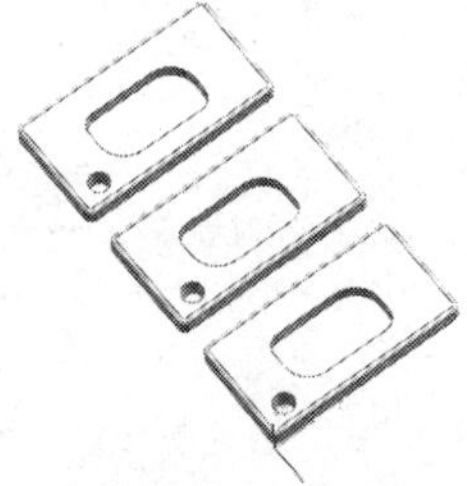

图9-16　移动后的状态

2. "增量"移动对象

操作步骤

1. 以上述同样的方式进入"变换"对话框，然后在平移"变换"对话框中单击 增量 按钮，如图 9-17 所示。

2. 弹出增量"变换"对话框，在对话框中的 DYC 栏输入坐标值 100，其余的按默认的设置不变，如图 9-18 所示。最后单击对话框中的 确定 按钮。

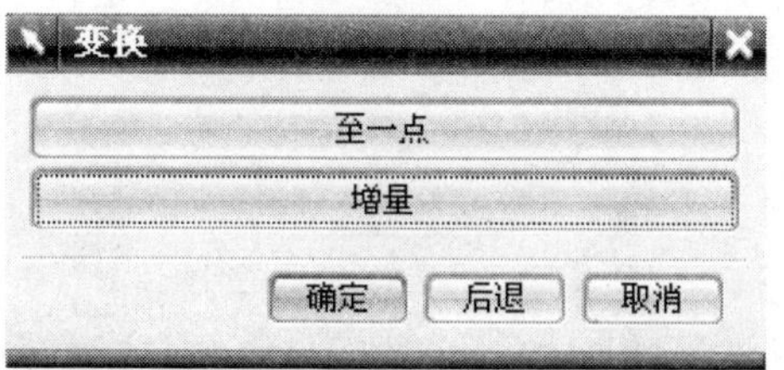

图 9-17 平移"变换"对话框

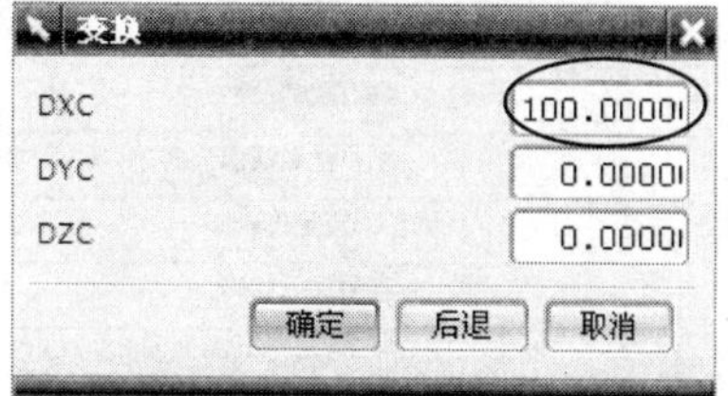

图 9-18 修改坐标值

3. 弹出"变换"对话框，程序默认选择对话框中的"移动"命令。

4. 单击对话框中的 复制 按钮，实体在工作窗口中呈移动预览状态，再单击对话框中的 取消 按钮，移动后的实体如图 9-19 所示。

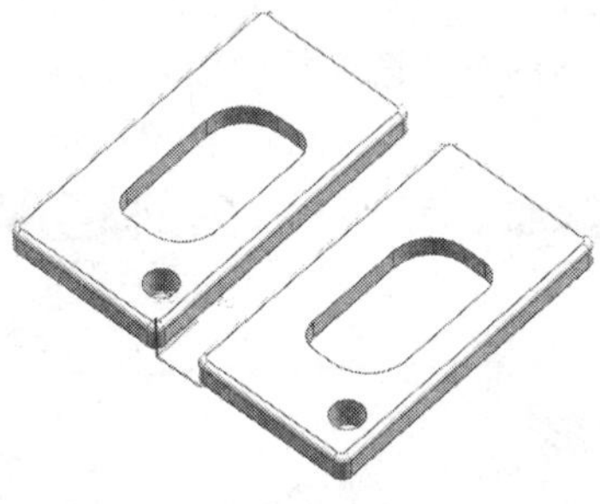

图 9-19 移动后的实体

9.1.2 比例对象

比例对象是指对目标对象进行放大或缩小操作。

操作步骤

1. 打开光盘中的 SAMPLE \CH09 \ 9.1.2.PRT 文件，如图 9-20 所示。

2. 然后在键盘上按 Ctrl+T 组合键，弹出"类选择"对话框。

3. 在程序提示下单击选择如图 9-20 所示的参照实体为比例对象，再单击"类选择"对话框中的 确定 按钮。

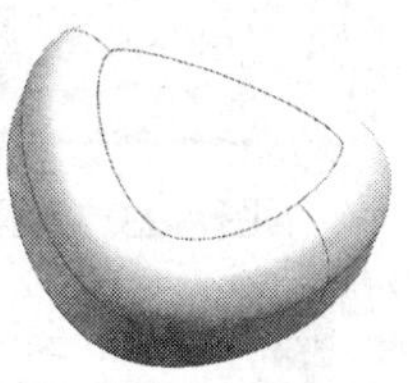

图 9-20 打开的模型

4. 弹出“变换”对话框，如图 9-21 所示。单击对话框中的 比例 按钮，程序将自动弹出“点”对话框，如图 9-22 所示。

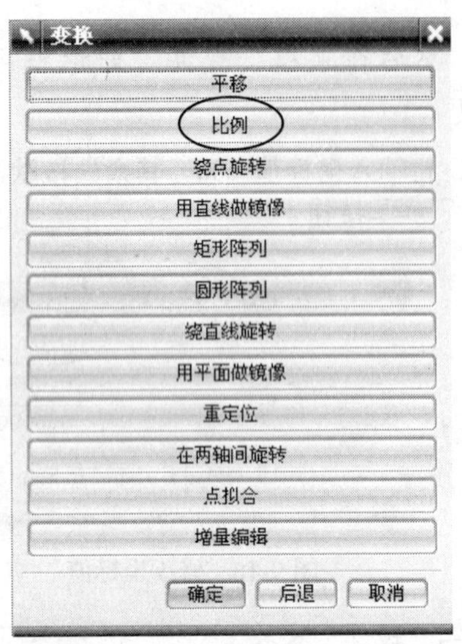

图 9-21 “变换”对话框

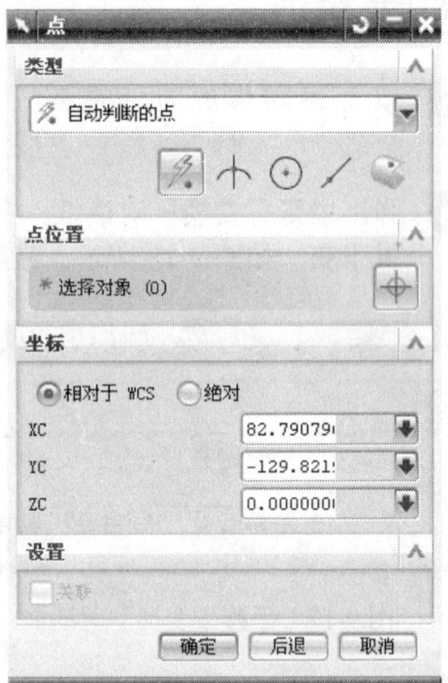

图 9-22 “点”对话框

5. 单击对话框中“类型”栏下的“自动判断的点”选项或单击右侧小三角按钮，在弹出的下拉列表中选择“光标位置”选项，如图 9-23 所示。

6. 在对话框中“坐标”栏下的 YC 输入框中输入 1000，如图 9-24 所示，再单击对话框中的 确定 按钮。

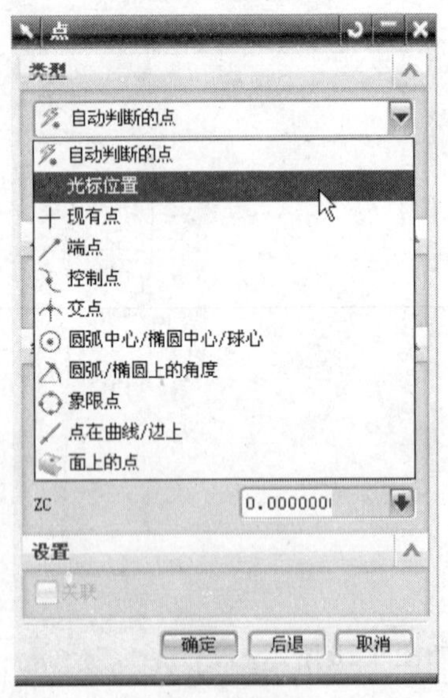

图 9-23 选择“光标位置”选项

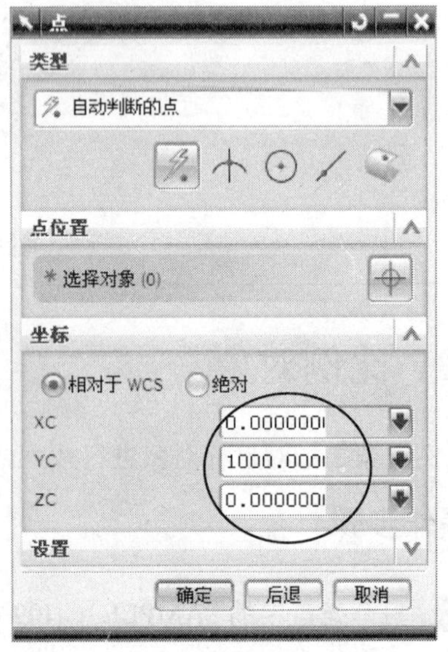

图 9-24 修改坐标值

7. 弹出“变换”对话框，然后在“比例”输入框中输入比例值 0.7，如图 9-25 所示，再单击对话框中的 确定 按钮。

> **提示：** 若在“变换”对话框中单击 非均匀比例 按钮，将弹出非均匀比例“变换”对话框，在对话框中可以对 XC、YC、ZC 方向设置不同的比例值。

图 9-25 修改比例值

8. 程序自动弹出“变换”对话框，再在对话框中单击 复制 按钮，如图 9-26 所示。

9. 在工作窗口中自动呈比例预览状态，再单击对话框中的 取消 按钮。创建后的比例特征如图 9-27 所示。

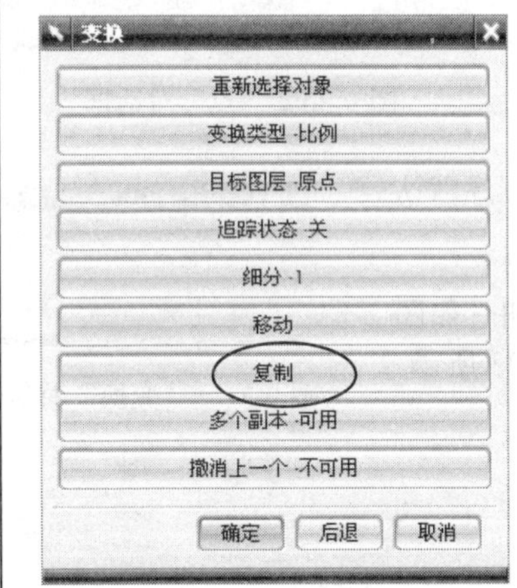

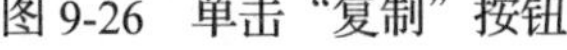
图 9-26 单击“复制”按钮

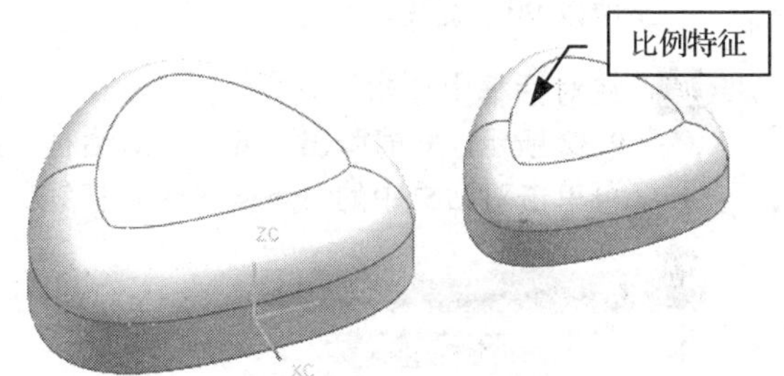

图 9-27 创建后的比例特征

9.1.3 旋转对象

旋转对象包括绕一点、绕一直线，以及在两轴间旋转 3 种方式，本节主要介绍这 3 种方式的创建方法。

1. 绕点旋转

操作步骤

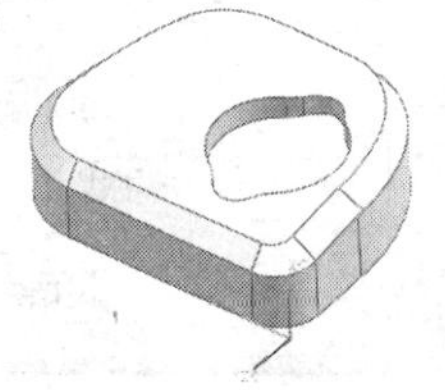

图 9-28 打开的模型

1. 打开光盘中的 SAMPLE \CH09 \ 9.1.3-1.prt 文件，如图 9-28 所示。

2. 在工作窗口中单击选择参照实体，并选择“编辑”→“变换”命令，弹出“变换”对话框。再单击 绕点旋转 按钮，如图 9-29 所示。

3. 弹出“点”对话框，然后在“坐标”栏下的 XC 输入框中输入 30 作为旋转中心点的位置，如图 9-30 所示，单击 确定 按钮。

图 9-29 “变换”对话框

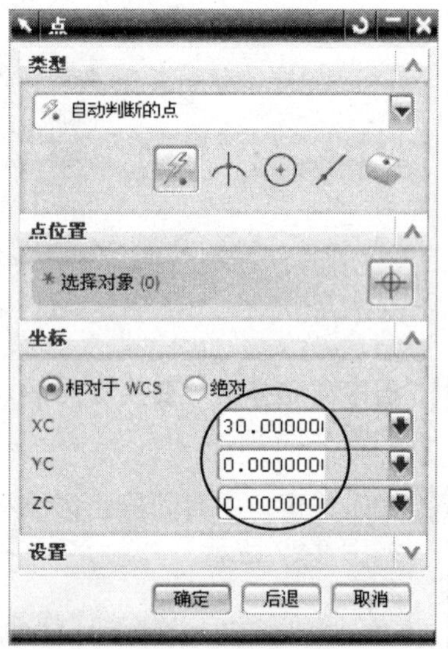

图 9-30 “点”对话框

4. 同时弹出如图 9-31 所示的“变换”对话框，程序默认地以 90° 旋转。

图 9-31 “变换”对话框

5. 在对话框中单击 移动 按钮，如图 9-32 所示。同时弹出“变换”对话框，如图 9-33 所示，再单击对话框中的 Transform Parents 按钮。

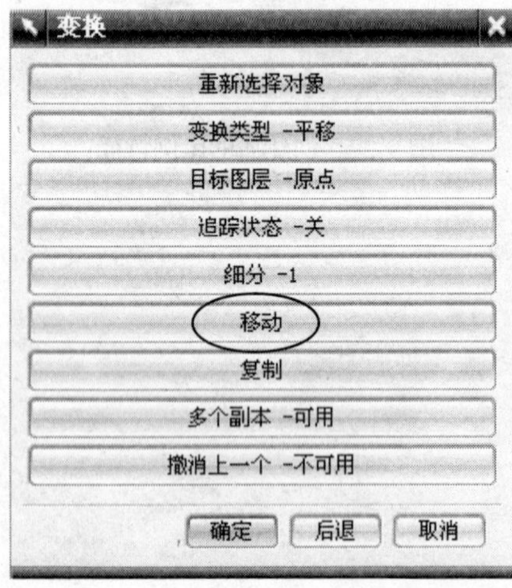

图 9-32 单击“移动”按钮

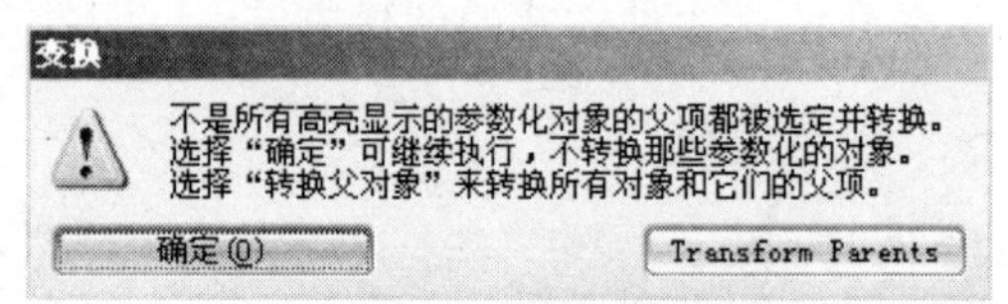

图 9-33 “变换”对话框

6. 在工作窗口中自动呈旋转预览状态，再单击“变换”对话框中的 取消 按钮，创建后的旋转特征如图 9-34 所示。

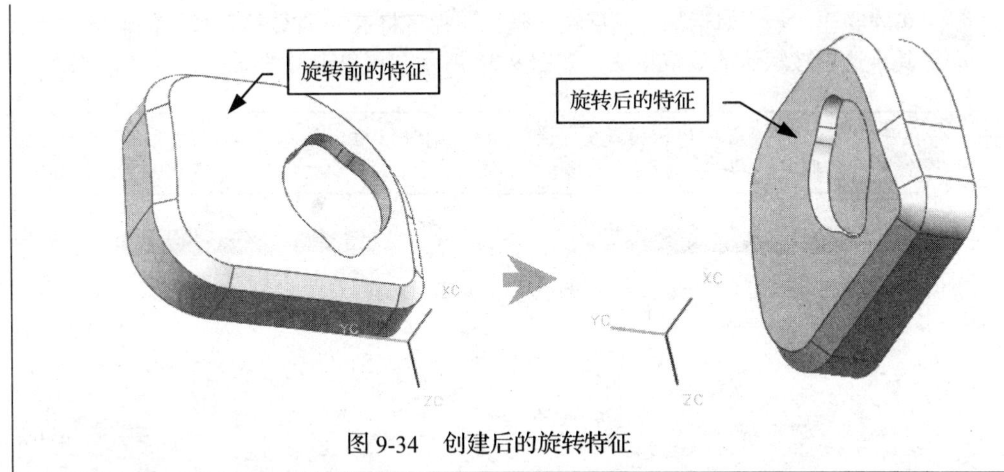

图 9-34 创建后的旋转特征

2. 绕直线旋转

（1）绕两点旋转

操作步骤

1. 以同样的方式进入“变换”对话框，再单击对话框中的 绕直线旋转 按钮，如图 9-35 所示。同时弹出绕直线旋转“变换”对话框，如图 9-36 所示。在对话框中有 3 种旋转方式。

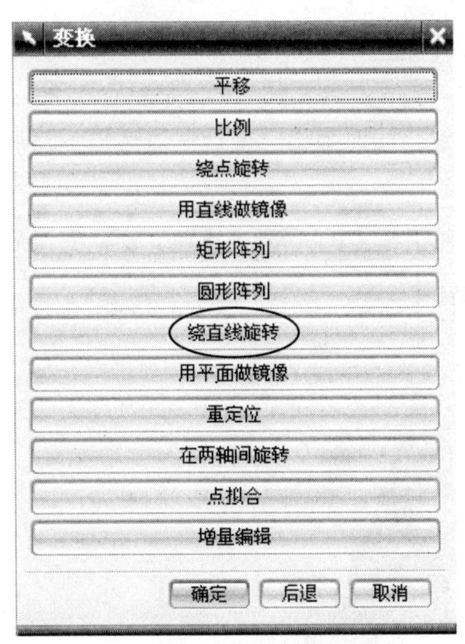

图 9-35 “变换”对话框

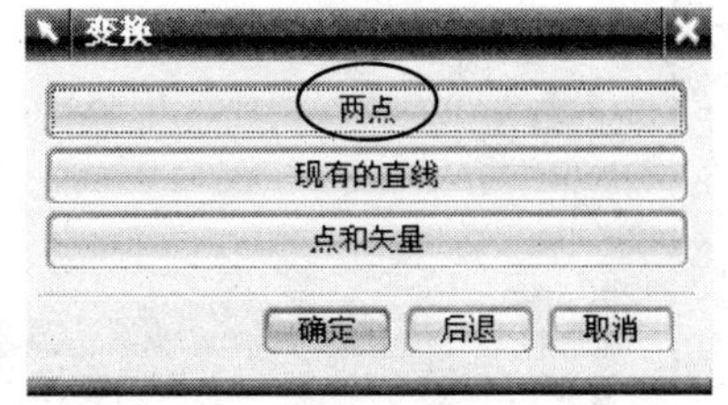

图 9-36 旋转方式

2. 在“变换”对话框中单击 两点 按钮，弹出“点”对话框，然后在“坐标”栏下的 XC 输入框中输入值 20，其余选项按默认的设置不变，如图 9-37 所示，再单击对话框中的 确定 按钮。

3. 再次弹出“点”对话框，然后在“坐标”栏下将XC、YC输入框中的值修改为20、50，其余选项按默认的设置不变，如图9-38所示，再单击对话框中的确定按钮。

提示： 第一次弹出的“点”对话框是第一个点的控制对话框，第二次弹出的“点”对话框是第二个点的控制对话框。

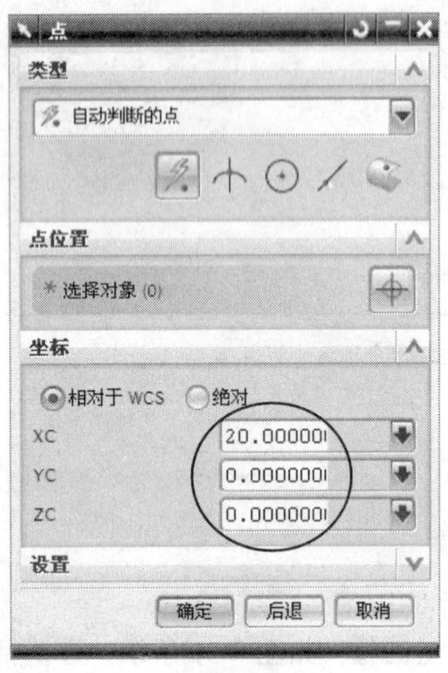

图9-37 “点”对话框（第一个点）

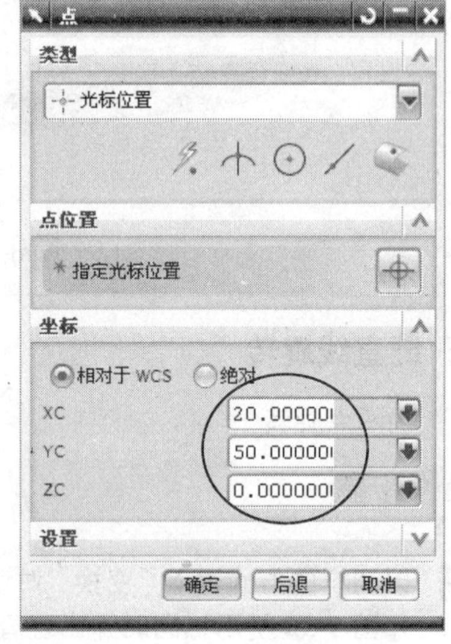

图9-38 “点”对话框（第二个点）

4. 弹出“变换”对话框，将旋转值改为180°，如图9-39所示，再单击对话框中的确定按钮。

5. 在对话框中单击移动按钮，同时弹出“变换”对话框，然后在对话框中单击Transform Parents按钮。

6. 在工作窗口中自动呈旋转预览状态，再单击对话框中的取消按钮，创建完成后的旋转特征如图9-40所示。

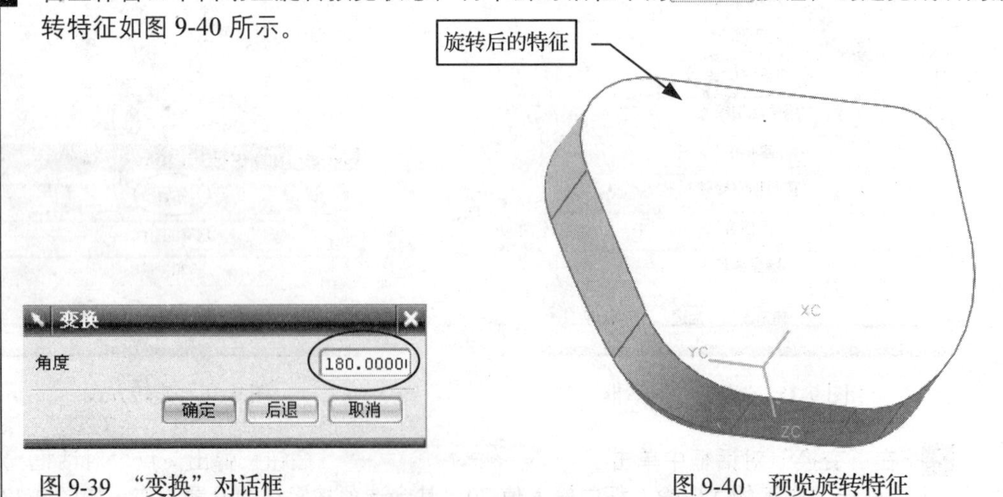

图9-39 “变换”对话框

图9-40 预览旋转特征

（2）绕现有的直线旋转

操作步骤

1. 打开光盘中的 SAMPLE \CH09 \ 9.1.3-2.PRT 文件。

2. 在“变换”对话框中单击 现有的直线 按钮，如图 9-41 所示。同时弹出现有的直线“变换”对话框，如图 9-42 所示。

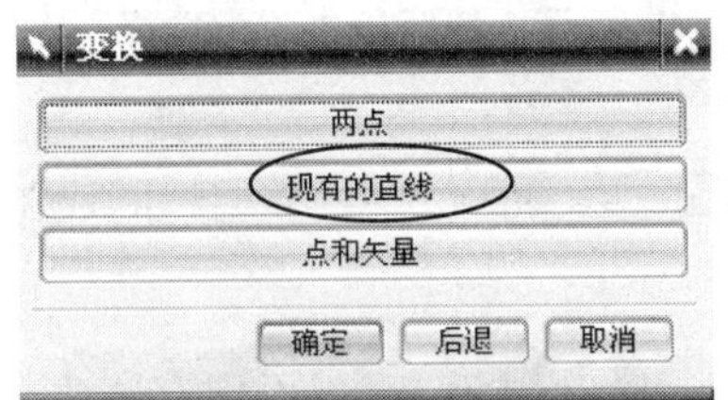

图 9-41 单击“现有的直线”按钮

图 9-42 现有的直线“变换”对话框

3. 选择如图 9-43 所示的直线作为旋转参照，再单击“变换”对话框中的 确定 按钮。

4. 弹出“变换”对话框，程序默认地以 90° 旋转，然后再将旋转值修改为−180，如图 9-44 所示。

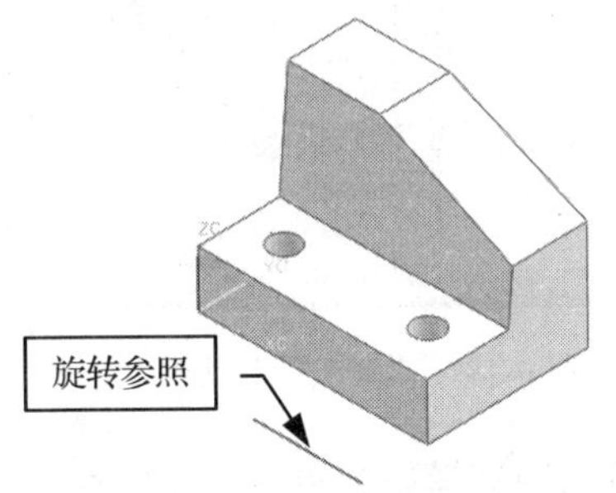

图 9-43 选择旋转参照直线

图 9-44 修改旋转角度

5. 弹出“变换”对话框，再在对话框中单击 复制 按钮，如图 9-45 所示。

6. 单击对话框中的 取消 按钮，创建后的旋转特征如图 9-46 所示。

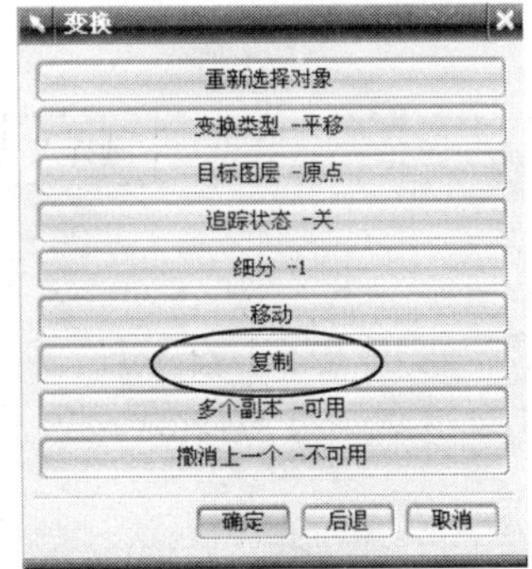

图 9-45 单击“复制”按钮

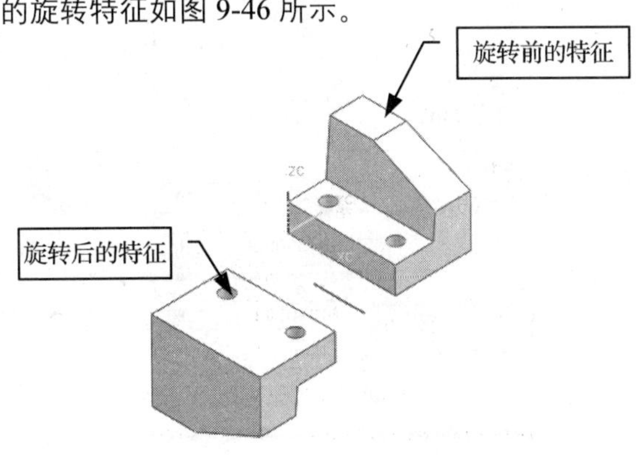

图 9-46 创建后的旋转特征

3. 在两轴间旋转

操作步骤

1. 打开光盘中的 SAMPLE \CH09 \ 9.1.3-3.prt 文件，如图 9-47 所示。

2. 选择菜单栏中的“编辑”→“变换”命令，同时弹出“类选择”对话框。

3. 在程序提示下选择工作窗口中的实例特征，如图 9-47 所示，然后单击“类选择”对话框中的 确定 按钮。

4. 弹出“变换”对话框，再单击对话框中的 在两轴间旋转 按钮，如图 9-48 所示。

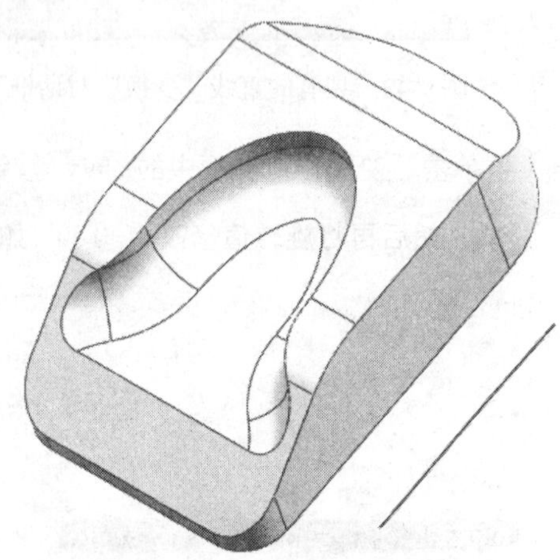

图 9-47 打开的模型

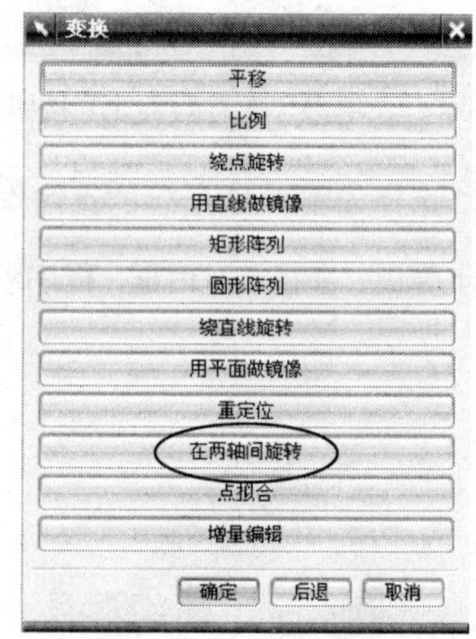

图 9-48 “变换”对话框

5. 弹出“点”对话框，如图 9-49 所示，然后在工作窗口中选择如图 9-50 所示的点。

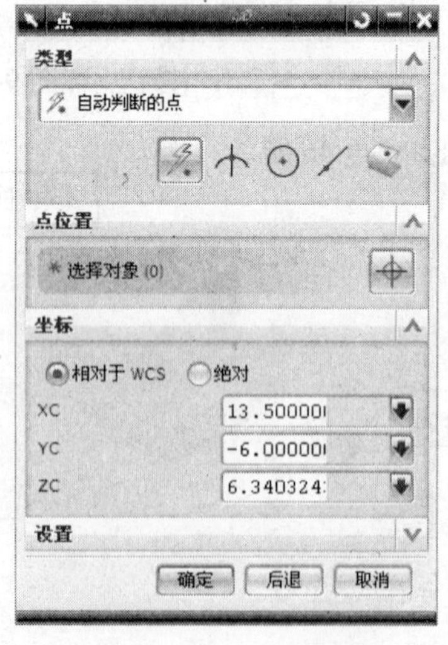

图 9-49 “点”对话框

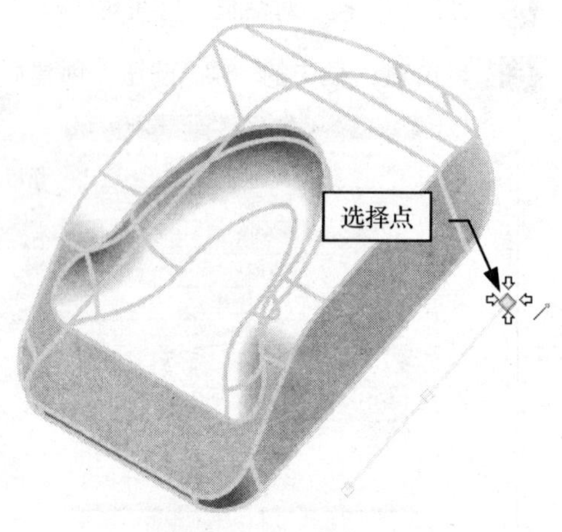

图 9-50 选择点参照

6. 弹出“矢量”对话框，如图 9-51 所示。然后选择实例特征的侧面作为参照面，如图 9-52 所示。

图 9-51 “矢量”对话框

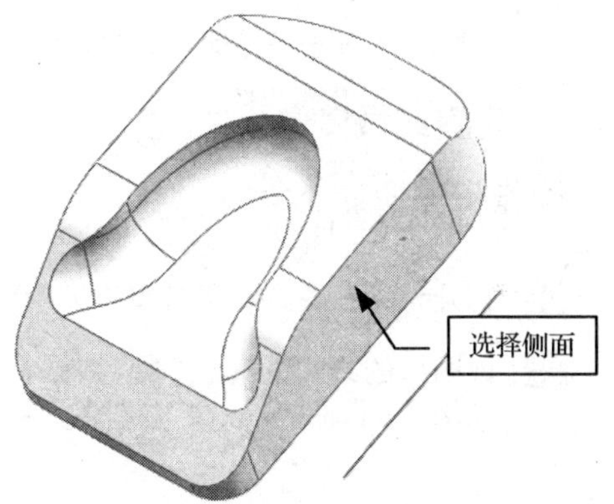

图 9-52 选择面参照

7. 在“矢量”对话框中单击 确定 按钮，定义后的矢量方向如图 9-53 所示。再次弹出“矢量”对话框，然后选择如图 9-53 所示的实体表面，再单击对话框中 确定 按钮，定义后的另一个矢量方向如图 9-54 所示。

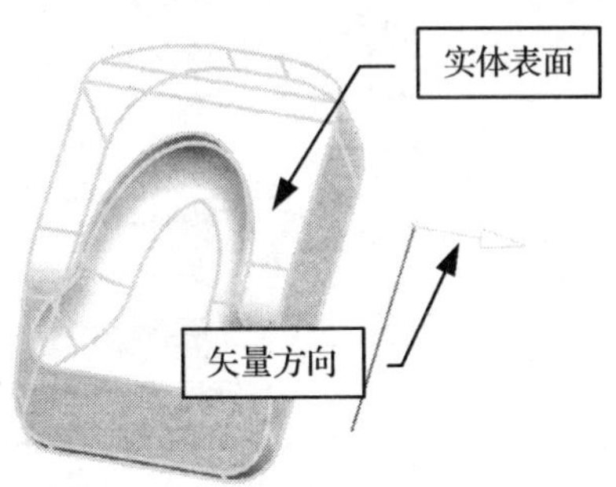

图 9-53 定义后的矢量方向一

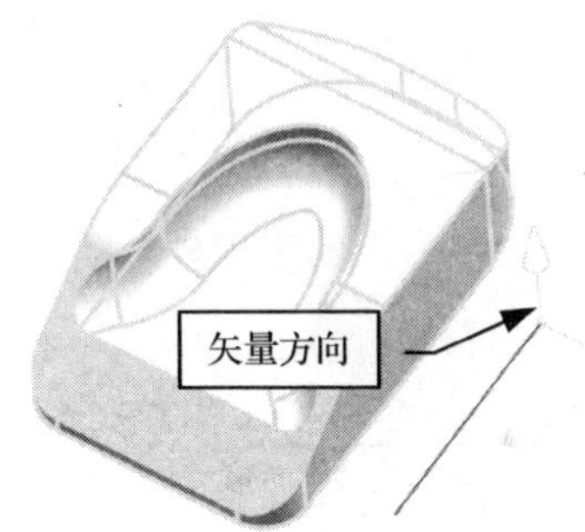

图 9-54 定义后的矢量方向二

8. 继续弹出“变换”对话框，然后在“劣角”文本框中输入值 90，如图 9-55 所示，再单击对话框中的 确定 按钮。

9. 弹出“变换”对话框，单击对话框中的 复制 按钮。最后单击对话框中的 取消 按钮，创建后的旋转特征如图 9-56 所示。

图 9-55 “变换”对话框

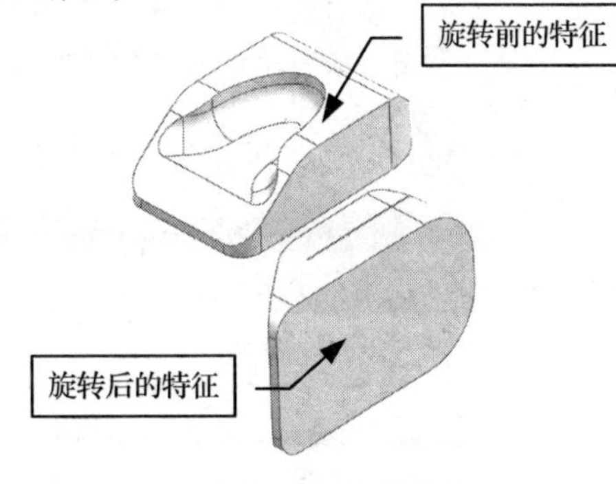

图 9-56 创建后的旋转特征

9.1.4 镜像对象

在“变换”对话框中包括用直线做镜像、用平面做镜像两种镜像方式。

1．用直线做镜像

操作步骤

1. 打开光盘中的 SAMPLE \CH09 \ 9.1.4.prt 文件，如图 9-57 所示。

2. 以同样的方式进入“变换”对话框，再单击对话框中的 用直线做镜像 按钮，如图 9-58 所示。

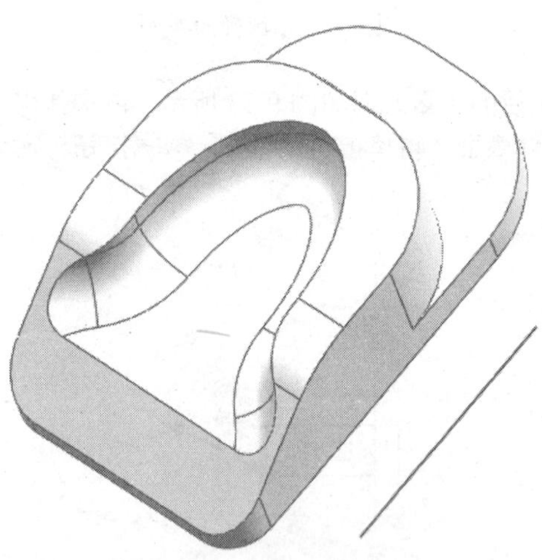

图 9-57 打开的模型

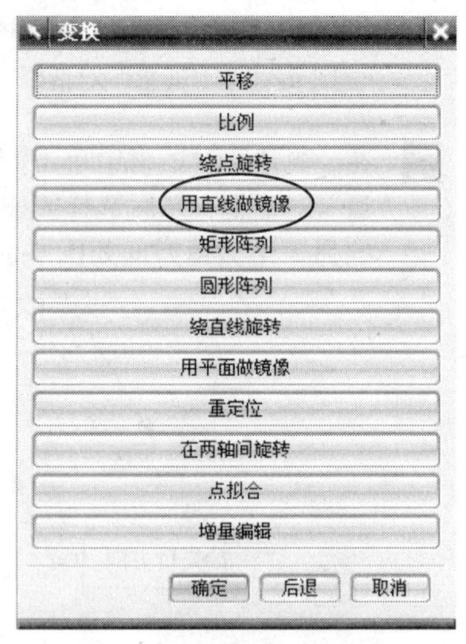

图 9-58 “变换”对话框

3. 同时弹出用直线做镜像“变换”对话框，然后单击对话框中的 现有的直线 按钮，如图 9-59 所示。

4. 弹出现有的直线“变换”对话框，如图 9-60 所示。然后选择如图 9-61 所示的直线作为镜像参照线，最后单击对话框中的 确定 按钮。

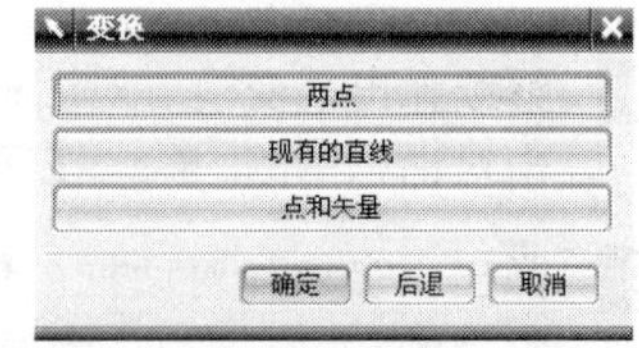

图 9-59 用直线做镜像“变换”对话框

图 9-60 现有的直线“变换”对话框

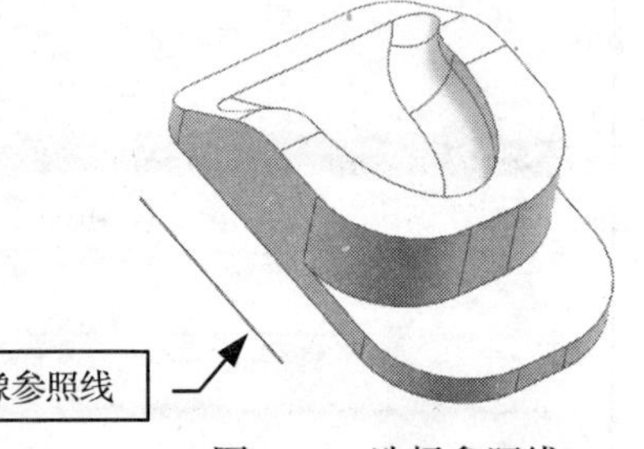

图 9-61 选择参照线

5. 弹出“变换”对话框，单击对话框中的 复制 按钮，如图 9-62 所示。同时弹出“变换”对话框，如图 9-63 所示。

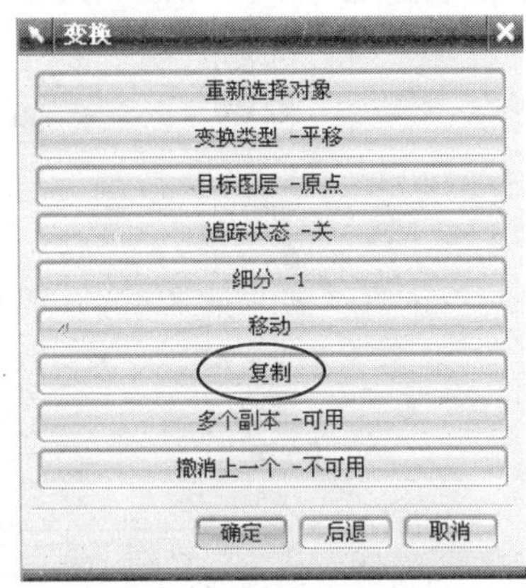

图 9-62 单击“复制”按钮

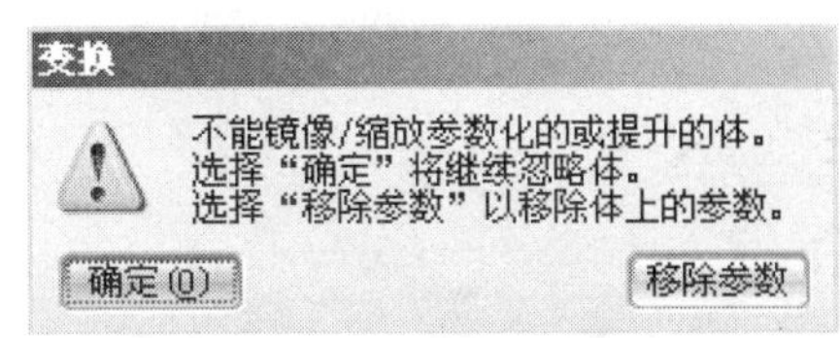

图 9-63 “变换”对话框

6. 单击“变换”对话框中的 移除参数 按钮，返回“变换”对话框，最后单击对话框中的 取消 按钮。创建后的镜像特征如图 9-64 所示。

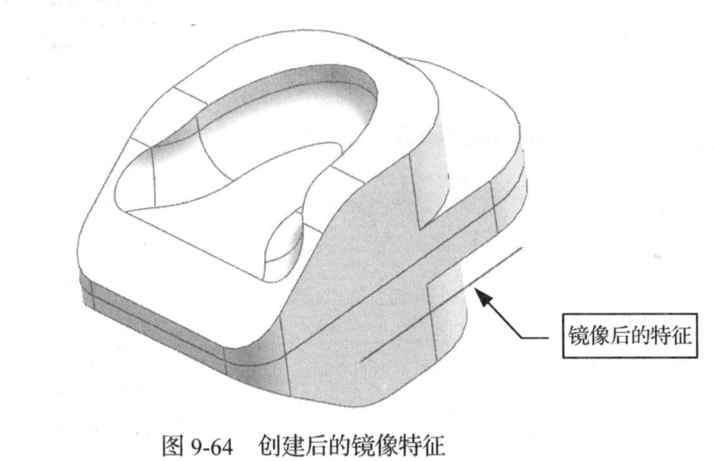

图 9-64 创建后的镜像特征

2．用平面做镜像

操作步骤

1. 在键盘上按 Ctr + T 组合键，弹出“类选择”对话框。

2. 选择如图 9-65 所示的实体特征为镜像对象，然后单击“类选择”对话框中的 确定 按钮。

3. 弹出“变换”对话框，再单击对话框中的 用平面做镜像 按钮，如图 9-66 所示。

4. 弹出“平面”对话框，如图 9-67 所示。然后在对话框中的“类型”栏中单击“自动判断”按钮，并在弹出的下拉列表中选择“成一角度”选项，同时弹出成一角度“平面”

对话框，如图 9-68 所示。

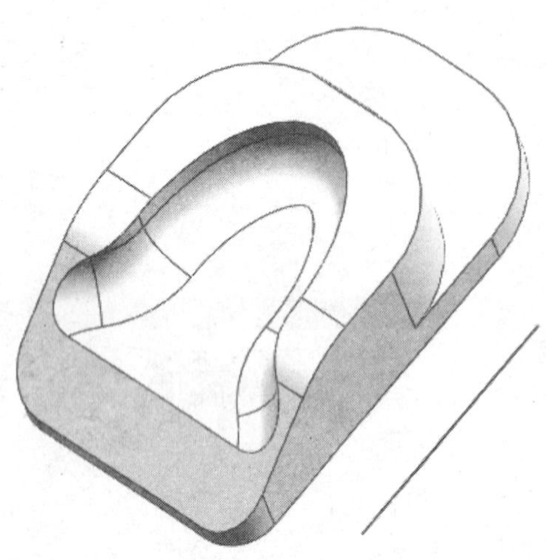

图 9-65　参照实体

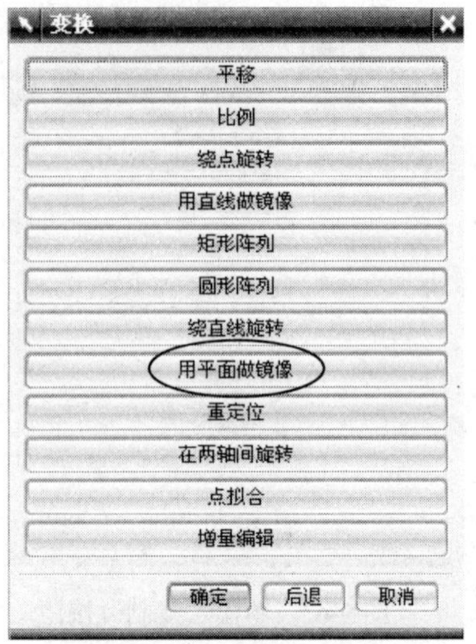

图 9-66　“变换”对话框

图 9-67　“平面”对话框

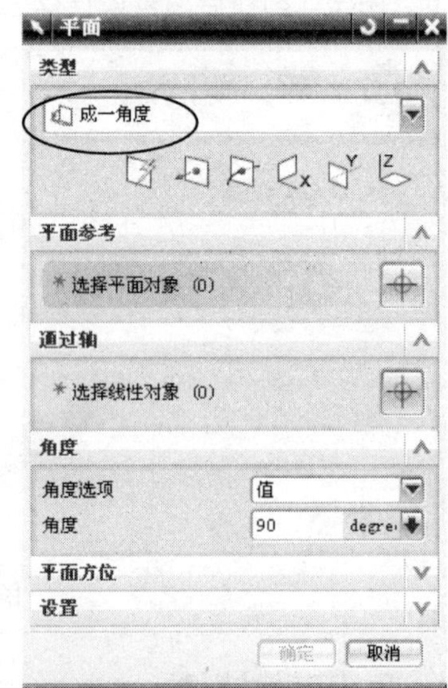

图 9-68　选择“成一角度”选项

5. 在工作窗口中选择实体表面作为平面参照，再选择参照直线作为通过轴参照，如图 9-69 所示。

6. 在“平面”对话框中的“角度”输入框中输入新平面的角度值为 45，如图 9-70 所示。

提示： 在选择实体表面作为平面参照时，所选的平面须与参照直线平行，否则将不能创建新平面，并且选择的参照平面不同，所成的角度状态也会不同。

若要改变镜像方向，可以单击“平面方位”栏下的按钮，或将鼠标移动到箭头上再单击鼠标右键，并在弹出的 反向 按钮中单击。

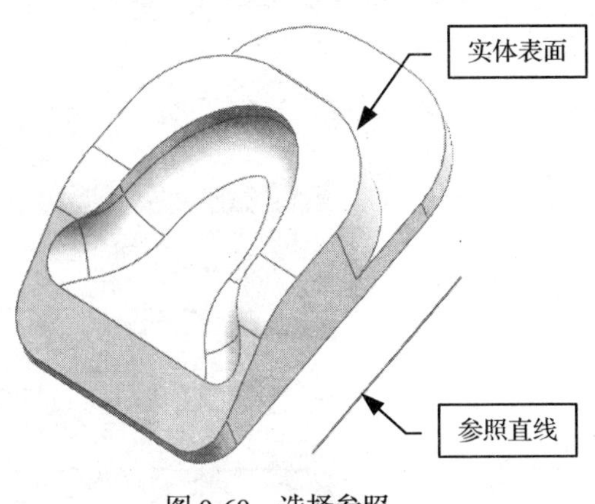

图 9-69 选择参照

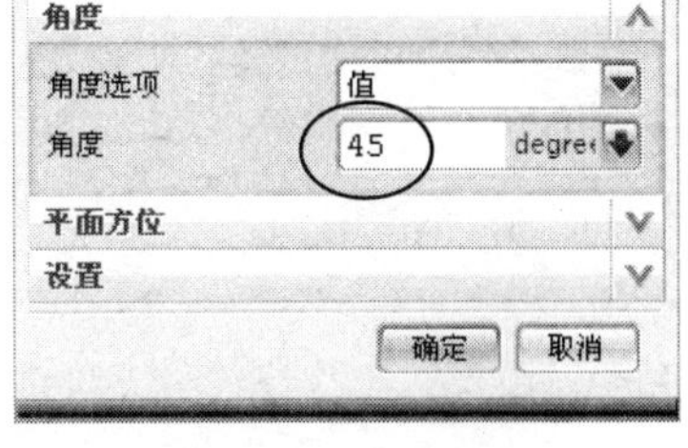

图 9-70 修改角度值

7. 按 Enter 键，新平面创建预览状态如图 9-71 所示，然后单击“平面”对话框中的「确定」按钮。

8. 弹出“变换”对话框，单击对话框中的「复制」按钮。最后单击对话框中的「取消」按钮。创建后的镜像特征如图 9-72 所示。

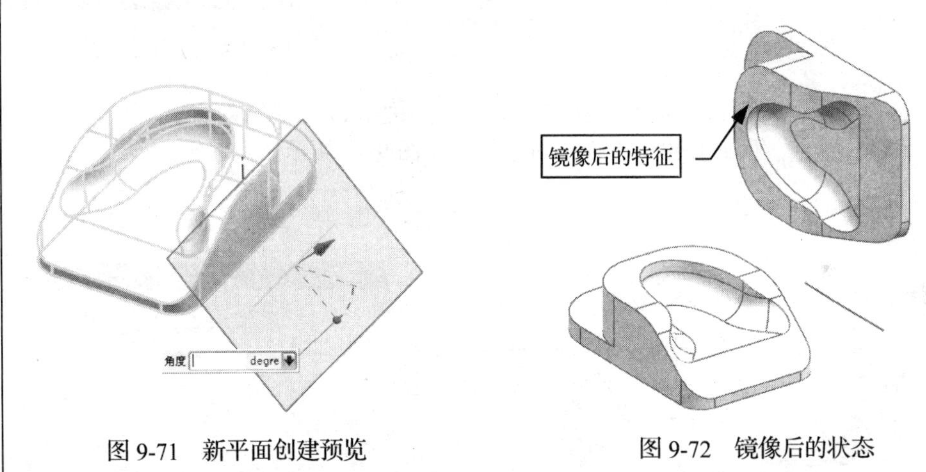

图 9-71 新平面创建预览

图 9-72 镜像后的状态

9.1.5 阵列对象

阵列对象是指创建一个特征的多个副本。阵列对象分为矩形阵列和圆形阵列两种。本节主要介绍这两种阵列方式的创建方法。

1. 矩形阵列

操作步骤

1. 打开附书光盘中的 SAMPLE \CH09 \ 9.1.5-1.PRT 文件，如图 9-73 所示。

2. 选择菜单栏中的“编辑”→“变换”命令，弹出“类选择”对话框。

3. 在系统提示下选择如图 9-72 所示的参照实例作为阵列对象，再单击“类选择”对话框中的 确定 按钮。

4. 弹出“变换”对话框，再单击对话框中的 矩形阵列 按钮，如图 9-74 所示。

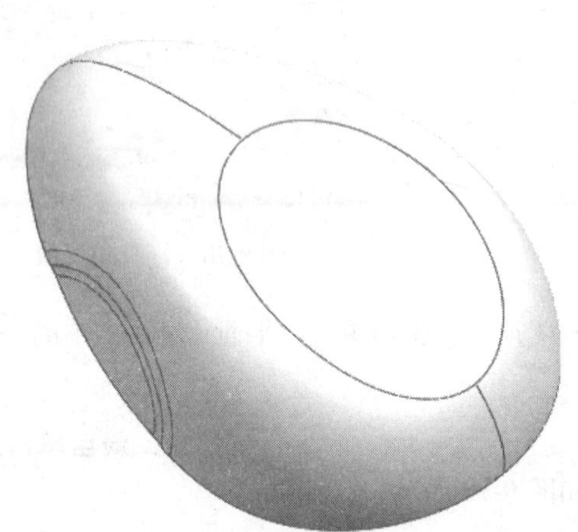

图 9-73　打开的模型

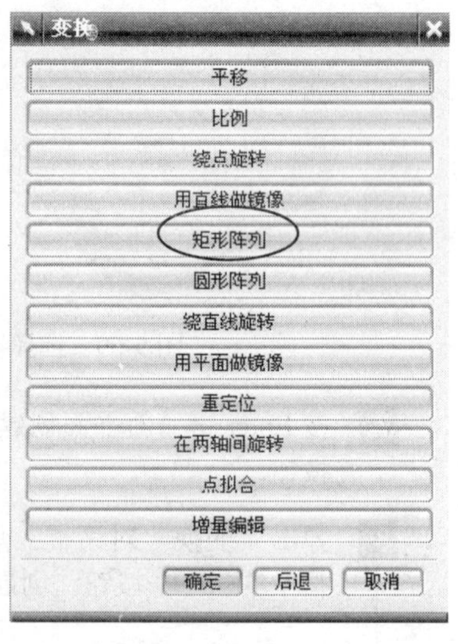

图 9-74　“变换”对话框

5. 弹出“点”对话框，然后单击如图 9-75 所示的点作为点位置参照，再单击对话框中的 确定 按钮。同时弹出“变换”对话框，如图 9-76 所示。

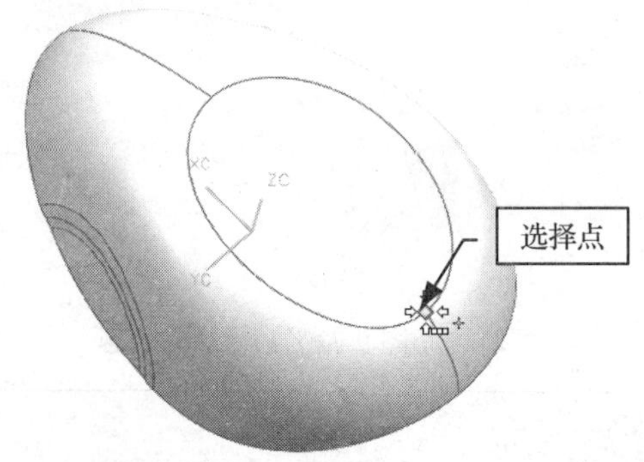

图 9-75　选择参照点

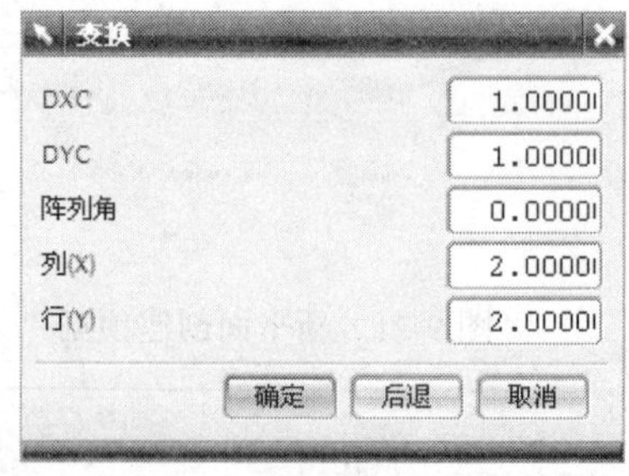

图 9-76　“变换”对话框

6. 在“变换”对话框中将 DXC 中的值修改为 150，DYC 中的值修改为 110，其余选项按默认的设置不变，如图 9-77 所示。

7. 单击对话框中的 确定 按钮，并在弹出的“变换”对话框中单击 移动 按钮，如图 9-78 所示。

8. 弹出“变换”对话框，再单击对话框中的 Transform Parents 按钮。

9. 在工作窗口中自动呈阵列预览状态，再单击对话框中的 取消 按钮。创建后的阵列特征如图 9-79 所示。

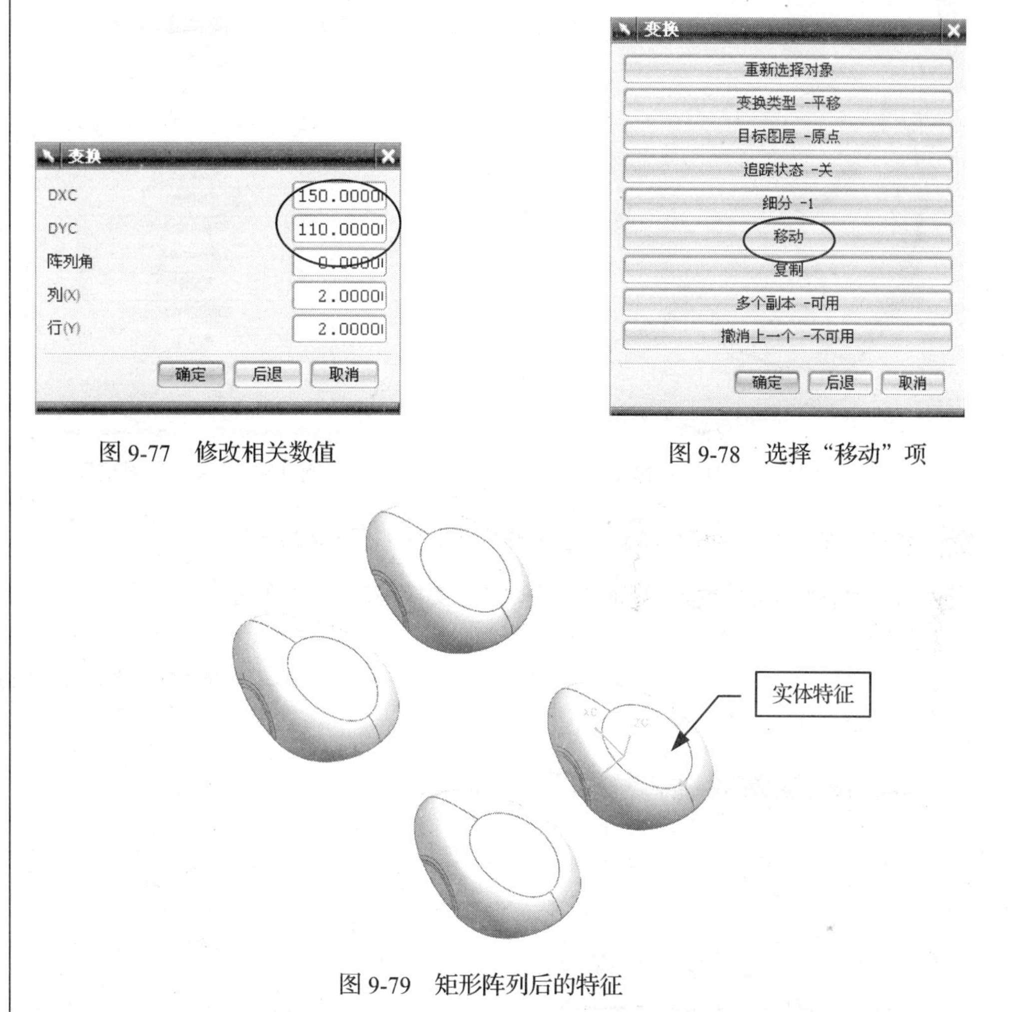

图 9-77 修改相关数值

图 9-78 选择“移动”项

图 9-79 矩形阵列后的特征

2. 圆形阵列

操作步骤

1. 打开随书光盘中的 SAMPLE \CH09 \ 9.1.5-2.PRT 文件，如图 9-80 所示。
2. 选择菜单栏中的“编辑“→”变换”命令，弹出“类选择”对话框。
3. 在系统提示下选择如图 9-80 所示的参照实例作为阵列对象，再单击“类选择”对话框中的 确定 按钮。
4. 弹出“变换”对话框，再单击对话框中的 圆形阵列 按钮，如图 9-81 所示。
5. 弹出“点”对话框，然后在 XC、YC、ZC 栏中分别输入 0、0、0，单击对话框中的 确定 按钮。继续弹出“点”对话框，同样在对话框中 XC、YC、ZC 栏中分别输入 0、0、0，然后单击对话框中的 确定 按钮。

图 9-80　打开的模型

图 9-81　“变换”对话框

6. 弹出“变换”对话框，将对话框内参数设置成如图 9-82 所示。

7. 单击对话框中的 确定 按钮，并在弹出的“变换”对话框中单击 移动 按钮，如图 9-83 所示。

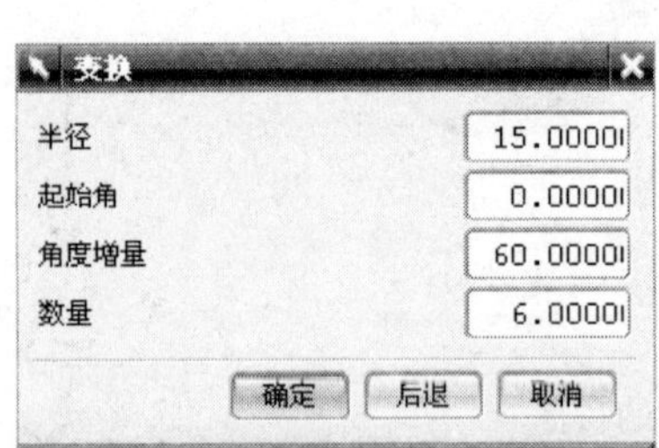

图 9-82　修改参数

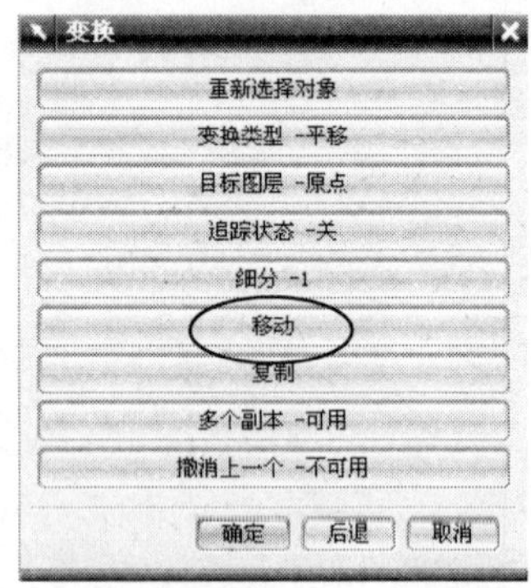

图 9-83　单击“移动”按钮

8. 弹出“变换”对话框，单击对话框中的 Transform Parents 按钮。

9. 在工作窗口中自动呈阵列预览状态，再单击对话框中的 取消 按钮。创建后的圆形阵列特征如图 9-84 所示。

图 9-84　圆形阵列后的特征

9.2 编辑实体

UG NX5 设计的大部分实体特征都可以进行参数的修改，修改后实体模型将会自动更新。修改时的内容主要包括：以参数为主的表达式修改，如编辑参数、编辑位置等；以及其他几何对象的修改，如删除、抑制、移动特征等。

光盘文件

录像文件：演示录像\CH09\0902

9.2.1 编辑参数

操作步骤

1. 打开附书光盘中的 SAMPLE \CH09 \ 9.2.1.PRT 文件，零件内侧中间部分为有圆柱柱位特征，在圆柱四周有 4 处开口槽，如图 9-85 所示。

2. 在“部件导航器”对话框中的开口槽特征名称中右击，在弹出的快捷菜单中选择“编辑参数”命令，如图 9-86 所示。

3. 弹出“拉伸”对话框，如图 9-87 所示。对话框中显示了创建通槽的相关参数。

图 9-85 打开的模型

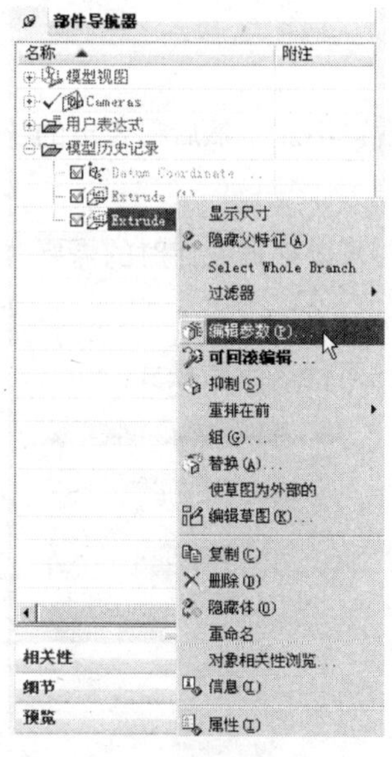

图 9-86 选择“编辑参数”命令

图 9-87 “拉伸”对话框

4. 单击“拉伸”对话框中的按钮，进入创建通槽特征草绘模式，如图 9-88 所示为通槽草绘截面。

5. 在截面数值中连续单击，在弹出的输入框中修改值，修改完成后的状态如图 9-89 所示。

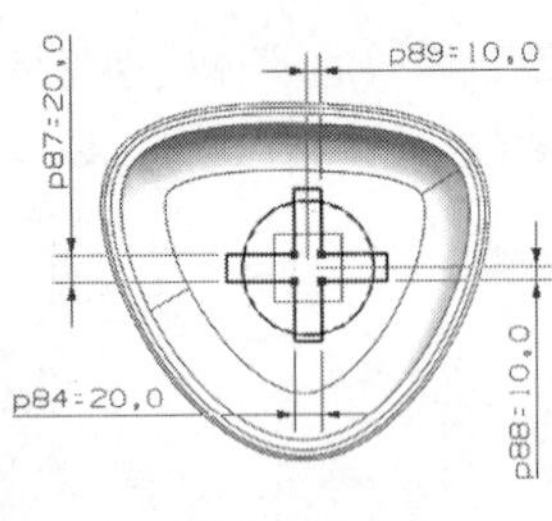

图 9-88　草绘截面

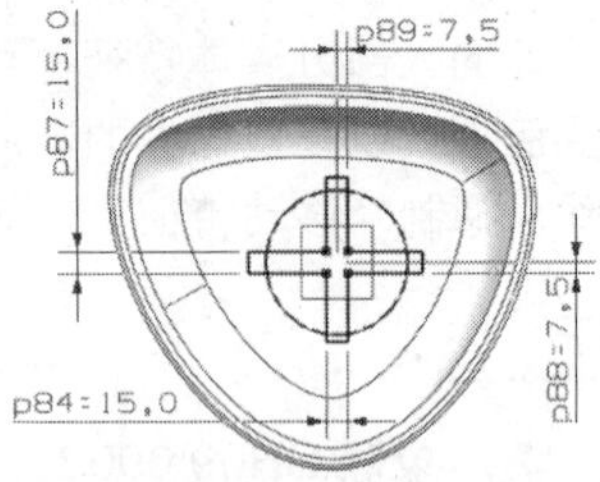

图 9-89　修改数值

6. 单击鼠标右键，并在弹出的快捷菜单中选择“完成草图”命令，退出草绘模式。

7. 弹出“拉伸”对话框，所有的选项按默认的设置不变，单击对话框中的确定按钮，此时开口槽特征大小已经改变。

提示：单击“特征”工具栏中的图标，同样可以进入编辑参数模式。
编辑参数可以对特征截面、拉伸方向、拉伸距离等参数进行编辑。

9.2.2　可回滚编辑

可回滚特征是指还原至特征之前的模型状态，以编辑该特征。

操作步骤

1. 在如图 9-90 所示的椭圆形拉伸特征中按住鼠标右键不放，然后在弹出的快捷图标中单击图标。

2. 弹出“拉伸”对话框，如图 9-91 所示。然后用户可以根据设计时的需要对矩形拉伸特征进行相关的参数编辑。

3. 编辑参数后，再单击对话框中的确定按钮，退出可回滚编辑模式。

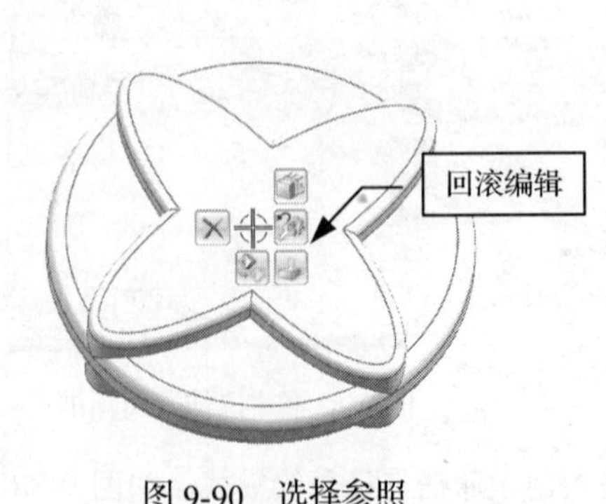

图 9-90　选择参照

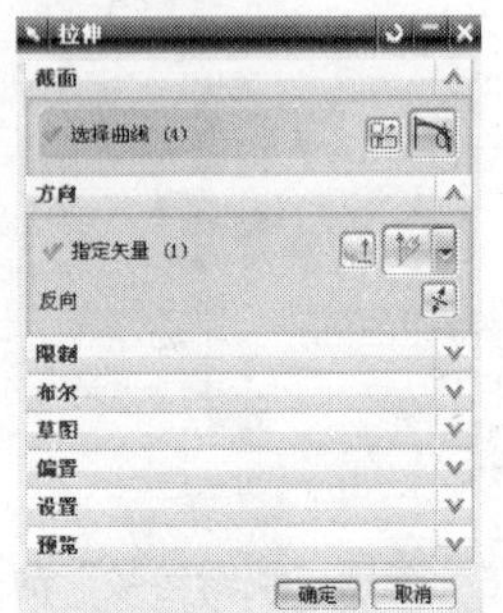

图 9-91　“拉伸”对话框

9.2.3 编辑位置

编辑位置是指通过编辑特征的定位尺寸来移动特征位置，同时可以为在创建特征时没有指定定位尺寸或者是定位尺寸不完整的特征进行添加和修改。

操作步骤

1. 打开附书光盘中的 SAMPLE \CH09 \ 9.2.3.PRT 文件，如图 9-92 所示。

2. 选择菜单栏中的“编辑”→“特征”→“编辑位置”命令，弹出“编辑位置”对话框。在工作窗口中选择如图 9-87 所示的孔特征为编辑对象，同时在工作窗口中自动显示出孔特征的相关尺寸，再单击对话框中的 编辑尺寸值 按钮，如图 9-93 所示。

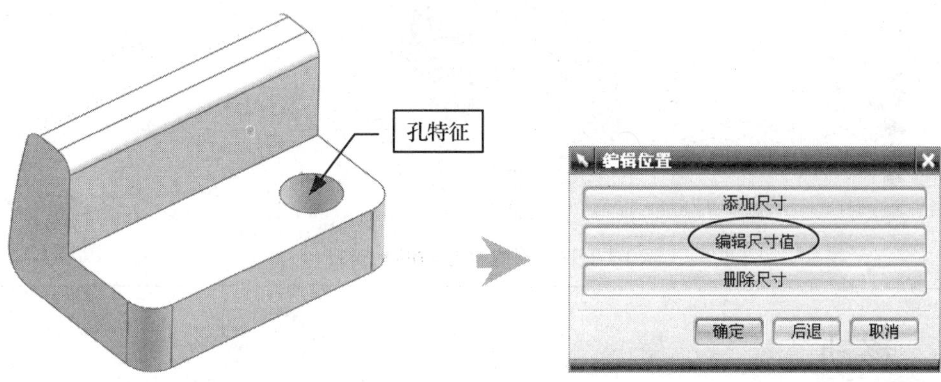

图 9-92 打开的模型　　图 9-93 单击“编辑尺寸值”按钮

提示： 右击“部件导航器”中的“孔”特征选项，在弹出的快捷菜单中选择“编辑位置”命令同样可以编辑孔特征位置

3. 弹出“编辑位置”对话框，如图 9-94 所示。然后在工作窗口中选择 P35=6.0 的尺寸值，如图 9-95 所示。

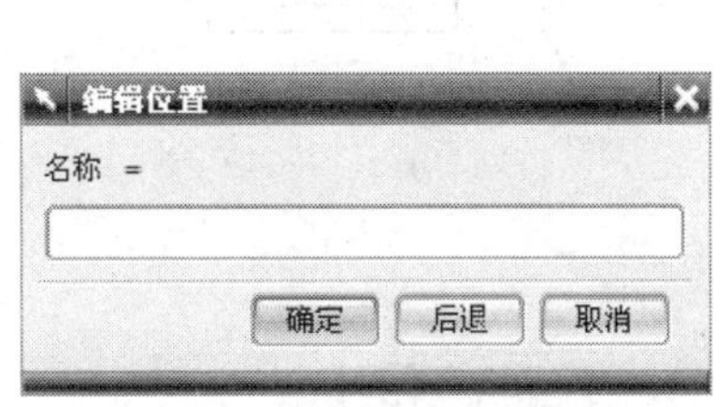

图 9-94 “编辑位置”对话框

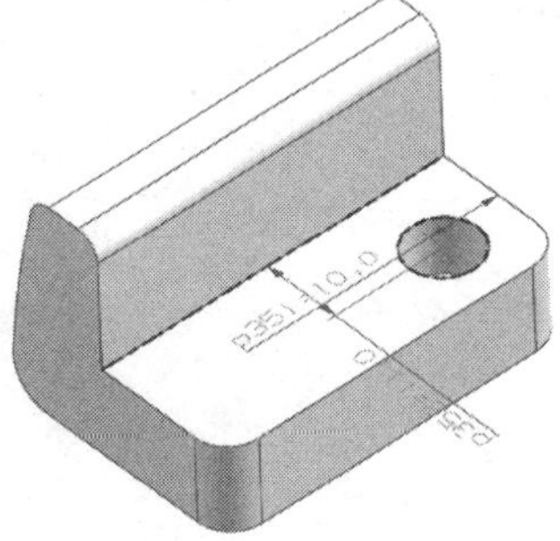

图 9-95 选择尺寸值

4. 弹出“编辑表达式”对话框，将其中的尺寸值修改为 15，如图 9-96 所示，再单击对话框中的 确定 按钮。

5. 继续弹出“编辑位置”对话框，将其中的尺寸值修改为 25，如图 9-97 所示，再单击对话框中的 确定 按钮。

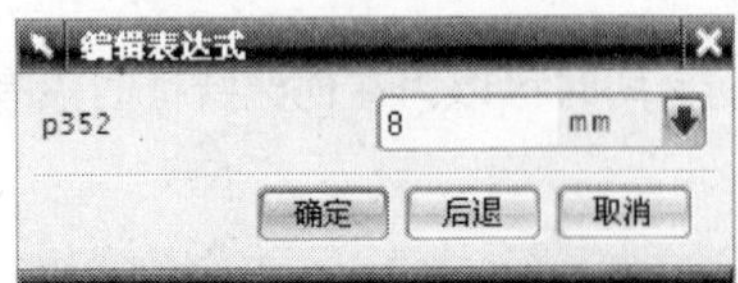

图 9-96　修改数值

图 9–97　编辑孔位置后的实例特征

6. 继续在弹出的“编辑位置”对话框中单击 确定 按钮。

7. 编辑位置后的孔特征放置状态如图 9-98 所示。

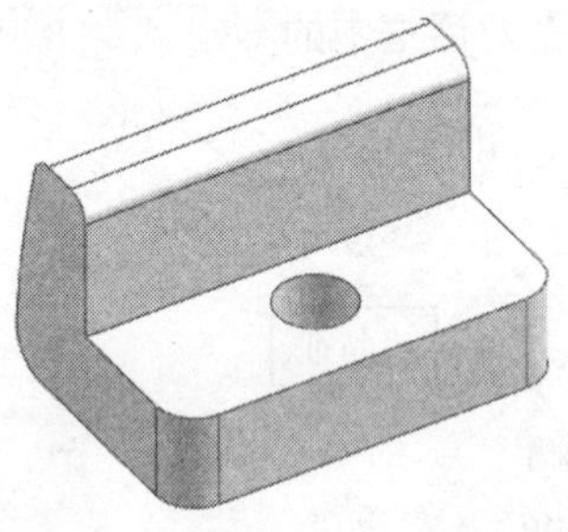

图 9-98　修改尺寸后的孔特征

9.2.4　移动

移动操作主要是将一个没有任何定位的特征移动至一个新的位置上，此操作不能对存在定位尺寸的特征进行编辑。

操作步骤

1. 打开附书光盘中的 SAMPLE \CH09 \ 9.2.4.PRT 文件，如图 9-99 所示。

2. 如图 9-93 所示的零件共有两处孔特征，其中一个孔没有完全定位，另外一个已完全定位。

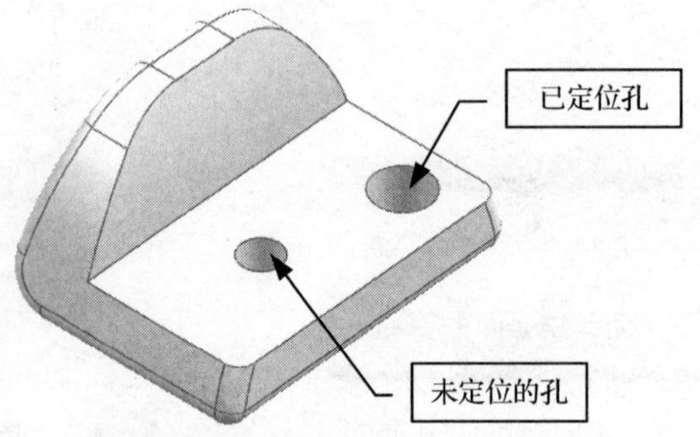

图 9-99　打开的模型

3. 选择菜单栏中的“编辑“→”特征“→”移动”命令，如图 9-100 所示。

4. 弹出"移动特征"对话框，在对话框中可以看到没有定位特征孔的名称 Simple Hole（32），如图 9-101 所示。单击对话框中的 Simple Hole（32）选项，然后单击 确定 按钮。

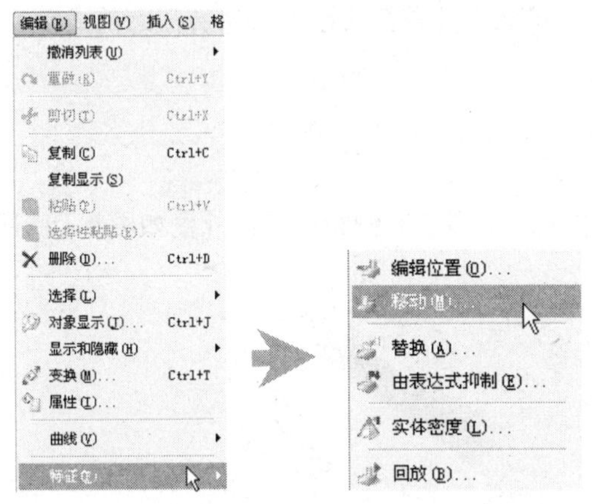

图 9-100 选择"移动"命令

图 9-101 "移动特征"对话框

提示： 已经完全定位的特征在"移动特征"对话框中将不显示。

5. 弹出"移动特征"对话框，在对话框中的 DXC 输入框中输入值-5，DYC 输入框中输入值 8，如图 9-102 所示。

6. 其余的选项按默认的设置不变，再单击"移动特征"对话框中的 确定 按钮。移动后的状态如图 9-103 所示。

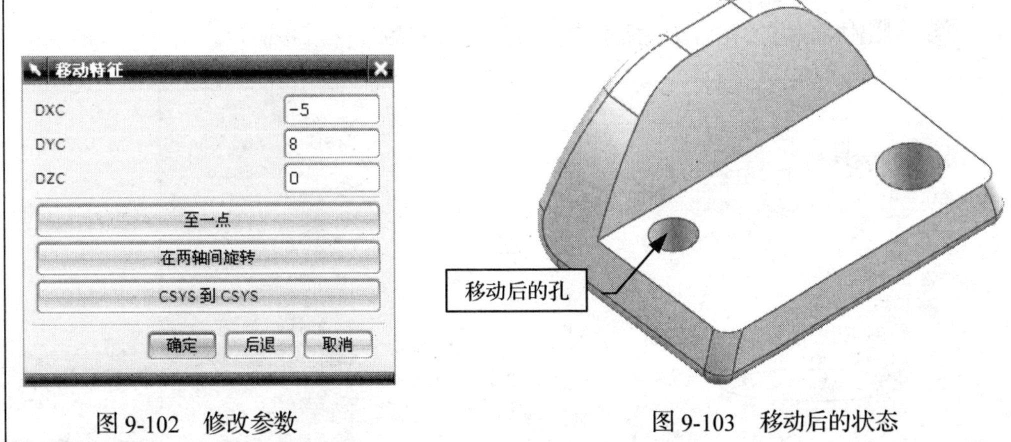

图 9-102 修改参数

图 9-103 移动后的状态

提示： 定义移动特征的方式有以下 3 种。

- 至一点：在"点"对话框中定义参考点与目标点的位置进行移动。
- 在两轴间旋转：在"点"对话框中定义旋转中心后，在"矢量"对话框中分别定义参考轴与目标轴的方向进行移动。
- CSYS 到 CSYS：将特征从 CSYS 对话框中创建的参考坐标系移动到目标坐标系。

9.2.5 重排序

重排序主要用做改变模型中特征的顺序创建，编辑后的特征可以在所选特征之前或之后。特征重排序后，时间戳记自动进行更新。

操作步骤

1. 打开附书光盘中的 SAMPLE \CH09 \ 9.2.5.prt 文件，实例特征的内外侧如图 9-104 所示。

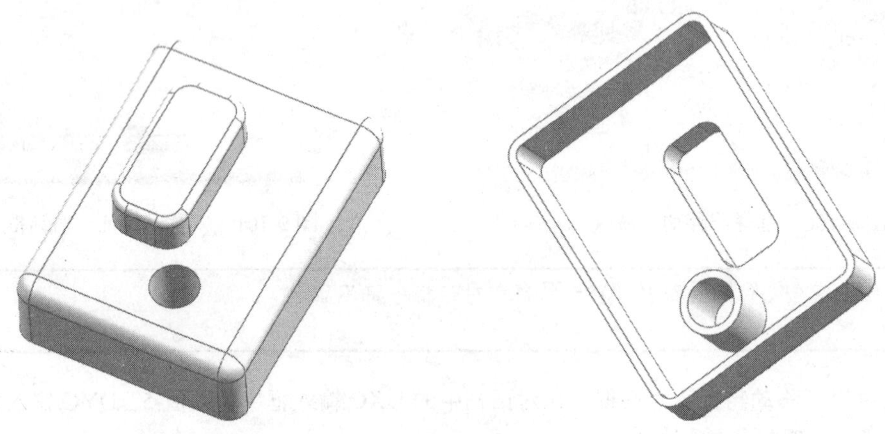

图 9-104 打开的模型

2. 如图 9-105 所示为实例特征的“部件导航器”对话框，在对话框中的的通孔特征名称 Simple Hole（2）中右击。

3. 弹出快捷菜单，然后在快捷菜单中选择“重排在后”→“Shell（7）”命令，如图 9-106 所示。

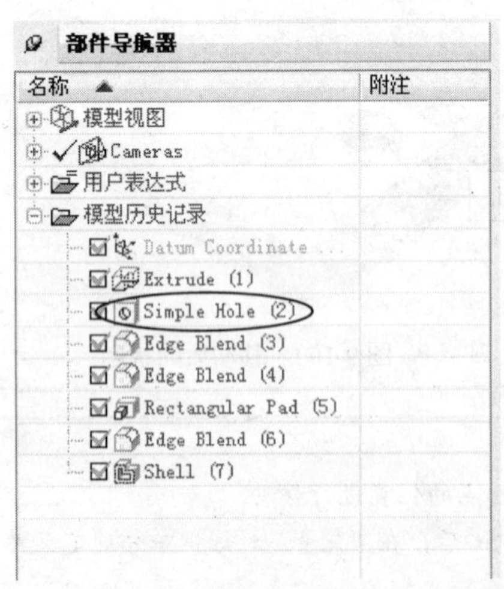

图 9-105 “部件导航器”对话框

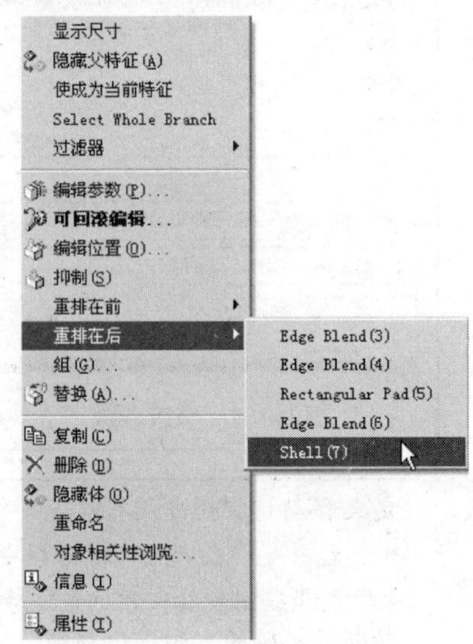

图 9-106 选择 Shell（7）命令

4. 程序自动将通孔特征排序至最后位置，如图 9-107 所示。经过重排序后的实例特征状态如图 9-108 所示。

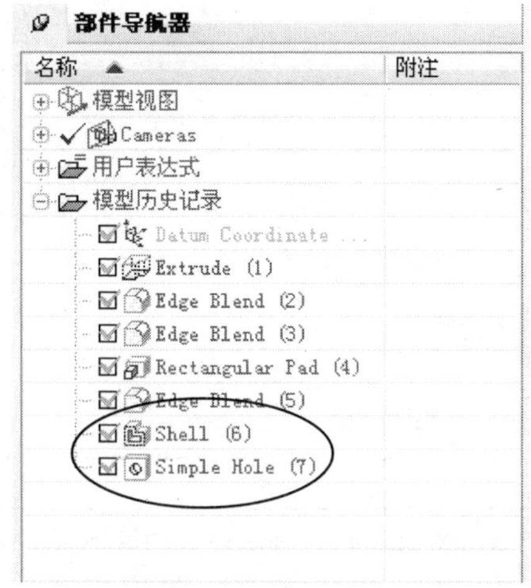

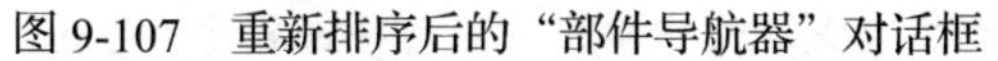

图 9-107　重新排序后的“部件导航器”对话框

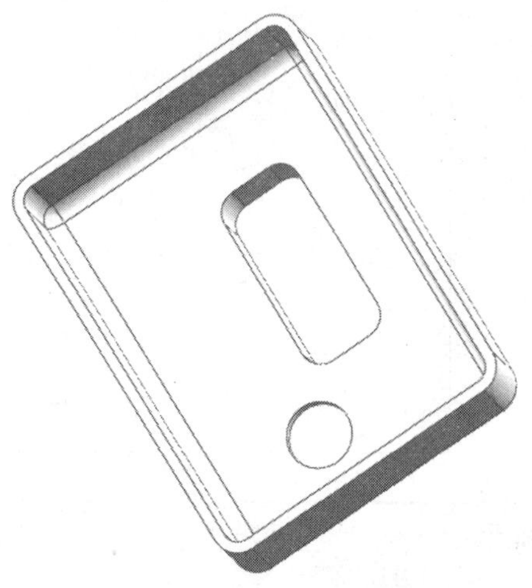

图 9-108　重排序后的实例特征状态

提示： 在“部件导航器”对话框的特征名称中按住左键不放，将所选择的特征上下拖动同样可以对特征进行重排序。

当特征之间存在相关性时，将不能进行特征间的重排序。

9.2.6　抑制

从模型中模拟或临时去除一个或多个特征，而且与该特征存在关联性的其他特征将会被一同去除。

操作步骤

1. 实例特征如图 9-109 所示，然后将鼠标定位至孔特征中，孔特征自动呈选中状态，再按住鼠标右键不放，弹出相关的快捷图标，如图 9-110 所示。

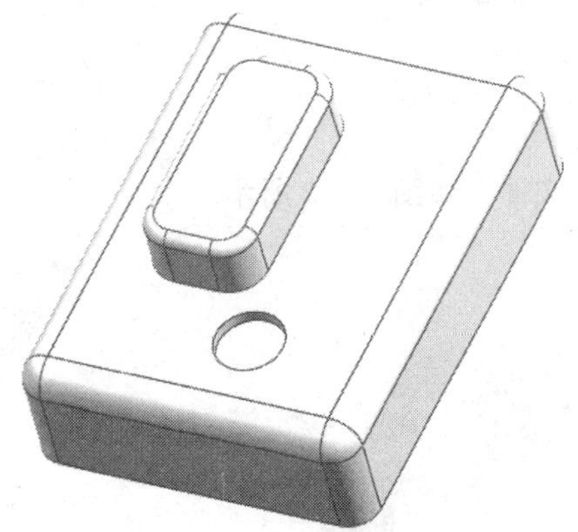

图 9-109　实例特征

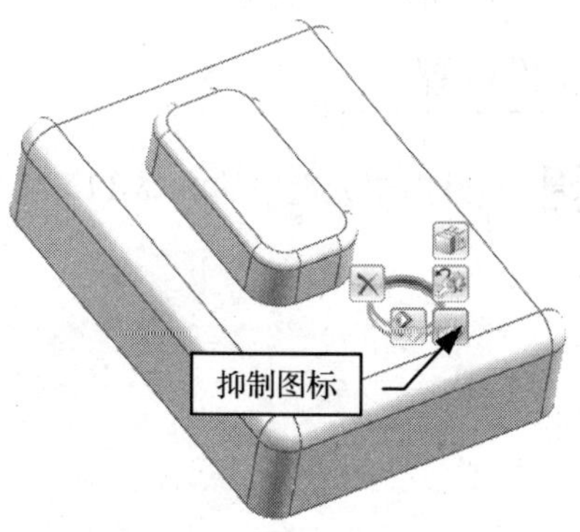

图 9-110　“抑制”快捷图标

2. 按住鼠标右键不放并将鼠标拖动至图标中，再释放鼠标右键，实例特征中的孔特征将被抑制，如图 9-111 所示。

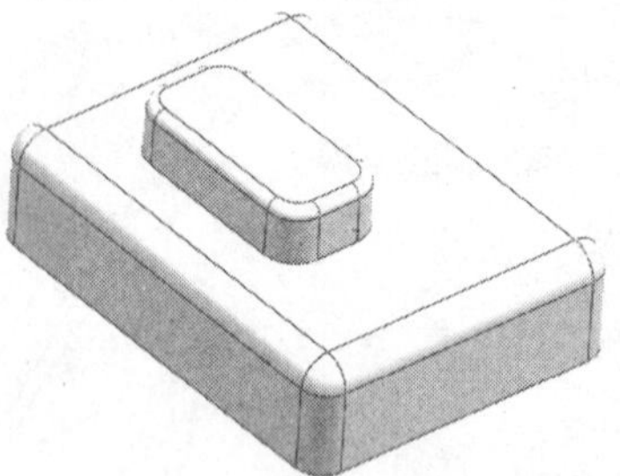

图 9-111 抑制孔后的实例特征

提示： 在“部件导航器”对话框中的特征名称中按住右键不放，再在弹出的快捷菜单中选择“抑制”命令。

在“部件导航器”对话框中的特征名称前的复选框中单击，取消特征名称的勾选，特征将被抑制。

9.2.7 取消抑制

将抑制的特征取消，取消抑制的方法有两种。

（1）在“部件导航器”对话框的特征名称中按住右键不放，再在弹出的快捷菜单中选择“取消抑制”命令，特征将被取消抑制。

（2）在“部件导航器”对话框中特征名称前的复选框中单击，对特征名称进行勾选，特征将被取消抑制。

9.2.8 回放

回放是指对模型的创建过程进行预览，同时可以在预览过程中对特征进行相关编辑。本节通过如图 9-112 所示的实例进行回放。

操作步骤

1. 打开附书光盘中的 SAMPLE \CH09 \ 9.2.8.prt 文件，如图 9-112 所示。

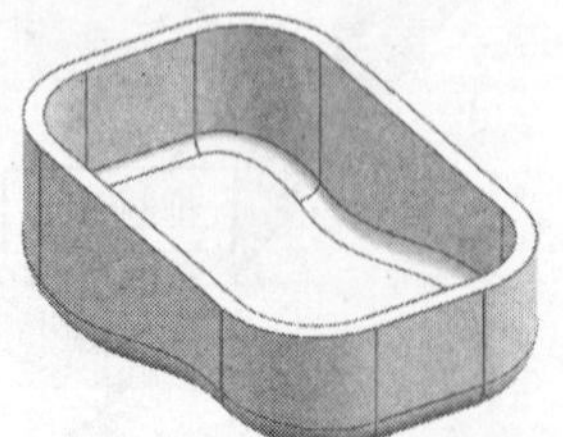

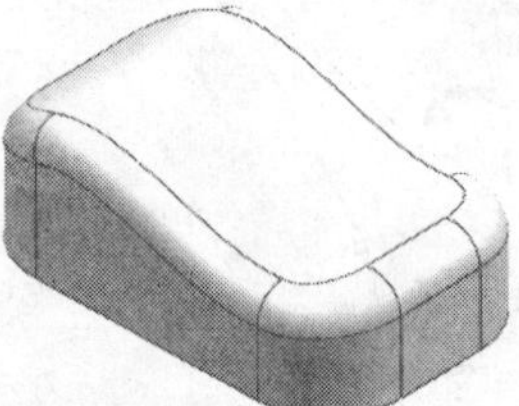

图 9-112 打开的模型

2. “部件导航器”对话框如图 9-113 所示。在菜单栏中选择“编辑”→“特征”→“回放”命令。弹出“在更新时编辑”对话框，如图 9-114 所示。同时工作窗口中的特征将会被隐藏。

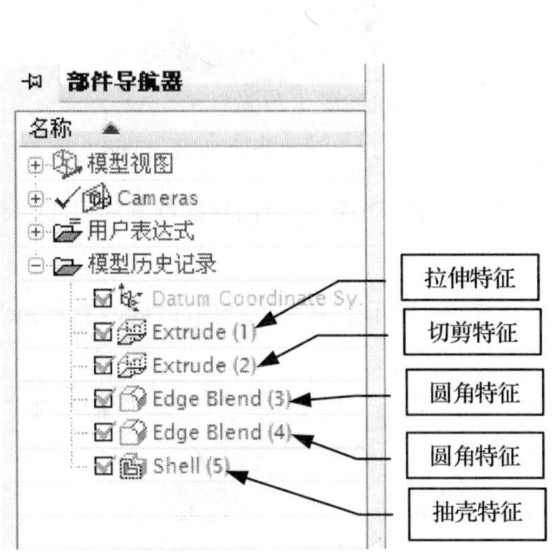

图 9-113 “部件导航器”对话框

图 9-114 “在更新时编辑”对话框

3. 在“在更新时编辑”对话框中单击 ▶| 按钮，在对话框中设置截面参数后将改变成如图 9-115 所示，并且在工作窗口中自动显示出拉伸特征 Extrude（1），如图 9-116 所示。另外在工作窗口中的“提示栏”会显示出更新特征时的百分比，以及其他相关信息。

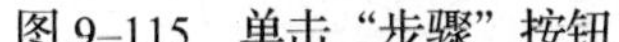

图 9–115 单击“步骤”按钮

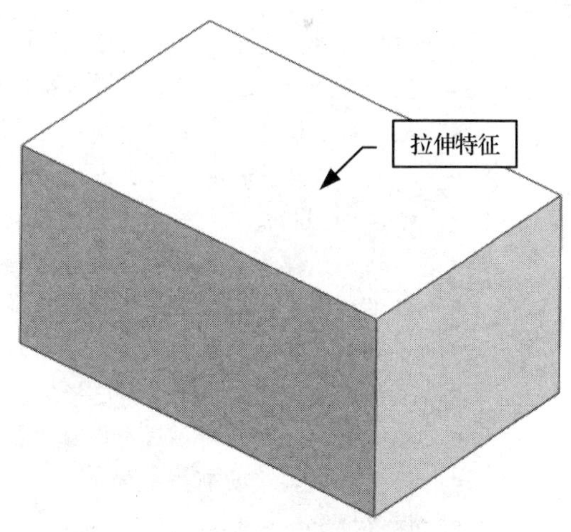

图 9-116 拉伸特征 Extrude（1）

4. 继续在“在更新时编辑”对话框中单击 ▶| 按钮，显示出第 2 步创建的切剪特征 Extrude（2），如图 9-117 所示。

5. 继续在“在更新时编辑”对话框中单击 ▶| 按钮，显示出第 3 步创建的圆角特征 Edge Blend（3），如图 9-118 所示。

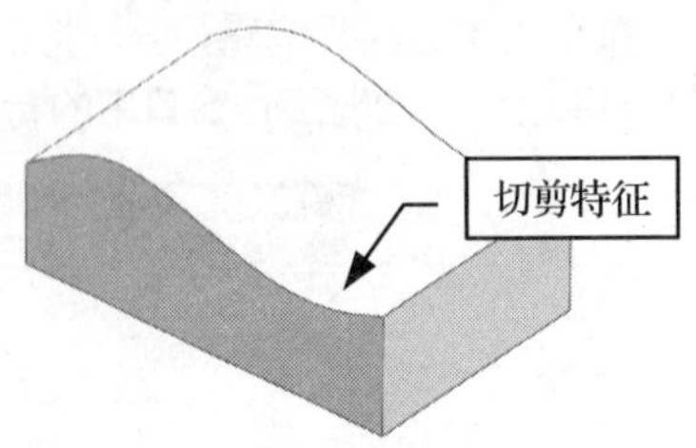

图 9-117　切剪特征 Extrude（2）

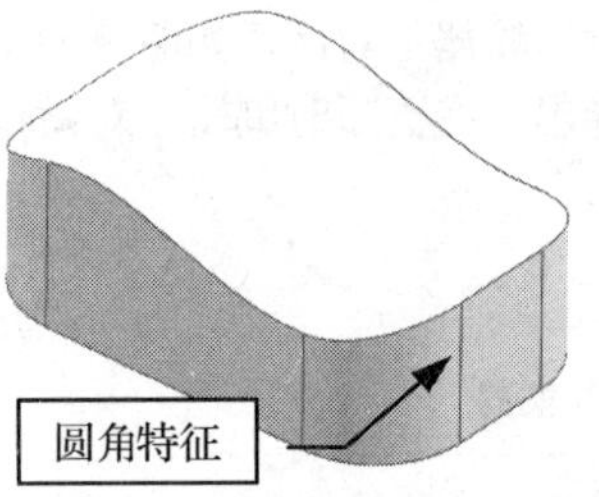

图 9-118　圆角特征 Edge Blend（3）

6. 继续在"在更新时编辑"对话框中单击 按钮，显示出第 4 步创建的圆角特征 Edge Blend（4），如图 9-119 所示。

7. 继续在"在更新时编辑"对话框中单击 按钮，显示出第 5 步创建的抽壳特征 Shell（5），如图 9-120 所示。

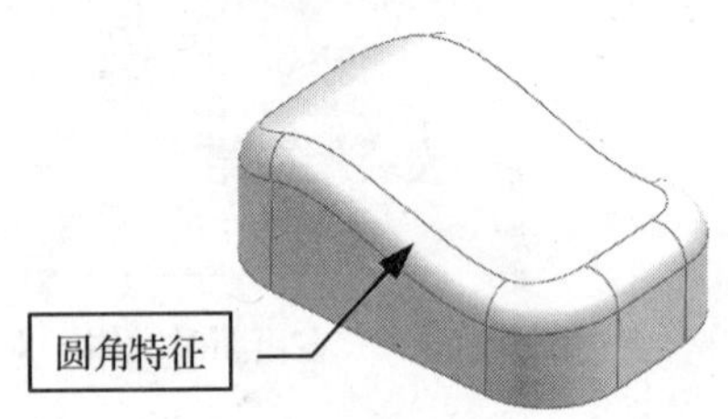

图 9-119　圆角特征 Shell（4）

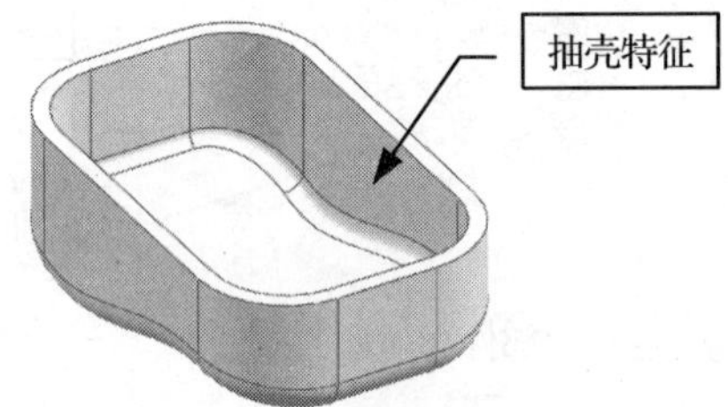

图 9-120　抽壳特征 Shell（5）

8. 最后单击对话框中的 按钮，完成对实例特征的回放。

提示： "在更新时编辑"对话框中的各项参数说明如下。

- 信息窗口：显示特征更新情况，以及其他相关信息。
- 显示失败的区域：对失败的特征进行显示。
- 显示当前模型：在工作窗口中显示成功更新的特征。
- 后处理恢复更新状态：单击相关按钮后的状态。
- 撤消 ：撤消任何一步进行的回放，返回回放更新前的实例特征。
- 回到 ：弹出"更新选择"对话框，选择特征名称后可以返回任何回放更新之前。
- 单步后退 ：返回上一步更新特征。
- 步骤 ：单击一次回放更新一个特征。
- 单步前进 ：弹出"更新选择"对话框，选择性地对特征进行回放更新。
- 继续 ：连续对特征进行回放更新。
- 接受 ：接受更新失败的特征。
- 保留接受 ：忽略失败的特征，继续进行回放更新。
- 删除 ：删除所有更新特征或更新失败的特征。
- 抑制 ：对当前更新特征进行抑制。
- 抑制保留的 ：对当前更新特征，以及还未更新的特征进行抑制。
- 查看模型 ：单击 按钮后按住鼠标中键观察成功更新后的特征状态。
- 编辑 ：对当前更新的特征可以进行相关参照的编辑。

9.2.9 移除参数

移除参数操作可以将所有“部件导航器”对话框中的选项进行移除。

操作步骤

1. 在“部件导航器”对话框中按住右键不放，并在弹出的快捷菜单中选择“过滤器“→”移除所有的该类别”命令，如图 9-121 所示。

2. “部件导航器”对话框中的所有属于特征名称的选项被移除，如图 9-122 所示。

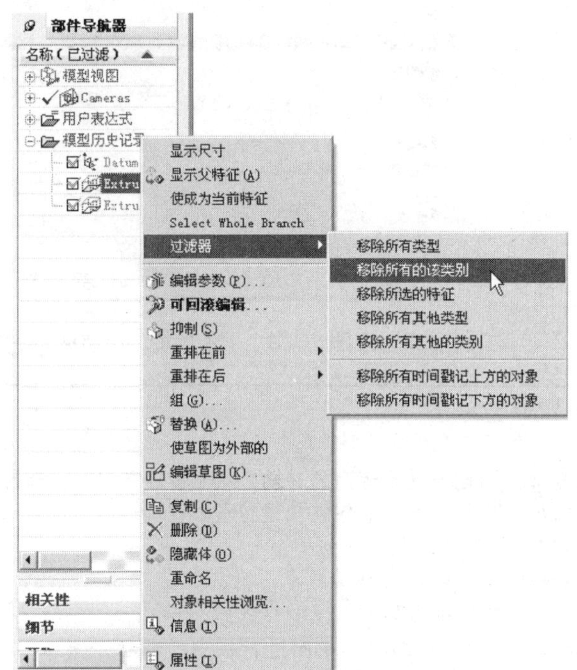

图 9-121 选择“移除所有的该类别”命令

图 9-122 所有特征名称被移除

3. 当特征被移除后，可以在“部件导航器”对话框中右击，并在弹出的快捷菜单中选择“查找当前特征”命令，并在弹出的“部件导航器过滤器”对话框中单击对话框中的 禁用过滤器(D) 按钮，所有被移除的特征将会重新显示。

9.3 编辑曲面

曲面创建完成后往往需要对曲面进行相关的编辑才能达到设计时的要求。UG NX5 提供了多种编辑曲面的方式，如 X 成形、匹配边、剪断曲面、扩大曲面、编辑曲面边界、变换曲面等。

光盘文件

录像文件：演示录像\CH09\0903

9.3.1 X 成形

本节通过实例来说明如何使用“*X* 成形”方式来编辑曲面。

操作步骤

1. 打开附书光盘中的 SAMPLE\CH09 \Edit_9.3.1.PRT 文件，如图 9-123 所示。

2. 单击“自由曲面形状”工具栏中的图标（或选择菜单栏中的“编辑”→“曲面”→“*X* 成形”命令），弹出“*X* 成形”对话框，如图 9-124 所示。

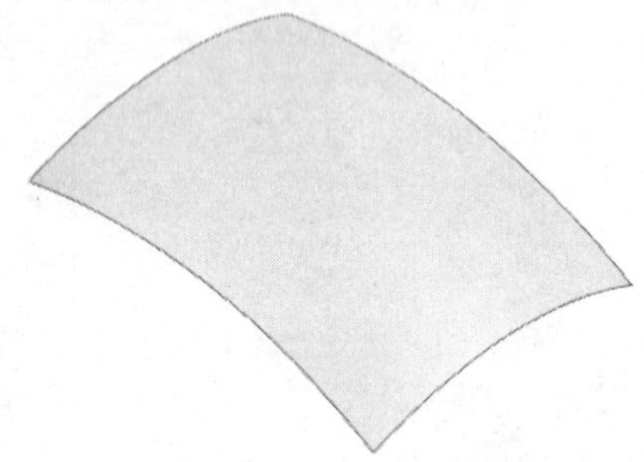

图 9-123　打开的模型

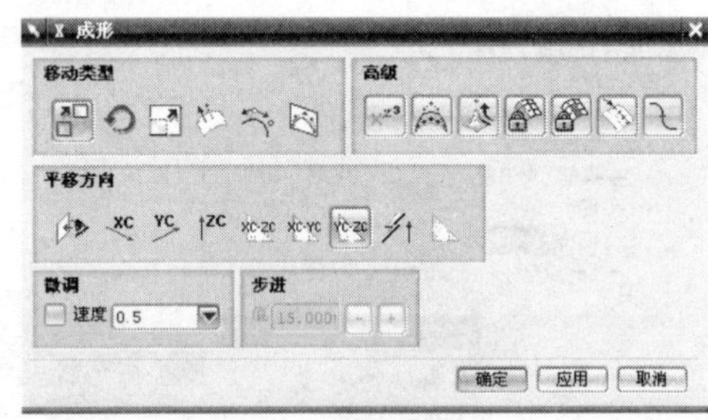

图 9-124　“X 成形”对话框

提示： “*X* 成形”对话框中的各项参数说明如下。

- “移动类型”栏

  平移：可以选择一个或多个极点进行曲面任意方向的移动，从而生成不同形状的曲面。
  旋转：指定旋转轴矢量与旋转参照将一个或多个极点进行旋转。
  比例：通过指定缩放方向与中心进行极点的缩放。
  垂直于面/曲线平移：垂直于曲面或曲线方向移动极点。
  沿控制多边形平移：根据参照极点所在的控制多边形段进行移动。
  极点行平面化：根据定义后的平面化方法与投影平面进行极点的移动。

- “高级”栏

  更改阶次：对曲面的阶数与片数进行增减。
  下降：指定一组极点用来定义影响极点的凹凸值。
  成比例移动：使极点成比例地移动，并且可以设置 *U*、*V* 方向的点数量。
  保持连续性：定义行或列中的极点按曲面边界的方向进行移动。
  锁定区域：通过设置开始与终点的 *U*、*V* 值，对一个区域进行定义，并且定义后，区域中的极点不能进行移动。
  插入结点：在指定的 *U*、*V* 之间插入结点。
  移动点：对指定点进行移动，但不影响其他点。

3. 单击如图 9-123 所示的曲面作为编辑对象，弹出“*X* 成形”对话框，如图 9-125 所示，单击对话框中的“是(Y)”按钮。

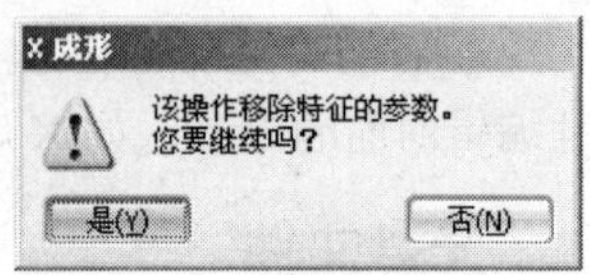

图 9-125　单击“是”按钮

4. 在“*X* 成形”对话框中的“高级”栏中单击按钮，然后将“*U* 向补片数”改为 6，“*V* 向补片数”改为 5，如图 9-126 所示。

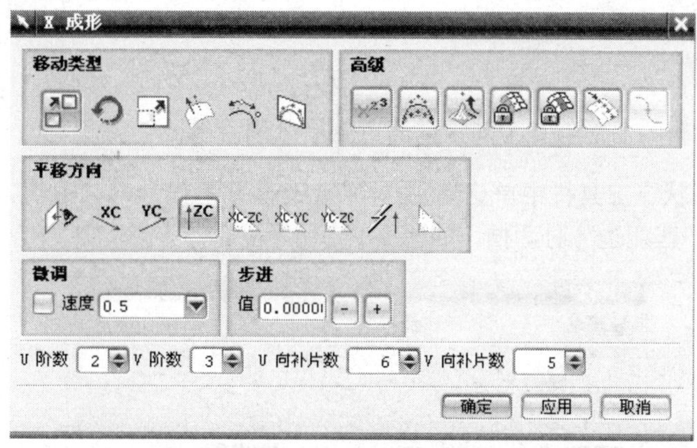

图 9-126 修改参数

5. 单击曲面四周边界作为平移参照，如图 9-127 所示（单击边界线即可对整行或整列极点进行选择）。

6. 在“X 成形”对话框中单击 ZC 按钮，然后在“步进”栏中输入步进值为 15，再单击文本框右侧的 - 按钮。最后单击对话框中的 确定 按钮（或按鼠标中键）完成曲面的编辑，如图 9-128 所示。

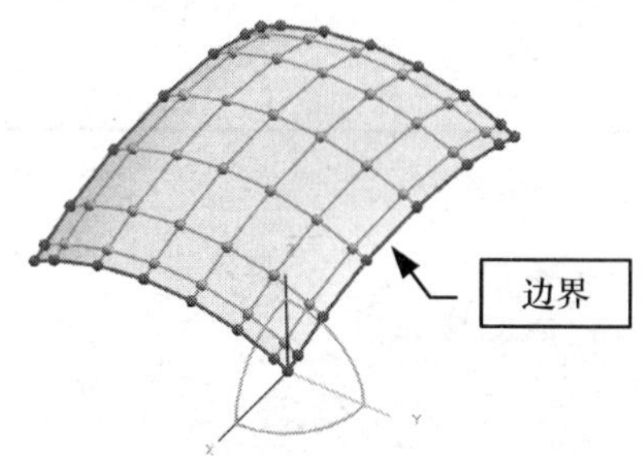

图 9-127 选择平移边界

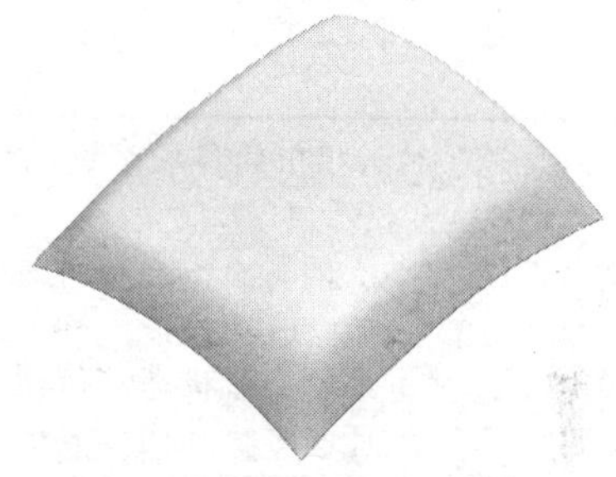

图 9-128 编辑后的曲面

7. 以同样的方式进入曲面编辑模式，然后单击“高级”栏中的 按钮，其他选项和参数按照上一步中的设置即可。

8. 再单击选择如图 9-129 所示的极点作为移动点。在“步进”输入框中输入步进值为 35 后，单击输入框右侧的 + 按钮。再单击对话框中的 确定 按钮（或按鼠标中键）完成曲面的编辑，如图 9-130 所示。

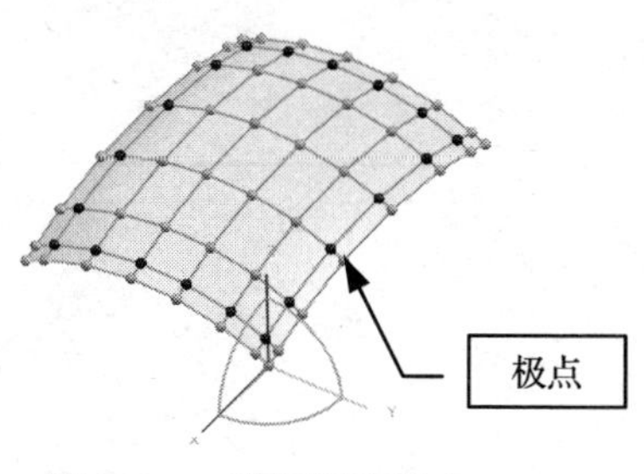

图 9-129 选择平移极点

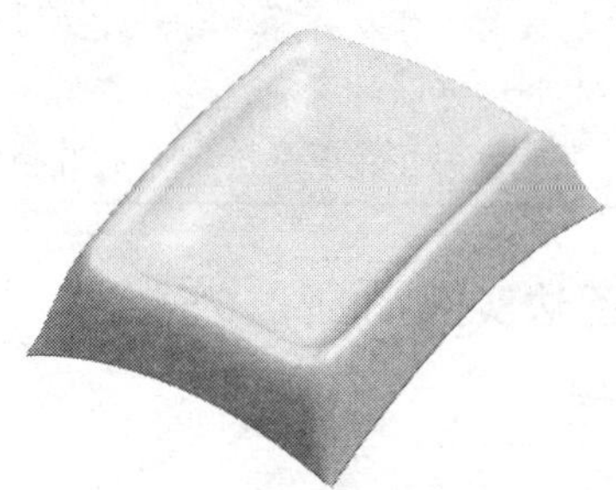

图 9-130 编辑后的曲面

9.3.2 匹配边

匹配边是指使编辑的曲面与参考对象共有的边界几何连续。

在“自由曲面形状”工具栏中单击图标（或选择菜单栏中的“编辑”→“曲面”→“匹配边”命令），弹出“匹配边”对话框，如图 9-131 所示。

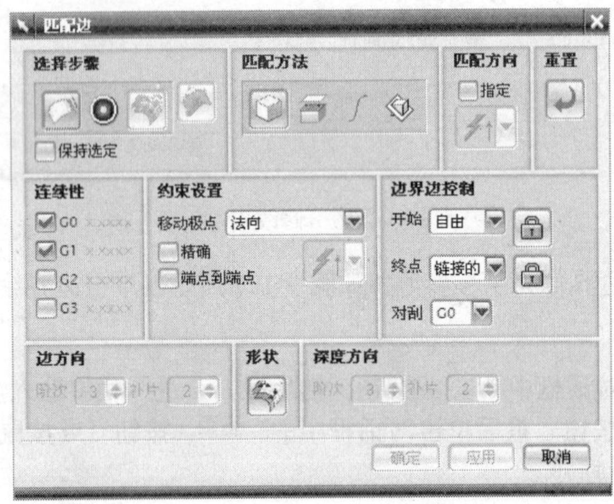

图 9-131 “匹配边”对话框

提示：

“匹配边”对话框中的各项参数说明如下。

- “选择步骤”栏

编辑边缘：选择曲面边线作为匹配边的参照边界。
目标对象：可以选择一条或多条曲线作为目标对象。
预览：对曲面的变形状态进行预览。
编辑极点：可以对极点的位置进行定义。

- “匹配方法”栏

边到边：通过指定编辑曲面边缘线与目标对象边缘线进行匹配。
边到面：由编辑曲面边缘线与目标对象曲面进行匹配。
边到线：通过指定编辑曲面边缘线与目标曲线进行匹配。
边到基准：通过指定编辑曲面边缘线与目标基准面进行匹配。

- 连续性：可以选择变形后的曲面与参照曲面之间的关联性。
- 束设置：定义曲面匹配时，移动极点的矢量方向以及其他参数。
- 边界边控制：控制编辑曲面与目标对象在极点处的约束状态。
- 边方向：可以对阶次与补片值进行设置。
- 形状：可以对深度、范围、斜率进行控制。
- 深度方向：对深度阶次与补片值进行设置。

1．匹配边实例

操作步骤

1. 打开附书光盘中的 SAMPLE\CH09 \Edit_9.3.2.PRT 文件，如图 9-132 所示。

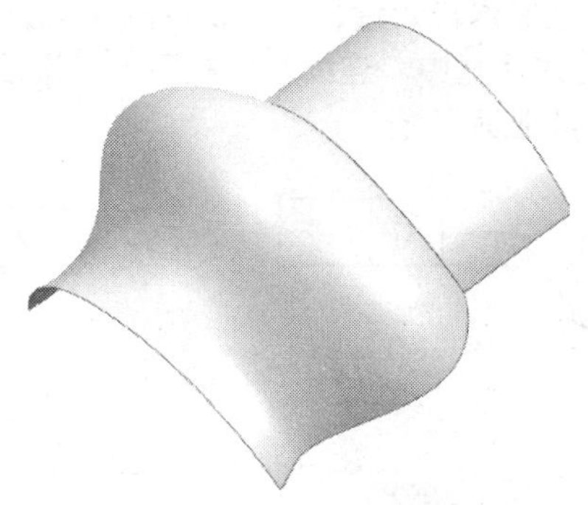

图 9-132 打开的模型

2. 单击“自由曲面形状”工具栏中的图标，弹出“匹配边”对话框，如图 9-133 所示。对话框中默认的匹配方法为“边到边”，匹配边之间的连续性方式为 G0，G1。

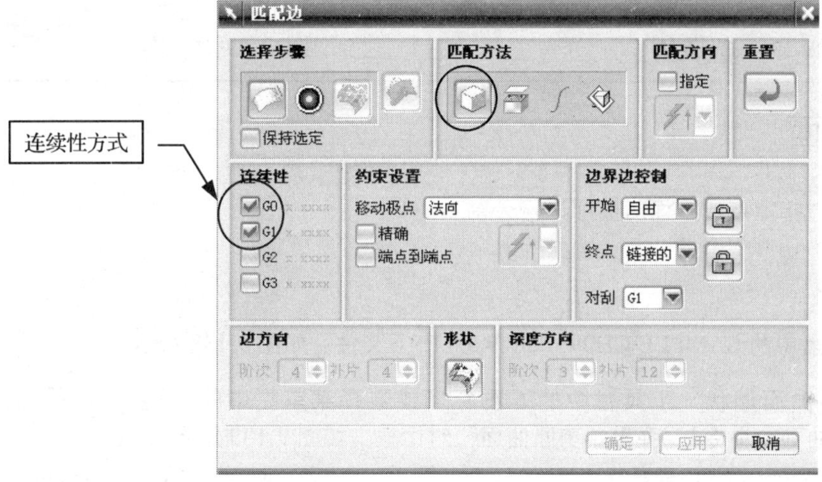

图 9-133 “匹配边”对话框

3. 单击选择如图 9-134 所示的“扫描曲面 1”作为匹配面，再单击选择两曲面之间的边缘线作为目标对象。

4. 单击“匹配边”对话框中“选择步骤”栏的按钮，预览曲面匹配状态，如图 9-135 所示。

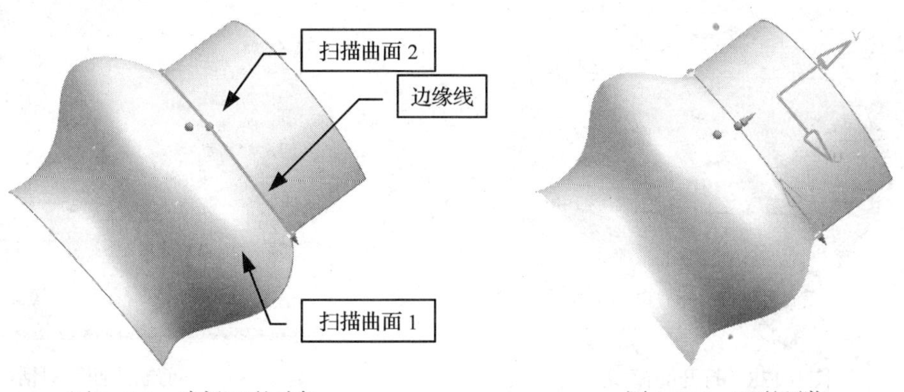

图 9-134 选择匹配对象　　图 9-135 匹配预览

5. 单击对话框中的确定按钮退出对话框。编辑后的曲面“连接性”为G1，如图9-130所示为G1连续曲面。在对话框中“连续性”栏下方勾选G2，曲面将变成G2连续，如图9-131所示为G2连续曲面。

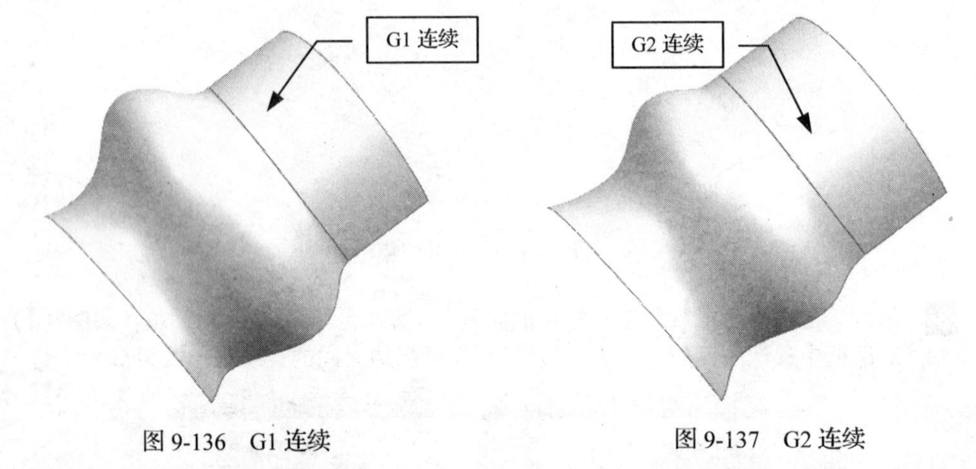

图9-136　G1连续　　图9-137　G2连续

9.3.3　剪断曲面

剪断曲面是指通过指定点或平面对曲面进行分割。

操作步骤

1. 打开附书光盘中的SAMPLE\CH09 \Edit_9.3.3.PRT文件，如图9-138所示。

2. 单击“自由曲面形状”工具栏中的图标（或选择菜单栏中的“编辑“→”曲面“→”剪断曲面”命令），弹出“剪断曲面”对话框，如图9-139所示。

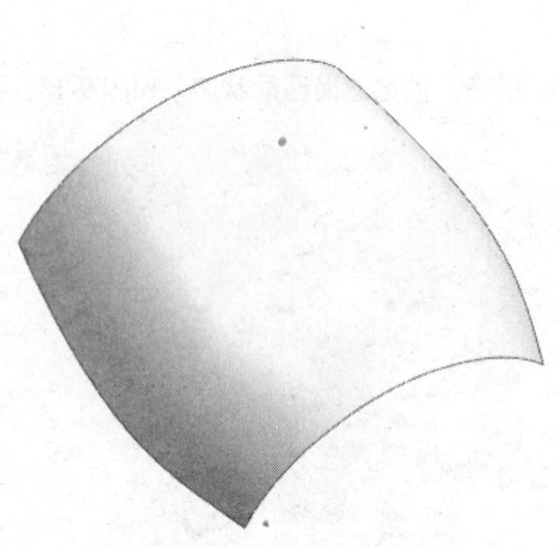

图9-138　打开的模型

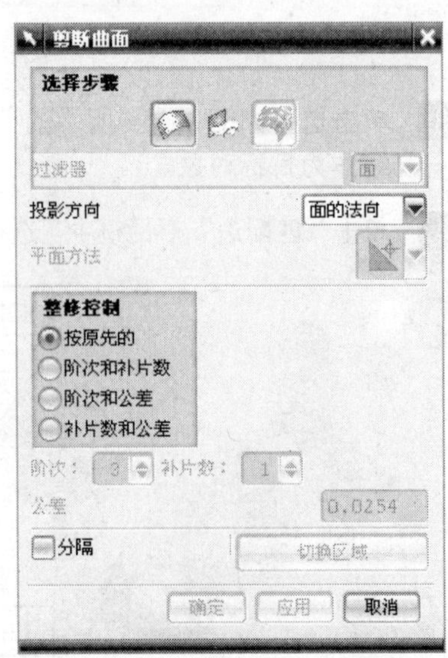

图9-139　“剪断曲面”对话框

提示：

“剪断曲面”对话框中的各项参数说明如下。

- “选择步骤”栏

编辑面：选择单一曲面作为修剪对象，所选参照曲面不能是经过修剪的曲面。
边界对象：选择进行曲面修剪的参照，如曲线、曲面边界线、基准面等。
预览：对曲面的修剪状态进行预览。

- “过滤器”：指定修剪时的参照。
- 投影方向：定义修剪参照矢量方向。
- 平面方法：当在过滤器下拉列表中选择“平面”选项时，可以在“平面方法”栏选择或创建平面作为边界对象。
- 整修控制：对修剪后的曲面进行编辑，如阶次、补片数和公差等。
- 分隔：选中该选项后，可以定义曲面修剪后保留两侧部分。
- 切换区域：对曲面修剪后的保留部分进行切换。

3. 选择如图 9-138 所示的曲面作为修剪对象。然后在“过滤器”下拉列表中选择“平面”选项。

4. 在“平面方法”下拉列表中选择 *xc-zc* 按钮，如图 9-140 所示。

5. 在“选择步骤”栏中单击按钮，对修剪后的曲面进行预览，如图 9-141 所示。

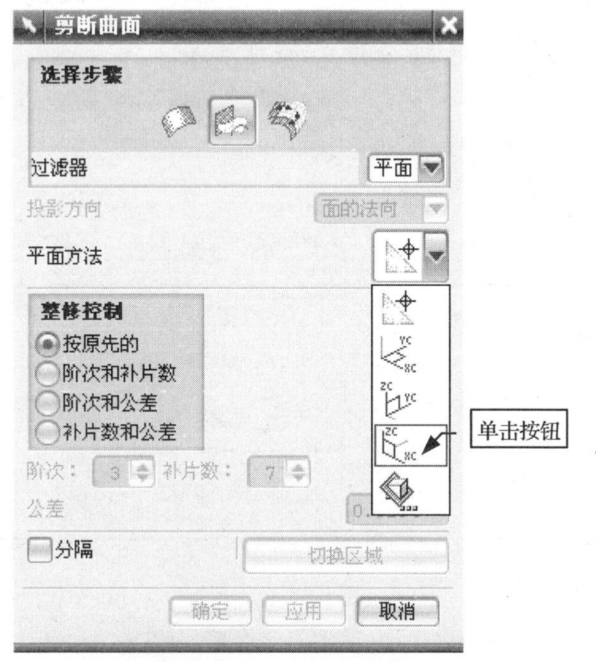

图 9-140 选择 *xz* 平面

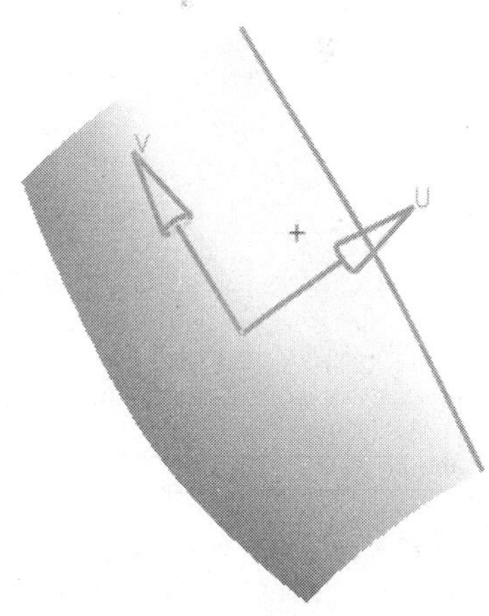

图 9-141 修剪后的曲面状态

6. 修改曲面修剪保留侧，单击“剪断曲面”对话框中的切换区域按钮，修剪后曲面的保留状态如图 9-142 所示。

7. 勾选对话框中的分隔选项，修剪后的曲面状态将变成如图 9-143 所示。

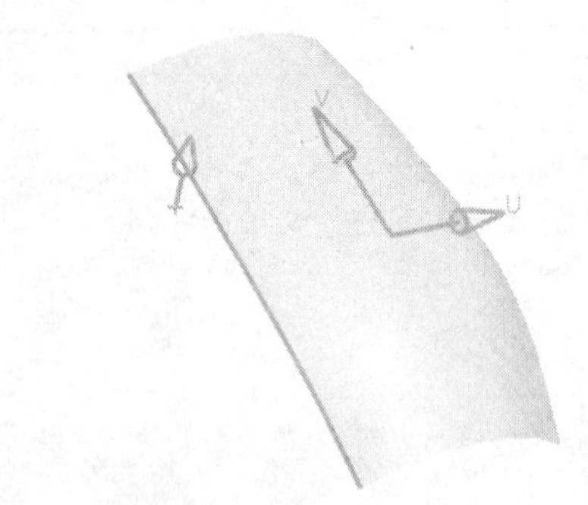
图 9-142 切换区域后的曲面状态

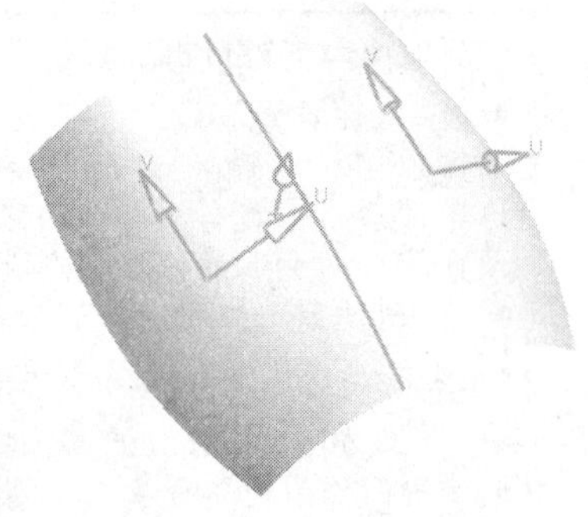
图 9-143 勾选“分隔”选项后的曲面状态

9.3.4 扩大曲面

对未修剪的片体进行放大或缩小。

操作步骤

1. 打开附书光盘中的 SAMPLE\CH09 \Edit_9.3.4.PRT 文件，如图 9-144 所示。

2. 单击“编辑曲面”工具栏中的图标，弹出“扩大”对话框，然后在工作窗口中选择如图 9-144 所示的曲面，“扩大”对话框将被激活，如图 9-145 所示。

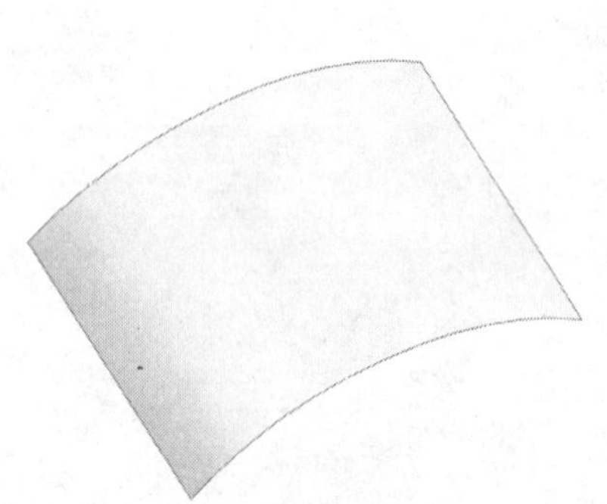
图 9-144 参照曲面

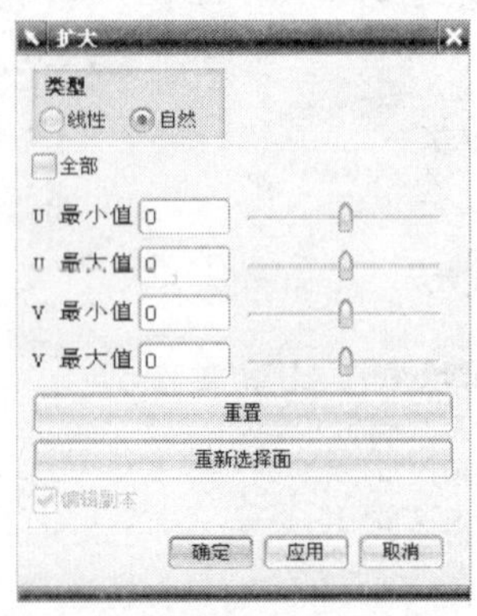

图 9-145 “扩大”对话框

提示：“扩大”对话框中的各项参数说明如下。

- “类型”栏
  线性：以边界切线方向作为延伸方向扩大曲面，并且曲面边界不能被缩小。
  自然：以边界曲率方向作为延伸方向扩大或缩小曲面。
- 全部：选中此选项后，可以对曲面边界进行扩大或缩小操作。
- 重置：将对话框返回激活后的初始状态。
- 重新选择面：重新选择编辑曲面。
- 编辑副本：勾选“编辑副本”选项后，系统自动将曲面进行复制，并可以对复制后的曲面进行扩大或缩小操作。

3. 将“扩大”对话框中的各项参数设置成如图 9-146 所示，再单击 确定 按钮，创建后的曲面如图 9-147 所示。

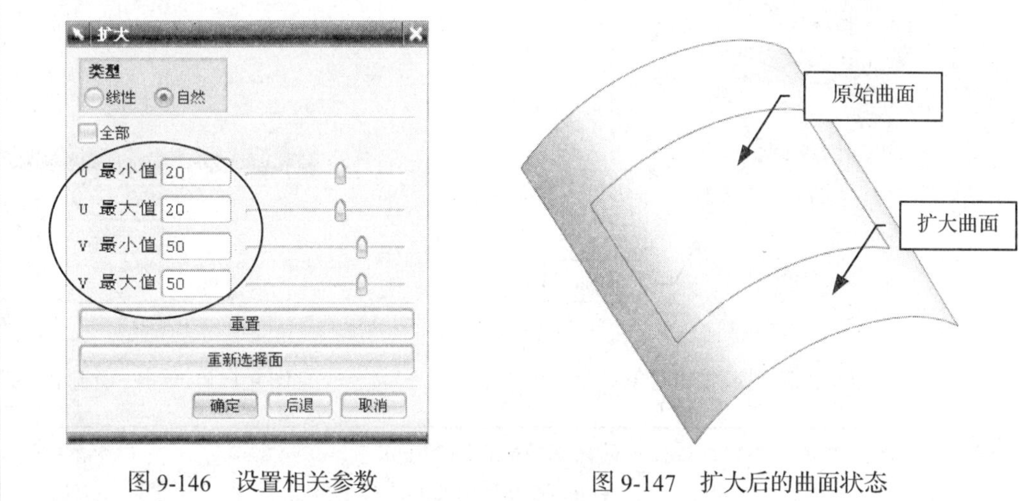

图 9-146 设置相关参数　　图 9-147 扩大后的曲面状态

9.3.5 编辑曲面边界

通过“边界”命令可以对曲面中的破孔进行填补、对曲面边界进行延伸。

1. 移除修剪曲面

操作步骤

1. 打开附书光盘中的 SAMPLE\CH09 \Edit_9.3.5.PRT 文件，如图 9-148 所示。

2. 选择菜单栏中的“编辑”→“曲面”→“边界”命令，弹出“编辑片体边界”对话框，如图 9-149 所示。

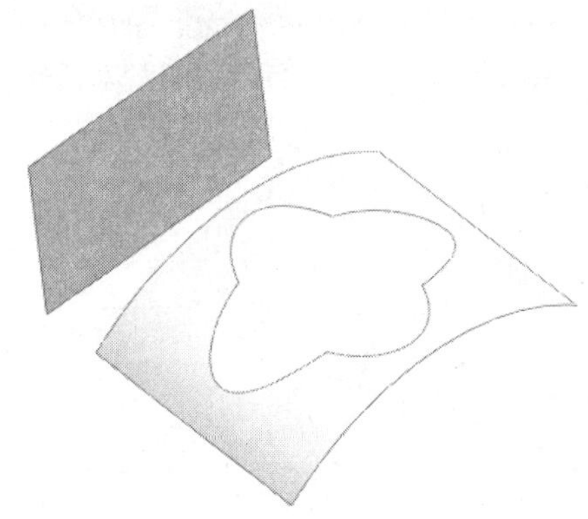

图 9-148 打开的模型

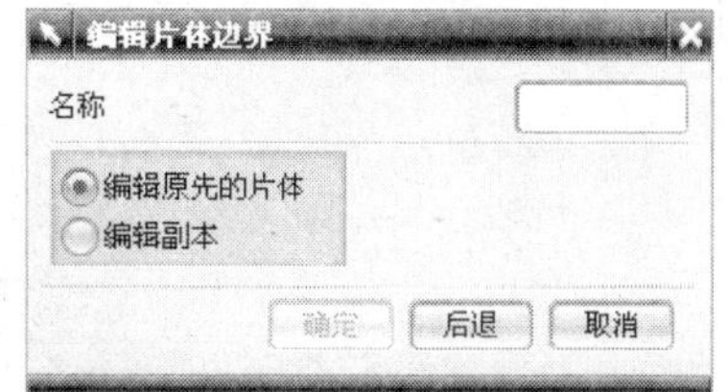

图 9-149 “编辑片体边界”对话框

3. 在工作窗口中选择如图 9-150 所示的曲面 2 作为编辑曲面，再在“编辑片体边界”对话框中单击 移除孔 按钮，如图 9-151 所示。

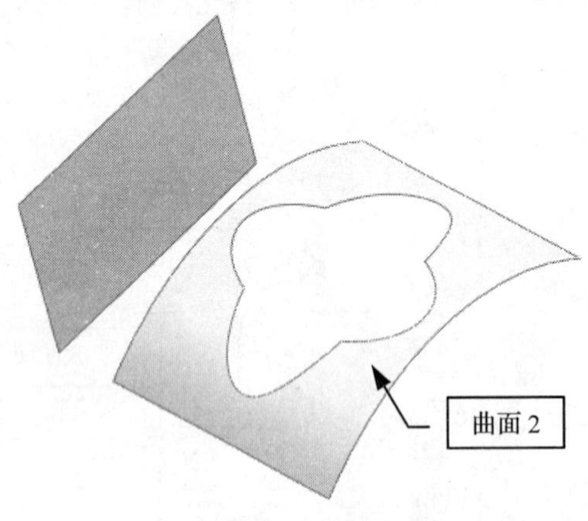

图 9-150　选择编辑对象

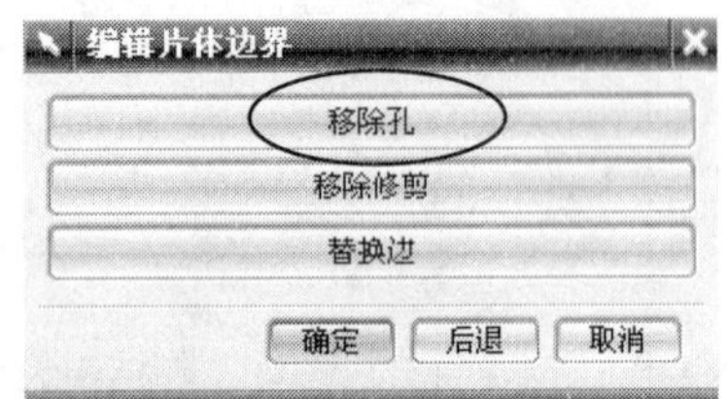

图 9-151　单击“移除孔”按钮

提示： “编辑片体边界”对话框中的按钮功能说明如下。

- 移除孔：将曲面中的孔进行移除。
- 移除修剪：可以对编辑曲面进行的所有修剪操作移除。
- 替换边：重新定义边界线替换原曲面边界，并且替换后的曲面将被修剪或延伸。

4. 弹出“确认”对话框，如图 9-152 所示，直接单击确定按钮。弹出“选择要移除的孔”对话框，如图 9-153 所示。选择实例特征中的孔边界作为被移除的对象，再单击对话框中的确定按钮。

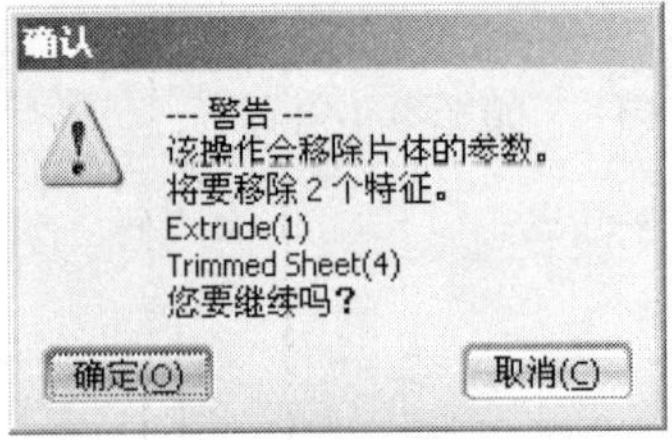

图 9-152　“确认”对话框

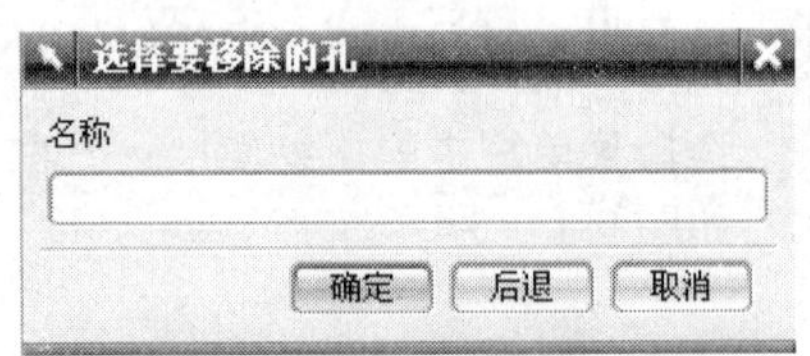

图 9-153　“选择要移除的孔”对话框

5. 移除孔后的曲面特征如图 9-154 所示。

图 9-154　移除孔后的曲面特征

2. 延伸曲面

操作步骤

1. 打开附书光盘中的 SAMPLE\CH09 \Edit_9.3.5.PRT 文件。
2. 选择菜单栏中的“编辑”→“曲面”→“边界”命令，弹出“编辑片体边界”对话框。
3. 在工作窗口中选择如图 9-155 所示的曲面 2 作为编辑曲面，再在“编辑片体边界”对话框中单击“替换边”按钮，如图 9-156 所示。弹出“确认”对话框，直接单击“确定”按钮。

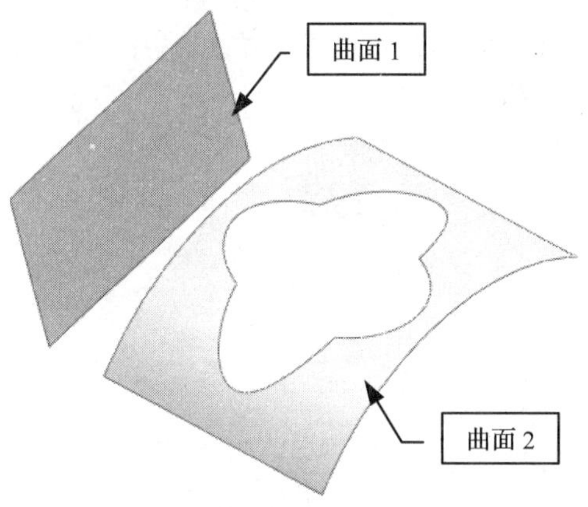

图 9-155 选择编辑对象

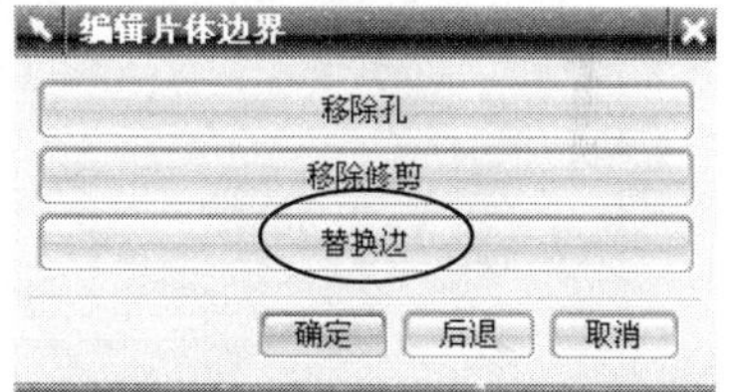

图 9-156 单击“替换边”按钮

4. 弹出“类选择”对话框，然后选择如图 9-157 所示的曲面 2 的边界线作为被替换的边，再单击对话框中的“确定”按钮。
5. 弹出“编辑片体边界”对话框，单击对话框中的“选择面”按钮，如图 9-158 所示。

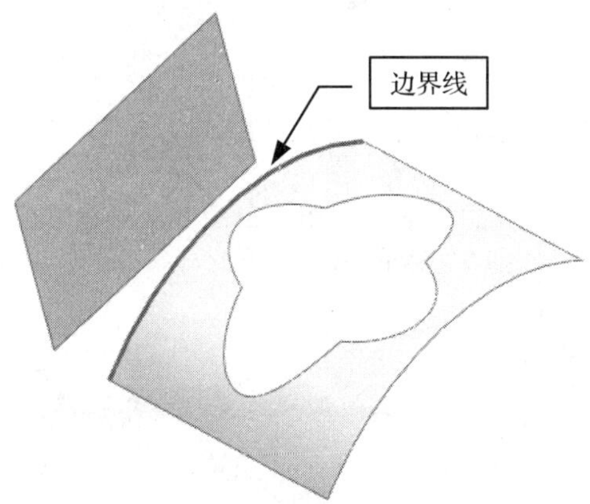

图 9-157 选择边界线

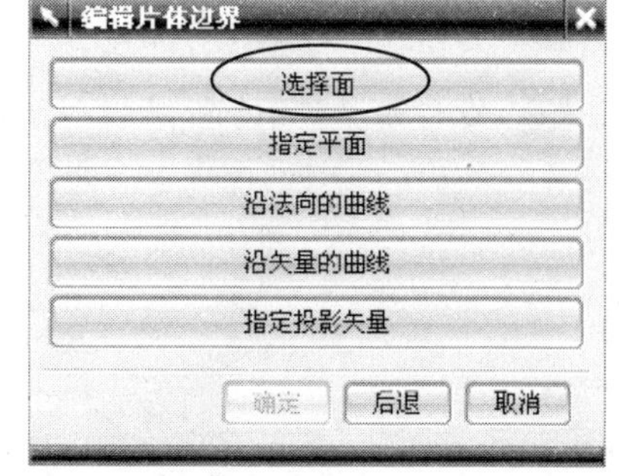

图 9-158 单击“选择面”按钮

6. 弹出“编辑片体边界”对话框，如图 9-159 所示，然后选择曲面 1 作为边界对象，再依次单击对话框中“确定”按钮（或连按三次鼠标中键），直到弹出如图 9-160 所示

的对话框。

图 9-159 “编辑片体边界”对话框

图 9-160 对话框

7. 在工作窗口中曲面自动呈延伸预览状态，如图 9-161 所示，并且鼠标光标将变成十字形，然后在曲面 2 特征的一侧单击，再单击对话框中的确定按钮。

8. 替换后的曲面状态如图 9-162 所示，最后单击“编辑片体边界”对话框中的确定按钮（或按鼠标中键），完成曲面的编辑。

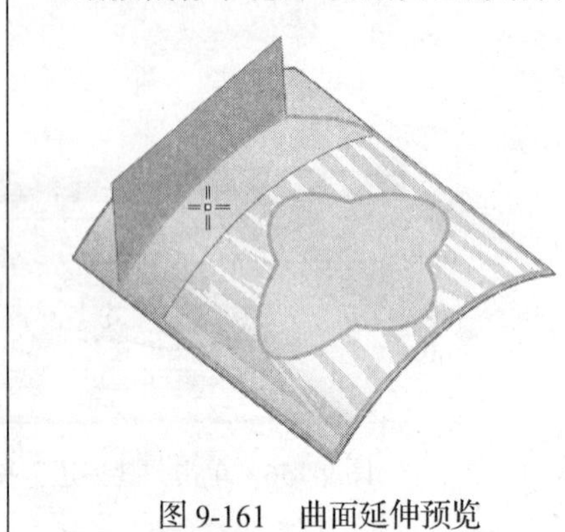

图 9-161 曲面延伸预览

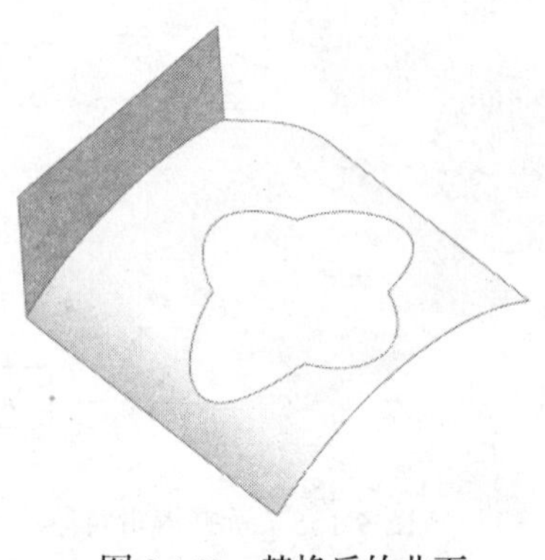

图 9-162 替换后的曲面

9.3.6 变换曲面

变换曲面是指在动态的方式下对曲面进行缩放、旋转或平移操作，并移除特征的相关参数。

操作步骤

1. 打开附书光盘中的 SAMPLE\CH09 \Edit_9.3.6.PRT 文件，如图 9-163 所示。

2. 选择菜单栏中的“编辑”→“曲面”→“变换”命令（或单击“自由曲面形状”工具栏中的图标），弹出“变换曲面”对话框，如图 9-164 所示。

图 9-163 打开的模型

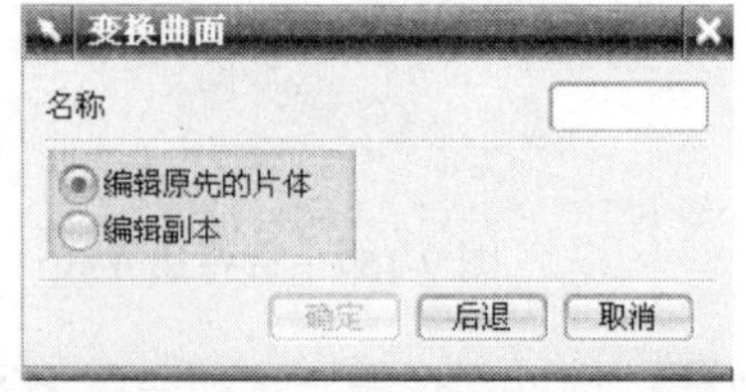

图 9-164 “变换曲面”对话框

3. 选择如图 9-163 所示的曲面作为编辑对象，然后弹出如图 9-165 所示的"确认"对话框，单击 确定 按钮（或按鼠标中键）。

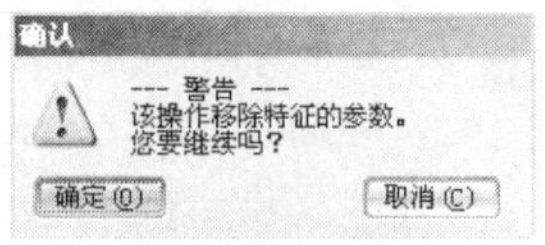

图 9-165 "确认"对话框

4. 弹出"点"对话框，如图 9-166 所示。在工作窗口中选择如图 5-167 所示的曲面边界端点作为旋转基点。

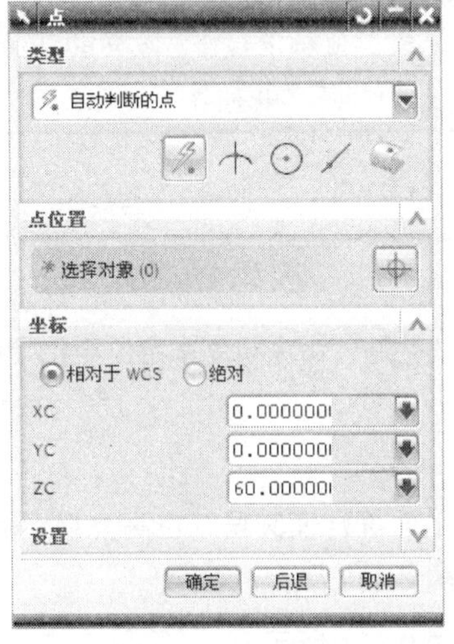

图 9-166 "点"对话框

图 9-167 选择旋转基点

5. 选择旋转基点后自动弹出"变换曲面"对话框，在对话框中的"选择控制"栏下单击"旋转"单选按钮。将 *xc* 轴、*yc* 轴、*zc* 轴栏的参数设置成如图 9-168 所示。

6. 单击对话框中的 确定 按钮，变换后的曲面如图 9-169 所示。

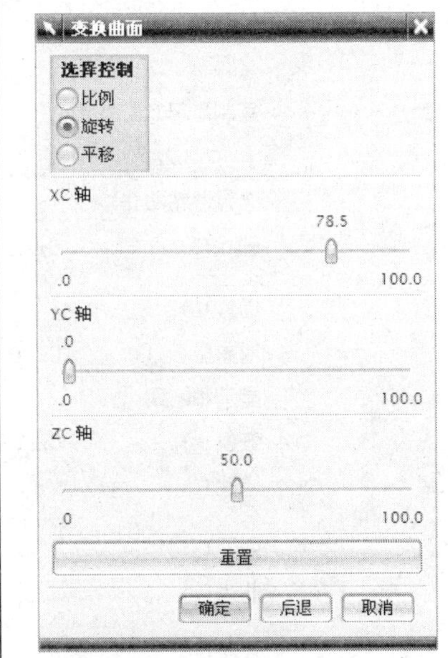

图 9-168 "变换曲面"对话框

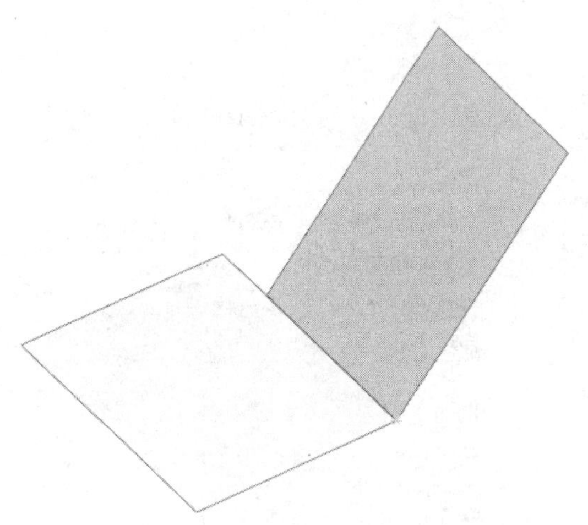

图 9-169 完成变换后的曲面

提示：

- 选择“编辑副本”选项进行曲面变换时，变换后将保留原始曲面特征。若选择“编辑原先的片体”选项，变换后不保留原始曲面特征。

“变换曲面”对话框对话框中的各项说明如下。

- “选择控制”栏

  比例：曲面将以参照点位置为基准沿坐标系的 xc 轴或其他轴进行放大或缩小。

  旋转：曲面将以参照点位置为基准，并通过定义的角度进行曲面的变换。

  平移：曲面将以参照点位置为基准沿坐标系的 xc 轴或其他轴进行任意方向的移动。

- 重置：将对话框返回至初始状态，并取消对曲面进行的任何变换操作。

9.4 复制与粘贴

复制是指创建一个或是多个特征的副本，复制完成后通过“粘贴”命令将副本定位至指定位置。

操作步骤

1. 在工作窗口中单击参照对象（如曲面、曲线、基准平面等）使其呈红色高亮显示状态，然后选择菜单栏中的“编辑”→“复制”命令，如图 9-170 所示。

2. 继续选择菜单栏中的“编辑”→“粘贴”命令，如图 9-171 所示。

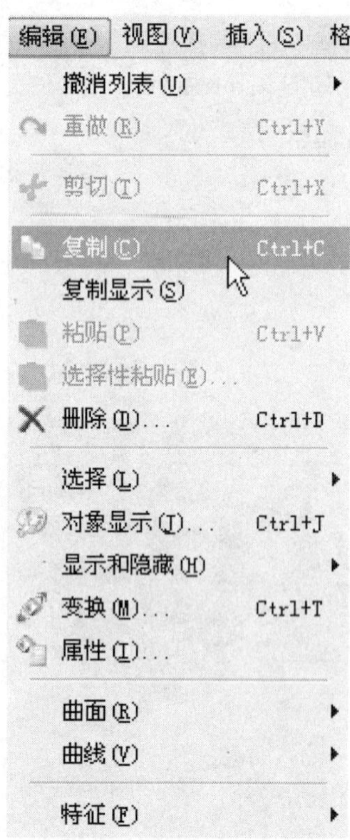

图 9-170 选择“复制”命令

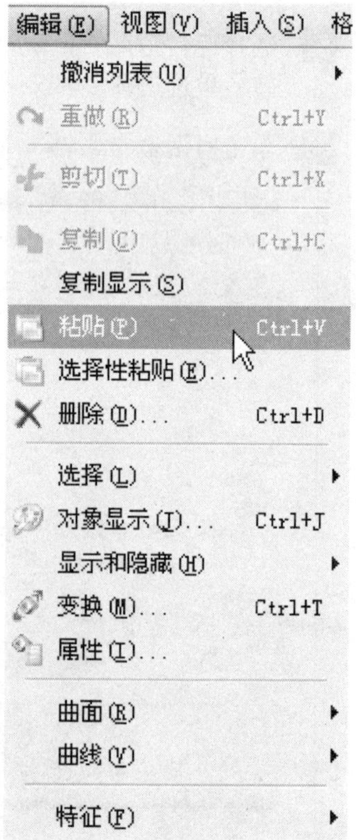

图 9-171 选择“粘贴”命令

3. 弹出“粘贴特征”对话框，如图 9-172 所示。

提示：此对话框显示的是拉伸特征的相关信息，对于不同的特征，对话框中显示的信息会不同。

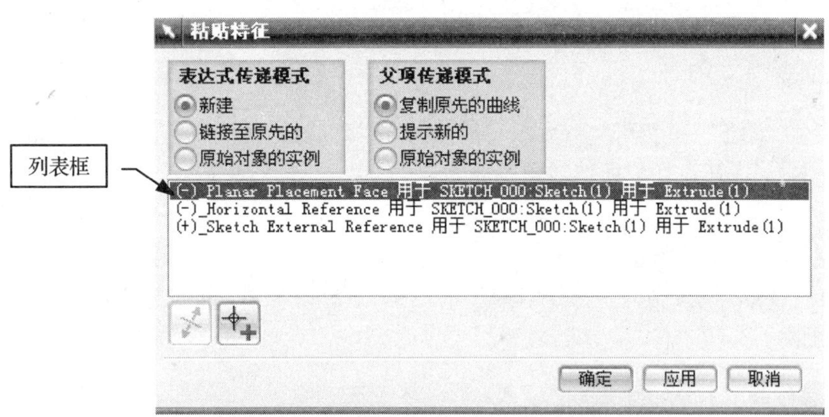

图 9-172 “粘贴特征”对话框

提示：“粘贴特征”对话框中的各项参数说明如下。

- 新建：重新新建参照对象的表达式以作为传递模式。
- 链接至原先的：使用参照对象的表达式作为传递模式。
- 原始对象的实例：沿用参照对象的表达式作为传递模式。
- 复制原先的曲线：沿用对象创建时的参照与矢量方向。
- 提示新的：可以重新定义创建对象时的参照与矢量方向。
- 原始对象的实例：沿用对象创建时的所有参照。
- 列表框：显示基准平面、基准轴及原点信息。
- 反向：单击该按钮，可以改变基准平面、基准轴的矢量方向。
- 完成参考并开始下一参考：确认对基准平面、基准轴及原点的定义，并自动跳至下一个参考的定义。

提示：复制快捷方式 Ctrl+C。
粘贴快捷方式 Ctrl+V。

9.5 剪切与删除

经过剪切后的特征在原始位置将被去除，将不会保留原始特征。创建后的特征可以通过“删除”命令进行去除。

1．剪切

操作步骤

1. 在工作窗口中按住鼠标左键不放，对要剪切的对象进行框选。然后选择菜单栏中的“编辑”→“剪切”命令。经过一段时间后，系统自动将所框选的对象放到剪切板中。

2. 如果要将对象进行粘贴，可以使用 Ctrl+V 组合键进行粘贴。

2．删除

（1）使用菜单命令

选择菜单栏中的“编辑”→“删除”命令，弹出“类选择”对话框。然后选择要删除的对象，再单击对话框中的 确定 按钮，完成所选对象的删除。

（2）使用快捷方式

在键盘中按 Ctrl+D 组合键，同时弹出“类选择”对话框，选择对象后，再单击对话框中的 确定 按钮，所选对象被删除。

（3）在“装配导航器”对话框中删除

在“装配导航器”对话框的部件名称中右击，并在弹出的快捷菜单中选择“删除”命令，完成所选对象的删除。

（4）在窗口中删除

在要删除的对象中，单击鼠标右键，并在弹出的快捷菜单中选择“删除”命令，所选对象自动被删除。

提示： 剪切快捷方式的组合键为 Ctrl+X。

9.6 撤消与重做

将刚创建的特征或其他命令操作去除的方式有两种，一种是将创建的特征删除，另外一种是将创建的特征通过“撤消”命令去除。反之要将撤消的操作恢复可以通过“重做”命令来完成。

1．撤销

操作步骤

1. 选择菜单栏中的“编辑”→“撤消列表”命令，同时弹出“撤消列表”的子菜单，如图 9-173 所示。

2. 在子菜单中选择步骤名称，系统自动将该步骤撤销。并且在该步骤以后的所有操作都将被一同撤销。

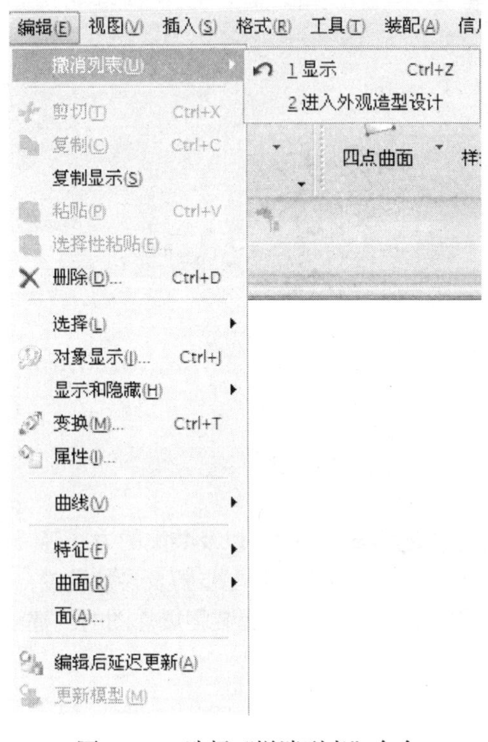

图 9-173 选择“撤消列表”命令

2．重做

当窗口中有步骤被撤销时，可以选择菜单栏中的“编辑”→“重做”命令，完成对操作步骤的重生成。并且每选择一次菜单命令，只对一个操作步骤进行重生成。

提示：

- 撤消快捷方式 Ctrl+Z。
- 重做快捷方式 Ctrl+Y。

第10章 装配设计

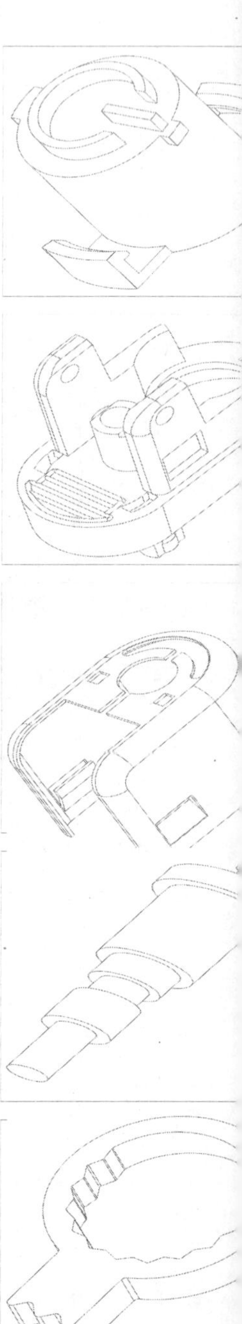

本章导读

本章主要介绍装配的基本操作，以及装配的方法等。了解并掌握常用的装配关系类型、装配步骤及参数设置，以及对装配后的组件进行编辑。掌握装配爆炸图的创建及编辑。

要点提示

- 装配概述
- 创建组件
- 编辑装配
- 装配爆炸图制作

10.1 装配概述

装配是将多个零件组装在一起，并指定零件与基准参照或零件与零件间相应的约束。一个装配中往往包含多个组件，在装配时应尽可能将功能相对独立、联系相对密切的部件组成一个子装配，再将其作为一个部件装入至装配体中。

10.1.1 进入装配模式

在装配前先切换装配模式，再逐一将零件载入装配环境。

操作步骤

步骤 1 直接新建装配

1. 选择菜单栏中的“文件”→“新建”命令，弹出如图 10-1 所示的“文件新建”对话框。

图 10-1 “文件新建”对话框

> **提示：**
> “新建文件”的其他操作方式：
> - 单击“标准”工具栏中的□图标。
> - 使用新建快捷方式 Ctrl + N。

2. 在对话框中单击选择装配，并确认单位为“毫米”。沿用系统默认的“名称”不变，将“文件夹”定位至保存文件的文件夹下，如图 10-2 所示。单击对话框中的 确定 按钮，进入装配模式。

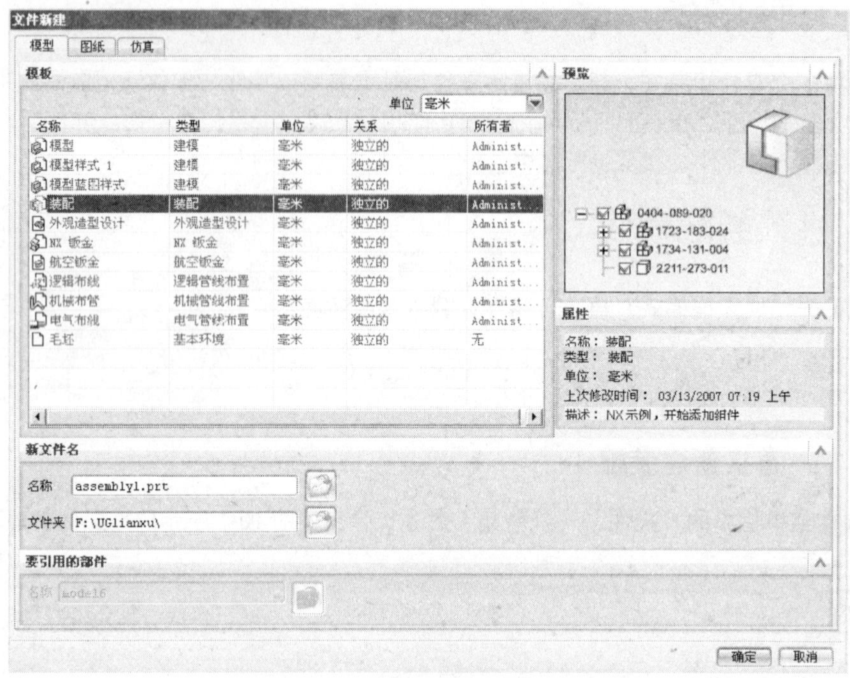

图 10-2 “文件新建”对话框（装配）

3. 弹出“添加组件”对话框，如图 10-3 所示。单击对话框中“打开”栏中的按钮，弹出“部件名”对话框，选择部件后再单击对话框中的 OK 按钮，如图 10-4 所示。

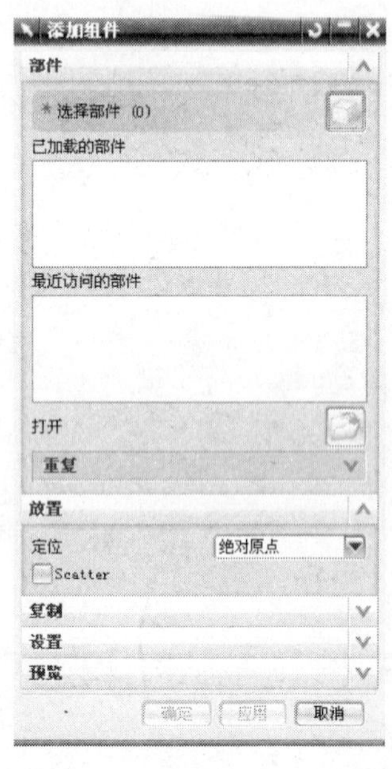

图 10-3 “添加组件”对话框

图 10-4 “部件名”对话框

4. 选择的部件自动加载至“添加组件”对话框中的“已加载的部件”列表框中，如图 10-5 所示。在工作窗口中将会弹出“组件预览”对话框，如图 10-6 所示。

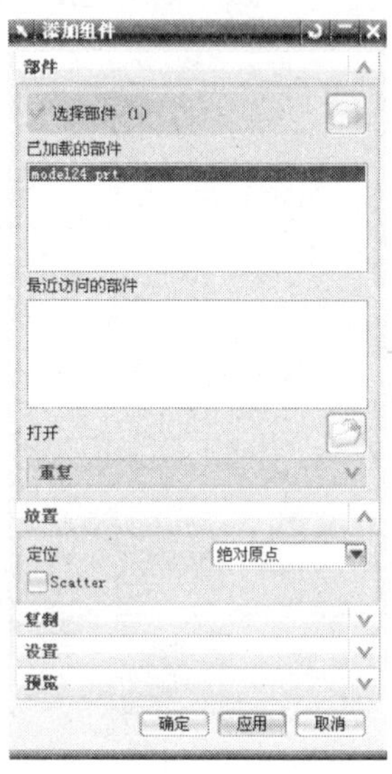

图 10-5 已加载部件后的对话框

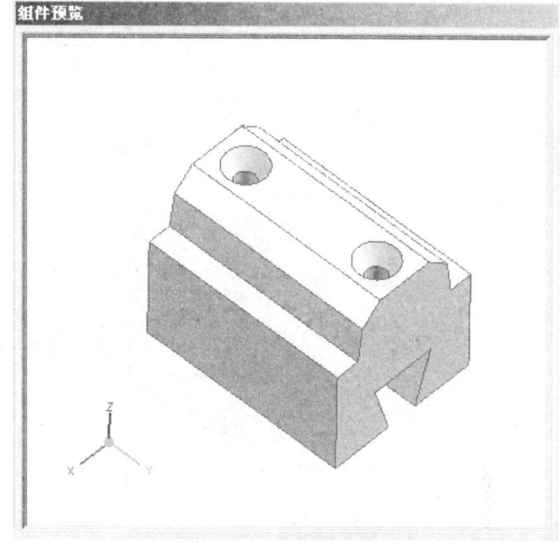

图 10-6 “组件预览”对话框

5. 在“添加组件”对话框中的“放置”栏中选择定位方式为“绝对原点”，再单击对话框中的 确定 按钮，完成一个部件的加载。

6. 单击“装配”工具栏中的图标，弹出“添加组件”对话框。在对话框中“放置”栏中的“定位”下拉列表中选择“配对”选项，如图 10-7 所示。

7. 在“添加组件”对话框中单击“打开”栏中的按钮，弹出“部件名”对话框，选择部件后再单击对话框中的 OK 按钮，如图 10-8 所示。

8. 选择后的部件自动加载至“添加组件”对话框中的“已加载的部件”列表框中，并且在工作窗口中将会弹出“组件预览”对话框，可以对加载的部件进行预览，如图 10-9 所示。

9. 单击“添加组件”对话框中的 确定 按钮，同时弹出如图 10-10 所示的“配对条件”对话框，选择相关的配对类型与线或面参照后完成部件间的装配。

提示：“配对条件”对话框中的各项参数说明如下。

- 配对类型：包括配对、平行、对齐、角度等。
- 中心对象：当在配对类型中配对时，可以选择对象的配对方案，如 1 对 2。
- 选择步骤：切换对象选择时的顺序。
- 过滤器：可以指定选择参照的类型，如面、直线、点、基准平面等，当指定后其他不同类型的参照将不能被选择。
- 预览：单击该项，可以对当前部件间的约束状态进行预览。
- 列出错误：将在约束时不正确的信息以文本的形式列出，并提示更正约束的方法。
- 改变约束：更改参照之间约束的类型，单击该按钮后弹出“改变约束”对话框。

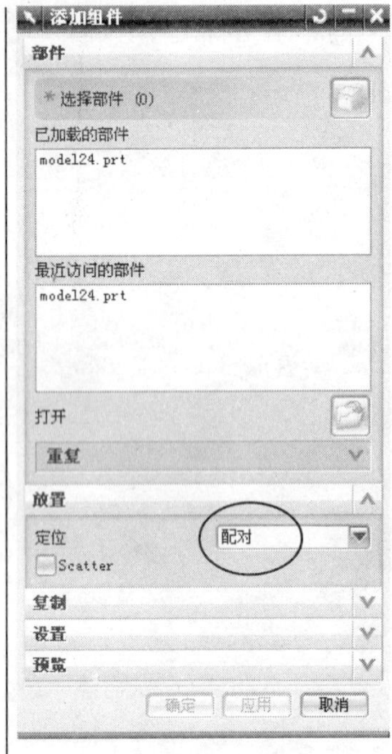

图 10-7 选择“配对”项

图 10-8 “部件名”对话框

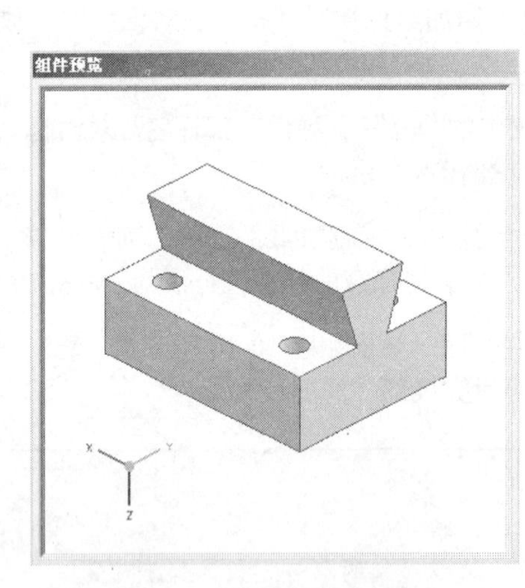

图 10-9 预览加载的组件

图 10-10 “配对条件”对话框

步骤 2 在打开的部件中新建装配

1. 选择菜单栏中的“文件”→“打开”命令（或使用快捷方式 Ctrl+O），弹出“打开部件文件”对话框。

2. 将“文件夹”定位至部件所在的文件夹下，选择部件后，再单击对话框中的 OK 按钮。进入建模工作窗口。

3. 在工作窗口中的“标准”工具栏中单击 开始 图标，并在弹出的下拉菜单中选择“装配”命令，程序自动切换至装配模式。

4. 单击“装配”工具栏中的图标，弹出“添加组件”对话框，单击“打开”栏中的按钮，弹出“部件名”对话框，选择部件后再单击对话框中的 OK 按钮。

5. 在“添加组件”对话框中的“放置”栏中定义部件间的定位方式后，再单击对话框中的 确定 按钮，进入部件装配模式。

步骤 3 装配实例

1. 实例特征分别如图 10-11 与图 10-12 所示。

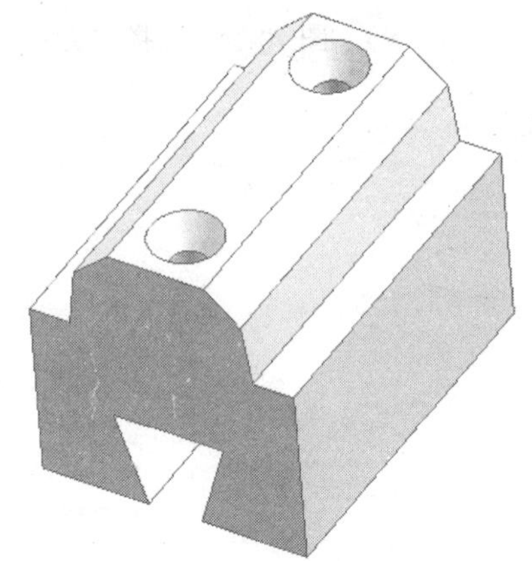

图 10-11 实例特征

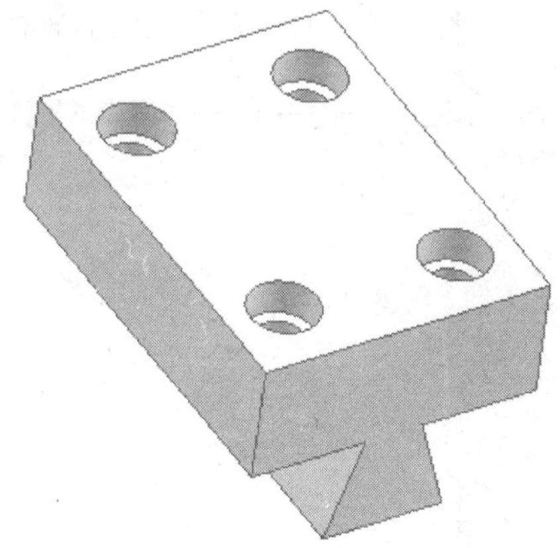

图 10-12 实例特征

2. 选择菜单栏中的“文件”→“打开”命令，弹出“打开部件文件”对话框，单击选择 SAMPLE \CH10 文件夹下 10.1.1.PRT 文件后，单击 OK 按钮，如图 10-13 所示。10.1.1.PRT 被加载至工作窗口中。

3. 在“标准”工具栏中单击 开始 图标，并在弹出的下拉菜单中选择“装配”命令，如图 10-14 所示。

4. 程序自动切换至装配模式，单击“装配”工具栏中的图标，弹出“添加组件”对话框。单击“打开”栏中的按钮，弹出“部件名”对话框，如图 10-15 所示，单击 SAMPLE \CH10 文件夹下的 10.1.2.PRT 部件部件名称后，单击对话框中的 OK 按钮。

5. 在对话框中“放置”栏中的“定位”下拉列表中选择“配对”选项，如图 10-16 所示，单击 确定 按钮。

6. 弹出“组件预览”对话框，如图 10-17 所示，同时弹出“配对条件”对话框，如图 10-18 所示。

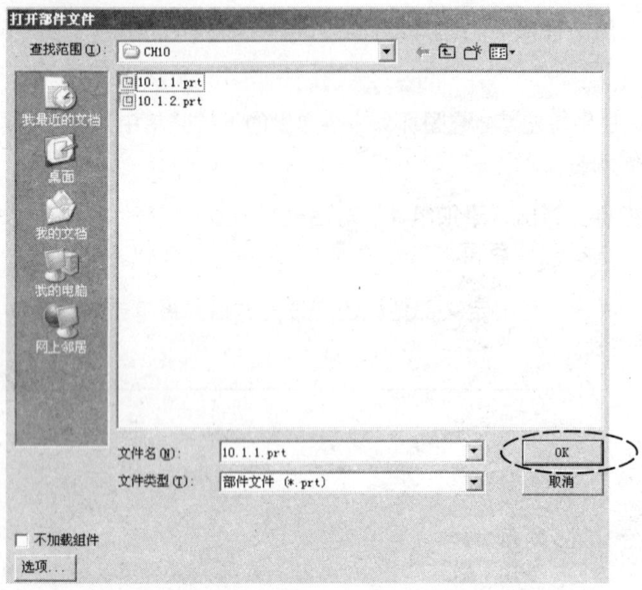

图 10-13 选择 10.1.1prt 部件

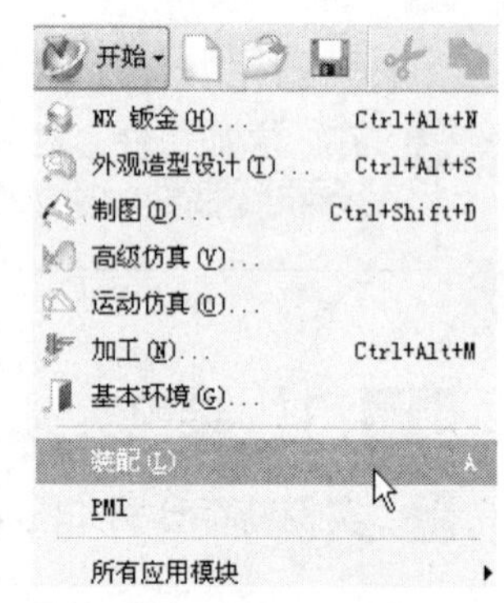

图 10-14 选择“装配”命令

图 10-15 选择 10.1.2prt 部件

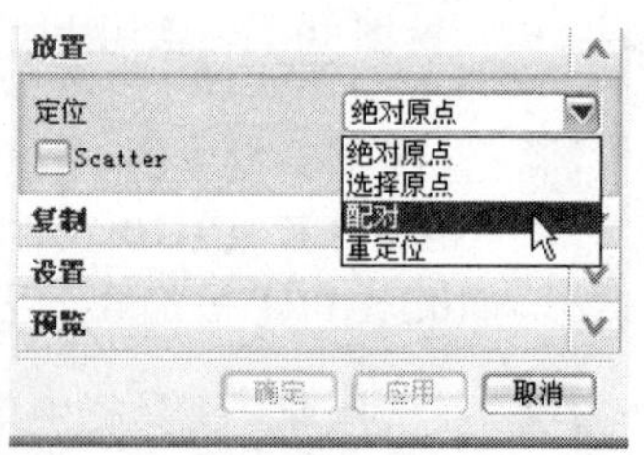

图 10-16 选择“配对”选项

7. 在对话框中确认配对类型为“配对”，然后在“组件预览”对话框中单击如图 10-19 所示的平面作为参照平面，在 10.1.1.PRT 部件中单击如图 10-20 部件所示的平面作为另一个参照平面。

8. 若想对装配状态进行预览，可以单击“配对条件”对话框中的 预览 按钮，在工作窗口中对其进行预览。

9. 在“配对条件”对话框中的“配对类型”栏中单击 按钮，选择 10.1.2.PRT 部件的最大侧面作为参照，单击 10.1.1.PRT 部件中的最大侧面作为另一个参照平面。

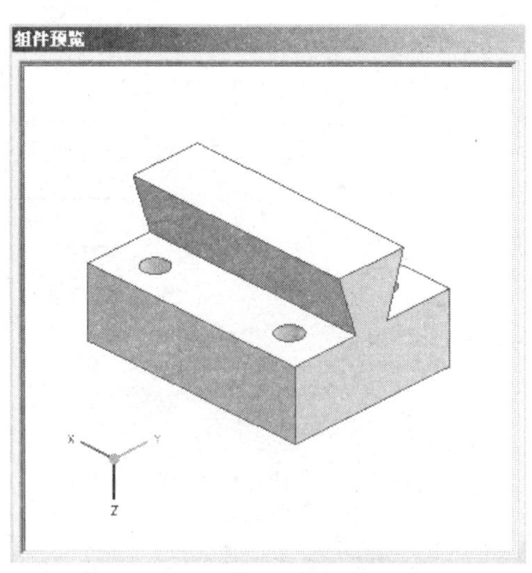

图 10-17 “组件预览”对话框

图 10-18 “配对条件”对话框

10. 在“配对条件”对话框中的“配对类型”栏中单击按钮，选择如图 10-21 所示的 10.1.2.PRT 部件的侧面作为参照，单击选择如图 10-22 所示的 10.1.1.PRT 部件中的侧面作为另一个参照平面。

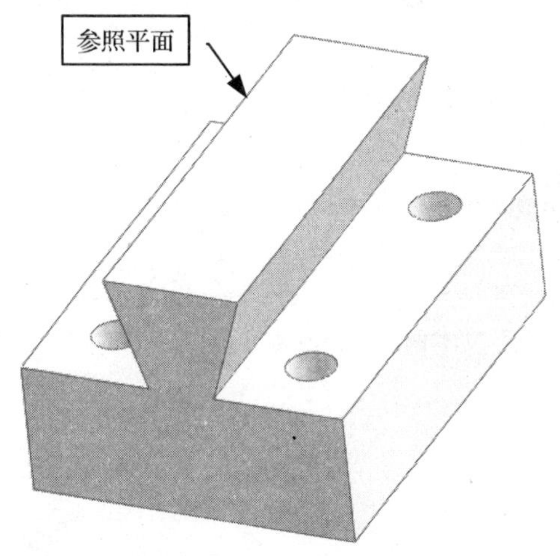

图 10-19 选择参照平面

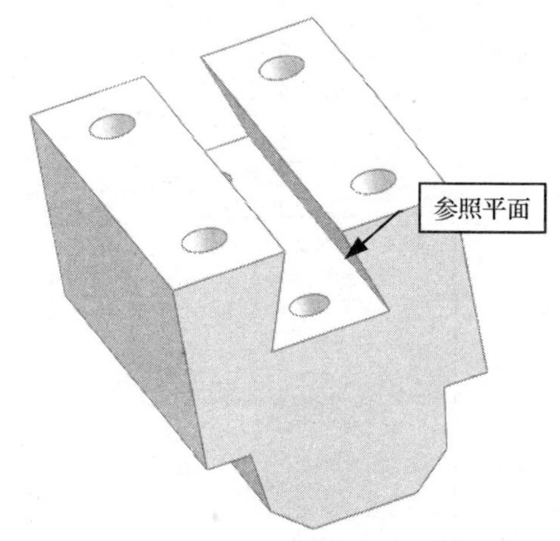

图 10-20 选择参照平面

提示： 当选择的面不正确时，“预览”按钮将会呈加亮显示，此时单击 列出错误 按钮，将弹出“信息”文本框，如图 10-23 所示。

在“配对条件”对话框中的“选择步骤”栏单击图标，可以重新定义对齐时的参照面，直到对话框中的“列出错误”按钮呈灰色显示。

11. 单击“配对条件”对话框中的 确定 按钮，创建后的装配状态如图 10-24 所示。

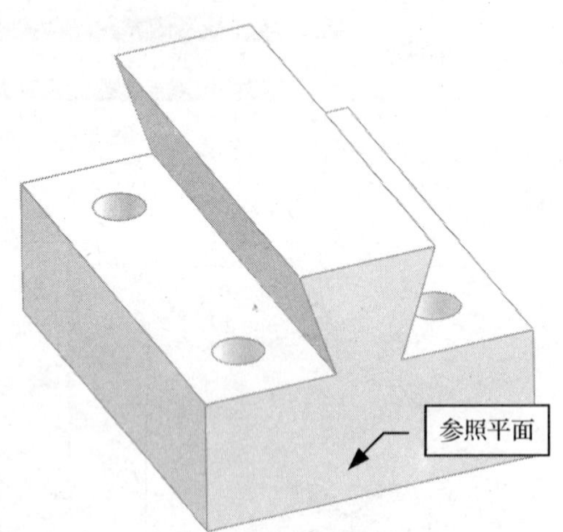

图 10-21　选择参照平面

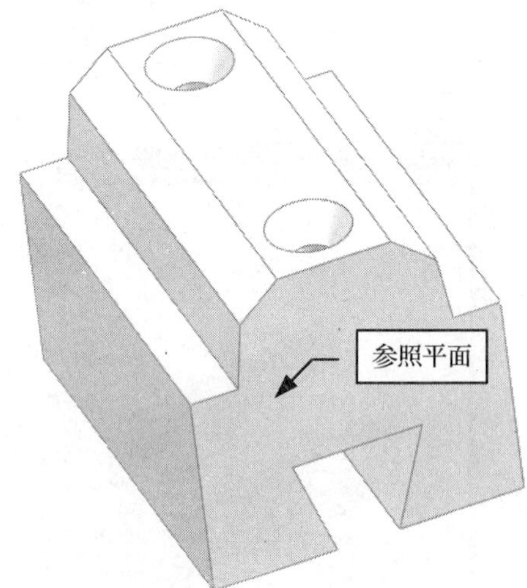

图 10-22　选择参照平面

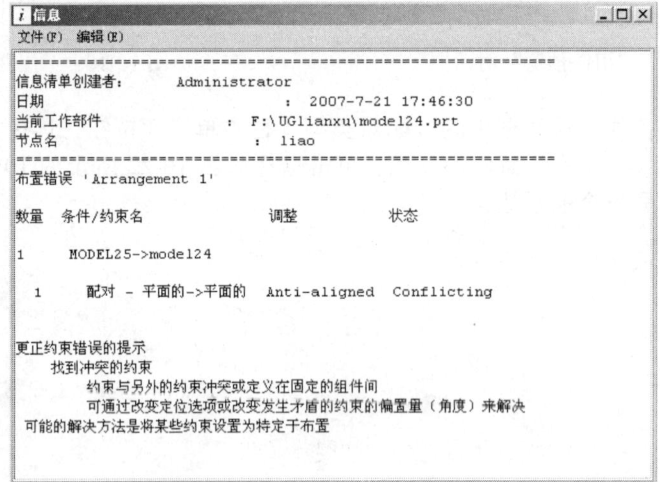

图 10-23　“信息”文本框

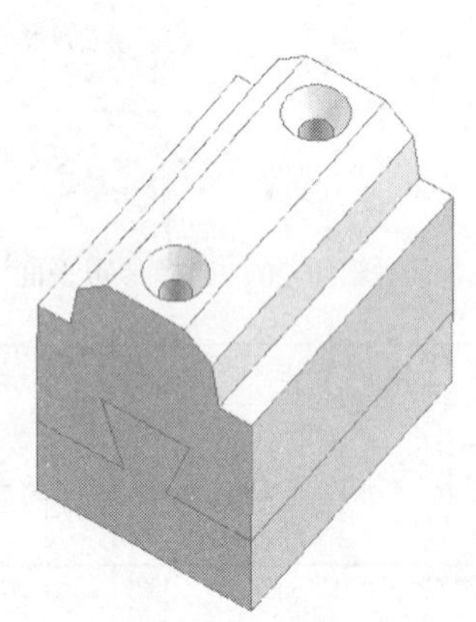

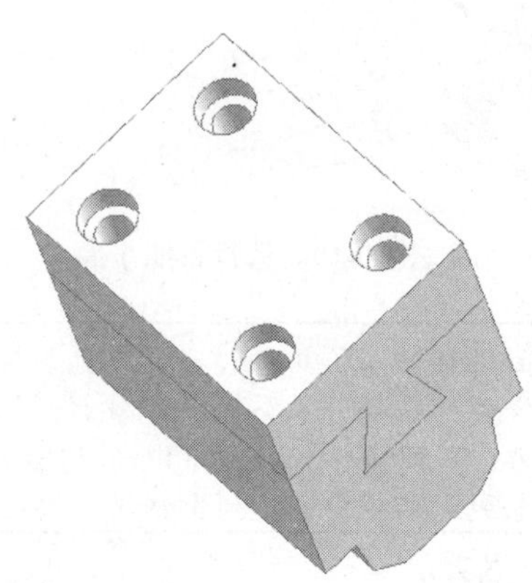

图 10-24　装配完成后的状态

10.1.2 装配导航器

装配导航器主要是将装配部件名称、装配组件与部件，组件与组件关系等信息予以显示。也可在装配导航器中将各工作部件间打开、显示为工作部件，以及其他相关操作。

（1）如图 10-25 所示为“装配导航器”对话框，其是由列表框、“预览”栏、“相关性”栏等组成的。

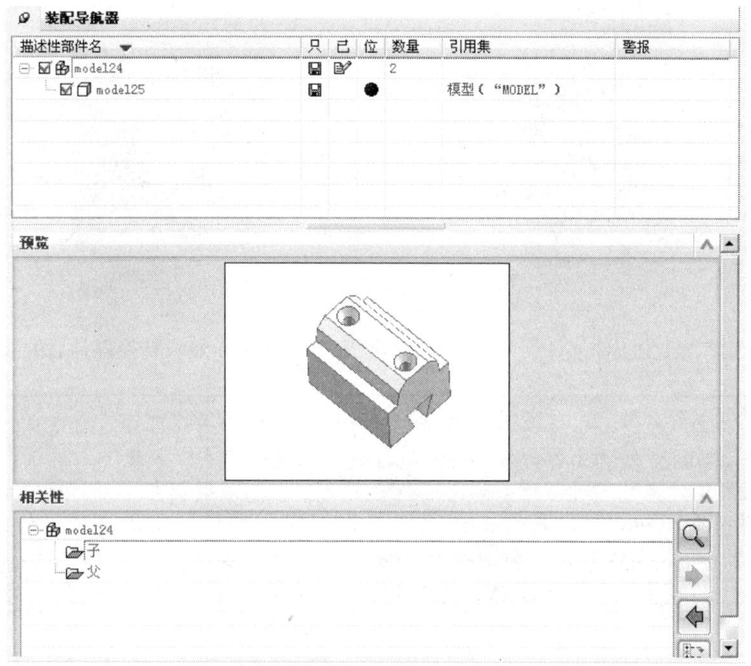

图 10-25 “装配导航器”对话框

（2）“装配导航器”对话框中的各项参数说明如下。

- 列表框：显示装配后的部件名称。
- 预览：对装配中的单个部件进行预览。
- 相关性：显示部件的装配关系，以及装配时的相关信息。

  局部放大图：将部件与主参照部件装配时的相关信息展开，如图 10-26 所示。当“相关性”栏中显示的是主参照部件时，单击按钮，装配的相关信息将不会展开。

  前进：单击该按钮，可以对部件在装配时的过程进行预览。每单击一次进行下一个操作步骤的预览。

  后退：对部件在装配时的过程进行预览。每单击一次进行上一个操作步骤的预览。

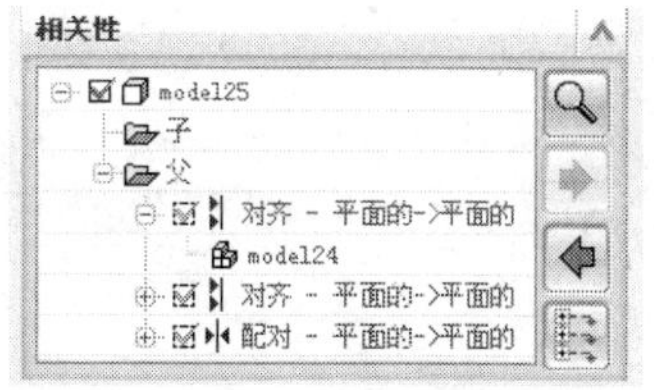

图 10-26 “相关性”栏

  展开下一级：单击该按钮，图 10-26 中的“相关性”栏中包含的所有子项将被展开。

（3）在“装配导航器”对话框中的列表框中右击 model25，在弹出的快捷菜单中选择“转为工作部件”命令，如图 10-27 所示。此时工作窗口中的其他部件将呈绿色显示，并且会显示出部件 model25 的坐标系，如图 10-28 所示。

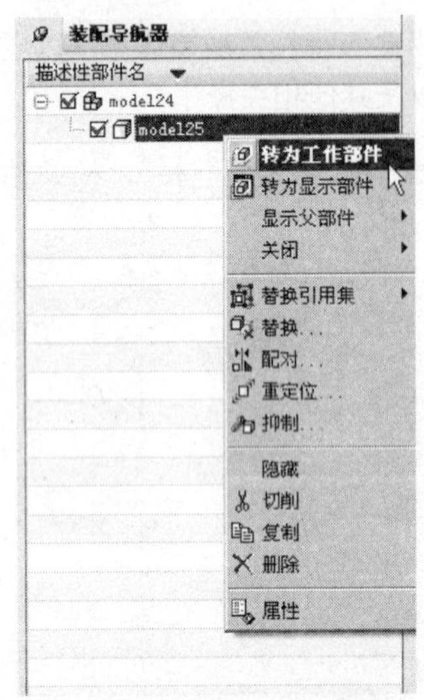

图 10-27　选择“转为工作部件”命令

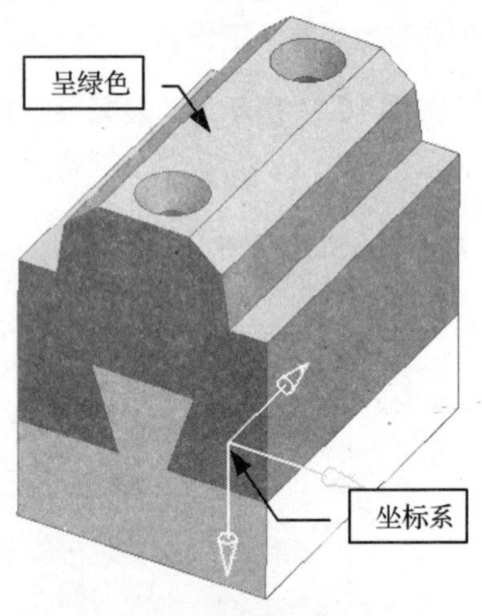

图 10-28　转换部件后的装配状态

提示：

在列表框中的部件 model25 处双击，同样可以将其转为工作部件。

将部件 model25 转为工作部件的另一种操作方法是：单击“装配”工具栏中的图标，弹出“设置工作部件”对话框，如图 10-29 所示。然后在对话框中的“选择已加载的部件”栏选择部件 model25，再单击对话框中的 确定 按钮，完成部件的转换。

- 当部件 model25 转为工作部件后，可以进行其他的设计工作，主要是通过菜单栏中的“插入”→“关联复制”→“WAVE 几何链接器”命令，如图 10-30 所示。

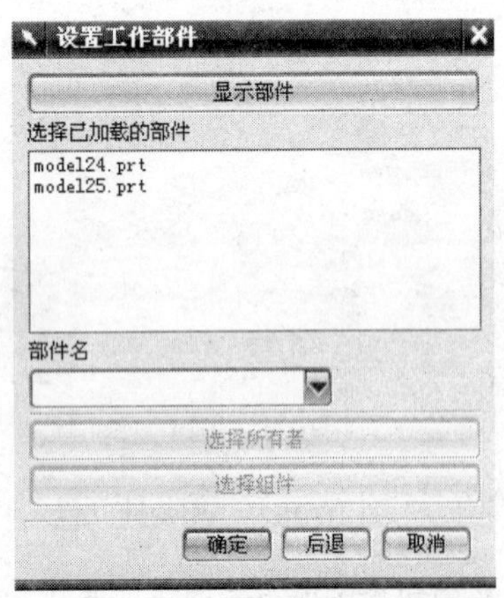

图 10-29　“设置工作部件”对话框

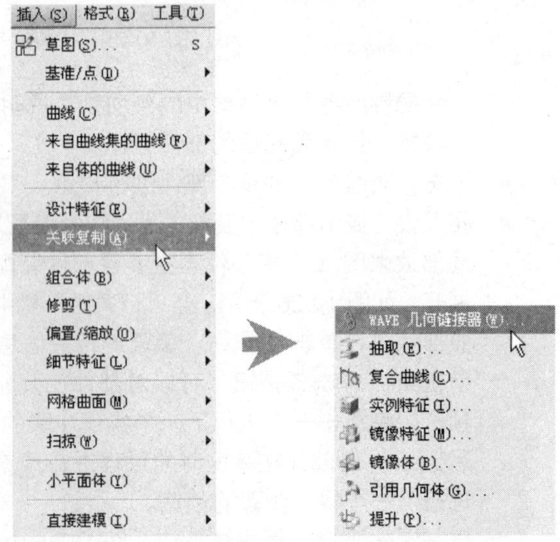

图 10-30　选择“WAVE 几何链接器”命令

10.1.3 装配关系类型

选择合适的装配关系类型是保证装配精度的关键，在实际的装配中应根据情况进行选择。

在“装配”工具栏中单击图标，弹出“添加组件”对话框，对话框中的“放置”栏下包括 4 种部件装配时的定位关系，如图 10-31 所示。

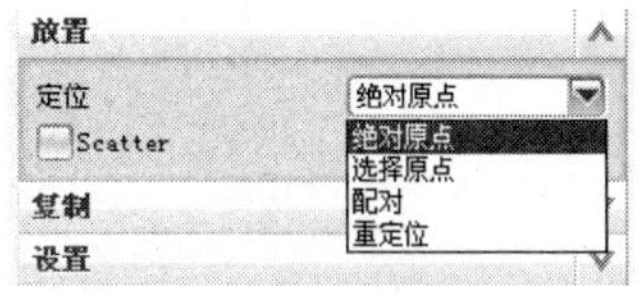

图 10-31 “放置”栏

提示：

■ 绝对原点：选择该项后，系统将以坐标系的原点作为参照进行部件间的装配，属于直接约束装配。装配后主部件坐标系中的 x、y、z 轴分别与添加部件的 x、y、z 轴相重合。如图 10-32 所示为两个不同的部件特征。装配后的状态如图 10-33 所示，部件间的坐标系完全重合。

■ 选择的点：通过在主部件中指定一点与添加后的部件坐标系进行装配。选择该项后单击对话框中的 确定 按钮，弹出“点”对话框，如图 10-34 所示。在对话框中单击“类型”栏中的“自动判断的点”选项将弹出如图 10-35 所示的快捷菜单，用户可以在快捷菜单中选择进行定义点的方式。

■ 配对：可以选择装配时的配对类型进行定义部件间的装配，主要包括如下的配对类型。

配对：选择部件间的面、线或基准平面等进行重合约束。

对齐：选择的面、线或基准平面等在同一平面呈对齐约束状态。

角度：通过定义角度进行部件间的约束。

平行：配对后所选的面或基准平面之间呈平行约束。

垂直：配对后两者之间呈垂直约束。

中心：配对后参照与所选的对象间呈中心约束。

距离：所选的参照之间以定义后的距离进行约束。

相切：定义圆与面或圆与圆之间的边界呈相切约束。

■ 重定位：选择该项后，将弹出“点”对话框，通过在主部件中指定一点与添加后的部件坐标系进行装配。同时弹出“重定位组件”对话框，在对话框中共有 7 种重定义的类型，在重定位时应根据实际情况进行重定义类型的选择。

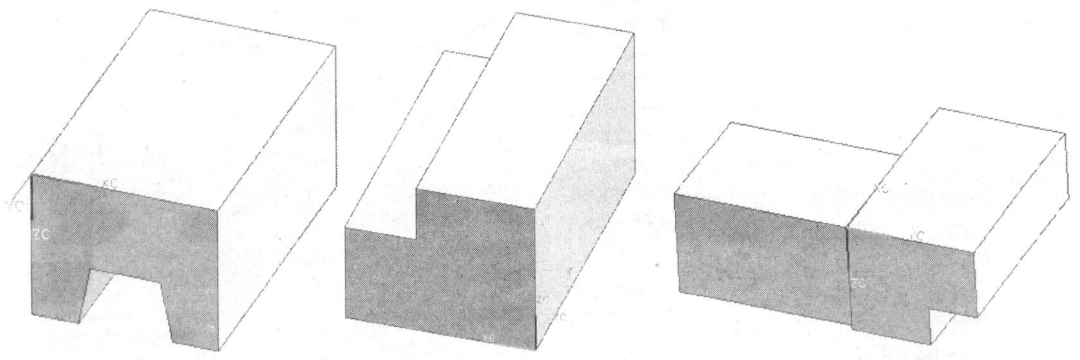

图 10-32 部件特征　　图 10-33 装配后的状态

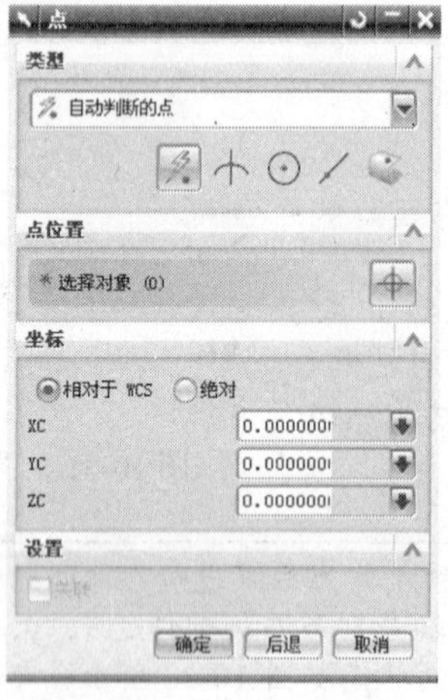

图 10-34 “点”对话框

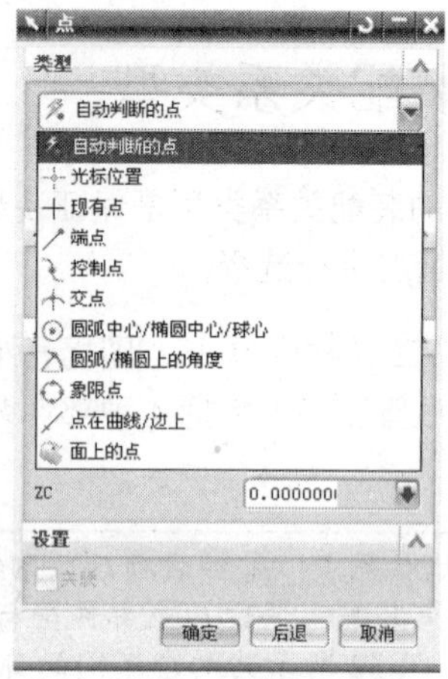

图 10-35 类型快捷菜单

10.2 创建组件

在装配环境中，需要加载其他组件，使组件与装配体之间建立相关约束。也可直接选择几何体将其转换为组件。

10.2.1 添加组件

通过选择对话框中已加载的部件或从磁盘中选择需要的部件，将组件添加至装配中。

（1）选择菜单栏中的“装配”→“组件”→“添加组件”命令，如图 10-36 所示。弹出“添加组件”对话框，如图 10-37 所示。

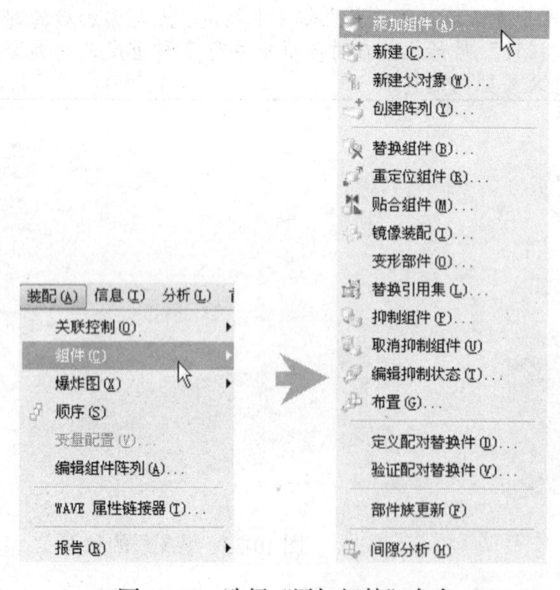

图 10-36 选择“添加组件”命令

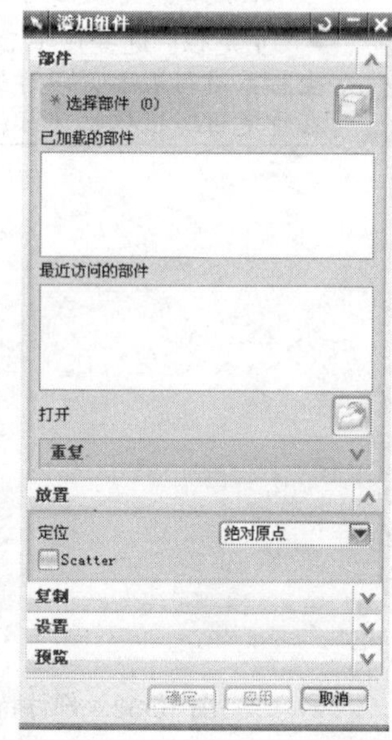

图 10-37 “添加组件”对话框

提示：单击“装配”工具栏中的图标，同样可以弹出“添加组件”对话框。

（2）“添加组件”对话框中的各项参数说明如下。

- “已加载的部件”列表框：显示加载后的部件名称。
- “最近访问的部件”列表框：对有加载至工作窗口中的部件进行显示。
- 打开：单击其右侧的按钮，将弹出“部件名”对话框，可以在对话框中选择要进行装配的部件。
- 重复：在右侧方框中输入数值，定义装配后部件的数量。
- 放置：此栏的定位方式包括绝对原点、选择的点、配对以及重定位 4 种。
  Scatter（分散打开）：当在前面方框中单击勾选时，可以将多个装配后的相同部件分散放置。
- 复制（多重添加）：
  无：只能一次定义部件间的装配。
  添加后重复：可以多次的进行部件间的装配，当定位方式为绝对原点时将不能选择。
  添加后排序：定义部件间的装配后还可以对部件进行阵列。
- 设置：对部件在装配后的显示状态进行设置。
- 预览：当在“预览”前面取消方框中的勾选时，“组件预览”对话框将不会出现。

10.2.2 新建组件

通过选择几何特征并将选择后的几何特征添入新建的组件中，来创建新组件。

操作步骤

1. 选择菜单栏中的“装配→组件→新建”菜单命令，如图 10-38 所示。弹出“类选择”对话框，如图 10-39 所示。

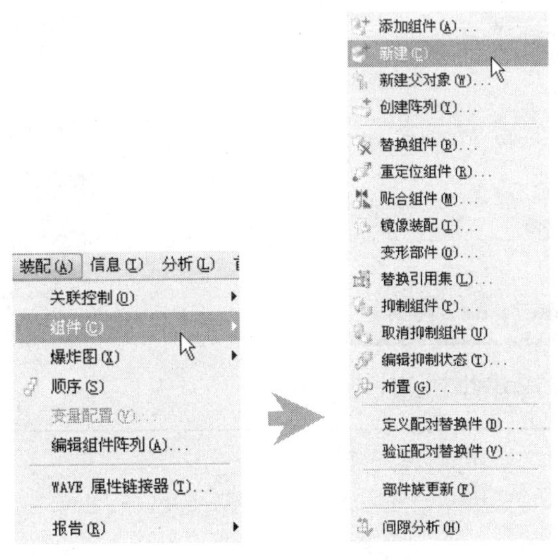

图 10-38 选择“新建”菜单命令

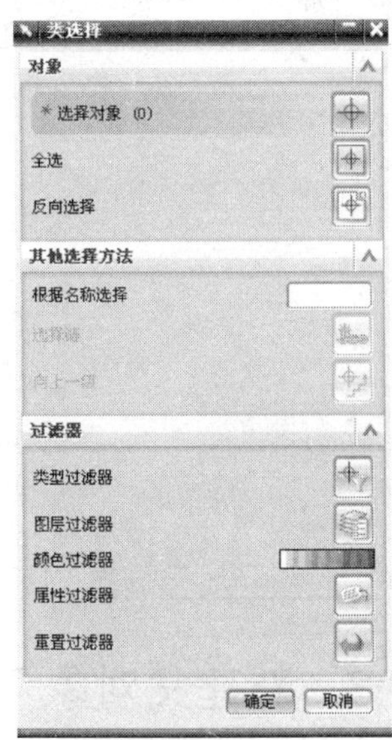

图 10-39 “类选择”对话框

2. 在工作窗口中选择部件后，单击 确定 按钮。弹出“新建组件”对话框，如图 10-40 所示。

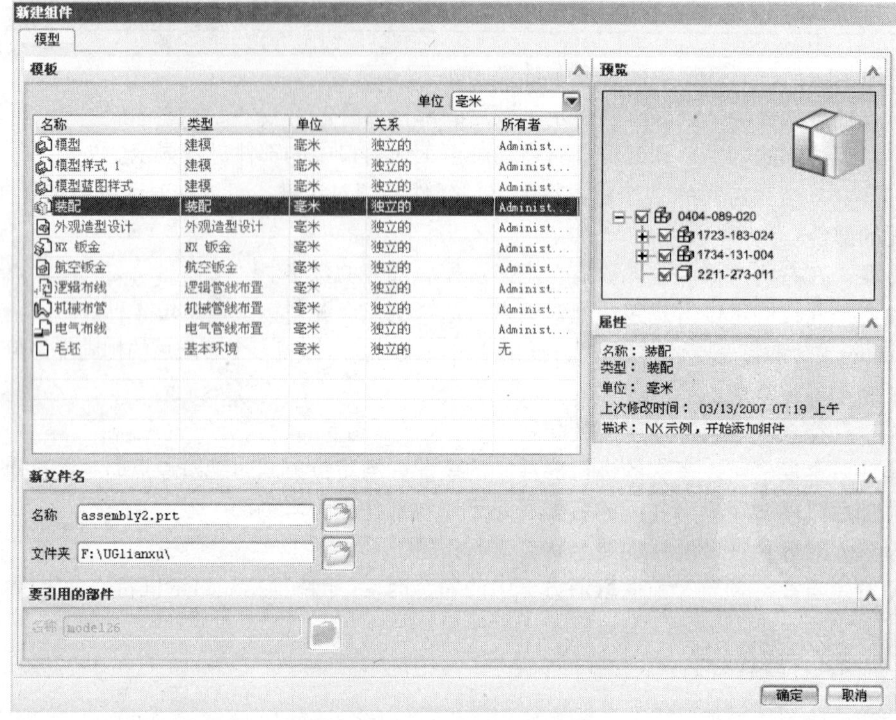

图 10-40 “新建组件”对话框

3. 在对话框中的“名称”文本框中输入相应的名称，并将对话框中的文件夹位置定位至保存部件所在的文件夹下，再单击对话框中的 确定 按钮，完成组件的新建。

4. 弹出“新建组件”对话框，如图 10-41 所示。在对话框中将会显示出新建的组件名称，以及可以指定部件的图层与选择零件的原点类型。

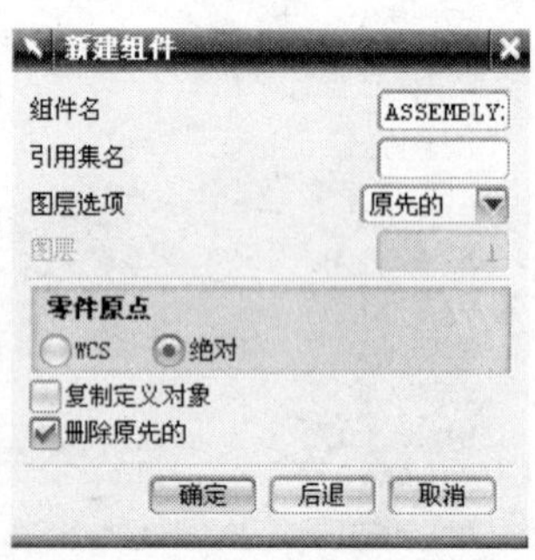

图 10-41 “新建组件”对话框

10.2.3 新建父对象

在装配环境中创建一个新组件来作为当前窗口显示部件的父对象。

操作步骤

1. 选择菜单栏中的“装配”→“组件”→“新建父对象”命令（或单击“装配”工具栏中的图标），弹出“新建父对象”对话框，如图 10-42 所示。

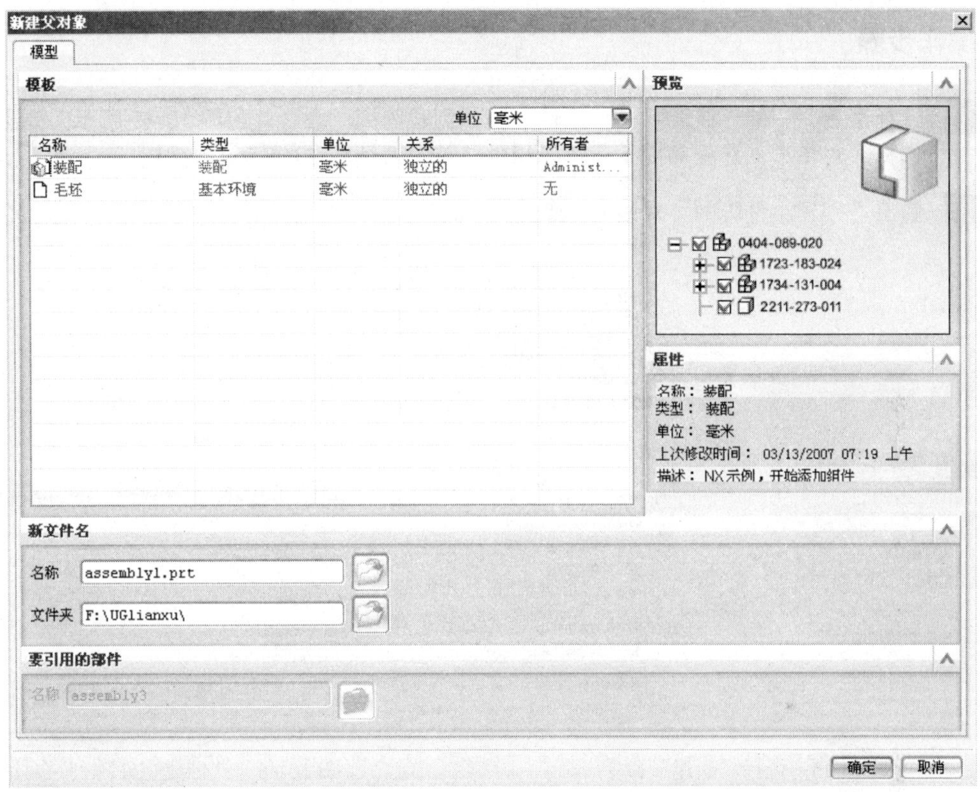

图 10-42 “新建父组件”对话框

2. 在对话框中的“名称”输入框中输入与其他组件不同的名称，并将对话框中的文件夹位置定位至组件所在的文件夹下，再单击对话框中的 确定 按钮，完成父组件的新建。

提示： 当在对话框中的“名称”文本框中输入的新组件名称已存在时，将弹出如图 10-43 所示的“消息”提示框。此时须重新输入名称。

当在对话框中的“文件夹”栏指定的路径不正确时，将弹出如图 10-44 所示的“消息”提示框。须重新指定路径。

图 10-43 “消息”提示框

图 10-44 “消息”提示框

10.2.4 创建阵列

将装配中的组件通过矩形或圆形的方式进行阵列，从而直接省去组件重复装配的烦琐性，并可定义创建阵列时的相关参数。

操作步骤

1. 选择菜单栏中的"装配"→"组件"→"创建阵列"命令，如图 10-45 所示。弹出"类选择"对话框，在程序提示下选择组件，单击对话框中的 确定 按钮。

2. 弹出"创建组件阵列"对话框，如图 10-46 所示。

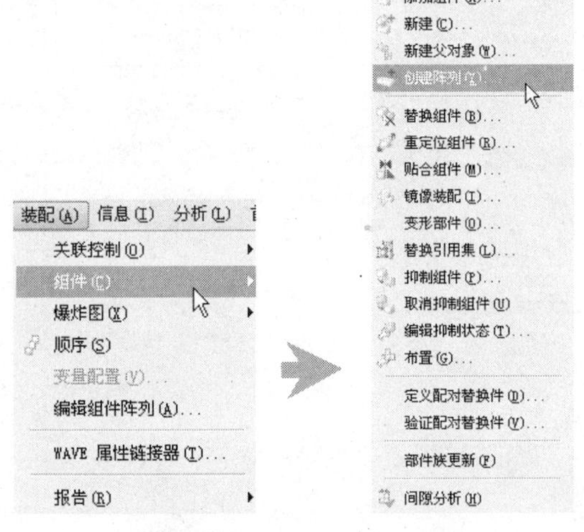

图 10-45 选择"新建"命令

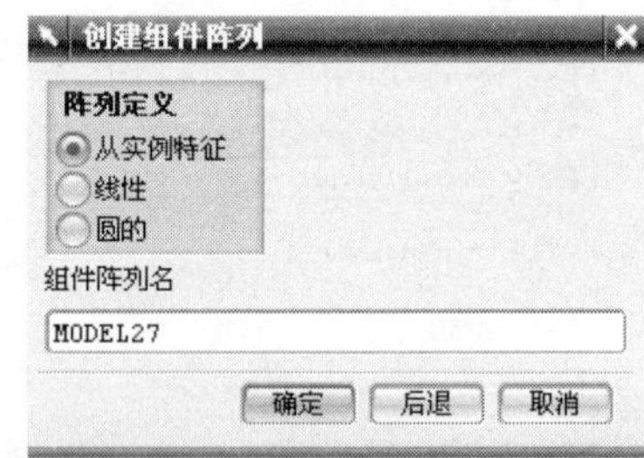

图 10-46 "创建组件阵列"对话框

提示： "创建组件阵列"对话框中的各项参数说明如下。

- "阵列定义"栏下包括以下 3 种阵列定义式。

从实例特征：系统自动从阵列模板中选择有效的特征实例与组件进行配对。当在阵列模板中没有有效的特征实例时，将弹出如图 10-47 所示的"警告"提示框。

线性：选择该项后再单击对话框中的 确定 按钮，将弹出"创建线性阵列"对话框。通过定义阵列时的方向、阵列数，以及偏置距离进行组件的阵列。

圆的：选择该项后再单击对话框中的 确定 按钮，将弹出"创建圆形阵列"对话框。通过定义阵列时的参照轴、阵列总数，以及角度进行组件的阵列。

- 组件阵列名称：显示当前阵列参照的组件名称。

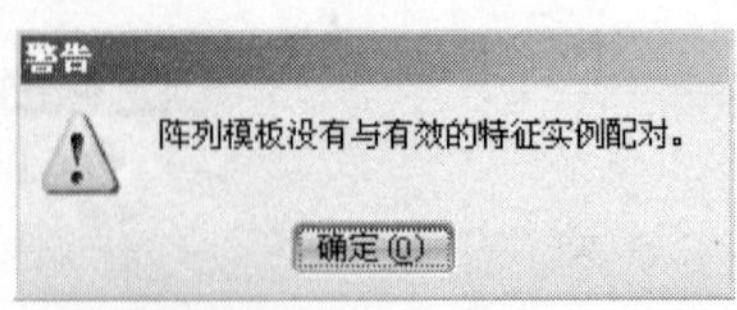

图 10-47 "警告"提示框

3. 装配后的组件状态如图 10-48 所示。"装配导航器"状态如图 10-49 所示。

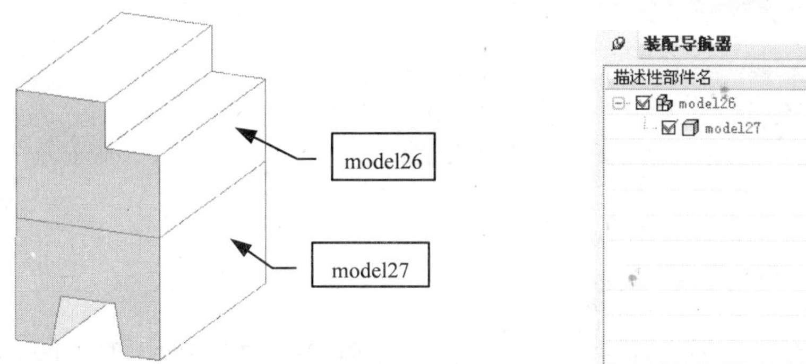

图 10-48 装配后的组件状态　　图 10-49 "装配导航器"对话框

4. 选择菜单栏中的"装配"→"组件"→"创建阵列"命令，弹出"类选择"对话框。然后在"装配导航器"对话框中选择 model27 组件（或在工作窗口中单击），再单击对话框中的确定按钮。

5. 弹出"创建组件阵列"对话框，然后在对话框中的"阵列定义"栏中选择"线性"选项，再单击确定按钮。

6. 弹出"创建线性阵列"对话框，确认系统默认的以"面的法向"作为定义阵列时的方向，再在工作窗口中选择如图 10-50 所示的 model27 组件的侧面作为定义 x 向的对象，选择对象后的组件状态如图 10-51 所示。

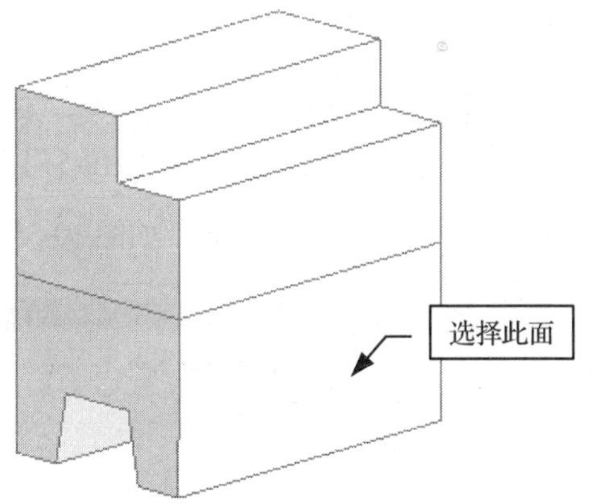

图 10-50 选择参照面

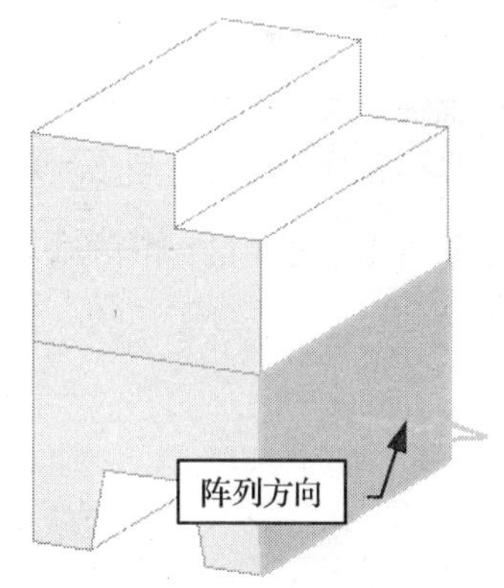

图 10-51 选择对象后的状态

7. "创建线性阵列"对话框中的 XC 栏将被激活，如图 10-52 所示。若需要将对话框中的 YC 栏激活，须选择定义 y 轴方向的对象。然后在对话框中的"总数-XC"栏将数值修改为 3，再在"偏置-XC"栏中将数值修改为 60。确认无误后单击对话框中的确定按钮，创建阵列后的组件状态如图 10-53 所示。

提示：
- 在对话框中的"偏置-XC"栏输入负值，可以反方向地进行组件的阵列。

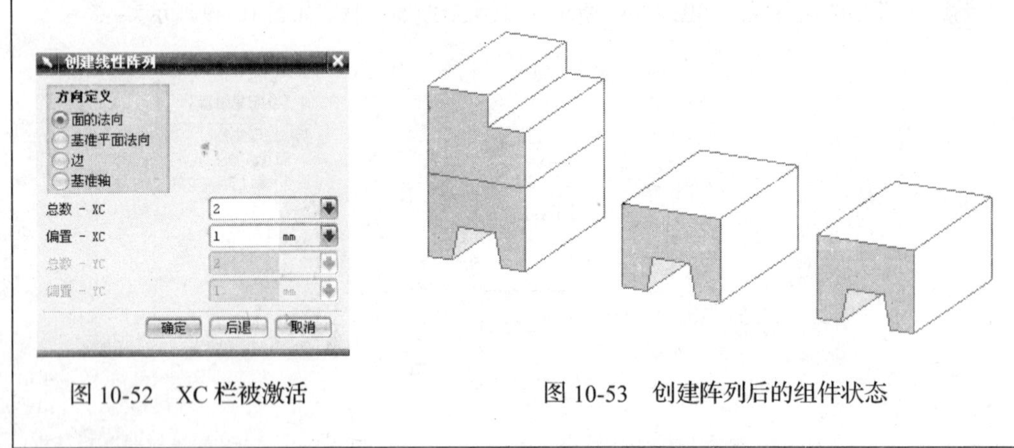

图 10-52　XC 栏被激活　　　　图 10-53　创建阵列后的组件状态

10.3　编辑装配

编辑装配主要是指对组件进行替换、重定位、贴合、镜像装配，以及变形部件等操作。对于某些组件没有完全建立约束的，可以采用编辑装配功能将其重新建立约束或重定义约束。

10.3.1　替换组件

将装配中的一个或多个组件替换成其他组件，并可以对替换组件时的关联性进行定义。

操作步骤

1. 选择菜单栏中的“装配”→“组件”→“替换组件”命令，弹出“类选择”对话框，选择需替换的组件，单击 确定 按钮。弹出“替换组件”提示框，如图 10-54 所示。

2. 单击提示框中的 移除和添加(R) 按钮，弹出“选择部件”对话框，如图 10-55 所示。

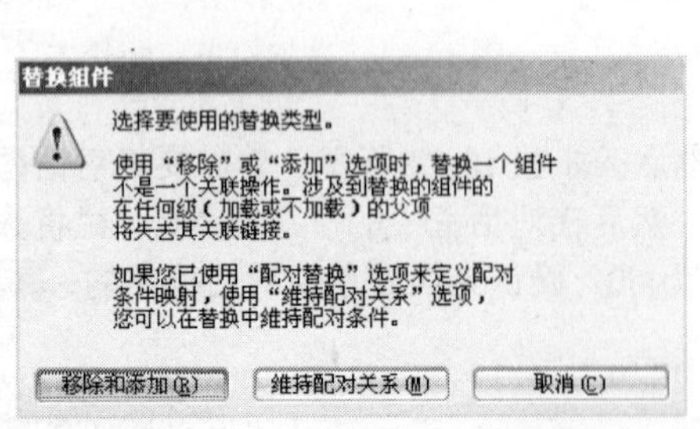

图 10-54　“替换组件”提示框

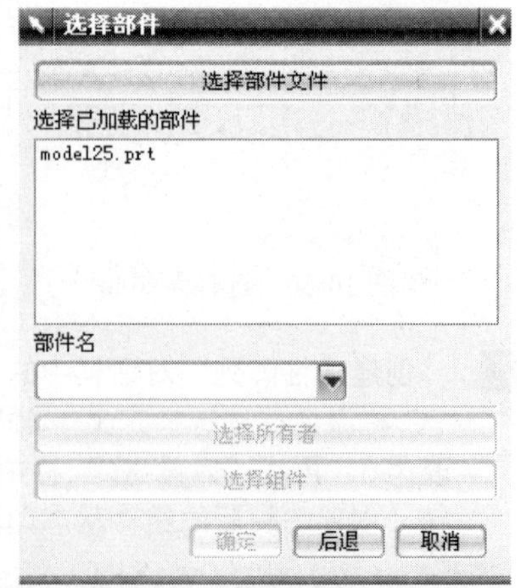

图 10-55　“选择部件”对话框

3. 在"选择部件"对话框中单击 选择部件文件 按钮，弹出"部件名"对话框。在对话框中选择替换的部件名称，单击 OK 按钮。

4. 弹出"替换组件"对话框，如图 10-56 所示。对话框中会显示进行替换的部件名称，以及"引用集"和"图层选项"栏，单击 确定 按钮，完成组件的替换。

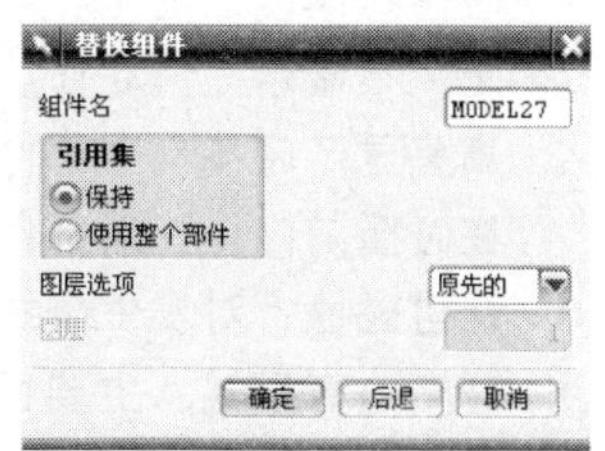

图 10-56 "替换组件"对话框

10.3.2 重定位组件

如果之前建立的约束关系并不是当前所需的，可对组件进行重新定位装配，重新定位包括点到点、平移、绕点旋转等多种方式。

（1）选择菜单栏中的"装配"→"组件"→"重定位组件"命令（或单击"装配"工具栏中的图标），弹出"重定位组件"对话框，如图 10-57 所示。

图 10-57 "重定位组件"对话框

（2）"重定位组件"对话框中的各项参数说明如下。

- 重定位类型

  点到点：通过指定始点与终点使部件按点到点的距离以及始点至终点的方向作径向移动。

  平移：单击该类型后，弹出"变换"对话框。然后通过在对话框中定义 DX、DY、DZ 的增量值，进行部件的移动。

  绕点旋转：在窗口中指定一点作为原点参照，并在"重定位组件"对话框中定义旋转角度，以及可以指定增量进行部件的移动。

  绕直线旋转：在窗口中指定一点作为原点参照，并定义对象的矢量方向，再在"重定位组件"对话框中定义旋转角度，以及指定增量进行部件的移动。

  重定位：单击该类型后，弹出 CSYS 对话框，通过在对话框中两次定义 CSYS 后，进行部件的移动。

  在轴之间旋转：在窗口中指定一点作为原点参照，并在窗口中两次定义对象的矢量方向，再在"重定位组件"对话框中定义旋转角度以及指定增量进行部件的移动。

  在点之间旋转：在窗口中指定一点作为原点参照，然后定义其他两点，部件将以点之间所成的角度进行旋转。

- 移动对象：单击该项后，可以同时移动对象，以及工作手柄。
- 只移动手柄：单击该项后，只能在工作窗口中对工作手柄进行移动。
- 捕捉手柄至 WCS：单击该按钮，坐标系自动回到原点位置。
- 运动动画：通过拖动滑块，可以控制运动时的快慢程度。

- 碰撞动作：包括无、高亮显示碰撞及在碰撞前停止 3 种。

  无：不显示任何动作。

  高亮显示碰撞：当部件间发生碰撞时，被碰撞的部件将呈高亮显示状态。

  在碰撞前停止：当部件间发生碰撞时，部件会自动在发生碰撞前停止。
- 认可碰撞：对发生碰撞动作进行确认。单击该按钮后被碰撞的部件变回原来的状态。
- 碰撞检查模式：主要包括小平面/实体，快速小平面两种。

提示： 已进行配对约束的组件将不能进行重定位组件操作。

10.3.3 贴合组件

通过指定约束关系，相对装配中的其他组件进行组件的重定位。

操作步骤

1. 选择菜单栏中的“装配”→“组件”→“贴合组件”命令（或单击“装配”工具栏中的图标），如图 10-58 所示。弹出“配对条件”对话框，如图 10-59 所示。

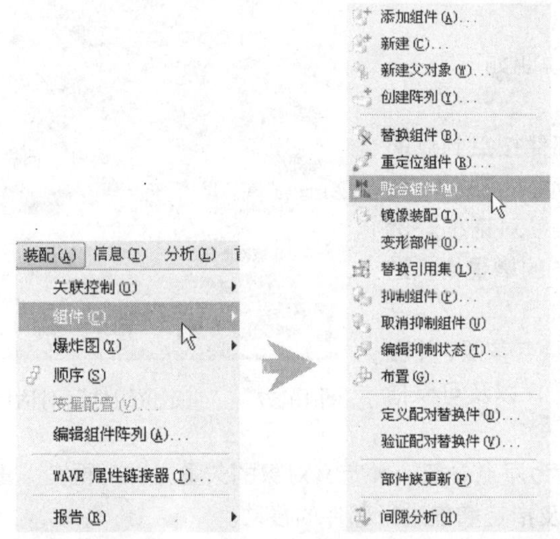

图 10-58　选择“贴合组件”命令

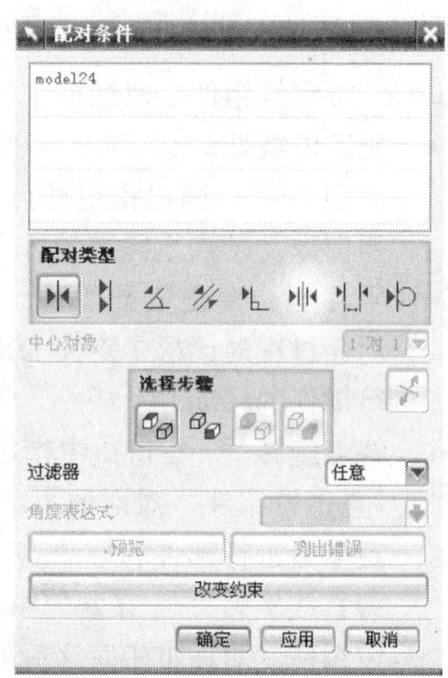

图 10-59　“配对条件”对话框

2. 根据当时的装配情况，在对话框中选择合适的配对类型完成部件间的装配工作。

10.3.4 镜像装配

在装配过程中，如果当前窗口中有多个相同的组件，可通过镜像装配的形式创建新组件。

操作步骤

1. 选择菜单栏中的“装配”→“组件”→“镜像装配”命令（或单击“装配”工具栏中的

图标），弹出“镜像装配向导”对话框，如图 10-60 所示。

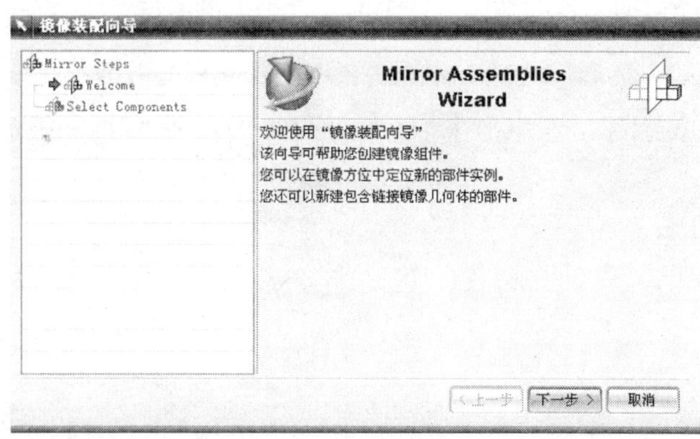

图 10-60 “镜像装配向导”对话框

2. 在对话框中单击 下一步 > 按钮，此时对话框将转变成如图 10-61 所示。然后在程序提示下选择要进行镜像的组件，再单击对话框中的 下一步 > 按钮。

图 10-61 选择要镜像的组件

3. “镜像装配向导”对话框将变成如图 10-62 所示。然后在工作窗口中选择镜像时的基准平面（或单击对话框中的按钮创建一个新的基准平面），再单击 下一步 > 按钮。

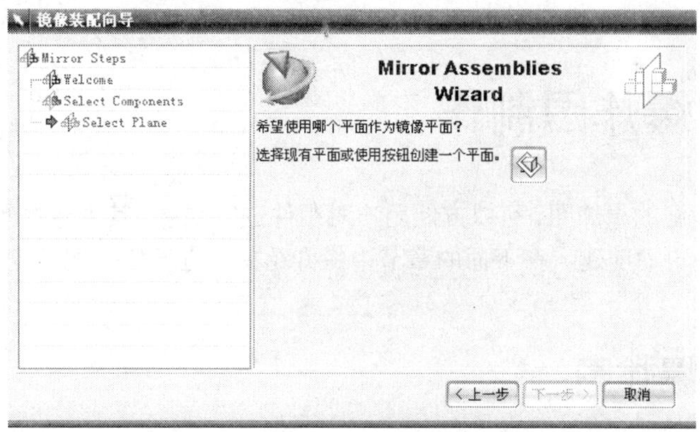

图 10-62 选择基准平面

4. 弹出"镜像装配向导"对话框，如图 10-63 所示。程序提示选择要更改其初始操作的组件，参照程序自动定义的初始操作不变，再单击对话框中的 下一步 > 按钮。

图 10-63　选择要更改初始操作的组件

5. 在"镜像装配向导"对话框中单击 完成 按钮，如图 1-64 所示，完成镜像装配组件的操作。

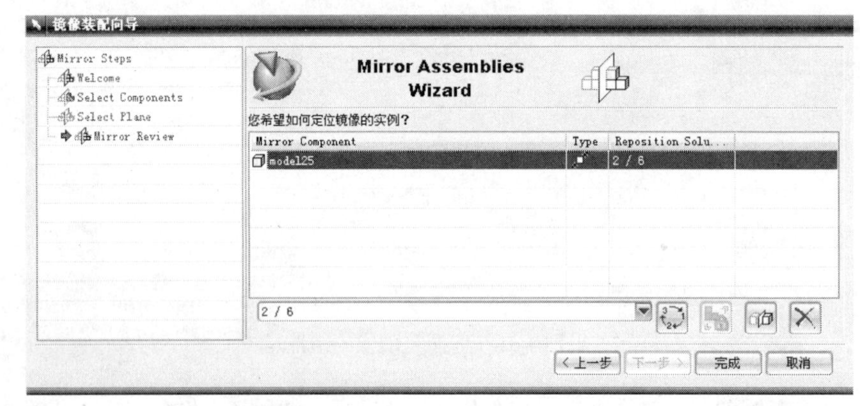

图 10-64　单击"完成"按钮

10.4　装配爆炸图制作

在 UG 中创建装配的爆炸图，可以方便用户对组件进行观察，其中爆炸图的创建形式有两种：一是手动创建，二是自动创建。在下面的章节中将介绍如何进行爆炸图的创建，以及对创建后的爆炸图进行编辑等。

10.4.1　创建爆炸图

在工作视图中进行爆炸图的新建，并且可以在视图中重定位组件以生成爆炸图。

操作步骤

1. 选择菜单栏中的“装配”→“爆炸图”→“创建爆炸图”命令（或单击“爆炸图”工具栏中的图标），如图 10-65 所示。弹出“创建爆炸图”对话框，如图 10-66 所示。

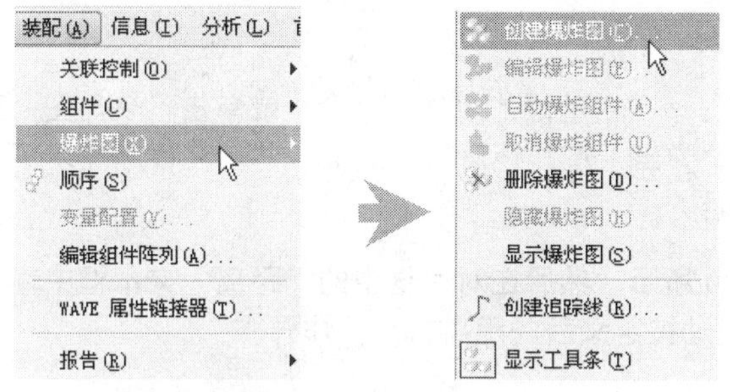

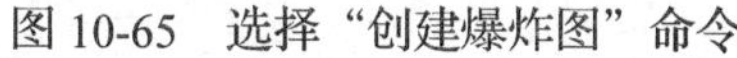

图 10-65 选择“创建爆炸图”命令

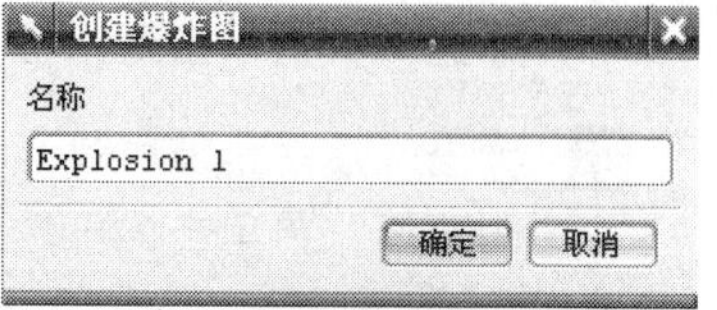

图 10-66 “创建爆炸图”对话框

2. 在对话框中输入爆炸图名称（可参照程序自动输入的名称），再单击对话框中的 确定 按钮，完成爆炸图的创建。

10.4.2 编辑爆炸图

以手动的方式将组件进行位置的定位，可以自由定义爆炸时的矢量方向。

（1）选择菜单栏中的“装配”→“爆炸图”→“编辑爆炸图”命令（或单击“爆炸图”工具栏中的图标），如图 10-67 所示。弹出“编辑爆炸图”对话框，如图 10-68 所示。

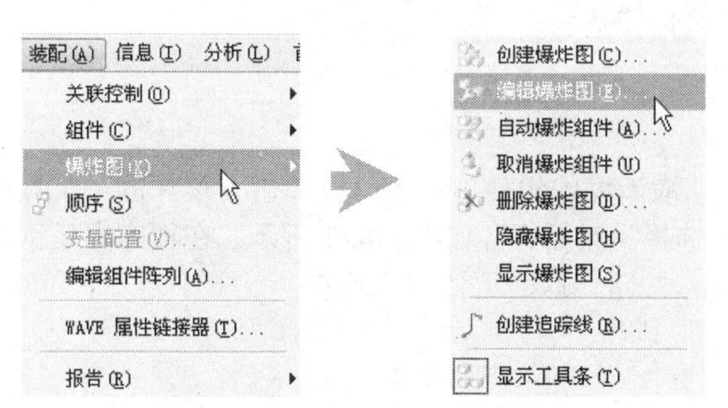

图 10-67 选择“编辑爆炸图”命令

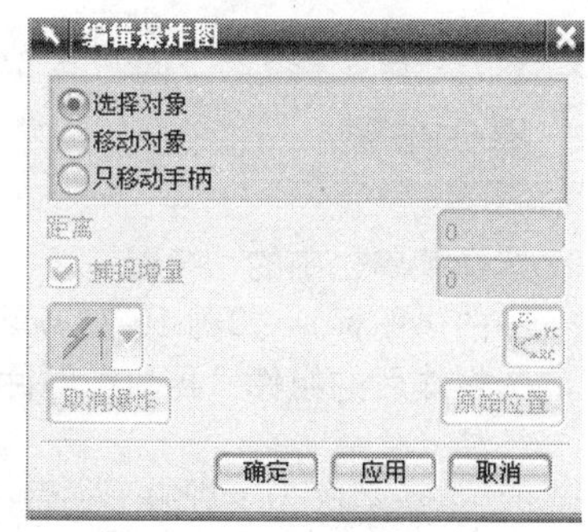

图 10-68 编辑爆炸图对话框

（2）“编辑爆炸图”对话框中的各项参数说明如下。

- 选择对象：选择进行编辑爆炸图的对象。
- 移动对象：选择该项后，可以同时移动对象与工作手柄。
- 只移动手柄：选择该项后，只能在工作窗口中对工作手柄进行移动。
- 捕捉手柄至 WCS：单击该按钮，坐标系自动回到原点位置。
- 取消爆炸：单击该按钮后，可以取消所有对编辑对象的操作，返回组件装配状态。

10.4.3 自动爆炸图

通过定义爆炸距离将组件与主组件进行分开，但爆炸时的矢量方向不能定义。

操作步骤

1. 选择菜单栏中的“装配”→“爆炸图”→“自动爆炸组件”命令（或单击“爆炸图”工具栏中的图标），如图 10-69 所示。弹出“爆炸距离”对话框，然后在程序提示下选择组件，再单击对话框中的 确定 按钮。

2. 弹出“爆炸距离”对话框，如图 10-70 所示。然后在对话框中的“距离”文本框中输入距离值，再单击 确定 按钮，程序自动按定义后的距离将组件炸开。

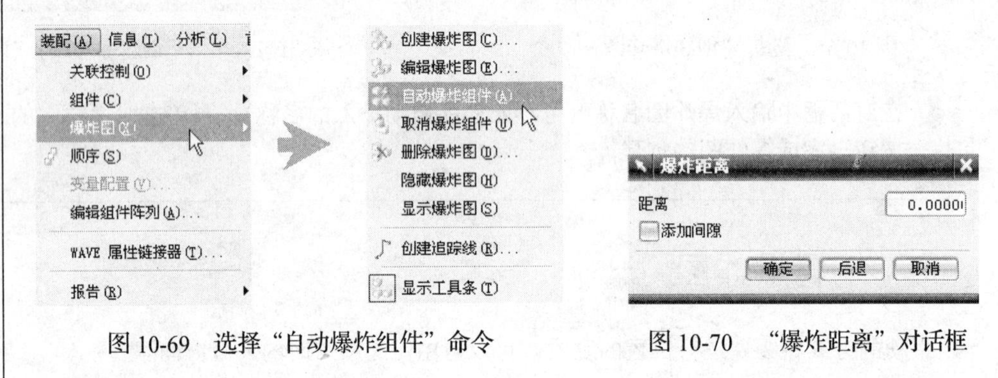

图 10-69　选择“自动爆炸组件”命令　　　图 10-70　“爆炸距离”对话框

10.4.4 取消爆炸图

将创建爆炸图取消，使其返回组件装配时的初始状态。

操作步骤

选择菜单栏中的“装配”→“爆炸图”→“取消爆炸组件”命令（或单击“爆炸图”工具栏中的图标），如图 10-71 所示。弹出“类选择”对话框，如图 10-72 所示。在程序提示下选择爆炸后的组件，再单击对话框中的 确定 按钮，返回组件装配状态。

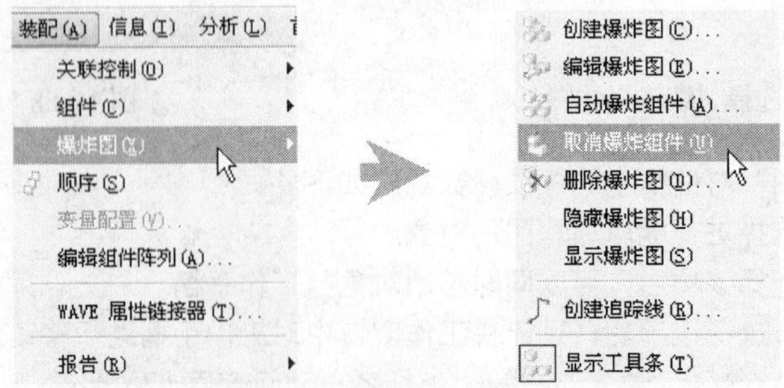

图 10-71　选择“取消爆炸组件”命令

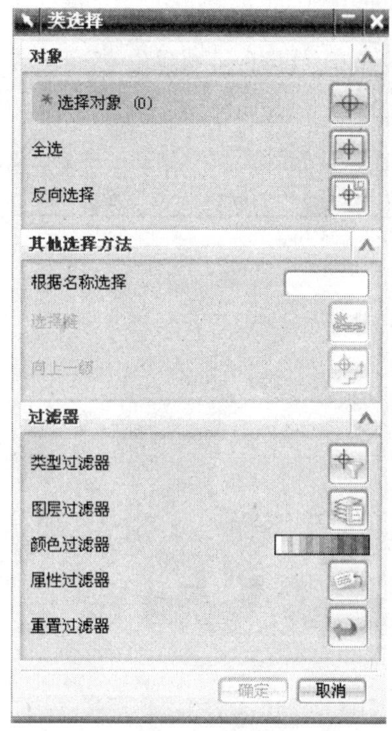

图 10-72 “类选择”对话框

10.4.5 删除爆炸图

将创建后的爆炸图删除。

操作步骤

1. 选择菜单栏中的“装配”→“爆炸图”→“删除爆炸图”命令（或单击“爆炸图”工具栏中的 图标），如图 10-73 所示。弹出“爆炸图”对话框，如图 10-74 所示。

2. 在对话框中的列表框中选择爆炸图名称，单击对话框中的 确定 按钮，创建后的爆炸图将被删除。

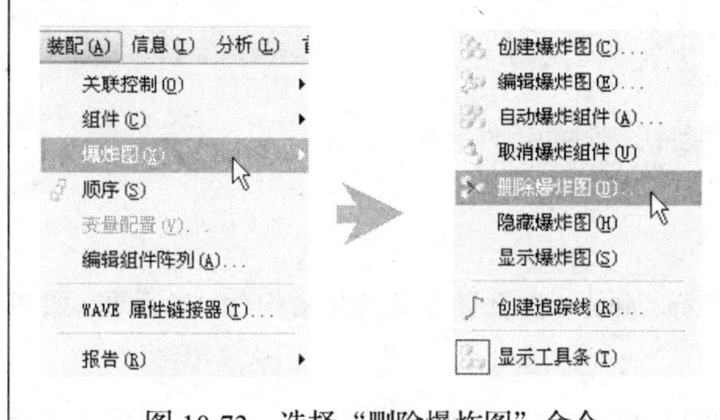

图 10-73 选择“删除爆炸图”命令

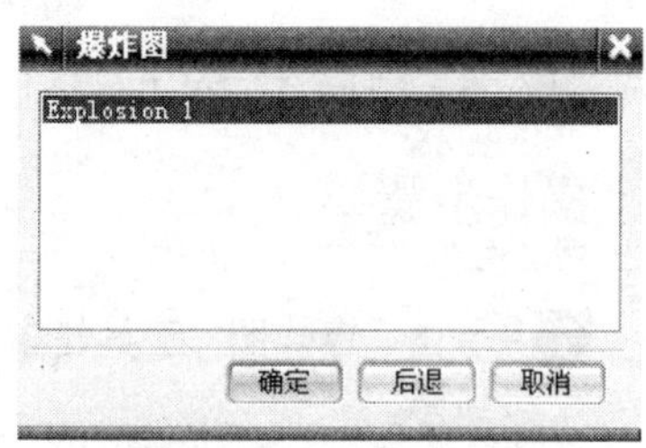

图 10-74 “爆炸图”对话框

提示：在进行删除爆炸图之间，应在如图 10-75 所示的“装配”工具栏中的 Explosion 1 文本框中单击（或单击右侧的三角形按钮），并在弹出的下拉列表中选择“无爆炸”选项，如图 10-76 所示。

如果没有在“装配”工具栏中的 Explosion 1 下拉列表中选择“无爆炸”选项，而直接删除爆炸图将弹出如图 10-77 所示的“删除爆炸图”提示框。

图 10-75　“装配”工具栏

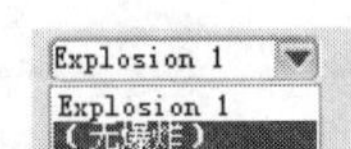

图 10-76　选择“无爆炸”项

图 10-77　“删除爆炸图”提示框

10.4.6　从视图移除组件

将视图中的组件进行隐藏或遮蔽，从而在视觉上不影响对其他组件编辑操作。

单击“爆炸图”工具栏中的图标，弹出“类选择”对话框。然后在程序提示下单击选择要移除的组件，再单击对话框中的 确定 按钮。所选择的组件自动被移除。

提示：移除并不是将选择的组件进行删除，而是将其从装配中隐藏或遮蔽。

10.4.7　恢复组件到视图

将隐藏的组件显示在工作窗口中，返回初始时的组件装配状态。

操作步骤

1. 单击“爆炸图”工具栏中的图标，弹出“选择要显示的隐藏组件”对话框，如图 10-78 所示。
2. 在程序提示下选择对话框中的组件名称（或直接在“装配导航器”对话框中选择），再单击对话框中的 确定 按钮。所选择的组件自动被显示。

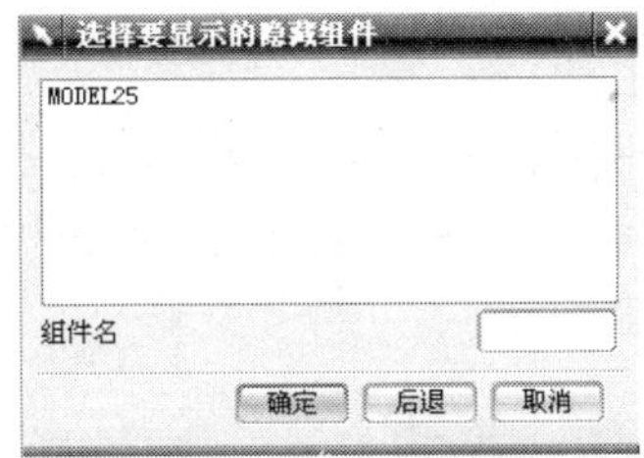

图 10-78 “选择要显示的隐藏组件”对话框

3. 装配后的组件状态如图 10-79 所示。“装配导航器”对话框如图 10-80 所示。

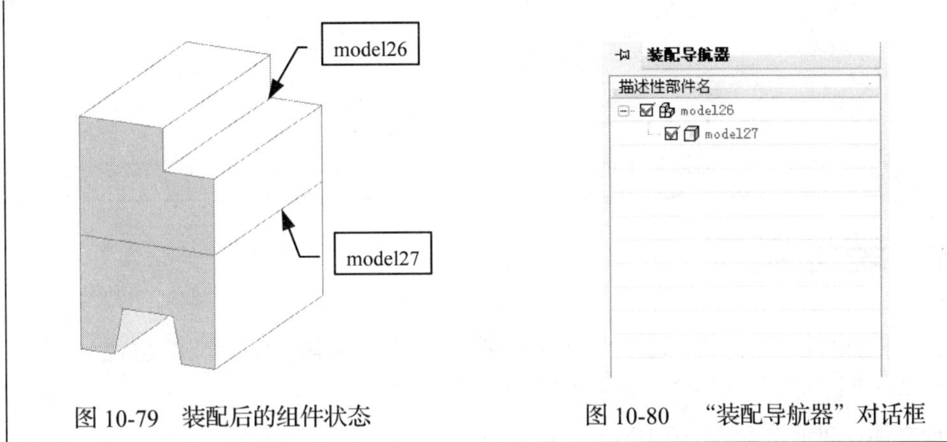

图 10-79 装配后的组件状态　　图 10-80 “装配导航器”对话框

下面将以如图 10-78 所示的部件为例，讲述如何在装配模式下将部件隐藏与显示。

操作步骤

1. 单击“爆炸图”工具栏中的图标，弹出“类选择”对话框，如图 10-81 所示。

2. 在程序提示下选择工作窗口中的组件 model27（或直接在“装配导航器”对话框中选择），再单击对话框中的 确定 按钮。移除后的装配状态如图 10-82 所示，其中组件 model27 从装配中隐藏。

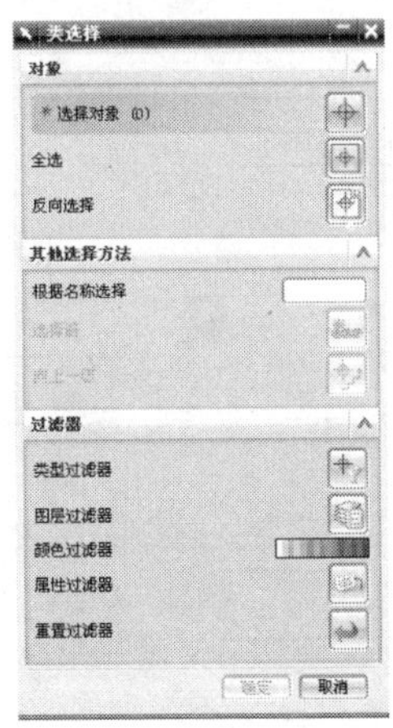

图 10-81 “类选择”对话框

图 10-82 移除后的装配状态

3. 单击“爆炸图”工具栏中的图标，弹出“选择要显示的隐藏组件”对话框，如图 10-83 所示。

4. 在系统提示下单击选择对话框中的组件名称 model27（或直接在“装配导航器”对话框中选择），再单击对话框中的 确定 按钮。所选择的组件自动被显示，如图 10-84 所示为显示组件后的装配状态。

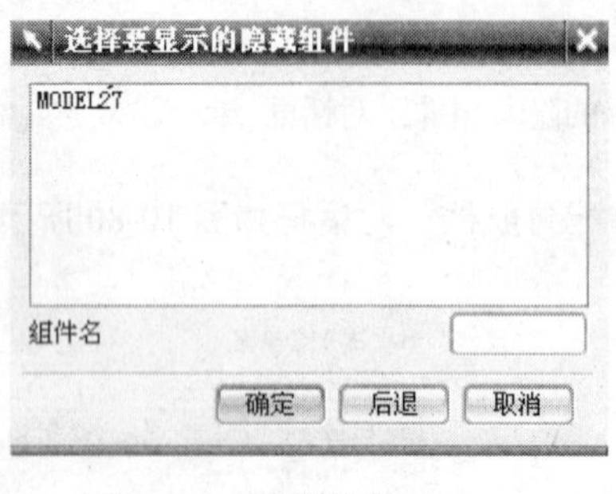

图 10-83 选择组件 model27

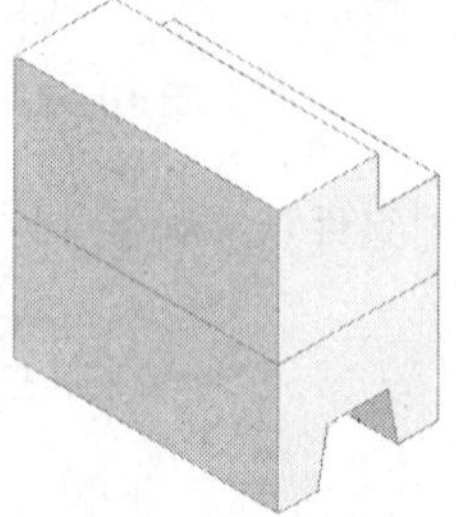

图 10-84 显示后的装配状态

10.5 装配实例

现以一把打火机为例来创建装配，在装配部件时，须注意部件间的约束关系必须符合现实工厂的装配工序来组装，以便部件间能够创建一定的关联性。

录像文件：演示录像\CH10\1005

1. 打开文件

操作步骤

打开光盘中的 SAMPLE \CH10 \Fire-asm.prt 文件，各部件如图 10-85 所示。

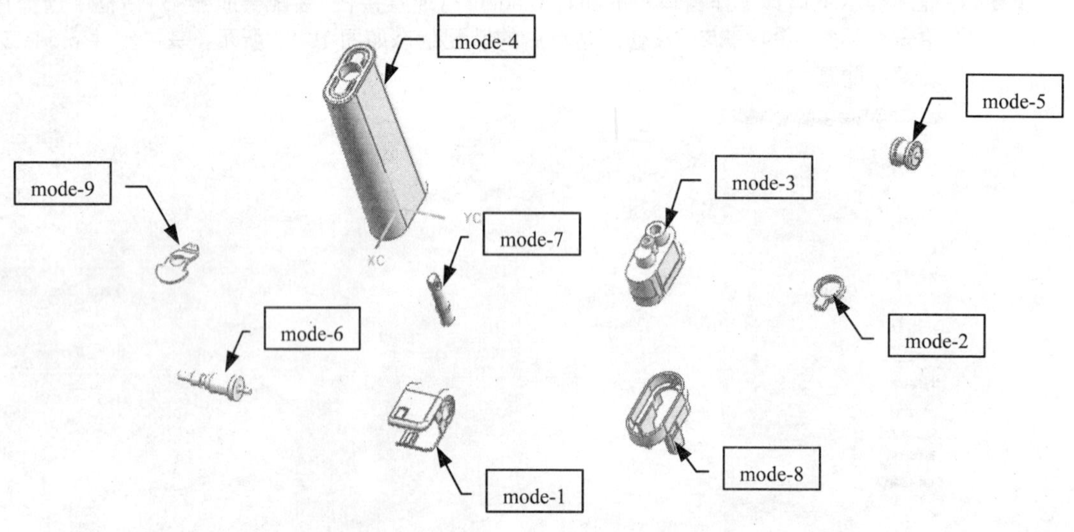

图 10-85 打开的 Fire-asm.prt 文件

2．装配部件 model-4 与 model-3

操作步骤

1. 单击“装配”工具栏中的图标，弹出“配对条件”对话框，如图 10-86 所示。然后在工作窗口中选择 model-4 中的平面与 model-3 中的平面作为匹配参照，如图 10-87 所示。

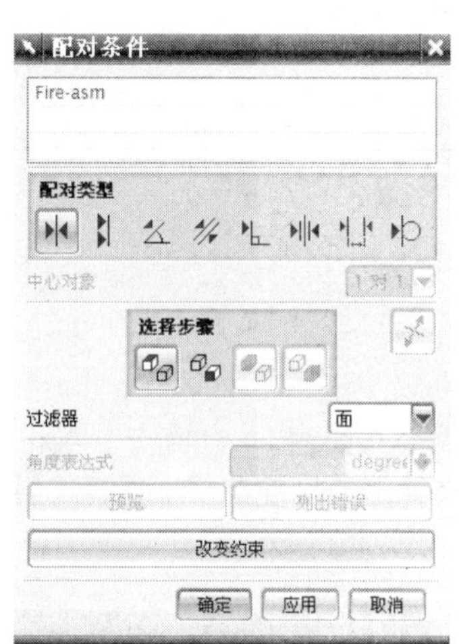

图 10-86 “配对条件”对话框

参照面

参照面

图 10-87 选择参照面

2. 单击“配对条件”对话框中的 预览 按钮，预览匹配后的状态如图 10-88 所示，所选择的面之间呈粘合状态。

3. 在“配对条件”对话框中单击按钮，然后选择 model-4 中的平面与 model-3 中的平面作为对齐参照，如图 10-89 所示。

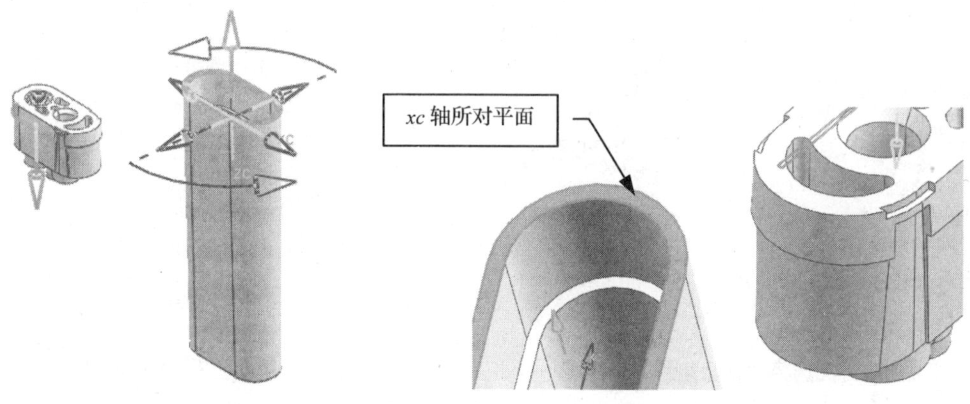

图 10-88 预览匹配后的状态

图 10-89 选择参照面

4. 单击“配对条件”对话框中的 预览 按钮，预览匹配后的状态如图 10-90 所示。

5. 单击对话框中的 确定 按钮，完成部件 model-4 与 model-3 的装配操作。

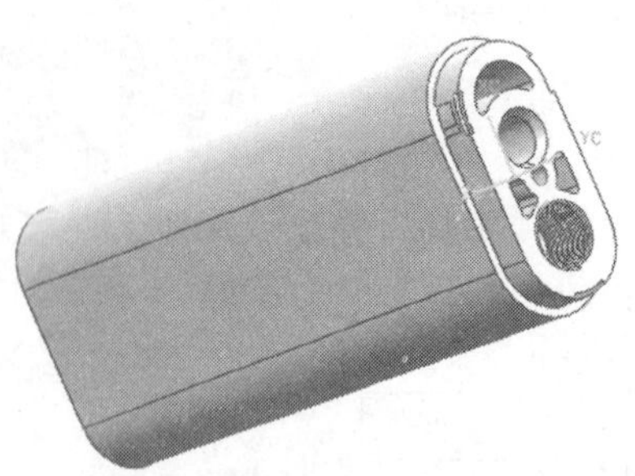

图 10-90 预览匹配后的状态

3．装配部件 model-3 与 model-6

操作步骤

1. 选择菜单栏中的“装配”→“组件”→“粘合组件”命令，如图 10-91 所示。弹出“配对条件”对话框。在对话框中右击 Fire-asm 名称，并在弹出的快捷菜单中选择“创建配对条件”命令，如图 10-92 所示。

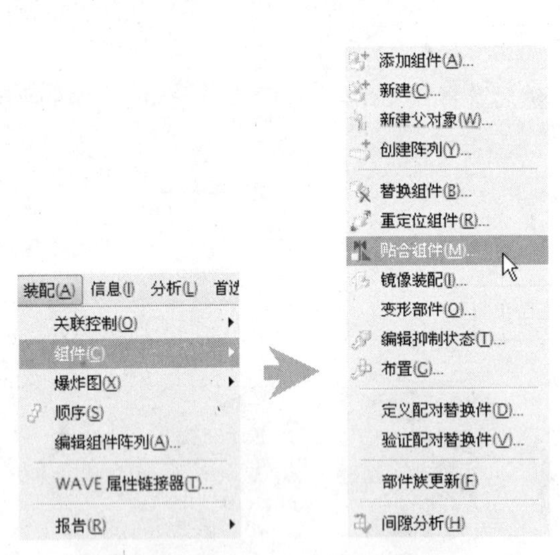

图 10-91 选择“粘合组件”命令

图 10-92 选择“创建配对条件”命令

2. 在对话框中添加了一个“配对条件”如图 10-93 所示。然后选择 model-6 中的平面与 model-3 中的平面作为匹配参照，如图 10-94 所示。

3. 所选择的面之间呈粘合状态，然后单击对话框中的按钮，并选择 model-6 与 model-3 中的圆柱面作为中心参照，如图 10-95 所示。

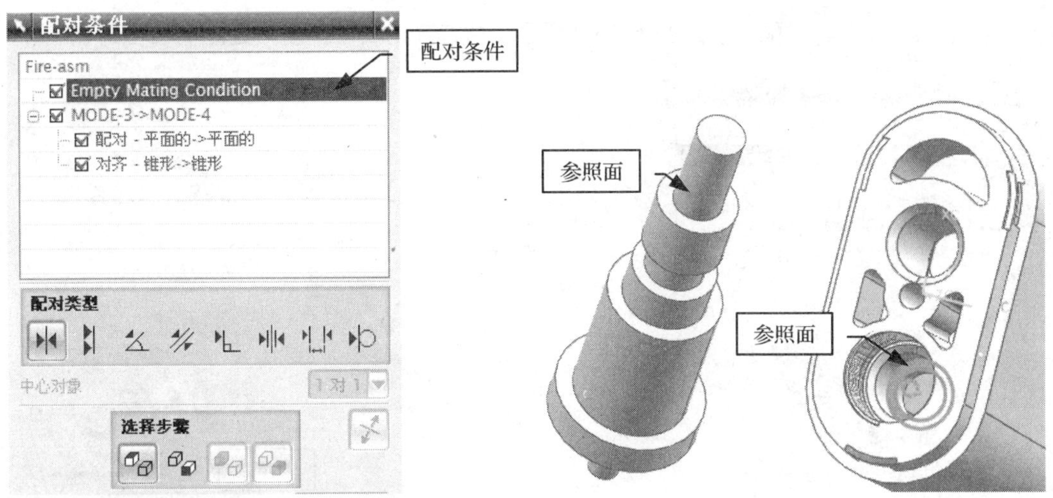

图 10-93 添加一个配对条件

图 10-94 选择参照面

4. 单击"配对条件"对话框中的 预览 按钮，匹配后的状态如图 10-96 所示。单击对话框中的 确定 按钮，完成部件 model-6 与 model-3 的装配操作。

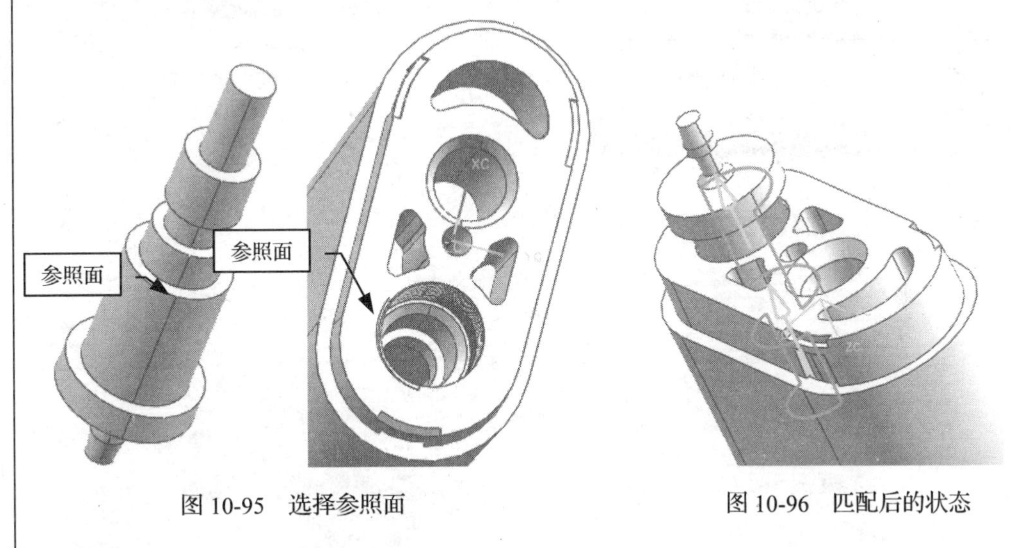

图 10-95 选择参照面

图 10-96 匹配后的状态

4. 装配部件 model-3 与 model-7

操作步骤

1. 单击"装配"工具栏中的图标，弹出"配对条件"对话框。然后在对话框中右击 Fire-asm 名称，在弹出的快捷菜单中选择"创建配对条件"命令。

2. 对话框中添加了一个"配对条件"，如图 10-97 所示。单击对话框中的按钮，再选择 model-7 中的平面与 model-3 中的平面作为距离参照，如图 10-98 所示。

3. 在对话框中的"距离表达式"输入框中输入值 0.5，如图 10-99 所示，再单击 预览

按钮，此时的匹配状态如图 10-100 所示，所选择的面之间呈一定距离粘合的状态。

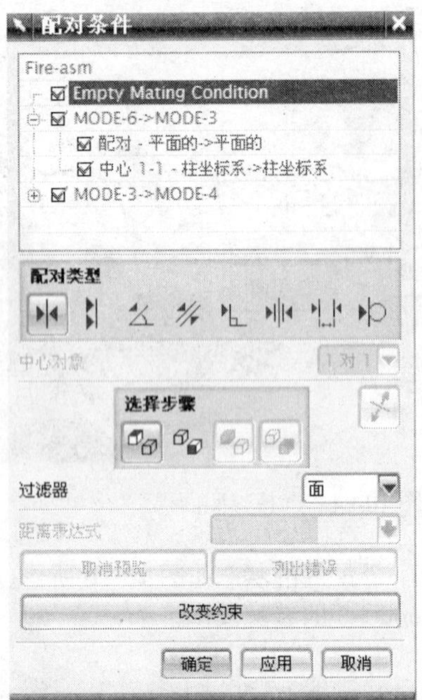

图 10-97　添加一个配对条件

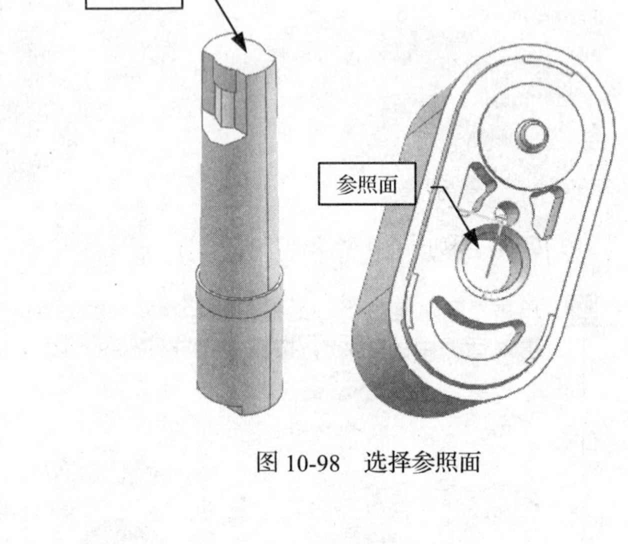

图 10-98　选择参照面

图 10-99　输入距离值 0.5

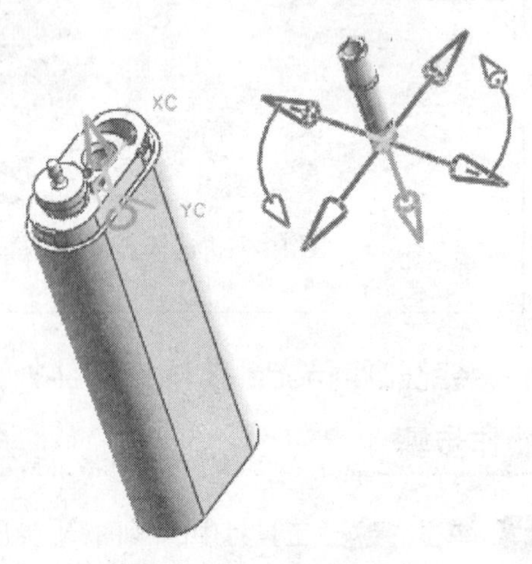

图 10-100　匹配后的状态

4. 单击对话框中的按钮，单击选择 model-7 与 model-3 中的圆柱面作为中心参照，如图 10-101 所示。单击对话框中的 确定 按钮，完成部件的装配操作，匹配后的状态如图 10-102 所示。

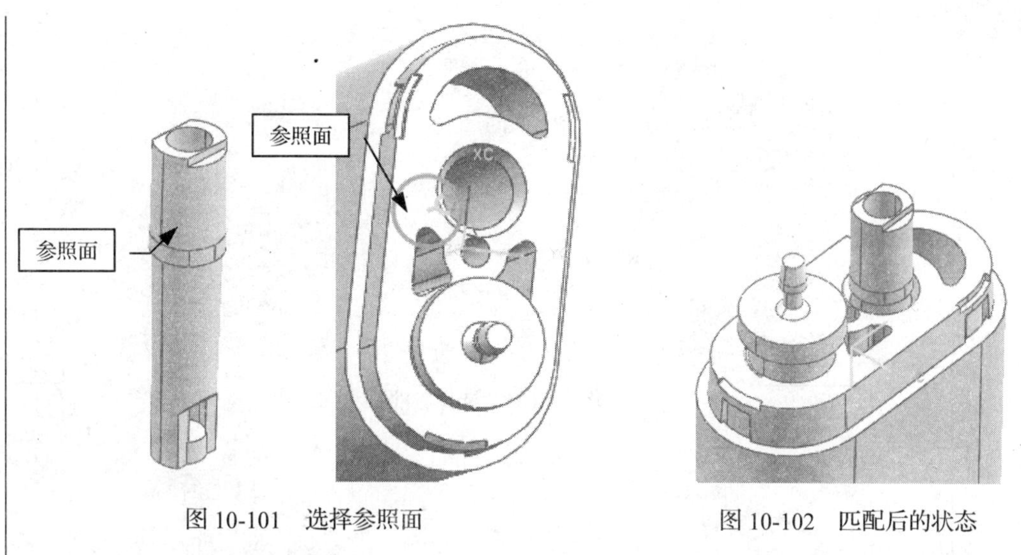

图 10-101 选择参照面

图 10-102 匹配后的状态

5．装配部件 model-8 与 model-4

操作步骤

1. 单击"装配"工具栏中的图标，弹出"配对条件"对话框。然后在对话框中右击 Fire-asm 名称，并在弹出的快捷菜单中选择"创建配对条件"命令。

2. 在对话框中添加了一个"配对条件"。然后选择 model-8 中的平面与 model-4 中的平面作为匹配参照，如图 10-103 所示。

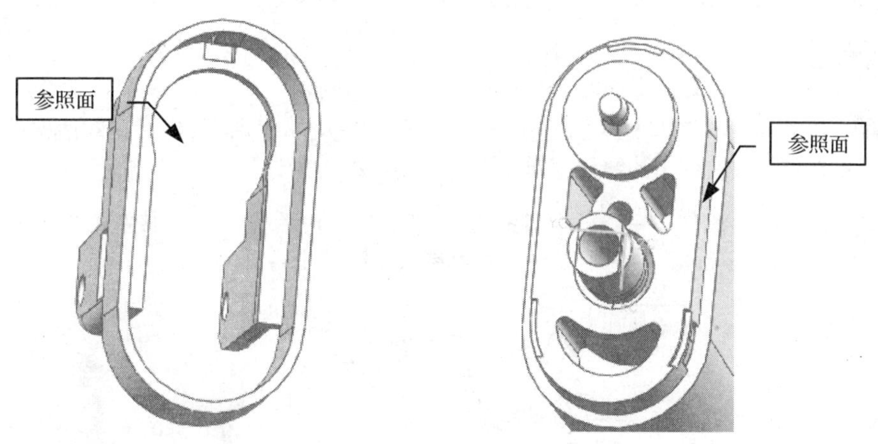

图 10-103 选择参照面

3. 单击对话框中的按钮，选择 model-8 与 model-4 中的圆柱面作为中心参照，如图 10-104 所示。

4. 单击对话框中的 确定 按钮，完成部件的装配操作，匹配后的状态如图 10-105 所示。

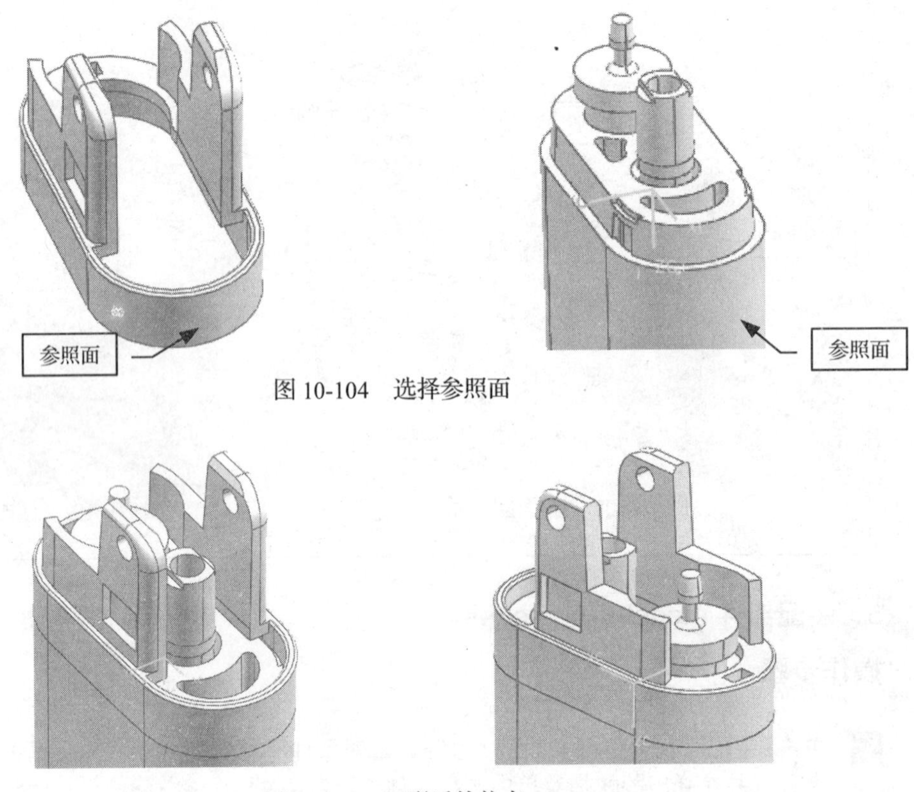

图 10-104　选择参照面

图 10-105　匹配后的状态

6．装配部件 model-6 与 model-2

操作步骤

1. 单击"装配"工具栏中的图标，弹出"配对条件"对话框。然后在对话框中右击 Fire-asm 名称，并在弹出的快捷菜单中选择"创建配对条件"命令。

2. 对话框中添加了一个"配对条件"。然后单击对话框中的按钮，再选择 model-2 中的平面与 model-6 中的平面作为距离参照，如图 10-106 所示。

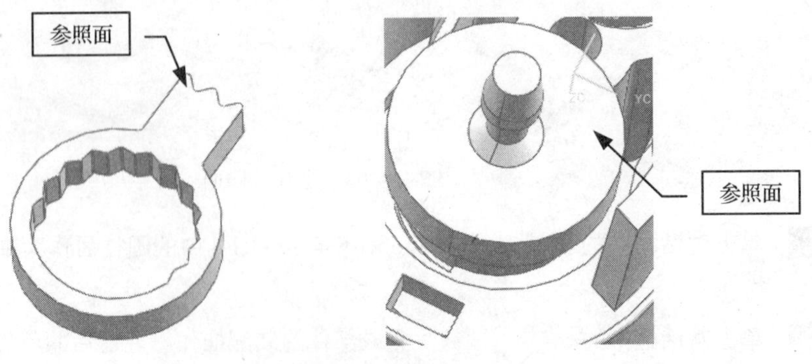

图 10-106　选择参照面

3. 在对话框中的“距离表达式”文本框中输入值-0.5，单击 预览 按钮，所选择的面之间呈一定距离粘合的状态。

4. 单击对话框中的按钮，单击选择 model-2 与 model-6 中的圆柱面作为中心参照，如图 10-107 所示。

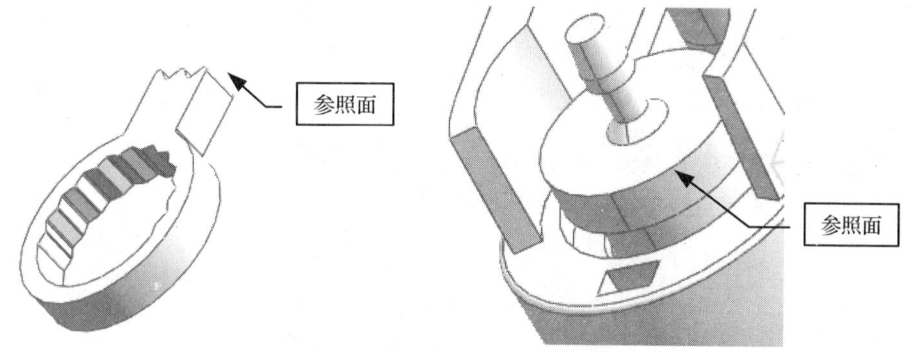

图 10-107　选择参照面

5. 单击对话框中的 确定 按钮，完成部件的装配操作，匹配后的状态如图 10-108 所示。

6. 在“装配”工具栏中单击图标，弹出“类选择”对话框，选择部件 model-2 后，单击 确定 按钮，弹出“重定位组件”对话框，如图 10-109 所示。

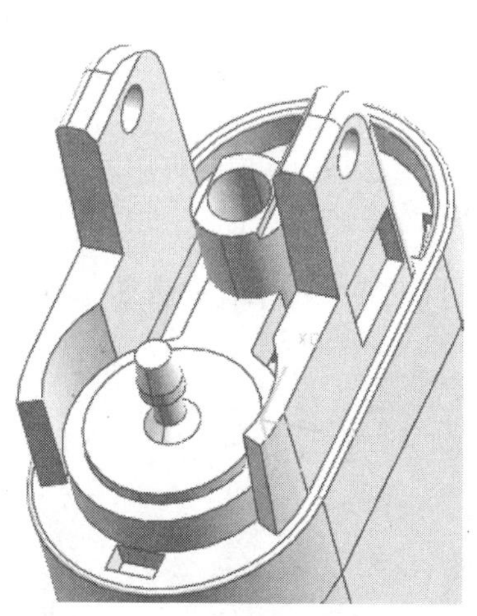

图 10-108　匹配后的状态

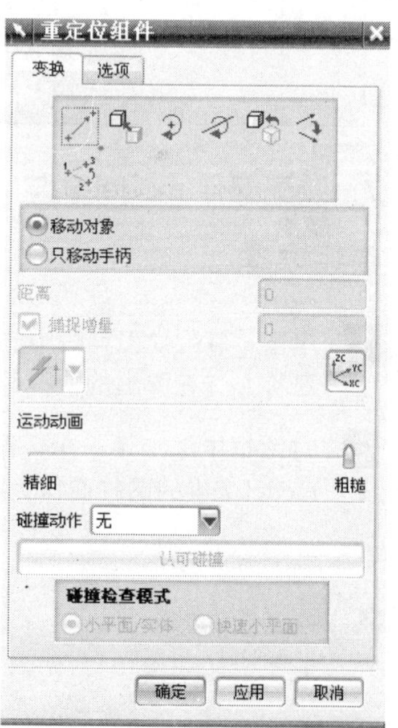

图 10-109　“重定位组件”对话框

7. 单击对话框中的按钮，弹出“点”对话框。选择如图 10-110 所示的点作为旋转参照点，单击 确定 按钮。返回“重定位组件”对话框，在“角度”文本框中输入值 180，如图 10-111 所示。

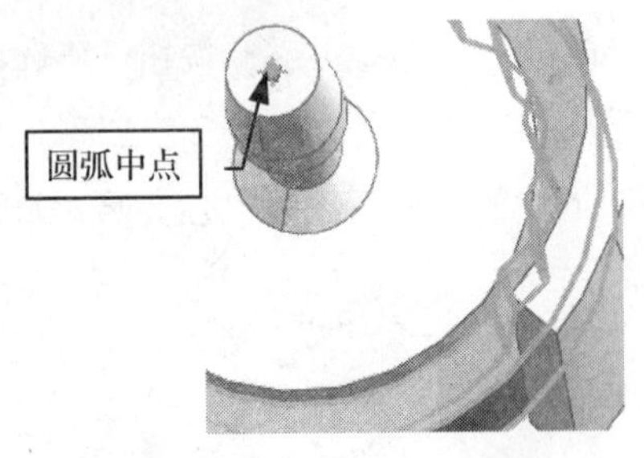

图 10-110　选择点参照

图 10-111　输入角度值 180

8. 对话框中的其余选项按默认的设置不变，再单击对话框中的 确定 按钮，经过重定位后的部件 model-6 与 model-2 的装配状态如图 10-112 所示。

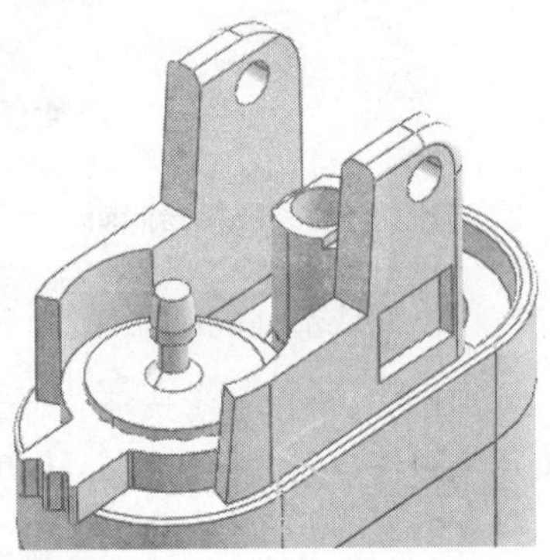

图 10-112　重定位后的匹配状态

7. 装配部件 model-9 与 model-7

操作步骤

1. 单击“装配”工具栏中的图标，弹出“配对条件”对话框。在对话框中右击 Fire-asm 名称，并在弹出的快捷菜单中选择“创建配对条件”命令。

2. 对话框中添加了一个“配对条件”。然后单击对话框中的按钮，并选择 model-9 与 model-7 中的圆柱面作为中心参照，如图 10-113 所示。

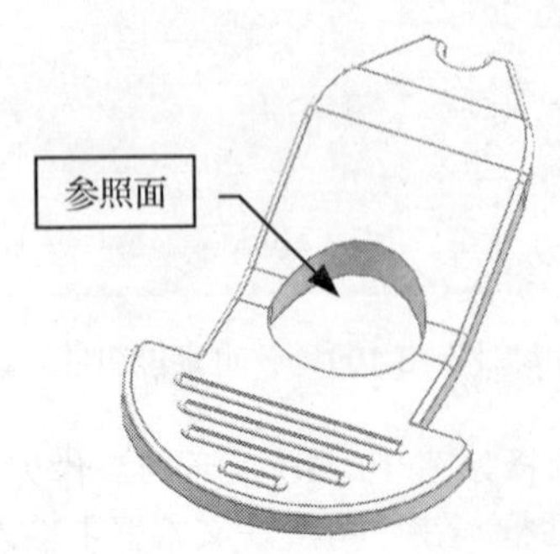

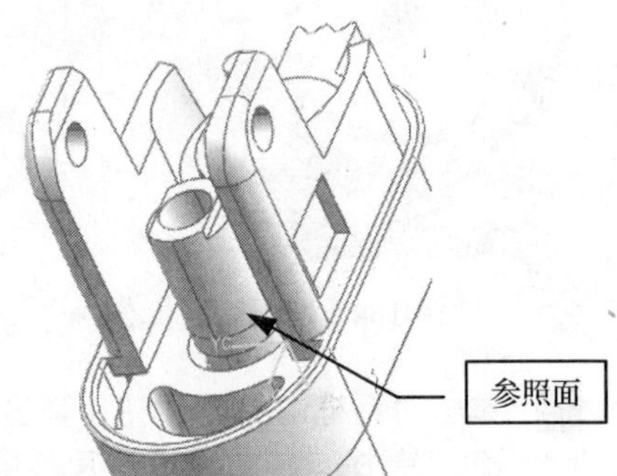

图 10-113　选择参照面

3. 单击选择对话框中的按钮，再选择 model-9 中的平面与 model-7 中的平面作为距离参照，如图 10-114 所示。

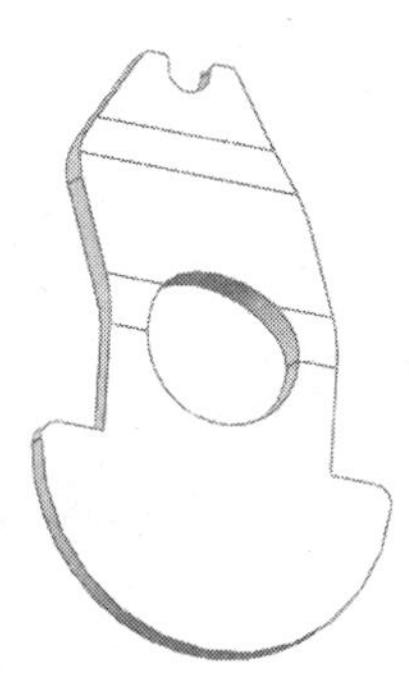

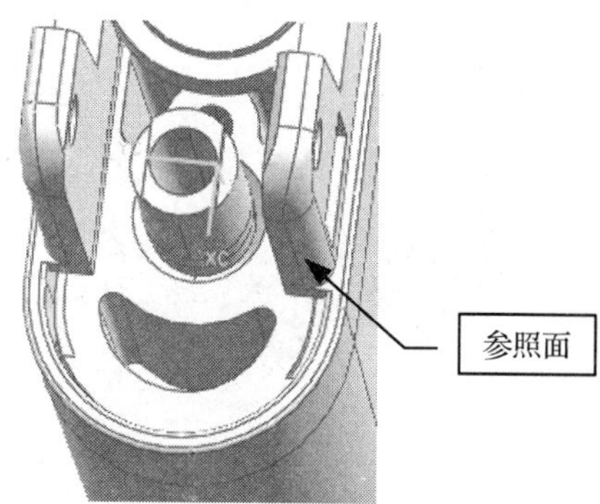

图 10-114 选择参照面

4. 在“距离表达式”文本框中输入值 1.6，单击 确定 按钮，匹配后的状态如图 10-115 所示。

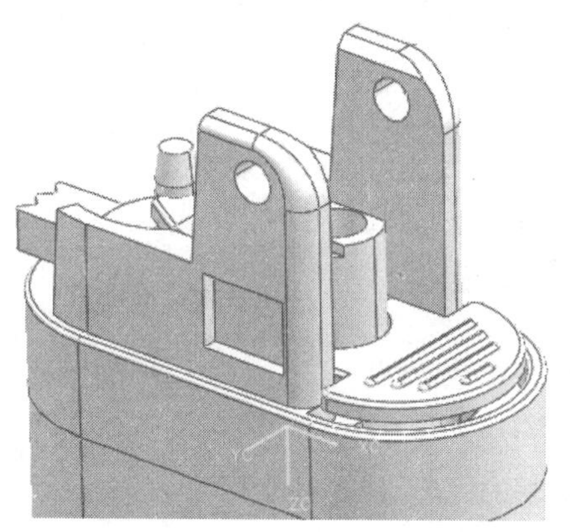

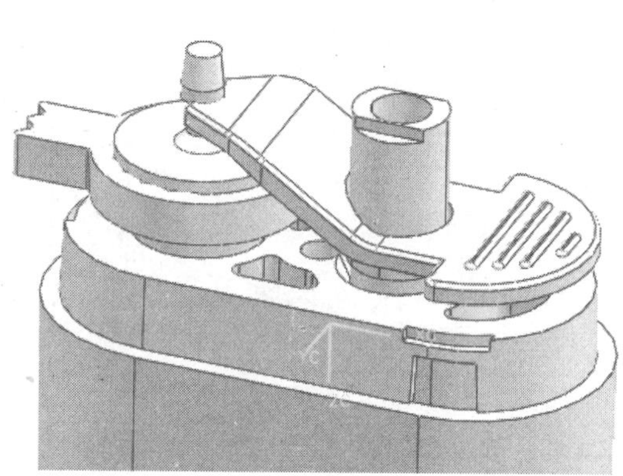

图 10-115 匹配后的状态

8．装配部件 model-5 与 model-8

操作步骤

1. 单击“装配”工具栏中的图标，弹出“配对条件”对话框。在对话框中右击 Fire-asm 名称，在弹出的快捷菜单中选择“创建配对条件”命令。

2. 对话框中添加了一个“配对条件”。然后单击对话框中的按钮，选择 model-5 与 model-8 中的圆柱面作为中心参照，如图 10-116 所示。

3. 单击“配对条件”对话框中的 预览 按钮，匹配后的状态如图 10-117 所示，所选择的面之间呈轴向对齐状态。

4. 单击对话框中的按钮，再选择 model-5 中的平面与 model-8 中的平面作为距离参照，如图 10-118 所示。

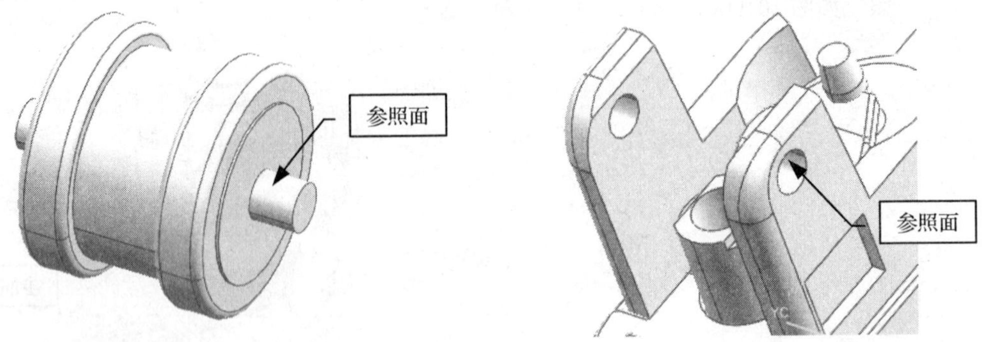

图 10-116 选择参照面

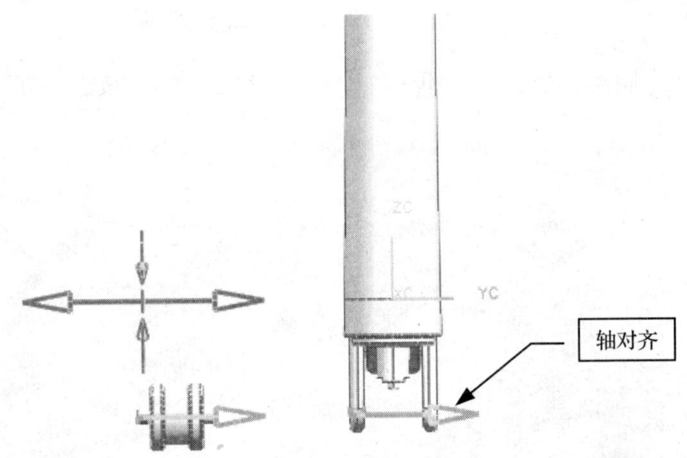

图 10-117 匹配后的状态

5. 在对话框中的“距离表达式”文本框中输入值-0.5，再单击 确定 按钮，匹配后的状态如图 10-119 所示。

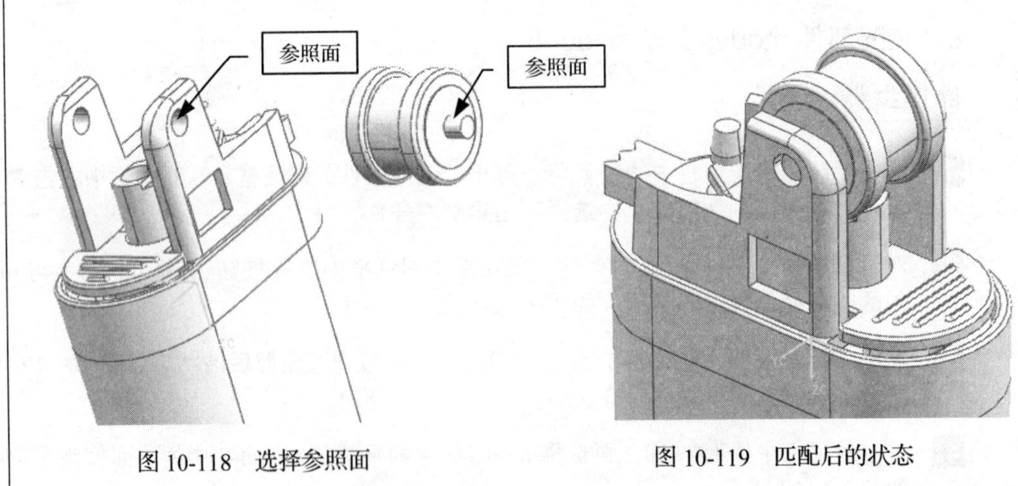

图 10-118 选择参照面

图 10-119 匹配后的状态

9．装配部件 model-1 与 model-8

操作步骤

1. 单击“装配”工具栏中的图标，弹出“配对条件”对话框。在对话框中右击 Fire-asm 名称，并在弹出的快捷菜单中选择“创建配对条件”命令。

2. 对话框中添加了一个“配对条件”。选择 model-1 与 model-8 中的圆柱面作为粘合参照，如图 10-120 所示。

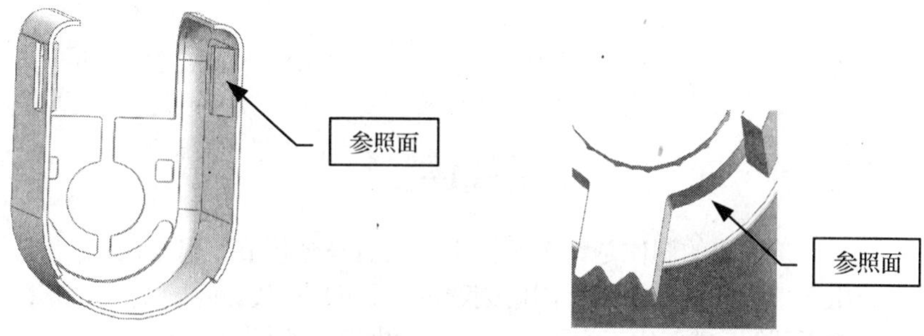

图 10-120 选择参照面

3. 单击选择对话框中的按钮，并选择 model-1 与 model-8 中的圆柱面作为中心参照，如图 10-121 所示。

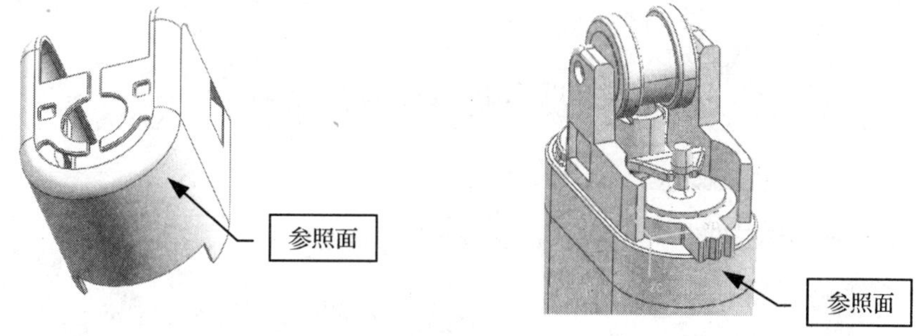

图 10-121 选择参照面

4. 单击对话框中的 确定 按钮，匹配后的状态如图 10-122 所示。

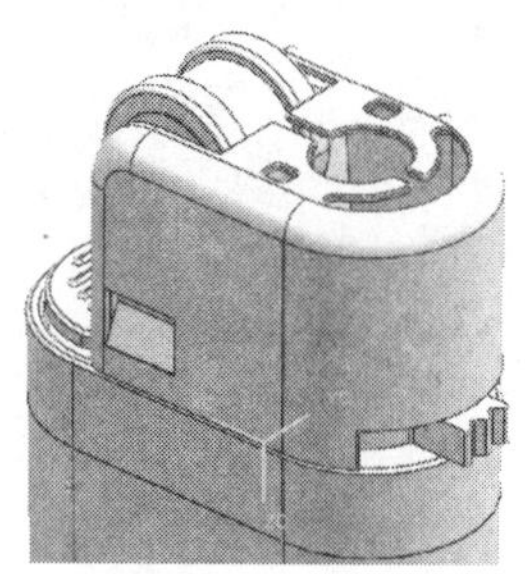
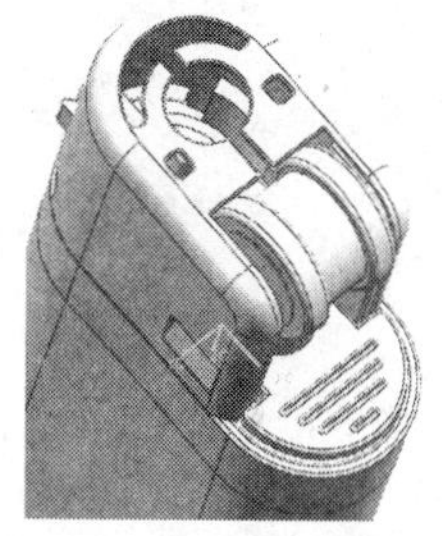

图 10-122 匹配后的状态

第11章 工程图设计

本章导读

工程图的制作是整个设计中的最后一个环节，也是用于生产的实际参照，因此创建的工程图应尽量简洁、易于理解。在创建工程图时应充分考虑视图的投影方式，以及尺寸标注时的表达等。相关的基础知识包括：了解如何进入工程图模式及部件导航器的相关操作，了解建立视图的常用方法，了解如何对创建后的视图进行相关编辑。

要点提示

- 工程图概述
- 建立视图
- 编辑视图
- 尺寸标注

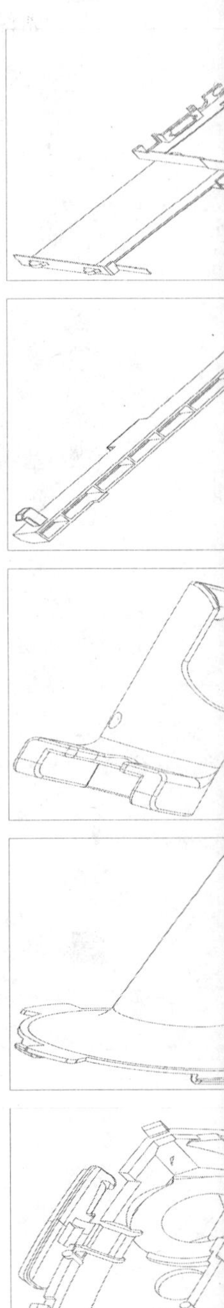

11.1 工程图概述

UG NX5 可以创建多种视图，如剖视图、局部剖视图、旋转，以及折叠的剖视图等。工程图中所有视图都是有相关性的，模型中的某一特征或是尺寸发生改变，则其他视图也会相应地发生改变和更新。

11.1.1 进入工程图模式

首先应创建一个新文件，用于部件的工程图制作。

操作步骤

步骤 1 直接新建工程图

1. 选择菜单栏中的“文件”→“新建”命令，弹出如图 11-1 所示的“文件新建”对话框。

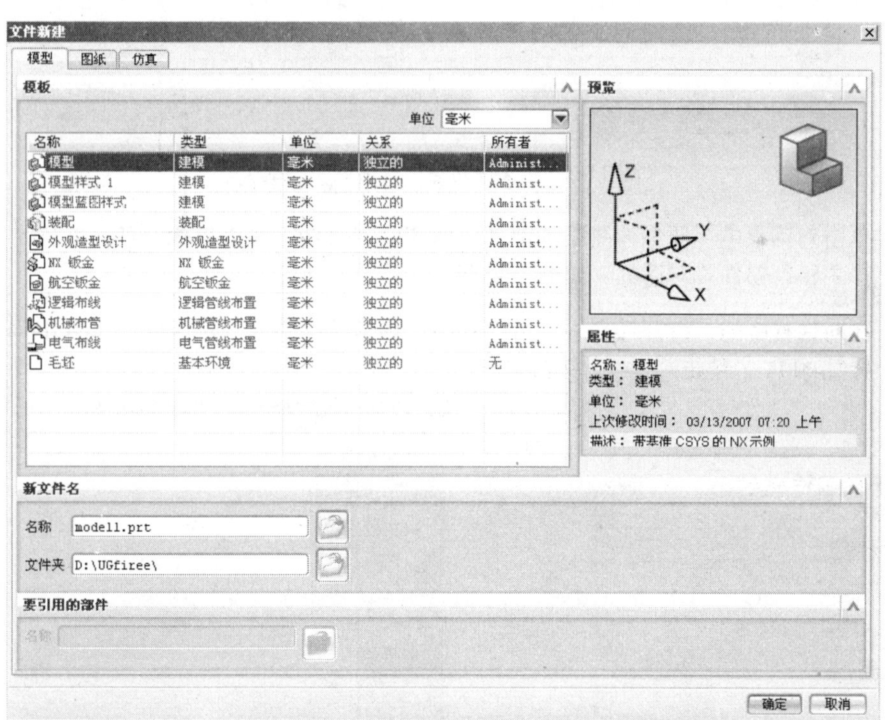

图 11-1 “文件新建”对话框

提示： 弹出“新建文件”的其他操作方式。操作方式有如下两种：

- 单击“标准”工具栏中的 图标；
- 使用快捷方式 Ctrl + N。

2. 在对话框中单击 图纸 按钮，进行“图纸”新建模式，确认单位为“毫米”(mm)。然后在“模板”列表框中选择“A3－视图”，采用系统默认自动输入的名称不变，并将文件夹路径定位至保存文件的文件夹下，如图 11-2 所示。

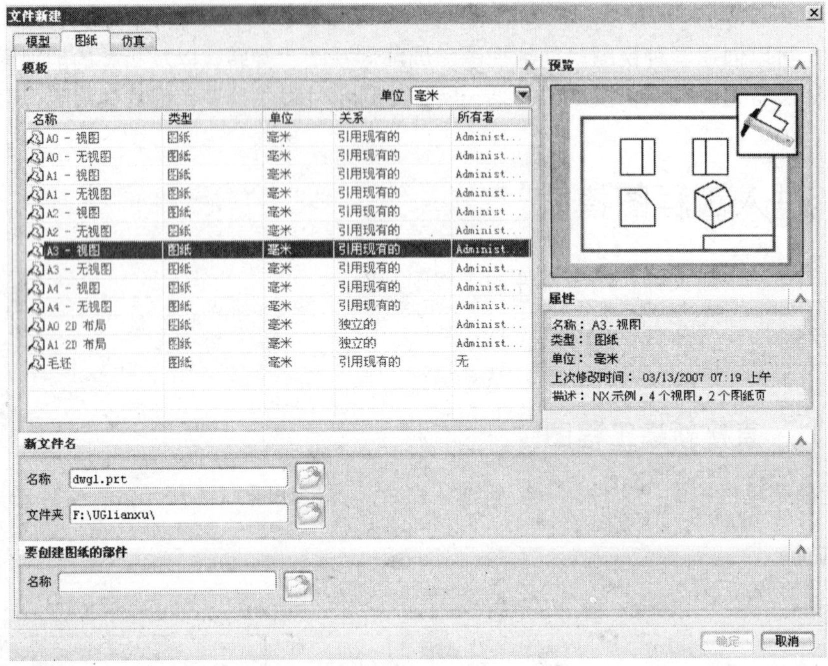

图 11-2 “文件新建”对话框（图纸）

3. 单击对话框中“要创建图纸的部件”栏下的按钮（或直接输入部件名称），弹出“选择主模型部件”对话框，如图 11-3 所示。

4. 在对话框中的“打开”栏中单击按钮，弹出“部件名”对话框，如图 11-4 所示。选择 model6，单击 OK 按钮。

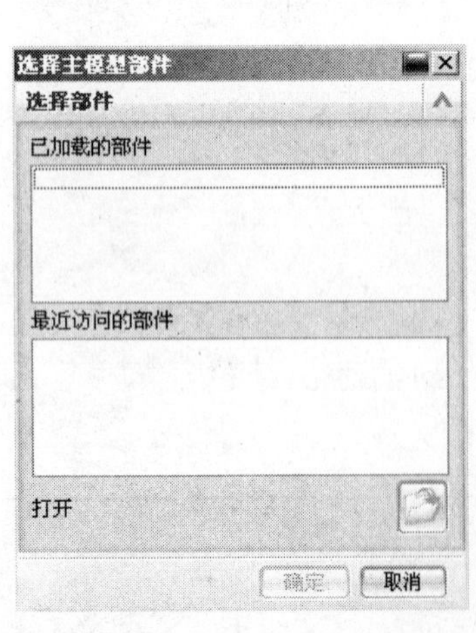

图 11-3 “选择主模型部件”对话框

图 11-4 “部件名”对话框

5. 部件自动加载至“选择主模型部件”对话框中的“已加载的部件”列表框中，如图 11-5 所示。单击对话框中的 确定 按钮。

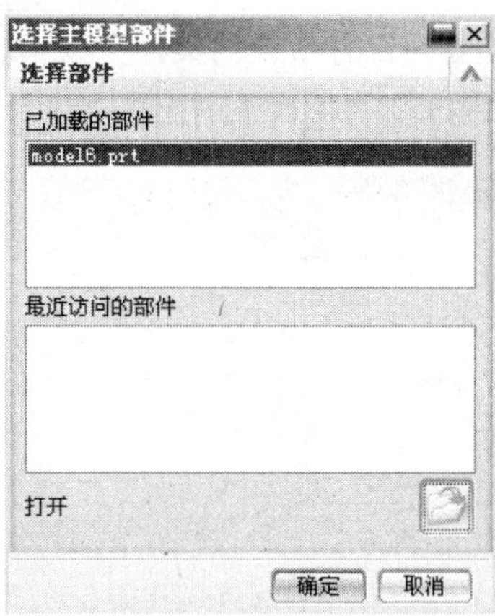

图 11-5 加载部件后的“选择主模型部件”对话框

6. 程序自动返回“文件新建”对话框，部件 model6 已加载至对话框中的“要创建图纸的部件”栏中，“新文件名”栏下的“名称”将会改变，如图 11-6 所示。单击对话框中的 确定 按钮，进入工程图模式。

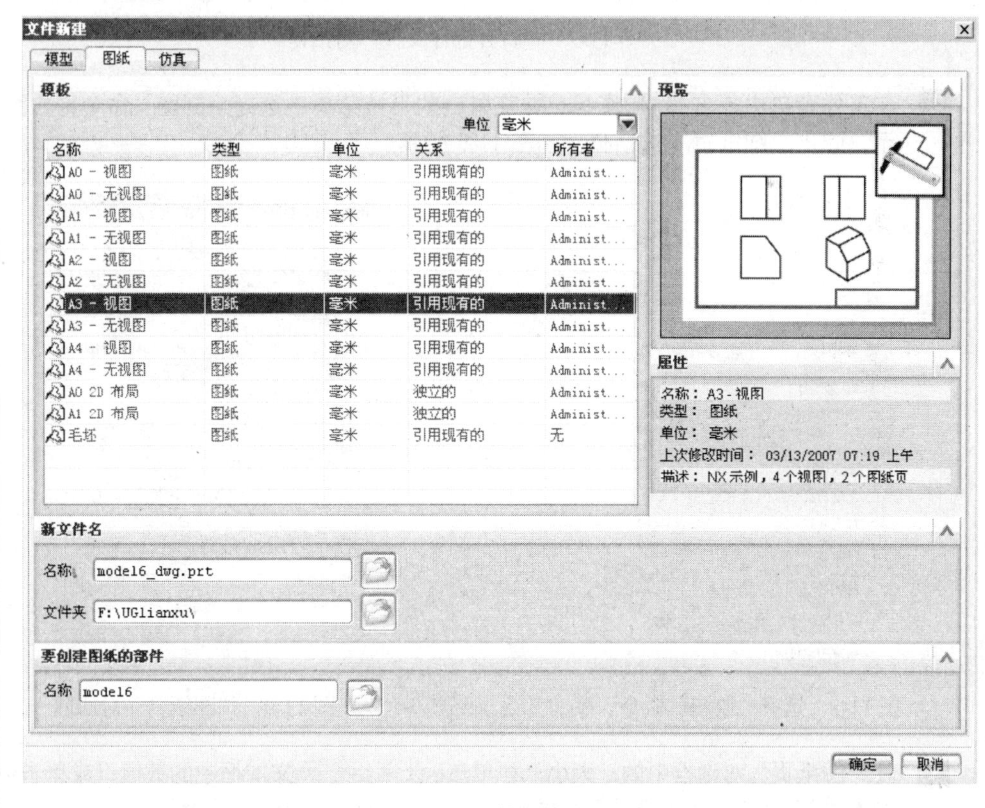

图 11-6 “文件新建”对话框

步骤 2 在打开的部件中新建工程图

1. 选择菜单栏中的“文件”→“打开”命令，弹出“打开部件文件”对话框，如图 11-7 所示。将“查找范围”定位至部件所在的文件夹下，单击选择 model6 后，单击 OK 按钮。进入建模工作窗口。

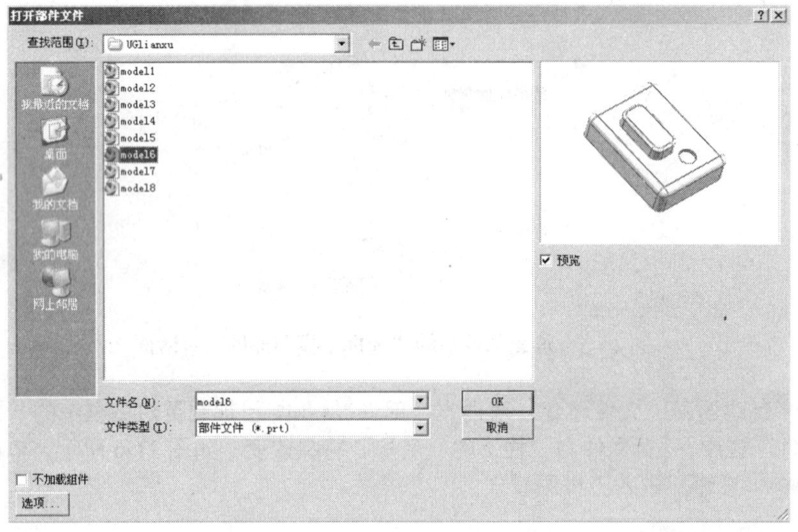

图 11-7 “打开部件文件”对话框

2. 在工作窗口中单击 开始 图标，并在弹出的下拉菜单中选择“制图”命令，如图 11-8 所示。弹出“图纸页”对话框，如图 11-9 所示。

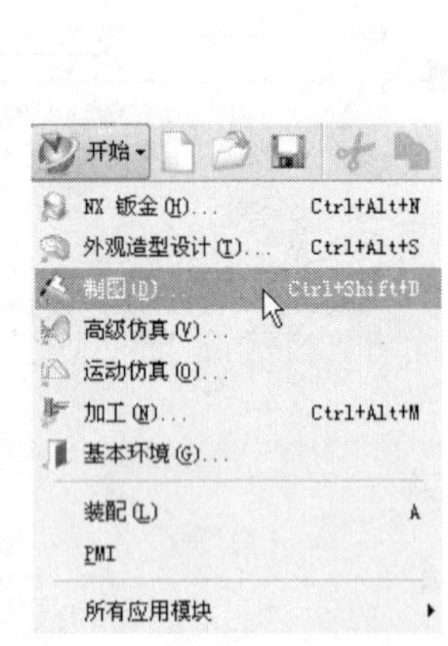

图 11-8 选择“制图”命令

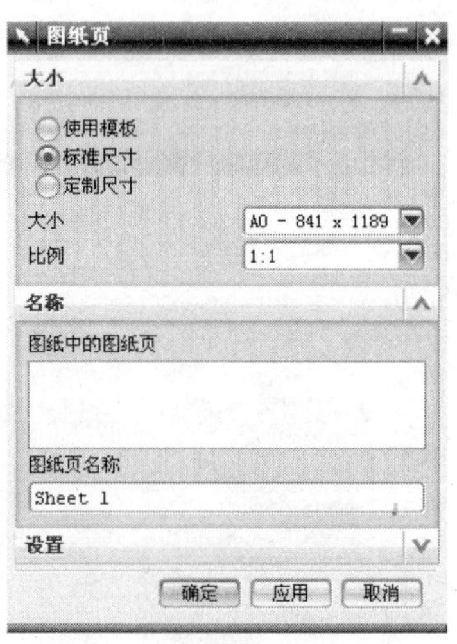

图 11-9 “图纸页”对话框

3. 在“图纸页”对话框中的“大小”栏单击 A3 - 297 x 420 文本框中的数值（或单击数值右侧的 按钮），在弹出的下拉列表中选择 A3 - 297 x 420 选项，如图 11-10 所示。其余的选项按默认设置的不变，如图 11-11 所示。单击对话框中的 确定 按钮，进入工程图模式。

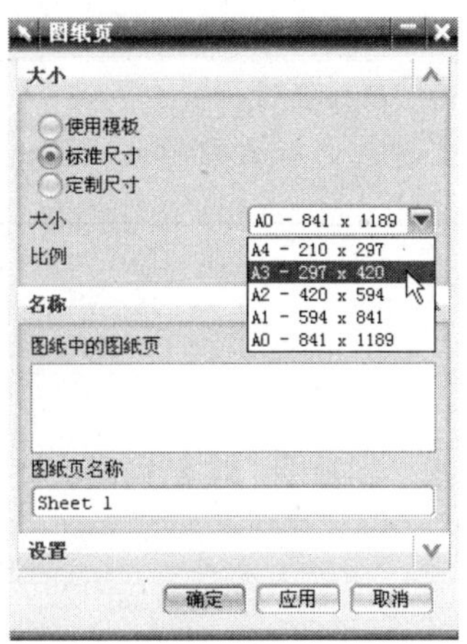

图 11-10 选择A3 - 297 x 420 选项

图 11-11 对话框的参数

11.1.2 部件导航器操作

导航器主要是将工程图中的视图名称，以及视图的相关性信息进行显示。

操作步骤

1. 如图 11-12 所示为创建了基本视图的“部件导航器”对话框。

2. 在对话框中的“名称”栏中 Sheet "Sheet 1 处按住鼠标右键不放，弹出快捷菜单，如图 11-13 所示。通过选择快捷菜单中的命令，可以对该项进行相关操作。如选择快捷菜单中的“编辑图纸页”命令，将会弹出“图纸页”对话框，然后用户可以对图纸的相关参数进行重定义。

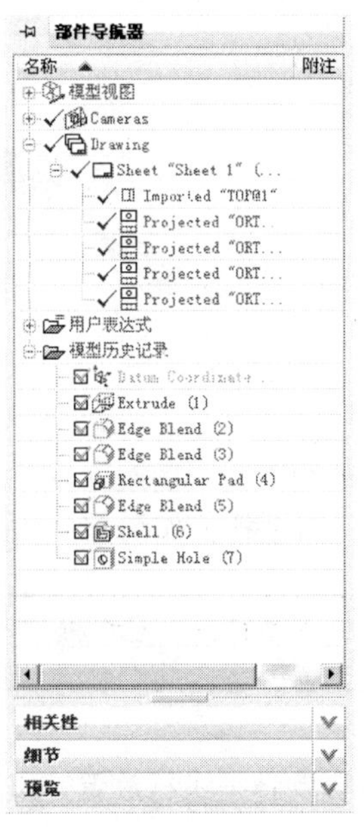

图 11-12 “部件导航器”对话框

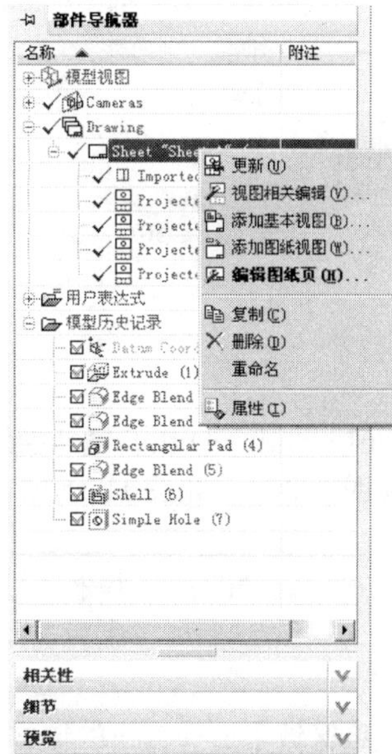

图 11-13 快捷菜单

提示：进入“制图”工作模式的快捷方式为 Ctrl + Shift + D 组合键；

■ 在对话框中的“名称”栏中的不同名称处按住鼠标右键不放，弹出的快捷菜单会有所不同。

11.2 建立视图

本节通过实例来说明如何创建基本视图、投影视图、剖视图、半剖视图、旋转剖视图、折叠剖视图、局部剖视图、断开视图等。

录像文件：演示录像\CH11\1102

11.2.1 创建基本视图

操作步骤

1. 打开附书光盘中的 SAMPLE\CH11 \VIEW 11.2.1.PRT 文件，如图 11-14 所示。

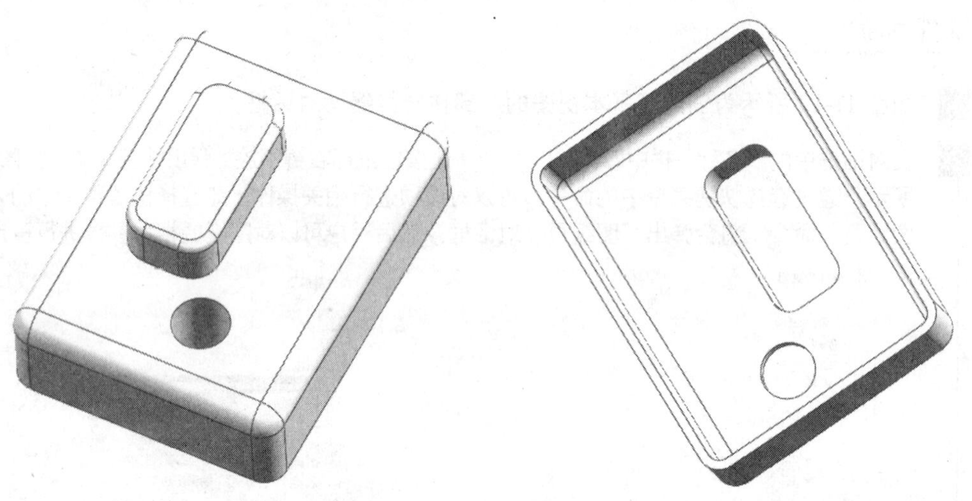

图 11-14 打开的模型

2. 按 Ctrl + Shift + D 组合键切换至制图模式，选择菜单栏中的“插入”→“视图”→“基本视图”命令，如图 11-15 所示，弹出“基本视图”对话框，如图 11-16 所示。

提示：单击“图纸布局”工具栏中的图标，同样可以弹出“基本视图”对话框。

3. 在图纸区域中选择合适的位置，再单击鼠标左键对实例特征进行放置，如图 11-17 所示为放置后的 5 个基本视图。

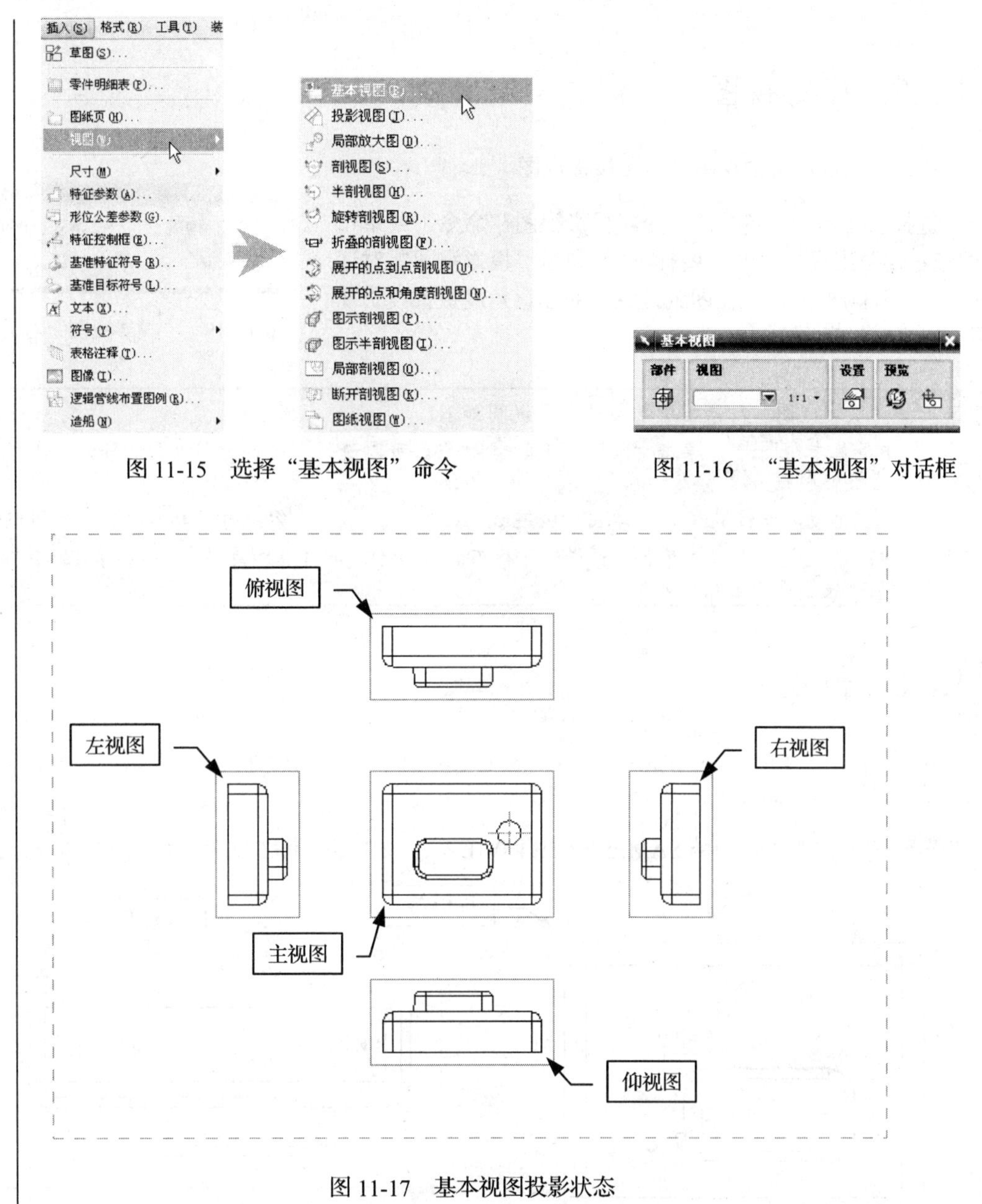

图 11-15 选择“基本视图”命令

图 11-16 “基本视图”对话框

图 11-17 基本视图投影状态

提示：

“基本视图”对话框中的各项参数说明如下。

- 部件：单击“部件”栏中的按钮，将弹出“选择部件”对话框，在对话框中可以对所需部件进行加载。
- 视图：对基本视图进行选择，并且可以设置视图的比例。
- 设置：单击“设置”栏中的按钮，将弹出“视图样式”对话框，在对话框中可以对所需部件进行加载，以及对加载后的视图进行相关参数的设置。如设置视图的可见性状态等。
- “预览”：单击“预览”栏中按钮，将弹出“定向视图”对话框，此时可以对视图进行动态定向预览。单击“预览”栏中的按钮，可以对基本视图的位置进行移动、调整。

11.2.2 投影视图

投影视图是从父项视图产生正投影视图。

选择“插入”→“视图”→“投影视图”命令（或单击“图纸布局”工具栏中的图标），将弹出“投影视图”对话框，如图 11-18 所示。在图纸区域中的任意角度放置投影视图，以及对任意视图进行投影。

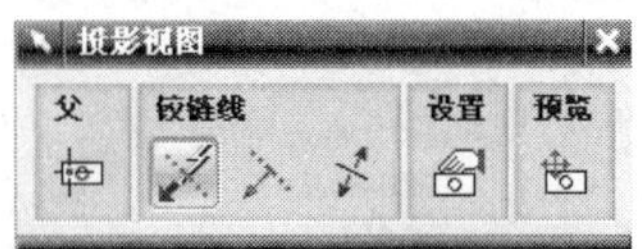

图 11-18 “投影视图”对话框

提示： “投影视图”对话框中的各项参数说明如下。

- 基本视图：单击“父”栏下的按钮，可以选择需进行视图投影的任意基本视图作为投影参照。
- 自动判断铰链线：单击“铰链线”栏下的按钮，系统自动判断投影时的铰链线。
- 定义铰链线：单击“铰链线”栏下的按钮，再单击按钮，所得的投影视图将与常规投影视图呈相反方向。

11.2.3 剖视图

操作步骤

1. 打开附书光盘中的 SAMPLE\CH11 \VIEW_11.2.3_dwg.PRT 文件，如图 11-19 所示。

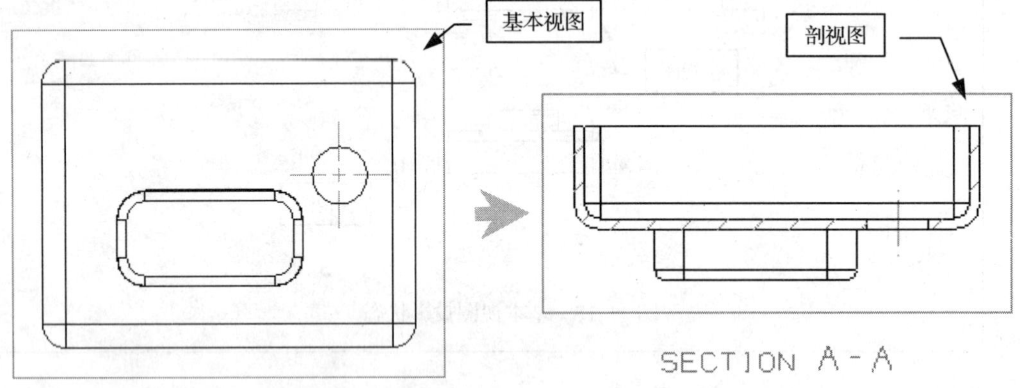

图 11-19 打开的模型

2. 选择“插入”→“视图”→“剖视图”命令，如图 11-20 所示，（或单击“图纸布局”工具栏中的图标）弹出“剖视图”对话框，如图 11-21 所示。

3. 单击对话框中“设置”栏下的按钮，弹出“剖切线首选项”对话框，如图 11-22 所示，将对话框中的相关参数与项目设置成如图 11-23 所示，单击 确定 按钮。

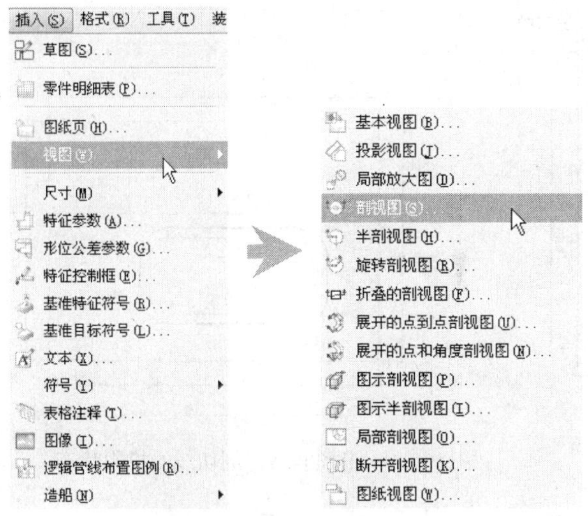

图 11-20 选择“剖视图”命令

图 11-21 “剖视图”对话框

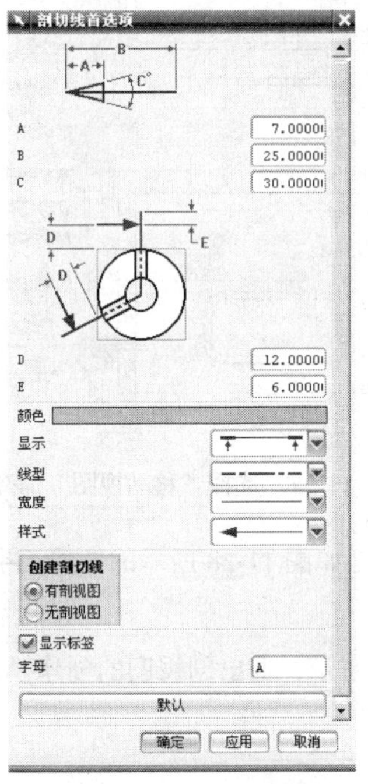

图 11-22 “剖切线首选项”对话框

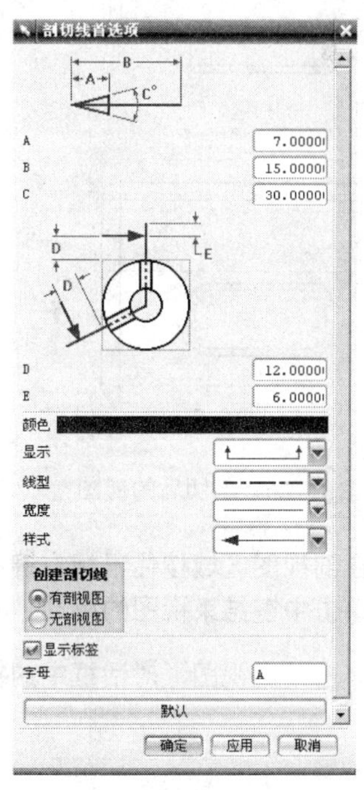

图 11-23 设置参数

4. 在工作窗口中单击基本视图的边框线，将视图激活。选择圆心作为剖切线的定位参照，如图 11-24 所示，并将剖切方向调整为朝下，如图 11-25 所示。再单击，确定对基本视图的剖切。

5. 如图 11-26 所示为剖切后的视图投影状态。从图中可以看出剖视图 A-A 的放置不对，应进行调整。

6. 将鼠标移动至剖视图区域，单击鼠标右键，在弹出的快捷菜单中选择“移动视图”命令，如图 11-27 所示（或直接单击“剖视图”对话框中“预览”栏中的按钮）。

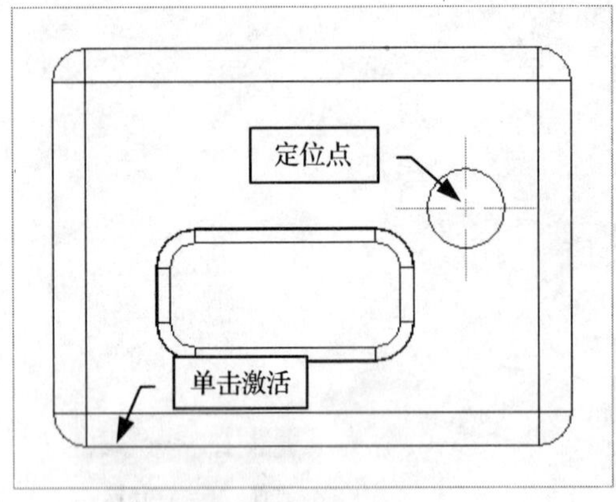

图 11-24　选择参照

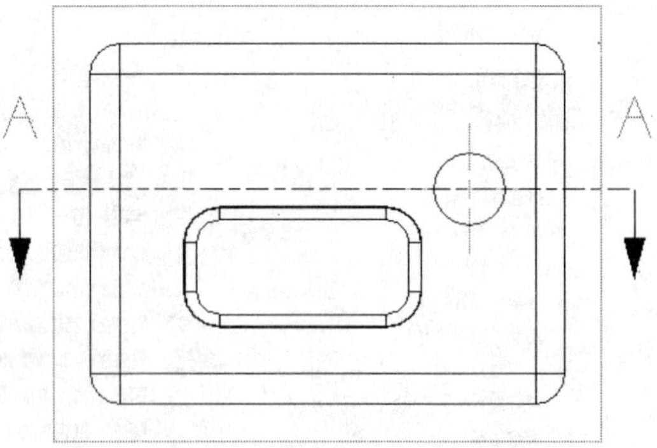

图 11-25　剖切线的投影状态

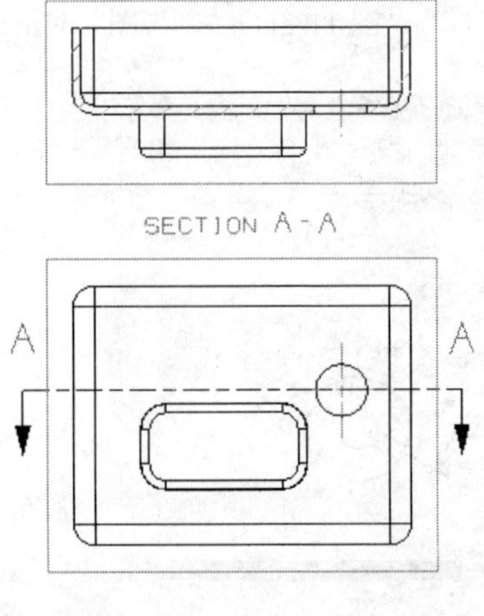

图 11-26　剖切后的视图

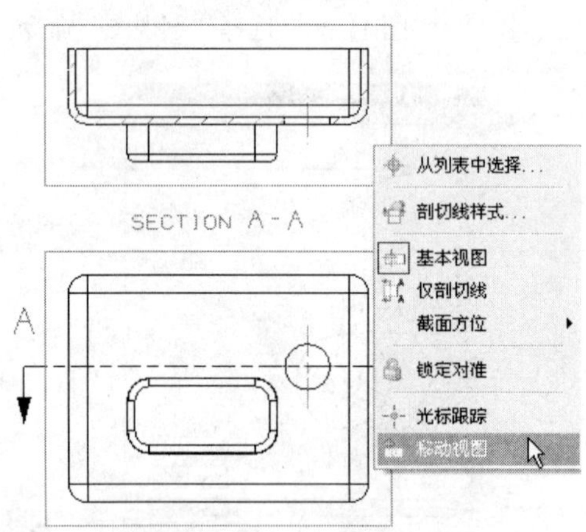

图 11-27　选择“移动视图”命令

7. 在剖视图区域按住鼠标右键不放，将剖视图移动至如图 11-28 所示的位置，再释放鼠标，单击中键结束视图的移动。

8. 单击“剖视图”对话框中的✕按钮，如图 11-29 所示。退出剖视图的创建模式。

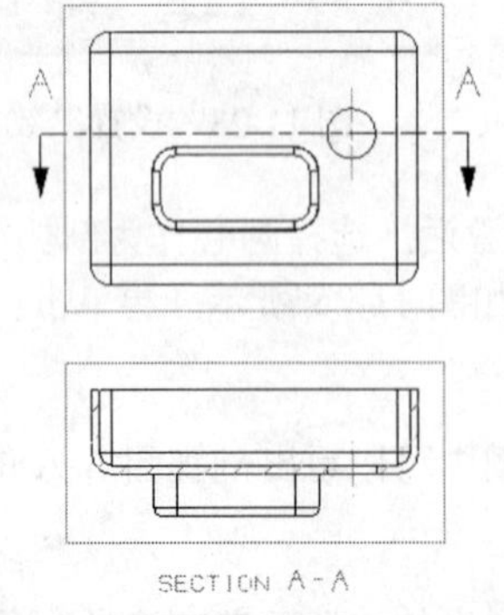

图 11-28　移动后的剖视图状态

图 11-29　“剖视图”对话框

11.2.4 半剖视图

本节通过实例说明如何在视图中创建半剖视图。

操作步骤

1. 打开附书光盘中的 SAMPLE\CH11 \VIEW_11.2.4_dwg.PRT 文件，如图 11-30 所示。

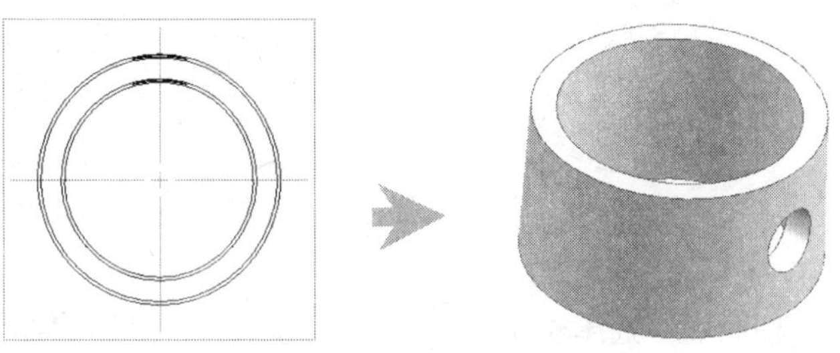

图 11-30 打开的 VIEW_11.2.4_dwg.PRT 文件

2. 选择“插入”→“视图”→“半剖视图”命令，如图 11-31 所示，(或单击“图纸布局”工具栏中“剖视图”图标右侧的三角形按钮，在弹出的下拉菜单中选择“半剖视图”命令)，弹出“半剖视图”对话框。

3. 单击对话框中“设置”栏中的按钮，弹出“剖切线首选项”对话框，将对话框中的相关参数与项目设置成如图 11-32 所示，单击 确定 按钮。

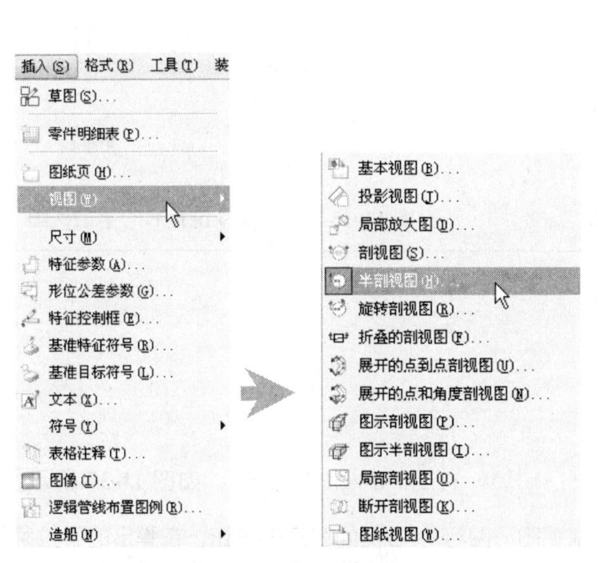

图 11-31 选择“半剖视图”命令

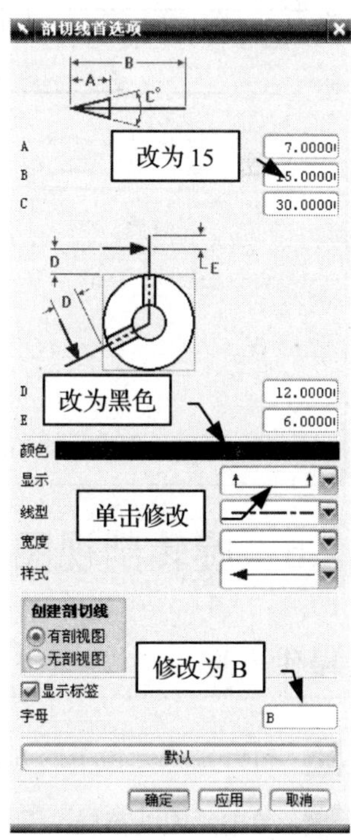

图 11-32 设置参数与项目

4. 在工作窗口中单击基本视图边框线，将视图激活。选择圆心作为剖切线的定位参照，如图 11-33 所示，并将剖切方向调整为朝右，如图 11-34 所示。单击鼠标左键，确定对基本视图的剖切。

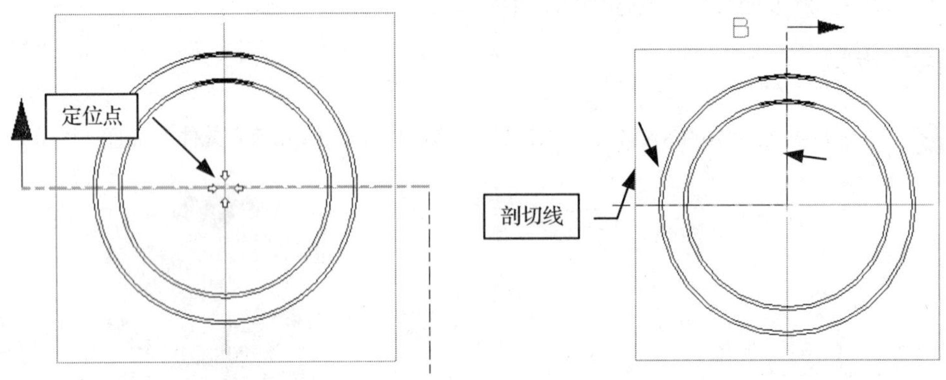

图 11-33　选择参照　　　　图 11-34　半剖切线的投影状态

5. 将半剖视图移动至合适位置后如图 11-35 所示。单击“半剖视图”对话框中的按钮，退出剖视图创建模式。

6. 双击半剖视图标签SECTION B-B，弹出“视图标签样式”对话框，在“位置”栏的下面文本框中单击“下面”选项（或单击右侧三角形按钮），在弹出的下拉菜单中选择“上面”选项，对话框中的其余选项按默认的设置不变，单击确定按钮。改变标签位置后的半剖视图如图 11-36 所示。

提示： *按住鼠标左键拖动SECTION B-B也可以改变标签位置。*

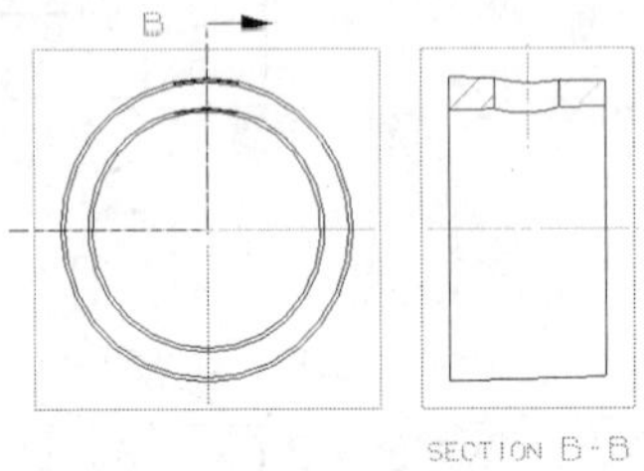

图 11-35　创建后的半剖视图状态 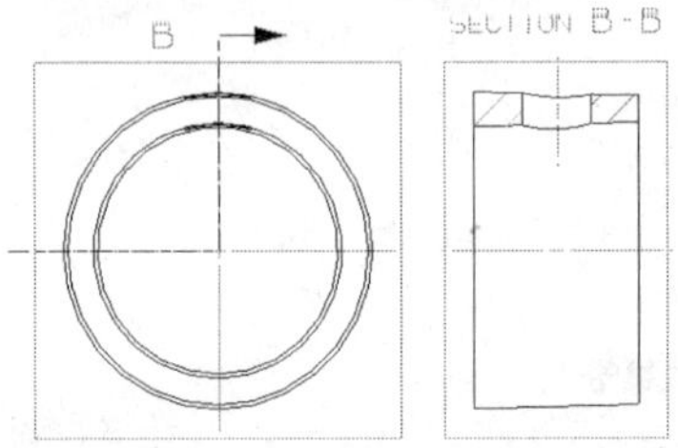　　　　图 11-36　改变标签位置后的半剖视图

11.2.5　旋转剖视图

操作步骤

1. 打开附书光盘中的 SAMPLE\CH11 \VIEW_11.2.5_dwg.PRT 文件，如图 11-37 所示。

2. 单击“图纸布局”工具栏中的“剖视图”图标右侧的三角形按钮，在弹出的下拉菜单中选择“旋转剖视图”命令，如图 11-38 所示。弹出“旋转剖视图”对话框，如图 11-39 所示。

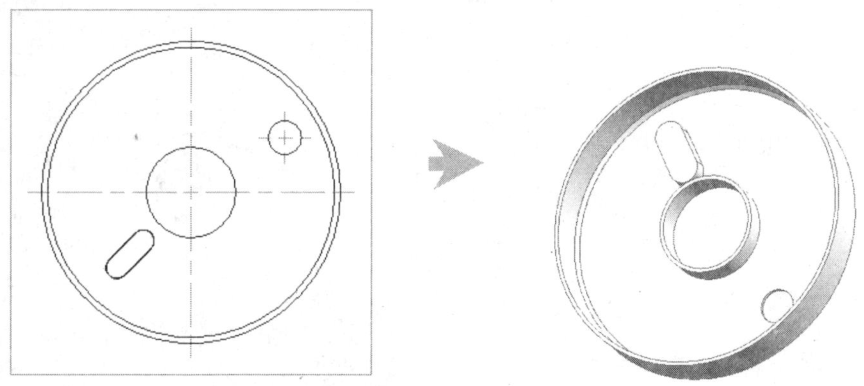

图 11-37 打开的 VIEW_11.2.5_dwg.PRT 文件

图 11-38 选择“旋转剖视图”命令

图 11-39 “旋转剖视图”对话框

3. 单击对话框中“设置”栏中的按钮，弹出“剖切线样式”对话框，将对话框中的相关参数与项目设置成如图 11-40 所示，单击对话框中的确定按钮。

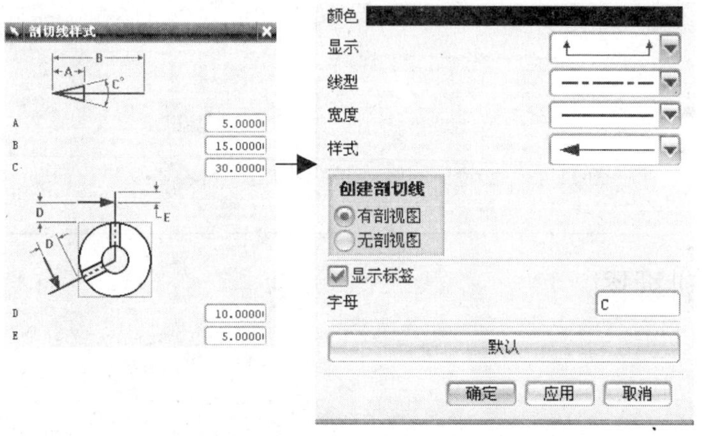

图 11-40 “剖切线样式”对话框

4. 在工作窗口中单击基本视图边框线，将视图激活。选择圆心作为剖切线的主定位参照，如图 11-41 所示。依次选择键槽处的圆弧中心与圆孔中心作为剖切线的副定位参照。

5. 单击确定对基本视图的剖切，剖切线的放置位置如图 11-42 所示。

6. 将旋转剖视图移动至合适位置，如图 11-43 所示。单击“旋转剖视图”对话框中的按钮，退出剖视图创建模式。

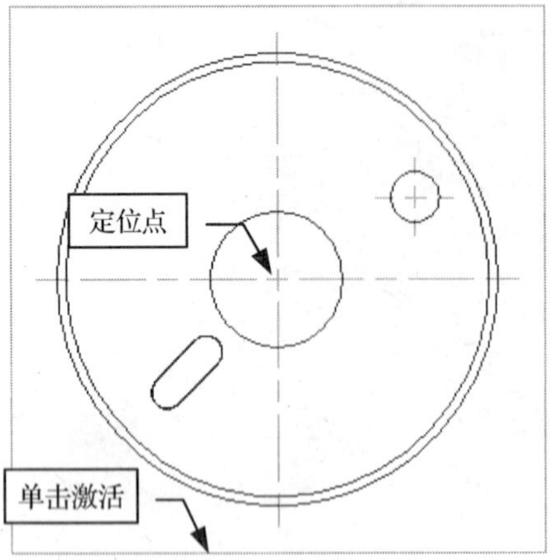

图 11-41　选择参照

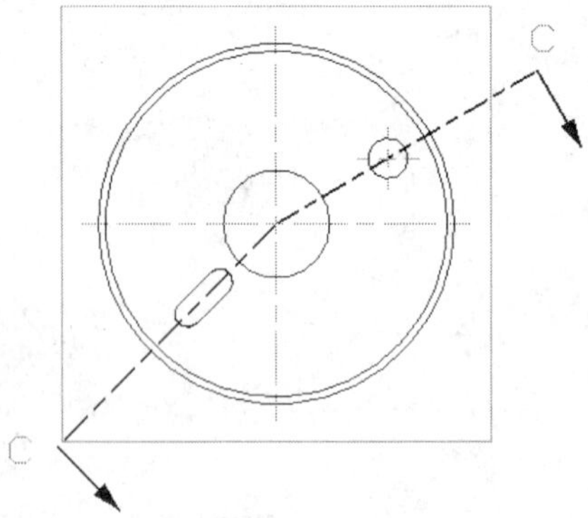

图 11-42　剖切线的投影状态

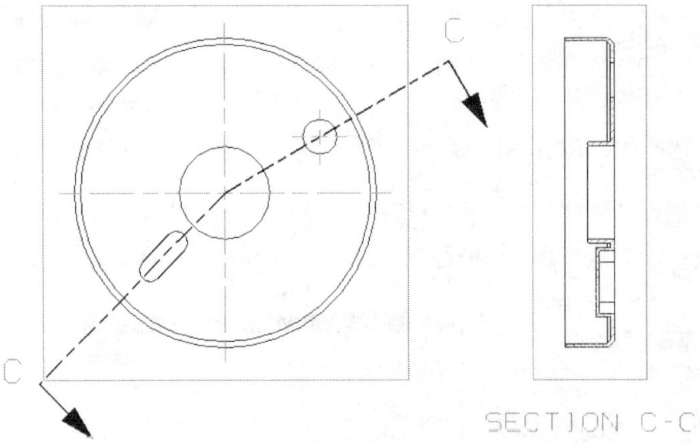

图 11-43　创建后的旋转剖视图状态

11.2.6　折叠的剖视图

操作步骤

1. 打开附书光盘中的 SAMPLE\CH11\VIEW_11.2.6_dwg.PRT 文件，如图 11-44 所示。
2. 选择菜单栏中的"插入"→"视图"→"折叠的剖视图"命令，如图 11-45 所示，弹出"折叠的剖视图"对话框。
3. 单击对话框中"设置"栏中的按钮，弹出"剖切线首选项"对话框，将对话框中的相关参数与项目设置成如图 11-46 所示，单击对话框中的 确定 按钮。
4. 在工作窗口中单击基本视图的边框线，将视图激活。选择模型边界线定义铰链线的投影方向，如图 11-47 所示。再对剖切线进行合理的放置。

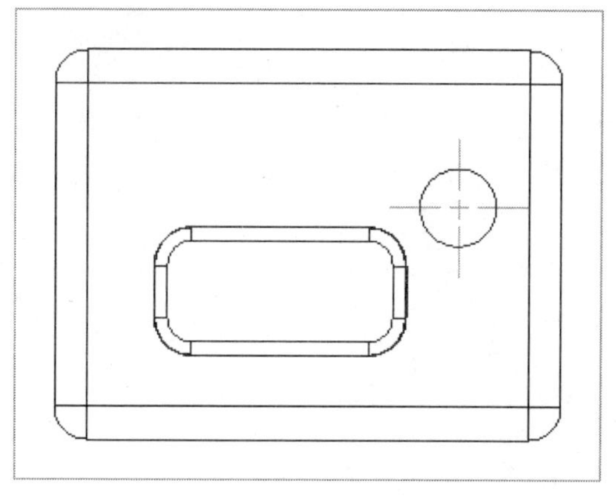

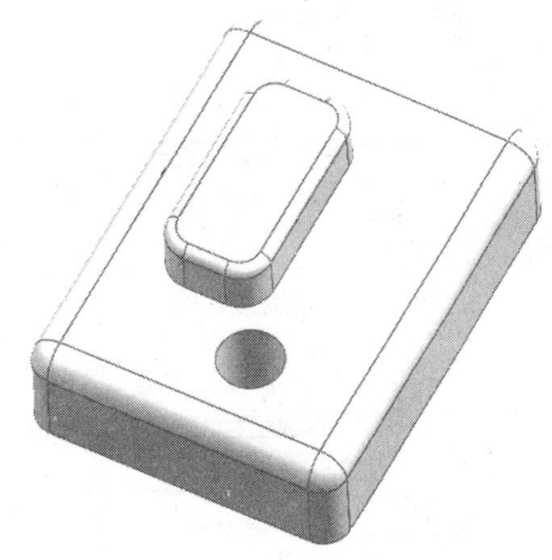

图 11-44 打开的 VIEW_11.2.6_dwg.PRT 文件

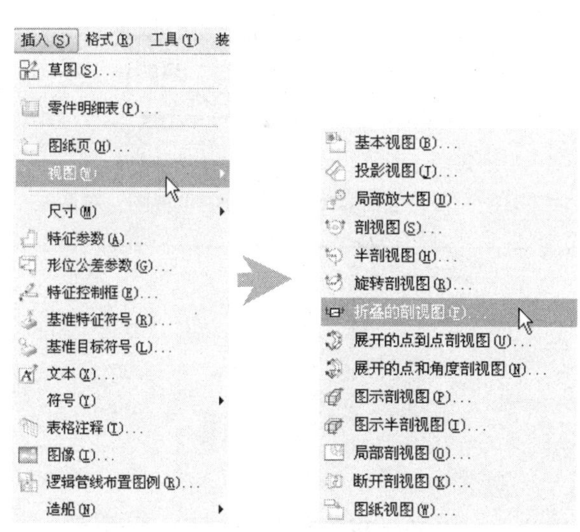

图 11-45 选择“折叠的剖视图”命令

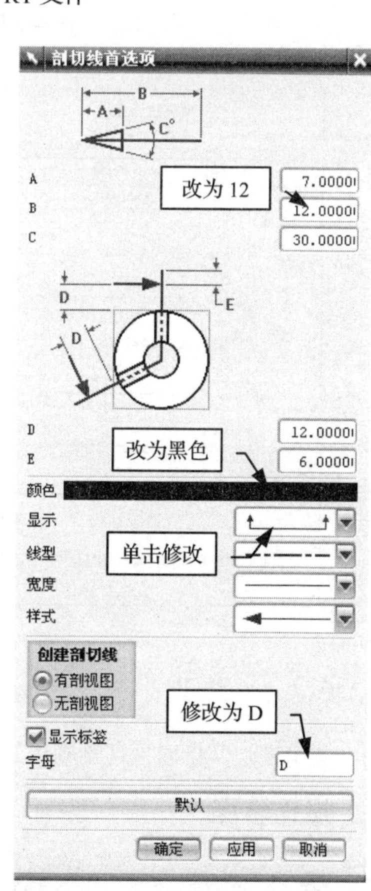

图 11-46 设置参数与项目

5. 单击鼠标左键，确定对基本视图的剖切，剖切线的放置位置如图 11-48 所示。

6. 将剖视图移动至合适位置，如图 11-49 所示。单击“折叠的剖视图”对话框中的![]按钮，如图 11-50 所示，退出剖视图的创建模式。

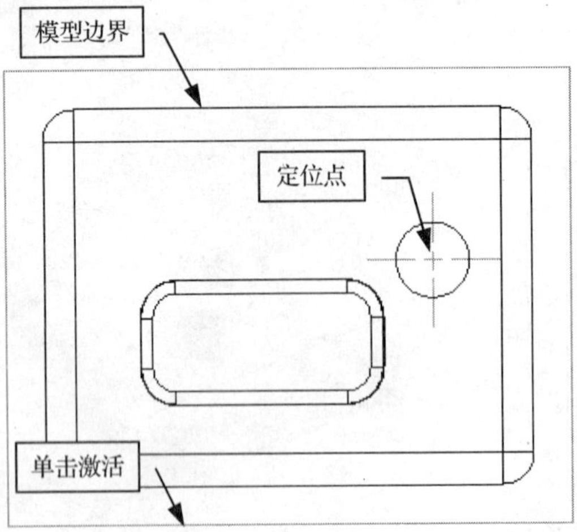

图 11-47　选择参照

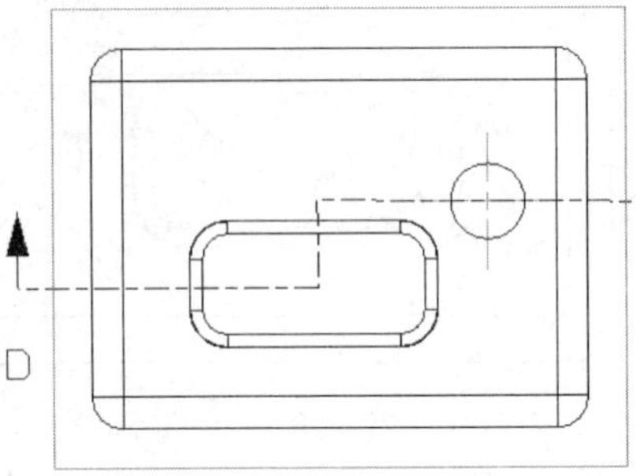

图 11-48　剖切线的投影状态

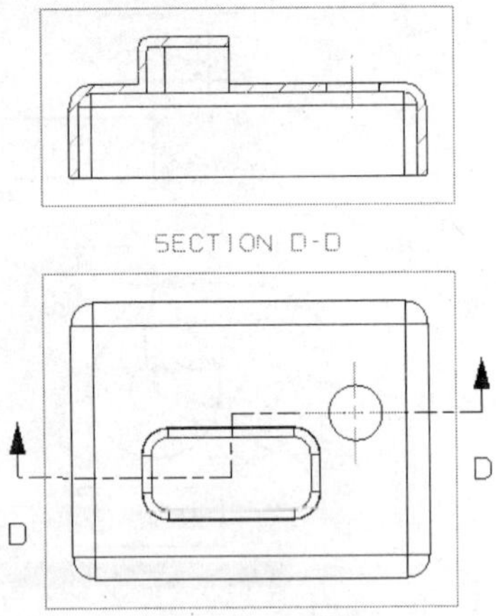

图 11-49　创建后的折叠的剖视图状态

图 11-50　“折叠的剖视图”对话框

11.2.7　局部剖视图

本节通过实例对局部剖视图进行创建说明。

操作步骤

1. 打开附书光盘中的 SAMPLE\CH11\VIEW_11.2.7_dwg.PRT 文件，如图 11-51 所示。

2. 选择“插入”→“草图”命令，如图 11-52 所示，进入草绘模式。单击按钮，在俯视图中绘制如图 11-53 所示的草绘截面，单击“草图生成器”工具栏中的完成草图图标，退出草绘模式。

3. 选择“插入”→“视图”→“局部剖视图”命令（或单击“图纸布局”工具栏中的“剖

视图"图标右侧的三角形按钮，在弹出的下拉菜单中选择"局部剖"命令），弹出"局部剖"对话框，如图 11-54 所示。

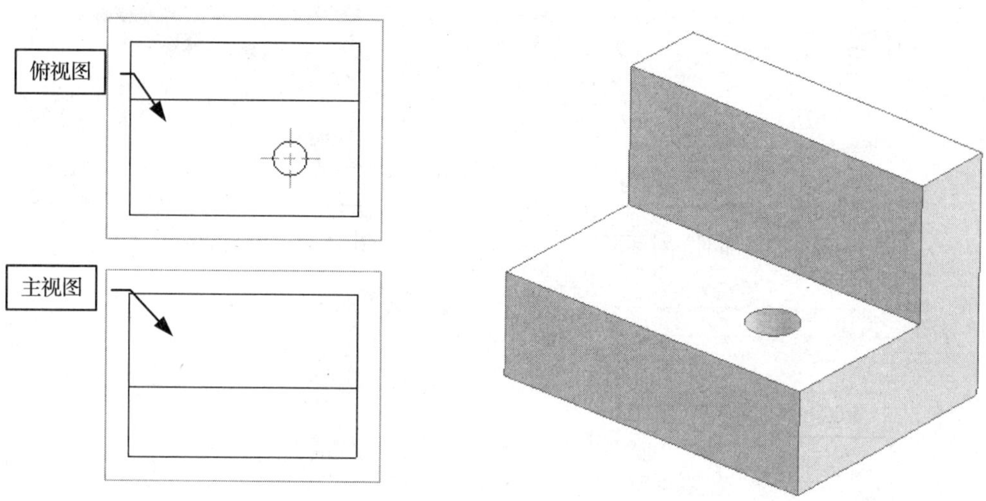

图 11-51 打开的 VIEW_11.2.7_dwg.PRT 文件

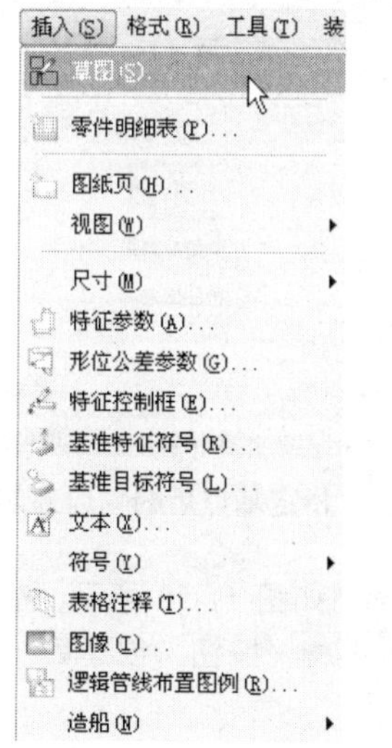

图 11-52 选择"草图"命令

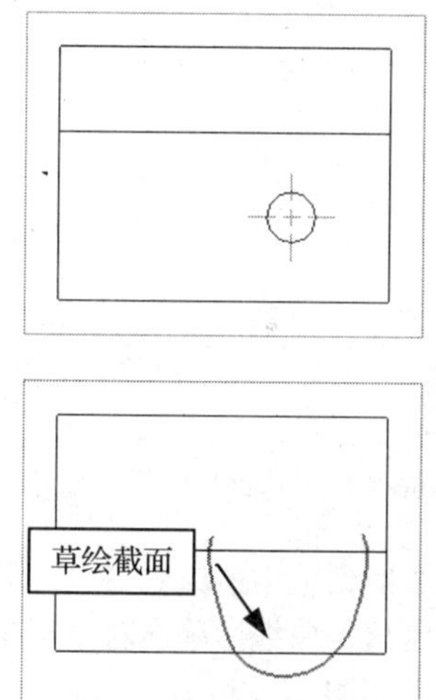

图 11-53 草绘截面

4. 在"局部剖"对话框的列表框中单击视图名称 ORTHO@2，"局部剖"对话框将被激活，如图 11-55 所示。

提示： 要激活"局部剖"对话框也可以直接单击工作窗口中的主视图边框。

5. 在工作窗口中单击俯视图中的圆心作为剖切基点，程序将自动显示拉伸矢量方向，如图 11-56 所示。指定基点后"局部剖"对话框变成如图 11-57 所示，在对话框中可以对拉伸矢量方向进行定义。

图 11-54 “局部剖”对话框

图 11-55 激活后的“局部剖”对话框

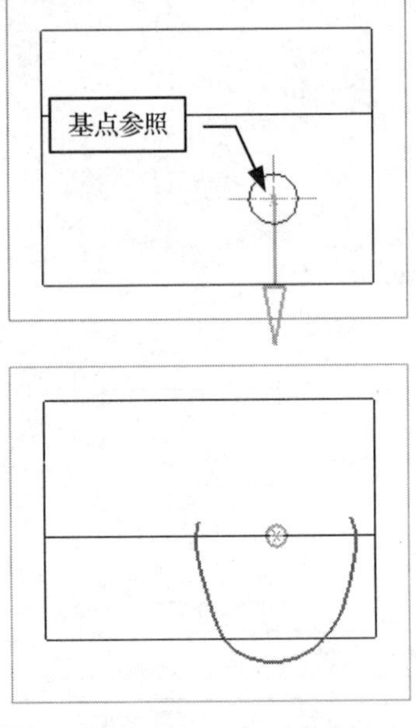

图 11-56 指定基点后的视图状态

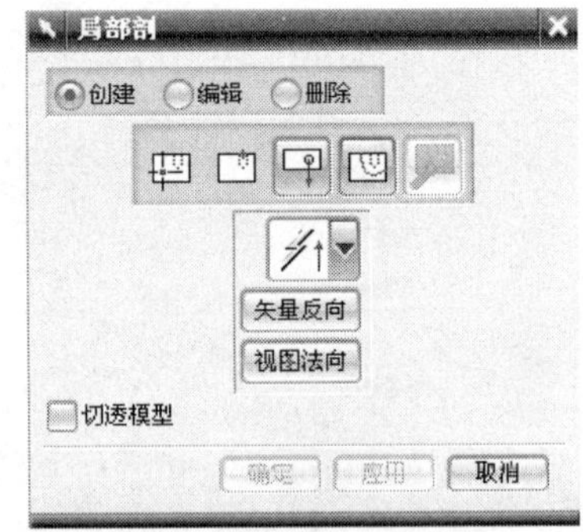

图 11-57 指定基点后的“局部剖”对话框

6. 单击对话框中的按钮，“局部剖”对话框将自动切换至如图 11-58 所示。在主视图中单击创建的曲线，单击对话框中的 应用 按钮，单击 取消 按钮，创建后，孔的局部剖视图如图 11-59 所示。

图 11-58 “局部剖”对话框

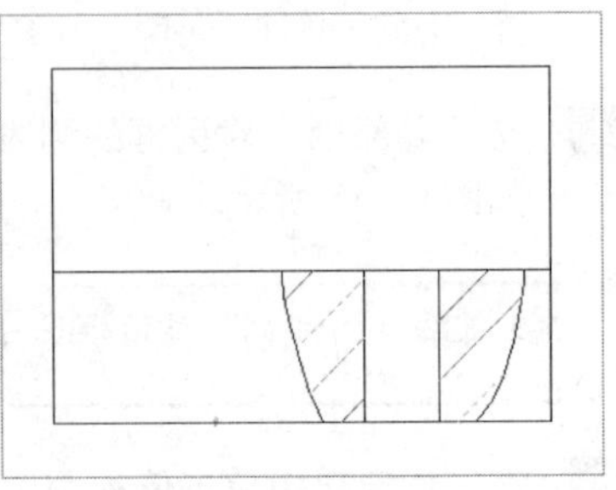

图 11-59 局部剖视图

11.2.8 断开剖视图

操作步骤

1. 打开附书光盘中的 SAMPLE\CH11\VIEW_11.2.8_dwg.PRT 文件，如图 11-60 所示。

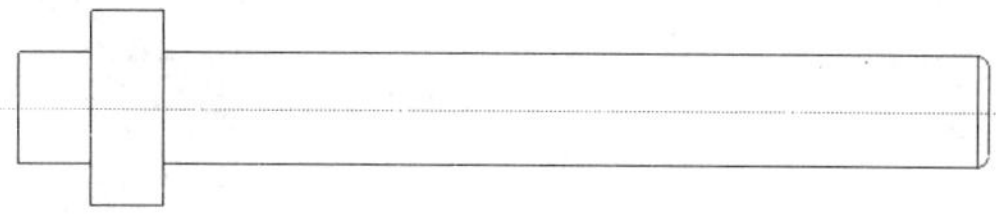

图 11-60 打开的 VIEW_11.2.8_dwg.PRT 文件

2. 选择“插入”→“视图”→“断开剖视图”命令，如图 11-61 所示。弹出“断开视图”对话框，如图 11-62 所示。

图 11-61 选择“断开剖视图”命令

图 11-62 “断开视图”对话框

3. 在“断开视图”对话框中的“曲线类型”栏右侧的文本框中单击（或单击文本框右侧的三角形下拉按钮），在弹出的下拉列表中选择 ～ 项。

4. 在基本视图左侧绘制截面，在视图中单击边线上点作为锚点参照，定义锚点后的视图如图 11-63 所示，单击对话框中的 应用 按钮，并以同样的方法在另一侧绘制截面及定义锚点，绘制后的视图状态如图 11-64 所示。

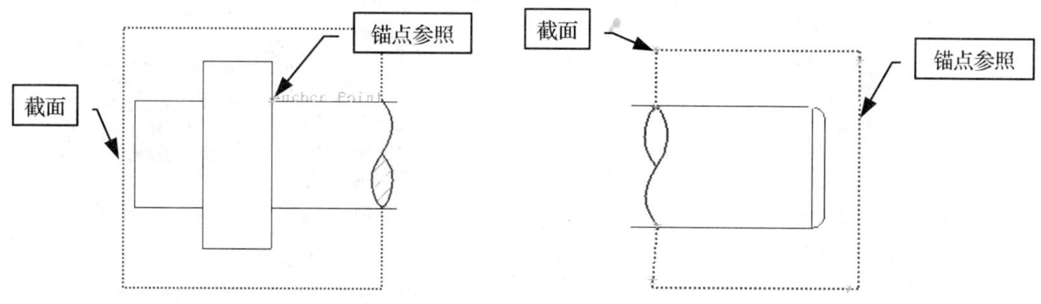

图 11-63 绘制截面与定义锚点

图 11-64 绘制截面与定义锚点

5. 单击“断开视图”对话框中的 确定 按钮，创建的断开视图状态如图 11-65 所示。

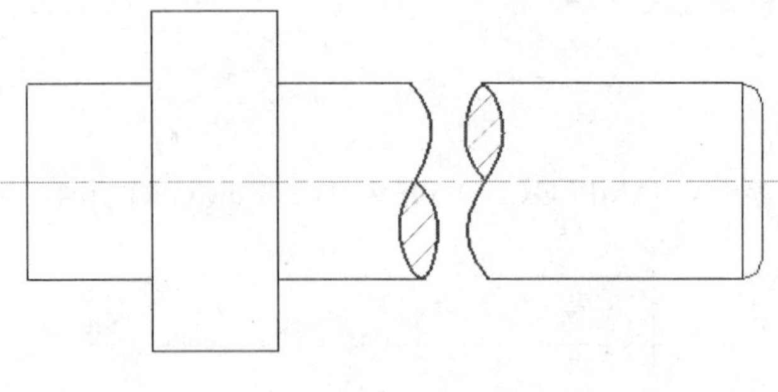

图 11-65 创建后的断开视图状态

11.3 编辑视图

编辑视图主要是对视图的样式，放置的位置，以及创建视图时的剖切线等进行定义，使创建后的视图更加完整。

11.3.1 编辑视图样式

编辑视图样式主要是针对线、面及视图中的基本属性进行编辑。

操作步骤

1. 选择“编辑”→“样式”命令，如图 11-66 所示。弹出“类选择”对话框，如图 11-67 所示。

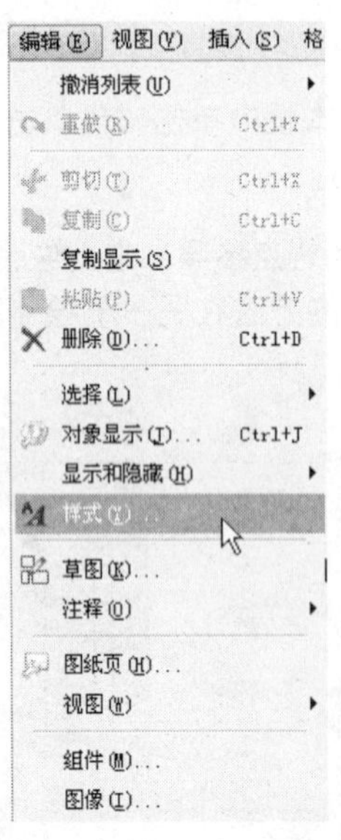

图 11-66 选择“样式”命令

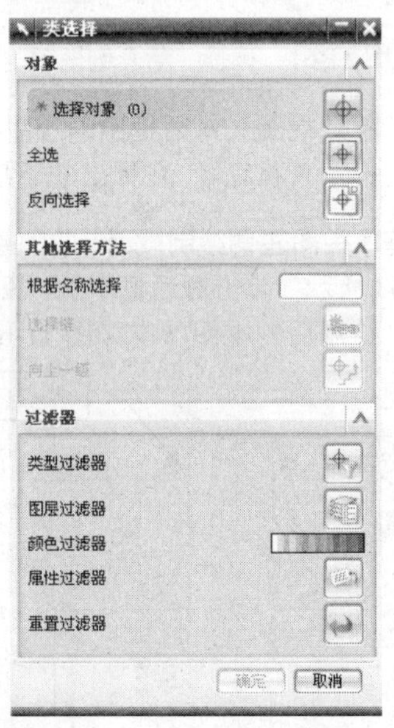

图 11-67 “类选择”对话框

2. 在程序提示下单击任一视图边框，弹出如图 11-68 所示的"视图样式"对话框。对话框中包括：方向、透视、基本、继承 PMI 栏等，单击其中的任何一选项卡将自动切换至该选项卡的编辑界面，如图 11-68 所示为"常规"选项卡的编辑界面。

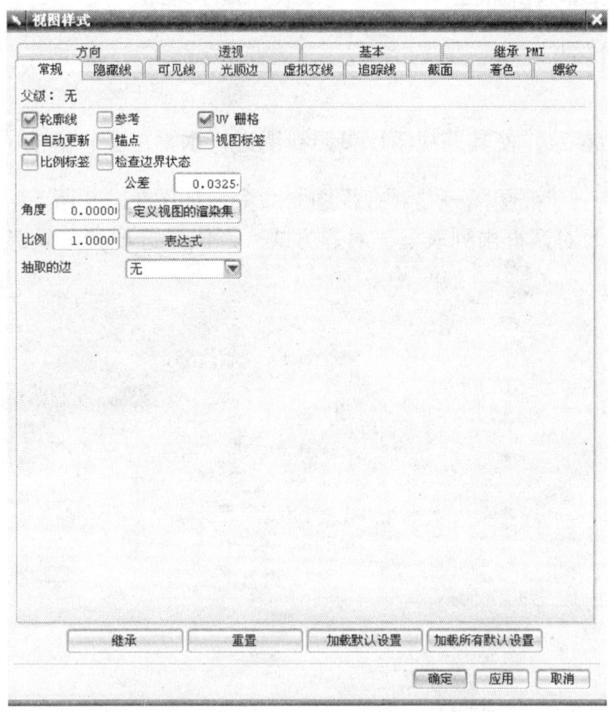

图 11-68 "视图样式"对话框

提示： 弹出"视图样式"对话框的其他操作方法：

- 单击"制图编辑"工具栏中的 A 图标，弹出"类选择"对话框，然后在系统提示下单击任一视图边框，弹出"视图样式"对话框。
- 在视图边框中单击鼠标右键，然后在弹出的快捷菜单中选择"样式"命令，弹出"视图样式"对话框。

"视图样式"对话框的各选项卡的说明如下。

- 方向：可以对视图的投影方向与平面进行设置。
- 透视：设置视图的透视度。
- 基本：对部件进行加载，用于创建工程图。
- 继承 PMI：可以对 PMI 类型进行设置。
- 常规：可以对模型投影时的状态，模型公差，角度，以及比例等进行设置。
- 隐藏线：设置隐藏线在视图中的线性，如线条的粗细、线特征的投影状态等。
- 可见线：对可见线的颜色及线性进行设置。
- 光顺线：设置视图中圆弧处的投影状态，以及投影线的颜色。
- 虚拟交线：对可能出现的交线进行颜色及线性的设置。

- 追踪线：可以设置可见线或隐藏线的颜色及线性。
- 截面：对截面投影的相关参数进行设置。
- 着色：设置相关的面或线的颜色，以及可以对渲染样式，着色公差等进行选择。
- 螺纹：可以选择螺纹的标准，以及设置螺纹的最小螺距。

11.3.2 对齐视图

选择一个视图作为参照，使其他视图以参照视图进行水平或竖直方向的对齐。

（1）选择“编辑”→“视图”→“对齐视图”命令，如图 11-69 所示。弹出“对齐视图”对话框，如图 11-70 所示。对话框由列表框、对齐方式、点位置选项和矢量选项等组成。

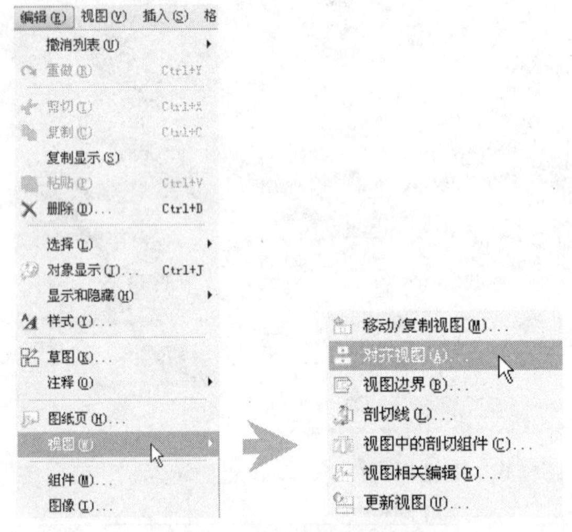

图 11-69 选择“对齐视图”命令

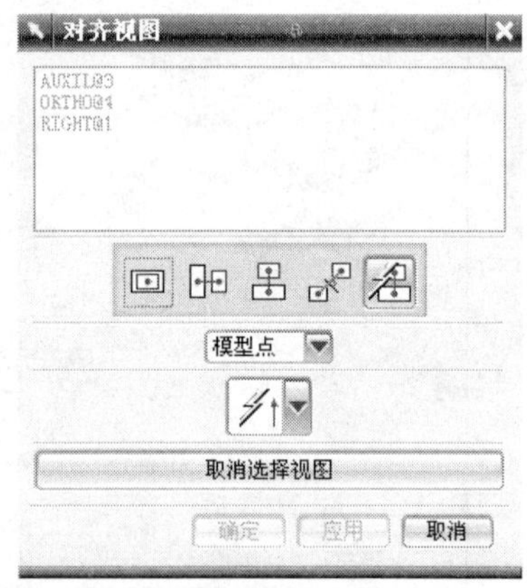

图 11-70 “对齐视图”对话框

提示：“对齐视图”对话框中的各项参数说明如下。

- 列表框：显示工作窗口中已投影视图的名称。
- 对齐方式：包括以下几种方式。

  叠加对齐：视图将以各视图的中点进行重叠对齐。

  水平对齐：视图将以基准点作水平方向的对齐。

  竖直对齐：视图将以基准点作竖直方向的对齐。

  垂直于直线对齐：视图将以线为参照作垂直于直线方向的对齐。

  自动判断对齐：视图将以选择的点或线为参照，自动判断对齐视图。
- 点位置选项：包括模型点、视图中心、点到点 3 种视图对齐参照的方式。

  模型点：可以任意选择模型中的点对视图作相关的对齐。

  视图中心：以各视图的中点对视图作相关的对齐。

  点到点：以定义点的方式对视图作相关的对齐。
- 矢量选项：可以对视图的矢量方向进行定义，并且视图将以定义后的矢量方向为参照作相应的对齐。
- “取消选择视图”按钮：对选择后的视图进行取消操作。

（2）如图 11-71 所示的基本视图没有参照视图对应关系进行对齐放置。其中左图为主视图，右图为右视图。将视图移动至正确的摆放位置的操作方法如下。

操作步骤

1. 选择“编辑”→“视图”→“对齐视图”命令，弹出“对齐视图”对话框。在“点位置选项”文本框中单击“模型点”选项，在弹出的下拉菜单中选择“视图中心”选项，如图 11-72 所示。

2. 按住 Ctrl 键选择“对齐视图”对话框中列表框中的投影视图名称（或直接单击视图边框），单击对话框中的按钮（或单击按钮）。

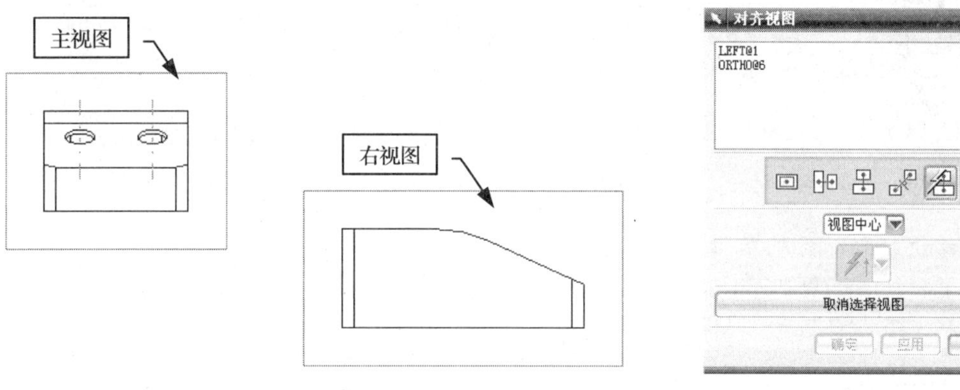

图 11-71 基本视图　　图 11-72 选择“视图中心”选项

3. 使用水平对齐方式进行视图对齐后的视图投影状态如图 11-73 所示。

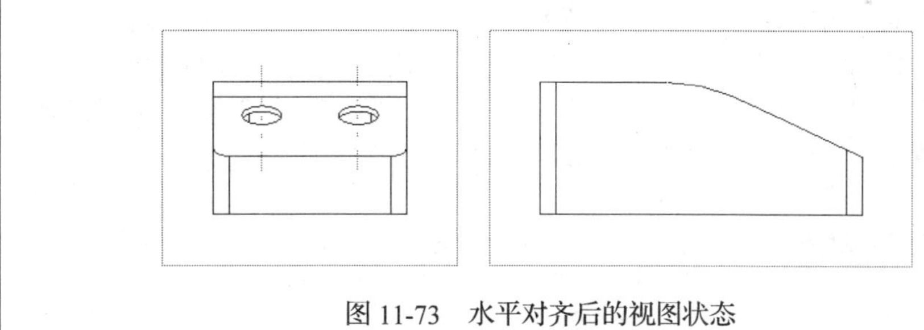

图 11-73 水平对齐后的视图状态

11.3.3 移动和复制视图

选择视图作为编辑参照，定义距离使其在水平或垂直等方向进行移动或移动复制。

（1）选择“编辑”→“视图”→“移动/复制视图”命令，如图 11-74 所示。弹出“移动/复制视图”对话框，如图 11-75 所示。

（2）“移动/复制视图”对话框中的各项参数说明如下。

- 列表框：显示工作窗口中已投影视图的名称。

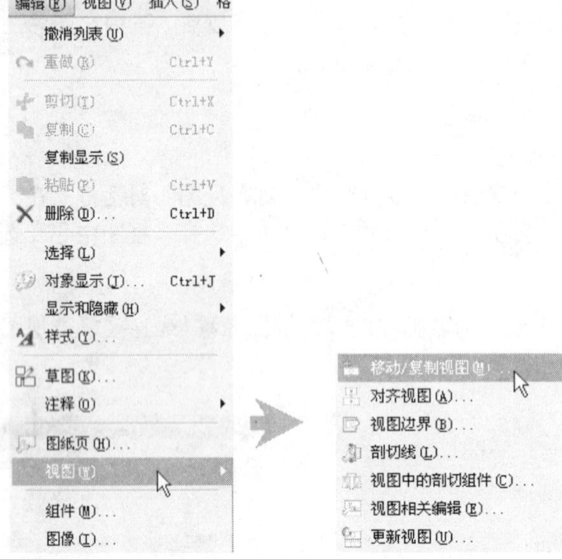

图 11-74　选择“移动/复制视图”命令

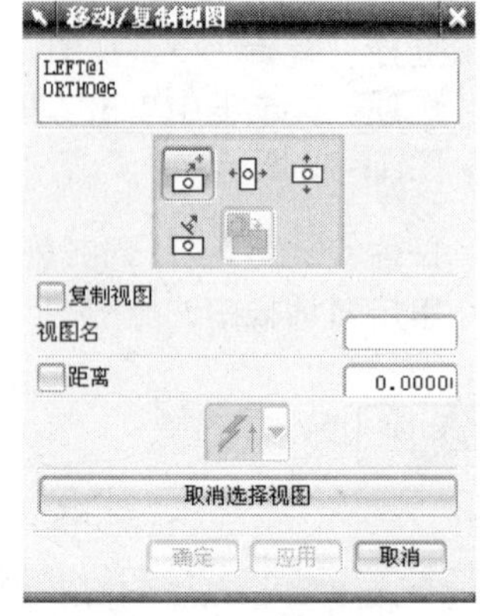

图 11-75　“移动/复制视图”对话框

- 移动/复制视图方式：包括以下 5 种方式。
  至一点移动/复制：将视图移动或复制到某个点的位置。
  水平移动/复制：只能对视图作水平方向的移动或复制。
  竖直移动/复制：只能对视图作竖直方向的移动或复制。
  垂直于直线移动/复制：视图将沿垂直于一条直线的方向移动或复制。
  至其他工程图：将视图移动或复制到另外的工程图中。
- 复制视图：选中该选项，移动视图的同时，对视图进行复制。
- 视图名：在右侧的文本框中输入视图名称，表示对需要移动或复制的视图进行了选择。
- 距离：在右侧的文本框中输入数值，可以定义视图移动或复制时的相对距离。
- 矢量选项：可以定义视图的矢量方向，并且视图将以定义后的矢量方向作为参照。
- 取消选择视图：对选择后的视图进行取消操作。

11.3.4　编辑剖切线

操作步骤

1. 选择“编辑”→“视图”→“剖切线”命令，如图 11-76 所示。弹出“剖切线”对话框，如图 11-77 所示。

2. 单击对话框中的 选择剖视图 按钮，选择列表框中的剖视图名称（或直接单击工作窗口中的剖视图边框），“剖切线”对话框将被激活，如图 11-78 所示。单击“添加段”单选按钮或其他的单选按钮对剖切线的进行编辑。

3. 如图 11-79 所示为简单剖视图，利用“剖切线”对话框中的添加段功能对剖切线进行编辑。

图 11-76 选择“剖切线”命令

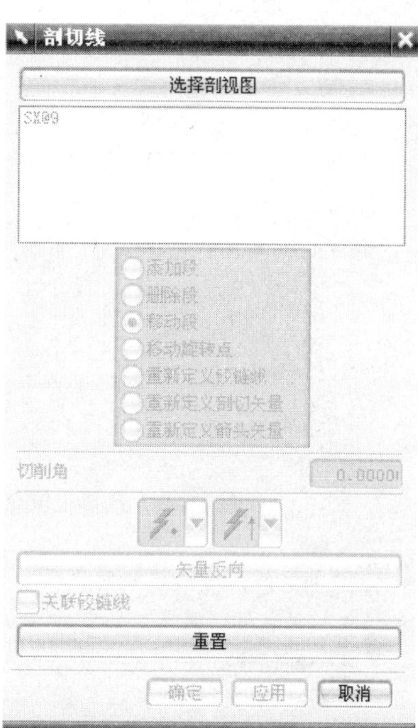

图 11-77 “剖切线”对话框

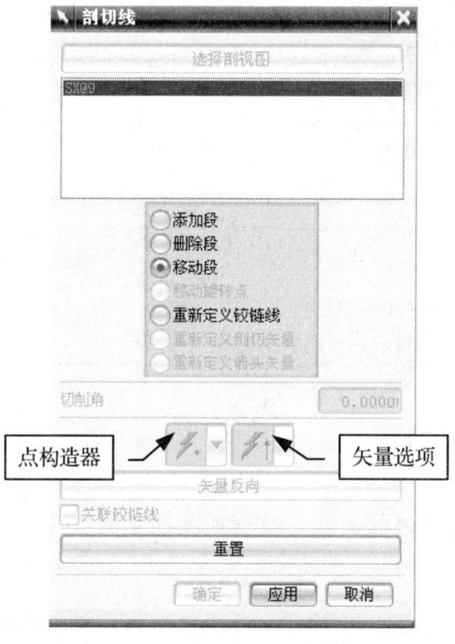

图 11-78 激活后的“剖切线”对话框

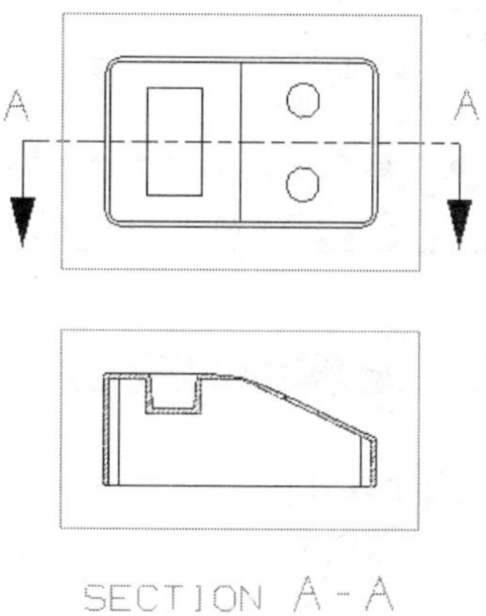

图 11-79 简单剖视图

4. 选择剖视图将对话框激活后，单击对话框中的“添加段”单选按钮，在如图 11-80 所示的视图中选择圆心作为剖切线的定位点，选择点后剖切线自动改变成如图 11-81 所示。

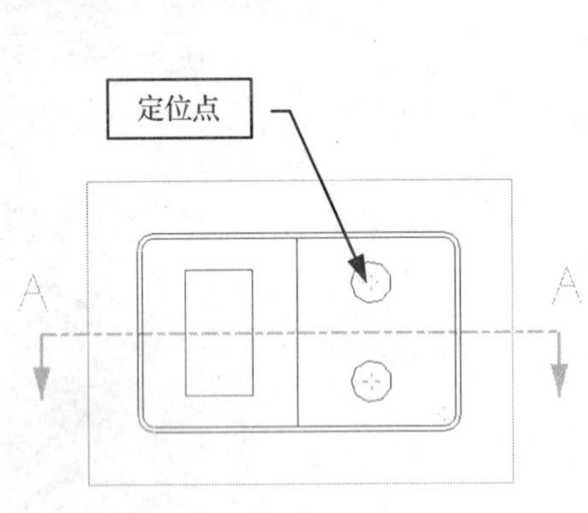

图 11-80　选择定位点

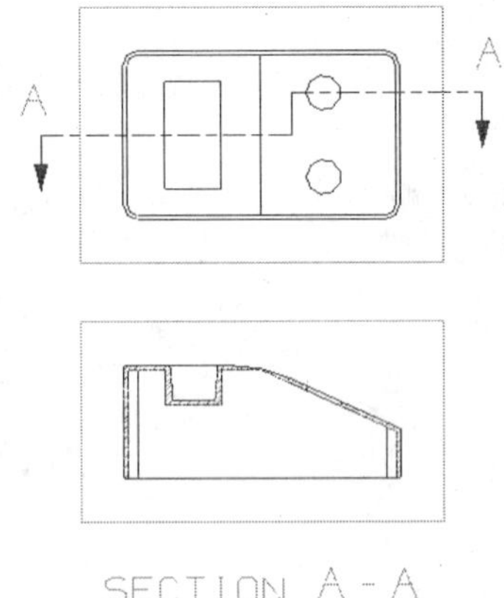

图 11-81　改变剖切线后的剖视图

提示：“剖切线”对话框中的各项参数说明如下。

- 列表框：显示工作窗口中剖视图的名称。
- 剖切线定义方式：包括以下 6 点。
  添加段：对剖切线进行适当的添加，使剖视图的表达更加完整，同时对话框中的点构造器将会被激活。
  删除段：对视图中多余的剖切线进行删除处理。
  移动段：通过移动定义参照点的位置来移动端点附近的曲线。
  移动旋转点：对剖切线的定义点进行调整。
  重新定义铰链线：对话框中的矢量选项将会被激活，然后可以对剖切线的矢量方向进行定义。
  重新定义剖切矢量：对视图的剖切矢量进行重新定义。
  重新定义箭头矢量：对剖切线的箭头方向进行重新定义。
- 切削角：在右侧文本框中输入数值，可以对视图的切削角进行定义。
- 点构造器：“添加段”选项时，将被激活，然后可以对需添加的剖切线进行点的定义。
- 矢量选项：被激活后，可以定义剖切线的矢量方向，以及单击 矢量反向 按钮可以改变矢量方向。
- 关联铰链线：选中该选项后，铰链线之间将存在关联性。
- “重置”按钮：取消进行的相关操作，返回剖切线定义前的状态。

11.3.5　编辑剖面线边界

编辑剖面线边界主要是为视图定义一个新的视图边界类型，改变视图在图纸页中的显示状态。

选择“编辑”→“视图”→“视图边界”命令，如图 11-82 所示。弹出“视图边界”对话框，如图 11-83 所示。

提示：“视图边界”对话框中的各项参数说明如下。

- 列表框：显示工作窗口中视图的名称。
- 边界类型定义方式：包括以下 4 种方式。

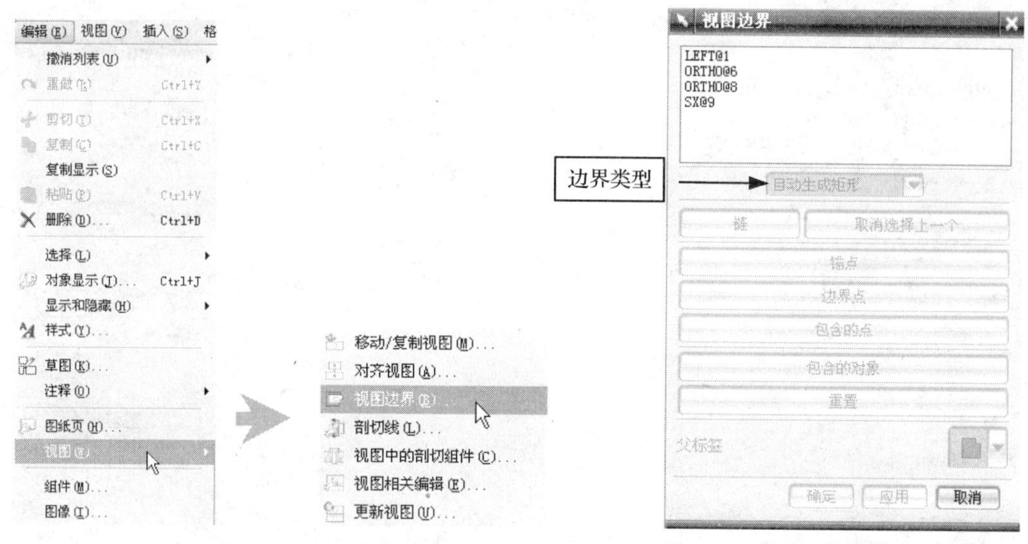

图 11-82 选择“视图边界”命令

图 11-83 “视图边界”对话框

提示：

自动生成矩形：视图边界会根据更改后的模型，对视图的矩形边界进行自动调整。
截断线/局部放大图：通过截断线或局部视图边界线对视图边界进行任意形状的设置，选择该项时“链”与“取消选择上一个”按钮将被激活。
手工生成矩形：在需要定义的视图中按住鼠标左键不放，再拖动鼠标进行矩形边界的生成。
由对象定义边界：通过在视图中选择要包含的对象或点来定义边界的大小，并且单击对话框中的 包含的点 按钮或单击 包含的对象 按钮，可以进行点或对象选择的切换。

- 锚点：在视图中指定对象的关联点，将视图边界进行约束。通过关联点对视图的边界位置进行定义。
- 边界点：在“边界类型”栏中选择“截断线/局部放大图”选项，然后选择截断线后，单击对话框中的“应用”按钮，“边界点”按钮将被激活，再单击“边界点”按钮在视图中选择点进行视图边界的定义。
- 包含的点：在“边界类型”栏中选择“由对象定义边界”选项后被激活，再单击“包含的点”按钮，并在视图中选择相关的点进行视图边界的定义。
- 包含的对象：在“边界类型”栏中选择“由对象定义边界”选项后被激活，再单击“包含的对象”按钮，并在视图中选择要包含的对象进行视图边界的定义。
- 重置：取消进行的相关操作，重新选择视图名称后再进行定义。

11.3.6 视图相关编辑

对视图中对象的显示进行编辑，同时不影响其他视图中同一对象的显示。

（1）选择“编辑”→“视图”→“视图相关编辑”命令，如图 11-84 所示。弹出“视图相关编辑”对话框，在工作窗口中任一视图边框单击激活对话框，激活后的“视图相关编辑”对话框如图 11-85 所示。

提示： 打开“视图相关编辑”对话框的其他操作方法：

- 右击工作窗口中的视图边框，弹出快捷菜单，在快捷菜单中选择“视图相关编辑”命令，弹出“视图相关编辑”对话框。
- 单击“图纸布局”工具栏中的图标。

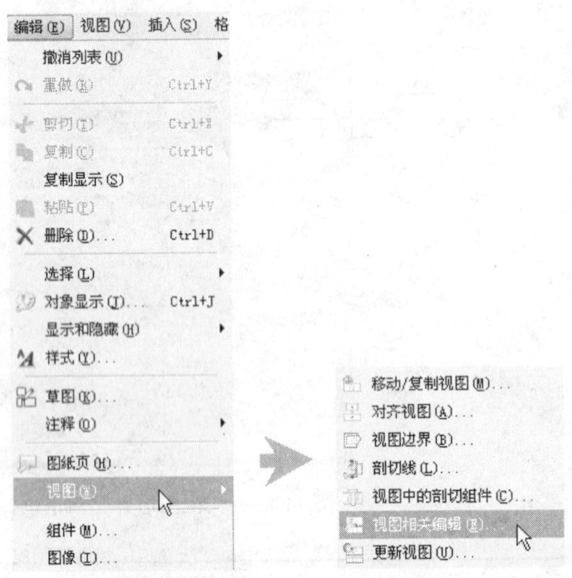

图 11-84 选择“视图相关编辑”命令

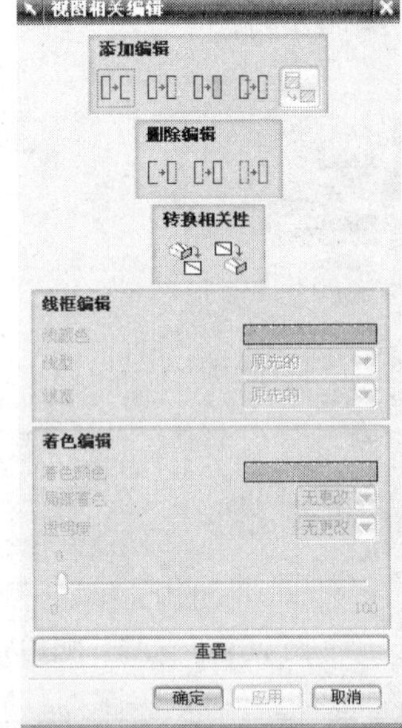

图 11-85 “视图相关编辑”对话框

（2）“视图相关编辑”对话框中的各项参数说明如下。

- “添加编辑”栏

擦除对象：擦除视图中选择的对象。单击按钮后弹出“类选择”对话框，选择视图中需擦除的对象（如曲线、边和样条曲线等对象）后，单击 确定 按钮，系统将自动擦除所选对象。

编辑完全对象：对视图或工程图中所选对象的显示方式进行编辑。单击按钮后，“线框编辑”栏将被激活，可以对线颜色、线型，以及线宽进行设置。单击对话框中的 应用 按钮，弹出“类选择”对话框，选择视图中的对象（如曲线、边和样条曲线等对象）后，单击 确定 按钮，完成对象的编辑。

编辑着色对象：单击按钮后，弹出“类选择”对话框，选择视图中的对象后单击 确定 按钮，“着色编辑”将被激活，并可对着色颜色、局部着色、透明度选项等进行设置。

编辑对象段：单击按钮后，“线框编辑”栏将被激活，可以对线颜色、线型，以及线宽进行设置。单击对话框中的 应用 按钮，弹出“编辑对象段”对话框，选择视图中的对象后，单击 确定 按钮，完成对象的编辑。

- “删除编辑”栏

删除选择的擦除：对进行擦除后的对象进行撤销操作。单击按钮后，弹出“类选择”对话框，单击选择擦除的对象后，单击 确定 按钮，完成对象的编辑。

删除选择的对象：使对象进行修改后的操作进行撤销。单击按钮后，弹出“类选择”对话框，选择修改的对象后，单击 确定 按钮，完成对象的编辑。

删除所有修改：将在对象中进行的所有修改进行撤销操作。单击按钮后，弹出“删除所有修改”对话框，再单击 是(Y) 按钮，完成对象的编辑。

- “转换相关性”栏

模型转换到视图：将模型中的单独对象转换至视图中。单击按钮后，弹出“类选择”对话框，选择对象后，单击 确定 按钮，所选对象自动转换至视图中。

视图转换到模型：将视图中的单独对象转换至模型中。单击按钮后，弹出“类选择”对话框，选择对象后，单击 确定 按钮，所选对象自动转换至模型中。

- “线框编辑”栏：可以对视图中的线颜色、线型，以及线宽进行设置，当单击按钮或按钮后被激活。
- “着色编辑”栏：可以对着色颜色、局部着色、透明度选项等进行设置，在单击按钮并选择对象后被激活。

11.4 尺寸标注

在尺寸标注之前，应对标注时的相关参数进行设置，如尺寸标注时的样式、尺寸公差以及标注的注释等。在工程图中标注的尺寸值不能作为驱动尺寸，也就是说修改工程图上标注的原始尺寸，对模型对象本身的尺寸大小不会发生改变。

11.4.1 尺寸标注

UG NX5 提供了多种进行尺寸标注的类型，本节将对每一种尺寸标注类型进行说明。

（1）选择如图 11-86 所示的“插入”→“尺寸”命令，弹出“尺寸”的子菜单栏，选择子菜单栏中的相关命令后，将会弹出相应的对话框。

（2）在如图 11-87 所示的“尺寸”工具栏中单击带小三角的按钮，同样会弹出有关尺寸标注的快捷菜单，选择相关命令后同样弹出相应的对话框。

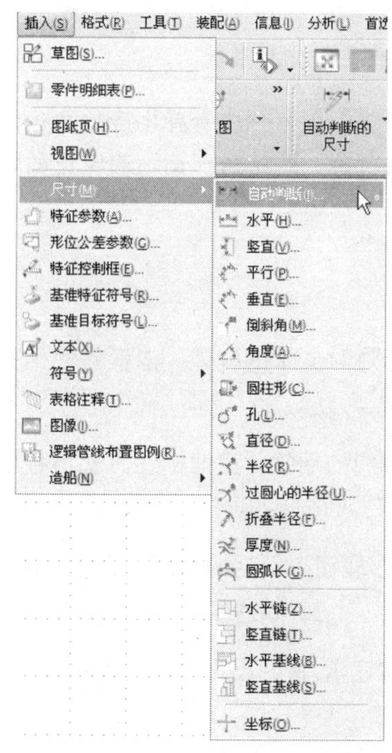

图 11-86 选择“尺寸”命令

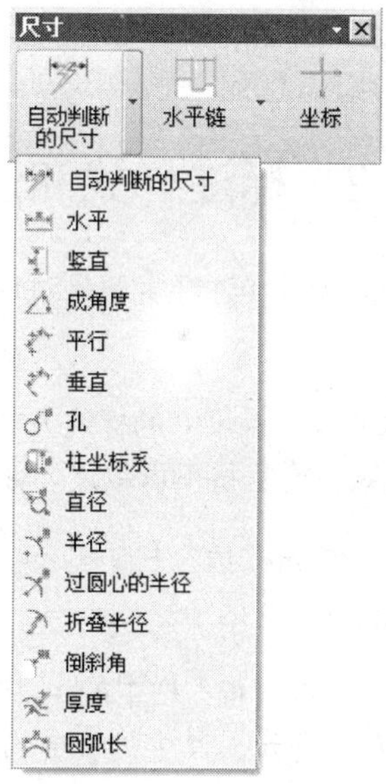

图 11-87 “尺寸”工具栏

（3）选择命令后弹出的对话框中一般包括值、文本、设置栏等，通过应用对话框中的各项参数可以创建和编辑各种类型的尺寸。

（4）不同尺寸标注方式的用法如下。

- 自动判断的尺寸：根据选定对象与光标的位置自动判断尺寸类型进行尺寸标注。
- 水平：在两点间进行水平方向的尺寸标注。
- 竖直：在两点间进行垂直方向的尺寸标注。
- 成角度：在两个不平行的直线之间创建一个角度尺寸。
- 平行：在两点间创建平行尺寸，同时也是两点间的最小距离。
- 垂直：在一条直线或中心线，以及一个点之间创建垂直尺寸。
- 孔：创建圆形特征的单一指引线的直径尺寸。
- 柱坐标系：标注视图中两个对象或点位置之间的线性尺寸。
- 柱坐标系：创建圆形特征的直径尺寸，并且尺寸中包含双向箭头。
- 半径：创建一个弧特征的半径尺寸，箭头方向从尺寸值指向圆弧。
- 过圆心的半径：创建弧特征的半径尺寸，箭头方向从尺寸值指向圆弧的同时由延伸线从圆弧中心引出。
- 折叠半径：对较大的半径圆弧创建折叠的指引线半径尺寸。
- 倒斜角：创建一个角度为45° 的倒斜角尺寸。
- 厚度：在一定距离的两条曲线之间创建厚度尺寸。
- 圆弧长：创建一个圆弧长尺寸进行圆弧周长的测量。
- 水平链：创建一组水平尺寸，并且尺寸之间共享端点。
- 竖直链：创建一组竖直尺寸，并且尺寸之间共享端点。
- 水平基线：创建一组水平尺寸，并且尺寸之间只有一条公共基线。
- 竖直基线：创建一组竖直尺寸，并且尺寸之间只有一条公共基线。

（5）标注尺寸时，应根据所要标注的尺寸类型，在“尺寸”工具栏中选择相应的命令，在视图中选择点与线，或选择点与点，并拖动标注尺寸至合适的位置，系统将在指定的位置创建一个尺寸标注。

11.4.2　标注样式和注释

标注样式和注释主要是对尺寸的公差、尺寸的精度、标注时文本的样式，以及其他相关参数进行设置。

本节以竖直尺寸的标注方式为例，介绍对话框中各项功能的用法，其他标注方式与各项功能基本相同，这里将不再叙述。如图 11-88 所示为“竖直尺寸”对话框。

（1）单击“值”栏中的 1.00 按钮（或单击右侧的三角形按钮），将弹出公差标注类型下拉列表，如图 11-89 所示。

（2）单击“值”栏中的 0 按钮（或单击右侧的三角形按钮），将弹出尺寸精度类型下拉列表，如图 11-90 所示。其中列表中的数字表示数值的精确位数。

（3）单击“文本”栏中的按钮，弹出“文本编辑器”对话框，如图 11-91 所示。

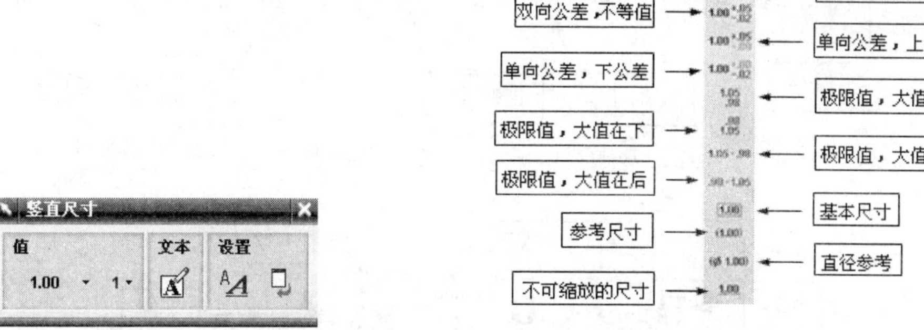

图 11-88 “竖直尺寸”对话框

图 11-89 公差标注类型列表

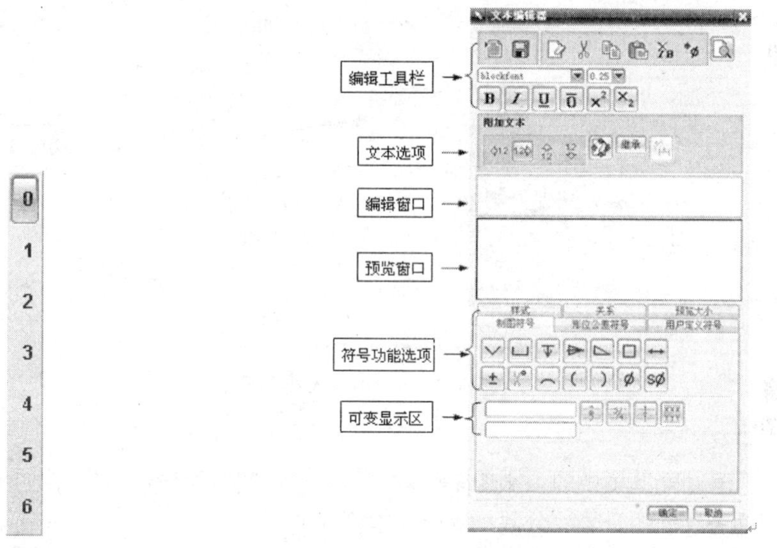

图 11-90 尺寸精度类型列表

图 11-91 “文本编辑器”对话框

“文本编辑器”对话框中的编辑工具栏图标说明如图 11-92 所示。

① 文本选项：程序将为尺寸添加附加文本，文本的内容可以在注释编辑器中设置。另外文本的放置方式也可以进行选择（如在前面或在下面），以及可以对所有附加文本进行清除操作。

② 编辑窗口：是多行文本输入的区域，使用编辑工具栏中的标准系统位图字体，可以输入特定文本和系统规定的控制字符。

③ 预览窗口：可以对编辑窗口中输入的文本和控制字符进行显示效果的预览。单击符号功能选项中的 预览大小 按钮，进入“预览大小”界面中修改相关的显示参数，以改变字符预览的显示效果。如图 11-93 所示为“预览大小”界面。

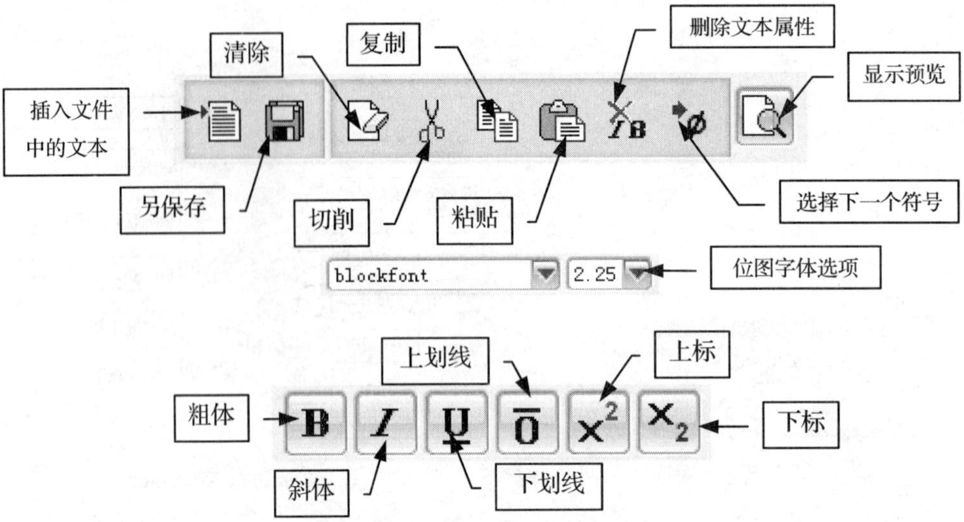

图 11-92　编辑工具栏

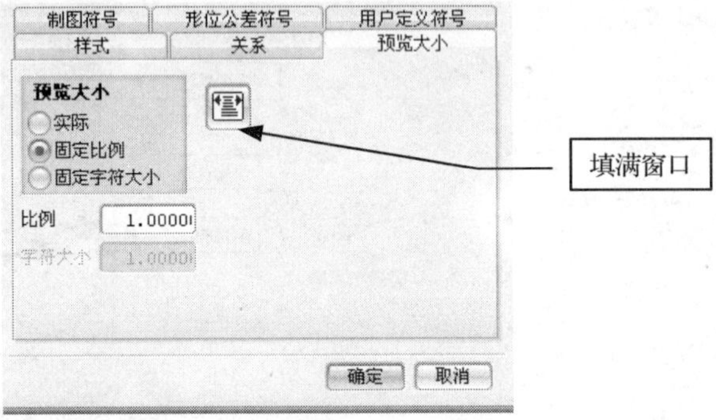

图 11-93　“预览大小”界面

④ 制图符号。

- 单击符号功能选项中的 制图符号 按钮，进入“制图符号”界面，如图 11-94 所示。其中包括各种制图符号、分数、双行文本等选项。
- 当视图中需要进行标注制图符号时，用户可以在“制图符号”界面中单击相应的制图符号图标，将其添加到注释编辑区，并且添加后的符号在预览窗口中会显示。

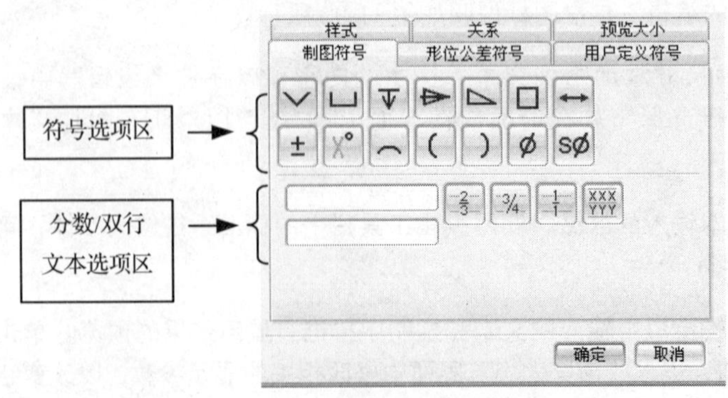

图 11-94　“制图符号”界面

⑤ 形位公差符号。

- 单击符号功能选项中的 形位公差符号 按钮，进入“形位公差符号”界面，如图 11-95 所示。其中包括各种形位公差项目符号、基准符号、标注格式、公差框高度、公差标准等选项。
- 当视图中需要进行标注形位公差符号时，用户可以在“形位公差符号”界面中单击相应的符号图标，将其添加到注释编辑区，并且添加后的符号在预览窗口中会显示。

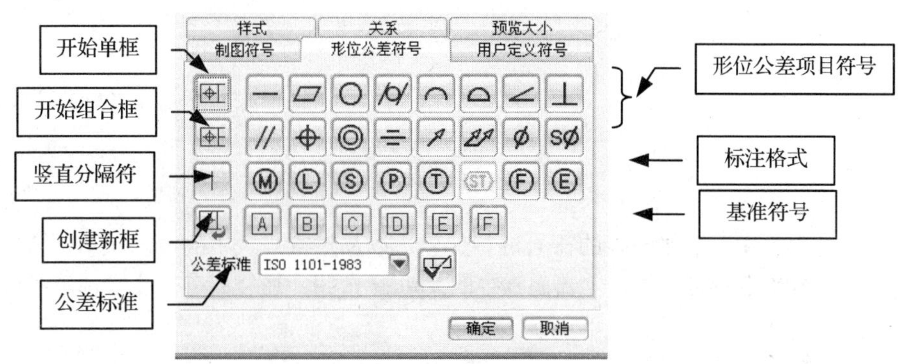

图 11-95 “形位公差符号”界面

⑥ 样式。

- 单击符号功能选项中的 样式 按钮，进入“样式”界面，如图 11-96 所示。
- 在标注文本注释时，根据标注内容，首先设置文本注释的参数选项，如文本角度、文本的字型、文本放置样式等。然后在编辑窗口中输入文本的内容，输入的文本会在预览窗口中显示。

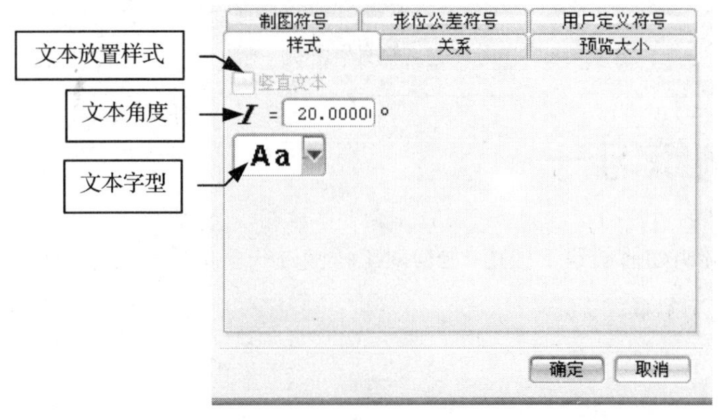

图 11-96 “样式”界面

⑦ 关系：单击符号功能选项中的 关系 按钮，进入“关系”界面，如图 11-97 所示。此时可以对表达式、对象属性、组件属性等进行编辑。

⑧ 用户定义符号。

- 单击符号功能选项中的 用户定义符号 按钮，进入“用户定义符号”界面，如图 11-98 所示。

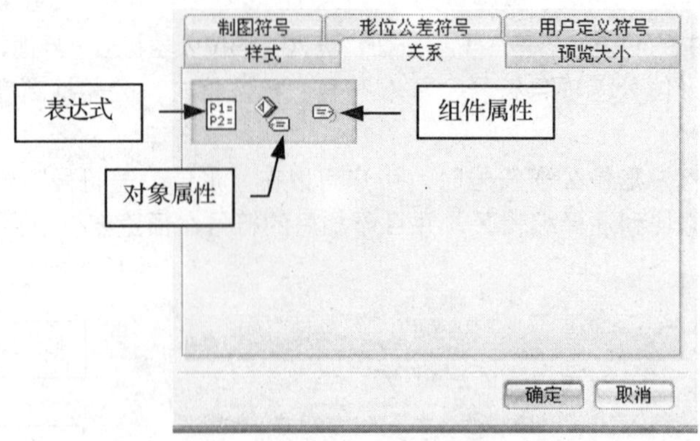

图 11-97 “关系”界面

- 在界面中可以对需要的符号进行加载，以及对符号大小的显示状态进行选择。在符号列表框中选择符号后，单击面板中的 添加符号 按钮，加载的符号会在预览窗口中显示。

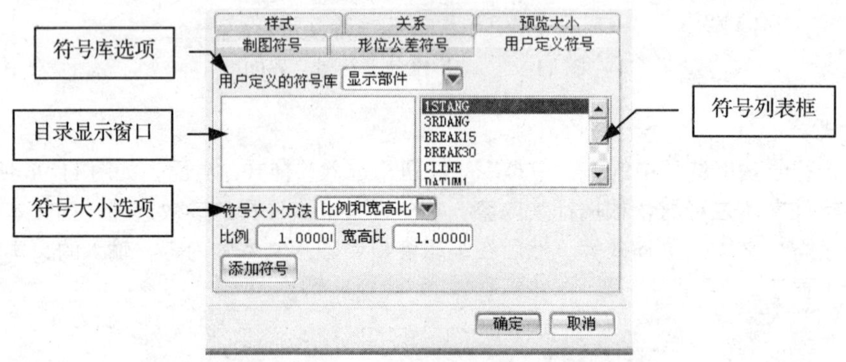

图 11-98 “用户定义符号”界面

11.5 综合实例练习一

本节通过实例来详细说明如何创建工程图，如何对工程图进行基本的编辑，以及尺寸的标注。

录像文件：演示录像\CH11\1105

操作步骤

1. 选择“文件”→“打开”命令，弹出“打开部件文件”对话框，如图 11-99 所示。在对话框中选择部件 11.2.1，单击 OK 按钮。
2. 程序自动将部件 11.2.1 载入工作窗口，如图 11-100 所示为特征的内、外侧状态。
3. 单击“标准”工具栏中的 开始 图标，在弹出的下拉菜单中选择“制图”命令（或直接使用 Ctrl+Shift+D 组合键），如图 11-101 所示。进入工程图绘制模式，弹出“图纸页”对话框，如图 11-102 所示。

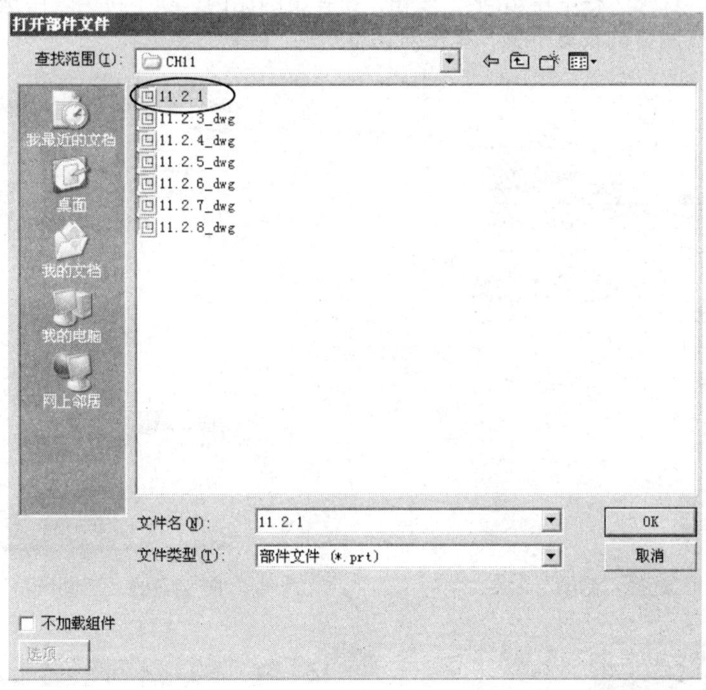

图 11-99 “打开部件文件”对话框

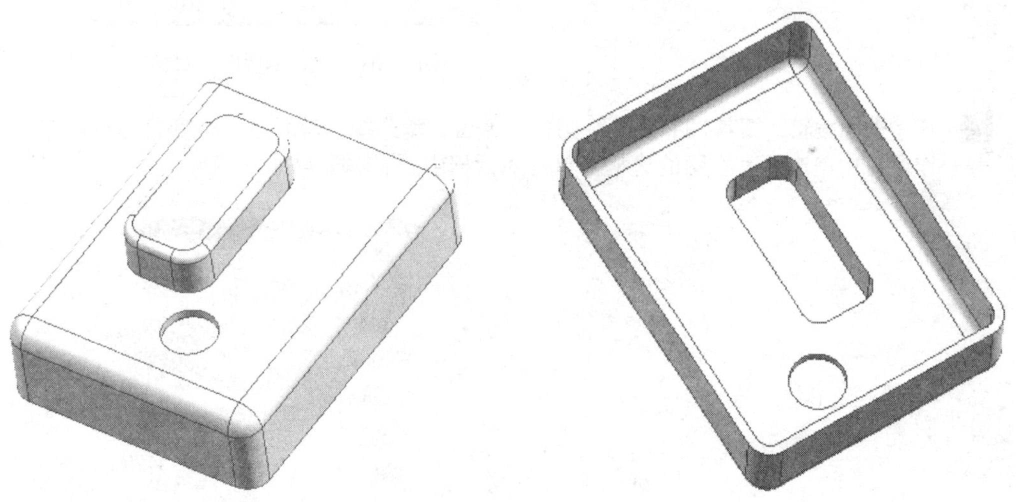

图 11-100 特征内、外侧状态

4. 在对话框中“大小”栏右侧的文本框中 A0 - 841 x 1189 单击（或单击文本框右侧的三角形按钮），弹出图纸选项下拉列表，在列表中选择 A4-210×297，如图 11-103 所示。其余的选项按默认的设置不变，单击对话框中的 确定 按钮。弹出“基本视图”对话框，如图 11-104 所示。

5. 单击对话框中“视图”栏下面的文本框 （或单击文本框右侧的三角形按钮），弹出视图选项下拉列表，在列表中选择 RIGHT 选项，如图 11-105 所示。

6. 继续在“视图”栏中单击 1:1 ▾ 按钮，在弹出的比例选项下拉列表中选择 2:1 选项。其余的选项按默认的设置不变，单击对话框中的 确定 按钮。

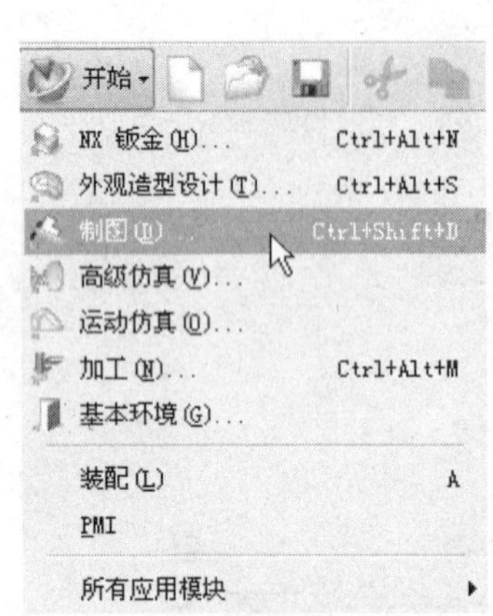

图 11-101 选择“制图”命令

图 11-102 “图纸页”对话框

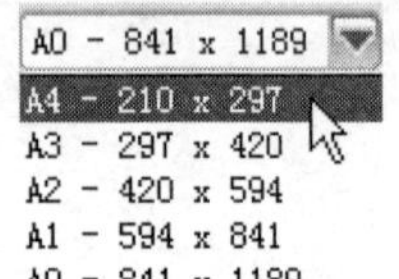

图 11-103 选择 A4 图纸

图 11-104 “基本视图”对话框

7. 在“视图编辑”工具栏中单击 A 图标，弹出“类选择”对话框，如图 11-106 所示，在工作窗口中单击所有视图的边框，单击对话框中的 确定 按钮。

图 11-105 选择 RIGHT 选项

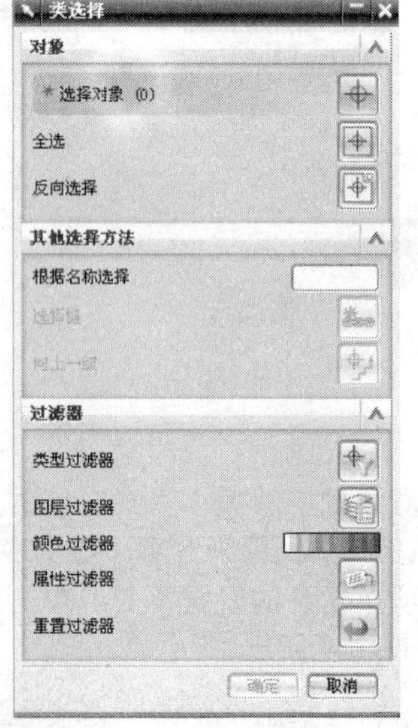

图 11-106 “类选择”对话框

8. 弹出“视图样式”对话框，在对话框中单击 可见线 按钮，进入“可见线”设置界面，如图 11-107 所示。在面板中的 处单击，弹出“颜色”对话框，如图 11-108 所示，单击选择对话框中的黑色后，单击 确定 按钮，可见线的颜色将以黑色显示。

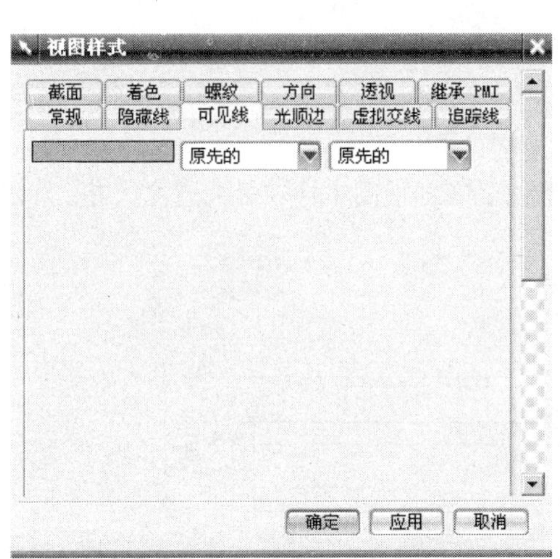

图 11-107 “可见线”设置界面

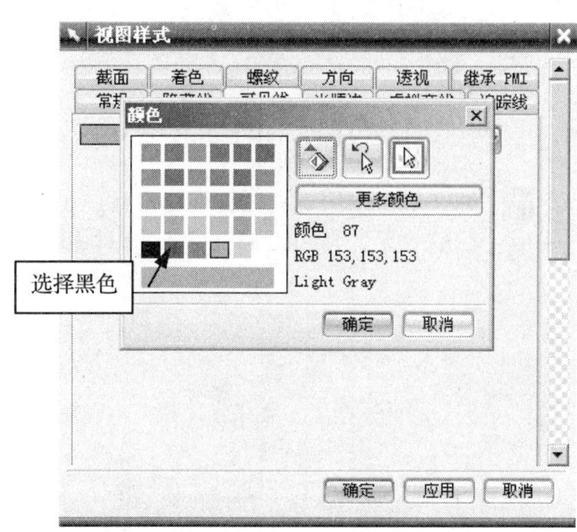

图 11-108 选择黑色

9. 进行相关设置后，视图的效果如图 11-109 所示。

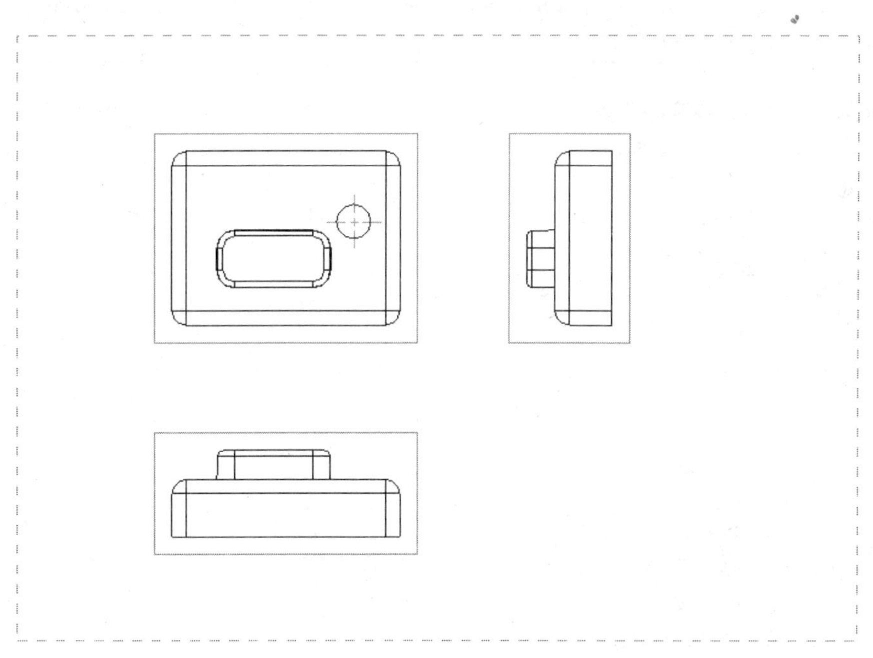

图 11-109 视图效果

10. 单击“尺寸”工具栏中的图标，对主视图中的圆孔进行标注，标注后的效果如图 11-110 所示。再单击“尺寸”工具栏中的图标，在主视图中标注最大长度尺寸，标注后的效果如图 11-111 所示。

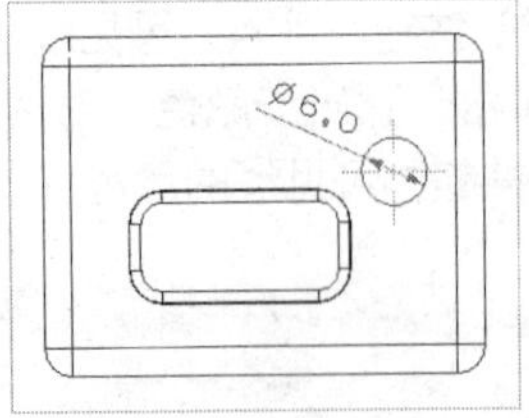

图 11-110　标注孔直径

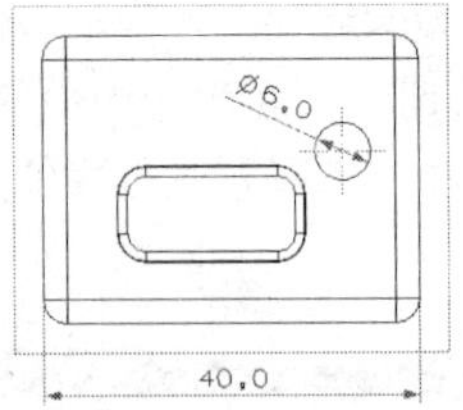

图 11-111　标注最大长度

11. 继续单击 图标，在右视图中标注最大宽度尺寸，在仰视图中标注最大高度尺寸，标注后的效果分别如图 11-112 与图 11-113 所示。

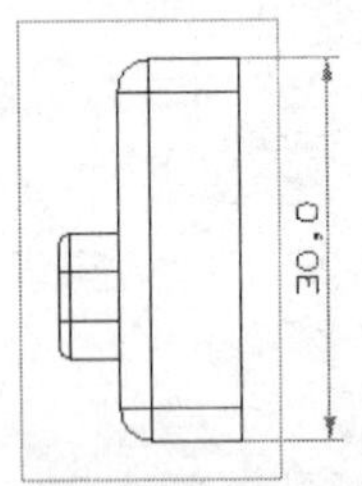

图 11-112　标注最大宽度

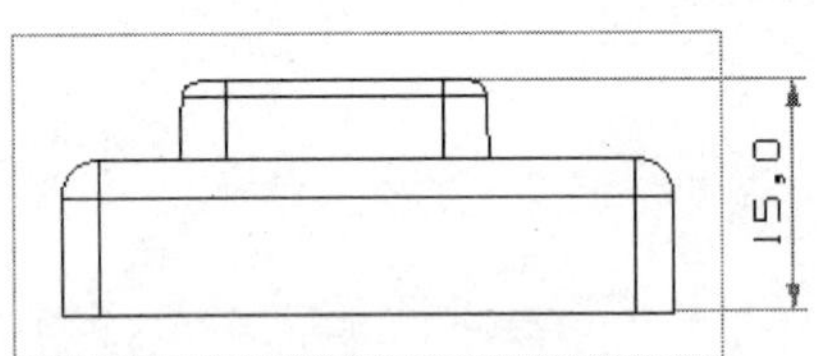

图 11-113　标注最大高度

提示： 若需要改变尺寸数值与尺寸线的样式或选择相关的符号进行尺寸的标注，可以在选择尺寸标注样式后，在弹出的相应对话框中分别单击 按钮与 按钮，并在弹出的如图 11-114 与图 11-115 所示的对话框中进行相关属性的设置。

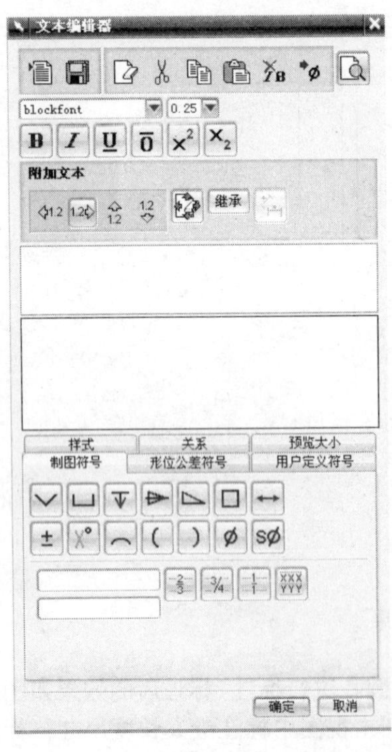

图 11-114　“文本编辑器”对话框

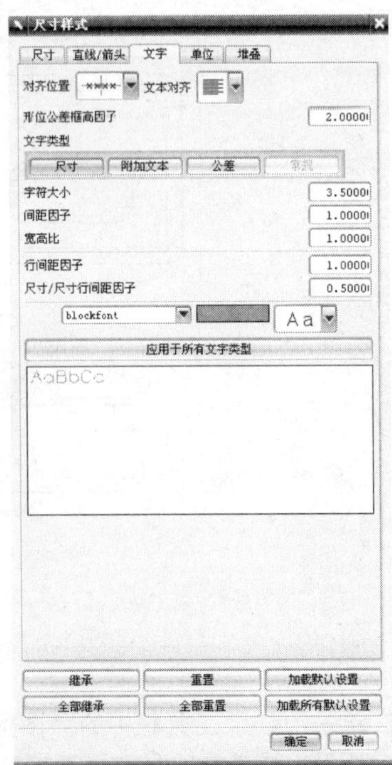

图 11-115　“尺寸样式”对话框

12. 单击“表格与零件明细表”工具栏中的图标，弹出零件明细表，然后单击工具栏中的图标，在明细表下方插入 3 行表格，插入表格后的状态如图 11-116 所示。在表格中双击激活表格并输入相应的参数，输入后的明细表状态如图 11-117 所示。

PC NO	PART NAME	QTY

图 11-116　插入表格后的状态

PC NO	PART NAME	QTY
PMS	LUCY	1070719
FHS	JUCY	1070719
GKS	BENK	ZM.1537

图 11-117　输入相关参数

13. 调整好各视图之间的放置位置后，完成的简单工程图效果如图 11-118 所示。

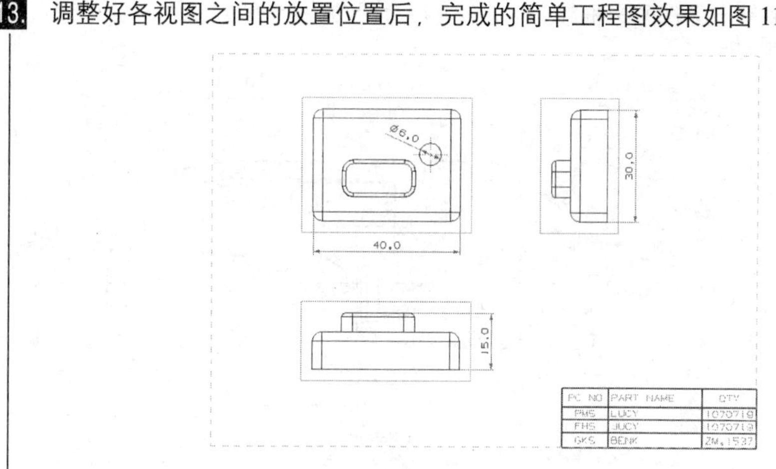

图 11-118　工程图效果

11.6　综合实例练习二

录像文件：演示录像\CH11\1106

打开附书光盘中的 SAMPLE\CH11\VIEW_11.6.dwg.PRT 文件，如图 11-119 所示。实例零件如图 11-120 所示。

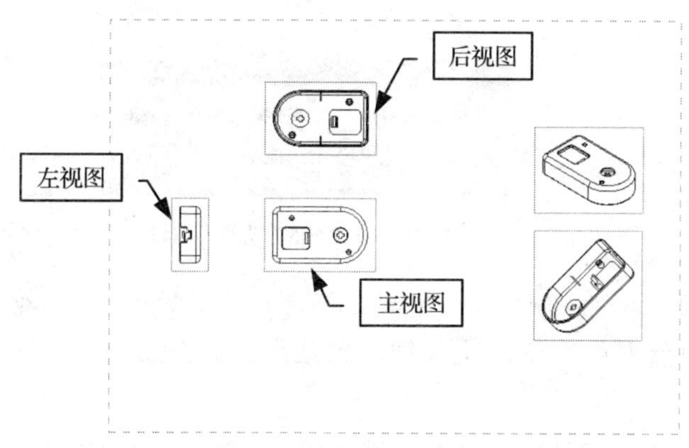

图 11-119　打开的 VIEW_11.6.dwg.PRT 文件

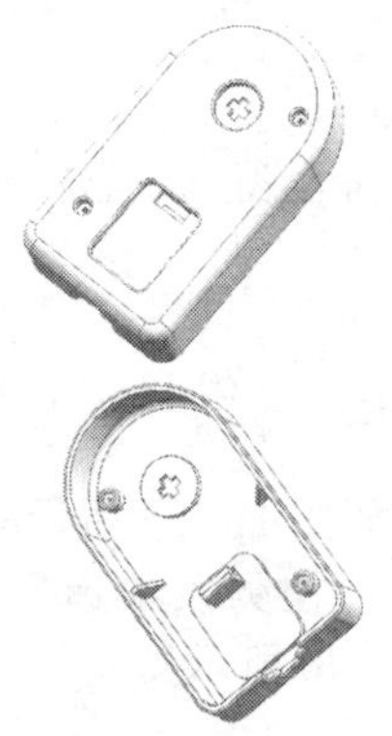

图 11-120　实例特征

操作步骤

步骤 1 创建相关视图

1. 单击“图纸布局”工具栏中的图标，弹出“剖视图”对话框，如图 11-121 所示。单击对话框中“设置”栏下的按钮，弹出“剖切线首选项”对话框。在对话框中设置相关的参数后，单击确定按钮。

2. 在工作窗口中单击主视图边框线，对视图进行激活。在模型的对称中心线处放置剖切线，如图 11-122 所示。

图 11-121 “剖视图”对话框

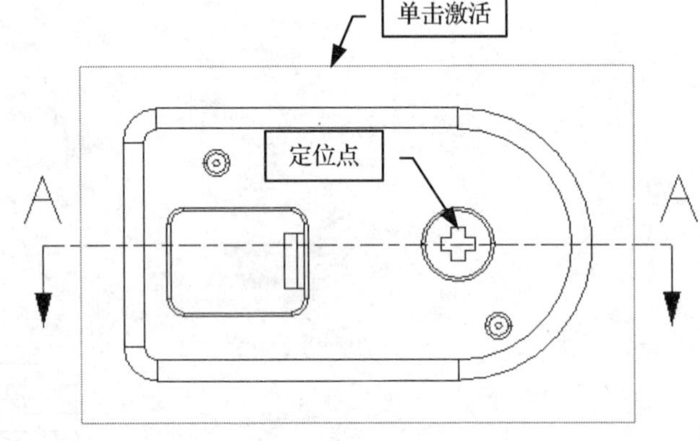

图 11-122 剖切线的投影状态

3. 单击“剖视图”对话框中的按钮，创建后的剖视图如图 11-123 所示。在“图纸布局”工具栏中单击图标，弹出“局部放大图”对话框，如图 11-124 所示。

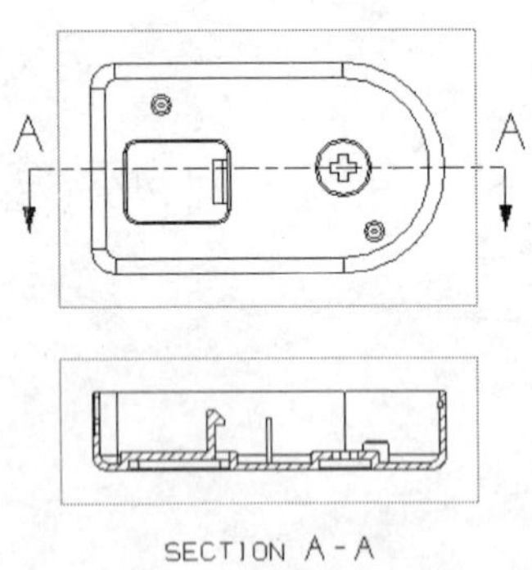

图 11-123 创建后的剖视图

图 11-124 “局部放大图”对话框

4. 在如图 11-125 所示的位置绘制圆，在“比例”栏中单击 1:1 按钮，在弹出的比例选项下拉列表中选择 2:1 选项，单击对话框中的按钮。创建后的局部放大图如图 11-126 所示。

5. 单击“图纸布局”工具栏中的图标，弹出“折叠的剖视图”对话框。单击对话框中“设置”栏下的按钮，弹出“剖切线首选项”对话框。在对话框中设置相关的参数后，

单击 确定 按钮。

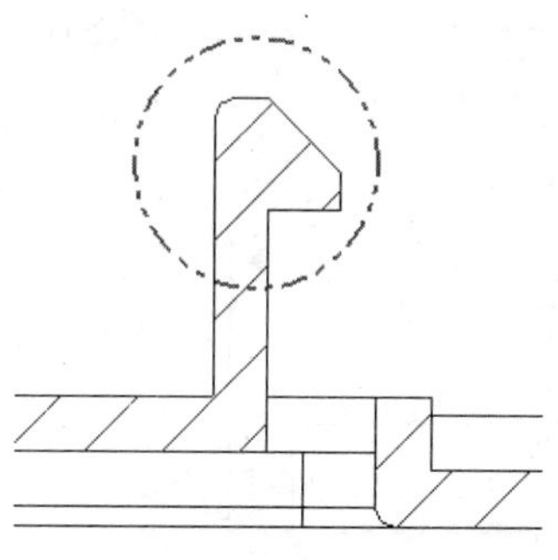

图 11-125 创建后的剖视图

图 11-126 局部放大图

6. 在工作窗口中单击模型边界线作为铰链线定义参照，定义后的状态如图 11-127 所示。单击后视图投影边框线，激活视图。选择圆弧中点与加强肋的边界中点绘制剖切线，如图 11-128 所示。

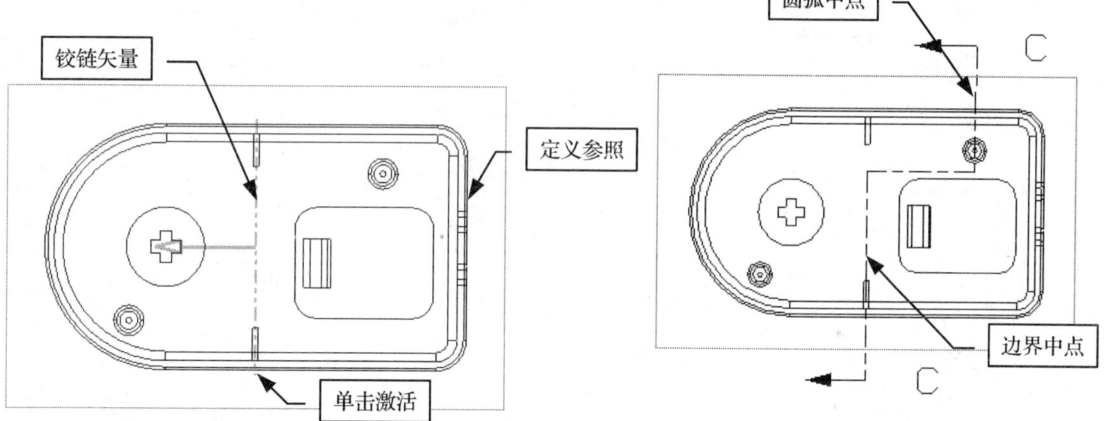

图 11-127 选择相关参照

图 11-128 剖切线的投影状态

7. 单击“折叠的剖视图”对话框中的按钮，创建后的折叠剖视图如图 11-129 所示。

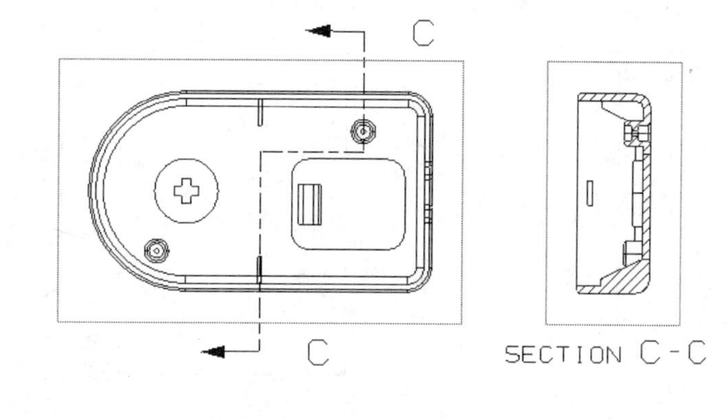

图 11-129 创建后的折叠剖视图

步骤 2 标注尺寸

1. 单击“尺寸”工具栏中的图标，弹出“水平尺寸”对话框。在左视图中选择如图 11-130 所示的边界线标注尺寸，标注后的效果如图 11-131 所示。

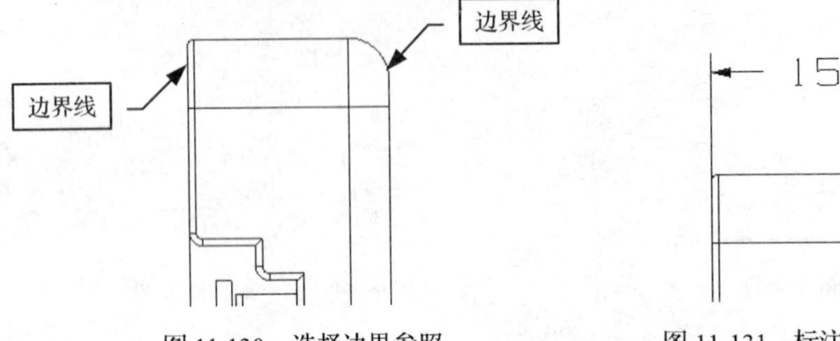

图 11-130　选择边界参照　　图 11-131　标注后的状态

2. 单击“尺寸”工具栏中的图标，弹出“竖直尺寸”对话框。在左视图中选择如图 11-132 所示的边界线标注尺寸，标注后的效果如图 11-133 所示。

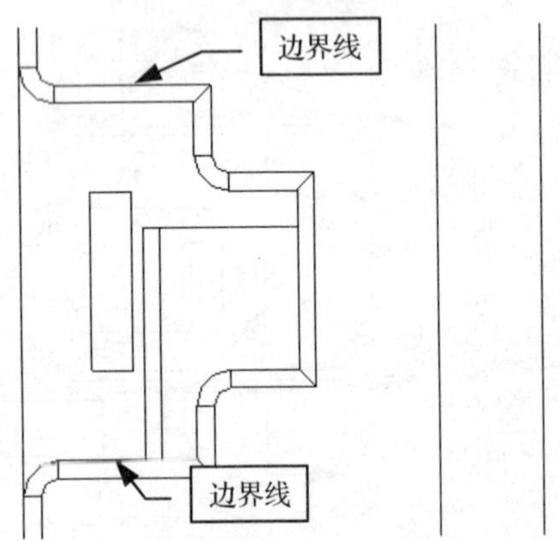

图 11-132　选择边界参照

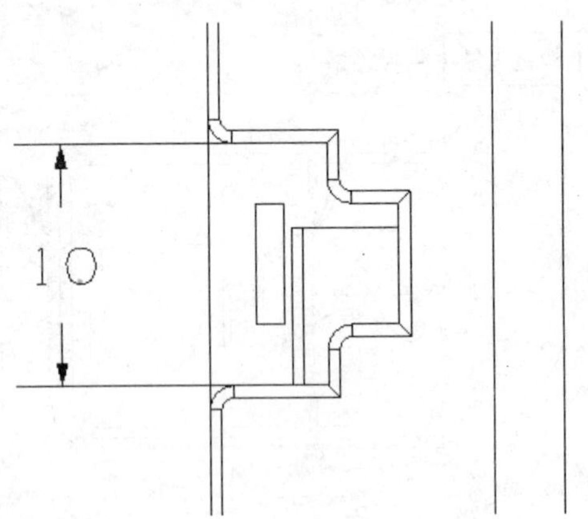

图 11-133　标注后的状态

3. 单击“尺寸”工具栏中的图标，弹出“竖直尺寸”对话框。在左视图中选择如图 11-134 所示的圆弧边界标注尺寸，标注后的效果如图 11-135 所示。

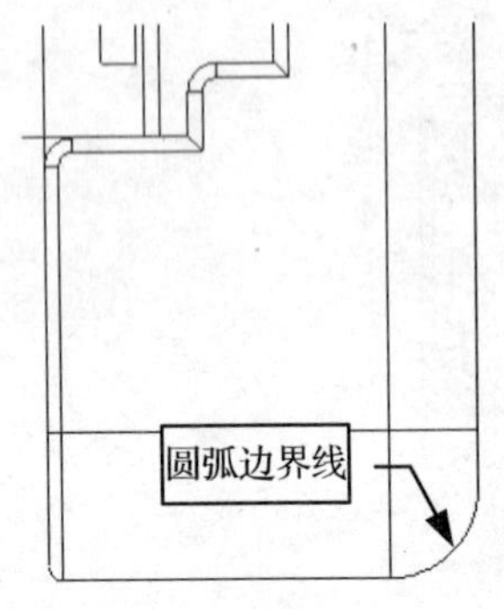

图 11-134　选择边界参照

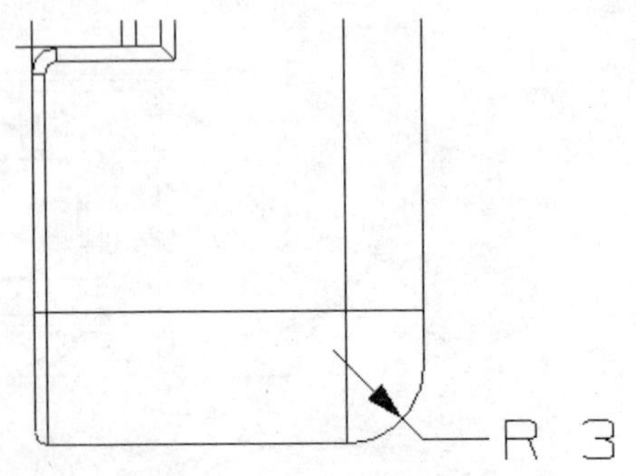

图 11-135　标注后的状态

4. 单击“尺寸”工具栏中的图标，弹出“直径尺寸”对话框。在主视图中选择如图 11-136 所示的圆弧边界标注尺寸，标注后的效果如图 11-137 所示。

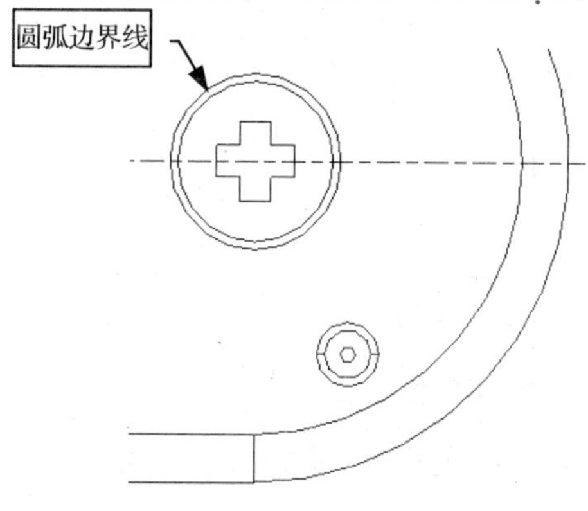

图 11-136 选择边界参照

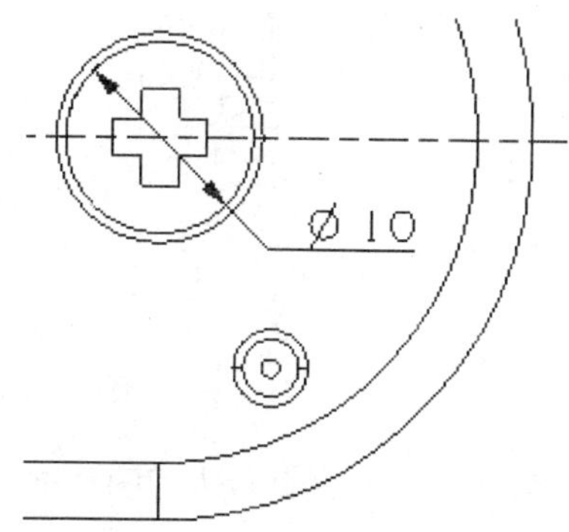

图 11-137 标注后的状态

5. 单击“尺寸”工具栏中的图标，弹出“角度尺寸”对话框。在左视图中选择如图 11-138 所示的边界线标注尺寸，标注后的效果如图 11-139 所示。

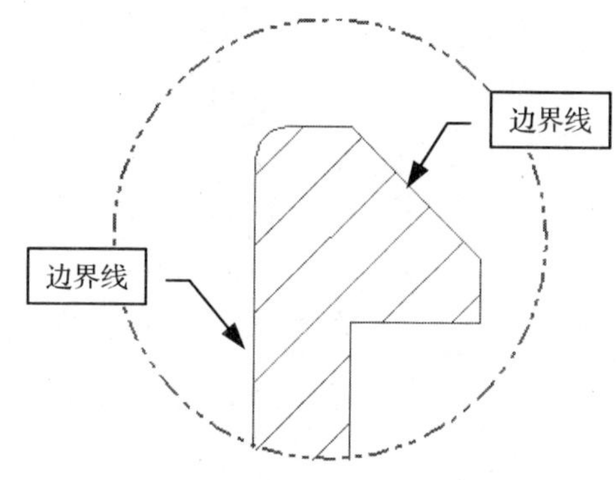

图 11-138 选择边界参照

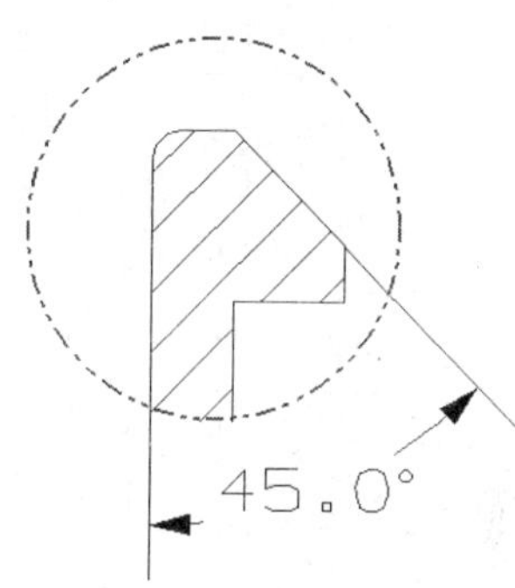

图 11-139 标注后的状态

6. 参照上述的方法，依次标注其余各处的尺寸，标注后的左视图状态如图 11-140 所示。主视图状态如图 11-141 所示。

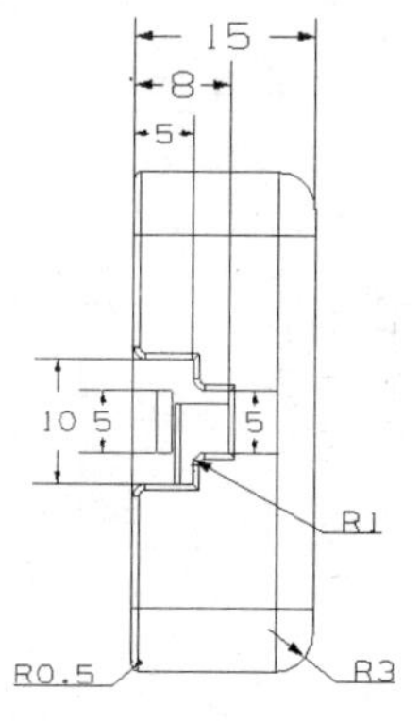

图 11-140 标注后的状态

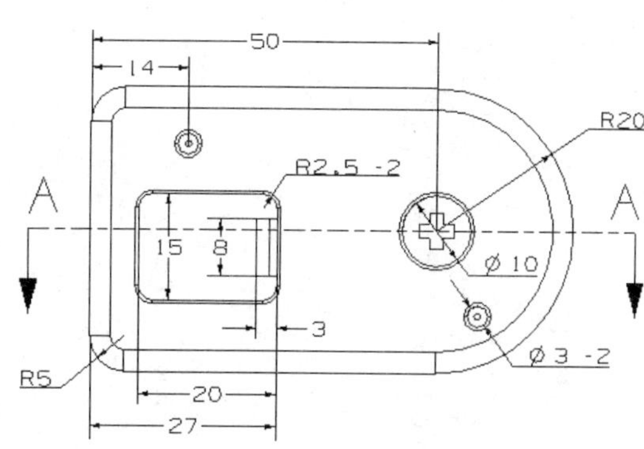

图 11-141 主视图状态

7. 标注后的 A-A 剖视图状态如图 11-142 所示。

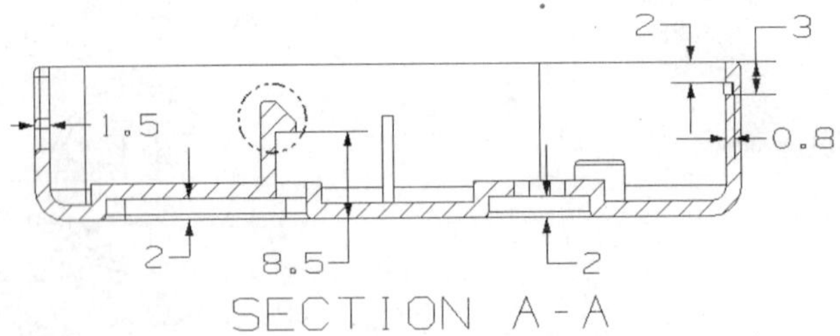

图 11-142 标注后的 A-A 剖视图状态

8. 标注后的局部放大视图状态如图 11-143 所示。C-C 剖视图状态如图 11-144 所示。

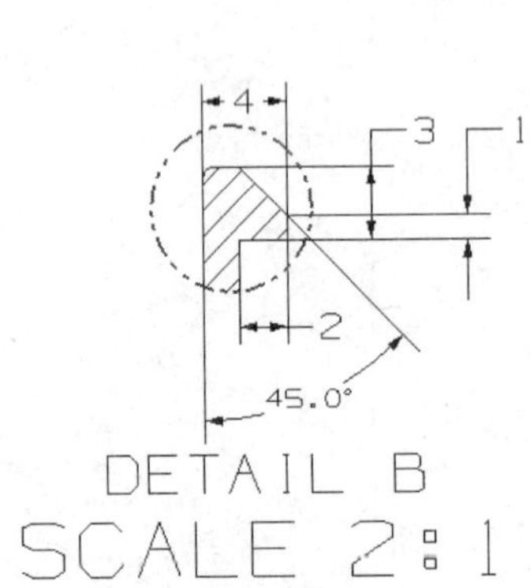

图 11-143 标注后的局部放大视图状态

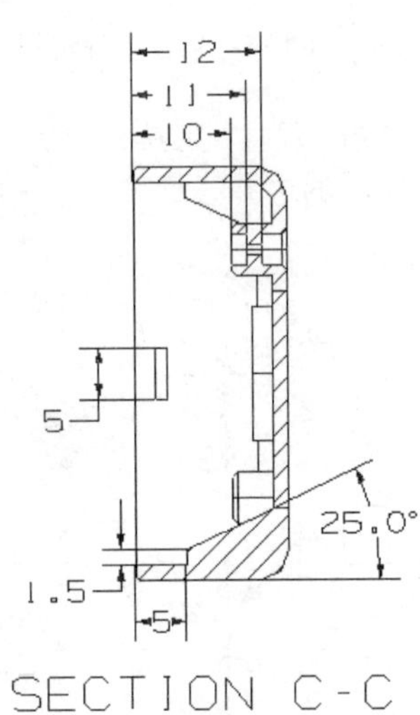

图 11-144 标注后的 C-C 剖视图状态

9. 标注后的局部放大视图状态如图 11-145 所示。

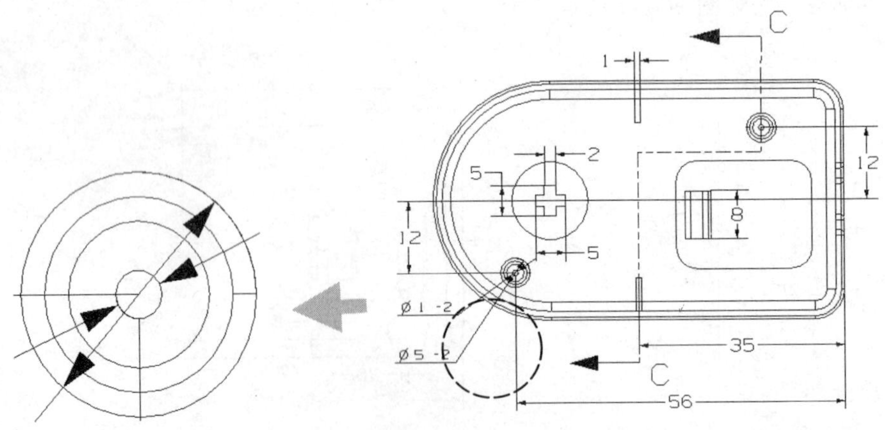

图 11-145 标注后的局部放大视图状态